Sammlung

von

Lehrsätzen, Formeln

und

Aufgaben

aus

der gewöhnlichen Rechenkunst, Mathematik und Physik

von

Dr. J. Götz,

Professor der Mathematik und Mitgliede mehrerer gelehrten Gesellschaften.

Vierter Theil.

Berlin.

Druck und Verlag von G. Reimer.

1844.

Sammlung

von

Lehrsätzen, Formeln

und

Aufgaben

aus der

Physik, Astronomie und mathematischen Geographie

von

Dr. J. Götz,

Professor der Mathematik und Mitgliede mehrerer gelehrten Gesellschaften.

Nebst 2 Figurentafeln.

Berlin.

Druck und Verlag von G. Reimer.

1844.

Vorrede.

Die Physik ist in diesem vierten Theile auf dieselbe Weise, wie die Mathematik in den drei vorhergehenden bearbeitet.

Auch hier finden sich in jedem Kapitel

1) Fragen über physikalische Erklärungen,
2) Hauptsätze oder Formeln,
3) Uebungssätze und Aufgaben, welche aus Nr. 1 und 2. bewiesen und gelöst werden können.

Wie weit auf diesem Wege das, was der Verfasser beabsichtigte, zu erreichen sei, wird der Gebrauch des Buches selbst zeigen, welches außerdem mehrere Tabellen und eine Uebersicht der wichtigsten in der Naturlehre gemachten Entdeckungen und Erfindungen enthält.

Die hier und da vorkommenden Druckfehler wird derjenige entschuldigen, welcher selbst einmal die Durchsicht eines ähnlichen Werkes besorgt hat.

Dessau, den 1. Januar 1844.

Der Verfasser.

Inhalt.

I.

Lehrsätze, Formeln und Aufgaben aus der Physik.

II.

Lehrsätze, Formeln und Aufgaben aus der Astronomie und mathematischen Geographie.

III.

Lehrsätze, Formeln und Aufgaben aus der Geologie und Meteorologie.

IV. Anhang.

Einige Tabellen aus der Physik und Astronomie.

I.

Lehrsätze, Formeln und Aufgaben

aus

der Physik.

Erstes Kapitel.

Von den Grundbegriffen.

Wodurch wirken die äußern Dinge auf uns ein?

Wieviel Sinne haben wir?

Welche Sinne werden zu den äußern und welche zu den innern gezählt.

Was heißt Erscheinung oder Phänomen?

Was wird Materie, Körper und Körperwelt genannt?

Wodurch wird die Vorstellung verschiedenartiger Körper erzeugt?

Zeigt dieselbe Materie auch immer die nämliche Beschaffenheit; und was heißt Zustand?

Was versteht man unter Aggregats-Zustand; und wie werden alle Körper in Bezug auf denselben eingetheilt?

Was heißt ein flüssiger und was ein fester Körper?

Wie werden die flüssigen Körper eingetheilt?

Was wird ein tropfbar und was ein ausdehnsam oder ausdehnbar flüssiger Körper genannt?

Wie theilt man die festen Körper in Rücksicht auf den stärkern oder schwächern Zusammenhang ihrer Theile ein; und was heißt ein vollkommen harter, unvollkommen harter, weicher, biegsamer, unbiegsamer oder zerbrechlicher, spröder, streckbarer und geschmeidiger Körper?

Giebt es vollkommen harte Körper; und welche werden zu den unvollkommen harten, weichen, biegsamen und unbiegsamen oder spröden streckbaren und geschmeidigen Körpern gezählt?

Wodurch entsteht die große Sprödigkeit der Glastropfen und Bologneser Fläschen?

Was heißt ein vollkommen elastischer, ein unvollkommen elastischer und ein unelastischer Körper?

Giebt es vollkommen elastische und unelastische Körper?

Welche Körper besitzen eine bedeutende und welche eine sehr geringe Elasticität?

Was heißt Cohäsion und was Adhäsion?

Wie werden alle Körper in Bezug auf ihr Entstehen und ihr Wachsthum eingetheilt?

Was heißen organische und was unorganische Körper?

Was nennt man Organe und was Leben?

Welche Körper gehören zu den organischen und welche zu den unorganischen?

Wodurch sind die Thiere von den Planzen unterschieden?

Welche Hauptansichten sind über die Entstehungsart aller Körper vorhanden?

Worin besteht die Ansicht der Atomisten und worin die der Dynamiker?

Welche Eigenschaften besitzt jeder Körper?

Was heißt Ausdehnung, Undurchdringlichkeit und Beweglichkeit?

Was versteht man unter der Masse eines Körpers; und wodurch wird dieselbe ausgedrückt?

Was nennt man das Volumen eines Körpers; und wodurch ist der physische von dem mathematischen Körper unterschieden?

Was versteht man unter den Poren eines Körpers?

Welche Körper sind mit vielen und welche mit wenigen Poren versehen?

In wie vielen Bedeutungen gebraucht man das Wort Natur?

Was wird Natur in der formellen und was in der materiellen Bedeutung genannt?

Was heißen Naturerscheinungen und Naturbegebenheiten, und finden dieselben nach bestimmten Regeln statt?

Was wird ein Naturgesetz genannt?

Was nennt man eine Beobachtung und was einen Versuch oder ein physikalisches Experiment?

Was heißt ein physikalischer Apparat?

Was heißt eine Naturerscheinung erklären?

Was wird eine Hypotese genannt?

Was heißt Naturkunde, und wie wird dieselbe eingetheilt?

Wie viele Haupttheile hat die Körperkunde?

Wie viele Theile hat die Naturlehre und wie viele die Naturbeschreibung?

Was heißt Physik und was Physiologie?

Was wird Mineralogie und was Zoologie und Botanik genannt?

Uebungssätze.

1) Das mit seinem Rande auf eine Wasserfläche gesetzte leere Glas wird beim Niederdrücken nicht ganz mit Wasser angefüllt.

2) Wird ein enger Trichter in dem Halse einer leeren Flasche festgekittet, so läuft das in den Trichter gegossene Wasser nicht in die Flasche.

3) Die frisch aufgetragene Schrift wird nicht ausgelöscht, wenn man ein Löschblatt darauf legt.

4) Wenn man einen trocknen Badeschwamm in's Wasser legt, so schwillt er bedeutend darin auf.

5) Bei feuchtem Wetter oder in feuchten Zimmern quellen oft Thüren, Tischplatten oder andere hölzerne Geräthschaften auf.

6) Die an unserm Körper befindliche Wäsche wird schmutzig, ungeachtet sie durch die darüber gezogenen Kleidungsstücke gegen das Schmutzigwerden von Außen geschützt ist.

7) Das Quecksilber wird durch lederne Beutel gedrückt.

8) Um einen Bogen Papier auf ein Reißbrett zu spannen, wird derselbe zuvor angefeuchtet.

9) Die völlig ausgetrockneten hölzernen Gefäße laufen auf, wenn man Wasser in dieselben gießt.

10) Man kann ein Felsenstück durch die in Oeffnungen desselben getriebenen Stücke von gedörrtem Holze auseinander spalten, wenn man letzteres öfters mit Wasser begießt.

11) Das Holz krümmt sich, wenn man die eine Seite desselben naß macht und die andere über das Feuer hält.

12) Ein Faß, ein Schädel u. s. w. werden aus einander gesprengt, wenn man sie mit trocknen Erbsen anfüllt und diese dann mit Wasser begießt.

13) Ein 360 Unzen oder 720 Loth enthaltender silberner Cylinder wird mit 6 Unzen darüber gelegtem Blattgolde vergoldet und zu einem Faden gezogen, dessen Länge 67,6 geogr. Meilen, dessen Breite $\frac{1}{8}$ Linie, dessen Dicke $\frac{2}{817}$ Linien und wobei die Dicke der Goldschichte $\frac{1}{89428}$ Linie beträgt. Man hat auch silberne Fäden mit einem Goldüberzuge von $\frac{1}{118284}$ Linie Dicke angefertigt.

14) Ein mit einer Armbrust abgeschossener Bolzen wird bis zu einer ziemlichen Entfernung fortgetrieben.

15) Eine Billardkugel, welche auf eine recht ebene, glatt geschliffene und durch eine Oellampe schwarz gemachte Marmortafel fällt, bekommt einen ziemlich großen, schwarzen Flecken von der Größe eines Sechsers, während sie an der anstoßenden Stelle nur einen schwarzen Flecken von der Größe einer Stecknadel erhält, wenn man sie mit der Hand auf die Marmorplatte stößt.

16) Wird die Gestalt einer mit Luft angefüllten Schweinsblase durch irgend etwas verändert, so stellt sich dieselbe wieder her, sobald die Ursache der Veränderung nicht mehr vorhanden ist.

Zweites Kapitel.

Von der Bewegung im Allgemeinen.

Was heißt Kraft?

Was versteht man unter einer Grundkraft und was unter einer abgeleiteten?

Wodurch werden die Kräfte dargestellt?

Bezeichnet eine gerade Linie blos die Größe einer Kraft?

Wann wirkt eine Kraft senkrecht und wann schief auf eine Ebene oder auf eine Kugel?

Was nennt man den Ort eines Körpers?

Was heißt Bewegung, und was bewegende Kraft?

Was ist bei jeder Bewegung zu berücksichtigen?

Was nennt man den Weg oder die Bahn eines Körpers?

Wann wird die Bewegung geradlinig und wann krummlinig genannt?

Was versteht man unter einer absoluten und was unter einer relativen Bewegung?

Was heißt eine einfache und was eine zusammengesetzte Bewegung?

In welchen Richtungen können die Kräfte bei der zusammengesetzten Bewegung sich wirksam erweisen?

Was nennt man eine circulirende und was eine oscillirende oder Schwingungs-Bewegung?

Was nennt man eine wälzende Bewegung, und was wird hier unter der Axe und den Polen verstanden?

Wann hat eine Linie, Fläche oder Körper nur eine einzige Bewegung?

Wie heißt der Raum, worin die Bewegung eines Körpers geschieht?

Was wird ein leeres und was ein widerstrebendes oder ein Widerstand leistendes Mittel genannt?

Was heißt Reibung?

Kann ein bewegter Körper sich in 2 Orten seiner Bahn zugleich befinden?

Was heißt Mechanik und was wird Hydraulik genannt?

Was heißt Beharrungsvermögen und was wird das Beharrungsgesetz genannt?

Giebt es Erscheinungen, welche dem Beharrungsgesetze zu widersprechen scheinen, und ist dasselbe auch auf belebte Wesen anwendbar?

Geht ein Körper plötzlich aus dem Zustande der Ruhe in den der Bewegung und umgekehrt über, oder gehört zu jedem solchen Uebergange eine größere oder kleinere Zeit?

Wie viel Kraft verliert ein Körper, welcher auf einen andern bewegend einwirkt?

Verliert auch ein belebter Körper so viel bewegende Kraft, als er einem andern Körper mittheilt?

Was wird unter Stoß, Druck und Zusammendrückung verstanden?

Uebungssätze.

1) Man kann ein an 2 Haarschleifen aufgehängtes thönernes Pfeifenrohr zerschlagen, ohne die Haare zu zerreißen.

2) Wenn man auf ein Trinkglas ein Kartenblatt, auf letzteres eine Münze legt, und dem Kartenblatte einen derben Schlag in der Richtung seiner Fläche versetzt, so fällt die Münze in das Glas. Ist der Schlag aber nur unbedeutend, so geht die Münze mit dem Kartenblatte fort.

3) Legt man Sand auf einen Teller und stößt letztern nach einer gewissen Richtung; so wird der Sand nach der entgegengesetzten Richtung sich bewegen.

4) Hängt man ein möglichst großes Stück Eisen an einem dünnen Faden auf, so kann man dasselbe durch einen langsamen Zug bewegen, während durch ein schnelles Ziehen der Faden zerreißt und das Eisen keinen bemerkbaren Eindruck erfährt.

5) Befestigt man an dem einen Ende der in ihrer Mitte horizontal aufgehängten gleich dicken eisernen Stange einen dünnen Faden und an dem untern Ende des letztern einen Stein, so zerreißt derselbe beim Herabfallen den Faden, ohne die Stange aus ihrer ursprünglichen Lage zu verrücken.

6) Bohrt man in einen Stein u. s. w. ein cylindrisches Loch, füllt dasselbe theilweise mit Pulver aus, bedeckt letzteres mit einer Lage gewöhnlichen Sandes, führt durch den Sand eine mit Schießpulver gefüllte Röhre bis zum Pulver in dem Bohrloche, und entzündet das hervorragende Ende der Röhre vermittelst einer Lunte, so wird der Stein u. s. w. zersprengt.

7) Die fallenden Bomben sucht man mit einer Sandunterlage aufzufangen.

8) Ein auf einem segelnden Schiffe frei stehender Mensch ist in Gefahr zu fallen, wenn das Schiff stark gegen das Ufer stößt. Das Nämliche findet auch statt, wenn ein schnellfahrender Wagen plötzlich anhält.

9) Ein stark beladener ruhig dastehender Wagen wird mit der äußersten Anstrengung von den Pferden fortgezogen, während er, einmal in Bewegung gesetzt, mit viel geringerer Anstrengung fortbewegt werden kann.

10) Die Kanonen- oder Flintenkugeln, welche aus großer Nähe durch eine Fensterscheibe geschossen werden, schlagen nur ein kreisrundes Loch (von beinah demselben Durchmesser wie die Kugeln) in das Glas, ohne die Fensterscheibe zu zersplittern.

11) Aus einer geringen Entfernung kann mit einem Talglichte durch ein dickes Brett geschossen werden

12) Dauerhafte hölzerne Brücken müssen im Allgemeinen viel Holzwerk besitzen.

13) Eine verstopfte Röhre wird oft dadurch wieder geöffnet, daß man gewaltsam an das eine Ende derselben schlägt.

14) Die Taschenspieler können auf dem Amboß, der auf der Brust sitzt, schmieden und sich in der Hand große Steine zerschlagen lassen, ohne bedeutenden Schmerz zu empfinden.

Drittes Kapitel.

Von der gleichförmigen Bewegung.

Wann heißt eine Bewegung gleichförmig oder gleichmäßig?

Wie muß die Kraft auf den Körper wirken, damit eine gleichförmige Bewegung entsteht?

Welche Umstände verändern die Gleichförmigkeit der Bewegung?

Wird bei der Aufstellung der Bewegungsgesetze die Form der Körper berücksichtigt oder nicht?

Hauptsätze.

I. Die Wege werden mit der Einheit Fuß *) und die Zeiten mit der Einheit Secunde gemessen.

II. Der Weg wird durch S und die Zeit durch T bezeichnet.

III. Wenn ein gleichförmig bewegter Körper in einer Sekunde eine gewisse Anzahl Füße zurücklegt, so heißt die darin vorkommende unbenannte Zahl die Geschwindigkeit dieses Körpers.

IV. Die Geschwindigkeit wird im Allgemeinen durch C ausgedrückt.

V. Bei der gleichförmigen Bewegung bleibt C unverändert.

VI. Ein Körper bewegt sich mit der Geschwindigkeit $-C$, wenn er in der entgegengesetzten Richtung mit der Geschwindigkeit $+C$ oder C fortgeht.

VII. $C = \frac{S}{T}$.

VIII. $S = CT$.

IX. $T = \frac{S}{C}$.

---

*) Man bemerke, daß man unter Fuß stets den Rheinländischen Fuß versteht.

X. $S:s = T:t$, wenn $C = c$.
XI. $S:s = C:c$, wenn $T = t$.
XII. $S:s = (CT):(ct)$.
XIII. $T:t = c:C$, wenn $S = s$.
XIV. $C:c = (St):(sT)$.

XV. Wenn auf einen Körper 2 Kräfte gleichzeitig und in derselben Richtung wirken, so geht derselbe in dieser Richtung mit der Summe der beiden Kräfte fort.

XVI. Wenn auf einen Körper 2 ungleiche Kräfte gleichzeitig und in entgegengesetzten Richtungen wirken, so geht derselbe in der Richtung der größern Kraft mit der Differenz der beiden Kräfte fort.

XVII. Wenn auf einen Körper zwei gleiche Kräfte gleichzeitig und in entgegengesetzten Richtungen wirken, so muß derselbe an seinem anfänglichen Orte verbleiben.

XVIII. Wenn auf einen Körper 2 Kräfte gleichzeitig und zwar so wirken, daß ihre Richtungen einen Winkel *) mit einander bilden, so beschreibt derselbe die Diagonale eines Parallelogramms, worin 2 an einander liegende und den gegebenen Winkel einschließende Seiten die gegebenen Kräfte bezeichnen.

XIX. Das in No. XVIII. entstandene ⧣ heißt das Parallelogramm der Kräfte. Die in den Richtungen der Seiten wirkenden Kräfte nennt man die Seitenkräfte und die darin stattfindenden Bewegungen die Seitenbewegungen. Auch wird die in der Richtung der Diagonale thätige Kraft die Diagonalkraft, Mittelkraft oder resultirende Kraft, und die darin stattfindende Bewegung die Diagonalbewegung oder mittlere Bewegung oder resultirende Bewegung genannt.

XX. Das in No. XVIII. Gesagte wird durch die Diagonalmaschine versinnlicht.

XXI. Der durch die gleichzeitige Wirkung zweier Kräfte in der Diagonale beschriebene Weg, ist von jeder der beiden Seitenkräfte und von dem durch sie eingeschlossenen Winkel abhängig.

XXII. Die bei der Diagonalbewegung stattfindende Geschwindigkeit ist kleiner, als die Summe der Geschwindigkeiten, welche bei den einzelnen Bewegungen sich zeigen.

XXIII. Wenn auf einen Körper gleichzeitig 3 oder mehrere Kräfte unter beliebigen Winkeln wirken, so wird, durch wiederholte Anwendung von No. XVIII. ein Weg erhalten, welchen der Körper durch die gemeinschaftliche Wirkung aller Kräfte beschreibt.

XXIV. Eine Kraft wird in 2 oder mehrere Kräfte zerlegt, wenn man ein ⧣ bildet, worin dieselbe als Diagonale sich zeigt, u. s. w.

XXV. Eine Kraft wirkt mit ihrer vollen Stärke auf eine Ebene, wenn sie in senkrechter Richtung auf dieselbe sich thätig erweist.

*) Welcher aber kein gestreckter sein darf.

XXVI. Wirkt eine Kraft schief auf eine Ebene, so geht immer ein Theil der Kraft verloren, und zwar ist der Verlust desto größer, je schiefer die Kraft auf die Ebene sich thätig erweist. Wirkt z. B. die durch die (gerade) Linie a bezeichnete Kraft unter dem Winkel α auf die Ebene, so ist die Größe ihrer Wirkung $= a \sin \alpha$.

Aufgaben.

1. Ein gleichförmig bewegter Körper legt in 20 Sek. $55\frac{3}{4}$ Fuß zurück; wie groß ist seine Geschwindigkeit?

2. Man soll die Geschwindigkeit eines gleichförmig bewegten Körpers ermitteln, welcher in $3\frac{1}{2}$ Minuten 75 Ruthen *) beschreibt.

3. Ein gleichförmig bewegter Körper geht in 3,25 Sek. 6,321 Fuß fort; wie groß ist seine Geschwindigkeit?

4. Ein gleichförmig bewegter Körper macht in 2 Minuten den Weg 8 Ruthen 2 Fuß 3 Zoll 5 Linien, wie groß ist seine Geschwindigkeit?

5. Ein Körper geht $5\frac{1}{2}$ Sekunden mit der Geschwindigkeit $8\frac{2}{3}$ gleichförmig fort; wie groß ist die von ihm beschriebene Bahn?

6. Wenn ein Körper 5 Minuten $8\frac{1}{4}$ Sek. mit der Geschwindigkeit $3\frac{1}{8}$ gleichförmig sich bewegt; wie viel beträgt der von ihm zurückgelegte Weg?

7. Man soll die Bahn ermitteln, welche ein gleichförmig bewegter Körper mit der Geschwindigkeit $2\frac{2}{3}$ in $9\frac{1}{2}$ Sekunden beschreibt.

8. Wie groß ist der Weg, welchen ein gleichförmig bewegter Körper mit der Geschwindigkeit 18,023 in 5 Minuten 6,23 Sekunden zurücklegt?

9. Ein gleichförmig bewegter Körper legt mit der Geschwindigkeit $5\frac{2}{3}$ die Bahn 34 Fuß zurück; wie groß ist die zu der Bewegung erforderliche Zeit?

10. Wenn ein gleichförmig bewegter Körper mit der Geschwindigkeit $8\frac{1}{2}$ den Weg 9 Ruthen $8\frac{2}{5}$ Fuß beschreibt, wie groß ist die hierher gehörige Zeit?

11. Welche Zeit braucht ein Körper, um mit gleichförmiger Bewegung die Bahn 18,302 Fuß bei der Geschwindigkeit 5,1062 zurückzulegen?

12. Ein Körper soll mit gleichförmiger Bewegung und der Geschwindigkeit $5\frac{2}{3}$, den Weg 890 Ruthen 5 Fuß 6 Zoll zurücklegen; wie groß ist die hierzu erforderliche Zeit?

13. Wenn zwei gleichförmig bewegte Körper so fortgehen, daß der eine in $15\frac{2}{3}$ Sekunden den Weg 8 Fuß 4 Zoll und der andere in 2 Minuten 6,35 Sekunden die Bahn 2 Ruthen 3,01 Fuß beschreibt; wie verhalten sich die Geschwindigkeiten dieser beiden Körper zu einander?

---

*) Die Ruthe zu 12 Fuß gerechnet.

14. Ein Körper geht 5,1 Sekunden mit der Geschwindigkeit 3,25, und ein anderer 3 Minuten $8\frac{1}{3}$ Sekunden mit der Geschwindigkeit $10\frac{1}{5}$ gleichförmig fort; wie verhalten sich die von ihnen zurückgelegten Wege zu einander?

15. Wenn ein Körper mit der Geschwindigkeit $8\frac{1}{2}$ den Weg 28 Ruthen 5 Fuß und ein anderer mit der Geschwindigkeit 2,7 den Weg 3 Fuß 5 Zoll 2 Linien beschreibt, wie verhalten sich die hierzu gehörigen Zeiten?

16. Zwei Körper legen in den ungleichen Zeiten 5 Minuten $8\frac{1}{4}$ Sekunden und 3 Minuten 0,25 Sekunden gleiche Wege zurück; wie verhalten sich die Geschwindigkeiten dieser Körper zu einander?

17. Zwei Körper gehen von demselben Orte aus in gerader Richtung gleichförmig und zwar so fort, daß der 2te seinen Weg um 10 Sekunden später beginnt und eine $6\frac{3}{4}$mal so große Geschwindigkeit als der erste besitzt. Nach wie viel Sekunden treffen diese Körper auf einander?

18. Wenn zwei um 684,379 Fuß von einander entfernte Kugeln sich gleichzeitig und gleichförmig gegen einander zu bewegen anfangen, und die eine die Geschwindigkeit $\frac{7}{24}$ und die andere die Geschwindigkeit $\frac{113}{300}$ besitzt; wann werden die beiden Kugeln zusammenkommen?

19. Wenn auf einen Körper zwei Kräfte gleichzeitig und in derselben Richtung wirken, und derselbe, vermittelst der einen Kraft, den Weg 5 Ruthen 8 Fuß 6 Zoll in 2 Minuten 5 Sekunden und vermöge der andern die Bahn 5 Fuß 2 Zoll in 7 Sekunden gleichförmig zurücklegt, wie groß wird die durch die beiden Kräfte hervorgebrachte Geschwindigkeit dieses Körpers sich zeigen?

20. Wenn auf einen Körper 2 Kräfte gleichzeitig und in entgegengesetzten Richtungen sich thätig erweisen, und derselbe vermittelst der ersten Kraft den Weg 8,25 Fuß in $3\frac{1}{2}$ Sekunden und vermöge der 2ten die Bahn 382,1 Fuß in 25 Sek. gleichförmig beschreibt; mit welcher Geschwindigkeit und in welcher Richtung wird dieser Körper durch die gemeinschaftliche Wirkung beider Kräfte sich bewegen?

21. Auf einem Fahrzeuge, welches mit der Geschwindigkeit 10 gleichförmig fortgeht, bewegt sich ein Körper 8 Sekunden gleichförmig, das eine Mal in der Richtung des Fahrzeuges mit der Geschwindigkeit $3\frac{1}{3}$ und das andere Mal in der entgegengesetzten Richtung mit der Geschwindigkeit 4,25. Ist der Körper im 2ten Falle vor, oder rückwärts gekommen, und wie viele Fuß hat er sich im 1ten vorwärts bewegt?

22. Ein Körper bewegte sich 5 Sekunden lang gleichförmig gegen die Richtung eines Flosses mit der Geschwindigkeit 4 und dadurch 200 Fuß vorwärts. Um dasselbe Ziel ein anderes Mal zu erreichen, mußte er 10 Sekunden hindurch mit der Geschwindigkeit 6 gleichförmig fortgehen. Wie verhielten sich die Geschwindigkeiten des Flosses in beiden Fällen?

23. Ein gleichförmig bewegter Körper soll die 3 Seiten eines gleichseitigen △ und ein anderer die 4 Seiten eines Quadrats durchlaufen. Wenn aber nun das □ in dem △ so sich befindet, daß eine Seite des □ in die Grundlinie des △, zwei Endpunkte des □ in zwei Seiten des △ fallen, und die Körper ihre Wege in gleichen Seiten vollenden; wie verhalten sich ihre Geschwindigkeiten?

24. Wenn in vor. Nummer die beiden Körper auf dem 4ten Eckpunkte des □ sich treffen sollen, indem man einen in der Grundlinie des △ liegenden Punkt als Anfangspunkt der Bewegung und den in der Seite des △ senkrecht darüberliegenden als Endpunkt derselben ansieht, alles andere aber unverändert läßt; wie verhalten sich alsdann die Geschwindigkeiten der beiden Körper?

25. Ein Körper soll die Peripherie eines Kreises und ein anderer die in dem Kreise befindliche und vom Mittelpunkte um d Fuß abstehende Sehne gleichzeitig durchlaufen. Wie verhalten sich die Geschwindigkeiten beider Körper, wenn der Radius des Kreises = r beträgt?

26. Ein gleichseitiges △ enthält J Quadratfuß und hat dieselbe Höhe wie ein Quadrat. Wenn aber nun auf den Umfängen dieser Figuren 2 Körper gleichförmig fortgehen, und dieselben in gleichen Zeiten durchlaufen; wie verhalten sich ihre Geschwindigkelten und welche Wege haben sie zurückgelegt?

27. Wenn (in Fig. 1.) auf einen Körper die beiden Kräfte **MN = a** und **MO = b** gleichzeitig und zwar so wirken, daß ihre Richtungen den Winkel α mit einander bilden; wie groß ist die Diagonalkraft d?; oder: Wenn auf einen Körper 2 Kräfte gleichzeitig und so wirken, daß ihre Richtungen den Winkel α mit einander bilden, und der Körper, vermöge der einen Kraft den Weg **a** und vermittelst der andern die Bahn b, beschreibt; wie groß ist der durch die gemeinschaftliche Wirkung der beiden Kräfte sich ergebende Mittelweg d?

28. Wie groß ist (in Fig. 1.) die Mittelkraft d, wenn die Seitenkraft **a** = 63,6842 Fuß, die Seitenkraft b = 40,63 Fuß und der Winkel $\alpha = 36^\circ\ 14'\ 15''$ beträgt?

29. Es ist (in Fig. 1) a = 322 Fuß, b = 216,5 Fuß und $\alpha = 43^\circ\ 45'$; wie groß ist d?

30. Man soll (in Fig. 1.) die Seitenkraft **a** ermitteln, wenn die Seitenkraft b und die Winkel β und γ gegeben sind.

31. Es ist (in Fig. 1.) b = 25,2 Fuß, $\beta = 22^\circ\ 15'\ 6''$, und $\gamma = 16^\circ\ 9'$, wie groß ist **a**?

32. Wie findet man **a**, wenn b = 82 Fuß, $\beta = 36^\circ$ und $\gamma = 31^\circ$ gegeben ist?

33. Die Seitenkraft **a** (in Fig. 1.) zu ermitteln, wenn die Mittelkraft d und die Winkel α und γ bekannt sind.

34. Man kennt (in Fig. 1.) d = 138 Fuß, $\alpha = 56^\circ\ 25'$ und $\gamma = 22^\circ\ 5'\ 3''$; wie groß ist a?

35. Aus $d = 256,5$ Fuß, $\alpha = 48^\circ\ 5'$ und $\gamma = 16^\circ\ 9'\ 3''$ die Seitenkraft a zu bestimmen.

36. Wie groß ist b (in Fig. 1.), wenn α, β und γ gegeben sind?

37. Es ist (in Fig. 1.) $\alpha = 36,32$ Fuß, $\beta = 25^\circ\ 6'$ und $\gamma = 36^\circ\ 5'\ 3''$; wie findet man b?

38. Man kennt (in Fig. 1.) $a = 225$ Fuß, $\beta = 38^\circ$ und $\gamma = 21^\circ$; wie groß ist b?

39. Man soll b aus d, α und β bestimmen.

40. Wie groß ist b, wenn $d = 225$ Fuß, $\alpha = 46^\circ\ 15'$ und $\beta = 19^\circ\ 5'$ gegeben ist?

41. Man soll b aus $d = 32$ Fuß 6 Zoll, $\alpha = 55^\circ$ und $\beta = 24^\circ\ 5'\ 3''$ finden.

42. Man kennt (in Fig. 1.) a, α, γ und sucht d?

43. Aus $a = 136,3$ Fuß, $\alpha = 46^\circ$ und $\gamma = 32^\circ\ 5'$, die Mittelkraft d zu bestimmen.

44. Es ist $a = 25$ Fuß, $\alpha = 55^\circ\ 9'$ und $\gamma = 16^\circ\ 18'$ gegeben; wie groß ist d?

45. Es soll (in Fig. 1.) aus b, α und β die Diagonalkraft d gefunden werden.

46. Es ist $b = 225$ Fuß 6 Zoll, $\alpha = 27^\circ$ und $\beta = 34^\circ$ gegeben; man soll d ermitteln.

47. Wie groß ist d, wenn $b = 38$ Ruthen, $\alpha = 45^\circ\ 6'$ und $\beta = 21^\circ$ gegeben ist?

48. Man soll (in Fig. 1.) aus a, b, β und γ die Mittelkraft d bestimmen.

49. Man kennt $a = 36$ Fuß, $b = 27$ Fuß, $\beta = 23^\circ\ 5'$ und $\gamma = 26^\circ\ 7'$; wie groß ist d?

50. Aus $a = 135,5$ Fuß, $b = 26,4$ Fuß, $\beta = 26^\circ$ und $\gamma = 37^\circ$ die Diagonalkraft zu ermitteln.

51. Wie groß sind (in Fig. 1.) β und γ, wenn man a, b und α kennt?

52. Es ist $a = 25$ Fuß, $b = 46,9$ Fuß und $\alpha = 46^\circ$ gegeben; wieviel betragen β und γ?

53. Man kennt $a = 116$ Fuß, $b = 83$ Fuß und $\alpha = 32^\circ$; wie groß sind β und γ?

54. In (Fig. 1.) sind a, b und d bekannt; man soll α bestimmen.

55. Wie groß ist α, wenn $a = 26$ Fuß, $b = 38$ Fuß und $d = 56$ Fuß beträgt?

56. Man soll α aus $a = 15$ Fuß, $b = 36$ Fuß und $d = 30$ Fuß angeben.

57. Wenn (in Fig. 1.) a, d und β gegeben sind; wie viel wird alsdann b betragen?

58. Wie groß ist b, wenn $a = 31$ Fuß, $d = 38$ Fuß und $\beta = 36^\circ\ 5'$ ausmacht?

59. Aus a = 88 Fuß, d = 96 Fuß und $\beta = 46^\circ\ 5'\ 13''$ die Seitenkraft b anzugeben.

60. Man soll (in Fig. 1.) aus b, d und γ die Seitenkraft a berechnen.

61. Man soll a aus b = 36 Fuß, d = 58 Fuß und $\gamma = 32^\circ$ bestimmen.

62. Es soll a aus b = 18 Fuß, d = 20 Fuß und $\gamma = 46^\circ$ 5' ermittelt werden.

63. Es ist (in Fig. 1.) die Summe der beiden Seitenkräfte a und b = s, der Winkel α und die Mittelkraft d gegeben; wie groß sind a und b?

64. Ist (in vor. Nummer) s = 14 Fuß, $\alpha = 90^\circ$ und d = 10 Fuß; wie viel betragen a und b?

65 Auf einen Körper wirken 2 gleiche Kräfte unter einem Winkel von 90°; wie groß ist der Winkel, welchen die Mittelkraft mit jeder der beiden Seitenkräfte bildet?

66. Wie müssen die Ruderer wirken, um einen Kahn über einen Fluß zu bringen?

67. Wenn man mit einem Kahne über einen Fluß fahren will, dessen Stromgeschwindigkeit 3 beträgt und man dem Fahrzeuge nur die Geschwindigkeit 1 zu geben vermag; um welchen Winkel wird der Kahn von seiner ursprünglichen Richtung abgelenkt?

68. Auf einen Körper wirken gleichzeitig 3 Kräfte, deren Richtungen nicht in einer Ebene sich befinden; welchen Weg wird dieser Körper einschlagen?

69. Man soll (in vor. Nummer) die Mittelkraft d ermitteln, wenn jede der Seitenkräfte = a ist, und je 2 und 2 Seitenkräfte senkrecht auf einander stehen.

70. Wie groß ist (in vor. Nummer) die Mittelkraft d, wenn die 3 Seitenkräfte a, b und c betragen?

Resultate.

1) $2\frac{47}{60}$. **2)** $4\frac{2}{7}$. **3)** 1,944 .... **4)** $\frac{14153}{17280}$. **5)** $47\frac{2}{3}$ Fuß. **6)** $963\frac{9}{82}$ Fuß. **7)** $25\frac{1}{3}$ Fuß. **8)** 5519,18329 Fuß. **9)** 6 Sekunden. **10)** $13\frac{59}{88}$ Sekunden. **11)** 3,584 .... Sekunden. **12)** $1885\frac{23}{34}$. **13)** Wie 0,531 .... zu 0,213 .... **14)** Wie 16,575 zu 1921. **15)** Wie 40,11 .... zu 1,27 .... **16)** Wie 2163 zu 3700. **17)** 1,73913 Sekunde, nach Abgang des 2ten Körpers. **18)** Nach 17′ 4″, 008 .... **19)** $1\frac{2927}{10794}$. **20)** Mit der Geschwindigkeit 12,926 .... **21)** Es ist im 2ten Falle 46 Fuß und im ersten $106\frac{2}{3}$ Fuß vorwärts gekommen. **22)** Wie 22 zu 13. **23)** Wie $3(2+\sqrt{3})$ zu $4\sqrt{3}$ oder wie $\sqrt{3}(2+\sqrt{3})$ zu 4, wenn man die Seite des $\triangle = 1$ annimmt. **24)** Wie $4+3\sqrt{3}$ zu $3\sqrt{3}$. **25)** Wie $r\pi:\sqrt{r^2-d^2}$. **26)** Die Geschwindigkeiten verhalten sich wie 3 zu 4; auch beträgt der Weg für das $\triangle = 6\sqrt{\frac{J}{\sqrt{3}}}$ und für das $\square = 8 . \sqrt{\frac{J}{\sqrt{3}}}$. **27)** $d = \sqrt{a^2 + b^2 + 2\,a\,b\,.\cos\alpha}$. **28)** 99,4 .... Fuß. **29)** 501,27 .... Fuß. **30)** Es ist $a = \frac{b.\sin\gamma}{\sin\beta}$. **31)** $a = 185{,}104$ Fuß. **32)** $a = 71{,}8513$ Fuß. **33)** $a = \frac{d.\sin\gamma}{\sin\alpha}$. **34)** $a = 62{,}2791$ Fuß. **35)** $a = 95{,}8852$ Fuß. **36)** $b = \frac{a.\sin\beta}{\sin\gamma}$. **37)** $b = 50{,}4279$ Fuß. **38)** $b = 130{,}969$ Fuß. **39)** $b = \frac{d.\sin\beta}{\sin\alpha}$. **40)** $b = 101{,}8341$ Fuß. **41)** $b = 16{,}1906$ Fuß. **42)** $d = \frac{a.\sin\alpha}{\sin\gamma}$. **43)** $d = 184{,}591$ Fuß. **44)** $d = 73{,}0983$ Fuß. **45)** $d = \frac{b.\sin\alpha}{\sin\beta}$. **46)** $d = 183{,}076$ Fuß. **47)** $d = 75{,}1097$ Ruthen. **48)** $d = a.\cos\beta + b.\cos\gamma$. **49)** $d = 57{,}361$ Fuß. **50)** $d = 142{,}8709$ Fuß. **51)** $\operatorname{tg}\beta = \frac{b.\sin\alpha}{a + b.\cos\alpha}$ und $\operatorname{tg}\gamma = \frac{a.\sin\alpha}{b + a.\cos\alpha}$. **52)** $\beta = 30^0\ 21'$ und $\gamma = 15^0\ 38'$. **53)** $\beta = 7^0\ 44'$ und $\gamma = 24^0\ 16'$. **54)** $\cos\alpha = \frac{d^2 - a^2 - b^2}{2ab}$. **55)** $\alpha = 59^0\ 4'$. **56)** $54^0\ 54'$. **57)** $b = \sqrt{a^2 + d^2 - 2\,a\,d.\cos\beta}$. **58)** $b = 22{,}3824$ Fuß. **59)** $72{,}3982$ Fuß. **60)** $a = \sqrt{b^2 + d^2 - 2\,b\,d.\cos\gamma}$. **61)** $a = 33{,}4447$ Fuß. **62)** $a = 14{,}9867$ Fuß. **63)** Ist $a = x$ und $b = s - x$, so folgt:

$$d^2 = x^2 + (s-x)^2 - 2x(s-x).\cos\varphi \left\{\begin{array}{c}\text{wenn man den gleich-}\\ \text{falls bekannten } \angle MNO\\ \text{durch } \varphi \text{ ausdrückt;}\end{array}\right\};$$

und hieraus
$$x^2 - sx = \frac{d^2 - s^2}{4\cos^2\left(\frac{\varphi}{2}\right)},$$

oder
$$x = \tfrac{1}{2}s \pm \tfrac{1}{2}\sqrt{\frac{d^2 - s^2\sin^2\left(\frac{\varphi}{2}\right)}{\cos^2\left(\frac{\varphi}{2}\right)}}$$

$$= \tfrac{1}{2}\left(s \pm \sqrt{\frac{d^2 - s^2\sin^2\left(\frac{\varphi}{2}\right)}{\cos^2\left(\frac{\varphi}{2}\right)}}\right),$$

oder $x = \frac{1}{2}\left(s \pm \frac{d . \sin\psi}{\cos\left(\frac{\varphi}{2}\right)}\right)$, wenn man $\frac{s . \sin\left(\frac{\varphi}{2}\right)}{d}$ durch $\cos\psi$ bezeichnet. **64)** $a = 6$, $b = 8$. **65)** Er beträgt in beiden Fällen 45°. **66)** Schräg stromaufwärts. **67)** Um den Winkel $18^\circ\ 25'$. **68)** Er beschreibt die Diagonale des Parallelepipedums, welches aus den die Kräfte darstellenden Linien gebildet werden kann. **69)** Es ist $d = a\sqrt{3}$. **70)** $d = \sqrt{a^2 + b^2 + c^2}$.

Viertes Kapitel.

Von der ungleichförmigen Bewegung.

Was heißt eine ungleichförmige Bewegung?

Wann nennt man die ungleichförmige Bewegung beschleunigt und wann verzögert?

Wie muß die Kraft auf den Körper wirken, damit eine ungleichförmige Bewegung entsteht?

Was heißt eine gleichförmig beschleunigte und was eine gleichförmig verzögerte Bewegung?

Was nennt man bei der gleichförmig beschleunigten Bewegung die Endgeschwindigkeit; und bei der gleichförmig verzögerten Bewegung, die Anfangsgeschwindigkeit irgend einer Sekunde?

Was heißt eine ungleichförmig beschleunigte und eine ungleichförmig verzögerte Bewegung?

Was wird bei der beschleunigten Bewegung die beschleunigende und bei der verzögerten die verzögernde Kraft genannt?

Hauptsätze.

A. Gleichförmig beschleunigte Bewegung.

1. Die Endgeschwindigkeiten der auf einander folgenden Sekunden verhalten sich wie die natürlich auf einander folgenden Zahlen oder wie die Zeiten. Es verhalten sich demnach die Endgeschwindig-

keiten der 1sten, 2ten, 3ten . . . . T ten Sekunde
wie 1 : 2 : 3 : . . . . T.

II. Die von einem Körper K (oder die von zweien von derselben beschleunigenden Kraft getriebenen Körper) in den Zeiten T und t beschriebenen Wege S und s verhalten sich wie die Quadrate der Zeiten *) oder wie die Quadrate der Endgeschwindigkeiten.

Es ist demnach: $\left\{\begin{array}{l} S:s = T^2:t^2 \\ \text{oder } S:s = E^2:e^2 \end{array}\right\}$, wenn E und e die Endgeschwindigkeiten in der Tten und t ten Sekunde bezeichnen.

III. Die in den einzelnen Sekunden vom K**) beschriebenen Wege verhalten sich wie die natürlich auf einander folgenden ungeraden Zahlen.

IV. Wenn K in der Tten Sekunde die Endgeschwindigkeit E erlangt, so ist der von demselben in allen T Sekunden beschriebene Weg S nur halb so groß als die Bahn S', welche K zurücklegt, wenn er T Sekunden hindurch mit der Endgeschwindigkeit E gleichförmig sich bewegt. Es ist demnach $S = \frac{1}{2}S'$.

V. Wenn K in der Tten Sekunde die Endgeschwindigkeit E erlangt, so ist sein in allen T Sekunden zurückgelegter Weg, nämlich

$$S = \frac{E.T}{2}.$$

VI. Wenn K eine Sekunde sich bewegt und in dieser Zeit eine gewisse Endgeschwindigkeit erlangt, so ist dieselbe doppelt so groß als das Maß des beschriebenen Weges.

VII. Legt K in der Zeit T den Weg S zurück, so folgt:

$S = gT^2$ { wenn g das Maß des vom K in der 1sten Sekunde beschriebenen Weges ist.

VIII. Beschreibt K in der Zeit T den Weg S, so ist seine in der 1sten Sekunde beschriebene Bahn, nämlich

$$g = \frac{S}{T^2}.$$

IX. Hat K T Sekunden sich bewegt, so ist die Endgeschwindigkeit der Tten Sekunde, nämlich

$$E = 2gT.$$

X. Hat der bewegte K die Endgeschwindigkeit E erlangt, so ist die Zeit seiner Bewegung, nämlich

$$T = \frac{E}{2g}.$$

XI. Beschreibt K den Weg S, so ist die Zeit seiner Bewegung, nämlich

$$T = \sqrt{\frac{s}{g}}.$$

---

*) Eigentlich wie die Quadrate aus den Maßen der Zeiten.

**) Indem man den Körper der Kürze wegen durch K bezeichnet.

XII. Erhält der bewegte K in irgend einer Zeit die Endgeschwindigkeit E, so ist der von ihm durchlaufene Weg, nämlich

$$S = \frac{E^2}{4g}.$$

XIII. Legt K den Weg S zurück, so ist seine hierdurch erlangte Endgeschwindigkeit, nämlich

$$E = 2\sqrt{g.S}.$$

XIV. Wenn K eine gewisse Zeit hindurch sich bewegt, in irgend einer Stelle seiner Bahn die Endgeschwindigkeit e erlangt und von dieser Stelle an seine Bewegung noch T Sekunden hindurch fortsetzt, so ist die in der Tten Sekunde sich ergebende Endgeschwindigkeit, nämlich

$$E = e + 2gT,$$

und der vom K in T Sekunden beschriebene Weg, d. h.

$S = eT + gT^2$, { wenn g das Maß des vom K in der 1sten Sekunde beschriebenen Weges ist.

B. Gleichförmig verzögerte Bewegung.

XV. Die für die gleichförmig beschleunigte Bewegung erhaltenen Sätze gelten auch für die gleichförmig verzögerte, wenn man statt beschleunigt jetzt verzögert, statt Endgeschwindigkeit jetzt Anfangsgeschwindigkeit, statt Zunehmen jetzt Abnehmen u. s. w. setzt.

XVI. Wenn K T Sekunden sich bewegt, so verhalten sich die Anfangsgeschwindigkeiten der T nach einander folgenden Sekunden wie umgekehrt die natürlichen Zahlen, oder wie umgekehrt die Zeiten.

Es verhalten sich demnach die Anfangsgeschwindigkeiten der

1sten, 2ten, 3ten, ... (T — 1)ten und Tten Sekunde,

wie $T : (T-1) : (T-2) \ldots : 2 : 1$.

XVII. Wenn K jedesmal bis zum Stillstande seiner Bewegung fortgeht und in den Zeiten T und t beziehlich die Wege S und s beschreibt, so ist:

$$S:s = T^2:t^2$$

oder $S:s = A^2:a^2$ { wenn A und a die Anfangsgeschwindigkeiten des K in der ersten Sekunde bezeichnen.

XVIII. Die in den einzelnen Sekunden vom K durchlaufenen Wege verhalten sich wie umgekehrt die natürlich auf einander folgenden ungeraden Zahlen.

XIX. Wenn K bis zum Stillstande seiner Bewegung T Sekunden fortgeht und in der ersten Sekunde die Anfangsgeschwindigkeit A besitzt, so ist der vom K in der Zeit T beschriebene Weg nur halb so groß, als die Bahn, welche K zurücklegt, wenn er mit der Anfangsgeschwindigkeit A, T Sekunden sich gleichförmig bewegt. *)

*) Da die übrigen für die gleichförmig verzögerte Bewegung gültigen

C. Ungleichförmig beschleunigte und verzögerte Bewegung.

XX. Bei der ungleichförmig beschleunigten und verzögerten Bewegung gehen keine so bestimmten Gesetze wie in No. I — XIX. hervor.

Aufgaben.

1. Wie verhalten sich die Wege, welche der Körper K in 13,25 Sekunden und in 2 Minuten 3 Sekunden mit gleichförmig beschleunigter Bewegung beschreibt?

2. Wenn zwei von derselben beschleunigenden Kraft getriebene Körper die Bahnen 64,3 Fuß und 25,01 Fuß gleichförmig beschleunigt zurücklegen, wie verhalten sich die hiezu gehörigen Zeiten?

3. Wenn ein von derselben beschleunigenden Kraft getriebener Körper das eine Mal die Endgeschwindigkeit 5,32 und das andere Mal die Endgeschwindigkeit 8,1 bei gleichförmig beschleunigter Bewegung erlangt; wie verhalten sich die vom K in beiden Fällen durchlaufenen Wege?

4. Wie verhalten sich die beiden Wege, welche ein mit gleichförmig beschleunigter Bewegung fortgehender Körper in der 8ten und in der 7ten Sekunde zurücklegt?

5. Den Weg zu ermitteln, welchen K in 35,2 Sekunden beschreibt, wenn er am Ende dieser Zeit die Endgeschwindigkeit 1056 erlangt?

6. K geht mit gleichförmig beschleunigter Bewegung 10,25 Sekunden fort und legt in der ersten Sekunde 15 Fuß zurück; wie groß ist der vom K durchlaufene Weg?

7. Wenn K in 2 Minuten $8\frac{1}{4}$ Sekunden den Weg 1166 Ruthen 8 Fuß mit gleichförmig beschleunigter Bewegung durchläuft; wie viel legt er in der 1sten Sekunde zurück?

8. K geht mit gleichförmig beschleunigter Bewegung 10,251 Sekunden fort und legt in der ersten Sekunde den Weg 10 Fuß zurück, wie groß ist seine Endgeschwindigkeit?

9. Die Endgeschwindigkeit eines mit gleichförmig beschleunigter Bewegung fortgehenden Körpers beträgt 1828,1 und sein in der ersten Sekunde durchlaufener Weg 14,3 Fuß; wie groß ist die zu dieser Bewegung erforderliche Zeit?

10. Wie groß ist die Zeit, welche K. gebraucht, um mit gleichförmig beschleunigter Bewegung den Weg 2531 Fuß zurückzulegen, wenn er in der ersten Sekunde die Bahn 15,8 Fuß durchläuft?

Sätze aus No. V — XIV. unmittelbar sich ergeben, wenn man das in No. XV. Gesagte gehörig berücksichtigt, so werden dieselben hier nicht weiter angeführt.

11. Ein Körper beschreibt mit gleichförmig beschleunigter Bewegung in der ersten Sekunde den Weg 9 Fuß und erlangt zuletzt die Endgeschwindigkeit 528,1; wie groß ist die hierzu erforderliche Zeit?

12. Wenn K mit gleichförmig beschleunigter Bewegung den Weg 28 Ruthen 5 Fuß 3 Zoll und in der ersten Sekunde die Bahn 14 Fuß beschreibt; wie groß ist die Endgeschwindigkeit, welche K endlich erlangt?

13. Wenn K jedesmal bis zum Stillstande seiner Bewegung das eine Mal 8,25 Sekunden und das andere Mal 3,1 Sekunden mit gleichförmig verzögerter Bewegung fortgeht, wie verhalten sich die von ihm beschriebenen Wege, wenn in beiden Fällen dieselbe verzögernde Kraft auf ihn wirkt?

14. Wenn K jedes Mal bis zum Stillstande seiner Bewegung mit gleichförmig verzögerter Bewegung fortgeht und das eine Mal die Anfangsgeschwindigkeit 1318 und das andere Mal die Anfangsgeschwindigkeit 526 besitzt; wie verhalten sich die vom K in beiden Fällen beschriebenen Wege, wenn jedes Mal die nämliche verzögernde Kraft auf ihn sich thätig erweist?

15. Wenn K, jedesmal bis zum Stillstande seiner Bewegung, mit gleichförmig verzögerter Bewegung fortgeht und das eine Mal den Weg 368 Fuß und das andere Mal die Bahn 124,8 Fuß beschreibt; wie verhalten sich die hierher gehörigen Zeiten? *)

16. Wie verhalten sich die Wege, welche der mit gleichförmig verzögerter Bewegung fortgehende K beziehlich in der 500ten und 90ten Sekunde beschreibt?

Resultate.

1) Wie 2809 zu 242064. **2)** 5,0009 zu 8,0187. **) **3)** Wie 70756 zu 164025. **4)** Wie 15 zu 2T — 1. **5)** 18585,6 Fuß. **6)** 1575,9375 Fuß. **7)** $\frac{5040}{5929}$ Fuß. **8)** 205,02 **9)** 11,36 Sekunden ***) **10)** 12,65 Sekunden. **11)** 29,338 Sekunden. **12)** 4,93, **13)** Wie 27225 zu 3844. **14)** Wie 434281 zu 69169. **15)** Wie 19,18 zu 11,17. **16)** Wie 179 zu 999.

---

*) Wenn nämlich die verzögernde Kraft sich nicht ändert.

**) Wenn man nur die 4 ersten Decimalstellen berücksichtigt.

***) Wenn man nur eine Genauigkeit von 2 Decimalstellen verlangt.

Fünftes Kapitel.

Von der Centralbewegung.

Was heißt Centralbewegung?

Was nennt man den Mittelpunkt der Kräfte?

Was heißt Centripetal- und Tangentialkraft; und wie werden diese beiden Kräfte zusammen genannt?

Was versteht man unter Centrifugal- oder Schwungkraft.

Was wird ein führender Halbmesser (radius vector) genannt?

Was heißt eine Ellipse?

Was versteht man unter der großen und kleinen Axe, den Polen, den Brennpunkten, den conjugirten Durchmessern nnd der Excentricität dieser Curve?

Wie legt man eine Ebene durch den senkrechten Kegel, damit die von der erstern und dem Kegelmantel gebildete Durchschnittsfigur als Ellipse sich zeigt?

Wie wird die Ellipse auf eine praktische Weise construirt?

Wie ergiebt sich in Fig. 2. die Richtigkeit der Gleichung:

$r = \frac{a^2 - \varepsilon^2}{a - \varepsilon \cos v}$ {wenn HL und DE senkrecht auf AB stehen, AC = BC = a, HG = r und GK = 2 ε gesetzt wird?}

Wie erhält man (in Fig. 2.) die Scheitelgleichung der Ellipse, nämlich

$y^2 = \frac{a^2 - \varepsilon^2}{a^2} (2ax - x^2)$ {wenn AL = x und HL = y gesetzt wird?}

Wie ergiebt sich (in Fig 2.) die Richtigkeit der Formel:

$y^2 = \frac{b^2}{a^2}(2ax - x^2)$, wenn man CD durch b ausdrückt?

Wie findet man die Mittelpunktsgleichung der Ellipse, nämlich

$y^2 = \frac{b^2}{a^2}(a^2 - z^2)$, wenn man CL durch z ausdrückt?

Warum sind die sphärischen Winkel einander gleich, welche dadurch entstehen, daß man aus jedem der Brennpunkte nach einem Punkte der Ellipse eine gerade Linie zieht?

Hauptsätze.

A. Centralbewegung im Allgemeinen.

I. Durch bloße Wirkung der Centripetalkraft wird der Körper K in eine oscillirende Bewegung versetzt.

II. Der von der Tangential- und Centripetalkraft zugleich getriebene Körper muß in einer krummen Linie fortgehen.

III. Bei jeder Centralbewegung legt der führende Halbmesser (radius vector) in gleichen Zeiten gleiche Flächenräume zurück; oder, was dasselbe ist: Bei jeder Centralbewegung sind die vom führenden Halbmesser beschriebenen Räume den entsprechenden Zeiten proportional.

IV. Die bei der Centralbewegung vom K beschriebene krumme Linie hängt

1) von der anfänglichen Stärke der Tangential- und Centripetalkraft,
2) von dem Winkel, welchen die Richtungen der Tangential- und Centripetalkraft mit einander bilden, und
3) von der größern oder kleinern Wirkung ab, welche die Centripetalkraft in verschiedenen Entfernungen auf das Bewegliche äußert.

V. Unter den krummen Linien, welche K bei der Centralbewegung beschreibt, kommen der Kreis und die Ellipse am häufigsten vor.

VI. Bei der Centralbewegung im Kreise ist der Mittelpunkt des Kreises auch der Mittelpunkt der Kräfte; bei der Centralbewegung in der Ellipse ist aber der Mittelpunkt der Kräfte in einem der Brennpunkte befindlich.

VII. Die Centralbewegung im Kreise ist gleichförmig, während die in der Ellipse als ungleichförmig sich zeigt.

VIII. Die führenden Halbmesser sind nur bei der Centralbewegung im Kreise einander gleich, während dieselben bei der Centralbewegung in der Ellipse bald größer und bald kleiner gedacht werden müssen.

IX. Wenn auf den in der Centralbewegung begriffenen K. die Centripetalkraft zu wirken aufhört, so muß K in der Tangente seiner krummlinigen Bahn fortgehen und sich in den meisten Fällen vom Mittelpunkte der Kräfte entfernen.

X. Wenn statt der Centripetalkraft irgend ein Hinderniß den bewegten K in gleichen Entfernungen vom Mittelpunkte der Kräfte zu bleiben nöthigt, so findet derselbe Erfolg wie bei der Centralbewegung statt.

XI. Bei Axendrehungen hat jeder Punkt des bewegten Körpers das Bestreben sich vom Mittelpunkte der Kräfte zu entfernen;

und er entfernt sich wirklich von demselben, wenn die Centrifugalkraft die Cohäsion des Körpers überwindet.

B. Centralbewegung im Kreise.

XII. Die Halbmesser zweier Kreise werden durch **R** und **r** bezeichnet; auch legt **K** in **T** Sekunden, mit der Geschwindigkeit **C** die Peripherie des 1sten und in **t** Sekunden mit der Geschwindigkeit **c**, die Peripherie des 2ten Kreises zurück; und endlich werden die auf **K** wirkenden Centripetalkräfte durch **F** und **f** ausgedrückt.

XIII. Es ist $T:t = R:r$, wenn $C = c$.

XIV. Man hat $T:t = c:C$, wenn $R = r$.

XV. Man erhält $\left\{ \begin{array}{l} T:t = (R.c):(r.C) \\ \text{oder } T:t = \dfrac{R}{C} : \dfrac{r}{c} \end{array} \right\}$.

XVI. Es ist $C:c = R:r$, wenn $T = t$.

XVII. Man hat $\left\{ \begin{array}{l} C:c = (R.t):(r.T) \\ \text{oder } C:c = \dfrac{R}{T} : \dfrac{r}{t} \end{array} \right\}$.

XVIII. Man erhält $R:r = (CT):(ct)$.

XIX. Es ist $F = \dfrac{C^2}{2R}$.

XX. Man bekommt $F:f = C^2:c^2$, wenn $R = r$.

XXI. Es ist $F:f = r:R$, wenn $C = c$.

XXII. Man hat $\left\{ \begin{array}{l} F:f = (C^2.r):(c^2.R) \\ \text{oder } F:f = \dfrac{C^2}{c^2} : \dfrac{R}{r} \end{array} \right\}$.

XXIII. Es ist $F:f = t^2:T^2$, wenn $R = r$.

XXIV. Man hat $F:f = R:r$ wenn $T = t$.

XXV. Es ergiebt sich $\left\{ \begin{array}{l} F:f = (R.t^2):(r.T^2) \\ \text{oder } F:f = \dfrac{R}{r} : \dfrac{T^2}{t^2} \end{array} \right\}$.

XXVI. Ist $T^2:t^2 = R^3:r^3$,
so folgt $F : f = r^2 : R^2$.

Uebungssätze.

1) Durch die Schleuder wird ein Stein oft sehr weit fortbewegt.

2) Ein befeuchteter und schnell umgedreheter Schleifstein spritzt das Wasser umher.

3) Bei einem fortrollenden Wagen wird der an seinen Rädern haftende Sand abgeworfen.

4) Ein inwendig auf einen Reifen gestelltes und mit Wasser gefülltes Glas fällt nicht herunter, wenn der Reifen schnell und geschickt in der Runde geschwungen wird.

5) Derjenige, welcher sehr schnell im Kreise herumreitet, muß seine Masse dem Mittelpunkte desselben nähern, u. s. w.

Aufgaben.

1) Finden Centralbewegungen in 2 Kreisen, deren Radien 5025 Fuß und 1 Ruthe 6 Fuß 3 Zoll betragen, statt, und ist die Geschwindigkeit in beiden dieselbe, so soll das Verhältniß der Zeiten ermittelt werden, welche 2 Körper *) gebrauchen, um die Peripherien der beiden Kreise zu beschreiben?

2) Zwei Körper **) bewegen sich in den Peripherien zweier Kreise mit gleichen Geschwindigkeiten, und durchlaufen dieselben beziehlich in 25,05 Sekunden und in 2 Minuten 5 Sekunden; wie verhalten sich die Halbmesser dieser Kreise zu einander?

3) Wenn 2 Körper die Peripherien zweier gleichen Kreise beziehlich in 5,04 Sekunden und 3,24 Sekunden durchlaufen, wie verhalten sich ihre Geschwindigkeiten zu einander?

4) Zwei Körper legen mit den Geschwindigkeiten 18,32 und 6,04 die Peripherien zweier gleichen Kreise zurück; wie verhalten sich die zu diesen Bewegungen gehörigen Zeiten zu einander?

5) Ein Körper legt die Peripherie eines Kreises, dessen Radius 5 Fuß 2 Zoll beträgt, mit der Geschwindigkeit 7,31; und ein anderer die Peripherie eines Kreises, dessen Halbmesser 3,02 Fuß ausmacht, mit der Geschwindigkeit 8,1 zurück; wie verhalten sich die diesen Bewegungen entsprechenden Zeiten zu einander?

6) Zwei Körper durchlaufen in gleichen Zeiten die Peripherien zweier Kreise, deren Radien $5\frac{1}{8}$ Fuß und $6\frac{3}{8}$ Fuß betragen; wie verhalten sich die hierher gehörigen Geschwindigkeiten?

7) Wenn 2 Körper in gleichen Zeiten mit den Geschwindigkeiten $5\frac{1}{2}$ und 6,25, die Peripherien zweier Kreise beschreiben; wie verhalten sich die Halbmesser dieser Kreise zu einander?

8) Ein Körper legt in 18,2 Sekunden den Umfang eines Kreises, dessen Radius 8 Zoll; und ein anderer in 1 Minute und 3 Sekunden die Peripherie eines Kreises, dessen Halbmesser 18 Fuß 9 Zoll ausmacht, zurück. Wie verhalten sich die Geschwindigkeiten dieser Körper zu einander?

9) Ein Körper beschreibt in $5\frac{1}{8}$ Sekunden mit der Geschwindigkeit 18,2 die Peripherie des ersten; und ein anderer in 2 Minuten 8 Sekunden mit der Geschwindigkeit 5 den Umfang des 2ten Kreises. Wie verhalten sich die Halbmesser der beiden Kreise zu einander?

*) d. h. zwei in der Centralbewegung begriffene Körper.

**) Man bemerke, daß die beiden Körper in allen Aufgaben dieses Kapitels vollkommen gleich, d. h. gleiches Volumen und gleiche Masse u. s. w. haben müssen.

10) Zwei Körper durchlaufen die Peripherien zweier gleichen Kreise mit den Geschwindigkeiten 5,01 und 2,13; wie verhalten sich die in beiden Kreisen thätigen Centripetalkräfte zu einander?

11) Wenn 2 Körper die Peripherien zweier gleichen Kreise beschreiben, und die Centripetalkräfte 4096 und 169 besitzen; wie verhalten sich die in beiden Kreisen stattfindenden Geschwindigkeiten zu einander?

12) Zwei Körper durchlaufen mit gleichen Geschwindigkeiten die Peripherien zweier Kreise, deren Radien 8 Fuß und $2\frac{1}{4}$ Fuß ausmachen; wie verhalten sich die in beiden Kreisen thätigen Centripetalkräfte zu einander?

13) Zwei Körper beschreiben mit gleichen Geschwindigkeiten die Peripherien zweier Kreise. Wenn aber nun die in beiden wirksamen Centripetalkräfte sich wie 8,28 zu 5,16 verhalten; in welchem Verhältnisse stehen alsdann die beiden Halbmesser zu einander?

14) Das Verhältniß der Centripetalkräfte zu ermitteln, wenn die Centralbewegungen in zweien Kreisen, deren Radien 8,01 und 4,04 Fuß betragen, mit den Geschwindigkeiten 6,5 und 2,04 geschehen?

15) Wenn 2 Körper die Peripherien zweier gleichen Kreise in 8,02 Sekunden und 14,8 Sekunden zurücklegen; wie verhalten sich die in beiden Kreisen thätigen Centripetalkräfte zu einander?

16) Auf 2 Körper, welche die Peripherien zweier gleichen Kreise zurücklegen, wirken die Centripetalkräfte 9,61 und 16,4025; wie verhalten sich die zu den Bewegungen nöthigen Zeiten zu einander?

17) Wenn 2 Körper in gleichen Zeiten die Peripherien 8,21 Fuß und 1 Ruthe 2 Zoll zurücklegen; wie verhalten sich die in beiden wirksamen Centripetalkräfte zu einander?

18) Wie verhalten sich die Centripetalkräfte, die auf 2 Körper, welche die Peripherien 6 Fuß 3 Zoll und 5 Fuß 1 Linie in gleichen Zeiten zurücklegen, sich thätig erweisen?

19) Bei zwei Schleudern werden 2 Kräfte angewendet, welche sich wie 1 zu 2 verhalten. Wenn aber nun die Längen der beiden Schnüre das Verhältniß 9:8 besitzen; wie verhalten sich alsdann die Geschwindigkeiten der in den Schleudern befindlichen gleichen Steine zu einander?

20) Auf 2 Körper, welche die Peripherien 68,0625 Fuß und 37,896336 Fuß zweier Kreise durchlaufen, wirkt dieselbe Centripetalkraft; wie verhalten sich die Geschwindigkeiten dieser Körper zu einander?

21) Wenn eine Kraft das eine Mal eine Schleuder von 9 Fuß und das andere Mal von 16 Fuß Länge in Bewegung setzt; in welchem Verhältnisse stehen alsdann die Geschwindigkeiten eines und desselben nach und nach eingelegten Steines zu einander?

22) Welche Kräfte muß man anwenden, um bei den Längen der Schleudern von 3 und 9 Fuß dieselben Geschwindigkeiten zu erzeugen?

23) Das Verhältniß anzugeben, welches bei einer um ihre Axe sich drehenden Kugel die Centrifugalkraft mit einem Punkte auf ihrer Oberfläche bildet?

24) Man soll die Geschwindigkeit C eines Körpers ermitteln, welcher in der Peripherie eines zum Halbmesser r gehörigen Kreises sich bewegt, damit die Schwungkraft und Centripetalkraft einander gleich werden, wenn K durch die bloße Wirkung der Centripetalkraft in einer Sekunde g Fuß zurücklegt?

25) Wie groß ist (in No. 24.) C, wenn r = 8,28 Fuß und g = 15 Fuß ausmacht?

26) Wenn 2 Körper ihre kreisförmigen Bahnen an den 8,23 Fuß und 1 Fuß 6 Zoll langen Fäden in gleichen Zeiten vollenden; in welchem Verhältnisse stehen die beiden Schwungkräfte zu etnander.

Resultate.

1) Wie 2,01 zu 0,73. **2)** Wie 501 zu 2500. **3)** Wie 9 zu 14. **4)** Wie 151 zu 458. **5)** Wie 209250 zu 110381. **6)** Wie 6 zu 7. **7)** Wie 22 zu 25. **8)** Wie 8 zu 65. **9)** Wie 3731 zu 25600. **10)** Wie 27889 zu 5041. **11)** Wie 64 zu 13. **12)** Wie 5 zu 16. **13)** Wie 43 zu 69. **14)** Wie 9400625 zu 467024. **15)** Wie 547600 zu 160801. **16)** Wie 81 zu 62. **17)** Wie 2463 zu 3650. **18)** Wie 900 zu 721. **19)** Wie 3 : 4. **20)** Wie 8,25 zu 6,156. **21)** In dem Verhältnisse 3 : 4. **22)** Die Kräfte 3 und 1.*) **23)** Es richtet sich nach der Entfernung der Punkte von der Axe. **24)** $C = \sqrt{(2gr)}$. **25)** C = 15,76. **26)** Im Verhältnisse 823 zu 150.

Sechstes Kapitel

Von der Schwere im Allgemeinen.

Was heißt Schwere und was wird Schwerkraft genannt?

Wann nennt man einen Körper K schwer?

Was versteht man unter irdischer, und was unter allgemeiner Schwere oder Gravitation?

---

*) oder 3 v und v.

Welches Bestreben ertheilt die irdische Schwere jedem irdischen Körper?

Was heißt ein Fall oder ein Fallen, und wann wird K ein fallender Körper genannt?

Was nennt man ein Steigen, und wann heißt K ein steigender Körper?

Was versteht man unter einem freiem Falle, und wann wird K ein frei fallender Körper genannt?

Was heißt ein Bleiloth?

Was nennt man eine Linie lothrecht oder vertikal und wagerecht oder horizontal?

Was wird eine horizontale, vertikale und was eine schiefe Ebene genannt?

Was heißt das absolute Gewicht oder schlechthin das Gewicht eines Körpers?

Welches absolute Gewicht wird ein für allemal als gegeben betrachtet und = 1 gesetzt?

Läßt sich das absolute Gewicht eines jeden Körpers durch die benannte Zahl A ℔ bezeichnen?

Wovon ist das absolute Gewicht des K abhängig; und weshalb werden die Massen der verschiedenartigsten Körper durch Gewichte mit großer Genauigkeit bestimmt?

Auf welche Weise werden die Kräfte auch durch Gewichte ausgedrückt?

Welche Vorrichtungen sind nöthig, damit die Gewichte in allen nur möglichen Richtungen sich thätig erweisen?

Was heißt eine Rolle?

Was wird eine feste und was eine lose Rolle genannt?

Wie werden die Körper an der Rolle befestigt?

Welche Gestalt besitzt die Erde E?

Was nennt man die Axe, die Pole, den Durchmesser u. s. w. der E.?

Dreht sich E. um ihre Axe und nach welcher Richtung findet dieses statt?

Welcher Punkt der E. ist als tiefster, d. h. als unterster Punkt anzusehen?

Was nennt man den Aequator, die Wendekreise, die Polarkreise und die Meridiane?

Was versteht man unter der geographischen Breite irgend eines auf E. befindlichen Ortes und was wird nördliche und was südliche Breite genannt?

Was versteht man unter der geographischen Länge eines Ortes; und was wird östliche und was westliche Länge genannt?

Welcher Meridian wird bei der Bestimmung der geographischen Länge als erster angesehen?

Welche Länge denkt man sich, wenn dieselbe ohne den Beisatz östlich oder westlich angegeben ist?

Weshalb wurden die Benennungen Längeund Breite eingeführt?

Was werden Parallelkreise genannt?

Wer hat die Theorie der allgemeinen Schwere entdeckt?

Hauptsätze.

I. Alle Körper sind schwer.

II. Die Wirkung der Schwere eines Körpers ist unter denselben Umständen desto größer, je mehr anziehende Theile, oder, was dasselbe ist, je mehr Masse er enthält.

III. Die Gesammtanziehung, welche alle materiellen Theile unserer Erde auf jeden irdischen Körper äußern, ist genau so, als ob blos im Mittelpunkte der E. eine anziehende Kraft vorhanden wäre.

IV. Die Richtung des vom Bleilothe gespannten Fadens geht, gehörig verlängert, durch den Mittelpunkt der E.; und da jeder nahe an der Erdoberfläche frei fallende Körper in der nämlichen Richtung sich bewegt, so ist die letztere ebenfalls lothrecht oder vertikal *).

V. In der Nähe einen hohen Berges wird das Bleiloth etwas

*) Man bemerke, daß in No. IV. die Erde als eine Kugel betrachtet wird, und daß auf der sphäroidischen E., worin a den Halbmesser des Aequators, b die halbe Erdaxe, und φ die geographische Breite des Ortes, worin der Fall geschieht, ausdrückt, der von der Falllinie eines Ortes und der hierher gehörige Erdhalbmesser gebildete Winkel ω aus der Gleichung:

$$\sin\omega = \frac{(a^2 - b^2)\sin\varphi \cdot \cos\varphi}{a^2\sin^2\varphi + b^2\cos^2\varphi}$$

sich ergiebt.

nach dem Berge hingezogen, und hierdurch die lothrechte Richtung des vom Bleilothe gespannten Fadens etwas abgeändert.

VI. Wenn 2 Körper nicht weit *) von einander und sehr nahe an der Erdoberfläche fallen, so kann man ihre Bewegungs-Richtungen als parallel ansehen, obgleich sie, gehörig verlängert, im Mittelpunkte der Erde sich schneiden.

VII. Die irdische Schwere ist eine stetig wirkende Kraft, welche an einem und demselben Orte auf jeden frei fallenden Körper, wenn sein Fall nahe an der Erdoberfläche und dabei im luftleeren Raume geschieht, immer mit gleicher Stärke und in derselben Richtung sich thätig erweist.

VIII. Da der frei fallende Körper durch jede stetige Wirkung der irdischen Schwere einen neuen, aber gleichen Zuwachs an Geschwindigkeit erhält, so muß die Bewegung dieses Körpers als eine gleichförmig beschleunigte sich zeigen.

IX. Die im 4ten Kapitel für die gleichförmig beschleunigte Bewegung gegebenen Sätze gelten also auch für den freien Fall der Körper, wenn nur jeder fallende K. nahe an der Erdoberfläche und dabei im luftleeren Raume sich bewegt.

X. Für größere Entfernungen**) von der Erdoberfläche ist die irdische Schwere nicht mehr als eine unveränderliche Kraft anzusehen, und ihre Wirkungen auf einen Körper verhalten sich alsdann wie umgekehrt die Quadrate der Entfernungen dieses K. vom Mittelpunkte der E. ***)

XI. Die Wirkungen der allgemeinen Schwere sind ebenfalls dem umgekehrten Verhältnisse der Quadrate der Entfernungen proportional.

XII. Die Wirkungen der irdischen Schwere sind nicht an allen Orten der Erdoberfläche einander gleich. Sie werden nämlich am Aequator am kleinsten, gegen die Pole zu immer größer und an den Polen selbst am größten befunden. †) Auch hat man auf einem be-

---

*) etwa 50 Fuß.

**) z. B. für einige Meilen.

***) Ist z. B. der Halbmesser der Erde $= r$, die Erhebung über der Oberfläche $= x$, die Schwere im Niveau des Meeres $= p$, in der Höhe x aber $= p^1$, so folgt $p^1 = p . \frac{r^2}{(x+r)^2}$, oder $p^1 = p . \frac{1}{(1+x)^2}$, wenn man r durch 1 bezeichnet.

†) Die Zunahme der Schwere vom Aequator zum Pole hin, ist dem Quadrate des Sinus der Breite proportional. Setzt man aber die Schwere unter dem Pole $= 1$, so ist sie unter dem Aequator $= 0,9965468$; und der Unterschied beider beträgt 0,0034531. Ist demnach die Schwere unter dem Aequator $= g$, so findet man die Schwere unter der Breite φ, nämlich:

$$1)\quad g^1 = g\,(1 + 0,0034531 \sin^2 \varphi).$$

deutend hohen Berge eine kleinere Wirkung der Schwere als an dem Fuße desselben bemerkt.

XIII. Die an verschiedenen Orten der Erdoberfläche stattfindenden Wirkungen der (irdischen) Schwere, verhalten sich wie die Fallhöhen, welche die Körper (im luftleeren Raume) in der 1sten Sekunde beschreiben.

XIV. Man hat gefunden, daß die Wirkung der irdischen Schwere am Aequator von derjenigen an den Polen ohngefähr um $\frac{1}{190}$ sich unterscheidet.

Uebungssätze.

1) Ein in der Hand befindlicher Stein fällt, sobald man ihn losläßt, auf die Erde.

2) Eine Schnur wird straff gezogen, wenn man eine bleierne Kugel u. s. f. an dieselbe hängt.

3) Ein an dem Ende eines beweglichen Balkens horizontal hängendes Brett wird niedergedrückt, sobald man einen Körper von verhältnißmäßig großem Gewichte darauf legt.

4) Alle Körper sind gleich schwer, wenn sie auch verschiedene absolute Gewichte besitzen.

Siebentes Kapitel
Von dem freien Falle der Körper.

Was nennt man die Gesetze des freien Falles und von wem wurden dieselben entdeckt?

Was nennt man die Atwood'sche Fallmaschine und wie ist dieselbe eingerichtet?

Da aber die eben erwähnte Formel nur für die ruhende Erde gilt, und die der Schwere entgegen wirkende Schwungkraft unter irgend einer Breite dem Quadrate des Cosinus der Breite proportional sich zeigt (so daß die Schwungkraft für die Breite $\varphi = k.\cos^2\varphi$ beträgt, wenn sie unter dem Aequater $= k$ ausmacht, so hat man für die drehende E. die Gleichung (1) in die richtigere:

$$g^1 = g.[1 + (0,0034531 + 0,0034495)\sin^2\varphi].$$

oder 2) $g^1 = g\ (1 + 0,0069026 \ldots . \sin^2\varphi)$,

oder 3) $g^1 = g\ (1,0034513 \ldots . - 0,0034513\cos^2\varphi)$;

und also für den 45ten Breitengrad in:

4) $g^1 = g\ (1,0034513)$ verwandelt.

Die Gleichungen 2—4 sind unter der Voraussetzung entwickelt, daß die Masse auf der ganzen E. gleichmäßig vertheilt sich zeigt.

Wie werden die Gesetze des freien Falles durch die eben erwähnte Maschine bestätigt?

Sind die Gesetze des freien Falles auch noch gültig, wenn die Körper in lufterfüllten Räumen sich bewegen?

Hauptsätze.

I. Wenn ein fallender Körper K *) T Sekunden hindurch sich bewegt, so verhalten sich die Endgeschwindigkeiten der auf einander folgenden Sekunden wie die natürlich auf einander folgenden Zahlen, oder wie die Zeiten.

II. Wenn ein fallender K. in den Zeiten T und t die Wege S und s zurücklegt oder wenn 2 fallende Körper in den Zeiten T und t die Wege S und s beschreiben, so verhalten sich diese Wege wie die Quadrate der Zeiten oder wie die Quadrate der Endgeschwindigkeiten. Es ist demnach: $\left\{\begin{array}{l} S:s = T^2 : t^2 \\ \text{oder } S:s = E^2 : e^2 \end{array}\right\}$ wenn E und e die Endgeschwindigkeiten in der Tten und tten Sekunde bezeichnen.

III. Die von dem fallenden K in den einzelnen Sekunden beschriebenen Wege verhalten sich wie die natürlich auf einander folgenden ungeraden Zahlen.

IV. Wenn K T Sekunden hindurch fällt und in der Tten Sekunde die Endgeschwindigkeit E erlangt, so ist der vom K in allen T Sekunden beschriebene Weg s nur halb so groß als der Weg S, welchen K zurücklegt, wenn derselbe T Sekunden hindurch mit der Endgeschwindigkeit E gleichförmig sich bewegt.

V. Wenn ein fallender K. T Sekunden hindurch sich bewegt und in der Tten Sekunde die Endgeschwindigkeit E erlangt, so ist der Weg dieses Körpers, nämlich

$$S = \frac{E\,T}{2}.$$

VI. Wenn K. eine Sekunde hindurch fällt und in dieser Zeit die Endgeschwindigkeit E erhält, so ist letztere doppelt so groß als das Maß des in der 1sten Sekunde beschriebenen Weges.

VII. Wenn K. T Sekunden hindurch fällt, so ist der von ihm beschriebene Weg, nämlich

$S = \mathfrak{S} . T^2$ {Wenn $\mathfrak{S}$ das Maß des vom K in der 1sten Sekunde beschriebenen Weges ist.

VIII. Legt ein fallender K. in der Zeit T die Bahn S zurück, so ist sein in der ersten Sekunde beschriebener Weg, nämlich

$$\mathfrak{S} = \frac{S}{T^2}.$$

---

*) Man bemerke, daß K. in diesem Kapitel stets ein freifallender Körper sein muß.

Dieser Weg wurde aber in unsern Gegenden $= 15\frac{5}{8}$ Rheinl. Fuß $= 15{,}625$ Rheinl. Fuß ermittelt.

IX. Wenn K. T Sekunden hindurch fällt und in der Tten Sekunde die Endgeschwindigkeit E erlangt, so ist

$$E = 2\mathfrak{G}T.$$

X. Wenn ein fallender K. am Ende seiner Bewegung die Endgeschwindigkeit E erhält, so ist die Zeit seines Fallens, nämlich:

$$T = \frac{E}{2\mathfrak{G}}.$$

XI. Wenn ein fallender K. die Bahn S zurücklegt, so ist die Zeit seiner Bewegung, nämlich:

$$T = \sqrt{\frac{S}{\mathfrak{G}}}.$$

XII. Hat ein fallender K. T Sekunden hindurch sich bewegt, und in der Tten Sekunde die Endgeschwindigkeit E erlangt, so ist der vom K durchlaufene Weg, nämlich:

$$S = \frac{E^2}{4\mathfrak{G}}.$$

XIII. Wenn der fallende K. in einer gewissen Zeit die Bahn S zurücklegt, so ist seine in der letzten Sekunde sich ergebende Endgeschwindigkeit, nämlich

$$E = 2\sqrt{\mathfrak{G}S}.$$

XIV. Wenn der fallende K. eine gewisse Zeit hindurch sich bewegt, in irgend einer Stelle der Bahn die Endgeschwindigkeit e erlangt, und von dieser Stelle ab noch T Sekunden hindurch fällt, so ist

1) die in der Tten Sekunde sich ergebende Endgeschwindigkeit, nämlich: $E = e + 2\mathfrak{G}T.$

und 2) der von K in allen T Sekunden beschriebene Weg, nämlich:

$$S = eT + \mathfrak{G}T^2.$$

XV. Wenn K. eine gewisse Zeit hindurch lothrecht in die Höhe steigt und nach Verlauf dieser Zeit wieder zu fallen beginnt, so wird er eben so viel Zeit zum Niederfallen wie zum Aufsteigen gebrauchen.

Aufgaben.

1. Wie verhalten sich die Endgeschwindigkeiten, welche der fallende K. in der 10ten, 20sten und 90sten Sekunde erlangt?

2. Wie verhalten sich die Wege, welche zwei fallende Körper in 8,25 und 3,005 Sekunden beschreiben?

3. Wie verhalten sich die Bahnen, welche ein fallender K. in der 7ten, 17ten und 39sten Sekunde zurücklegt?

4. Ein fallender Körper erlangt am Ende der 10ten Sekunde die Endgeschwindigkeit 312; wie groß ist der von ihm durchlaufene Weg?

5. Wie groß ist die Höhe, welche der fallende K. in 32,5 Sekunden beschreibt?

6. Welche Zeit gebraucht der fallende K. um 30 Ruthen 6 Fuß zurückzulegen?

7. K. legt in 8,88 Sekunden den Weg 1215,1 Fuß fallend zurück; wie groß ist die von ihm in der ersten Sekunde durchlaufene Bahn?

8. Welche Endgeschwindigkeit erlangt der fallende K. in 3,025 Sekunden?

9. In welcher Zeit fällt K. von einer $1562\frac{1}{2}$ Fuß betragenden Höhe herab?

10. Mit welcher Geschwindigkeit schlägt ein Körper auf die Erde, wenn er 20 Sekunden zu seinem Falle gebraucht?

Wie lange muß K fallen, damit er mit der Geschwindigkeit 1200 auf die Erde schlägt?

12. Mit welcher Geschwindigkeit fällt ein K. auf die Erde, wenn er bei seinem Falle einen Weg von $409\frac{3}{5}$ Fuß zurückgelegt hat?

13. Von welcher Höhe muß K. fallen, um mit einer Geschwindigkeit von 250 auf die Erde zu schlagen?

14. Wie tief wird ein Brunnen sein, wenn ein Stein nach 3,5 Sekunden, von dem Augenblicke an gerechnet, in welchem man ihn am obern Ende des Brunnens aus der Hand fallen läßt, auf das Wasser schlägt?

15. Wenn ein fallender Körper eine Höhe von 735,8 Fuß in 7,6 Sekunden zurücklegt; wie groß ist sein in der ersten Sekunde beschriebener Weg?

16. Eine Person bewegt sich auf einem Floße, gegen die Richtung desselben, mit einer von 0 beginnenden gleichförmig beschleunigten Bewegung, während das Fahrzeug mit einer bestimmten Geschwindigkeit sich zu bewegen anfängt, und mit gleichförmig verzögerter Bewegung dergestalt fortgeht, daß dasselbe ruht, während die Person ihre größte Geschwindigkeit erlangt. Wie mag die dadurch hervogebrachte Bewegung der Person einem am Ufer befindlichen Beobachter erscheinen?

17. Es soll Höhlen geben, in denen ein hineinfallender Stein erst nach 25 Sekunden auf die Erde kommt. Welche Tiefen müssen diese Höhlen besitzen?

Resultate.

1) Wie 1:2:9; **2)** Wie 2722500:361201; **3)** Wie 13:33:77; **4)** 1560 Fuß; **5)** 16503,90625 Fuß; **6)** 4,83 Sekunden; **7)** 15,409 Fuß; 8) Die Endgeschwindigkeit 94,53125; **9)** In 10 Sekunden; **10)** Mit der Geschwindigkeit 625; **11)** $38\frac{2}{5}$ Sekunden; **12)** Mit der Geschwindigkeit 160; **13)** Von der Höhe

1000 Fuß; **14)** 191,40625 Fuß; **15)** 12,73 Fuß; **16)** Als eine gleichförmige; **17)** Eine Tiefe von 9765,625 Fuß.

Achtes Kapitel.

Von dem Uebergewichte bei der Rolle.

Wenn an einer Rolle das Gewicht Q durch die Kraft $P > Q$ bewegt wird, welche Bewegung ergiebt sich für Q; und was wird hier das Uebergewicht oder Zulagegewicht genannt?

Aufgaben.

1. Wie groß ist die Endgeschwindigkeit **E**, welche **Q** nach der **T**ten Sekunde erlangt, und welchen Weg **S** legt **Q** in **T** Sekunden zurück?

2. Welche Werthe für **E** und **S** ergeben sich in No. 1. für $T = 2$ und 3 und 6 Sekunden, für $G = 15{,}625$ Fuß für $P = 2$ ℔ und für $Q = 1$ ℔ 30 Loth?

3. Wie groß muß das Zulage-Gewicht **p** genommen werden, damit **Q** in der 1sten Sekunde 1 Zoll zurücklegt, während es frei fallend $15\frac{5}{8}$ Fuß in dieser Zeit beschreibt?

4. Wenn **Q** den Weg **S** in der Zeit **T** bei dem Uebergewichte **p** vollendet; wie groß ist alsdann **G**?

5. Wie groß ist **G**, wenn in (4) $Q = 9000$ Gran, $p = 48$ Gran, $T = 1$ Sekunde und $S = 1$ Zoll beträgt?

6. Wie groß ist **Q**, wenn **p**, **S** und **T** gegeben sind?

7. Es ist (in No. 6) $p = 5$ Gran, $S = 1$ Fuß und $T = 2$ Sekunden gegeben; wie viel beträgt **Q**?

8. Wie groß ist **Q**, wenn **p**, **E** und **T** gegeben sind?

9. Welches Uebergewicht wurde angewendet, damit für den Weg **S** und das Gewicht **Q** die Fallhöhe **G** sich ergab?

10. Welche Kraft ist erforderlich, um **Q** in der **T**ten Sekunde die Endgeschwindigkeit **E** zu ertheilen?

11. Welche Kraft ist nöthig, um **Q** in **T** Sekunden **S** Fuß weit zu bewegen?

12. Man soll **p** aus **Q**, **T** und **E** ermitteln.

13. Es soll **T** aus **Q**, **p** und **E** berechnet werden.

14. Wie groß ist **T**, wenn **Q**, **p** und **S** gegeben sind.

Resultate.

1) $\begin{cases} E = \mathfrak{G}T\left(\frac{P-Q}{P+Q}\right) \text{ oder } E = \frac{2\mathfrak{G}pT}{2Q+p} \\ S = \mathfrak{G}T^2\left(\frac{P-Q}{P+Q}\right) \text{ oder } S = \frac{\mathfrak{G}pT^2}{2Q+p} \end{cases}$ wenn man $P - Q$ durch p bezeichnet und $\mathfrak{G}$ die im vorigen Kapitel angegebene Bedeutung besitzt.

2) $E = \frac{125}{128}$, $1\frac{41}{84}$, $2\frac{41}{42}$ und $S = \frac{125}{126}$ Fuß, $2\frac{13}{88}$ Fuß, $8\frac{13}{14}$ Fuß; 3) $p = \frac{2Q}{186,5}$. 4) $\mathfrak{G} = \frac{S(2Q+p)}{p \cdot T^2}$. 5) $\mathfrak{G} = 31$ Fuß 4 Zoll. 6) $Q = \frac{\mathfrak{G}pT^2 - Sp}{2S}$. 7) $Q = 13,1$ Gran. 8) $Q = \frac{2\mathfrak{G}pT - Ep}{2E}$.

9) Das Uebergewicht $p = \frac{2SQ}{\mathfrak{G}T^2 - S}$. 10) Die Kraft $P = \frac{(2\mathfrak{G}T + E)Q}{2\mathfrak{G}T - E}$. 11) Die Kraft $P = \frac{(\mathfrak{G}T^2 + S) \cdot Q}{\mathfrak{G}T^2 - S}$. 12) $p = \frac{2EQ}{2\mathfrak{G}T - E}$. 13) $T = \frac{(2Q+p)E}{2\mathfrak{G}p}$. 14) $T = \sqrt{\frac{(2Q+p)S}{\mathfrak{G}p}}$.

Neuntes Kapitel.

Von dem Falle der Körper auf der schiefen Ebene.

Was nennt man den Fall eines Körpers K auf der schiefen Ebene?

Was wird (in Fig. 3.) die Länge, die Höhe, die Basis oder Grundlinie und der Neigungswinkel der schiefen Ebene genannt?

Was ist eine absolute, respektive und was eine drükkende Kraft?

Weshalb heißt die schiefe Ebene eine mechanische Potenz?

Was wird eine gebrochene Ebene genannt?

Hauptsätze.

I. Legt man K auf eine horizontale Ebene, so ruht er auf derselben, wenn die Ebene stark genug ist, seinem Drucke zu widerstehen.

II. Bringt man K auf eine schiefe Ebene, so muß er, wenn keine andere Kraft ihn zurückhält, auf derselben hinab sich bewegen.

III. Die absolute Kraft ist größer, als die respektive und auch größer als die drückende.

IV. Sämmtliche Kräfte wirken stetig, und in allen Punkten der schiefen Ebene beziehlich mit gleicher Stärke auf den hinabgehenden K.

V. Die Bewewegung des K. auf der schiefen Ebene muß aber dieserhalb als eine gleichförmig beschleunigte sich zeigen.

VI. Die im 7ten Kapitel vorkommenden Gesetze des freien Falles gelten also auch für die auf schiefen Ebenen hinabgehenden Körper. Es ist aber, bei dem Neigungswinkel φ, der vom K in der 1sten Sekunde auf der schiefen Ebene beschriebene Weg, nämlich

$$g = \mathfrak{G} . \sin \varphi,$$

wenn dieser Körper die Bahn $\mathfrak{G}$ in derselben Zeit freifallend durchläuft.

VII. Schreibt man in die für den freien Fall erhaltenen Gleichungen statt $\mathfrak{G}$ jetzt $\mathfrak{G} . \sin \varphi$, so erhält man für den Fall auf der schiefen Ebene, deren Neigungswinkel φ beträgt, die Formeln:

1) $\mathbf{S} = \mathfrak{G} . \sin \varphi . \mathbf{T}^2$;

2) $\mathfrak{G} = \dfrac{\mathbf{S}}{\sin \varphi \; \mathbf{T}^2}$;

3) $\mathbf{E} = 2 \mathfrak{G} . \sin \varphi . \mathbf{T}$;

4) $\mathbf{T} = \dfrac{\mathbf{E}}{2 \mathfrak{G} . \sin \varphi}$;

5) $\mathbf{T} = \sqrt{\dfrac{\mathbf{S}}{\mathfrak{G} . \sin \varphi}}$;

6) $\mathbf{S} = \dfrac{\mathbf{E}^2}{4 \mathfrak{G} . \sin \varphi}$;

7) $\mathbf{E} = 2 \sqrt{\mathfrak{G} . \sin \varphi . \mathbf{S}}$, u. s. w.

VIII. Bezeichnet man die Länge der schiefen Ebene durch l und die Höhe derselben durch h, so erhält man aus No. 1 — 7 der vor. Nummer:

1) $\mathbf{S} = \dfrac{\mathfrak{G} . \mathbf{h}}{\mathbf{l}} . \mathbf{T}^2$;

2) $\mathfrak{G} = \dfrac{\mathbf{S} . \mathbf{l}}{\mathbf{h} . \mathbf{T}^2}$;

3) $\mathbf{E} = \dfrac{2 \mathfrak{G} \mathbf{h} \mathbf{T}}{\mathbf{l}}$;

4) $\mathbf{T} = \dfrac{\mathbf{E} \mathbf{l}}{2 \mathfrak{G} \mathbf{h}}$;

$$5)\quad T = \sqrt{\frac{S l}{\mathfrak{G} h}};$$

$$6)\quad S = \frac{E^2 l}{4 \mathfrak{G} h};$$

$$7)\quad E = 2\sqrt{\frac{\mathfrak{G} h S}{l}};\ \text{u. s. w.}$$

IX. Die Gesetze der gleichförmig beschleunigten Bewegung und somit auch die des freien Falles werden durch die von Galilei zuerst angestellten Versuche mit der schiefen Ebene gleichfalls bestätigt.

X. Wenn K auf der schiefen Ebene hinabgeht, so erhält sich die absolute Kraft zur respektiven, wie die Länge der schiefen Ebene zu ihrer Höhe.

Es ist demnach: $A : R = l : h.$

XI. Wenn K auf der schiefen Ebene hinabgeht, so verhält sich die absolute Kraft zur drückenden wie die Länge der schiefen Ebene zu ihrer Grundlinie.

Es ist also: $A : D = l : b.$

XII. Aus No. IX. und X. erhält man noch:

$$1)\quad R = \frac{A h}{l};$$

$$2)\quad R = \frac{D h}{b};$$

$$3)\quad R = A \,.\, \sin\varphi;$$

$$4)\quad D = \frac{A b}{l};$$

$$5)\quad D = \frac{b \,.\, R}{h};$$

$$6)\quad D = A \,.\, \cos\varphi.$$

XIII. Um die Bewegung eines auf der schiefen Ebene befindlichen K zu verhindern, ist eine Kraft erforderlich, welche der respektiven genau entgegenwirkt und sich zur absoluten Kraft wie die Länge der schiefen Ebene zur Höhe verhält.

XIV. Ist an der schiefen Ebene, deren Neigungswinkel φ beträgt, parallel mit der Oberfläche eine Kraft K thätig, um den P Pfund wiegenden Körper am Herabgleiten zu hindern, so ist

$$K = P \,.\, \sin\varphi.$$

XV. Wirkt an der schiefen Ebene, deren Neigungswinkel φ ausmacht, parallel mit der Basis die Kraft K, um den P ℔ wiegenden Körper am Herabgleiten zu hindern, so ist:

$$K = P \,.\, \mathrm{tg}\,\varphi.$$

XVI. Wirkt an der um φ Grad geneigten Ebene unter einem

Winkel α gegen die Fläche derselben eine Kraft K, um den P W wiegenden Körper am Herabgleiten zu hindern, so ist

$$K = \frac{P \cdot \sin \varphi}{\cos \cdot \alpha};$$

XVII. Wenn K den Durchmesser **ab** eines Kreises frei fallend beschreibt, so legt er jede der Sehnen **ac, ad, ae** u. s. w. (als Durchschnitt einer schiefen Ebene betrachtet) in der nämlichen Zeit zurück (Fig. 4.)

XVIII. Geht K die schiefe Ebene hinab, so erlangt er am Ende seiner Bewegung dieselbe Geschwindigkeit, welche er beim freien Falle von der Höhe der schiefen Ebene bekommt.

XIX. Fällt K auf der gebrochenen Ebene **abcd** (Fig. 5.) von **a** bis **d** hinab, so erlangt er dieselbe Endgeschwindigkeit, welche er beim freien Falle von der lothrechten Höhe **ah** bekommt, wenn nur K in den Brechungspunkten nichts von seiner bereits erhaltenen Geschwindigkeit verliert.*)

XX. Wenn K aus einer horizontalen Ebene in eine andere übergeht, so muß er auf jedem Wege, welcher von der einen zur andern führt, die nämliche Geschwindigkeit erhalten.

XXI. Geht K (in Fig. 6.) die krumme Fläche **abcd** hinab, so ist seine Geschwindigkeit in den Punkten **b, c** und **d** beziehlich so groß, als die Geschwindigkeit, welche der in der lothrechten Linie **ah** freifallende K in den Punkten **f, g** und **h** erhält.

XXII. Wenn der im Punkte **d** befindliche K die gebrochene Ebene **dcba** (Fig. 5.) oder die krumme Fläche **dcba** (Fig. 6.) hinaufsteigt, und seine Bewegung mit einer der Fallhöhe **ah** zugehörigen Geschwindigkeit beginnt, so muß K in **a** den Rest seiner Geschwindigkeit verlieren.

Uebungssätze.

1) Ein nicht gehemmter Wagen schießt mit großer Geschwindigkeit von einer Anhöhe herab.

2) Ein Stein, welchen man in der horizontalen Ebene kaum von der Stelle bringt, wird von einer ziemlich steilen Anhöhe ohne große Mühe herabgerollt.

3) Wenn Jemand von einem Berge herabsteigt, so muß er öfters eine beträchtliche Kraft anwenden, um zu verhindern, daß er nicht mit zu großer Geschwindigkeit hinabkomme.

4) Jede auf der schiefen Ebene hinabgehende Kugel wird **) in eine wälzende Bewegung versetzt.

---

*) d. h., wenn die Flächenwinkel sich nur wenig von 180° unterscheiden.
**) Auch ohne Reibung.

5) Je mehr die schiefe Ebene der vertikalen sich nähert, desto weniger drückt der hinabgehende Körper auf dieselbe und desto geschwinder geht er auf ihr hinab.

6) Das Ersteigen eines Berges wird desto beschwerlicher, je steiler der letztere sich zeigt.

7) Die herabrollenden Steine, Schneelawinen u. s. w. erlangen öfters eine bedeutende Geschwindigkeit.

8) Ein Körper wird vermittelst der schiefen Ebene von einem höhern Orte nach einem tiefern und umgekehrt mit bedeutender Kraftersparniß gebracht; und die schiefe Ebene ist aus diesem Grunde zur Fortschaffung großer Lasten sehr geeignet.

Aufgaben.

1) Ein Körper K, dessen anfängliche Geschwindigkeit 0 beträgt, geht auf einer schiefen und um 30° geneigten Ebene herunter. Welchen Weg legt K in 10,25 Sekunden zurück?

2) Auf einer um 45° geneigten Ebene beschreibt der heruntergehende K die Bahn 260,35 Fuß in 5,25 Sekunden; wie viel Fuß legt er in der 1sten Sekunde zurück?

3) Welche Endgeschwindigkeit erlangt der auf der schiefen und um 60° geneigten Ebene heruntergehende K in 8 Sekunden? *)

4) Die Zeit zu ermitteln, welche ein auf der schiefen und um 30° geneigten Ebene heruntergehender K, um die Endgeschwindigkeit 185,5 zu erlangen, gebraucht?

5) Wenn eine schiefe Ebene den Neigungswinkel 30° besitzt und auf derselben K den Weg 150,15 zurücklegt; wie groß ist die hierzu nöthige Zeit?

6) Welchen Weg beschreibt K auf einer um 30° geneigten Ebene, wenn er am Ende seiner Bewegung die Endgeschwindigkeit 60,25 erlangt?

7) Auf einer um 30° geneigten Ebene legt K die Bahn 125,6 Fuß zurück; wie groß ist die Geschwindigkeit, welche er am Ende dieser Bewegung erlangt?

8) Wie groß ist der Weg, welchen K in 5 Sekunden auf einer schiefen Ebene von 36,2 Fuß Länge und 20,35 Fuß Höhe durchläuft?

9) Wenn K auf einer schiefen Ebene, deren Länge 200 und deren Höhe 8,5 Fuß ausmacht, den Weg 125,8 Fuß in 5 Sekunden beschreibt; wieviel Fuß legt er in der 1sten Sekunde zurück?

10) Wie groß ist die Endgeschwindigkeit, welche K in 18,2 Sekunden auf einer 30 Fuß langen und 10 Fuß hohen schiefen Ebene erlangt?

---

*) Man bemerke, daß der Weg, welchen K in der 1sten Sekunde beschreibt, stets $15\frac{5}{8}$ Fuß gerechnet wird.

11. Welche Zeit wird erfordert, damit K auf einer 5 Fuß langen und 3,2 Fuß hohen schiefen Ebene die Endgeschwindigkeit 20,25 bekommt?

12. In welcher Zeit beschreibt K auf einer 12 Fuß langen und 4 Fuß hohen schiefen Ebene die Bahn 10 Fuß?

13. Welchen Weg legt K. auf einer 180,2 Fuß langen und 10 Fuß hohen, schiefen Ebene zurück, wenn er am Ende seiner Bewegung die Endgeschwindigkeit 28 erlangt?

14. Wie groß ist die Endgeschwindigkeit, welche K erlangt, wenn er auf einer 20 Fuß hohen und 200 Fuß langen, schiefen Ebene den Weg 102 Fuß zurücklegt?

15. Welchen Neigungswinkel hat die schiefe Ebene auf welcher K in 5 Sekunden den Weg 200,2 Fuß beschreibt?

16. Wenn ein auf der schiefen Ebene heruntergehender K in 8,1 Sekunden die Endgeschwindigkeit 80 erlangt, wie groß ist der Neigungswinkel der schiefen Ebene?

17. Auf einer schiefen Ebene durchläuft K in 8 Sekunden die Bahn 18 Fuß, wie groß wird der Neigungswinkel dieser Ebene sein müssen?

18. Welchen Neigungswinkel besitzt eine schiefe Ebene, auf welcher K den Weg 40,5 Fuß beschreibt und am Ende seiner Bewegung die Geschwindigkeit 10 erlangt?

19. In Frankreich haben die Chausséen eine Neigung von ohngefähr 4° 46′. Mit welcher Kraft wird ein 2 Centner wiegender K darauf herunter getrieben?

20. Mit welcher Kraft drückt ein 658,4 Pfund wiegender Körper auf eine schiefe Ebene, deren Neigung 7° 14′ 16,4″ ausmacht; und mit welcher Kraft fällt er auf derselben herab?

21. Mit welcher Kraft drückt ein 50 ℔ wiegender K auf eine schiefe Ebene, deren Länge 10,2 Fuß und deren Basis 4,25 Fuß ausmacht?

22. Mit welcher Kraft geht der $53\frac{1}{2}$ ℔ wiegende K eine schiefe Ebene, deren Länge 20 Fuß und deren Höhe 8 Fuß 6 Zoll beträgt, hinunter?

23. Welche Kraft ist nöthig, um den 2,026 Centner wiegenden K am Herabgleiten auf der um 30° geneigten Ebeene zu hindern, wenn die Kraft parallel mit der Oberfläche sich thätig erweist?

24. Wie groß ist die Kraft, wenn (in No. 23.) das Gewicht des K 83,2 ℔ und die Neigung der Ebene 10° ausmacht?

25. Welche Kraft wird erfordert, um den $40\frac{1}{2}$ ℔ wiegenden K. am Herabgleiten auf der um 12° geneigten Ebene zu hindern, wenn die Kraft parallel mit der Basis sich wirksam erweist?

26. Wie viel beträgt die Kraft, wenn (in No. 25.) das Gewicht des K 10 ℔ und die Neigung der Ebene 14° 15′ ausmacht?

27. Welche Kraft wird gebraucht, um den 2 Centner wiegenden K am Herabgleiten auf der um 4° 46′ geneigten Ebene zu hindern, wenn die Kraft unter einem Winkel von 30° gegen die Fläche der Ebene sich thätig erweist?

28. Wie groß ist die Kraft, welche (in No. 27.) unter einem Winkel von 12° 5′ gegen die Fläche der um 16° 15′ geneigten Ebene wirken muß, um den 80 ℔ wiegenden K. am Herabgleiten zu hindern?

29. Unter welchem Winkel muß eine Bahn angelegt werden, die bei einer geradlinigen Länge von 100 Fuß die Baumstämme in 20 Sekunden herabrollen läßt?

30. Mit welcher Geschwindigkeit werden (in No. 29.) die Stämme aufschlagen?

Resultate.

1) 80,078125 Fuß. **2)** 13,3584 Fuß. **3)** 216,506. **4)** 11,872 Sekunden. **5)** 4,38 Sekunden. **6)** 116,162 Fuß. **7)** 62,64 .... **8)** 219,59 Fuß. **9)** 118,4 Fuß. **10)** 189,5833. **11)** 1,0125 Sekunden. **12)** In 1,92 Sekunden. **13)** 226,04 Fuß. **14)** 7,98. **15)** 30° 5′.*) **16)** 18° 25′. **17)** 1° 2′ **18)** 2° 15′ 50″. **19)** Mit 0,15 Centner. **20)** Der Körper drückt mit der Kraft 653,1536 ℔ und geht mit der Kraft 82,95134 ℔ auf der schiefen Ebene hinab. **21)** Mit 20,8333 ℔. **22)** Mit 22,7375 ℔. **23)** Mit 1,013 Centner. **24)** 14,4475 ℔. **25)** 8,60854 ℔. **26)** 2,53968 ℔. **27)** 0,1919 Centner. **28)** 106,9404 ℔. **29)** Unter dem Winkel 18° 41′. **30)** Mit der Geschwindigkeit 44,72.

Zehntes Kapitel.

Von der Pendelschwingung.

Was heißt ein einfaches Pendel oder blos ein Pendel?

Was nennt man den Aufhangspunkt und die Länge des Pendels?

Giebt es in der Wirklichkeit ein einfaches Pendel?

---

*) Wenn man nur Grade und Minuten verlangt.

Wie nennt man die Bewegung des Pendels?

Was heißt ein Pendelschlag oder eine ganze Schwingung?

Was nennt man die Schwingungsdauer und was den Schwingungsbogen?

Welche Schwingungen heißen gleichdauernd, oder isochronisch?

Was versteht man unter dem Elevations- oder Elongations-Winkel eines Pendels?

Was wird ein Sekundenpendel genannt?

Was nennt man ein zusammengesetztes Pendel?

Was heißt der Schwingungspunkt und was die Länge eines solchen Pendels?

Wie sind die zusammengesetzten Pendel eingerichtet?

Welches zusammengesetzte Pendel kommt dem einfachen sehr nahe?

Auf welche Weise werden die Pendel bei Standuhren, Tertienuhren, Taschenuhren und andern Vorrichtungen angewendet?

Was heißt ein Metronom oder musikalischer Taktmesser; wie ist derselbe eingerichtet, und auf welche Weise wird er gebraucht?

Was nennt man eine Cycloide oder Radlinie (Fig. 7)?

Wie erhält man die Gleichung der Cycloide, nämlich:

$$\frac{r-y}{r} = \cos\left(x + \sqrt{\frac{2ry-y^2}{r}}\right),$$

wenn $CE = r$, $AH = x$ und $BH = y$ gesetzt wird?

Hauptsätze.

I. Wenn man (Fig. 8.) das lothrecht herunter hängende Pendel **ab** um den Bogen **bc** erhebt, so wird der schwere Punkt mit ungleichförmig beschleunigter Bewegung in dem Kreisbogen **cb** von **c** bis **b** fortgehen, und in den Orten **m** und **b** beziehlich dieselben Geschwindigkeiten wie beim freien Falle durch die lothrechten Linien **rg** und **rb** erhalten.

II. Hat (in Fig. 8.) das Pendel seinen Niedergang mit ungleichförmig beschleunigter Bewegung durch den Winkel **cab** in **T** Sekunden gemacht, so steigt es in derselben Zeit auf der andern Seite mit ungleichförmig verzögerter Bewegung um einen gleichen Winkel **bad** hinauf, geht alsdann mit ungleichförmig beschleunigter Bewegung durch denselben Winkel in Sekunden hinab, steigt hierauf mit ungleichförmig verzögerter Bewegung durch ∠**bac** wieder hinauf und setzt auf die Weise *) seine Bewegung weiter fort.

III. Wenn ein Pendel P in der Peripherie eines Kreises ungleiche Schwingungsbogen beschreibt, so schwingt dasselbe nicht isochronisch. Sind aber die Schwingungsbogen sehr klein, **) so ist der Unterschied der Schwingungsdauer sehr gering, und erst nach vielen Schwingungen bemerkbar.

IV. Ein in dem Bogen einer Cycloide schwingendes P. gebraucht für größere und kleinere Schwingungsbogen die nämliche Zeit. Die Cycloide heißt deshalb die tautochronische Linie oder die Linie derselben Zeit; auch wird diese Linie die brachystochronische Linie oder die Linie des geschwindesten Falles genannt, weil ein schwerer Punkt, welcher von einem höheren Orte zu einem tiefern in dem Bogen dieser Linie gelangt, dazu weniger Zeit gebraucht, als wenn er auf einer andern krummen oder geraden Linie vom ersten Orte zum zweiten übergeht.

V. Für sehr kleine Elevationswinkel fällt der Kreisbogen mit dem Cycloidenbogen zusammen.

VI. Die an dem nämlichen Orte stattfindenden Schwingungen eines Pendels sind gleichdauernd oder isochronisch.

VII. Wenn man den Ort in der lothrechten Richtung nur um ein Unbedeutendes verändert, so wird bei demselben P eine unverminderte Gleichzeitigkeit der Schwingungen bemerkt.

VIII. Wenn man an demselben P. schwere Punkte von den verschiedenartigsten Materien anbringt, so wird ***) an dem nämlichen Orte weder in den Schwingungsbogen noch in den Schwingungszeiten ein Unterschied bemerkt

IX. Man hat gefunden, daß das nämliche P. am Aequator am langsamsten, gegen die Pole zu immer schneller schwingt, daß dasselbe auf einem bedeutend hohen Berge langsamere Schwingungen, als an dem Fuße desselben macht und daß hierdurch die Abnahme der Schwere gegen den Aequator zu u. s. w. aufs Neue sich bestätigt.

X. Ist die Länge eines Pendels $= L$, seine Schwingungsdauer $= T$, hat G seine frühere Bedeutung und ist $\pi = 3{,}14159\ldots$, so erhält man für kleine Elevationswinkel:

$$T = \tfrac{1}{2}\pi\sqrt{\frac{2L}{G}}.\ \dagger)$$

*) Ohne den Widerstand der Luft, die Reibung am Aufhangspunkte u. s. w.

**) Etwa 8—10 Grad.

***) natürlich im luftleeren Raume.

†) Für den beliebigen Elevationswinkel α ergiebt sich aber ganz genau:

$$T = \tfrac{1}{2}\pi\left[1 + (\tfrac{1}{2})^2.\frac{\sin\operatorname{vers}\alpha}{2l} + \left(\frac{1.3}{2.4}\right)^2\left(\frac{\sin v.\alpha}{2l}\right)^2 + \ldots\right].\sqrt{\frac{2L}{G}}.$$

XI. Haben 2 Pendel, welche an verschiedenen Orten der Erdoberfläche schwingen, die Längen L und l, ist die Schwingungsdauer des 1sten Pendels $= T$, die des 2ten $= t$, und stellen $\mathfrak{G}$ und $\mathfrak{G}_1$, die in der 1sten Sekunde stattfindenden ungleichen Wege der Körper an verschiedenen Orten dar, so ist:

$$\frac{L}{\mathfrak{G}} : \frac{l}{\mathfrak{G}^1} = T^2 : t^2.$$

XII. Ist in vor. Nummer $L = l$, so folgt:

$$1)\quad \mathfrak{G} : \mathfrak{G}_1 = t^2 : T^2;$$

ist dagegen $T = t$, so ergiebt sich:

$$2)\quad \mathfrak{G} : \mathfrak{G}_1 = L : l.$$

XIII. Aus No. IX. und X. geht hervor, daß ein Pendel, welches nahe an den Polen in irgend einer Zeit *eine* Schwingung macht, am Aequator etwas verkürzt werden muß, damit es daselbst in der nämlichen Zeit ebenfalls eine Schwingung vollbringt. *)

XIV. Haben 2 Pendel, welche (nach einander) an demselben Orte der Erdoberfläche schwingen, die Längen L und l, ist die Schwingungsdauer des 1sten Pendels $= T$, die des 2ten $= t$, und haben beide in demselben Zeitraume beziehlich N und n Schwingungen gemacht, so ist unter denselben Umständen:

$$1)\quad L : l = T^2 : t^2.$$

und

$$2)\quad L : l = n^2 : N^2.$$

XV. Man erhält für 2 verschiedene Orte der Erdoberfläche:

$$\mathfrak{G} : \mathfrak{G}_1 = N^2 : n^2,$$

wenn $\mathfrak{G}$ und $\mathfrak{G}_1$ die Fallräume in der ersten Sekunde, und N und n die Anzahl der Schwingen angeben, welche 2 gleich lange Pendel in gleichen Zeiten vollenden.

XVI. Es ist: $$1)\quad L = \frac{2\,\mathfrak{G}\,T^2}{\pi^2}.$$

und $$2)\quad \mathfrak{G} = \frac{L.\pi^2}{2\,T^2}.$$

---

*) Bezeichnet man nämlich die Länge 39,01520 engl. Zoll = 0,99086 Meter = 36,60385 Pariser Zoll des Sekundenpendels unter dem Aequator an der Oberfläche des Meeres durch l und die Länge desselben unter der Breite φ durch l^1, so ist:

$$l^1 = l.(1 + 0{,}00519 \sin^2\varphi).$$

Auch ergeben sich durch die Pendelschwingungen für die im Kapitel VI. No. XII. erhaltenen Gleichungen (2) und (3) die Formeln:

$$g^1 = g.(1 + 0{,}00520868 \sin^2\varphi)$$

und

$$g^1 = g.(1{,}00260434 - 0{,}00260434 \cos 2\varphi).$$

Nimmt man endlich den Weg, welchen ein Körper unter dem 45sten Breitengrade in der ersten Sekunde freifallend beschreibt, als Einheit an, und bezeichnet denselben durch $\mathfrak{G}$, so ist die vom K. unter der Breite φ beim freien Falle in der ersten Sekunde zurückgelegte Bahn, nämlich:

$$\mathfrak{G}^1 = \mathfrak{G}\,(1 - 0{,}00260434 \cos 2\varphi).$$

XVII. Man erhält die Länge des Sekundenpendels, nämlich: $l = \frac{N^2 . L}{3600}$ {wenn N die Zahl der Schwingungen angiebt, welche das L Fuß lange Pendel in einer Minute beschreibt.
Auch ergiebt sich ferner:

$$l = \frac{2}{\pi 2} . \mathfrak{G} = 0{,}202642\ \mathfrak{G}\ ^{*}).$$

Und endlich ist für die Länge l des Sekundenpendels

$$\mathfrak{G} = \frac{\pi^2}{2} . l = 4{,}934793 . l.$$

XVIII. Die Länge des Sekundenpendels beträgt in unsern Gegenden ziemlich genau 3,167 Rheinl. Fuß = 3,0598 Pariser Fuß, am Aequator 3,0500 P Fuß, in Paris 3,0591 Pariser Fuß, zu Pello in Lappland 3,0635 P. Fuß und unter dem 45 Grade der Breite 3,0585 Pariser Fuß. Auch ist der Fallraum der 1sten Sekunde am Aequator 15,0511 Par. Fuß, in Paris 15,0960 Par. Fuß, zu Pello in Lappland 15,1182 Par. Fuß, unter dem 45ten Breitengrade 15,0932 Par. Fuß, während er in unsern Gegenden 15,625 Rheinl. Fuß = 15,0966 Par. Fuß beträgt.

XIX. Wenn in (Fig. 8.) ein Pendel das eine Mal in c und das andere Mal in m zu schwingen anfängt, so verhalten sich die Geschwindigkeiten E und e, welche der schwere Punkt im untersten Punkte b seiner Bahn erhält, wie die Sehnen der durchlaufenen Bogen. Es ist deshalb:

$$E : e = cb : mb.$$

XX. Die Geschwindigkeit, womit das Pendel in seine tiefste Stellung kommt, beträgt für den Elongationswinkel α und die Länge L des Pendels =

$$2 . \sqrt{L(1 - \cos\alpha)\mathfrak{G}}.$$

Auch ist 2) $\cos\alpha = 1 - \frac{E^2}{4\mathfrak{G}L}$.

XXI. In jedem zusammengesetzten P. ist **ein einziger** Schwingungspunkt vorhanden.

XXII. Bei einer gleichartigen und gleich dicken Stange ist der Schwingungspunkt um $\frac{2}{3}$ der Länge vom Aufhangspunkte entfernt.

XXIII. Ist bei einem zusammengesetzten P. eine massive Kugel an einem Faden von unmerklichem Gewichte aufgehangen, so ist der Schwingungspunkt unter dem Mittelpunkte der Kugel befindlich. **)

*) Wenn man nur eine Genauigkeit von 6 Decimalstellen verlangt.

**) Ist l die Entfernung des Mittelpunkts der Kugel vom Aufhangspunkte, r der Radius der Kugel und x die Entfernung des Schwingungspunktes vom Mittelpunkte, so ist

$$x = \frac{2r^2}{5l}.$$

XXIV. Durch den Widerstand der Luft, die Reibung am Aufhangspunkte u. s. w. werden die in diesem Kapitel erhaltenen Gesetze des Pendels mehr oder weniger modificirt.

Uebungssätze.

1) Ein einfaches Pendel schwingt (unter denselben Umständen) desto langsamer, je größer seine Länge sich zeigt.

2) Die an verschiedenen Orten der Erde stattfindenden Wirkungen der Schwere verhalten sich wie die Längen der Sekundenpendel, oder wie die Quadrate aus der Anzahl der Schwingungen, welche gleich lange Pendel in gleichen Zeiten beschreiben.

3) Der mit einem Stocke gegebene Schlag erzeugt die größte Wirkung, wenn man ihn mit derjenigen Stelle verübt, welche um $\frac{2}{3}$ der Länge des Stockes von der Hand absteht.

4) Bei einer Kugel, welche etwa 3 Linien im Durchmesser hat, und an einem dünnen 3 oder mehr Zoll langen Faden hängt, ist die Entfernung des Mittelpunktes vom Schwingungspunkte als 0 anzusehen.

5) Ist der an einem zusammengesetzten Pendel vorhandene kugel- oder linienförmige Körper verschiebbar, so schwingt das Pendel schneller oder langsamer, je nachdem man den Körper dem Aufhangspunkte näher rückt, oder ihn von demselben entfernt.

6) Unter 2 zusammengesetzten Pendeln von gleicher Länge hat dasjenige im lufterfüllten Raume, die kleinere Schwingungsdauer, dessen Gewicht als das größere sich zeigt.

7) Der an dem Pendel vorhandene Körper erhält am besten eine linsenförmige Gestalt und ein bedeutendes Gewicht.

Hat der Faden oder Drath, woran die massive Kugel sich befindet, selbst ein merkliches Gewicht, etwa p, ist das Gewicht der Kugel $=P$, ihr Durchmesser $=d$ und die Entfernung ihres Mittelpunktes vom Aufhangspunkte $=e$, so ist der Schwingungspunkt des Pendels unter dem Mittelpunkte der Kugel um:

$$\frac{\left(\frac{p}{3}+\frac{2P}{5}\right).d^2-\frac{pe}{6}(d+e)}{\left(\frac{p}{2}+P\right).e-\frac{dp}{2}}.$$

Ist endlich an einer prismatischen Stange, deren Länge L und deren Gewicht P beträgt, ein linsenförmiger Körper vom Gewichte Q angebracht, so ist der Schwingungspunkt vom Aufhangspunkte um

$$\frac{\left(Q+\frac{P}{3}\right).L}{\frac{P}{2}+Q}$$

entfernt.

8) Durch den Widerstand der Luft geht nur sehr wenig von der Gleichzeitigkeit der Pendelschwingungen verloren.

9) Hebt man ein zusammengesetztes Pendel um einen gewissen Winkel auf und läßt dasselbe im untersten Punkte seiner Bahn gegen einen Körper anschlagen, so wird auf letzterem ein Stoß von genau bestimmter Stärke und Richtung erzeugt.

Aufgaben.

1. Die Länge eines Pendels beträgt 3 Fuß 6 Zoll; wie lange dauert ein Pendelschlag?

2. Man soll die Dauer eines Pendelschlages für die Pendellänge 2,05 Fuß angeben?

3. Ein Pendel, dessen Länge L beträgt, schlägt in 2 Sekunden nur ein Mal, wie lang müßte dasselbe sein, um in $3\frac{1}{2}$ Sekunden eine Oscillation an dem nämlichen Orte zu vollenden?

4. Wenn 2 Pendel an demselben Orte der Erdoberfläche schwingen und ihre Länge 5,023 und 2,1687 Fuß betragen; wie verhalten sich die Schwingungsdauern dieser Pendel zu einander?

5. Wenn 2 Pendel an dem nämlichen Orte oscilliren, die Schwingungsdauer des ersten 2,03 und die des 2ten 1,56 Sekunden ausmacht; wie verhalten sich die Längen der beiden Pendel zu einander?

6. Man soll aus den Längen 3,01 und 2,56 Fuß zweier an demselben Orte oscillirender Pendel das Verhältniß der in einem gewissen Zeitraume stattfindenden Schwingungen ermitteln?

7. Wie verhalten sich die Längen zweier Pendel, welche an demselben Orte der Erdoberfläche schwingen und in einem bestimmten Zeitraume beziehlich 80 und 160 Schwingungen vollbringen?

8. Die Schwingungsdauer eines Pendels beträgt 2,5 Sekunden und der Fallraum der ersten Sekunde 15,625 Fuß; wie groß ist die Länge dieses Pendels?

9. Wie lang wird ein Pendel sein müssen, dessen Schwingungsdauer 3 Sekunden beträgt, wenn der Fallraum der ersten Sekunde 15 Fuß ausmacht?

10. Wenn ein 3,1 Fuß langes Pendel die Schwingungsdauer einer Sekunde besitzt; wieviel wird der Fallraum eines Körpers in der ersten Sekunde betragen?

11. Man soll den Fallraum der ersten Sekunde aus der Schwingungsdauer 2 Sekunden und der Länge 4 Fuß eines Pendels berechnen?

12. Ein Pendel, dessen Länge 6 Fuß beträgt, oscillirte an einem gewissen Orte 60 Mal in einer Minute; wie groß wird die Länge des Sekundenpendels sein müssen?

13. Die Länge des Sekundenpendels für die Orte zu berechnen, wo die Körper 15,6; 15,62; 15,7; und 15,8 Fuß freifallend beschreiben.

14. Wie groß sind die Fallhöhen der 1sten Sekunde an denjenigen Oertern, woselbst die Sekunden-Pendel beziehlich 3,15; 3,5; 3,62; und 4 Fuß Länge besitzen?

15. Wenn man das 3,2 Fuß lange Pendel um den Winkel 60° erhebt; wie groß ist alsdann die Geschwindigkeit, welche dieses Pendel an seiner tiefsten Stelle besitzt?

16. Ist (in v. N.) $L = 4{,}3$ Fuß und $\alpha = 45^{\circ}\,6'$ wie groß wird die Geschwindigkeit an der tiefsten Stelle sein müssen?

17. Wie groß ist der Elevationswinkel, damit das 2 Fuß lange Pendel in der untersten Stelle die Geschwindigkeit 8 bekommt?

18. Wie groß ist (in v. N.) der Elongationswinkel α, wenn $L = 3{,}5$ Fuß und $E = 10$ beträgt?

19. Wenn die Länge des Sekundenpendels für

Abo 36,74763
für Leipzig 36,71970 } Pariser Zoll beträgt,
und für Rom 36,68855

wie groß werden die Fallhöhen der Körper in der ersten Sekunde sein müssen?

20. Wie lang wird das Sekundenpendel unter dem 10ten Breitengrade sein müssen, wenn die Länge desselben unter dem Aequator (an der Oberfläche des Meeres) 36,60385 Par. Zoll beträgt *)?

21. Wie lang ist das Sekundenpendel für Dessau, wenn die geographische Breite dieses Ortes 51° 49′ 12″ ausmacht?

22. Wie groß ist der Weg, welchen ein in Dessau freifallender Körper in der 1sten Sekunde beschreibt?

23. Bei den Versuchen von **Bouguer** und **Condamine** machte ein und dasselbe Pendel in 24 Stunden zu Quito 98740 und auf dem Pichincha 98720 Schwingungen. Wie werden sich demnach die Wirkungen der Schwere zu Quito und auf dem Pichincha zu einander verhalten?

24. Welche Fallhöhe ergiebt sich für einen Ort, an dem die Länge des Sekundenpendels 440,665 Par. Linien ausmacht?

25. Wenn man ein Pendel um 0,007 seiner Länge verkürzt; wie verhalten sich alsdann die Schwingungsdauern und die Schwingungszahlen dieses Pendels an demselben Orte zu einander?

26. Ein Pendel zu Paris oscillirte als richtiges Sekundenpendel in einem Tage **) 86400 mal, brachte aber auf der Insel **Cayenne** nur 86280 Schwingungen zu Stande. Wie verhalten sich demnach die Wirkungen der Schwere von Paris und **Cayenne** zu einander?

27. Wenn dasselbe Pendel an einem Orte 86400mal, und an einem andern 86600 mal schwingt; wie verhält sich die Wirkung der Schwere des ersteren Ortes zu der des letztern?

---

*) Man bemerke, daß 1 Pariser Fuß = 1,035 Rheinl. Fuß ausmacht.

**) d. h. in einem Sterntage.

28. Wenn das Sekundenpendel zu Cayenne 439,32 und zu Petersburg 441,02 Par. Linien Länge besitzt; wie verhalten sich die Wirkungen der Schwere an beiden Orten zu einander?

29. Wie lang muß an einem gewissen Orte das Minutenpendel sein, wenn das Sekundenpendel an demselben eine Länge von 400 Par. Linien besitzt?

30. Wie verhalten sich (in Fig. 9.) die Geschwindigkeiten E und E', welche das Pendel in den Orten n und m besitzt, wenn dasselbe seine Schwingungen einmal in c, ein anderes Mal in n beginnt, wenn ferner die Elongationswinkel **bac**, **ban** und **bam** beziehlich α, β und γ betragen, und die Länge des Pendels L Fuß ausmacht?

31. Wie verhalten sich (in v. No.) E und E', wenn L = 3 Fuß, $\alpha = 45^\circ$, $\beta = 30^\circ$ und $\gamma = 15^\circ$ ausmacht?

32. Welches Verhältniß findet zwischen E und E' statt, wenn $\alpha = 40^\circ\,16'$, $\beta = 36^\circ\,8'$ und $\gamma = 20^\circ\,22'$ beträgt?

33. Wie groß ist (in Fig. 9.) die Geschwindigkeit E, welche das Pendel im Punkte n besitzt, wenn dasselbe seine Schwingungen in c beginnt, die Elevationswinkel **bac** und **ban** beziehlich α und β betragen und die Pendellänge L Fuß ausmacht?

34. Wie groß ist (in voriger No.) die Geschwindigkeit E, wenn L = 1 Fuß, $\alpha = 45^\circ$ und $\beta = 30^\circ$ enthält?

35. Wieviel macht E, wenn L = 3 Fuß, $\alpha = 60^\circ\,15'$ und $\beta = 30^\circ\,7'$ beträgt?

Resultate.

1) 1,05086 Sekunden. **2)** 0,80424 Sekunden. **3)** 12,25 L. **4)** Wie 2,241 zu 1,472. **5)** Wie 4,1209 zu 2,4336. **6)** Wie 1,6 zu 1,734. **7)** Wie 4 zu 1. **8)** 19,7892 Fuß. **9)** 27,3567 Fuß. **10)** 15,2978 Fuß **11)** 4,9347 Fuß. **12)** 6 Fuß. **13)** 3,1652 Fuß; 3,1814 Fuß und 3,2017 Fuß. **14)** 15,5445 Fuß; 17,2717 Fuß; 17,8639 Fuß und 19,7391 Fuß. **15)** 10. **16)** 8,89083. **17)** 88° 49' 33". **18)** 88° 56' 40". **19)** Für Abo 181,3423, für Leipzig 181,2045 und für Rom 181,0508 Par. Zoll. **20)** 36,6096 Par. Zoll. **21)** 36,7212 Par. Zoll. **22)** 181,2115207116 Par. Zoll. **23)** Wie 24373969 zu 24364096. **24)** 15,101 Par. Fuß. **25)** Die Schwingungsdauern verhalten sich wie 1 zu 0,99649, und die Schwingungszeiten wie 0,99649 zu 1. **26)** Wie 518400 : 516961. **27)** Wie 186624 zu 187489. **28)** Wie 21966 zu 22051. **29)** 1440000 Par. Lin. **30)** $E : E' = \sqrt{L(\cos\beta - \cos\alpha)} : \sqrt{L(\cos\gamma - \cos\beta)}$,

oder $E : E' = \sqrt{\cos\beta - \cos\alpha} : \sqrt{\cos\gamma - \cos\beta}$,

oder $E : E' = \sqrt{\sin\frac{1}{2}(\alpha+\beta)\sin\frac{1}{2}(\alpha-\beta)} : \sqrt{\sin\frac{1}{2}(\beta+\gamma)\sin\frac{1}{2}(\beta-\gamma)}$.

31) $E : E' = 0{,}281885 : 0{,}223495$.

32) $E : E' = 0{,}14937 : 0{,}251792$.

33) $E = 2\sqrt{L\mathfrak{G}(\cos\beta - \cos\alpha)}$

oder $E = 2\sqrt{2L\mathfrak{G}\sin\frac{1}{2}(\alpha+\beta)\sin\frac{1}{2}(\alpha-\beta)}$.

34) $E = 2\sqrt{4 \mathfrak{S} . \sin \frac{75^\circ}{2} . \sin \frac{15^\circ}{2}} = 3{,}15157$. 35) $E = 69{,}1479$.

Elftes Kapitel.

Von der Wurfbewegung.

Was heißt eine Wurfbewegung oder ein Wurf?

Was nennt man die Wurfkraft?

Ist die durch die bloße Wurfkraft hervorgebrachte Bewegung gleichförmig oder nicht?

Wie wird die durch die Wurfkraft erzeugte Geschwindigkeit genannt?

In welchen Richtungen können die Wurfkraft und Schwerkraft auf einen geworfenen Körper sich thätig erweisen?

Was heißt ein horizontal, und was unter irgend einem Elevations- oder Erhöhungswinkel geworfener Körper?

Wie wird die Bahn eines horizontal oder unter einem beliebigen Elevationswinkel geworfenen Körpers construirt?

Weshalb fällt eine genau lothrecht in die Höhe geschossene Kanonenkugel nicht wieder in die Mündung der Kanone zurück?

In welchen Richtungen wirkt die irdische Schwere auf die geworfenen Körper?

In welchen Räumen läßt man die geworfenen Körper, um die Gesetze des Wurfes ganz rein zu erhalten, sich bewegen?

Wer hat die richtige Theorie des Wurfes zuerst angegeben?

Was wird Ballistik genannt?

Was heißt eine Parabel (Fig. 10)?

Was nennt man den Scheitel, den Brennpunkt und die Axe drr Parabel?

Wie legt man eine Ebene durch den senkrechten Kegel, damit die von der erstern und dem Kegelmantel gebildete Durchschnittsfigur als Parabel sich zeigt?

Wie wird die Parabel construirt?

Wie ergiebt sich (in Fig. 10.) die Polargleichung der Parabel, nämlich:

$$r = \frac{2\alpha}{1-\cos\nu} \left\{ \text{wenn } EF = r \text{ und } \angle EFH = \nu \text{ ausdrückt.} \right.$$

Wie wird die Scheitelgleichung der Parabel, nämlich:

$$y^2 = 4\alpha x, \text{ (für } AH = x \text{ und } EH = y)$$

ermittelt?

Warum sind (in Fig. 11.) die sphärischen Winkel α und β, γ und δ, ε und φ u. s. w. einander gleich, welche dadurch entstehen, daß man aus dem Brennpunkte eine gerade Linie nach irgend einem Punkte der Parabel zieht, und aus diesem Punkte eine Parallele mit der Axe construirt?

Weshalb sind (in Fig. 11.) DE, GK, LM u. s. w. mit der Axe AN parallel, wenn die sphärischen Winkel α und β, γ und δ, ε und φ u. s. w. gleiche Größen besitzen?

Hauptsätze.

I. Wird ein Körper K mit der Wurfgeschwindigkeit C lothrecht hinabgeworfen, nnd bewegt er sich T Sekunden hindurch, so ist die in der Tten Sekunde stattfindende Endgeschwindigkeit, nämlich:

$$E = C + 2\mathfrak{G}T;$$

und der in der Zeit T vom K beschriebene Weg d. h.:

$$S = CT + \mathfrak{G}.T^2 = (C + \mathfrak{G}T)T.$$

II. Aus vor. Nummer ergiebt sich:

$$T = \frac{E-C}{2\mathfrak{G}};$$

$$\text{und } S = \frac{E^2 - C^2}{4\mathfrak{G}}.$$

III. Man erhält:

$$E = \sqrt{C^2 + 4\mathfrak{G}S}$$

$$\text{und } T = \frac{-C + \sqrt{C^2 + 4\mathfrak{G}S}}{2\mathfrak{G}}.$$

IV. Es ergiebt sich:

$$C = E - 2 \mathfrak{G} T$$

und $$C = \frac{S - \mathfrak{G}.T^2}{T}.$$

V. Wenn K mit der Wurfgeschwindigkeit C T Sekunden hindurch lothrecht in die Höhe steigt, so ist die in der Tten Sekunde noch vorhandene Geschwindigkeit, d. h. $E = C - 2 \mathfrak{G} T$; und der in der Zeit T durchlaufene Weg, nämlich:

$$S = CT - \mathfrak{G}T^2.$$

VI. Aus (vor. Num.) folgt:

$$T = \frac{C - E}{2\mathfrak{G}} \text{ und } S = \frac{C^2 - E^2}{4\mathfrak{G}}.$$

VII. Man erhält:

$$E = \sqrt{C^2 - 4\mathfrak{G}S} \text{ und } T = \frac{C \pm \sqrt{C^2 - 4\mathfrak{G}S}}{2\mathfrak{G}}.$$

VIII. Es ergiebt sich:

$$C = E + 2\mathfrak{G}T \text{ und } C = \frac{S + \mathfrak{G}T^2}{T}.$$

IX. Wenn K mit der Wurfgeschwindigkeit C vertikal in die Höhe steigt, so erreicht er den höchsten Punkt seines Weges in der Zeit:

$$T = \frac{C}{2\mathfrak{G}};$$

auch fällt er in der nämlichen Zeit von diesem Punkte auf die Erde zurück.

X. Die Höhe, welche K in vor. Nummer erreicht, beträgt:

$$S = \frac{C^2}{4\mathfrak{G}}.$$

XI. Wenn auf einen Körper 2 Kräfte gleichzeitig und unter einem gewissen Winkel sich thätig erweisen, und die eine dieser Kräfte fortdauernd wirkt, während die andere, sobald sie den K in Bewegung gesetzt, zu wirken aufhört, so wird K in einer krummen Linie sich bewegen.

XII. Die Bahn eines horizontal geworfenen Körpers ist eine Parabel.

XIII. Wenn (in Fig. 12.) ein unter dem Elevationswinkel α mit der Wurfgeschwindigkeit C fortgehender Körper in T Sekunden den Weg **aklm** zurücklegt, so ist die Horizontale, nämlich:

$$ar = C.T.\cos\alpha,$$

und die Vertikale, d. h.

$$mr = C.T\sin\alpha - \mathfrak{G}.T^2.$$

XIV. Die Zeit, welche (in Fig. 12.) ein unter dem Elevationswinkel α mit der Geschwindigkeit *) C geworfener Körper ge-

*) d. h. mit der Wurfgeschwindigkeit.

braucht, um wieder in die durch den Anfangspunkt gehende horizontale Linie **ap** zurückzukehren, beträgt:

$$T = \frac{C . \sin \alpha}{\mathfrak{G}}.$$

XV. Die Wurfweite **W**, oder die Länge der horizontalen Linie **ap** (Fig. 12.) ist für den Elevationswinkel α und die Geschwindigkeit **C**:

$$W = \frac{C^2 . \sin 2\alpha}{2\,\mathfrak{G}} = \frac{C^2 . \sin\alpha . \cos\alpha}{\mathfrak{G}}.$$

XVI. Die größte Höhe **oz** oder **H** (Fig. 12.) welche der unter dem Elevationswinkel α und mit der Geschwindigkeit **C** geworfene Körper erreicht, beträgt:

$$H = \frac{C^2 \sin^2 \alpha}{4\,\mathfrak{G}}$$

XVII. Die Bahn des unter einem beliebigen Elevationswinkel geworfenen K ist eine Parabel.

XVIII. Die in der Wirklichkeit für die Wurfbewegung erhaltenen Resultate weichen von den in vorigen Nummern erhaltenen mehr oder weniger ab. So legt z. B. der schräg aufwärts geworfene K *) keine Parabel, sondern die in Fig. 13. angegebene krumme Linie **abd** zurück.

XIX. Der Widerstand **r** einer eisernen Geschützkugel vom Durchmesser **d** und der Geschwindigkeit **v** wird (nach Hutton) mittelst der Gleichung:

$$r = \frac{d^2}{1000} . \left(\frac{2\,v^2}{300} - C\right).$$

in Avoir-du-poids Gewicht berechnet.

Auch erhält man die Höhe **h**, welche eine solche Kugel bei der Geschwindigkeit **c** für Sexagesimalsekunden) erreicht, durch die Formel:

$$h = 760\, d \log\left(\frac{c^2 - 150\,c}{21090\,d} + 1\right).$$

Setzt man endlich das Gewicht der Kugel gleich dem Widerstande **r**, so wird aus der Gleichung

$$0{,}5236\, d^3 = \frac{d^2}{1000} . \left(\frac{2\,v^2}{300} - v\right)$$

die Endgeschwindigkeit **v** ermittelt.

---

*) Wegen des Widerstandes der Luft.

Uebungssätze.

1) Läßt man bei einem segelnden Schiffe einen Stein von der Spitze des Mastes herabfallen, so fällt er dicht an dem Fuße des Mastes aufs Schiff. *)

2) Bei einem schnellfahrenden Wagen ist der von dem hintern Theile des Fuhrwerks gegen die Richtung der Bewegung stattfindende Sprung oft gefährlich; während derselbe, von der Seite des Wagens nach den Pferden zu ausgeübt, in den meisten Fällen als gefahrlos sich zeigt.

3) Die Kunstreiter werfen, beim schnellsten Laufe der Pferde, Kugeln senkrecht in die Höhe und fangen dieselben wieder auf.

4) Sind bei 2 Würfen die Erhöhungswinkel einander gleich, die Wurfgeschwindigkeiten aber verschieden, so verhalten sich die Weiten und die größten Höhen der Würfe wie Quadrate der Geschwindigkeiten, während die Zeiten, innerhalb welcher die Bahnen zurückgelegt werden, sich wie die Geschwindigkeiten verhalten.

5) Sind bei 2 Würfen die anfänglichen Geschwindigkeiten einander gleich, die Erhöhungswinkel aber verschieden, so verhalten sich die Weiten der Würfe wie die Sinus der doppelten Winkel; ihre größten Höhen wie die Quadrate der Sinus; und die Zeiten, in welchen die Bahnen zurückgelegt werden, wie die Sinus.

6) Bei derselben Wurfgeschwindigkeit ist die Wurfweite für den Elevationswinkel 45° am größten.

7) Für 2 Elevationswinkel, welche sich zu einem rechten ergänzen, findet bei derselben anfänglichen Geschwindigkeit die nämliche Wurfweite statt.

8) Mit einem 24Pfünder wird, bei dem Elevationswinkel von 45° und halbkugelschwerer Ladung, 15000 Fuß weit geschossen.

Aufgaben.

1) Ein Körper wird mit der Wurfgeschwindigket 20,25 lothrecht hinabgeworfen und bewegt sich 3,1 Sekunden hindurch; wie groß ist seine Endgeschwindigkeit, und welchen Weg legt er in der ganzen Zeit zurück?

2) Wie groß ist (in vor. Num.) die Endgeschwindigkeit und der Weg, wenn K mit der Wurfgeschwindigkeit 10,25 nur 1,025 Sekunde sich abwärts bewegt?

3) Die Zeit zu ermitteln, in welcher ein, mit der Wurfgeschwindigkeit 30,2 lothrecht hinabgeworfener K die Endgeschwindigkeit 120,12 erlangt?

---

*) Wenn nämlich die Bewegung des Schiffes als eine gleichförmige und der Mast als eine lothrechte Richtung sich zeigt.

4. Ein mit der Wurfgeschwindigkeit 8,25 lothrecht hinabgeworfener K bekommt die Endgeschwindigkeit 180,2; wie groß ist der von diesem Körper beschriebene Weg?

5. Der lothrecht hinabgeworfene K legt mit der Wurfgeschwindigkeit 15 den Weg 320,25 Fuß zurück; wie groß ist die Geschwindigkeit, welche dieser Körper zuletzt erhält?

6 Die Zeit zu ermitteln, welche ein vertikal hinabgeworfener K gebraucht, um mit der Wurfkraft 30 den Weg 200 Fuß zurückzulegen?

7. Wenn der lothrecht hinabgeworfene K in 4,5 Sekunden die Endgeschwindigkeit 200,25 bekommt, wie viel betrug die Wurfgeschwindigkeit dieses Körpers?

8. Ein Körper wird vertikal hinabgeworfen und legt in 5 Sekunden den Weg 400,251 Fuß zurück; wie groß ist die Wurfgeschwindigkeit des K?

9. K wird mit der Wurfgeschwindigkeit 300 lothrecht hinaufgeworfen und bewegt sich 5,5 Sekunden, welche Endgeschwindigkeit behält er am Ende seiner Bewegung und wie groß ist die von ihm zurückgelegte Bahn?

10. Der mit der Wurfgeschwindigkeit 200 vertikal aufwärts geworfene K behält am Ende einer gewissen Zeit die Geschwindigkeit 2,5; wie groß ist die Zeit seiner Bewegung?

11. Wie viel beträgt der Weg, welchen ein mit der Wurfgeschwindigkeit 180,5 vertikal aufwärts gehender K beschreibt, wenn ihm zuletzt nur noch die Geschwindigkeit 8,25 verbleibt?

12. Die Geschwindigkeit zu ermitteln, welche der mit der Wurfgeschwindigkeit 300 vertikal aufwärts gehende Körper beim Durchlaufen des Weges 500 Fuß noch übrig behält?

13. Wie groß ist die Zeit, welche ein mit der Wurfgeschwindigkeit 200 vertikal aufwärts gehender Körper zum Durchlaufen eines Weges von 480 Fuß gebraucht?

14. Ein vertikal aufwärts geworfener K. behält am Ende der 10,5 Sekunde die Geschwindigkeit 2,26; wie viel beträgt die Wurfgeschwindigkeit des K?

15. Wenn der vertikal aufwärts geworfene K in 5 Sekunden den Weg 300 Fuß beschreibt; wie viel wird die Wurfgeschwindigkeit dieses Körpers ausmachen?

16. Wann erreicht ein mit der Wurfgeschwindigkeit 200 vertikal aufwärts geworfener K den höchsten Punkt seiner Bahn?

17. In welcher Zeit erreicht der mit der Wurfgeschwindigkeit 300,8 vertikal aufwärts gehende K. den höchsten Punkt seiner Bahn?

18. Welchen Weg legt ein mit der Wurfgeschwindigkeit 80,25 vertikal aufwärts gehender Körper zurück?

19. Ein vertikal aufwärts geworfener K behält nach 4 Sekunden noch die Geschwindigkeit 30,25 übrig; welche Wurfgeschwindigkeit hatte der Körper?

20. Welche Zeit gebraucht ein mit der Wurfgeschwindigkeit 80 vertikal aufsteigender K, um 100 Fuß hoch zu kommen?

21. In wie viel Zeit vermindert sich die Geschwindigkeit eines vertikal aufwärts gehenden Körpers bis auf 8,2; wenn er eine Wurfgeschwindigkeit von 100 besaß?

22. Wie lange wird K mit der Wurfgeschwindigkeit 200,8 in die Höhe steigen?

23. Welche Wurfgeschwindigkeit muß K besitzen, damit er 500 Fuß steigen kann?

24. Der Vesuv soll Felsenstücke 3600 Fuß über seinen Krater hinaufschleudern; welche Wurfgeschwindigkeit ist hier erforderlich?

25. Wenn (in Fig. 12.) $\alpha = 30^\circ$, $C = 400{,}5$ und $T = 5{,}2$ Sekunden beträgt; wie groß sind **ar** und **mr**?

26. Man soll (in Fig. 12.) aus $\alpha = 45^\circ 6'$, $C = 140$ und $T = 2$ Sekunden die Längen **ar** und **mr** ermitteln?

27. Wenn (in No. 26.) $\alpha = 50^\circ 5' 6''$, $C = 280{,}25$ und $T = 3$ Sekunden beträgt; welche Länge werden **ar** und **mr** erhalten?

28. Wann kehrt der unter dem Elevationswinkel $\alpha = 45^\circ$ und mit der Wurfgeschwindigkeit $C = 250$ abgeschossene Körper, wieder in die durch den Anfangspunkt der Bewegung gehende Horizontale zurück?

29. Wie groß ist in vor. Num. die zur Wurfbewegung nöthige Zeit T, wenn $\alpha = 60^\circ$ und $C = 250$ beträgt?

30. Wie groß ist T bei dem Elevationswinkel 30° und der Wurfgeschwindigkeit 250?

31. Wie viel beträgt T, wenn $\alpha = 22^\circ 5' 22''$ und $C = 100$ ausmacht?

32. Man soll die Wurfweite W des unter dem Elevationswinkel $\alpha = 45^\circ$ und mit der Geschwindigkeit $C = 500$ abgeschossenen Körpers ermitteln.

33. Wie groß ist (in vor. Num.) W, wenn $\alpha = 60^\circ$ und $C = 500$ ausmacht?

34. Wie viel beträgt W für $\alpha = 30^\circ$ und $C = 500$?

35. Welche Größe erhält W, wenn $\alpha = 20^\circ 5' 36''$ und $C = 300$ ausmacht?

36. Wie viel beträgt die größte Höhe H, welche ein unter dem Elevationswinkel $\alpha = 45^\circ$ und mit der Wurfgeschwindigkeit $C = 500$ fortgehender Körper erreicht?

37. Wie groß ist H für $\alpha = 60^\circ$ und $C = 250$?

38. Welche Größe kommt H für $\alpha = 30$ und $C = 500$ zu?

39. Wie bestimmt sich H für $\alpha = 30^\circ 5'$ und $C = 100$?

40. Mit welcher Geschwindigkeit kehrt der unter irgend einem Elevationswinkel abgeschossene K wieder zum Boden zurück?

41. Welche Höhe wird eine mit der Wurfgeschwindigkeit 2000 und unter dem Elevationswinkel 45° abgeschossene Kanonenkugel erreichen?

42. Welche Schußweite müßte aus vor. Num. sich ergeben, wenn die Kugel die Wurfgeschwindigkeit 3000 besessen hätte?

42. Wie groß ist die Weite W des Wurfes, wenn der Elevationswinkel $\alpha = 2^\circ\ 58'$, die Wurfgeschwindigkeit C = 3 und G = 14,9087 Fuß ausmachen?

44. Wie viel beträgt (in vor. Num.) W für $\alpha = 7^\circ\ 40'$, C = 5½ und G = 14,9087 Fuß?

45. Ist $\alpha = 20^\circ\ 17'$, C = 13,1 und G = 14,9087; wie groß wird W sein müssen?

Resultate.

1) Die Endgeschwindigkeit beträgt 117,125 und der Weg 212,9125 Fuß. 2) Die Endgeschwindigkeit macht 42,28125 und die Bahn 26,922265625 Fuß. 3) 2,877 Sekunden. 4) 518,463 Fuß. 5) 142,26. 6) 2,74 Sekunden. 7) 59,625. 8) 1,9252. 9) Die Endgeschwindigkeit beträgt 128,125 und der Weg 1177,34375 Fuß. 10) 6,32. 11) 520,195 Fuß. 12) 242,38 Fuß. 13) 3,2 Sekunden. 14) 330,385. 15) 138,125. 16) In 3,2 Sekunden. 17) 4,812 Sekunden. 18) 103,41 Fuß. 19) 155,25. 20) 2,168 Sekunden. 21) 2,937 Sekunden. 22) 6,4256 Sekunden. 23) 176,776. 24) 474,341. 25) ar = 1801,33 Fuß und mr = 617,501 Fuß. 26) ar = 197,644 Fuß und mr = 135,835 Fuß. 27) ar = 539,468 Fuß und mr = 504,228 Fuß. 28) In 11,3136 Sekunden. 29) In 13,8564 Sekunden. 30) In 8 Sekunden. 31) T = 2,40674 Sekunden. 32) W = 8000 Fuß. 33) W = 6928,2 Fuß. 34) W = 6928,2 Fuß. 35) W = 1858,41 Fuß. 36) 2000 Fuß. 37) 3000 Fuß. 38) 1000 Fuß. 39) 40,2017 Fuß. 40) Mit derselben Geschwindigkeit, mit der er ausging. 41) 32000 Fuß. 42) 288000 Fuß. 43) W = 6,935088 Fuß. 44) W = 54,33079 Fuß. 45) W = 831,932 Fuß.

Zwölftes Kapitel.

Von den Massen und Dichtigkeiten; und von den absoluten und specifischen Gewichten der Körper.

Was heißt die Dichtigkeit eines Körpers?
Ist dieselbe eine benannte oder unbenannte Zahl?

Wird in der Wirklichkeit die absolute Dichtigkeit eines Körpers K ermittelt, oder nur angegeben, wieviel mal die Dichtigkeit des K größer oder kleiner als die = 1 gesetzte Dichtigkeit eines andern Körpers sich zeigt?

Was heißt ein gleichmäßiger Körper?

Was nennt man das specifische Gewicht des K in Bezug auf einen gleichmäßigen Körper W?

Ist das specifische Gewicht eine benannte oder eine unbenannte Zahl?

Wie groß ist das specifische Gewicht des W in Bezug auf sich selber?

Weßhalb wird bei den specifischen Gewichten der festen und tropfbar flüssigen Körper das gereinigte Regenwasser *), und bei den specifischen Gewichten der ausdehnsamen Flüssigkeiten die atmosphärische Luft **) = W gesetzt?

Was versteht man darunter, wenn man sagt: das specifische Gewicht eines festen Körpers sei $= 3, 5, \frac{1}{2}$ u. s. w. und dasjenige einer ausdehnsamen Flüssigkeit $= \frac{5}{7}, 1\frac{1}{3}$ u. s. w.?

Hauptsätze.

I. Man bezeichnet die Volumen zweier Körper durch **V** und **v**, ihre Massen durch **M** und **m**, ihre Dichtigkeiten durch **D** und **d**, ihre absoluten Gewichte durch **A** und **a** und ihre specifischen durch **S** und **s**.

II. Das absolute Gewicht eines Kubikfußes gereinigten Regenwassers von 65,93 preuß. Pfunden ***) wird in allen folgenden Formeln durch α ausgedrückt.

III. $D = \frac{M}{V}$.

IV. $M = D . V$.

V. $V = \frac{M}{D}$.

VI. $D : d = M : m$, wenn $V = v$.

VII. $D : d = v : V$, wenn $M = m$.

---

*) Bei einem bestimmten Barometerstande.

**) Bei einem gewissen Barometer- und Thermometerstande.

***) Bei 15° Reaum.

VIII. $D:d = (Mv):(mV) = \left(\frac{M}{V}\right):\left(\frac{m}{v}\right)$.

IX. $S:s = A:a$, wenn $V = v$.

X. $S:s = v:V$, wenn $A = a$.

XI. $S:s = (A.v):(a.V) = \left(\frac{A}{V}\right):\left(\frac{a}{v}\right)$.

XII. Sind die Dichtigkeiten zweier Körper $= D$ und d, ihre Volumen $= V$ und v; und sollen diese Körper zu einem als gleichartig erscheinenden Körper dergestalt vereinigt werden, daß die Dichtigkeiten der einzelnen Materien sich nicht ändern, so ist die Dichtigkeit des neu entstandenen Körpers, nämlich:

$$\mathfrak{D} = \frac{VD + vd}{V + v}.$$

XIII. Es ist $A = S\alpha V$, wenn die in dieser Gleichung vorkommenden Buchstaben ihre in I. und II. angegebenen Bedeutungen besitzen.

XIV. Werden 2 Körper, deren absolute Gewichte $= A$ und a und deren specifische Gewichte S und s betragen, zu einem dritten als gleichartig erscheinenden Körper vom absoluten Gewichte $\mathfrak{A}$ und specifischen $\mathfrak{S}$ verbunden, und bleiben bei dieser Verbindung die Dichtigkeiten der einzelnen Materien unverändert, so ist?

$$\frac{\mathfrak{A}}{\mathfrak{S}\alpha} = \frac{A}{S\alpha} + \frac{a}{s\alpha},$$

oder $$\frac{\mathfrak{A}}{\mathfrak{S}} = \frac{A}{S} + \frac{a}{s},$$

oder $$\mathfrak{A}.S.s = \mathfrak{S}.(As + aS).$$

Aufgaben.

1. Wie groß ist die Dichtigkeit eines Körpers, dessen Masse 328,5 ℔ und dessen Volumen 9,2 Kubikfuß beträgt?

2. Wenn das Volumen des K 8 Kubikfuß 20 Kubikzoll und die Masse desselben 80 ℔ 2 Loth ausmacht; wie groß ist alsdann D?

3. Aus der Dichtigkeit 5,01 und dem Volumen 800 Kubikzoll eines Körpers seine Masse zu ermitteln.

4. Wenn das Volumen des K = 3,05 Kubikfuß und seine Dichtigkeit = 0,87 gegeben ist, welche Masse hat dieser Körper?

5. Welches Volumen enthält ein Körper, der bei der Masse 68 ℔ 30 Loth die Dichtigkeit $3\frac{1}{2}$ besitzt?

6. Wie groß ist das Volumen, welches, bei der Dichtigkeit 8, die Masse 3 ℔ 2 Loth enthält?

7. Wenn 2 gleich große Körper die Massen 8 ℔ 3 Loth, und 6,02 ℔ besitzen; wie verhalten sich ihre Dichtigkeiten zu einander?

8. Wenn 2 gleich große Körper die Massen 18 ℔ und 8 Loth

besitzen und die Dichtigkeit des ersteren Körpers 3,6 ausmacht, wie viel wird die Dichtigkeit des andern betragen?

9. Die Dichtigkeiten zweier Körper von gleichen Massen betragen 8,15 und 2,05; wie verhalten sich ihre Volumen zu einander?

10. Wenn die Dichtigkeiten zweier Körper von gleichen Massen beziehlich 5 und 2,7 betragen und der erste das Volumen 8 Kubikfuß besitzt; wie groß wird der Raumesinhalt des zweiten sein müssen?

11. Zwei Körper besitzen die Massen 8,5 ℔ und 9 ℔, und die Volumen 7,1 Kubikfuß und 3 Kubikfuß; wie verhalten sich ihre Dichtigkeiten zu einander?

12. Wie verhalten sich die specifischen Gewichte zweier gleichen Körper, welche die absoluten Gewichte 9,5 ℔ und 3 Loth besitzen?

13. Zwei Körper haben in gleichen Volumen die absoluten Gewichte 30 ℔ und 20 ℔ 2 Loth. Wenn aber nun das specifische Gewicht des erstern Körpers = 2,4 ist, wie groß wird dasjenige des 2ten sein müssen?

14. In den ungleichen Volumen $5\frac{1}{3}$ Kubikfuß und $2\frac{1}{2}$ Kubikfuß zweier Körper sind gleiche absolute Gewichte vorhanden; wie werden sich die specifischen Gewichte dieser Körper verhalten?

15. Wenn die Volumen zweier Körper sich wie 3 zu 5 verhalten, das specifische Gewicht des ersteren K = 7,27 ausmacht, und beide gleiche absolute Gewichte besitzen; wie groß wird das specifische Gewicht des 2ten Körpers sein müssen?

16. Zwei Körper haben die absoluten Gewichte 8,2 ℔ und 3 ℔, und die Volumen 6,25 Kubikfuß und 864 Kubikzoll; wie werden sich die specifischen Gewichte dieser Körper zu einander verhalten?

17. Wenu 2 Körper bei den Volumen 6 Kubikzoll und 16 Kubikzoll, die absoluten Gewichte 8,2 ℔ und 5 ℔ 4 Loth besitzen und dabei das specifische Gewicht des ersten K 2 beträgt, wie groß wird dasjenige des zweiten sein müssen?

18. Man soll 2 Körper, deren Dichtigkeiten beziehlich 8 und $2\frac{3}{7}$ und deren Volumen 5 Kubikfuß und $2\frac{2}{3}$ Kubikfuß betragen, in einen Körper vereinigen, ohne die Dichtigkeiten der einzelnen Materien zu verändern. Wie viel wird die Dichtigkeit des neu entstandenen K sein müssen?

19. Wie groß ist das absolute Gewicht eines K, wenn sein specifisches Gewicht 3,25 und sein Volumen 5 Kubikfuß ausmacht?

20. Das absolute Gewicht 500 ℔ und das specifische $3\frac{1}{2}$ eines Körpers sind gegeben; wie groß wird das Volumen des letztern sein müssen?

21. Wenn man das absolute Gewicht 8 ℔ und das Volumen 192 Kubikzoll eines Körpers kennt; wie groß ist alsdann das specifische Gewicht dieses K?

22. Zwei Körper, deren absolute Gewichte 8,3 ℔, und 6 ℔, und deren specifische beziehlich 2 und 3 ausmachen, sollen zu Einem

Körper verbunden werden. Wie viel wird das specifische Gewicht desselben betragen?

23. Eine Verbindung zweier Körper besitzt das absolute Gewicht 80 ℔ und das specifische 10. Wenn aber nun das absolute Gewicht des einen Körpers = 9 ℔, das specifische desselben = 3 beträgt; wie groß wird das absolute und das specifische Gewicht des andern Körpers sein müssen?

24. In einer Verbindung zweier Körper ist das absolute Gewicht = 14,3 ℔ und das specifische = $2\frac{120}{369}$ bekannt; auch sind die specifischen Gewichte der beiden einzelnen Körper = 2 und 3 gegeben. Wie groß werden die absoluten Gewichte dieser Körper sein müssen?

25. Wie verhalten sich die Dichtigkeiten zweier Kugeln, deren Radien 5 Fuß und 3 Fuß, und deren Massen 8,2 ℔ und 7 ℔ ausmachen?

26. Die Massen zweier Cylinder betragen 8 ℔ und 4 ℔, die Höhen derselben 5 Fuß und 3 Fuß, und die Radien der Grundflächen 6 Zoll und 8 Zoll; wie verhalten sich die Dichtigkeiten der beiden Cylinder zu einander?

27. Das absolute Gewicht eines Cylinders, dessen Durchmesser 2 Fuß, dessen Höhe 5 Fuß und dessen specifisches Gewicht 2 beträgt, zu bestimmen.

28. Man soll die Kante eines Würfels, dessen absolutes Gewicht 8 ℔ und dessen specifisches Gewicht 4,2 beträgt, ermitteln.

29 Wird ein Gefäß, dessen absolutes Gewicht 6 ℔ beträgt, mit einer Flüssigkeit vom specifischen Gewichte 0,991 gefüllt, so wiegt dasselbe 20 ℔; wie groß ist der Inhalt dieses Gefäßes?

30. Wie verhalten sich die Radien zweier 6pfündigen Kugeln, welche beziehlich die specifischen Gewichte 8 und 5,8 besitzen.

31. Wenn ein aus 2 Materien bestehender Körper im Volumen B Kubikfuß das absolute Gewicht A ℔ enthält, und dabei 1 Kubikfuß der gewichtigern Materie **A** ℔ und 1 Kubikfuß der geringern Materie **a** ℔ wiegt; wie viel Kubikfuße von jeder einzelnen Materie sind darin befindlich. *)

32. Ein aus Blei und Zinn bestehender Körper enthält 8 Kubikfuß und wiegt 3000 ℔. Wenn nun 1 Kubikfuß Blei 790 ℔ und 1 Kubikfuß Zinn 440 ℔ wiegt, wie viel Kubikfuß Blei und Zinn umfaßt dieser Körper?

33. Wie groß ist das specifische Gewicht eines Körpers, von welchem der Kubikfuß ein absolutes Gewicht von 10 Pfunden besitzt?

34. Wie viel beträgt das specifische Gewicht des K, wenn 2 Kubikfuß desselben 18,5 Pfund enthalten?

---

*) Man bemerke, daß in dieser, wie in jeder ihr ähnlichen Aufgabe die in No. XIV. enthaltene Voraussetzung stattfinden muß.

35. Wie groß ist das absolute Gewicht einer messingenen hohlen Kugel von 2 Fuß Durchmesser, wenn die messingene Oberfläche 2 Zoll dick ist und ein Kubikzoll Messing ein absolutes Gewicht von 11 Lothen enthält?

36. Wenn eine hohle, 30 Zoll im Durchmesser haltende messingene Kugel 4 Centner wiegen soll, und 1 Kubikzoll Messing 11 Loth wiegt; wie dick muß ihre messingene Oberfläche gemacht werden?

37. Wenn ein Stück Eichenholz das absolute Gewicht 30 ℔ und das specifische 0,618, ein Stück Mahagoniholz das absolute Gewicht 20 ℔ und das specifische 1,062 enthält, und beide Stücke mit einander verbunden werden sollen; welches specifische Gewicht wird diese Verbindung besitzen?

38. Wenn eine silberne, mit eingelegten Goldverzierungen versehene Dose das specifische Gewicht 18,82 besitzt, und 4 Loth Silber vom specifischen Gewichte 10,52 enthält; wie viel Gold vom specifischen Gewichte 19,58 wird diese Dose besitzen?

39. Ein goldenes mit Silber verziertes Gefäß hat das specifische Gewicht 19,08 und das absolute 1 ℔. Wenn aber nun das dazu gebrauchte Gold das specifische Gewicht 19,58 und das dazu verwendete Silber das specifische Gewicht 10,52 besitzt; wie viel Gold und Silber enthält das Gefäß?

40. Welches Volumen besitzt ein 140 ℔ wiegender Mensch, wenn sein specifisches Gewicht im Mittel gleich dem des Wassers ist?

41. Ein 120 ℔ wiegender Mensch hängt sich ein 20 ℔ wiegendes Stück Kork, vom specifischen Gewichte 0,24, um den Leib. Welches specifische Gewicht wird der Mensch nun besitzen?

42. Welches Volumen wird (in voriger Nummer) dem Menschen mit seinem Korke zukommen?

43. Welches absolute Gewicht besitzt ein hohler gläserner Würfel, wenn eine Seite $= a$ ist, jede Seitenfläche eine Dicke $= b$ besitzt und das specifische Gewicht des Glases 2,642 beträgt?

44. Wenn ein goldener Ring mit einem eingesetzten Amethyste 3 Drachmen wiegt, der Amethyst das absolute Gewicht $\frac{1}{8}$ Drachme, das Gold das specifische Gewicht 19,36 und der Stein das specifische 2,56 besitzt; welches specifische Gewicht enthält der Ring, und wie viel wiegt das an demselben befindliche Gold?

Resultate.

1) 35,706. **2)** $9\frac{3438}{8461}$. **3)** $2\frac{69}{276} = 2{,}319$ ℔. **4)** 2,6535 ℔. **5)** $19\frac{39}{56}$ Kubikfuß. **6)** $\frac{49}{128}$ Kubikfuß. **7)** Wie 925 zu 688. **8)** 0,5. **9)** Wie 41 zu 163. **10)** 14,814. **11)** Wie 85 zu 213. **12)** Wie 304 zu 3. **13)** 1,605. **14)** Wie 15 zu 32. **15)** 4,362. **16)** Wie 82 zu 375. **17)** $\frac{615}{1312}$. **18)** $6\frac{2}{23}$. **19)** 1071,365 ℔. **20)** 2,166 Kubikfuß. **21)** 0,915. **22)** 2,325.

23) 14,2. **24)** 8,3 ℔ und 6 ℔. **25)** Wie 1107 zu 4375. **26)** Wie 32 zu 15. **27)** 2071,250287 ℔. **28)** 0,305 Fuß. **29)** 0,2142 Kubikfuß. **30)** Wie 1,7967 .... zu 2. **31)** Von der gewichtigern Materie $\frac{\mathfrak{A} - a . \mathfrak{B}}{A - a}$ Kubikfuß und von der geringern $\frac{\mathfrak{B} . A - \mathfrak{A}}{A - a}$ Kubikfuß. **32)** $4\frac{8}{35}$ Kubikfuß Blei und $3\frac{27}{35}$ Kubikfuß Zinn. **33)** 0,1516. **34)** 0,1403. **35)** 1048,243 ℔. **36)** 14,57 Zoll. **37)** 0,742. **38)** 0,108 Loth. **39)** 0,96 ℔ Gold und 0,04 ℔ Silber. **40)** 2,13 Kubikfuß. **41)** Das specifische Gewicht 0,68. **42)** Das Volumen 3,57 Kubikfuß. **43)** $[a^3 - (a - 2b)^3] . 2,642$. **44)** Der Ring hat das specifische Gewicht 14,3 und das an demselben befindliche Gold wiegt $1\frac{7}{8}$ Drachme.

Dreizehntes Kapitel.

Von den Kräften, welche auf Körper von merklichem Volumen sich thätig erweisen.

Was heißt das Bewegungsmoment oder das Moment der Bewegung, und wodurch wird dasselbe ausgedruckt?

Hauptsätze.

I. Wenn auf 2 Körper von den Massen **M** und **m** die Kräfte **K** und **k** wirken und ihnen die Geschwindigkeiten **C** und **c** ertheilen, so ist:

1) $K : k = M : m$, wenn $C = c$,

2) $K : k = C : c$, wenn $M = m$,

3) $K : k = (M . C) : (m . c) = \left(\frac{M}{m}\right) . \left(\frac{c}{C}\right)$.

II. Sind die Bewegungsmomente zweier Körper einander gleich, so müssen die wirkenden Kräfte ebenfalls gleiche Größe besitzen.

III. Wenn sich die Massen umgekehrt wie die ihnen entsprechenden Geschwindigkeiten verhalten, so haben die wirkenden Kräfte die nämliche Größe.

IV. Sind die auf 2 Körper wirksamen Kräfte einander gleich, so besitzen die Bewegungsmomente die nämliche Größe.

V. Bei den auf 2 Körper wirkenden gleichen Kräften müssen sich die Massen, wie umgekehrt die Geschwindigkeiten verhalten.

VI. Wenn ein Körper A gegen einen andern B sich bewegt, so ist die Wirkung, welche A auf B beim Zusammentreffen ausübt, vom Momente des A abhängig.

VII. Wenn ein Körper A von unbedeutender Masse mit großer Geschwindigkeit gegen B sich bewegt, so kann dennoch beim Zusammentreffen beider Körper die Wirkung des A sehr bedeutend sein. So wird z. B. bei einer großen Geschwindigkeit ein Talglicht durch ein dickes Brett geschossen, u. s. w.

VIII. Die in vorigen Nummern angegebenen Gesetze werden auch durch die Centrifugal- oder Schwungmaschine bestätigt.

Aufgaben.

1. Wie verhalten sich die wirkenden Kräfte welche den Massen 8,25 ℔ und 2,005 ℔ die nämlichen Geschwindigkeiten ertheilen.

2. Auf die ungleichen Massen 3,5 ℔ und 5 Loth wirken zwei Kräfte ein, und geben ihnen die nämlichen Geschwindigkeiten. Wie verhalten sich diese Kräfte zu einander?

3. Zwei Kräfte bewegen die Massen 8 ℔ und 3,025 ℔ mit gleichen Geschwindigkeiten; wie verhalten sich die Kräfte zu einander?

4. Wie verhalten sich die wirkenden Kräfte, welche 2 gleichen Massen die Geschwindigkeiten 8,25 und $3\frac{1}{2}$ ertheilen?

5. Auf 2 gleiche Massen wirken 2 Kräfte ein und ertheilen ihnen die ungleichen Geschwindigkeiten 8 und 2,005. Wie verhalten sich die thätigen Kräfte zu einander?

6. Wenn 2 Kräfte von 8,02 ℔ und 6 Loth zwei gleiche Massen mit ungleichen Geschwindigkeiten bewegen; wie verhalten sich diese Geschwindigkeiten zu einander?

7. Ein Körper von 5 ℔ bewegt sich mit der Geschwindigkeit 3, und ein anderer von 180 ℔ mit der Geschwindigkeit 0,25; wie verhalten sich die wirksamen Kräfte zu einander?

8. Ein mit der Geschwindigkeit 10,2 fortgehender Körper von 8,1 ℔ soll die nämliche Wirkung wie ein anderer 3,2 ℔ wiegender Körper hervorbringen. Wie groß wird die Geschwindigkeit des letztern sein müssen?

9. Wenn ein 800 ℔ wiegender Körper mit der Geschwindigkeit $\frac{1}{2}$ fortgeht; mit welcher Geschwindigkeit wird ein nur $\frac{1}{4}$ ℔ wiegender Körper sich bewegen, um die nämliche Wirkung wie der erstere zu erzeugen?

10. Ein mit der Geschwindigkeit 3 fortgehender und 220 ℔ wiegender Körper bringt die nämliche Wirkung wie ein, mit der Geschwindigkeit 3001 sich bewegender Körper hervor. Wie groß wird die Masse des letztern sein müssen?

Resultate.

1) Wie 1650 zu 401. 2) Wie 112 zu 5. 3) Wie 320 zu 121. 4) Wie 99 zu 40. 5) Wie 1600 zu 401. 6) Wie 3208 zu 75. 7) Wie 1 zu 3. 8) 25,818. 9) Mit der Geschwindigkeit 1600. 10) $\frac{660}{3001} = 0{,}219$ ℔.

Vierzehntes Kapitel.

Von dem Stoße, welchen die festen Körper auf einander äußern.

Was heißt ein centraler und was ein uncentraler Stoß?

Wann heißt ein Stoß gerade und wann schief?

Was wird für den schief auf eine Ebene kommenden Körper der Einfallspunkt, das Einfallsloth, der Einfallswinkel, die Reflexionsebene und der Zurückwerfungswinkel genannt?

Was heißt ein Rammklotz, und wie wird derselbe angewandt?

Hauptsätze.

I. Der Widerstand der Luft und die Reibung werden bei allen von dem Stoße fester Körper handelnden Sätzen nicht berücksichtigt.

II. Die in jedem Körper K vorhandenen materiellen Punkte gehen (der größern Einfachheit wegen) in parallelen Richtungen fort?

III. Die Gesetze des Stoßes werden nur für unelastische und für vollkommen elastische Körper ermittelt, und für die anderen Körper besonders modificirt. Auch werden diese Gesetze durch die Percussionsmaschine versinnlicht.

IV. Stoßen 2 unelastische Körper gerade und central auf einander, so gehen sie nach erfolgtem Stoße mit der gemeinschaftlichen Geschwindigkeit dicht hinter einander fort.

V. Stoßen 2 unelastische Körper mit den Massen **M** und **m** und den Geschwindigkeiten **C** und **c** gerade und central auf einander, so ist ihre gemeinschaftliche Geschwindigkeit nach dem Stoße, nämlich:

$$X = \frac{MC + mc}{M + m}.$$

VI. Stößt ein unelastischer Körper von der Masse M in der Geschwindigkeit C gerade und central auf den in derselben Richtung fortgehenden unelastischen, von der Masse m und Geschwindigkeit c, so ist die gemeinschaftliche Geschwindigkeit beider Körper nach dem Stoße, nämlich:

$$X = \frac{MC + mc}{M + m}.$$

VII. Ist (in vor. Num.) $M = m$, so folgt:

$$X = \frac{C + c}{2}.$$

VIII. Befindet sich (in No. VI.) der mit der Masse m und der Geschwindigkeit c versehene K. im Zustande der Ruhe, so ist:

$$X = \frac{MC}{M + m}.$$

IX. Ist (in v. N.) $M = m$, so folgt:

$$X = \frac{C}{2}.$$

X. Setzt man (in No. VIII.) $m = \infty$, so ergiebt sich:

$$X = 0.$$

XI. Stößt ein unelastischer Körper gerade auf das unbewegliche und unelastische Hinderniß, so verliert er seine ganze Geschwindigkeit bei diesem Stoße.

XII. Kommen 2 Körper von den Massen M und m und den Geschwindigkeiten C und c gerade und central einander entgegen, so ist ihre gemeinschaftliche Geschwindigkeit nach dem Stoße, nämlich:

$$X = \frac{MC - mc}{M + m}.$$

XIII. Ist (in v. N.) $M = m$ und $C > c$, so ergiebt sich:

$$X = \frac{C - c}{2}.$$

XIV. Setzt man (in v. N.) $C = c$, so folgt:

$$X = 0.$$

XV. Stoßen 2 vollkommen elastische Körper auf einander, so hat nach dem Stoße jeder dieser Körper doppelt so viel bewegende Kraft und doppelt so viel Geschwindigkeit verloren, oder gewonnen, als er verloren oder gewonnen haben würde, wenn beide Körper unelastisch gewesen wären.

XVI. Stoßen 2 vollkommen elastische Körper K und k von den Massen M und m und den Geschwindigkeiten C und c gerade und central auf einander, so ist 1) die Geschwindigkeit des K nach dem Stoße, nämlich:

$$Y = \frac{(M-m)C+2mc}{M+m},$$

und 2) die Geschwindigkeit des k nach dem Stoße, nämlich.

$$y = \frac{(m-M)c+2MC}{M+m}.$$

XVII. Aus v. N. folgt:

$$1)\quad Y - y = c - C,$$

$$2)\quad MY^2+my^2 = MC^2+mc^2.$$

XVIII. Stößt ein vollkommen elastischer Körper K von der Masse M und der Geschwindigkeit C auf den in derselben Richtung vorangehenden vollkommen elastischen Körper k (von der Masse m und der Geschwindigkeit c, so ist 1) die Geschwindigkeit des K nach dem Stoße, nämlich:

$$Y = \frac{(M-m)C+2mc}{M+m},$$

und 2) die Geschwindigkeit des k nach dem Stoße, nämlich:

$$y = \frac{(m-M)c+2MC}{M+m}.$$

XIX. Ist (in v. N.) $M = m$, so folgt:

$$Y = c \text{ und } y = C.$$

XX. Befindet sich (in No. XVIII.) k im Zustande der Ruhe, so erhält man:

$$Y = \frac{(M-m)C}{M+m} \text{ und } y = \frac{2MC}{M+m}.$$

XXI. Setzt man (in v. N.) $M = m$, so ergiebt sich:

$$Y = 0 \text{ und } y = C.$$

XXII. Ist (in No. XX.) $m = \infty$, so erhält man:

$$Y = -C \text{ und } y = 0.$$

XXIII. Ist (in No. XX.) m in Bezug auf M unendlich klein, so folgt: $Y = C$ und $y = 2C$.

XXIV. Stößt ein vollkommen elastischer Körper gerade auf ein unbewegliches und unelastisches Hinderniß, so springt er nach dem Stoße in der entgegengesetzten Richtung mit der Geschwindigkeit des Anstoßes zurück.

XXV. Stößt ein unelastischer K gerade auf ein unbewegliches und vollkommen elastisches Hinderniß, so springt derselbe nach dem Stoße in der entgegengesetzten Richtung mit der Geschwindigkeit des Anlaufes zurück.

XXI. Stößt der vollkommen elastische K gerade auf ein unbewegliches und vollkommen elastisches Hinderniß, so springt derselbe nach dem Stoße in der entgegengesetzten Richtung mit der Geschwindigkeit des Anlaufes zurück.

XXII. Kommen die beiden vollkommen elastischen Körper K

und K mit den Massen M und m und den Geschwindigkeiten C und c gerade und central einander entgegen, so ist:

1) die Geschwindigkeit des K nach dem Stoße, nämlich:

$$Y = \frac{(M-m)C - 2mc}{M+m};$$

und 2) die Geschwindigkeit des k nach dem Stoße, nämlich:

$$y = \frac{(M-m)c + 2MC}{M+m}.$$

XXVIII. Ist (in v. N.) $M = m$, so folgt:

$$Y = -c \text{ und } y = +C.$$

XXIX. Setzt man (in No. XXVII.) $C = c$, so ergiebt sich:

$$Y = \frac{(M-3m).C}{M+m} \text{ und } y = \frac{(3M-m)C}{M+m}.$$

XXX. Ist (in No. XXVII.) $M = m$ und $C = c$, so erhält man:

$$Y = -C \text{ und } y = +C.$$

XXXI. Wenn mehrere gleichmäßige vollkommen elastische Kugeln von gleichen Massen so neben einander hängen, daß sie sich berühren, ohne sich zu drücken, und daß ihre Mittelpunkte in derselben horizontalen Linie sich befinden; wenn ferner die erste Kugel mit einer gewissen Geschwindigkeit gerade und central an die 2te stößt, so wird nach dem Stoße nur die letzte mit der Geschwindigkeit der 1sten sich bewegen.

XXXII. Stoßen (in v. N.) entweder die 2 ersten, oder die 3 ersten Kugeln gemeinschaftlich und mit der Geschwindigkeit C gerade und central auf die übrigen, so werden (für unsere Wahrnehmung) nach dem Stoße entweder die 2 oder die 3 letzten Kugeln mit der Geschwindigkeit C abspringen.

XXXIII. Wenn 3 gleichmäßige und vollkommen elastische Kugeln von den Massen M, 𝔐 und m so neben einander hängen, daß sie sich berühren ohne sich zu drücken, und daß ihre Mittelpunkte in derselben horizontalen Linie sich befinden; wenn ferner die erste Kugel mit der Geschwindigkeit C gerade und central auf die zweite, und diese mit der erhaltenen Geschwindigkeit gerade und central auf die 3te stößt, so ist die Geschwindigkeit, womit die letztere abspringt, nämlich:

$$y = \frac{4M\mathfrak{M}C}{(M+\mathfrak{M})(\mathfrak{M}+m)}.$$

XXXIV. Ist (in v. N.) $M > \mathfrak{M}$ und $\mathfrak{M} > m$, so ist y größer als diejenige Geschwindigkeit, welche die letzte Kugel erhält, wenn die erste unmittelbar mit der Geschwindigkeit C gerade und central auf die 3te stößt.

XXXV. Wenn mehrere gleichmäßige und vollkommen elastische Kugeln so neben einander hängen, daß sie sich berühren, ohne sich zu drücken, und daß ihre Mittelpunkte in derselben horizontalen Linie sich befinden; wenn ferner die Massen aller Kugeln eine geometrische

Progression vom Exponenten d ausmachen, und die erste Kugel mit der Geschwindigkeit C gerade und central an die zweite stößt, so wird nach dem Stoße die ate Kugel mit der Geschwindigkeit:

$$W = \left(\frac{2}{1+d}\right)^{a-1}.C$$

abspringen.

XXXVI. Wenn (in Fig. 14.) die beiden gleichmäßigen und vollkommen elastischen Kugeln M und N mit den Kräften ea und hb schief auf einander stoßen und die Massen dieser Kugeln von gleicher Größe sind, so geht nach dem Stoße M mit der Kraft aq und N mit der Kraft bt fort.

XXXVII. Ruht (in v. N.) N vor dem Stoße, so wird nach dem Stoße M von der Kraft ap und N von der Kraft bu getrieben.

XXXVIII. Stößt ein unelastischer Körper mit einer Kraft schief auf eine unbewegliche und unelastische Ebene, so geht er nach dem Stoße nur mit einem Theile der Kraft auf dieser Ebene fort.

XXXIX. Wenn ein Körper auf eine unbewegliche Ebene schief stößt, und entweder K oder die Ebene oder beide vollkommen elastisch sind, so wird K mit der Kraft des Anstoßes in der Reflexionsebene und zwar so zurückgeworfen, daß der Einfallswinkel gleich dem Zurückwerfungswinkel ist.

Uebungssätze.

1) Ein Ball springt von einem harten Boden oder von einer harten Wand zurück.

2) Die Billardkugel wird von der elastischen Bande reflectirt.

3) Läßt man ein langes irdenes Pfeifenrohr lothrecht auf die Erde fallen, so trennt sich das oberste Stückchen von dem Rohre und springt in die Höhe.

4. Der Schnitt auf dem Billard wird aus No. XXXVII. erklärt.

5) Das einfache und doppelte Dubliren auf dem Billard wird aus No. XXXIX. erklärt.

6) Eine gleichmäßige und vollkommen glatte Kugel wird (ohne Reibung) durch einen geraden Stoß niemals in eine drehende Bewegung versetzt; auch wird eine gleichmäßige und vollkommen glatte Kugel (ohne Reibung) selbst durch einen schiefen Stoß niemals in eine drehende Bewegung gebracht.

7) Die Faustkämpfer suchen einander immer auf den Leib zu treffen, aber stets ein Zusammenstoßen der Fäuste zu vermeiden.

Aufgaben.

1. Wenn ein unelastischer Körper von der Masse 8 ℔ und der Geschwindigkeit 10 gerade und central auf den in derselben Richtung

fortgehenden unelastischen Körper von der Masse 3,2 und der Geschwindigkeit 4 stößt; wie viel wird die gemeinschaftliche Geschwindigkeit beider Körper nach dem Stoße betragen?

2. Ein mit der Geschwindigkeit 20,32 fortgehender unelastischer Körper trifft gerade und central einen in der nämlichen Richtung sich bewegenden unelastischen K, welcher die nämliche Masse wie der erstere und die Geschwindigkeit 6,316 besitzt. Wie groß ist die gemeinschaftliche Geschwindigkeit beider Körper nach dem Stoße?

3. Ein unelastischer und bewegter Körper von der Masse 20,5 ℔ und der Geschwindigkeit 12 stößt gerade und central auf einen ruhenden unelastischen K, dessen Masse 2 Loth ausmacht. Mit welcher gemeinschaftlichen Geschwindigkeit werden beide Körper nach dem Stoße fortgehen?

4. Ein unelastischer Körper bewegt sich mit der Geschwindigkeit 8,16 und stößt gerade und central auf einen ruhenden unelastischen K von gleicher Masse. Mit welcher Geschwindigkeit werden beide Körper nach dem Stoße sich bewegen?

5. Zwei unelastische Körper, deren Massen 20 ℔ und 6,3 ℔ und deren Geschwindigkeiten 8 und 3 betragen, kommen gerade und central einander entgegen; wie groß ist ihre gemeinschaftliche Geschwindigkeit nach dem Stoße?

6. Wenn 2 unelastische Körper von gleichen Massen mit den ungleichen Geschwindigkeiten 40,8 und 20,9 gerade und central einander entgegen kommen; mit welcher Geschwindigkeit und in welcher Richtung werden diese Körper nach dem Stoße fortgehen?

7. Zwei unelastische Körper von gleichen Massen und gleichen Geschwindigkeiten stoßen gerade und central auf einander; wie groß ist ihre gemeinschaftliche Geschwindigkeit nach dem Stoße?

8. Wenn ein vollkommen elastischer Körper K von der Masse 20 ℔ und der Geschwindigkeit 6 auf den in derselben Richtung vorangehenden vollkommen elastischen Körper k von der Masse 12 und der Geschwindigkeit 4 stößt; wie viel werden die Geschwindigkeiten beider Körper nach dem Stoße betragen?

9. Wenn (in No. 8.) beide Körper gleiche Massen haben und alles Uebrige unverändert bleibt; welche Geschwindigkeiten werden die Körper nach dem Stoße besitzen?

10. Wenn ein vollkommen elastischer Körper K von der Masse 8 ℔ und der Geschwindigkeit 10,8 gerade und central auf den ruhenden und vollkommen elastischen Körper k von der Masse 3 ℔ stößt; welche Geschwindigkeiten werden K und k nach dem Stoße besitzen?

11. Sind (in v. N.) die Massen von K und k einander gleich und bleibt alles Uebrige unverändert, welche Geschwindigkeiten haben K und k nach dem Stoße?

12. Die beiden vollkommen elastischen Körper K und k, von

den Massen 10 ℔ und 6 ℔ und den Geschwindigkeiten 8 und 5 kommen gerade und central einander entgegen. Welche Geschwindigkeiten Y und y werden K und k nach dem Stoße besitzen?

13. Wie viel betragen aber (in v. N.) die Geschwindigkeiten Y und y von K und k nach dem Stoße, wenn diese Körper mit den Massen 100 ℔ und 30 ℔ und den Geschwindigkeiten 10 und 3 gerade und central einander entgegen kommen?

14. Wenn (in v. N.) die Massen einander gleich sind und alles Uebrige unverändert bleibt, welche Geschwindigkeiten Y und y haben K und k nach dem Stoße?

15. Sind (in No. 13.) die Geschwindigkeiten vor dem Stoße einander gleich; ist nämlich $C = c = 20$ und bleibt alles Uebrige unverändert; wie groß sind die Geschwindigkeiten Y und y von K nach dem Stoße?

16. Haben in No. 13. die Massen und Geschwindigkeiten beziehlich gleiche Größe und ist namentlich $M = m = 100$ ℔ und $C = c = 10$; mit welchen Geschwindigkeiten Y und y werden K und k nach dem Stoße fortgehen?

17. Mit welcher Geschwindigkeit wird (in No. XXXI.) die letzte Kugel abspringen, wenn die erste mit der Geschwindigkeit 8,3 gerade und central an die 2te stößt?

18. Mit welcher Geschwindigkeit gehen (in No. XXXII.) die beiden letzten Kugeln fort, wenn die beiden ersten mit der Geschwindigkeit 18 gerade und central auf die übrigen stoßen?

19. Wie groß ist (in No. XXXIII.) die Geschwindigkeit y, wenn $M = 8$ ℔, $\mathfrak{M} = 7$ ℔, $m = 2$ ℔ und $C = 20$ gegeben ist?

20. Wie viel beträgt (in No. XXXV.) die Geschwindigkeit W, wenn $\alpha = 100$, $C = 1$ und $d = \frac{1}{2}$ ausmacht?

21. Wie groß ist (in No. XXXV.) die Geschwindigkeit W, für $\alpha = 11$, $c = 2$ und $d = 0{,}1$?

22. Welche Geschwindigkeit erlangt die als ruhend angenommene Sonne beim Zusammentreffen mit der Erde, wenn ihre Masse 337000mal so groß als die der Erde sich zeigt, uud letztere 4,1 Meile in der Sekunde *) zurücklegt.

23. Wenn ein Körper K in einen andern ruhenden weichen k von der Masse m eindringt, der Widerstand des $k = r$ beträgt und K, mit der Geschwindigkeit C ausgehend, die Zeit T hindurch wirkt; welche Geschwindigkeit c bleibt ihm noch übrig, und welche Höhlung hat er in k bewirkt, oder welchen Weg S darin zurücklegt?

24. Wie lange wird (in v. N.) K in k vordringen; und welche Höhlung hat er alsdann gemacht?

25. Ein Rammklotz, dessen Masse M und dessen Geschwindigkeit C beträgt, dringt auf einen Pfahl, dessen Masse N ist, stoßend

*) Auf ihrer jährlichen Bahn.

ein. Welchen Weg durchläuft der Pfahl oder wie tief S dringt er durch jene Kraft bei jedem Stoße ein?

26. Wiegt der Pfahl 1000 ℔, der Rammklotz 2000 ℔, drang ersterer in den letzten 30 Stößen nur noch 1 Zoll tief ein, und fiel der Klotz 6 Fuß hoch herab, welches Gewicht kann der Pfahl, ohne ferner eingedrückt zu werden, ertragen?

27. Ist P eine, auf den N Pfund wiegenden Pfahl gelegte Last, und drückt dieselbe den Pfahl die Zeit T hindurch; wie lang ist die Höhlung S, welche der Pfahl bei dem Widerstande r zu bilden vermag?

28. Wie groß ist (in v. R.) S, wenn N = 3000 ℔, P = 2000 ℔, T = 2 Sekunden, g = 6, und r = 4900 beträgt?

29. Wie viel beträgt r, wenn N = 5000, P = 1000, T = 5 Sekunden g = 10, und S = 4 Fuß ausmacht?

30. Wie lange hat die Kraft P auf den N ℔ wiegenden Pfahl gewirkt; wenn derselbe bei dem Widerstande r S Fuß tief in die Erde eindrang?

31. Wie groß ist (in v. R.) die Zeit T, wenn N = 8000 ℔, P = 6000 ℔, S = 5 Fuß, g = 8 und R = 12000 ℔ beträgt?

32. Wenn eine blos durch die Schwere getriebene Last in einer Minute den Weg 56160 Fuß*) freifallend beschreibt, und dieselbe auf dem Boden liegend nur 4 Fuß einzudringen vermag; wie wird sich hier der Widerstand zur Schwerkraft verhalten?

33. Wie tief wird eine abgeschossene Kugel in einen Erdwall dringen, wenn der von ihr zu überbietende Widerstand das 5000fache der Schwere beträgt, und die Kugel mit der Geschwindigkeit 900 beim Walle ankommt?

34. Ein 200 ℔ wiegender Rammklotz fällt von einer $3\frac{3}{4}$ Fuß betragenden Höhe auf einen 1000 ℔ wiegenden Pfahl, um denselben in die Erde einzuschlagen, ist aber nach 25 Schlägen nur noch im Stande den Pfahl $\frac{1}{4}$ Zoll hineinzutreiben. Wie wird sich hier der Wiederstand zur Schwerkraft verhalten?

Resultate.

1) $8\frac{4}{7}$. **2)** 13,318. **3)** $11\frac{317}{329}$. **4)** 4,08. **5)** $5\frac{96}{265}$. **6)** Mit der Geschwindigkeit 9,95 in der Richtung der schnellern Bewegung. **7)** Sie beträgt = 0, d. h. die beiden Körper ruhen nach dem Stoße. **8)** Die Geschwindigkeit des K beträgt = $4\frac{1}{2}$, während die des k = $6\frac{1}{2}$ ausmacht. **9)** K wird nach dem Stoße die Geschwindigkeit 4 und k die Geschwindigkeit 6 besitzen. **10)** K wird die Geschwindigkeit 4,909 und k die Geschwindigkeit 15,0709 nach dem Stoße besitzen. **11)** K hat nach dem Stoße die Geschwindigkeit 0 und k die Geschwindigkeit 10,8. **12)** Y = $-1\frac{3}{4}$ und y = $+11\frac{1}{4}$.

*) Wo G = 15,6 beträgt.

13) $Y = 4$ und $y = 17$. 14) $Y = -3$ und $y = +10$. 15) $Y = 1\frac{7}{18}$ und $y = 41\frac{7}{18}$. 16) $Y = -10$ und $y = +10$. 17) Mit der Geschwindigkeit 8,3. 18) Mit der Geschwindigkeit 18. 19) $y = 33\frac{5}{27}$. 20) $W = 2338500000000 +$ einem ächten Bruche. 21) $W = 789{,}5924$. 22) Die Geschwindigkeit $\frac{244}{838} = 0{,}291 \ldots$ 23) Es ist $c = C - 2GT.\frac{r}{m}$ und $S = g.\frac{r}{m}T^2$, wenn g die im Kapitel IV. No. VII. angegebene Bedeutung besitzt. 24) Er wird so lange vordringen, bis $c = 0$ ist und hat alsdann die Höhlung oder den Weg $S = \frac{C^2.m}{4g.r}$ gemacht. 25) Der Pfahl bekommt bei jedem Stoße die Geschwindigkeit $\frac{MC}{M+N}$; und es ist deshalb $S = \frac{M^2.C^2}{4g.r(M+N)}$. 26) 2880000 ℔ 27) $S = g\left(\frac{P+N-r}{P+N}\right).T^2$. 28) $S = 0{,}48$ Fuß. 29) $r = 5904$ ℔. 30) Die Zeit $T = \sqrt{\frac{(N+P).S}{g(P+N-r)}}$. 31) 2,091 Sekunden. 32) Wie 14039 zu 14040. 33) 33 Zoll. 34) Wie 2000 zu 1, wenn $g = 15$ beträgt.

Funfzehntes Kapitel.

Von der Reibung.

Wodurch ist die gleitende Reibung von der rollenden oder wälzenden verschieden?

Sind allgemeine Bestimmungen über die absolute Größe der Reibung vorhanden?

Was heißt der Reibungscoefficient, und wodurch wird derselbe ermittelt?

Hauptsätze.

I. Die Reibung R zweier Körper ist desto größer, je rauher die sich berührenden Flächen sind und je stärker die letztern an einander gedrückt werden.

II. R ist größer, wenn eine Oberfläche über die andere fortgezogen, als wenn sie über ihr fortgewälzt wird.

III. Werden immer dieselben Reibungsflächen angewandt, so ist

R der drückenden Kraft, welche die Oberflächen senkrecht gegen einander preßt (sehr nahe) **proportional, während** sie von der Größe der Fläche nur wenig abhängig sich zeigt.

IV. Wenn ein Körper das eine Mal mit größerer und das andere Mal mit kleinerer Geschwindigkeit sich bewegt, so findet man R nur unbedeutend verändert.

V. Die zwischen gleichartigen Körpern stattfindende Reibung wird unter denselben Umständen am größten befunden.

VI. R wird bei Metallen durch die Wärme und bei Hölzern durch die Nässe vergrößert.

VII. R wird oft größer, wenn die schon ziemlich glatten Reibungsflächen noch einen höhern Grad von Glätte erhalten.

Uebungssätze.

1) Die Reibung eines Balkens bleibt unverändert, wenn das eine Mal seine kleinern und das andere Mal seine größern Flächen den reibenden Körper berühren

2) Die Reibung zwischen Eisen und Eisen ist größer als diejenige, welche zwischen Eisen und einem andern Metalle sich zeigt.

3) Man hat (unter denselben Umständen) zwischen Stahl und Messing die kleinste, zwischen Stahl und Blei eine größere, und zwischen Stahl und Kupfer eine noch größere Reibung bemerkt.

4) Die zwischen Holz und Holz stattfindende R ist größer als diejenige, welche zwischen Holz und einem andern Körper sich zeigt.

5) Die in der Richtung der Fasern vor sich gehende Bewegung bringt bei Hölzern die größt möglichste Reibung hervor.

6) Die Reibung zweier sich berührenden Körper wird dadurch vermindert, daß man die sich berührenden Flächen polirt, den Druck und auch die Größe derselben so viel als möglich vermindert, sie mit Körpern (z. B. Oel, Talg u. s. w.), welche ihre Rauhigkeit vermindern bestreicht, und (wenn es angeht), die gleitende Bewegung in eine rollende verwandelt.

7) Die Reibung verhindert es, daß der auf einer horizontalen Ebene liegende Körper nicht durch die kleinste Kraft bewegt werden kann; auch ist dieselbe ein Hinderniß des Herabgleitens eines auf das obere Ende der schiefen Ebene gelegten Körpers.

8) R bewirkt den festen Stand des Körpers, hält die Theile eines Gewebes zusammen, und bringt noch viele andere Vortheile (z. B. bei Schrauben u. s. w.) hervor.

Sechzehntes Kapitel.

Von den physischen Kräften des Menschen.

Was wird unter der physischen Kraft eines Menschen verstanden?

Hauptsätze.

I. Die Erfahrung lehrt, daß ein Mensch von mittlerer Stärke und bei einer Arbeitszeit von 8 Stunden eben so gern 20 ℔ Last mit der Geschwindigkeit 3 als 30 ℔ mit der Geschwindigkeit 2 bewegt.

II. Man erhält (in I.) $30:3 = 20:2$; und es folgt hieraus, daß für je 10 ℔ Last die Geschwindigkeit 1 als Aequivalent sich zeigt; oder, daß einer Last von 10 Pfunden die Geschwindigkeit 1 entspricht.

III. Ein Mensch von mittlerer Kraft, dessen Gewicht unberücksichtigt bleibt, wird (nach I. und II.) die Geschwindigkeiten 0, 1, 2, 3, 4, 5 anwenden, um die Lasten 50 ℔, 40 ℔, 30 ℔, 20 ℔ und 10 ℔ zu bewegen.

IV. Die größte Last, welche ein Mensch, ohne sich zu bewegen und zu schaden, halten kann, wird, durch $2\,k$ und die größte Geschwindigkeit durch $2\,c$ ausgedrückt.

V. Wenn ein Mensch mit der Geschwindigkeit v arbeiten (z. B. tragen oder heben) soll, die zu überwindende Last sammt dem Körper des Arbeiters k ℔ beträgt und derselbe bei den Arbeiten gewöhnlich die Geschwindigkeit c anwendet, so ist seine geäußerte Kraft, bei der gewöhnlichen Arbeitszeit t, nämlich:

$$K = k\left(2 - \frac{v}{c}\right).$$

VI. Die Zeiten $0,\ t,\ 2\,t$ entsprechen den Kräften

$$2\,k,\ k,\ 0,$$

indem der Arbeiter für die kleinste Zeit die größte Kraft und für die längste Zeit die kleinste Kraft zu äußern vermag.

VII. Wenn der Arbeiter (in No. V.) noch die Zeit T mit der Geschwindigkeit v thätig sein soll, so ist die von demselben wirklich ausgeübte Kraft, nämlich:

$$Q = K\left(2 - \frac{T}{t}\right),$$

oder $$Q = k\left(2 - \frac{v}{c}\right)\left(2 - \frac{T}{t}\right).$$

VIII. Wenn ein Arbeiter dafür, daß er einen Tag mit der mittlern Geschwindigkeit c und in der gewöhnlichen Arbeitszeit von t Stunden mit einer seiner mittlern Stärke k*) angemessenen Last fortgeht, p Thlr. erhält, so hat derselbe für 1 Centner oder 100 ℔, insofern er sich, mit der Geschwindigkeit v, T Stunden des Tages bewegt, zu fordern:

$$X = \frac{100.20.p}{3K.T.v\left(2-\frac{v}{C}\right)\left(2-\frac{T}{t}\right)} \text{ Thlr.}$$

oder

$$X = \frac{100.20.p}{3.t.c.k.\frac{v}{c}\left(2-\frac{v}{c}\right)\frac{T}{t}\left(2-\frac{T}{t}\right)} \text{ Thlr.}$$

IX. Der kleinste Trägerlohn für einen Centner und 1 Meile beträgt:

$$x = \frac{100.20.p}{3tck} \text{ Thlr.}$$

X. Man erhält für den Tagelohn, nämlich:

$$p = \frac{3.x.k.T.v.\left(2-\frac{v}{c}\right)\left(2-\frac{T}{t}\right)}{100.20},$$

oder $$p = \frac{3.x.t.c.k.\frac{v}{c}\left(2-\frac{v}{c}.\frac{T}{t}\right)\left(2-\frac{T}{t}\right)}{100.20}$$ (wenn x den für 1 Meile und einen Centner zu gebenden Trägerlohn ausdrückt.)

XI. Der Tagelohn p wird am größten, wenn man

$$p = \frac{3.x.t.c.k}{20.100}$$

setzt und unter x den für 1 Meile und einen Centner zu gebenden Trägerlohn bezeichnet.

Aufgaben.

1. Man soll aus No. VII. den Werth von Q berechnen, wenn T = t und v = c beträgt?

2. Wie groß ist (in No. VII.) der Werth von Q, wenn T = 7 Stunden und t = 8 Stunden **) ausmacht?

---

*) Welche in den Zahlenbeispielen = 25 gesetzt wird.

**) Die gewöhnliche mittlere Arbeitszeit.

3. Wie viel beträgt (in No. VII.) der Werth von Q, wenn T sehr gering, also nahe = 0, und v ebenfalls = 0 sich zeigt?

4. Wenn ein mittelstarker Bote in 8 Stunden 4 Meilen *) zurücklegt, seine mittlere Geschwindigkeit 2,5 und die gewöhnliche mittlere Arbeitszeit 8 Stunden beträgt, welche Last kann ein solcher Mensch täglich transportiren?

5. Wenn man, bei heftigen Arbeiten T = 10 Minuten, v = 3 annimmt, welche Kraft Q wird ein Mensch bei der Geschwindigkeit c = 2,5 und der Zeit t ausüben?

6. Wenn ein Mann eine Last von 25 ℔ trägt, 3 Meilen in 6 Stunden macht, und täglich 8 Stunden fortgeht; welche Kraft wird derselbe äußern, wenn $c = \frac{10}{3}$ beträgt?

7. Ein Soldat mußte sonst eine 12 ℔ wiegende Muskete, eine 10 ℔ enthaltende Patrontasche, einen Mantel, Tornister und anderes Gepäck von 23 ℔, also im Ganzen eine Last von 45 ℔ tragen, und dabei täglich 2 Meilen in 4 Stunden marschiren. Wenn aber nun die mittlere Geschwindigkeit c des Menschen $= \frac{10}{3}$ und die mittlere Arbeitszeit t desselben 8 Stunden ausmacht, welche Kraft äußert ein solcher Soldat?

8. Wenn Jemand eine unter 60° geneigte Ebene täglich 10 Stunden mit einem 24,72 ℔ wiegenden Gepäcke hinaufgeht, sein eigenes Gewicht 130 ℔, die mittlere Geschwindigkeit c = 3,3, die zum Steigen angewandte Geschwindigkeit = 2 und t = 8 Stunden ausmacht, welche Kraftäußerung wird hier ausgeübt?

9. Welche Kraftäußerung findet in voriger Nummer statt, wenn die Höhe der schiefen Ebene zu ihrer Länge sich wie 3 zu 10 verhält und alles Uebrige unverändert bleibt?

10. Wenn ein Mensch 23 französische Pfund in 8 Stunden mit der Geschwindigkeit 3, ohne sich zu schaden, zu tragen vermag, welche Kraftäußerung wird sich da zeigen, wenn man 23 französische Pfund = 20,1 preuß. Pfund, 3 französische Fuß = 3,1 preuß. Fuß setzt, c = 2,5 und t = 8 Stunden nimmt?

11. Wenn ein mittelstarker Mann **) für seine Arbeit als Träger während 8 Stunden bei der Geschwindigkeit 2,5 täglich 8 Gr. erhält; wie viel wird er für den Centner eine Meile weit zu bringen bekommen?

12. Soll (in No. 10.) der Mann täglich 10 Stunden mit der Geschwindigkeit 3 zurücklegen; wie viel kostet alsdann ein Centner eine Meile weit zu bringen, wenn der Träger eine seiner Kraft (k) angemessene Last transportirt?

13. Wenn ein Arbeiter für einen Centner Waare 1 Meile weit zu bringen 8 Groschen Trägerlohn erhält, und dafür täglich 8 Stun-

*) Die Meile zu 24000 Fuß gerechnet.
**) wobei k = 25 Pfund ausmacht.

den mit der Geschwindigkeit 2,5 sich bewegt, wie hoch beläuft sich sein Tagelohn, wenn k für den mittelstarken Mann = 25 ℔ ausmacht?

14. Wenn (in voriger Nummer) der Arbeiter täglich 10 Stunden marschirt, dabei eine Geschwindigkeit 3 anwendet, und alle übrigen Bedingungen unverändert bleiben; wie viele Groschen würde er dann, ohne sich zu schaden, verdienen?

15. Zwei Träger A und B wollen eine Last transportiren. A erbietet sich täglich 12 Stunden mit der Geschwindigkeit 3 zu marschiren; und B verspricht bei 10stündigem Marsche und der Geschwindigkeit 2,5 die Sachen an Ort und Stelle zu bringen. Wenn aber nun die beiden Träger mittelstarke Menschen *) sind und jeder täglich einen Thaler verlangt, wem kann man mit mehr Vortheil die Sachen übergeben?

16. Wenn Jemand (in voriger Nummer) meine Sachen dergestalt transportiren will, daß er täglich 8 Stunden mit der Geschwindigkeit 4 sich bewegt; wie viele Transportkosten muß man demselben, wenn er täglich 1 Thaler erhalten soll, für 1 Meile und 1 Centner bezahlen?

17. Wenn ein Arbeiter die bestimmte Last Q transportiren soll, wie groß muß er seine täglichen Märsche und seine Geschwindigkeit dazu wählen, um in einem Tage möglichst große Wege, ohne sich zu schaden, durchlaufen zu können?

18. Es ist (in voriger Nummer) $Q = 16$ ℔, $K = 25$ ℔, $t = 8$ Stunden und $c = 2{,}5$. Wie groß müssen T und v sein, damit der Bote große Tagemärsche machen kann?

19. Ist in No. 18. $Q = 36$ ℔, alles Uebrige aber unverändert; welche Werthe ergeben sich dann für v und T?

20. Wenn der Bote keine sehr bemerkliche Last (etwa einen Brief) zu tragen hat; wie groß sind alsdann v und T?

Resultate.

1) Es ist $Q = K = k$. 2) Es ist $Q = k\left(2 - \frac{v}{c}\right)(1 + \frac{1}{8})$; und man findet hieraus, daß bei der um den 3ten Theil verminderten Arbeitszeit die wirkliche Kraft um $\frac{1}{8}$ sich vermehrt. 3) Es ist $Q = 4k$, oder = der 4maligen Kraft mittelstarker Menschen. 4) Die Last $16\frac{2}{3}$ ℔. 5) $39\frac{7}{12}$ ℔. 6) Die Kraft 25 ℔. 7) Eine Kraft von 30 ℔. 8) Man erhält $Q = \frac{154{,}72}{3}$ ℔, und deshalb aus VII.:

$$\frac{154{,}72}{3} = k\left(2 - \frac{2}{3{,}3}\right)\left(2 - \frac{10}{8}\right),$$

oder $k = 49{,}4$ ℔.

*) Von 25 Pfund Tragekraft.

9) 44,39 ℔. 10) Es ist

$$20{,}1 = k\left(2 - \frac{3{,}1}{2{,}5}\right)\left(2 - \frac{8}{8}\right),$$

und hieraus $k = 26{,}4$ ℔.

11) $10\frac{2}{3}$ Groschen. 12) 11,84 Groschen. 13) 6 Groschen. 14) $5\frac{2}{3}$ Groschen. 15) Dem zweiten Träger, indem der 1ste 1,85 Thaler und der 2te 1,42 Thaler für 1 Centner und 1 Meile verdient. 16) 2,083 Thaler Transportkosten.

$$17)\quad v = c.\left(2 - \sqrt{\frac{Q}{k}}\right) \text{ und } T = \frac{t.c}{v}\left(2 - \sqrt{\frac{Q}{k}}\right)^2.$$

18) $v = 3$ und $T = 9\frac{3}{5}$ Stunden. 19) $v = 2$ und $T = 6\frac{2}{3}$ Stunden. 20) $v = 2c$ und $T = 8$ Stunden. Der Bote legt aber während dieser Zeit 12 Meilen zurück.

Siebenzehntes Kapitel.

Von dem einfachen Hebel oder blos von dem Hebel.

Wann sind zwei oder mehrere Kräfte mit einander im Gleichgewicht, oder wann halten diese Kräfte einander das Gleichgewicht?

Was heißt das Gleichgewicht für den Ruhestand, und was das Gleichgewicht während der Bewegung?

Was nennt man Statik und was Hydrostatik?

Was heißt ein einfacher Hebel oder blos ein Hebel?

Was wird ein physischer oder ein wirklicher Hebel genannt?

Was nennt man den Ruhepunkt und was die Unterlage oder das Hypomochlion des Hebels?

Was versteht man unter den Armen eines Hebels?

Wann heißt der Hebel ein zweiarmiger, oder ein Hebel der ersten Art?

Wann wird der zweiarmige Hebel ein gleicharmiger und wann ein ungleicharmiger genannt?

Was heißt ein einarmiger Hebel oder ein Hebel der 2ten *) Art.

Wann nent man den Hebel einen geradlinigen, einen Winkelhebel und einen krummlinigen Hebel?

Was heißt die Entfernung der Kraft vom Ruhepunkte?

Ist die Entfernung der Kraft vom Ruhepunkte dem ihr entsprechenden Hebelarme in jedem Falle gleich?

Warum heißt von den am Hebel wirkenden 2 Kräften, die eine Kraft und die andere Last?

Was wird das statische Moment, oder blos das Moment einer Kraft genannt?

Hauptsätze.

I. Wenn die Kraft **P** auf eine gerade und feste Linie und in der Richtung derselben wirkt, so ist es gleichgültig, in welchem Punkte dieser Linie **P** sich thätig erweist.

II. Die Arme eines Hebels werden durch **L** und **l**, die daran wirkenden Kräfte durch **P** und **p**, ihre Entfernungen vom Ruhepunkte durch **N** und **n** und die Winkel, unter welchen **P** und **p** auf **L** und **l** wirken, durch φ und ψ ausgedrückt. (Fig. 15.)

III. Sind bei einem zweiarmigen geradlinigen Hebel zwei senkrecht wirkende Kräfte mit einander im Gleichgewichte, so wird die Unterlage mit der Summe der beiden Kräfte gedrückt.

IV. Halten bei einem einarmigen geradlinigen Hebel zwei senkrecht wirkende Kräfte einander das Gleichgewicht, so wird die Unterlage mit der Differenz der beiden Kräfte gedrückt.

V. Wenn bei einem geradlinigen oder Winkelhebel die Kräfte **P** und **p** so wirken, daß ihre Richtungen in einer Ebene sich befinden und wenn dabei:

$$\left.\begin{cases} & P:p = n:N, \\ \text{oder} & P.N = p.n, \\ \text{oder} & P:p = (l.\sin\psi):(L.\sin\varphi), \\ \text{oder} & P.L.\sin\varphi = p.l.\sin\psi \end{cases}\right\} \text{ist.}$$

so stehen **P** und **p** mit einander im Gleichgewichte.

VI. Halten umgekehrt **P** und **p** einander das Gleichgewicht, so folgt:

$$\begin{aligned} & P:p = n:N, \\ \text{oder} \quad & P.N = p.n, \\ \text{oder} \quad & P:p = (l.\sin\psi):(L.\sin\varphi), \\ \text{oder} \quad & P.L.\sin\varphi = p.l.\sin\psi. \end{aligned}$$

*) Oder auch der dritten Art?

VII. Sind (in Fig. 16.) am zweiarmigen Hebel **acb** die Kräfte **P** und **p** mit einander im Gleichgewichte, und wirken dieselben entweder in senkrechten oder in parallelen Richtungen, so verhalten sie sich wie umgekehrt die Hebelarme, oder wie umgekehrt die Bogen, welche die Punkte **a** und **b** durchlaufen würden, wenn der Hebel **acb** sich zu drehen anfinge.

VIII. Halten (in Fig. 17.) am einarmigen Hebel **abc** die Kräfte **P** und **p** einander das Gleichgewicht und wirken dieselben entweder in senkrechten oder in parallelen Richtungen, so verhalten sie sich wie umgekehrt die Hebelarme, oder wie umgekehrt die Bogen, welche die Punkte **a** und **b** durchlaufen würden, wenn der Hebel **abc** sich zu drehen anfinge.

IX. Wenn an einem Hebel mehrere Kräfte in einerlei oder in verschiedenen Richtungen wirken, so ermittle man zuerst das Moment einer jeden einzelnen Kraft, und addire die Momente aller Kräfte, welche den Hebel nach einer und derselben Seite ziehen würden. Addirt man aber auch die Momente aller Kräfte, welche den Hebel nach der entgegengesetzten Seite zu bewegen streben, und sind die in beiden Fällen erhaltenen Summen einander gleich, so halten sämmtliche Kräfte einander das Gleichgewicht.

X. Sind an einer geraden Linie in allen ihren Punkten gleiche Gewichte in lothrechten Richtungen wirksam, und unterstützt man diese Linie in ihrer Mitte, so sind, an dem nun entstandenen Hebel, sämmtliche Kräfte mit einander im Gleichgewichte.

XI. Wenn an einer geraden Linie in allen ihren Punkten Gewichte in lothrechten Richtungen und zwar dergestalt wirken, daß an den beiden Endpunkten der Linie gleiche Gewichte sich befinden, und immer an je zwei Punkten, welche gleichweit von den beiden Endpunkten abstehen, gleiche Gewichte*) sich thätig erweisen, so sind sämmtliche Gewichte mit einander im Gleichgewichte, wenn man die gerade Linie in ihrer Mitte unterstützt.

Aufgaben.

1. Es ist die Kraft **P** in der Entfernung 8 Fuß vom Ruhepunkte im Gleichgewichte mit der Last q = 6 ℔ in der Entfernung 3 Fuß von diesem Punkte. Wie groß ist **P**?

2. Es ist **P** in der Entfernung 8 Zoll vom Ruhepunkte im Gleichgewichte mit der Last p = 10 ℔ in der Entfernung 3 Zoll von diesem Punkte. Wie groß ist **P**?

3. Es ist **P** in der Entfernung $3\frac{1}{8}$ Zoll vom Ruhepunkte im Gleichgewichte mit der Last p = $8\frac{2}{3}$ ℔ in der Entfernung 16 Zoll von diesem Punkte. Wie groß ist **P**?

---

*) Welche entweder eben so groß oder größer oder kleiner als die erstern sein können.

4. Es ist **P** in der Entfernung $4\frac{3}{8}$ Zoll vom Ruhepunkte im Gleichgewichte mit der Last p = $16\frac{1}{4}$ ℔ in der Entfernung $22\frac{1}{2}$ Zoll von diesem Punkte. Wie groß ist **P**?

5. Es ist **P** in der Entfernung $5\frac{1}{4}$ Zoll vom Ruhepunkte im Gleichgewichte mit der Last p = 11 ℔ in der Entfernung $\frac{9}{16}$ Zoll von diesem Punkte. Wie groß ist **P**?

6. Es ist **P** in der Entfernung 3,14 Zoll vom Ruhepunkte im Gleichgewichte mit der Last p = 5,32 ℔ in der Entfernung 8,22 Zoll von diesem Punkte. Wie groß ist **P**?

7. Die Last p = 6 ℔ steht 4 Fuß vom Ruhepunkte ab, wie viel Fuß ist **P** = 16 ℔ von diesem Punkte entfernt?

8. Die Last p = 4 ℔ steht 5 Zoll vom Ruhepunkte ab; wie viel Zoll ist **P** = 8 ℔ von diesem Punkte entfernt?

9. Die Last p = $5\frac{1}{6}$ ℔ steht $4\frac{1}{2}$ Zoll vom Ruhepunkte ab; wie viel Zoll ist **P** = 9 ℔ von diesem Punkte entfernt?

10. Die Last p = 32 ℔ steht $5\frac{1}{2}$ Zoll vom Ruhepunkte ab; wie weit ist **P** = 16 ℔ von diesem Punkte entfernt?

11. Die Last p = $\frac{7}{12}$ ℔ steht $\frac{5}{8}$ Zoll vom Ruhepunkte ab; wie weit ist **P** = $\frac{5}{11}$ ℔ von diesem Punkte entfernt?

12. Die Last p = 3,1415 ℔ steht 2,14 Zoll vom Ruhepunkte ab; wie weit ist **P** = 8,15 ℔ von diesem Punkte entfernt?

13. Es ist **P** = 8 ℔ in der Entfernung 2 Fuß vom Ruhepunkte im Gleichgewichte mit p in der Entfernung 3 Fuß von diesem Punkte. Wie groß ist p?

14. Es ist **P** = 10 ℔ in der Entfernung 4 Zoll vom Ruhepunkte im Gleichgewichte mit p in der Entfernung 20 Zoll von diesem Punkte. Wie groß ist p?

15. Es ist **P** = 12 ℔ in der Entfernung 3 Zoll vom Ruhepunkte im Gleichgewichte mit p in der Entfernung 15 Zoll von diesem Punkte. Wie groß ist p?

16. Es ist **P** = $6\frac{1}{4}$ ℔ in der Entfernung 16 Zoll vom Ruhepunkte im Gleichgewichte mit p in der Entfernung $32\frac{1}{8}$ Zoll von diesem Punkte. Wie groß ist p?

17. Es ist **P** = 5 ℔ in der Entfernung $22\frac{1}{2}$ Zoll vom Ruhepunkte im Gleichgewichte mit p in der Entfernung 16 Zoll von diesem Punkte. Wie groß ist p?

18. Es ist **P** = 7,4 ℔ in der Entfernung 3,251 Zoll vom Ruhepunkte im Gleichgewichte mit p in der Entfernung 5,921 Zoll von diesem Punkte. Wie groß ist p?

19. Die Kraft **P** = 8 ℔ steht 2 Fuß vom Ruhepunkte ab; wie weit ist die Last p = 3 ℔ von diesem Punkte entfernt?

20. Die Kraft **P** = 6 ℔ steht 4 Zoll vom Ruhepunkte ab; wie weit ist p = 32 ℔ von diesem Punkte entfernt?

21. Die Kraft **P** = 8 ℔ steht 6 Zoll vom Ruhepunkte ab, wie weit ist p = 4 ℔ von diesem Punkte entfernt?

22. Die Kraft $P = 5$ Pfd. steht 3 Zoll vom Ruhepunkte ab; wie weit ist $p = 60$ Pfd. von diesem Punkte entfernt?

23. Die Kraft $P = 3$ Pfd. steht $6\frac{1}{2}$ Zoll vom Ruhepunkte ab; wie weit ist $p = 4$ Pfd von diesem Punkte entfernt?

24. Die Kraft $P = 8$ Pfd. steht 0,52 Zoll vom Ruhepunkte ab; wie weit ist $p = 7{,}51$ Pfd von diesem Punkte entfernt?

25. Wenn die Kraft $P = 8$ Pfd. unter dem Winkel $\varphi = 30^\circ$ am Hebelarme $L = 9$ Fuß *) wirkt, unter welchem Winkel wird die Last $p = 10$ Pfd. an dem Hebelarme $l = 4$ Fuß sich thätig erweisen, damit P und p mit einander im Gleichgewichte stehen?

26. Welche Kraft ist unter dem Winkel 18° am Hebelarme 6 Fuß thätig, wenn sie mit der am andern Hebelarme 8 Fuß und unter einem Winkel von 20° wirkenden Last von 12 Pfd. im Gleichgewichte sein soll?

27. Wie groß ist der Hebelarm, an dem eine Kraft von 80 Pfd. unter dem Winkel 20° 6′ wirkt, wenn sie mit der am andern Hebelarme von 5 Fuß und unter einem Winkel von 30° 5′ thätigen Last von 160 Pfd. im Gleichgewichte sein soll?

28. Eine Kraft von 20 Pfd. ist unter einem Winkel von 16° 3′ am Hebelarme 9 Fuß thätig. Wie groß wird die Last sein müssen, welche an dem andern Hebelarme von 3 Fuß und unter dem Winkel von 89° sich wirksam erweist, damit Kraft und Last mit einander im Gleichgewichte stehen?

29. Wenn eine Kraft von 40 Pfd. unter einem Winkel von 60° am Hebelarme 6 Fuß wirkt, wie lang wird der andere Hebelarm sein müssen, an dem eine Last von 80 Pfd. unter dem Winkel von 16° 3′ sich thätig erweist, damit vollkommnes Gleichgewicht erfolgt?

30. Eine unter dem Winkel 30° auf den Hebelarm 8 Fuß thätige Kraft von 60 Pfd. steht im Gleichgewichte mit der am andern Hebelarme 10 Fuß wirksamen Last von 30 Pfd. Unter welchem Winkel wird die letztere auf den ihr zugehörigen Hebelarm sich thätig erweisen?

31. Wie verhalten sich, beim Gleichgewichte, zwei an einem Hebel wirkende Kräfte, welche in den Entfernungen 3 Fuß 2 Zoll und 5 Fuß 8 Zoll vom Ruhepunkte thätig sind?

32. Die beiden Kräfte 8 Pfd. 6 Loth und 3 Pfd. 16 Loth wirken an einem Hebel; wie verhalten sich beim Gleichgewichte ihre Entfernungen vom Ruhepunkte zu einander?

33. Wie verhalten sich, beim Gleichgewichte, zwei an einem Hebel wirkende Kräfte, welche an den Armen 8 Fuß und 10 Fuß und unter den Winkeln 30° und 40° sich wirksam erweisen?

---

*) Ist nichts Besonderes bemerkt, so müssen die Kräfte und Lasten an den Enden der Hebelarme sich wirksam erweisen.

34. Die beiden Kräfte 60 Pfd. und 30 Pfd. wirken unter den Winkeln 30° und 45° an einem Hebel; wie verhalten sich beim Gleichgewichte die Hebelarme zu einander?

35. Wenn am Hebelarme 5 Fuß die Kraft 6 Pfd. unter dem Winkel 30°, und am Hebelarme 8 Fuß eine senkrecht wirkende Last thätig ist; wie groß wird die letztere sein müssen?

36. Wenn (in Fig. 16.) am Hebel **acb** die Kräfte **P** und **p** entweder in senkrechten oder in parallelen Richtungen wirken und dabei $P = 8$ Pfd. mit $p = 3$ Pfd. im Gleichgewichte ist; wie werden sich die Geschwindigkeiten der Punkte **a** und **b** in dem Falle verhalten, daß man **acb** in eine drehende Bewegung versetzt?

37. Am Hebel **abc** (Fig. 17.) sind die Kräfte **P** und **p** entweder in senkrechten oder in parallelen Richtungen thätig. Wenn aber nun $P = 5$ Pfd. mit $p = 31$ Pfd. im Gleichgewichte steht und **abc** sich zu drehen anfängt; wie werden sich die Geschwindigkeiten der Punkte **a** und **b** zu einander verhalten?

38. Wenn (in Fig. 15.) die Länge des Hebels $acb = M$ Fuß beträgt, und die beiden Kräfte **P** und **p** in senkrechten Richtungen auf die Hebelarme wirken; wie weit sind, beim Gleichgewichte, **P** und **p** vom Ruhepunkte entfernt?

39. Wenn (in Fig. 15.) die Länge des Hebels $acb = M$ Fuß ausmacht und die beiden Kräfte **P** und **p** unter den Winkeln φ und ψ sich thätig erweisen; wie groß werden, beim Gleichgewichte, die Arme **ac** und **bc** sein müssen?

40. Wenn an einer 10 Fuß langen Stange zwei Menschen eine Last von 100 Pfunden tragen und die Tragkräfte der beiden Leute sich wie 8 zu 5 verhalten; wohin sind die 100 Pfund zu hängen, damit den Trägern eine verhältnißmäßige Last aufgebürdet wird und wieviel Pfd. wird jeder der beiden Leute tragen müssen?

41. An einem Hebel befinden sich rechts vom Unterstützungspunkte die senkrecht wirkenden Lasten 8 Pfd., 7 Pfd. und 16 Pfd. in den Entfernungen 3 Fuß, 4 Fuß und 5 Fuß; welche Kraft muß rechts vom Ruhepunkte in der Entfernung 10 Fuß, in senkrechter Richtung für den Zustand des Gleichgewichtes sich thätig erweisen?

42. Wenn an einem Hebel rechts vom Ruhepunkte die senkrecht wirkenden Kräfte 4 Pfd., 8 Pfd., 10 Pfd. und 20 Pfd., in den Entfernungen 2 Fuß, 3 Fuß, 5 Fuß und 7 Fuß, und links von demselben die senkrecht thätigen Lasten 7 Pfd. und 10 Pfd., und zwar die erstern in der Entfernung 6 Fuß wirken; in welcher Entfernung vom Ruhepunkte wird die zweite, beim Gleichgewichte, sich thätig erweisen?

43. An dem Ende **a** des Hebelarmes **ac** (Fig. 15.) von 10 Fuß Länge ziehen vier gleich starke Menschen beziehlich unter den Winkeln von 90°, 85°, 45° und 30°. Wenn aber nun die Kraft einer dieser gleich starken Personen als Einheit betrachtet wird: welche senkrecht wirkende Last können sie an dem andern 5 Fuß langen Hebel-

arm im Gleichgewichte erhalten, wenn alle Richtungen der Kräfte in derselben Ebene sich befinden?

44. Der dreieckige Armmuskel wirkt unter einem Winkel von 10° ziehend auf den Knochen des Armes, indem das Schultergelenk zum Ruhepunkte dient. Wenn nun der Angriffspunkt dieses Muskels vom Ruhepunkte ohngefähr um $\frac{1}{8}$ des Hinterarmes absteht; welche Kraft äußert der Muskel, wenn man in dem Ellenbogengelenk eine Kraft von 50 Pfd. trägt und das Gewicht des Armes 10 Pfd. ausmacht?

45. Wenn bei einem Schiebkarren die aufgelegte Last $= Q$, das Gewicht des Karrens $= B$, der Radius des Rades $= r$, die Länge des Armes vom Mittelpunkte des Rades bis zur Hand des Fahrenden $= L$ beträgt; welche Last K überbietet der Letztere, und welche Last S trägt die Straße?

46. Wenn in v. N. $B = 36$ Pfd., $Q = 100$ Pfd., $L = 4$ Fuß und $r = 1$ Fuß ausmacht; welche Last überbietet derjenige, welcher den Karren fährt?

47. Welche Last trägt (in No. 45.) die Straße, wenn $Q = 40$ Pfd., $B = 30$ Pfd., $r = 1{,}5$ Fuß und $L = 3$ Fuß ausmacht?

Resultate.

1) $2\frac{1}{4}$ Pfd. **2)** $3\frac{3}{4}$ Pfd. **3)** $41\frac{3}{7}$ Pfd. **4)** $83\frac{17}{176}$ Pfd. **5)** $1\frac{5}{28}$ Pfd. **6)** 13,926 .... Pfd. **7)** $1\frac{1}{2}$ Fuß. **8)** $2\frac{1}{2}$ Zoll. **9)** $7\frac{3}{4}$ Zoll. **10)** 11 Zoll. **11)** $\frac{77}{96}$ Zoll. **12)** 0,824 Zoll. **13)** $5\frac{1}{3}$ Pfd. **14)** 2 Pfd. **15)** $2\frac{2}{5}$ Pfd. **16)** $3\frac{20}{251}$ Pfd. **17)** $7\frac{1}{82}$ Pfd. **18)** 4,063 .... Pfd. **19)** $5\frac{1}{8}$ Pfd. **20)** 8 Zoll. **21)** 12 Zoll. **22)** $\frac{1}{4}$ Zoll. **23)** $4\frac{7}{8}$ Zoll. **24)** 0,553 .... Zoll. **25)** 64° 9'.*) **26)** 17,708 Pfd. **27)** 14,585 Fuß. **28)** 16,59 Pfd. **29)** 9,39 Fuß. **30)** 53° 7'. **31)** Wie 34 zu 19. **32)** Wie 56 zu 131. **33)** Wie 3,2139 .... zu 2. **34)** Wie 0,7071 .... zu 1. **35)** 1,875 Pfd. **36)** Wie 3 zu 8. **37)** Wie 31 zu 5. **38)** P ist um $\frac{p \, . \, M}{P+p}$ und p um $\frac{PM}{P+p}$ vom Ruhepunkte entfernt. **39)** $ac = \frac{p \, . \, M \, . \sin\psi}{P\sin\varphi + p\sin\psi}$ und $bc = \frac{P \, . \, M\sin\varphi}{P\sin\varphi + p\sin\psi}$. **40)** Die Last ist vom stärkern Träger um $3\frac{11}{13}$ Fuß, vom schwächern um $6\frac{2}{13}$ Fuß entfernt; und der erstere hat $61\frac{7}{13}$ und der zweite $38\frac{6}{13}$ Pfd. davon zu tragen. **41)** 13,2 Pfd. **42)** In der Entfernung 18 Fuß. **43)** Die Last 6,406, wenn man die Kraft eines Menschen durch 1 ausdrückt.

---

*) Wenn man auf die Sekunden keine Rücksicht nimmt.

44) Der Muskel äußert eine Kraft von $\frac{3.60}{\sin 10^{\circ}}$ oder 823,38 Pfd. und, da er nach 2 Seiten hinwirkt, von 1646,76 Pfd. 45) Es ist $K = \frac{r(Q+B)}{L}$ und $S = (Q+B) . \frac{L-r}{L}$. 46) 34 Pfd. 47) 35 Pfd.

Achtzehntes Kapitel.

Von dem Schwerpunkte.

Wann nennt man eine Linie und eine Fläche schwer, und was wird eine gleichmäßige schwere Linie oder Fläche genannt?

Was heißt der Schwerpunkt einer schweren Linie, einer schweren Fläche oder eines Körpers und was wird eine Schwerlinie, eine Schwerebene und die Richtungslinie der Schwere genannt?

Hauptsätze.

I. Die schwere Linie, die schwere Fläche und der Körper sind unterstützt, sobald man ihren Schwerpunkten Unterstützungen gegeben hat.

II. Der Schwerpunkt drückt auf seine Unterstützung mit dem ganzen Gewichte der schweren Linie, der schweren Fläche oder des Körpers.

III. Die Gewichte der schweren Linie der schweren Fläche und des Körpers kann man sich in ihren Schwerpunkten vereinigt denken.

IV. Jede schwere Linie, jede schwere Fläche und jeder Körper hat nur Einen Einzigen Schwerpunkt.

V. Der Schwerpunkt einer schweren Linie, einer schweren Fläche oder eines Körpers ist entweder in dem Durchschnittspunkte zweier geraden Schwerlinien, oder einer geraden Schwerlinie und Schwerebene oder dreier Schwerebenen befindlich.

VI. Der Schwerpunkt einer geraden schweren Linie, an deren Endpunken gleiche Gewichte in lothrechten Richtungen thätig sind, liegt in ihrer Mitte.

VII. Der Schwerpunkt einer geraden und gleichmäßigen schweren Linie befindet sich in ihrer Mitte.

VIII. Der Schwerpunkt einer geraden und schweren Linie, wobei an allen Punkten Gewichte in lothrechten Richtungen und zwar dergestalt wirken, daß an den beiden Endpunkten gleiche Gewichte befindlich sind, und immer an je zwei Punkten, welche gleichweit von den beiden Endpunkten abstehen, gleiche Gewichte sich thätig erweisen, ist in ihrer Mitte befindlich.

IX. Der Schwerpunkt der schweren und gleichmäßigen Kreislinie (Peripherie) liegt im Mittelpunkte des ihr zugehörigen Kreises.

X. Der Schwerpunkt eines schweren und gleichmäßigen Dreiecks liegt in der von einer Winkelspitze nach der Mitte der ihr gegenüberliegenden Seite gezogenen geraden Linie und zwar um ein Drittel dieser Linie von der Seite.

XI. Der Schwerpunkt eines schweren und gleichmäßigen Parallelogramms befindet sich im Durchschnittspunkte seiner Diagonalen.

XII. Der Schwerpunkt eines schweren und gleichmäßigen Vierecks, Fünfecks oder necks liegt in dem Durchschnittspunkte zweier sich treffenden geraden Schwerlinien dieser Figuren.

XIII. Der Schwerpunkt einer schweren und gleichmäßigen Kreisebene ist in dem Centrum befindlich.

XIV. Der Schwerpunkt eines schweren und gleichmäßigen senkrechten Cylindermantels ist in der Mitte der Axe vorhanden.

XV. Der Schwerpunkt eines schweren und gleichmäßigen senkrechten Kegelmantels liegt in der Axe und zwar um $\frac{2}{3}$ derselben von der Spitze des Kegels.

XVI. Der Schwerpunkt der schweren und gleichmäßigen Kugeloberfläche liegt im Mittelpunkte der ihr entsprechenden Kugel.

XVII. Der Schwerpunkt eines gleichmäßigen Prisma befindet sich in der Mitte der geraden Linie, welche die Schwerpunkte beider Grundflächen mit einander verbindet.

XVIII. Der Schwerpunkt eines gleichmäßigen senkrechten Cylinders ist in der Mitte seiner Axe vorhanden.

XIX. Der Schwerpunkt der gleichmäßigen Pyramide liegt in der geraden Linie, welche den Schwerpunkt der Grundfläche mit der Spitze verbindet, und zwar um $\frac{1}{4}$ dieser Linie von dem Schwerpunkte der Grundfläche.

XX. Der Schwerpunkt eines gleichmäßigen Kegels ist in der Axe und zwar um $\frac{1}{4}$ derselben von der Grundfläche befindlich.

XXI. Der Schwerpunkt einer gleichmäßigen Kugel ist in ihrem Mittelpunkte vorhanden.

XXII. Der Schwerpunkt eines Körpers K sucht jedesmal in die tiefste Stelle zu kommen, welche ihm seine Gestalt und Lage, ohne früher wieder zu steigen, einzunehmen gestatten.

XXIII. Der Schwerpunkt des K wird auf eine praktische Weise dadurch ermittelt, daß man entweder K in 3 verschiedenen Richtungen auf einer spitzen Kante ins Gleichgewicht bringt, und den Durchschnittspunkt der so entstandenen 3 Schwerlinien ermittelt, oder daß man K zweimal an einem Faden aufhängt und den Durchschnittspunkt der hierdurch sich ergebenden zwei geraden Schwerlinien aufsucht.

XXIV. Der ganze Körper ist unterstützt, sobald man der Richtungslinie der Schwere eine Unterstützung gegeben hat, und keine anderweitige Kraft auf K sich wirksam erweist.

XXV. Die Unterstützung der Richtungslinie der Schwere ist entweder über, unter oder in dem Schwerpunkte befindlich.

XXVI. Ist ein Körper unterhalb des Schwerpunktes nur in einem Punkte unterstützt, so ruht K, wenn weder die Unterlage noch die Richtungslinie der Schwere aus ihrer Lage kommen, fällt aber bei der kleinsten Bewegung oder durch die geringste Abweichung der Richtungslinie vom Unterstützungspunkte um.

XXVII. Soll K richtig stehen, so müssen mehrere nicht in gerader Linie liegende Punkte unterstützt sein. Die von diesen Punkten gebildete Fläche wird die Unterstützungsfläche genannt.

XXVIII. Fällt die Richtungslinie der Schwere innerhalb der Unterstützungsfläche, so ruht K, wenn auch die Richtungslinie selbst nicht unterstützt ist. Befindet sich aber die Richtungslinie der Schwere außerhalb der Unterstützungsfläche, so schlägt K nach dieser Richtungslinie zu um.

XXIX. Der Stand des K ist desto sicherer, je größer seine Unterstützungsfläche sich zeigt.

XXX. Bei derselben Unterstützungsfläche ist der Stand des K desto sicherer, je unbedeutender die Höhe dieses Körpers ist.

XXXI. Liegt K auf der schiefen Ebene, so ist die Richtungslinie der Schwere zwar unterstützt; es kann aber K*) nicht ruhen, weil hier die respective Kraft auf diesen Körper sich thätig erweist.

XXXII. Sowohl bei einem ruhenden, als auch bei einem bewegten Körper ist die Lage des Schwerpunktes sehr bemerkenswerth.

XXXIII. Die Lage des Schwerpunktes eines Körpers verändert sich, wenn man die Masse des K entweder verändert oder anders vertheilt.

XXXIV. Bei Körpern, deren Gestalt veränderlich ist, ist es auch die Lage des Schwerpunktes.

XXXV. Der Schwerpunkt eines aufrecht stehenden Menschen ist ungefähr in der Mitte des Unterleibes zwischen den Hüften und die Richtungslinie der Schwere fällt in die durch die Stellung der Füße bestimmte Fläche.

XXXVI. Beim Balanciren und Seiltanzen muß die Lage des Schwerpunktes in jeder Stellung ermittelt und der Schwerpunkt über einer sehr kleinen Grundfläche erhalten werden. Dies geschieht dadurch, daß man entweder die Unterstützungsfläche stets nach der Seite bringt,

---

*) Ohne Reibung.

nach welcher zu der Schwerpunkt fallen will, oder daß man letztern auf die entgegengesetzte Seite schiebt.

Uebungssätze.

1) Ein von 2 Menschen an beiden Enden getragener Balken krümmt sich gegen die Erde zu, während eine von einem Menschen in der Mitte getragene Stange nach oben zu sich krümmt.

2) Ein etwas dickes Seil ist nur mit großer Mühe straff zu ziehen.

3) Die schiefen Thürme zu Pisa und Bologna schlagen nicht um.

4) Je näher Jemand seine Füße an einander stellt, desto unsicherer wird sein Stand.

5) Der Stand auf einem Beine ist nicht fest und auf Stelzen kann Niemand stille stehen.

6) Steigt Jemand auf eine Anhöhe, so neigt er sich vorwärts und beim Heruntergehen rückwärts.

7) Ein Mensch bückt sich vorwärts, wenn er auf dem Rücken eine Last trägt, rückwärts, wenn dieselbe sich vorne befindet, und nach der linken Seite, wenn die Last auf der rechten Schulter liegt.

8) Ein wohlbeleibter Mensch geht gewöhnlich gerade.

9) Diejenigen, welche aus Artigkeit den obern Theil des Körpers vorwärts biegen, müssen einen Fuß vorsetzen, um nicht umzuschlagen.

10) Wollte Jemand eine Münze vom Boden aufheben, während er die Füße gegen die Wand gestellt hat, so würde er umschlagen.

11) Vom Alter gebeugte Personen bedürfen des Stabes.

12) Beim Aufsteigen biegt man sich mit dem Oberleibe vor und zieht die Füße zurück; beim Gehen wird beständig der Schwerpunkt ermittelt.

13) Man kann eher (unter geeigneten Bedingungen) die doppelte auf beide Arme gleichmäßig vertheilte Last als die einfache mit einem Arme heben.

14) Wenn Jemand nach der linken Seite fällt, so pflegt er unwillkürlich den rechten Arm auszustrecken.

15) Ein galoppirendes Pferd hebt stets zu gleicher Zeit einen Hinter- und einen Vorderfuß in die Höhe.

16) Ein schnell um seine Mitte sich drehender Teller wird auf einer Degenspitze balancirt.

17) Ein hoher Körper wird leichter als ein niedriger und ein Körper von großem Gewichte besser als einer von kleinerm Gewichte balancirt.

18) Die Seiltänzer tanzen vermittelst der Balancierstange auf dem Seile und zwar desto leichter, je gewichtiger und länger diese Stange sich zeigt.

19) Der Seiltänzer sucht ohne Balancirstange den Schwerpunkt durch Ausstreckung und immerwährende Bewegung beider Arme zu ermitteln.

20) Ein Pendel kommt nur in der lothrechten Richtung zur Ruhe.

21) Die Erscheinungen des Doppelkegels und des die schiefe Ebene hinaufgehenden Cylinders gehen aus den Eigenschaften des Schwerpunktes hervor.

22) Ein Kreisel fällt nicht um, so lange er sich auf einer Fläche herumbewegt, während er im ruhenden Zustande auf seine Spitze gestellt sogleich umschlägt.

23) Der Luftballon nimmt bei seinem Schweben eine meist sehr schnelle Bewegung um seine vertikale Axe an.

24) Die Eisstücke in den Polarmeeren werden öfters in schnell rotirender Bewegung erblickt.

25) Die Erscheinungen des schottischen Tänzers, des chinesischen Treppenläufers, der winkenden chinesischen Porcellanköpfe, der Sägemänner, der balancirenden Puppen, der kleinen Burzelmännchen u. s. w., werden aus den Eigenschaften des Schwerpunktes erklärt.

Aufgaben.

1. In einem schweren und gleichmäßigen Dreiecke sind die 3 Seiten $= \mathbf{a}$, $\mathbf{b}$ und $\mathbf{c}$ gegeben; man soll die auf der Halbirungslinie der 3ten Seite stattfindende Entfernung x des Schwerpunktes von c selber ermitteln.

2. Wie groß ist x, wenn (in v. N.) $\mathbf{a} = 5$, $\mathbf{b} = 6$ und $\mathbf{c} =$ 7 Fuß ausmacht?

3. Wie viel beträgt x für $\mathbf{a} = 10{,}5$ $\mathbf{b} = 12{,}3$ und $\mathbf{c} = 3{,}4$ Fuß?

4. In einem schweren und gleichmäßigen gleichschenkligen Dreiecke ist jede der gleichen Seiten $= \mathbf{a}$ und die 3te Seite $= \mathbf{c}$; wie viel beträgt die auf der Halbirungslinie der c stattfindende Entfernung y des Schwerpunktes von c?

5. Wie findet man y, wenn (in v. N.) $\mathbf{a} = 10$ Fuß und $\mathbf{c} =$ 4 Fuß beträgt?

6. Welchen Werth bekommt y für $\mathbf{a} = 16{,}8$ und $\mathbf{c} = 5{,}2$ Fuß?

7. In einem schweren und gleichmäßigen gleichseitigen Dreiecke ist eine Seite $= \mathbf{a}$ gegeben; man soll den Abstand z des Schwerpunktes von derselben ermitteln?

8. Wie groß ist z, wenn (in v. N.) $\mathbf{a} = 10$ Fuß beträgt?

9. Wie ergiebt sich z, wenn $\mathbf{a} = 5{,}6$ Fuß ausmacht?

10. Ein schweres und gleichmäßiges Trapez besitzt die Seite b und die beiden senkrecht darauf stehenden Seiten a und A. Man soll die Entfernung v des Schwerpunktes von b und auch den Abstand w desselben von a ermitteln.

11. Wie viel betragen v und w für $A = 10$, $a = 4$ und $b = 6$ Fuß?

12. Wie groß wird v und w, wenn $A = 12{,}3$, $a = 8{,}4$ und $b = 9$ Fuß ausmacht?

13. Bei einem schweren und gleichmäßigen senkrechten Cylinder ist der Kubikinhalt $= K$ und der Radius der Grundfläche $= r$; wie groß ist die Entfernung x des Schwerpunktes von der Grundfläche?

14. Wie viel beträgt x, wenn (in v. R.) $K = 200$ Kubikzoll und $r = 0{,}5$ Zoll ausmacht?

15. Wie groß ist x für $K = 80{,}2$ Kubikzoll und $r = 1{,}2$ Zoll?

16. Der Kubikinhalt eines schweren und gleichmäßigen senkrechten Kegels ist $= K$ und der Radius der Grundfläche $= r$. Wie viel beträgt die Entfernung y des Schwerpunktes von der Grundfläche?

17. Wie groß ist y, wenn (in v. R.) $K = 200$ Kubikzoll und $r = 3$ Zoll beträgt?

18. Wie viel macht y für $K = 184{,}4$ Kubikzoll und $r = 3{,}3$ Zoll?

19. Der Kubikinhalt einer schweren und gleichmäßigen Kugel ist $= K$; wie groß ist die Entfernung z des Schwerpunktes von ihrer Oberfläche?

20. Wie viel beträgt z, wenn (in v. R.) $K = 200$ Kubikzoll ausmacht?

21. Wie groß ist z, für $K = 150{,}24$ Kubikzoll?

Resultate.

1) $x = \frac{1}{6}\sqrt{2(a^2 + b^2) - c^2}$. 2) $x = 1{,}424$ Fuß. 3) $x = 3{,}769$ Fuß. 4) $y = \frac{1}{6}\sqrt{4a^2 - c^2}$. 5) $y = 3{,}265$ Fuß. 6) $y = 5{,}532$ Fuß. 7) $z = \frac{a.\sqrt{3}}{6}$. 8) $z = 2{,}88$ Fuß. 9) $z = 1{,}6165$ Fuß. 10) $v = \frac{A^3 - a^3}{3(A^2 - a^2)}$ und $w = \frac{b}{3}\left(\frac{2A + a}{A + a}\right)$. 11) $v = 3\frac{5}{7}$ und $w = 3\frac{3}{7}$. 12) $v = 5{,}236$ und $w = 4{,}782$. 13) $x = \frac{K}{2r^2\pi}$. 14) $x = 127{,}3$ Zoll. 15) $x = 8{,}8$ Zoll. 16) $y = \frac{3K}{4r^2\pi}$ 17) $y = 5{,}3$ Zoll. 18) $y = 4{,}04$ Zoll. 19) $z = \sqrt[3]{\frac{3K}{4\pi}}$. 20) $z = 3{,}6$ Zoll 21) $z = 3{,}2$ Zoll.

Neunzehntes Kapitel.

Von dem physischen oder wirklichen Hebel und der Wage.

Was heißt eine gewöhnliche, oder eine Krämer-Wage?

Was nennt man den Wagebalken, die Zapfen, die Unterlage der Zapfen, die Zunge, die Schalen und die Belastung der Wage?

Was heißt eine hydrostatische Wage und wie ist dieselbe eingerichtet?

Was wird eine Schnellwage und was das Laufgewicht oder der Läufer genannt?

Wann heißt eine Wage empfindlich, und wie wird der Grad ihrer Empfindlichkeit beurtheilt?

Wie muß eine gute Wage beschaffen sein?

Hauptsätze.

I. Die im siebzehnten Kapitel für den einfachen Hebel gefundenen Gesetze gelten auch für den physischen Hebel, wenn man das Gewicht und den Schwerpunkt des letztern ermittelt, dieses Gewicht im Schwerpunkte aufhängt und alles Uebrige unverändert läßt.

II. Ist in Fig. 18. der physische Hebel **acb** in **c** unterstützt, und sind daran die Kräfte **P** und **p** in den senkrechten Richtungen **aP** und **bp** und das Gewicht **S** des Hebels im Schwerpunkte **d** desselben und in der senkrechten Richtung **dS** thätig, so ergiebt sich beim Gleichgewichte:

$$P.ac + S.dc = p.bc.$$

III. Aus v. N. erhält man:

$$1)\ P = \frac{p.bc - S.dc}{ac}, \qquad 2)\ p = \frac{P.ac + S.dc}{bc},$$

$$3)\ ac = \frac{p.bc - S.dc}{P}, \qquad 4)\ bc = \frac{P.ac + S.dc}{p},$$

$$\text{und}\quad 5)\ dc = \frac{p.bc - P.ac}{S}.$$

IV. Ist bei der Krämerwage die Last **P** mit dem Gewichte **p** im Gleichgewichte, so folgt: **P = p**.

V. Wirkt an der Schnellwage **acb** (Fig. 19.) in **a** das Gewicht **P**, in **d** das Laufgewicht **p** und im Schwerpunkte **e** das ganze Gewicht **S** der Wage, so hat man beim Gleichgewichte:

$$P.ac = p.dc + S.ec.$$

VI. Die an **cb** befindliche Scale ist nach dem Satze construirt, daß die Räume auf derselben, um welche p bei der Auflage verschiedener Lasten fortgerückt werden muß, diesen Lasten proportional sich zeigen.

Legt man nämlich auf die Wageschale der Schnellwage, welche in dem in No. V. angegebenen Zustande sich befindet, das Gewicht **Q**, und muß man alsdann **p** von **d** bis **f** fortrücken, so ergiebt sich beim Gleichgewichte: $(Q+P).ac = p.fc + S.ec.$

Nun ist aber (nach V.) $P.ac = p.dc + S.ec;$

und deshalb 1) $Q.ac = p.df.$

Müßte man, beim Auflegen des Gewichtes **Q'**, das Laufgewicht **p** von **d** bis **g** fortrücken, so würde sich beim Gleichgewichte:

$$2)\quad Q'.ac = p.dg$$

ergeben.

Aus (1) und (2) folgt aber:

$$3)\quad Q:Q' = df:dg.$$

Uebungssätze.

1) Durch den physischen Hebel werden Lasten mit Kraftersparniß fortgeschaft.

2) Beim Fortschaffen und beim Erheben der Lasten wird so viel am Wege zugesetzt, als man an Kraft gewinnt.

3) Durch den physischen Hebel wird eine unmerkliche Bewegung vergrößert und ihre Richtung verändert.

4) Die Gesetze des Hebels werden bei Bohrern, Hebebäumen, Ruder, Scheeren, Schlüsseln, Schaufeln, Zuckerschneiden u. s. w. angewandt.

5) Sowohl bei unserm Körper, als auch bei den Körpern der meisten Thiere finden die Bewegungen durch Hebel statt.

Aufgaben.

1. Man soll (in Fig. 18.) am physischen Hebel **acb** die Kraft **P** ermitteln, wenn $p = 40$ Pfd., $S = 4$ Pfd., $ac = 8$ Fuß, $dc = 3$ Fuß und $bc = 5$ Fuß beträgt.

2. Wie groß ist die Kraft **P**, wenn $p = 30{,}5$ Pfd., $S = 8{,}1$ Pfd., $ac = 4{,}5$ Fuß, $dc = 2{,}1$ Fuß und $bc = 4{,}2$ Fuß ausmacht?

3. Es soll (in Fig. 18.) am physischen Hebel **acb** die Last **p** gefunden werden, wenn man $P = 8$ Pfd., $S = 3$ Pfd., $ac = 5$ Fuß, $dc = 4$ Fuß und $bc = 1$ Fuß kennt.

4. Die Last p für P = 4,2 Pfd., S = 1,3 Pfd., ac = 4,2 Fuß, dc = 2,1 Fuß und bc = 6,21 Fuß zu bestimmen.

5. Man soll (in Fig. 18.) am physischen Hebel acb die Entfernung ac der Kraft P = 5 Pfd. vom Ruhepunkte c berechnen, wenn S = 1 Pfd., p = 10 Pfd., dc = 5 Fuß und bc = 2 Fuß beträgt.

6. Wie groß ist ac, wenn P = 6,25 Pfd., S = 2 Pfd., p = 3,32 Pfd., dc = 2,001 Fuß und bc = 5,5 Fuß ausmacht?

7. Es soll (in Fig. 18.) am physischen Hebel acb die Entfernung bc der Last p = 6 Pfd. vom Ruhepunkte c angegeben werden, wenn P = 4 Pfd., S = 3 Pfd., ac = 5 Fuß und dc = 2 Fuß beträgt?

8. Wie groß ist aber bc, wenn p = 28 Loth, P = 10 Loth, S = ½ Pfd., ac = 8 Zoll und dc = ¼ Fuß ausmacht?

9. Man soll (in Fig. 18.) am physischen Hebel acb die Entfernung dc des Schwerpunktes vom Ruhepunkte c bestimmen, wenn P = 8 Pfd., p = 40 Pfd., S = 3 Pfd., ac = 16 Zoll und cb = 4 Zoll beträgt?

10. Wie groß ist dc, wenn P = 8,2 Pfd., p = 45¼ Pfd., S = 24 Pfd., ac = 3 Fuß und cb = 15 Zoll ausmacht?

11. Das Gewicht des physischen Hebels auf eine praktische Weise zu ermitteln.

12. Wie groß ist das Gewicht des physischen Hebels adb (Fig. 18.), wenn P = 8 Pfd., ad = 6 Zoll und cd = 4 Zoll ausmacht?

13. Wie viel beträgt das Gewicht des Hebels adb, wenn P = 7,32 Pfd., ad = 3,2 Fuß und cd = 5,1 Fuß ist?

14. Man soll mit einer Krämerwage, welche unrichtig ist, weil ihre Arme nicht gleiche Länge besitzen, das Gewicht einer Last bestimmen.

15. Wie groß war das Gewicht der in v. N. erwähnten Last, wenn dieselbe in der einen Schaale 8 Pfd. und in der andern 18 Pfd. wog?

16. Das Gewicht einer Waare betrug in der einen Schaale 5,36 Pfd. und in der andern 6,01 Pfd.; wie viel wog diese Waare wirklich?

17. An der Schnellwage acb (Fig. 19.) herrschte Gleichgewicht, als der Läufer p in d sich befand. Wie weit muß man p von d fortrücken, wenn man auf die Wageschale 20 Pfd. legt, ac = 6 Zoll, p = 4 Pfd. beträgt und das Gleichgewicht wieder statt finden soll?

18. Die Schnellwage acb war im Gleichgewichte, als der Läufer p in d sich befand. Wie müssen sich die Räume verhalten, um welche man p fortrückt, wenn man das eine Mal 50 Pfd. und das andere Mal 80,2 Pfd. auf die Wageschale legt, und das Gleichgewicht in beiden Fällen wieder statt finden soll?

Resultate.

1) 23,5 Pfd. 2) 24,686 Pfd. 3) 52 Pfd. 4) 3,2801 Pfd. 5) 3 Fuß. 6) 2,281 Fuß. 7) $4\frac{1}{3}$ Fuß = 4,333 Fuß. 8) $4\frac{4}{7}$ Zoll = 4,571 Zoll. 9) $10\frac{2}{3}$ = 10,666 Zoll. 10) 15,981 Zoll. 11) Ermittelt man (in Fig. 18.) zuerst den Schwerpunkt **c** des Hebels, beschwert denselben an dem Ende **a** mit einem bekannten Gewichte **P** und bringt **ab** vermittelst einer in **d** befindlichen Unterlage ins Gleichgewicht, so ist das Gewicht des Hebels, nämlich:

$$X = \frac{P.ad}{cd}.$$

12) 12 Pfd. 13) 4,592 Pfd. 14) Legt man die Last zuerst in die linke und alsdann in die rechte Wagschale, und bestimmt auf der andern Wagschale die Gewichte **P** und **P'**, welche dieselbe beziehlich im Gleichgewichte erhalten, so ist das Gewicht der Last $= \sqrt{P.P'}$. 15) 12 Pfd. 16) 5,67 Pfd. 17) Um 30 Zoll. 18) Wie 250 zu 401.

Zwanzigstes Kapitel.

Von den einfachen Maschinen.

Was heißt eine Maschine und welche Maschinen werden zu den Fundamentalmaschinen gezählt?

Wo kommen die Fundamentalmaschinen hauptsächlich in Betracht?

Was nennt man das Rad an der Welle und wie ist die ganze Vorrichtung beschaffen?

Was wird ein Haspel und was eine Winde genannt?

Was nennt man eine Schraubenspindel, eine Schraubenmutter, einen Schraubengang, die Höhe des Schraubenganges und eine Schraube?

Was heißt die Schraubenaxe und welchen Winkel bildet dieselbe mit dem an der Schraube öfters angebrachten Hebel?

Was wird eine Schraube ohne Ende genannt?

Was heißt ein Keil?

Was versteht man unter den Seiten, dem Rücken und der Höhe des Keils?

Was nennt man eine Flasche und was einen Flaschenzug?

Wie ist ein guter Flaschenzug eingerichtet?

Was heißt ein Rollenzug oder ein Potenzflaschenzug und wie ist ein guter Rollenzug beschaffen?

Hauptsätze.

I. Man nimmt an, daß die Kraft sich frei durch alle Theile der Maschine fortpflanzt und daß man keinen andern Widerstand als den der Last zu überwinden braucht.

II. Die nach No. I. gewonnenen Resultate werden bei ihren Anwendungen mehr oder weniger modificirt.

III. Das Rad an der Welle vermindert die anzuwendende Kraft so oft als der Halbmesser der Welle in dem des Rades enthalten ist.

IV. Eine Schraube ist mit einer vertikalen Spindel versehen und wird lothrecht herab von einer Kraft p ergriffen. Wenn nun die Höhe eines Schraubenganges = h beträgt und an dem horizontalen Hebel in der Entfernung α von der Axe der Spindel die Kraft P horizontal und dabei senkrecht auf den Hebel wirkt, so ist beim Gleichgewichte:

$$P:p = h:(2\alpha\pi),$$

oder

$$P = \frac{h}{2\alpha\pi}.p.$$

V. Wenn auf jede Seite des Keils die senkrecht wirkende und gleichförmig vertheilte Kraft p, auf den Rücken desselben die senkrechte und gleichförmig vertheilte Kraft 2P sich thätig erweist, und die Länge des Rückens L und die Länge der Seite l beträgt, so ist beim Gleichgewichte:

$$2P:p = L:l,$$

oder

$$2P = \frac{L.p}{l}.$$

VI. Eine feste Rolle erfordert eine der Last gleiche Kraft, macht aber die Bewegung bequem.

VII. Besteht ein Flaschenzug aus n losen und eben so vielen festen Rollen, und bleibt das Gewicht der Rollen unberücksichtigt, so ist die einfache Kraft im Gleichgewichte mit der 2nfachen Last; oder, was dasselbe ist:

Bei einem Flaschenzuge ist die Kraft gleich der Last, dividirt durch die Zahl der Rollen, oder gleich der Last, dividirt durch die Zahl der Seile, woran die Last sich befindet.

VIII. Bezeichnet man (in VII.) die Kraft durch P und die Last durch Q, so ist beim Gleichgewichte:

$$P = \frac{Q}{2n}, \quad \text{oder} \quad Q = 2nP.$$

IX. Wenn bei einem Flaschenzuge die Höhe, auf welche eine Last gehoben werden soll, $= h$, die Zahl der Seile $= n$, die Entfernung der Axen des 1sten Rollenpaares bei Berührung der Flaschen $= a'$, des 2ten Rollenpaares $= a''$ u. s. f., der Umfang der 1sten Rolle $= p'$, der 2ten $= p''$ u. s. f. beträgt, und das Seil, an welchem gezogen wird, von der obersten Rolle wieder auf den Boden herabgeht, so ist die Länge des ganzen Seiles, nämlich:

$$L = 2(a' + a'' + a''' + \ldots) + (p' + p'' + p''' + \ldots) + h(n + 1).$$

X. Wenn an einem Flaschenzuge das Gewicht der beweglichen Flasche $= R$, die Kraft $= P$, die Last $= Q$, und die Zahl der Rollen oder der tragenden Seile $= 2n$ beträgt, so ist beim Gleichgewichte:

$$P = \frac{R + Q}{2n}.$$

XI. Bei einem aus n losen und einer festen Rolle bestehenden Rollenzuge ist die einfache Kraft im Gleichgewichte mit der 2^n fachen Last; oder, was das Nämliche bedeutet:

Bei einem aus nlosen und einer festen Rolle zusammengesetzten Rollenzuge ist die Kraft gleich der Last, dividirt durch 2^n, wenn man das Gewicht der Rollen unberücksichtigt läßt.

XII. Bezeichnet man (in No. XI.) die Kraft durch P und die Last durch Q, so ist beim Gleichgewichte:

$$P = \frac{Q}{2^n}, \quad \text{oder} \quad Q = 2^n . P.$$

XIII. Soll an einem Rollenzuge die Last Q durch die Kraft P im Gleichgewichte erhalten und das Gewicht der Rollen nicht berücksichtigt werden, so beträgt die Zahl der beweglichen Rollen, nämlich:

$$n = \frac{\log Q - \log P}{\log 2}.$$

XIV. Wenn an einem Rollenzuge das Gewicht jeder beweglichen Rolle $= R$, die Zahl derselben $= n$, die Kraft $= P$ und die Last $= Q$ beträgt, so ist beim Gleichgewichte:

$$P = \frac{Q - R}{2^n} + R.$$

XV. Wenn an einem Rollenzuge das Gewicht einer Rolle $= R$ beträgt, und die Kraft P die Last Q im Gleichgewichte erhält, so ist die Zahl der beweglichen Rollen, nämlich:

$$n = \frac{\log (Q - R) - \log (P - R)}{\log 2}.$$

Uebungssätze.

1) Je spitziger ein Keil ist, d. h. je bedeutender seine Höhe im Verhältniß zur Breite des Rückens sich zeigt, desto weniger Kraft wird erfordert, den Keil einzuschlagen.

2) Man verliert (in No. 1.) so viel an Geschwindigkeit als man an Kraft erspart.

3) Die Keile werden sowohl zum Sprengen als auch zum Aneinanderdrücken fester Körper gebraucht.

4) Die Messer, Scheeren, Meißel u. s. w. wirken als Keile.

5) Da man an einem Flaschen- und Rollenzuge das Verhältniß der Kraft und Last beim Gleichgewichte kennt, so kann man eine Kraft ermitteln, welche die Last in eine fortschreitende Bewegung versetzt.

Aufgaben.

1. Wie groß ist die Kraft, welche an einer Winde der Last 50 Pfd. das Gleichgewicht hält, wenn der Halbmesser des Rades 3 Fuß und der des Cylinders 1 Fuß 2 Zoll beträgt?

2. An einem Haspel wirkt die Kraft 30,2 Pfd. Wenn aber nun der Halbmesser des Rades 2 Fuß und der der Welle 10 Zoll ausmacht; wie groß ist beim Gleichgewichte die Last?

3. Wie groß ist bei einem Haspel der Radius des Rades, damit die Kraft 8 Pfd. der Last 100 Pfd. das Gleichgewicht hält, wenn der Halbmesser der Welle 6 Zoll beträgt?

4. An einer Winde steht die Kraft 2,05 Pfd. mit der Last 12,01 Pfd. im Gleichgewichte, und der Halbmesser des Rades beträgt 2 Fuß. Wie groß wird der Radius der Welle sein müssen?

5. Eine mit einer vertikalen Spindel versehene Schraube wird lothrecht herab von der Kraft $p = 3$ Pfd. ergriffen. Wenn nun die Höhe eines Schraubenganges $h = 0,2$ Zoll beträgt; welche Kraft P wird an dem horizontalen Hebel (horizontal und dabei senkrecht auf den Hebel) in der Entfernung $\alpha = 1$ Fuß von der Axe der Spindel beim Gleichgewicht sich thätig erweisen?

6. Wie groß ist P, wenn (in v. N.) $p = 40,3$ Pfd., $h = 0,3$ Zoll und $\alpha = 1,6$ Fuß beträgt?

7. Wenn auf jede Seite des Keils die senkrechte und gleichförmig vertheilte Kraft 40 Pfd. sich thätig erweist, die Länge des Rükkens = 6 Zoll und die Länge der Seite = 2 Fuß beträgt; wie groß ist alsdann die auf den Rücken des Keils wirkende senkrechte und gleichförmig vertheilte Kraft?

8. Auf den Rücken eines Keils wirkt die gleichförmig vertheilte Kraft 20 Pfd. in senkrechter Richtung. Wenn aber nun die Länge des Rückens = 9 Zoll und die Länge der Seite = 2 Fuß 4 Zoll

ausmacht; welche gleichförmig vertheilte Kraft wird auf jede Seite in senkrechter Richtung sich thätig erweisen?

9. An einem aus 6 Rollen bestehenden Flaschenzuge befindet sich die Last 300 Pfd. Welche Kraft steht mit derselben im Gleichgewichte, wenn man das Gewicht der Rollen unberücksichtigt läßt?

10. Sind bei einem aus 3 Rollenpaaren bestehenden Flaschenzuge die Axen der Rollen, bei der Berührung der Flaschen, beziehlich 2, 5 und 10 Zoll von einander entfernt, betragen die Halbmesser der einzelnen Rollen beziehlich $\frac{1}{2}$, 1 und 2 Zoll, und ist die Höhe, zu welcher die Last gehoben werden soll, = 60 Fuß; wie groß ist die Länge des ganzen Seiles?

11. An einem aus 8 Rollen bestehenden Flaschenzuge ist das Gewicht der beweglichen Flasche = 6 Pfd. und das der Last = 300,3 Pfd. Wie groß wird beim Gleichgewichte die Kraft sein müssen?

12. Welche Last befindet sich beim Gleichgewichte an einem aus 10 Rollen bestehenden Flaschenzuge, wenn das Gewicht der beweglichen Flasche 12 Pfd. und die Kraft 300 Pfd. beträgt?

13. An einem aus 6 losen und einer festen Rolle zusammengesetzten Rollenzuge befindet sich die Last 3000 Pfd. Wie groß ist die mit ihr im Gleichgewichte stehende Kraft, wenn das Gewicht der Rollen unberücksichtigt bleibt?

14. Welche Kraft wird an einem aus 8 losen und einer festen Rolle bestehenden Rollenzuge erfordert, wenn dieselbe mit der 20000 Pfd. betragenden Last im Gleichgewichte sein soll und das Gewicht der einzelnen Rollen unberücksichtigt bleibt?

15. Wenn an einem Rollenzuge die Kraft $P = 100$ Pfd. mit der Last $Q = 1600$ Pfd. im Gleichgewichte steht und das Gewicht der Rollen nicht berücksichtigt wird; wie viele bewegliche Rollen sind an demselben befindlich?

16. Wie viele bewegliche Rollen sind an dem Rollenzuge befindlich, wenn $P = 20$ Pfd. und $Q = 200$ Pfd. ausmacht?

17. An dem aus 10 beweglichen und einer festen Rolle bestehenden Rollenzuge beträgt das Gewicht jeder beweglichen Rolle = 1,5 Pfd. Welche Kraft wird mit der 300 Pfd. wiegenden Last im Gleichgewichte stehen?

18. Wenn an einem Rollenzuge das Gewicht einer beweglichen Rolle = 1 Pfd. beträgt und die Kraft 10 Pfd. mit der Last 100 Pfd. im Gleichgewichte steht; wie viele bewegliche Rollen sind an dieser Maschine befindlich?

19. Ist das Gewicht einer beweglichen Rolle 2 Pfd. und hält die Kraft 80 Pfd. der Last 400 Pfd. das Gleichgewicht; wie viele bewegliche Rollen sind am Rollenzuge angebracht?

Resultate.

1) $19\frac{4}{9}$ Pfd. = 19,444 Pfd. 2) 72,48 Pfd. 3) 75 Zoll. 4) 0,341 Fuß. 5) 0,095 Pfd. 6) 1,202 Pfd. 7) 80 Pfd. 8) $62\frac{2}{3}$ Pfd. 9) 50 Pfd. 10) 424 Fuß 9,99113 Zoll. 11) 38,287 Pfd. 12) 2988 Pfd. 13) $46\frac{7}{8}$ Pfd. = 46,875 Pfd. 14) 78,125 Pfd. 15) 4 bewegliche Rollen. 16) eigentlich 3,32, in der Wirklichkeit aber 4 bewegliche Rollen. 17) $1\frac{1631}{2048}$ Pfd. 18) eigentlich 3,45, in der Wirklichkeit aber 4 bewegliche Rollen. 19) eigentlich 2,35, in der Wirklichkeit aber 3 bewegliche Rollen.

Ein und zwanzigstes Kapitel.

Von der Cohäsion und Adhäsion. Von der absoluten, relativen oder respektiven und rückwirkenden Festigkeit. Von der Trennung und Zusammensetzung der Körper.

Wodurch wird die Cohäsion und Adhäsion bewirkt?

Wie weit sind, bei stattfindender Cohäsion, die aufeinander wirkenden Körpertheilchen von einander entfernt?

Besitzen die Cohäsion und Adhäsion verschiedene Grade?

Was heißt die absolute, was die relative oder respektive, und was die rückwirkende Festigkeit eines Körpers?

Wie wird die absolute, die relative oder respektive und die rückwirkende Festigkeit eines Körpers ermittelt?

Wie folgen die Metalle und Holzarten in Bezug auf ihre absoluten Festigkeiten auf einander?

Was nennt man eine Massenanziehung, eine mechanische Anziehung, und was eine Stoffanziehung oder eine chemische Anziehung oder eine chemische Verwandtschaft?

Welche Erscheinungen werden physische und welche chemische genannt?

Was heißt Theilbarkeit und was Theilung?

Wie weit findet die Theilung nach der Ansicht der Atomisten und wie weit nach der Ansicht der Dynamiker statt?

Was heißt eine mechanische Theilung; und was wird eine chemische Theilung, chemische Zersetzung, oder chemische Scheidung genannt?

Was heißen Massentheile und was chemische Bestandtheile eines Körpers?

Was werden die nächsten, die entferntern und die entferntesten chemischen Bestandtheile genannt?

Wie heißen auch noch die letztern, und welche Körper werden zu den einfachen chemischen Stoffen oder zu den chemischen Elementen gezählt?

Was heißt Dampf und was Gas?

Was versteht man unter einem Metall?

Was heißt ein Metalloxyd und was ein regulinisches Metall?

Welche Stoffe werden die Imponderabilien genannt?

Was heißt eine mechanische Zusammensetzung und was ein Gemenge?

Welche Zusammensetzungen sind als mechanische zu betrachten?

Was nennt man eine chemische Zusammensetzung, und was ein Gemisch?

Welche Zusammensetzungen sind als chemische anzusehen?

Ist bei chemischen Mischungen die Natur des Gemisches von der Natur der Mischungstheile verschieden?

Ist das Volumen des Gemisches der Summe der Volumen der einzelnen Mischungstheile gleich?

Welche Haupterscheinungen werden bei den chemischen Mischungen bemerkt?

Was heißt eine einfache Verwandtschaft?

Was nennt man eine einfache und was eine doppelte Wahlverwandtschaft?

Was wird eine disponirende Verwandtschaft genannt?

Vereinigen sich die Körper in jedem denkbaren Verhältnisse oder nach fest bestimmten einfachen Proportionen?

Was lehrt das Gesetz der festen Mischungsverhältnisse der Körper?

Treten die einfachen und zusammengesetzten Körper blos dem Gewichte und nicht auch dem Raume nach in bestimmten einfachen Proportionen mit einander in Verbindung?

Was heißt die Volumentheorie und was die Corpusculartheorie?

Wer suchte zuerst die Zersetzungen und Bildungen der Körper zu berechnen und den Erfolg nach gefundenen Gesetzen im Voraus zu bestimmen?

Was heißt Atomengewicht, Mischungsgewicht oder chemisches Aequivalent?

Was heißt Stöchiometrie und wer hat sich um dieselbe sehr verdient gemacht?

Was heißt eine Auflösung und was eine Verschluckung?

Was wird das Auflösungsmittel genannt?

Was heißt Ausziehung und was Extract?

Wann findet eine Auflösung auf trockenem und wann auf nassem Wege statt?

In welchem Falle wird die Auflösung eine gesättigte genannt?

Was heißt Destillation, Rektification und Sublimation?

Was versteht man unter Gährung, und wie viele Stufen finden dabei statt?

Was heißt Wärme, und wie werden die niedrigen und wie die hohen Grade derselben genannt?

Was nennt man Sehen und was Licht?

Was heißt Glühen, und was wird Roth- und Weißglühen genannt?

Was nennt man Feuer und was Flamme?

Was heißt Verbrennung und was Verkalkung oder Calcinirung?

Was nennt man Digestion und Cementation?

Was heißt Schmelzung?

Wodurch geschieht die chemische Scheidung, und wann heißt die letztere eine Niederschlagung oder Fällung?

Was wird ein Niederschlag genannt?

Was heißt ein Krystall?

Welche Formen nennt man die Stammgestalten?

Was heißt ein amorphischer Mineralkörper?

Was nennt man das Krystallisationswasser?

Kann ein und derselbe Körper unter gleichen Umständen in zwei ganz verschiedenen Krystallformen anschießen?

Wie muß die Flüssigkeit in den Zustand der Festigkeit, um regelmäßige Krystalle zu erzeugen, übergehen?

Ist das Auflösungsmittel bei den Krystallisationen ohne Einfluß?

Was heißt Krystallkunde und wie theilt man dieselbe ein?

Was wird Krystallometrie und was Krystallogenie genannt?

Hauptsätze.

A. Ueber absolute Festigkeit.

I. Bezeichnet **k** das Maß der in Gewichtseinheiten ausgedrückten absoluten Festigkeit, und **F** den in rheinländischen Quadratzollen angegebenen kleinsten Querschnitt eines Körpers, so ist die absolute Festigkeit des letztern, wenn man auf sein eigenes Gewicht keine Rücksicht nimmt, nämlich:

$$K = k \cdot F.$$

II. Ist **L** die Länge, **F** der kleinste Querschnitt, **K** die absolute Festigkeit eines Körpers, **S** das specifische Gewicht und α das absolute Gewicht des Wassers *), so erhält man die Last **Q**, wo-

*) Welches = 0,0381 preuß. Pfd. ist, wenn man die Länge in Zollen, und die Flächen in Quadratzollen ausdrückt, und das = 65,9 beträgt wenn man die Längen in Fußen und die Flächen in Quadratfußen darstellt.

durch der Körper zerrissen werden soll, durch die Gleichungen:

$$Q = K - S\alpha FL \text{ *)},$$

oder $Q = F(k - S\alpha L)$.

III. Aus voriger Nummer ergiebt sich:

$$F = \frac{Q}{k - S\alpha L},$$

und man findet:

$$L = \frac{k}{S\alpha}, \text{ wenn } Q = 0 \text{ ist,}$$

und also der Körper durch sein eigenes Gewicht gerissen werden soll.

B. Ueber relative oder respektive Festigkeit.

IV. Ist bei einem Balken die absolute Festigkeit des Materials $= k$, die Durchschnittsebene $= F$, die Entfernung des Schwerpunktes der F von ihrer Grundlinie $= h$, die Länge des senkrecht auf der Brechungsebene stehenden Hebels, mit welchem jedesmal beim Zerbrechen eines Körpers durch die Kraft P eingewirkt wird, $= L$, so ist:

$$L.P = h.k.F$$

oder $P = \frac{hFk}{L}$,

wenn man den Balken als unelastisch betrachtet und auf sein eigenes Gewicht keine Rücksicht nimmt.

V. Ist (in Nr. IV.) die Brechungsebene des Balkens ein Rechteck, dessen Höhe $= p$ ist und dessen Schwerpunkt von der Grundlinie g die Entfernung $= h$ besitzt, so wird, um den Balken zu zerbrechen, die Kraft:

$$P = \frac{p^2 gk}{2L}$$

angewandt.

VI. Ist das specifische Gewicht eines prismatischen Körpers $= S$, der Querschnitt des letztern $= F$, das Gewicht des Wassers $= \alpha$ **) und behalten alle übrigen Zeichen ihre früheren Bedeutungen, so ist die Kraft, welche zum Zerbrechen dieses Körpers gehört, nämlich:

$$P = \frac{hFk}{L} - \frac{L}{2}\alpha FS,$$

wenn man das Gewicht des Körpers mit in Anschlag bringt.

---

*) Man wird leicht einsehen, daß in dieser Aufgabe auch noch das Gewicht des tragenden Körpers in Betracht kommt.

**) Man lese die zu II. gehörige Note.

Uebungssätze.

A. Ueber Cohäsion und Adhäsion.

1) Bricht man ein Stück Holz von einander und drückt die beiden Theile an ihren Bruchstellen, wie sie vorher lagen, zusammen, so wird der vorige Halt nicht wieder hergestellt.

2) Die flüssigen Körper lassen sich leicht von einander trennen.

3) Man empfindet einen Schmerz, wenn man mit der flachen Hand auf eine Wasserfläche schlägt, während man keine solche Empfindung hat, sobald man die Hand nur langsam in das Wasser taucht.

4) Durchschneidet man eine Bleikugel in ihrer Mitte und drückt alsdann die ebenen Flächen beider Halbkugeln an einander, so hängen dieselben mehr oder weniger zusammen. Dreht man die beiden Halbkugeln ein wenig, so wird ihr Zusammenhang noch vermehrt.

5) Die Adhäsion zweier Körper ist desto bedeutender, je größer die Anzahl der sich berührenden Punkte ist; oder je ebener, glätter und größer die berührenden Flächen sich zeigen.

6) Zwei trockene und unebene Glasplatten hängen sehr schwach und meist gar nicht zusammen, während gut polirte bedeutend aneinander hängen.

7) Die zwischen festen und festen Körpern statt findende Adhäsion ist schwächer als diejenige, welche zwischen festen und flüssigen sich zeigt.

8) Der Zusammenhang zwischen 2 Glas- oder Marmorplatten u. s. w. wird bedeutend verstärkt, wenn man flüssigen Talg, Wasser u. s. w. dazwischen bringt.

9) Zwei Holzstücke werden durch dazwischen gebrachten und alsdann getrockneten Leim bedeutend zusammengehalten.

10) Das zusammengekleisterte Papier hält mit großer Stärke zusammen.

11) Der Staub bleibt an den lothrechten Wänden und das Quecksilber am Flore hängen.

12) Wenn man ein leinenes Tuch mit Hexenmehl bestreut, so kann man Wasser darin tragen.

B. Ueber Festigkeit.

13) Tücher und Zeuge erhalten durch das Walken eine bedeutende Festigkeit.

14) Bei Stricken von derselben Dicke ist die absolute Festigkeit desto größer, je dünner die Fäden sind, woraus sie bestehen und je unbedeutender die Drehung ist, welche sie bei ihrer Verfertigung erhalten haben.

15) Getheerte Seile haben eine kleinere absolute Festigkeit als ungetheerte, sind aber dem schädlichen Einflusse des Wassers und der Luft weniger als die letztern ausgesetzt.

16) Die geflochtenen Schnüre haben unter denselben Umständen eine größere absolute Festigkeit als die gedrehten.

17) Die seidenen Fäden sind 3 mal so fest als die leinenen von derselben Dicke.

18) Die absolute Festigkeit eines Menschenhaares ist größer als die eines eben so dicken Pferdehaares.

19) Eine Last bringt in der Mitte des Zimmers eine größere Wirkung als an den Wänden desselben hervor.

20) Die relativen Festigkeiten zweier Körper verhalten sich bei gleichen Dicken und Breiten (und unter übrigens gleichen Umständen) umgekehrt wie die Längen.

21) Die respektiven Festigkeiten zweier Körper, welche sich blos durch ihre Breiten von einander unterscheiden, verhalten sich wie diese Breiten.

22) Haben zwei Balken gleiche Längen und Breiten, so verhalten sich ihre relativen Festigkeiten (unter übrigens gleichen Umständen) wie die 2ten Potenzen ihrer Dicken.

23) Die Figur eines Körpers ist beim Zerbrechen desselben von großem Einflusse.

24) Ein 4seitiges Prisma zerbricht eher als ein Cylinder, wenn auch letzterer die Dicke und den Umfang des Prisma besitzt.

25) Ein hohler Cylinder zerbricht nicht so leicht als ein massiver, wenn auch in beiden sowohl Länge als Masse mit einander übereinstimmen.

26) Ist ein Balken an seinen beiden Enden unterstützt und die Belastung gleichförmig auf seine ganze Länge vertheilt, so ist die Tragekraft desselben doppelt so groß, als wenn die Last in einem einzigen Punkte in seiner Mitte sich wirksam erweist.

27) Bei gleichartigen Körpern hängt die rückwirkende Festigkeit von den Dimensionen, von der Form und Masse der Körper ab.

28) Bei verschiedenartigen Körpern ist die rückwirkende Festigkeit von ihrem Gefüge, ihrer Biegsamkeit und Gleichförmigkeit abhängig.

29) Die rückwirkende Festigkeit eines Körpers wird desto kleiner, je größer die Höhe dieses Körpers sich zeigt.

30) Die rückwirkenden Festigkeiten zweier prismatischen Körper verhalten sich bei gleichen Breiten und Dicken (und unter übrigens gleichen Umständen) umgekehrt wie die 2ten Potenzen der Längen; bei gleichen Längen und Dicken wie die Breiten der Seiten, gegen welche zu die Körper sich krümmen, und bei gleichen Längen und Breiten wie die 2ten Potenzen der Dicken.

31) Zwei verschieden gestaltete Körper haben bei gleichen Massen nicht dieselbe rückwirkende Festigkeit.

32) Eine Pyramide (oder ein Kegel) hat eine größere rückwirkende Festigkeit als ein Prisma (oder Cylinder) von derselben Höhe und dem nämlichen körperlichen Inhalte.

33) Die rückwirkende Festigkeit eines Balkens, dessen Grundfläche ein □ ist, erscheint größer als die eines Balkens, dessen Grundfläche als # sich zeigt, wenn auch beide Körper gleiche Höhen und denselben körperlichen Inhalt besitzen.

34) Ein hohler Cylinder hat eine größere rückwirkende Festigkeit als ein massiver, wenn sie auch gleiche Höhen und Massen haben.

35) Der aus Papier verfertigte hohle Cylinder hat eine nicht unbedeutende rückwirkende Festigkeit.

36) Ein aufwärts stehender Balken von bedeutender Höhe krümmt sich unter seiner eigenen Last.

37) Die Steine haben, unter denselben Umständen, eine desto größere rückwirkende Festigkeit, je feiner ihr Kern ist und je dichter sie sind.

38) Ein Körper hat unter übrigens gleichen Umständen eine größere rückwirkende Festigkeit, je größer die Theile sind, woraus er besteht.

39) Die rückwirkende Festigkeit eines Gebäudes ist desto bedeutender, je größer die Steine sind, woraus es verfertigt worden ist.

C. Ueber einfache Verwandtschaft.

40) Quecksilber und Schwefel verbinden sich zu Zinnober.

41) Aetzkalk und Schwefelsäure bilden den Gips.

42) Ammonium und Oel machen die flüchtige Seife.

D. Ueber einfache Wahlverwandtschaft.

43) Kupfer-Vitriol (Kupfer. Schwefelsäure) und Eisen. Das Eisen verbindet sich mit der Schwefelsäure, während das Kupfer sich metallisch niederschlägt.

44) Salmiak (Ammonium. Salzsäure) und Aetzkalk. Dieser letztere vereinigt sich mit der Salzsäure und das Ammonium entweicht als Gas.

45) Kreide (Kalk. Kohlensäure) und Schwefelsäure. Der Kalk und die Schwefelsäure verbinden sich zu Gips und bleiben unaufgelöst, während die Kohlensäure als Gas fortgeht.

46) Borax (Natrum. Boraxsäure) und Schwefelsäure. Das Natrum verbindet sich mit der Schwefelsäure zu Glaubersalz, das aufgelöst bleibt, während die Boraxsäure krystallisirt niederfällt.

E. Ueber doppelte Wahlverwandschaft.

47) Bittersalz (Magnesia. Schwefelsäure) und Soda (Natrum. Kohlensäure.) Die Schwefelsäure des Bittersalzes verbindet sich mit dem Natrum der Soda zu Glaubersalz, das aufgelöst bleibt, während die Magnesia des Bittersalzes sich mit der Kohlensäure der Soda vereinigt und niederfällt.

48) Essigsaurer Baryt und salpetersaures Ammonium. Die Salpetersäure verbindet sich mit Baryt zu salpetersaurem Baryt, und die Essigsäure mit dem Ammonium zu essigsaurem Ammonium. Beide neue Zusammensetzungen bleiben aufgelöst und es scheidet sich nichts aus.

49) Bleizucker (Blei. Essigsäure) und Soda (Natrum. Kohlensäure.) Das Natrum der Soda bildet mit der Essigsäure des Bleizuckers essigsaures Natrum, während das Blei des Bleizuckers mit der Kohlensäure des Natrums verbunden als Bleiweiß niederfällt.

50) Wird Fett in Pottaschenlauge (Aetzkali) aufgelöst und Kochsalz (Natrum und Salzsäure) hinzugethan, so verbindet sich das Aetzkali mit der Salzsäure und das mit Natrum verbundene Fett scheidet sich als gewöhnliche Hausseife ab.

F. Ueber disponirende oder vorbereitende Verwandtschaft.

51) Die Verwandlung des Stärkemehles in Zucker.
52) Die Verwandlung des Zuckers in Weingeist.
53) Die Verwandlung des Zuckers in Essigsäure.
54) Die Verwandlung aller organischen Körper in Kohle.

G. Ueber weit gehende Theilungen.

55) Ein Gran Moschus erfüllt 20 Jahre hindurch, bei täglicher Lufterneuerung, einen großen Raum mit merklichem Geruch.

56) Eine Masse Asa fötida verlor bei heftigem Geruch in der freien Luft während 6 Tage nur $\frac{1}{8}$ Gran (oder $\frac{1}{480}$ Quentchen). Die Größe eines einzelnen Theiles kann hier noch nicht $\frac{1}{8}$ Trilliontheilchen eines Kubikfußes betragen.

57) Durch einen Gran Kupferammoniak werden 392 Kubikfuß Wasser blau gefärbt, so daß hier eine Theilung in 3925 Millionen sichtbarer Theile geschieht.

58) Der Faden einer Spinne ist aus mehr als tausend einzelnen Fäden zusammengesetzt.

59) Die Infusions-Thierchen oder Infusorien sind mehrere Millionen mal kleiner als Sandkörner.

Aufgaben.

I. Ueber absolute Festigkeit.

1) Ein eiserner prismatischer Körper, dessen Querschnitt die Größe eines rheinländischen Quadratzolles besitzt, wird von einem Gewichte von 80520,32 preuß. Pfd. zerrissen; welches Gewicht muß ich diesem Körper (abgesehen von seinem eigenen Gewichte) anhängen, wenn sein Querschnitt nur 0,563 Quadratzoll groß ist und er zerrissen werden soll?

2) Wie groß ist der Durchmesser eines Cylinders, dessen absolute Festigkeit k beträgt, wenn derselbe die Last P tragen soll und sein eigenes Gewicht unberücksichtigt bleibt?

3) Welches Gewicht kann eine cylindrische gegossene eiserne Stange vom Durchmesser 4 Zoll, ohne zerrissen zu werden, aushalten, wenn die absolute Festigkeit 70433 beträgt und das Gewicht der Stange nicht berücksichtigt wird?

4) Welches Gewicht kann man einer 100 Fuß langen eisernen Brücke, bei welcher die Dicke der einzelnen Glieder $\frac{1}{4}$ Zoll, das specifische Gewicht 8,189, die absolute Festigkeit 71300 Pfd. ist, ohne ein Reißen befürchten zu dürfen, anvertrauen?

5) Wie viel beträgt die Länge eines bleiernen Drahtes, wenn derselbe ein specifisches Gewicht von 11,309 und eine absolute Festigkeit von 3717 Pfd. besitzt, und durch sein eigenes Gewicht reißen soll?

6) Wenn ein hölzernes Prisma gleichseitige Dreiecke zu Grundflächen hat, die Seite eines $\triangle = \alpha$, die absolute Festigkeit des Holzes $= k$ Pfd., das specifische Gewicht desselben $= S$ und die Länge des Prisma $= L$ beträgt; welches Gewicht Q wird dieses Prisma zerreißen?

II. Ueber relative Festigkeit.

7) Wie hoch muß der Balken sein, welcher eine Last von 800,2 Pfd. tragen soll, wenn seine absolute Festigkeit 20000 Pfd., seine Länge 20,5 Fuß und seine Breite 1 Fuß ausmacht?

8) Welche Höhe muß der drei- und gleichseitige prismatische Balken besitzen, wenn seine Länge = 18 Fuß, seine Breite = 3 Fuß, seine absolute Festigkeit = 11000 Pfd. enthält, und derselbe ein Gewicht von 1200,8 Pfd. tragen soll?

9) Wie groß ist (in Nr. VI.) der Ausdruck P, wenn $L = 30$ Fuß, $k = 10000$, $F = 4$ Quadratfuß, $S = 0,056$, $\alpha = 65,9$ Pfd. und $h = 1$ beträgt?

10) Man soll P ermitteln, wenn $L = 22,4$ Fuß, $k = 12520$, $F = 4$ Quadratfuß, $S = 0,088$, $\alpha = 56,9$ Pfd. und $h = 1$ ausmacht?

Resultate.

1) 45332,94016 Pfd. Die Erfahrung lehrt jedoch, daß man bei Metallen nur die Hälfte und bei Holzarten nur den 3ten Theil des so gefundenen Gewichtes, um die Zerreißung zu bewirken, anzuwenden hat.

2) Er ist $= 2\sqrt{\frac{P}{k\pi}}$.

3) 442543,21694 Pfd., wenn nämlich das in der 1sten Auflösung Gesagte berücksichtigt wird.

4) 17824 Pfd., wenn man das in der 1sten Auflösung Gesagte berücksichtigt.

5) 8628 Zoll.

6) $Q = (k - S\alpha L)\frac{\alpha^2 . \sqrt{3}}{4}$.

7) Man erhält (nach V.) für die Höhe des Balkens:

$$p = \sqrt{\frac{2 . 800,2 . 20,5}{20000}} = 1,28 \text{ Fuß.}$$

8) Die Höhe des Balkens beträgt:

$$p = \sqrt{\frac{2 . 1200,8 . 18}{3 . 11000}} = 1,144 \text{ Fuß.}$$

9) Man erhält $P = \frac{4 . 10000}{30} - 15 . 65,9 . 4 . 0,56 =$ 1111,909 Pfund.

10) Es ist $P = \frac{4 . 12520}{22,4} - 11,2 . 65,9 . 4 . 0,088 =$ 1975,91 Pfund.

Zwei und zwanzigstes Kapitel.

Von dem Gleichgewichte der tropfbar-flüssigen Körper.

Welche tropfbare Flüssigkeiten sind vorzüglich erwähnenswerth?

Worin werden die tropfbar flüssigen Körper verwahrt?

Was heißt ein gleichförmiges und was ein ungleichförmiges Gefäß?

Was nennt man ein Ventil und was einen Hahn?

Was heißen Klappenventile, Blasenventile, Kegelventile und Kugelventile u. s. w.?

Was versteht man unter einem Senguerd'schen Hahn?

Was heißen communicirende Röhren?

Welche Wassersammlungen werden Grundwässer genannt?

Hauptsätze.

I. Das Wasser ist aus 88,904 Gewichttheilen Sauerstoff und 11,096 Gewichttheilen Wasserstoff zusammengesetzt.

II. Das Quecksilber enthält das specifische Gewicht 13,564, und seine Verbindungen mit andern Metallen werden Amalgame genannt.

III. Der Weingeist wird durch die bei süßen Pflanzensäften stattfindende Weingährung erzeugt. Ist in demselben nur noch $\frac{1}{4}$ Theil Wasser enthalten, so heißt er rectificirter Weingeist oder Alcohol und hat das specifische Gewicht 0,820 bis 0,837. Der noch reinere Weingeist, dessen specifisches Gewicht 0,792 beträgt, wird absoluter Weingeist genannt.

IV. Der Aether entsteht aus dem Weingeiste dadurch, daß man die Mischungsverhältnisse der Bestandtheile des letztern verändert. Er wird gewöhnlich durch eine Behandlung des Weingeistes mit der Schwefelsäure erhalten und alsdann Schwefeläther genannt. Sein specifisches Gewicht wird auf 0,745 geschätzt.

V. Es giebt thierische, vegetabilische und mineralische Oele; auch werden die vegetabilischen Oele in fette und ätherische eingetheilt.

VI. Jede tropfbare Flüssigkeit ist elastisch und in einem zusammengepreßten Zustande befindlich.

VII. Die Oberfläche eines ruhigen tropfbar-flüssigen Körpers K ist horizontal, wenn außer der Schwere keine Kraft auf K sich thätig erweist.

VIII. In jeder horizontalen Schichte eines ruhigen tropfbar-flüssigen K streben alle Punkte mit gleicher Stärke zu zerfließen; auch ist das Bestreben dieser Punkte zu zerfließen desto größer, je tiefer die Schichte unter der Oberfläche des K sich befindet.

IX. Jeder im ruhigen tropfbar-flüssigen K. befindliche Körper wird von allen Seiten her desto stärker gedrückt, je tiefer er sich unter der flüssigen Oberfläche befindet. Auch müssen die Wände des Gefäßes, worin eine tropfbare Flüssigkeit befindlich ist, an den tiefern Stellen einen stärkern Druck als an den höhern erleiden.

X. Die Zunahme der Dichtigkeit, welche der tropfbar-flüssige K bei geringen Tiefen erhält, ist äußerst gering und in den meisten Fällen nicht wahrnehmbar.

XI. Jeder im Innern einer ruhigen und tropfbaren Flüssigkeit vorhandene Punkt wird nach allen Richtungen, und jede darin befindliche Fläche, nach 2 entgegengesetzten Seiten, mit gleicher Stärke gedrückt.

XII. Jeder räumliche Theil eines ruhigen tropfbar-flüssigen Körpers wird durch den Druck aller um ihn herumliegenden Theile und durch sein eigenes Gewicht an seinem Orte erhalten.

XIII. In communicirenden Röhren, welche mit einem tropfbar-flüssigen K. gefüllt sind, liegen die flüssigen Oberflächen in derselben horizontalen Ebene, wenn außer der Schwere keine Kraft auf K. sich thätig erweist.

XIV. Bezeichnen (in Fig. 21.) **abcd** und **efgh** communicirende Röhren, ist die niedrigere mit dem ebenen Deckel **ef** versehen, und werden **abcd** und **efgh** mit dem tropfbar-flüssigen K. gefüllt, so erleidet **ef** nach aufwärts einen Druck, der im Gleichgewichte steht mit einer aus K. bestehenden Säule **lmfe**, welcher den Deckel als Grundfläche und den Abstand der beiden Ebenen **lm** und **ef** als Höhe besitzt.

XV. Der Druck, welchen der in einem Gefäße befindliche ruhige tropfbar-flüssige K. auf den horizontalen Boden desselben äußert, ist gleich dem Gewichte einer aus K. bestehenden lothrechten Säule, welche den Boden des Gefäßes zur Grundfläche und die Höhe von K. zur Höhe hat.

XVI. Ist ein Gefäß mit dem tropfbar-flüssigen K. gefüllt, so erleidet jede kleine Stelle der Seitenwand einen horizontalen Druck, der gleich ist dem Gewichte einer aus K. bestehenden Säule, welche die Fläche der gedrückten Stelle zur Grundfläche und die Höhe der Flüssigkeit über dieser Stelle zur Höhe hat.

XVII. Der horizontale Druck, welchen die vertikale und rechteckige Wand eines Gefäßes von dem darin befindlichen ruhigen und tropfbar-flüssigen K. erleidet, ist gleich dem Gewichte eines aus K. bestehenden Prismas, welches das halbe Quadrat der Höhe des K. zur Grundfläche und die Breite der gedrückten Wand zur Höhe hat.

XVIII. Der horizontale Druck, welchen die schiefe und rechteckige Wand eines Gefäßes von dem darin vorhandenen ruhigen und tropfbar-flüssigen K. erleidet, ist gleich dem Gewichte eines aus K. bestehenden Prismas, welches das halbe Quadrat der Höhe des K. als Grundfläche und die Breite der gedrückten Wand als Höhe besitzt.

XIX. Der vertikale Druck, welchen (in Fig. 22.) die schiefe Seitenwand **bc** von dem in **abcd** befindlichen ruhigen tropfbar-flüssigen K. erleidet, ist gleich dem Gewichte eines aus K. bestehenden Prismas, welches das rechtwinklige $\triangle$**bec** zur Grundfläche und die Breite der gedrückten Wand zur Höhe hat. Bezeichnet man demnach die Höhe des K., nämlich **ce**, durch **H**, die Breite der gedrückten Wand durch **B** und $\angle$**bce** durch α, so ist das aus K. bestehende Prisma, dessen Gewicht einen vertikalen Druck auf **bc** äußert:

$$\tfrac{1}{2}H^2 . tg\alpha . B = \tfrac{1}{2}B . H^2 . tg\alpha.$$

XX. Sind zwei ungleich dichte tropfbare Flüssigkeiten in communicirenden Röhren befindlich, so verhalten sich ihre Höhen über der horizontalen Berührungsfläche wie umgekehrt ihre Dichtigkeiten.

Uebungssätze.

1) Die Versuche über die Elasticität der tropfbaren flüssigen wurden von Perkins in London, und von Oerstedt in Koppenhagen durch eigenthümliche Vorrichtungen angestellt.

2) Man nehme eine leere gläserne Flasche, pfropfe dieselbe fest zu und versenke sie ins Meer. Bei geringen Tiefen bleibt die Flasche ganz, bei größern dagegen zerbricht dieselbe.

3) Ist an der Seitenwand eines Gefäßes eine Oeffnung angebracht, so fließt der tropfbar-flüssige K. mit desto größerer Stärke aus derselben, je tiefer die Oeffnung unter der Oberfläche des K. sich befindet.

4) Wird eine Blase mit Wasser gefüllt und etwas Zerbrechliches, z. B. ein Ei, hinein gethan, so wird auch durch ein starkes Zusammenpressen der Blase kein Zerbrechen des Ei's bewirkt.

5) In den nahe am Meere oder an den Flüssen befindlichen Gruben steht das Wasser eben so hoch als im Meere oder in den Flüssen.

6) Das Wasser wird von einem höhern Orte nach einem tiefern mit Hülfe der communicirenden Röhren geleitet.

7) In der Wirklichkeit stehen hochgelegene Quellen mit niedriger gelegenen Wassersammlungen in Gemeinschaft.

8) Die Abweichung einer Fläche von der horizontalen Ebene wird mit Hülfe der communicirenden Röhren ermittelt. Die hierzu erforderlichen Vorrichtungen werden Nivellirinstrumente genannt.

9) Die gewöhnlichen Springbrunnen und die artesischen Brunnen oder Bohrbrunnen werden aus den Eigenschaften der communicirenden Röhren erklärt.

10) Der anatomische Heber, der hydrostatische Blasebalg und die hydraulische Presse von Bramah werden aus dem Drucke erklärt, welchen (in Fig. 21.) der Deckel **ef** von dem tropfbar-flüssigen K. erleidet.

11) Wenn ein Kanal von einer bedeutenden Höhe kommt und in die Tiefe einer großen Höhlung tritt, so geht öfters das über der letztern befindliche Erdreich entzwei.

12) Ein mit Wasser angefülltes und gehörig verschlossenes Faß wird gesprengt, wenn man in eine mit dem Fasse verbundene 20 bis 30 Fuß hohe Röhre Wasser gießt.

13) Die Einrichtung der Realschen Auflösungspresse beruht auf dem Drucke, welchen der horizontale Boden eines Gefäßes von der darin vorhandenen tropfbaren Flüssigkeit erleidet.

14) Die Construktion der Segnerschen Maschine beruht auf dem horizontalen Drucke, welchen eine in der Seitenwand eines Gefäßes befindliche kleine Stelle von dem tropfbar-flüssigen K. erfährt.

15) Der Engländer Barker hat vermittelst der Segnerschen Maschine eine Wassermühle ohne Rad und Trilling angefertigt.

16) Die an einer Seite durchlöcherte und mit Wasser gefüllte Flasche wird nach der unbeschädigten Seite umschlagen.

Aufgaben.

1. Wenn (in Fig. 21.) die Höhe **bo** = 8 Fuß und der Durchmesser des Deckels ef = 10 Zoll beträgt; welcher Druck wird auf ef bei Füllung der Maschine durch Wasser ausgeübt *)?

2. Wie groß ist der Druck, welchen (in Fig. 21.) der Deckel erleidet, wenn man die Maschine mit Wasser füllt, die Höhe **bo** = 20,2 Fuß und der Durchmesser von ef = 2 Fuß beträgt?

3. Wie viel beträgt der auf den horizontalen Boden eines Gefäßes wirkende Druck, wenn der Boden = 16 Quadratzoll, und die Höhe des im Gefäße befindlichen Wassers 2 Fuß ausmacht?

4. Ein senkrechter Cylinder ist mit Wasser gefüllt, dessen Höhe 1,5 Fuß beträgt. Wenn aber nun der Halbmesser seines Bodens 0,5 Fuß ausmacht; wie groß ist der Druck, welchen der Letztere aushält?

5. Ein prismatisches geschlossenes Gefäß hat in einer Seitenwand eine 2 Quadrat Zoll große Oeffnung, über welcher das Wasser noch 3,5 Fuß hoch steht. Welchen Druck wird der diese Oeffnung verschließende Zapfen erleiden?

6. Wie groß ist (in v. Nr.) der auf den Zapfen thätige Druck, wenn über der 4 Q. Zoll großen Oeffnung das Wasser 2,025 Fuß hoch steht?

7. Welchen horizontalen Druck wird die rechteckige Wand eines Gefäßes von dem darin vorhandenen Wasser ertragen, wenn die Höhe des Wassers 4 Fuß und die Breite der Wand 1 Fuß beträgt?

---

*) Das Gewicht eines Kubikfußes Wasser wird in allen Aufgaben = 65,9 Pfd. gesetzt.

8. Welchen Druck wird der senkrechte Damm eines Kanals erleiden, in dem der Wasserstand 6 Fuß 6 Zoll und die Breite des Dammes 12 Fuß 3 Zoll ausmacht?

9. Welchen Druck werden die Wände eines hohlen mit Wasser gefüllten Würfels, dessen Höhe = **a** ist, zusammen ertragen?

10. Wie viel beträgt der in Nr. 9. erwähnte Druck, wenn **a** = 6 Zoll enthält?

11. Wenn die Seite eines Würfels = 1 Fuß beträgt; wie viel wird der Druck auf die vier Seitenwände und den Boden zusammengenommen ausmachen?

12. Wie groß ist der vertikale Druck, welchen (in Fig. 22.) die schiefe Seitenwand des mit Wasser angefüllten Gefäßes **abcd** erleidet, wenn die Breite **B** der gedrückten Wand = 2 Fuß, die Höhe **H** des Wassers = 1 Fuß und der Winkel $\alpha = 45^\circ$ beträgt?

13. Wie viel beträgt (in v. Nr.) der vertikale Druck auf die Seitenwand, wenn **B** = 6 Fuß, **H** = 10 Fuß und $\alpha = 45^\circ$ ausmacht?

14. Wie groß ist der vertikale Druck auf die Seitenwand, wenn **B** = 6 Fuß 6 Zoll, **H** = 14,05 Fuß und $\alpha = 32^\circ\, 8'$ enthält?

Resultate.

1) $287\frac{390781}{720000}$ Pfund. **2)** 4182,0217762 Pfund.
3) 14,64 Pfd. **4)** 77,6365 Pfd. **5)** 3,2 Pfd. **6)** 3,705 Pfd.
7) 527,2 Pfd. **8)** 17053,684 Pfn. **9)** $2a^3 . 65,9$ Pfd.
10) 16,4 Pfd. **11)** 131,8 Pfd. **12)** 65,9 Pfd. **13)** 300 Pfd
14) 402,969 Pfd.

Drei und zwanzigstes Kapitel.

Von der Cohäsion des tropfbar Flüssigen; von der Adhäsion zwischen tropfbar flüssigen und festen Körpern; und von den Haarröhrchen.

Was heißt ein Haarröhrchen, und wie werden die dabei stattfindenden Erscheinungen genannt?

Hauptsätze.

I. Die festen und tropfbar flüssigen Körper haften bei ihrer Berührung mit einer gewissen Kraft an einander.

II. Die Theile der tropfbaren Flüssigkeiten haften mit einiger Kraft an einander, oder üben eine gewisse Anziehung auf einander aus.

III. In der Oberfläche eines tropfbar flüssigen Körpers K findet eine stärkere Cohäsion als in dem Innern desselben statt.

IV. Ist die Adhäsion zwischen einem festen und tropfbar flüssigen K. größer als die Cohäsion der Flüssigkeit, so wird der feste Körper benetzt.

V. Ist die zwischen einem festen und tropfbar flüssigen K. stattfindende Adhäsion kleiner als die Cohäsion der Flüssigkeit, so wird der feste Körper nicht benetzt.

VI. Jede in einem Gefäße befindliche tropfbare Flüssigkeit hat eine concave Oberfläche, wenn sie die Wände des Gefäßes benetzt.

VII. Jeder in einem Gefäße vorhandene tropfbar-flüssige K. hat eine convexe Oberfläche, wenn er die Wände des Gefäßes nicht benetzt.

VIII. Taucht man ein Haarröhrchen in eine tropfbare Flüssigkeit, welche es benetzt, so steigt dieselbe in dem Röhrchen über die Oberfläche der äußern Flüssigkeit empor.

IX. Die im Haarröhrchen emporgehobene Flüssigkeit wird nur von der Kraft des Röhrchens getragen, und verdankt ihr Entstehen der Adhäsion, welche zwischen ihr und dem Röhrchen sich zeigt.

X. Taucht man ein Haarröhrchen in einen tropfbar flüssigen K., welcher es nicht benetzt, so ist die flüssige Oberfläche im Röhrchen niedriger als die der äußern Flüssigkeit.

XI. Wenn man 2 oder mehre Haarröhrchen von ungleichen Durchmessern in dieselbe tropfbare Flüssigkeit taucht, so verhalten sich — unter übrigens gleichen Umständen — die Höhen über und die Tiefen unter der Oberfläche der äußern Flüssigkeit umgekehrt wie die Durchmesser der Röhrchen.

XII. Die Zwischenräume mancher Körper bilden Kanäle, welche ihres kleinen Durchmessers wegen, wie Haarröhrchen wirken.

XIII. Die Adhäsion findet auch bei zwei tropfbaren Flüssigkeiten statt.

XIV. Ein kleiner tropfbar flüssiger K. erhält beim freien Falle die Gestalt einer Kugel. Letztere wird aber ein Tropfen genannt.

XV. Eine größere tropfbare Flüssigkeit würde bei ihrem Falle ebenfalls die Kugelgestalt annehmen, wenn alle ihre Theile mit gleichen Geschwindigkeiten fielen und ihr Fall so lange dauerte, bis in ihrem Innern das Gleichgewicht sich zeigte.

XVI. Wenn man einen Tropfen auf eine Platte bringt, welche eine stärkere Anziehung auf denselben äußert, als die Cohäsion des Tropfens beträgt, so zerfließt er auf dieser Platte. Im entgegengesetzten Falle behält ein sehr kleiner Tropfen seine Kugelgestalt; ein großer dagegen wird seines Gewichtes wegen dergestalt platt gedrückt, daß er an den Seiten seine Rundung behält.

XVII. Wenn 2 oder mehrere tropfbare Flüssigkeiten, von verschiedenen specifischen Gewichten, in einem Gefäße sich befinden, so wird die specifisch leichtere über die specifisch schwerere zu stehen kommen, wenn die Flüssigkeiten sich nicht chemisch mit einander vermischen.

XVIII. In engen Röhren wird zuweilen die specifisch schwerere Flüssigkeit über der specifisch leichtern bemerkt.

Uebungssätze.

1) Man kann ein gefülltes Glas durch allmähliges Zuschütten überfüllen.

2) Wird eine dünne Nadel, oder ein dünnes Metallblech, recht behutsam auf die Wasseroberfläche gelegt, so sinken beide Körper im Wasser nicht unter.

3) Die Hand wird naß, wenn man sie ins Wasser taucht.

4) Die gläsernen oder irdenen Gefäße werden vom Wasser, Weingeist u. s. w. benetzt.

5) Alle Flüssigkeiten, welche die Gefäße benetzen, kann man nicht rein aus denselben gießen.

6) Gießt man Wasser, Weingeist u. s. w. aus einem gläsernen oder irdenen Gefäße, so läuft immer ein Theil der Flüssigkeit an den Wänden herab.

7) Das Herablaufen der Flüssigkeit an den Wänden wird durch eine größere Neigung des Gefäßes oder durch gehörig angebrachte Einschnitte vermindert.

8) Wird ein aufwärts springender Wasserstrahl mit einer Röhre berührt, so biegt er sich um dieselbe herum und fällt alsdann lothrecht herab.

9) Je schneller man ein Seil aus dem Wasser zieht, desto mehr Wassertheilchen bleiben daran hängen.

10) Das Quecksilber hängt sich nicht an die Hand, wenn man sie in dasselbe taucht.

11) Man zieht die Hand trocken aus dem Wasser, wenn man sie vorher in Bärlappsamen *) eingetaucht hat.

12) Man kann Quecksilber in flornen Beuteln forttragen, ohne daß es durch die von den Fäden gebildeten Zwischenräume fällt.

---

*) Herenmehl.

13) Das Quecksilber macht die Wände der gläsernen und irdenen Gefäße nicht naß, und läßt sich also rein aus letztern gießen.

14) Das Quecksilber läßt sich nicht rein aus goldenen, silbernen, zinnernen und bleiernen Gefäßen gießen.

15) Das Wasser haftet nicht an Fettigkeiten, an den Federn der Wasservögel, und die Dinte nicht an fettem Papiere.

16) Das Wasser haftet nicht an Bärlappsamen, aber letzterer an ersterm.

17) Ist Wasser oder Weingeist in einem gläsernen oder irdenen Gefäße befindlich, so ist die flüssige Oberfläche concav. Auch ist die Concavität desto bemerkbarer, je kleiner der Durchmesser des Gefäßes sich zeigt.

18) Wenn Quecksilber in einem gläsernen oder irdenen Gefäße steht, oder wenn geschmolzenes Metall in einem Schmelztiegel sich befindet, so ist die Oberfläche convex. Auch ist die Convexität desto bemerkbarer, je kleiner der Durchmesser des Gefäßes sich zeigt.

19) Die Oberfläche des Quecksilbers in einem zinnernen Gefäße ist concav.

20) Wird ein Glas inwendig mit Talg bestrichen, dann mit Hexenmehl belegt und hierauf mit Wasser gefüllt, so ist die flüssige Oberfläche convex.

21) Wenn man ein Stäbchen lothrecht in eine Flüssigkeit taucht, welche es benetzt, so bildet sich rings um dasselbe eine Erhöhung.

22) Werden 2 Glasplatten lothrecht und nahe an einander ins Wasser gestellt, so nähern sie sich, wenn man sie losläßt.

23) Wird ein Glas oder Korkkügelchen auf das in einem gläsernen Gefäße befindliche Wasser in die Nähe einer Wand gebracht, so nähert es sich derselben. Auch bewegen sich 2 auf der Wasseroberfläche befindliche nahe Korkkügelchen gegen einander.

24) Wenn man ein Glaskügelchen auf die Mitte der Wasseroberfläche legt, so bleibt dasselbe in Ruhe.

25) Wird ein fettgemachtes und mit Bärlappsamen bestreutes Kügelchen von Glas oder Kork auf das in einem gläsernen Gefäße vorhandene Wasser und zwar in die Nähe einer Wand gebracht, so entfernt es sich von derselben. Auch entfernt es sich von einem reinen Glasstabe, welchen man in einer geringen Entfernung von ihm ins Wasser taucht.

26) Wird ein Kügelchen vom Wasser benetzt, das andere aber nicht, so entfernen sich beide von einander, wenn man sie in geringer Entfernung auf die Oberfläche des Wassers legt. Werden aber die Kügelchen vom Wasser nicht benetzt, so kommen sie einander näher.

27) Wenn man zwei dünne Nadeln unter einem kleinen Winkel dergestalt auf Wasser legt, daß sich ihre Spitzen berühren, so nähern sich auch ihre übrigen Theile einander.

28) Wasser, Weingeist, Milch, Tinte u. s. w. steigen in gläsernen Haarröhrchen empor.

29) Wird ein gläsernes Haarröhrchen in ein mit Quecksilber gefülltes Gefäß gebracht, so steht die Oberfläche im Röhrchen niedriger als die im Gefäße.

30) In einem gläsernen und mit Fett bestrichenen Haarröhrchen steigt das Wasser nicht mehr in die Höhe.

31) Die in einem Haarröhrchen vorhandene tropfbare Flüssigkeit steigt desto höher oder sinkt desto tiefer, je kleiner der Durchmesser des Röhrchens sich zeigt.

32) Wasser steigt im Löschpapier, Schwamm, Zucker, Sand u. s. w., Oel im Lampendochte, geschmolzener Talg oder Wachs in Kerzen in die Höhe.

33) Wird ein Streifen Löschpapier aus einem vollen Glase in ein leeres geleitet, so wird letzteres bis zu einer gewissen Höhe gefüllt.

34) Das wollene Tuch pflegt sich beim Eintauchen ins Wasser nicht ganz mit Feuchtigkeit zu durchziehen.

35) Wasser zerfließt auf Quecksilber und Oel auf Wasser.

36) Der auf einen Tisch fallende Wassertropfen wird platt aus einander gezogen.

37) Wenn Wassertropfen auf bestäubte oder fettgemachte Flächen fallen, so behalten sie ihre Kugelgestalt.

38) Die auf einen Tisch fallenden Quecksilbertropfen werden nicht aus einander gezogen.

39) Ein Wassertropfen, welcher mit seinen obern Ende an einem Körper haftet, wird länglich gezogen.

40) Ein auf ein Brett gefallener kleiner Wassertropfen bleibt bei Umkehrung des Brettes daran hängen.

41) Ein auf einem Brette befindlicher Quecksilbertropfen fällt bei der Umwendung des Brettes herunter, während er auf einer Zinkplatte, bei deren Umkehrung, hängen bleibt.

42) Werden Steinöl, Alcohol, zerstoßenes Weinsteinsalz und Quecksilber in eine Röhre unter einander geschüttelt, so stellen sie sich nach dem Schütteln in der eben angegebenen Ordnung über einander. Die mit den genannten vier Flüssigkeiten versehene Röhre wird die Elementarwelt genannt.

43) In engen Röhren wird zuweilen die specifisch schwere Flüssigkeit über der specifisch leichtern bemerkt. So steht z. B. in einer nicht sehr weiten Barometerröhre das Quecksilber manchmal über der Luft. Wasser steht unter denselben Umständen nicht über Luft; auch bleibt Quecksilber in einer engen Röhre nicht über Wasser stehen.

Aufgaben.

1. Wenn man 2 gläserne Haarröhrchen von den Durchmessern $\frac{1}{6}$ und $\frac{1}{7}$ Zoll ins Wasser taucht; wie werden sich die darin entstandenen Wasserhöhen zu einander verhalten?

2. Wenn 2 gläserne Haarröhrchen, von welchen das eine ein Cylinder und das andere ein Prisma von quadratischem Querschnitte ist, gleiche Grundflächen besitzen; wie verhalten sich die darin emporgehobenen Wasserhöhen zu einander?

3. In 2 gläsernen Haarröhrchen, deren Durchmesser beziehlig 0,1 Zoll und 0,2 Zoll betragen, steigt der in einem Gefäße enthaltene Weingeist empor. Wenn nun die flüssige Oberfläche des ersten Röhrchens 8 Zoll höher als die des Gefäßes ist; um wie viel wird die flüssige Oberfläche des 2ten Röhrchens über der des Gefäßes sich befinden?

4) Wenn man 2 gläserne Haarröhrchen, deren Durchmesser 1 Linie und 3 Linien betragen, in ein Gefäß mit Quecksilber taucht, und die flüssige Oberfläche des ersten Röhrchens 5 Zoll tiefer als die des Gefäßes ist; um wie viel wird die flüssige Oberfläche des zweiten Röhrchens unter der des Gefäßes stehen?

5. Wenn in einem prismatischen und cylindrischen Haarröhrchen die Querschnitte sich wie ein Quadrat zu dem darin beschriebenen Kreise verhalten; zu welcher Höhe wird in beiden Röhrchen die nämliche Flüssigkeit sich erheben?

Resultate.

1) Wie $6:7$. **2)** Wie $2:\sqrt{\pi}$ oder wie $2:1{,}77$. **3)** 4 Zoll. **4)** $1\frac{2}{3}$ Zoll. **5)** Zu derselben Höhe.

Vier und zwanzigstes Kapitel.

Von dem Gleichgewichte zwischen tropfbar flüssigen und festen Körpern.

Was heißt das Schwimmen eines Körpers, und was wird das natürliche und was das künstliche Schwimmen desselben genannt?

Hauptsätze.

I. Wird ein Körper K. ganz in eine tropfbare Flüssigkeit getaucht, so erleidet er von derselben einen der vertikalen Richtung entgegengesetzten Druck, und zwar ist letzterer gleich dem Gewichte eines Körpers, welcher aus der vorhin erwähnten Flüssigkeit besteht und ein eben so großes Volumen wie K. besitzt.

II. Ist das specifische Gewicht des eingetauchten K. größer als das der Flüssigkeit *), so verliert K. darin so viel von seinem absoluten Gewichte, als die Flüssigkeit wiegt, welche mit ihm dasselbe Volumen besitzt.

III. Ist das specifische Gewicht des eingetauchten K. gleich dem der Flüssigkeit, so verliert darin K. sein ganzes absolutes Gewicht.

IV. Ist das specifische Gewicht des eingetauchten K. kleiner als das der Flüssigkeit, so verliert K. darin mehr als sein ganzes absolutes Gewicht. Ein Theil des K. wird sich aber dieserhalb über die Oberfläche der Flüssigkeit und zwar dergestalt erheben, daß das ganze Gewicht des K. gleich ist dem Gewichte der verdrängten Flüssigkeit, oder gleich ist dem Gewichte eines flüssigen Körpers, welcher ein eben so großes Volumen wie der in der Flüssigkeit noch befindliche Theil des Körpers K. besitzt.

V. Jeder eingetauchte K. theilt das Gewicht, welches er verliert, der Flüssigkeit mit, worin er sich befindet.

VI. Ein eingetauchter K. verliert desto mehr von seinem Gewichte, je größer das Volumen dieses Körpers sich zeigt. Auch erleidet K. einen desto größern Gewichtsverlust, je bedeutender das specifische Gewicht der Flüssigkeit ist, worin er sich befindet.

*) d. h. der tropfbaren Flüssigkeit.

VII. Wenn K. weniger wiegt, als die Flüssigkeit, welche er verdrängt, so wird ein Theil desselben über die Oberfläche der letztern sich erheben. Auch ist der über der Oberfläche vorhandene Theil des K. desto größer, je größer das specifische Gewicht der Flüssigkeit, oder je kleiner dasjenige des K. sich zeigt.

VIII. Ein Körper schwimmt auf einer Flüssigkeit, wenn sein specifisches Gewicht entweder kleiner ist als das der Flüssigkeit, oder wenn er weniger wiegt als die Flüssigkeit, welche er verdrängt.

IX. Es schwimmen auch Körper auf einer Flüssigkeit, welche specifisch schwerer als letztere sind, wenn man sie entweder aushöhlt oder mit specifisch leichtern Körpern in Verbindung setzt.

X. Ein schwimmender K. sinkt desto tiefer unter, je leichter die von ihm verdrängte Flüssigkeit sich zeigt.

XI. Das specifische Gewicht des Menschen beträgt ohngefähr 1,11. Bei manchen Menschen, und zumal bei fetten, hat man sogar ein kleineres specifisches Gewicht als beim Wasser bemerkt.

XII. Der Mensch könnte entweder von selbst oder nur mit einer geringen Bewegung der Hände schwimmen, wenn er nicht den Kopf mehr oder weniger über dem Wasser halten müßte, um zu athmen.

XIII. Soll K. ruhig auf dem Wasser *) schwimmen, so muß sein Schwerpunkt mit dem Mittelpunkte des verdrängten Wassers in derselben vertikalen Linie sich befinden.

XIV. K. schwimmt am ruhigsten, wenn sein Schwerpunkt unter dem Mittelpunkte des verdrängten Wassers sich befindet.

XV. Das specifische Gewicht eines gleichmäßigen K. in Bezug auf irgend eine Flüssigkeit wird erhalten, wenn man sein absolutes Gewicht durch den Gewichtsverlust des K. in dieser Flüssigkeit dividirt.

XVI. Besitzt K. das absolute Gewicht A Pfd., verliert derselbe, ins Wasser getaucht, a Pfd. und ist K. specifisch schwerer als Wasser, so ist das specifische Gewicht dieses Körpers, nämlich

$$S = \frac{A}{a}.$$

XVII. Aus v. Nr. folgt:

$$1)\ A = S \cdot a,$$

$$2)\ a = \frac{A}{S},$$

$$3)\ v = \left(\frac{a}{65{,}9}\right),$$ wenn das Volumen des verdrängten Wassers v Kubikfuß beträgt.

XVIII. Der räumliche Inhalt V Kubikfuß eines Gefäßes ergiebt sich dadurch, daß man dasselbe mit Wasser füllt, das absolute

*) natürlich.

Gewicht $\mathfrak{A}$ Pfd. desselben ermittelt und alsdann die Gleichung:

$$V = \frac{\mathfrak{A}}{65,9}$$

berechnet.

XIX. Die specifischen Gewichte derjenigen festen Körper, welche entweder aus Körnern bestehen oder specifisch leichter als Wasser sind, werden nach dem in XV. angegebenen Gesetze bestimmt. Auch werden die specifischen Gewichte der tropfbaren Flüssigkeiten auf eine ähnliche Weise bestimmt.

XX. Es giebt Instrumente, wodurch man die specifischen Gewichte der festen und tropfbar-flüssigen Körper mit Leichtigkeit ermittelt. Diese Instrumente werden Aräometer genannt.

XXI. Unter den Aräometern ist das Nicholsonsche, und das mit einer Skale versehene hauptsächlich im Gebrauche. Auch werden die Aräometer zur Ermittlung der Mischungsverhältnisse mancher Flüssigkeiten, zu Sool-, Bier-, Brandweinwagen u. s. w. angewandt.

XXII. Ein Körper $\mathfrak{K}$., dessen absolutes Gewicht A Pfd. und dessen specifisches S beträgt, ist specifisch leichter als eine Flüssigkeit f, deren specifisches Gewicht $\mathfrak{S}$ ausmacht. Bringt man aber nun $\mathfrak{K}$ mit einem Körper k in Verbindung, dessen specifisches Gewicht s größer als $\mathfrak{S}$ sich zeigt, so schwimmen beide Körper *) auf f, wenn das absolute Gewicht des k, nämlich:

$$a = \frac{(S - \mathfrak{S}) \cdot s}{(\mathfrak{S} - s) S} \cdot A \text{ beträgt.}$$

XXIII. Die Archimedische Wasserprobe besteht in Folgendem: Wenn ein aus den beiden Stoffen $\mathfrak{A}$ und $\mathfrak{B}$ zusammen geschmolzenes Metallstück p Pfd. wiegt, das Gewicht von $\mathfrak{A}$ x Pfd. und also das von $\mathfrak{B}$ (p — x) Pfd. beträgt, und p Pfd. des $\mathfrak{A}$ a Pfd., p Pfd. des $\mathfrak{B}$ b Pfd. und p Pfd. der Zusammensetzung c Pfd. im Wasser verlieren, so ist:

$$x = \frac{c - b}{a - b} \cdot p \text{ **)}.$$

Uebungssätze.

1) Man kann die Körper im Wasser eher als in der Luft erheben.

2) Ein Hund vermag einen untergesunkenen Menschen wieder auf die Oberfläche des Wassers zurückzubringen und ihn im Wasser bis an das Ufer zu schleppen.

*) Wenn sie sich nicht mechanisch mischen.

**) Einige hierher gehörige Aufgaben sind im 12ten Kapitel des 1sten Theiles befindlich.

3) Man vermag einen unter dem Wasser befindlichen Eimer mit dem kleinen Finger bis an die Oberfläche des Wassers zu ziehen.

4) Haben Ertrunkene einige Tage unter dem Wasser gelegen, so kommen sie auf die Oberfläche desselben.

5) Manche Körper sinken im Wasser unter, während andere auf demselben schwimmen und nur mit Gewalt in dasselbe gedrückt werden können.

6) Eine dünne hohle Metallkugel schwimmt auf dem Wasser.

7) Die mit bedeutenden Lasten versehenen Schiffe schwimmen auf dem Wasser; und die mit Kork gefütterten Böte können ganz mit Wasser gefüllt werden ohne unterzusinken.

8) Ein Schiff sinkt im Flußwasser tiefer als im Meerwasser unter; auch schwimmt dasselbe desto ruhiger, je mehr es belastet ist.

9) Ein Hühnerei schwimmt in starkem Salzwasser, während es in süßem Wasser untersinkt.

10) Manche Körper, welche auf dem Wasser schwimmen, tauchen tiefer als andere ein.

11) Wenn man gewisse Flüssigkeiten eine Zeit lang stehen läßt, so fällt ein Satz auf den Boden nieder.

12) Manche Körper sinken leichter als andere im Wasser unter.

13) Die mit Wasser gefüllten Bouteillen gehen im Wasser unter.

14) Das in einem Gefäße befindliche Wasser steigt höher, wenn man 1 Pfd. Eisen, als wenn man 1 Pfd. Gold in dasselbe bringt.

15) Die im Wasser untergetauchten Körper steigen desto schneller auf die Oberfläche, je specifisch leichter sie sind.

16) Der Branntwein ist desto besser, je tiefer die Branntweinwage in denselben sinkt, während das Bier desto besser ist, je tiefer die Bierwage in dasselbe kommt.

17) Der Neapolitaner Moccia sank (1767) nur bis an die Brust ins Wasser.

18) Das Schwimmen auf dem Rücken findet weit leichter als in jeder andern Lage statt.

19) Das Wassertreten geschieht durch wiederholte schnell auf einander folgende Stöße mit den Füßen gegen das Wasser

20) Um sich vor dem Untersinken zu bewahren, pflegt man Kork, Blasen u. s. w. an der Brust zu befestigen.

21) Jeder, welcher in Gefahr ist unterzusinken, thut wohl daran, den Kopf etwas rückwärts überzubiegen, die Arme im Wasser zu halten und sie horizontal auszustrecken, die Hände in vertikaler Lage heraufzuziehen und in horizontaler Stellung herabzudrücken, die Füße langsam an sich zu ziehen und schnell wieder hinabzustoßen, und recht viel Luft einzuathmen.

22) Die vierfüßigen Thiere, z. B. die Hunde, schwimmen leichter als die Menschen.

23) Die Fische können sich im Wasser beliebig auf- und abwärts bewegen. Sie sind entweder mit oder ohne Schwimmblase versehen und werden im erstern Falle Korkfische und im 2ten Bleifische genannt.

24) Die Korkfische besitzen das Vermögen die Menge der in der Schwimmblase enthaltenen Luft zu vermehren oder zu vermindern, je nachdem bei größerer oder geringerer Tiefe des Wassers, worin sie sich befinden, ein stärkerer oder schwächerer äußerer Druck gegen ihren Körper geschieht.

25) Bei einem gleichmäßigen Körper ist das specifische Gewicht des ganzen Körpers dem jedes einzelnen Theiles gleich.

26) Nimmt man einen genau gearbeiteten elfenbeinernen Würfel, dessen körperlicher Inhalt 1 Kubikzoll beträgt, und bestimmt seinen Gewichtsverlust im Wasser, so erhält man das absolute Gewicht eines Kubikzolles Wasser. Man hat auf diese Weise das Gewicht eines Kubikzolles Wasser = 1,22 Preuß. Lothen ermittelt.

27) Man bemerkt öfters, daß Zucker, insbesondere von der gröbern Art, ins Wasser geworfen untersinkt, dann wieder emporkommt und diesen Wechsel oft mehrmals erneuert.

Aufgaben.

1. Wie groß ist das specifische Gewicht eines K., wenn derselbe im Wasser untersinkt, sich darin nicht auflöst, das absolute Gewicht 6 Pfd. besitzt und $\frac{1}{2}$ Pfd. im Wasser verliert?

2. Das absolute Gewicht des K. zu ermitteln, wenn derselbe das specifische Gewicht 3,1 besitzt, und 2 Pfd. im Wasser verliert.

3. Wie groß ist der Gewichtsverlust, welchen K. im Wasser erleidet, wenn dieser Körper darin untersinkt, das absolute Gewicht 10,8 und das specifische 2,25 besitzt?

4. Wie viel beträgt das Volumen des K., wenn derselbe specifisch schwerer als das Wasser ist, und in dasselbe getaucht 100 Pfd. von seinem absoluten Gewichte verliert.

5. Den räumlichen Inhalt eines Gefäßes zu ermitteln, wenn dasselbe, mit Wasser gefüllt, 131,8 Pfd. mehr als früher wiegt.

6. Wie groß ist das specifische Gewicht eines Steines, welcher in der Luft 6,3 und im Wasser 4,3 Loth wiegt?

7. Eine Flasche wiegt leer 1 Pfd., mit Wasser gefüllt 2 Pfd. und mit einem Pulver angefüllt 3 Pfd.; wie viel beträgt das specifische Gewicht dieses Pulvers?

8. Ein Stück Holz, dessen absolutes Gewicht 1 Pfd. beträgt, wird mit einem Stück Eisen so verbunden, daß beide im Wasser untersinken. Wenn nun die ganze Verbindung in der Luft 22 Pfd.,

im Wasser 17,9 Pfd. wiegt, und das Eisen *) im Wasser 3 Pfd. von seinem Gewichte verliert; wie groß ist das specifische Gewicht des Holzes?

9. Man soll das specifische Gewicht eines Körpers ermitteln, welcher auf dem Wasser schwimmt, eine Größe von 80 Kubikzollen enthält und nur 30 Kubikzoll ins Wasser taucht.

10. Das absolute Gewicht eines Körpers anzugeben, wenn derselbe, beim Schwimmen, sich um 2 Kubikfuß ins Wasser taucht?

11. Wenn ein schwimmender Körper sich um 30,3 Kubikzoll ins Wasser taucht; wie groß ist das absolute Gewicht dieses K. **)?

12. Welches Volumen besitzt ein fester Körper, welcher specifisch leichter als das Wasser ist, wenn derselbe beim Schwimmen um 80 Kubikzoll sich eintaucht und ein specifisches Gewicht von 0,7 besitzt?

13. Wenn der feste K., beim Schwimmen, um 1,2 Kubikfuß sich eintaucht und sein specifisches Gewicht 0,9 beträgt; wie groß ist das Volumen des K.?

14. Ein Körper, dessen Volumen 1 Kubikfuß und dessen specifisches Gewicht 0,6 beträgt, wird auf Wasser gelegt. Wie groß ist das Volumen des eingetauchten Theiles?

15. Man soll die Größe des eingetauchten Theiles eines schwimmenden Körpers ermitteln, wenn das Volumen des K. 780 Kubikzoll und das specifische Gewicht desselben 0,8 beträgt?

16. Wenn ein Glastropfen oder ein anderer Körper in einer Flüssigkeit 1 Loth und im Wasser 2 Loth von seinem absoluten Gewichte verliert; wie groß ist das specifische Gewicht der Flüssigkeit?

17. Ein Körper verliert in einer Flüssigkeit 2,1 Pfd. und im Wasser 3 Pfd. von seinem absoluten Gewichte; wie groß ist das specifische Gewicht der Flüssigkeit?

18. Ein Gefäß wiegt leer 20 Loth, mit einer Flüssigkeit gefüllt 2 Pfd. und mit Wasser angefüllt 2 Pfd. 16 Loth; wie viel beträgt das specifische Gewicht der Flüssigkeit?

19. Wenn man einen Körper, dessen absolutes Gewicht 3 Pfd. und dessen specifisches Gewicht 0,9 beträgt, mit einem andern, dessen specifisches Gewicht 2 ausmacht, verbindet, so schwimmen beide Körper auf dem Wasser. Wie groß ist das absolute Gewicht des 2ten Körpers?

20. Wenn ein Mensch das absolute Gewicht 120 Pfd., das specifische 1,11, und ein Stück Korkholz das specifische Gewicht 0,24 enthält; wie groß wird das absolute Gewicht dieses Stückes sein müssen, damit es, mit dem Menschen verbunden, auf dem Wasser schwimmt?

21. Eine hölzerne massive Kugel, deren specifisches Gewicht 0,6

*) Oder das Eisen und der zur Befestigung dienende Draht.

**) 1 Kubikzoll Wasser ist hier zu 1,2 Loth gerechnet.

ausmacht, wird ins Wasser gelegt. Wenn aber nun der Halbmesser dieser Kugel 10 Zoll beträgt; wie tief wird sie im Wasser einsinken?

22) Ein Körper ragt zum Theil aus dem Wasser hervor und soll in dieser Lage zum Schwimmen gebracht werden. Wenn nun das absolute Gewicht des hervorragenden Theiles = a Pfd. beträgt und K. mit einem Schwimmgürtel, dessen specifisches Gewicht s beträgt, versehen werden soll; wie groß wird das Volumen V des Gürtels sein müssen?

23) Welches absolute Gewicht wird der in vor. Nr. erwähnte Schwimmgürtel besitzen?

24) Welches Volumen muß ein Schwimmgürtel haben, um $\frac{1}{4}$ des menschlichen Körpers über dem Wasser schwimmend zu erhalten, wenn das absolute Gewicht des Menschen 130 Pfd., sein Volumen 2 Kubikfuß beträgt, und das specifische Gewicht des Korkes 0,24 ausmacht?

25) Welches absolute Gewicht wird der in v. N. angegebene Schwimmgürtel enthalten?

26) Wenn 10 Kubikfuß Wasser das absolute Gewicht von 11 Kubikfuß Eis besitzen; wie tief wird ein 11 Fuß hohes Eisprisma im Wasser einsinken?

27) Ein Mensch, welcher ein Gewicht von 100 Pfund heben kann, soll ein im Wasser befindliches Granitstück bis zum Wasserspiegel bringen. Welches absolute Gewicht darf der Stein besitzen, wenn sein specifisches Gewicht 2,5 beträgt?

28) Man soll vermöge eines 2armigen Hebels einen Stein von A Pfd. vom Boden eines Flusses bis an den Spiegel desselben heben. Wenn nun der längere Arm des Hebels m Fuß, der kürzere n Fuß und das specifische Gewicht des Steines S beträgt; welche Kraft muß man anwenden, um diesen Zweck zu erreichen?

29) Wie groß ist die anzuwendende Kraft, wenn (in vor. Nr.) $A = 200$, $m = 10$, $n = 3$ und $S = 4$ beträgt?

30) Ein aus Eisen und Kupfer zusammen geschmolzenes Metallstück wiegt 27 Pfd. und verliert im Wasser 3,25 Pfd. Wenn nun 7,7 Pfd. Eisen im Wasser 1 Pfd. und 8,8 Kupfer im Wasser ebenfalls 1 Pfd. verlieren; wie viel Eisen und Kupfer enthält das Metallstück?

Resultate.

1) 12 Pfd. **2)** 6,2 Pfd. **3)** 4,8 Pf. **4)** 1,517 Kubikfuß. **5)** 2 Kubikfuß. **6)** 3,15. **7)** Es beträgt 2. **8)** $\frac{10}{11}$. **9)** $\frac{3}{8}$. **10)** Das absolute Gewicht des Körpers beträgt 197,7 Pfund *). **11)** 36,36 Loth. **12)** $114\frac{2}{7}$ Kubikzoll. **13)** 1,333 Kubikfuß.

*) Wenn 1 Kubikfuß Wasser 65,9 Pfd. wiegt.

14) 0,6 Kubikfuß. **15)** 624 Kubikzoll. **16)** $\frac{1}{2}$. **17)** 0,7. **18)** $\frac{11}{15}$. **19)** $\frac{2}{3}$ Pfd. **20)** $3\frac{531}{703}$ Pfd. **21)** Sinkt die Kugel x Zoll im Wasser ein, so ergiebt sich:

$$\tfrac{4}{3} . 10^3 . \pi . 0{,}6 . 65{,}9 = \tfrac{1}{3} x^2 (30 - x) . \pi . 65{,}9,$$

und hieraus

$$x^3 - 30 x^2 + 2400 = 0,$$

oder

$$x = 11{,}34 \text{ Zoll}.$$

22) $v = \frac{a}{65{,}9} . \left(\frac{1}{1 - s}\right)$. **23)** Das absolute Gewicht $\frac{as}{1 - s}$ Pfd. **24)** $\frac{130}{4 . 65{,}9 (1 - 0{,}24)} = 0{,}648$ Kubikfuß. **25)** Das absolute Gewicht beträgt $\frac{32\frac{1}{2} . 0{,}24}{1 - 0{,}24} = 10{,}263$ Pfd. **26)** 10 Fuß. **27)** 250 Pfd. **28)** Die Kraft $\frac{n . A . (S - 1)}{m S}$ Pfd. **29)** 45 Pfd. **30)** 11,2 Pfd. Eisen und 15,8 Pfd. Kupfer.

Fünf und zwanzigstes Kapitel.

Von der Bewegung des Wassers an sich.

Was nennt man Ansatzröhren und wie sind dieselben eingerichtet?

Was heißt ein Rinnsal?

Was versteht man unter den Schwankungen einer Flüssigkeit?

Was heißt eine Welle, was versteht man unter der Breite und Höhe derselben und was wird Wellenbewegung genannt?

Wodurch werden concentrische und wodurch geradlinige Wellen erzeugt?

Wann bricht sich eine Welle?

Hauptsätze.

I. Der aus einer Oeffnung O kommende Wasserstrahl verengert sich bis zu einer Weite, welche ohngefähr dem Durchmesser von O gleichkommt, und breitet sich alsdann wieder aus. In jener Weite von O ist der Strahl am dünnsten, und sein Durchmesser verhält sich zu dem der Oeffnung beinahe wie 5 zu 7.

II. Ist die an O befestigte Ansatzröhre R überall von gleicher Weite (etwa cylindrisch) so wird die Menge des ausströmenden Wassers vermehrt. Ist z. B. R 3mal so lang als weit, so verhält sich die durch R statt findende Ausflußmenge zu der ohne R, wie 13 zu 10.

III. Verengert sich R nach außen, so wird die Menge des ausfließenden Wassers weder vermehrt noch vermindert, *) wenn R genau die Gestalt des zusammengezogenen Wasserstrahles hat.

IV. Erweitert sich R nach außen, so wird die Ausflußmenge des Wassers manchmal bis aufs Doppelte vermehrt.

V. Die in den folgenden Nummern angegebenen Gesetze werden durch No. II — IV. mehr oder weniger modificirt.

VI. Zwei mit gleichen, (engen) Ausflußöffnungen versehene Gefäße haben die Wasserhöhen H und h über diesen Oeffnungen. Wenn aber nun die Geschwindigkeiten der aus den letztern kommenden Wasserhöhen H und h über diesen Oeffnungen. Wenn aber nun die Geschwindigkeiten der aus den letztern kommenden Wassermengen beziehlich C und c betragen, und die Gefäße während des Abfließens durch Zufluß immer voll erhalten werden, so ist:

$$C : c = \sqrt{H} : \sqrt{h}.$$

VII. Wenn man ein Gefäß durch Zufluß immer voll erhält, und die Höhe des Wassers über der (engen) Ausflußöffnung $= H$ beträgt, so ist die Geschwindigkeit des aus derselben strömenden Wassers, nämlich:

$$C = 2\sqrt{\mathfrak{G} . H},$$

wenn $\mathfrak{G}$ die beim freien Falle angegebene Bedeutung besitzt.

VIII. Wenn ein Gefäß in irgend einer Zeit durch eine (enge) Ausflußöffnung sich entleert, so fließt die nämliche Wassermenge in der Hälfte dieser Zeit aus demselben, wenn man es durch Zufluß voll erhält.

IX. Der aus einer Seitenöffnung kommende Wasserstrahl ist eine Parabel.

X. Ist die Höhe der Ausflußöffnung über dem Boden eines Gefäßes $= H$, und die Spritzweite $= S$, so ist die Geschwindigkeit des ausströmenden Wassers, d. h.:

$$C = S . \sqrt{\frac{\mathfrak{G}}{H}}.$$

XI. Beträgt die Höhe der Ausflußöffnung über dem Boden eines Gefäßes $= H$, die Spritzweite $= S$, so ist die der Geschwindig-

*) Wenn man die hier stattfindende geringe Adhäsion nicht berücksichtigt.

keit des ausfließenden Wassers entsprechende freie Fallhöhe, nämlich:

$$F = \frac{S^2}{4H}.$$

XII. Die Wassermenge, welche aus der (engen) Oeffnung $= V$ Quadratfuß eines Gefäßes in T Sek. fließt, wenn das Gefäß durch Zufluß gleichen Wasserstand behält und die Höhe der Wasseroberfläche über der Ausflußöffnung H Fuß beträgt, ist:

$$2TV\sqrt{\mathfrak{G}.H} \text{ Kubikfuß.}$$

XIII. Wenn aus der (engen) Ausflußöffnung V Quadratfuß eines Gefäßes, welches durch Zufluß denselben Wasserstand behält, in T Sek. M Kubikfuß Wasser ausfließen, so ist die Geschwindigkeit des ausfließenden Wassers, nämlich:

$$C = \frac{M}{TV},$$

und die ihr entsprechende freie Fallhöhe, d. h.:

$$F = \frac{M^2}{4\mathfrak{G}T^2V^2}.$$

XIV. Wenn aus der (engen) Ausflußöffnung V Quadratfuß eines Gefäßes, welches durch Zufluß denselben Wasserstand behält und worin die Höhe der Wasseroberfläche über der Ausflußöffnung H Fuß beträgt, M Kubikfuß Wasser ausfließen, so ist die hierher gehörige Zeit, nämlich:

$$T = \frac{M}{2V.\sqrt{\mathfrak{G}.H}}.$$

XV. Ist das in v. Nummer erwähnte Gefäß prismatisch oder cylindrisch, enthält seine Grundfläche F Quadratfuß und ist seine (enge) Ausflußöffnung im Boden befindlich, so folgt:

$$T = \frac{F.H}{2V\sqrt{\mathfrak{G}H}} = \frac{F}{2V}.\sqrt{\frac{H}{\mathfrak{G}}}.$$

XVI. Wird das prismatische oder cylindrische Gefäß nicht durch Zufluß unverändert erhalten, so ergiebt sich:

$$T = \frac{F.H}{V.\sqrt{\mathfrak{G}H}} = \frac{F}{V}.\sqrt{\frac{H}{\mathfrak{G}}}.$$

XVII. Aus v. N. erhält man: $H = \frac{V^2.\mathfrak{G}.T^2}{F^2}.$

XVIII. Soll das prismatische oder cylindrische Gefäß von der Höhe H bis zu der Höhe h sich entleeren, so ist die hierzu erforderliche Zeit, nämlich:

$$\mathfrak{T} = \frac{F}{V}\sqrt{\frac{H}{\mathfrak{G}}}\left(1-\sqrt{\frac{h}{H}}\right)$$

oder

$$\mathfrak{T} = T\left(1-\sqrt{\frac{h}{H}}\right).$$

XIX. Ist in einem prismatischen oder cylindrischen Gefäße die Ausflußöffnung im Boden befindlich, so verhalten sich die Wasserhöhen H und h über dieser Oeffnung wie die aus den Ausflußzeiten T und t gebildeten Quadrate.

Man erhält demnach:

$$H : h = T^2 : t^2.$$

XX. Die sogenannte Wasseruhr wird nach den in No. XVII. und XIX. gegebenen Gesetzen construirt.

XXI. Wenn das Wasser nicht in einer Ansatzröhre, sondern in einer Röhre von ziemlicher Länge sich bewegt, so wird seine Geschwindigkeit durch die an den Wänden statt habende Reibung oft merklich vermindert.

Auch ist die Geschwindigkeit des in der Röhre fortgehenden Wassers (unter denselben Umständen) desto unbedeutender, je kleiner der Durchmesser der Röhre sich zeigt.

XXII. Wenn das Wasser in einem schräg abwärts gehenden Rinnsal sich bewegt, so müßte es darin mit beschleunigter Bewegung fortfließen, wenn nicht die Reibung an dem Rinnsale und der Luft seine Geschwindigkeit verminderte.

XXIII. Ist der Rinnsal gekrümmt, so wird die Geschwindigkeit des Wassers an dem concaven Ufer größer als an dem convexen befunden.

XXIV. Wenn das Wasser in einem mit parallelen Ufern versehenen Rinnsale sich bewegt, so haben die horizontal neben einander liegenden Wassertheilchen eine ungleiche Geschwindigkeit, und zwar wird die der mittelsten am größten befunden. Auch hat man an den etwas unter der Oberfläche liegenden Wassertheilchen eine größere Geschwindigkeit als an den höher und tiefer liegenden bemerkt.

XXV. Die Geschwindigkeit des in einem Rinnsale fortgehenden Wassers wird entweder durch eine an einem Faden hängende bleierne, zinnerne oder elfenbeinerne Kugel, oder durch eine sich erweiternde blecherne Röhre, welche mit einer graduirten Glasröhre verbunden ist, ermittelt.

XXVI. Die in communicirenden Röhren stattfindende Bewegung des Wassers ist eine oscillirende und würde ohne Ende fortdauern, wenn außer der Schwere keine anderweitige Kraft auf das bewegte Wasser sich wirksam erwiese.

XXVII. Die in den communicirenden Röhren vor sich gehenden Schwankungen sind isochronisch, wenn die schwingende Wassersäule ihre Länge nicht verändert. Auch ist die Schwingungsdauer der Wassersäule gleich derjenigen eines Pendels, welches halb so lang als dieselbe sich zeigt.

XXVIII. Die Wellenbewegung ist den Schwankungen des Wassers in communicirenden Röhren sehr ähnlich.

XXIX. Durchschneiden sich mehrere Wellenkreise, so verbreitet sich derselben so, als ob der andere nicht vorhanden wäre.

XXX. Wenn die in dem Verhältnisse **OMNP** (Fig. 23.) entstandenen Wellenkreise auf die mit der kleinen Oeffnung **d** versehene Fläche **MN** stoßen, so bilden sie hinter **MN**, nämlich in dem Verhältnisse **MQRN**, Wellenhalbkreise, deren Mittelpunkte in **d** sich befinden. Ist **d** von bedeutender Größe, so gehen die Wellenkreise ungehindert hindurch.

XXXI. Wenn die in **OMNP** (Fig. 23.) entstandenen Wellenkreise auf die vertikale und feste Fläche **OP** stoßen, so werden dieselben in der entgegengesetzten Richtung dergestalt, zurückgeworfen, daß der Mittelpunkt der neuen Wellenkreise in **c** sich befindet, wenn **bc** die Verlängerung des auf **OP** senkrecht stehenden Halbmessers **ab**, und dabei **bc = ab** ist.

XXXII. Die Wellenbewegung findet nicht in allzu großen Tiefen statt. So hat man z. B. auf der Rhede von Algier die Grenze der Wellenbewegung zu 40 Meter Tiefe ermittelt.

XXXIII. Je stärker die bewegte Luft auf das Wasser stößt, desto höher werden — unter denselben Umständen — die Wellen. Manche Wirkung der stark bewegten Luft drückt aber auch die Wellen wieder, indem die Luftstöße selten isochronisch mit den Schwankungen des Wassers sich zeigen.

XXXIV. Eine Welle bricht sich, wenn das untere Wasser eine kleinere Geschwindigkeit als das obere besitzt.

Uebungssätze.

1) Die Geschwindigkeit des in einer Röhre **R** fortgehenden Wassers ist (unter denselben Umständen) desto kleiner, je länger diese Röhre sich zeigt.

2. Enthält **R** Biegungen, so pflegt man dieselben möglichst abzurunden und **R** selbst an diesen Stellen etwas zu erweitern.

3) Die höchsten Stellen der **R** werden öfters mit kleinen Luftröhren und die tiefsten mit 4eckigen Kasten versehen.

4) Sind in den Wänden von **R** eine oder mehrere Oeffnungen befindlich, und geht in **R** das Wasser mit einer kleinern Geschwindigkeit fort, als ihm vermöge seiner Druckhöhe zukommt, so spritzt es aus den Oeffnungen hervor.

5) Die Geschwindigkeit des in einem Rinnsale fließenden Wassers wird durch Wasserpflanzen, Eis, Wind u. s. f. vermindert.

6) Das Wasser geht langsamer in einem weiten als in einem engen Rinnsale fort.

7) Zu enges Eindämmen macht das bewegte Wasser reißender und zerstörender für die Dämme.

8) Das fließende Wasser unterwühlt das concave Ufer und verflächt das convexe.

9) Das in einem Rinnsale mit parallelen Ufern fortgehende Wasser ist (im Allgemeinen) in der Mitte am tiefsten.

10) Verbindet man 2 Kugeln von Wachs oder Holz, wovon die eine specifisch leichter und die andere um ein Geringes specifisch schwerer als Wasser ist, durch einen Faden und legt sie in bewegtes Wasser, so bleibt die oben schwimmende Kugel zurück.

11) Werden in v. N. solche Kugeln genommen, daß die eine etwas unter der Wasseroberfläche und die andere nahe am Boden sich bewegt, so bleibt die letztere zurück.

Aufgaben.

1. Wenn 2 mit gleichen Ausflußöffnungen versehene und stets voll erhaltene Gefäße die Wasserhöhen 8 Fuß und 4 Fuß über diesen Oeffnungen besitzen; wie verhalten sich die Geschwindigkeiten der ausfließenden Wassertheilchen zu einander?

2. Wie verhalten sich (in v. N.) die Geschwindigkeiten der ausfließenden Wassertheilchen, wenn die über den Ausflußöffnungen vorhandenen Wasserhöhen beziehlich 10,2 Fuß und 6,2562 Fuß ausmachen?

3. In 2 mit gleichen Ausflußöffnungen versehenen und stets voll erhaltenen Gefäßen strömen die Wassertheilchen mit den Geschwindigkeiten 16 und 2,25 aus den Oeffnungen; wie verhalten sich die entsprechenden Wasserhöhen zu einander?

4. Wenn man ein Gefäß durch Zufluß voll erhält und die Höhe des Wassers über der Ausflußöffnung 5 Fuß beträgt; wie groß ist die Geschwindigkeit des aus derselben strömenden Wassers?

5. Aus der Ausflußöffnung eines durch Zufluß voll erhaltenen Gefäßes strömt das Wasser mit der Geschwindigkeit 10; wie viel beträgt die Höhe des über dieser Oeffnung stehenden Wassers?

6. Wenn die Höhe der Ausflußöffnung über dem Boden eines Gefäßes 8 Fuß, die Spritzweite 2 Fuß beträgt; wie groß ist die Geschwindigkeit des ausströmenden Wassers?

7. Wenn die Höhe der Ausflußöffnung über dem Boden eines Gefäßes 12,2 Fuß, und die Spritzweite 4,25 Fuß ausmacht; wie viel beträgt die der Geschwindigkeit des ausfließenden Wassers zugehörige freie Fallhöhe?

8. Wie viel beträgt die Spritzweite, wenn die Höhe der Ausflußöffnung über dem Boden eines Gefäßes 10 Fuß, und die Geschwindigkeit des ausfließenden Wassers 2 Fuß ausmacht?

9. Man soll die aus der Oeffnung 12 Quadratzoll in 10 Sekunden fließende Wassermenge bestimmen, wenn das Gefäß durch Zu-

fluß voll erhalten wird und die Höhe der Wasseroberfläche über der Ausflußöffnung 6 Fuß beträgt?

10. Aus der Ausflußöffnung 6 Quadratzoll eines durch Zufluß voll erhaltenen Gefäßes fließen in 20 Sekunden 40 Kubikfuß Wasser aus; wie groß ist die Geschwindigkeit des ausfließenden Wassers und wie viel beträgt die ihr entsprechende freie Fallhöhe?

11. Aus der Ausflußöffnung = 12 Quadratzoll eines durch Zufluß voll erhaltenen Gefäßes, worin die Höhe der Wasseroberfläche über der Ausflußöffnung 36 Fuß beträgt, sind 20 Kubikfuß Wasser ausgeflossen. In wie viel Zeit fand dieses statt?

12. Wenn ein durch Zufluß voll erhaltenes prismatisches oder cylindrisches Gefäß die Ausflußöffnung 8 Quadratzoll in seinem 3 Quadratfuß großen Boden enthält, und die Höhe des Wassers über der Ausflußöffnung 62,5 Fuß beträgt; in welcher Zeit wird ein dem eben erwähnten Gefäße gleiches durch das ausfließende Wasser gefüllt?

13. Welche Zeit gehört dazu, damit ein prismatisches oder cylindrisches Gefäß sich entleert, wenn die 6 Quadratzoll betragende Oeffnung im 4 Quadratfuß großen Boden sich befindet, und die Höhe der Wasseroberfläche über der Ausflußöffnung 140,625 Fuß ausmacht?

14. In welcher Zeit würde (in v. N.) die in dem Gefäße befindliche Wassermenge ausfließen, wenn man das Gefäß durch Zufluß voll erhielte?

15. Ein prismatisches oder cylindrisches Gefäß, welches die 2 Quadratzoll große Ausflußöffnung in der 3 Quadratfuß enthaltenden Grundfläche besitzt, soll von der Höhe 62,5 Fuß bis zur Höhe 15,625 Fuß sich entleeren. Welche Zeit ist hierzu erforderlich?

16. Welche Zeit gehört dazu, damit das prismatische oder cylindrische Gefäß, welches die 10 Quadratzoll enthaltende Ausflußöffnung in dem 2 Quadratfuß großen Boden enthält, von der Höhe 250 Fuß bis zur Höhe 62,5 Fuß sich entleert?

17. Wird ein prismatisches oder cylindrisches Gefäß, welches im Boden eine Ausflußöffnung besitzt, das eine Mal 64 und das andere Mal 9 Fuß hoch mit Wasser gefüllt; wie verhalten sich die Zeiten, in welchen das Gefäß in beiden Fällen sich entleert?

18. Wenn ein prismatisches oder cylindrisches Gefäß am Boden eine Ausflußöffnung besitzt, und das eine Mal nach 28 und das andere Mal nach 10 Sekunden kein Wasser mehr enthält; wie verhalten sich in beiden Fällen die ursprünglichen Wasserhöhen zu einander?

19. Wenn ein prismatisches oder cylindrisches Gefäß am Boden 2 Quadratfuß eine 4 Zoll große Ausflußöffnung besitzt und in 50 Sekunden sich entleert; wie viel betrug der anfängliche Wasserstand im Gefäße?

Resultate.

1) Wie 2,828 zu 2. 2) Wie 3,193 zu 2,501. 3) Wie 1372 zu 27. 4) 1,767. 5) 160 Fuß. 6) 2,795. 7) 0,3701 Fuß. 8) 1,6 Fuß. 9) 16,13 Kubikfuß. 10) Die Geschwindigkeit des ausfließenden Wassers macht 960 und die ihr entsprechende freie Fallhöhe $147\frac{57}{125}$ Fuß. 11) 5,05 Sekunden. 12) In 54 Sekunden. 13) 288 Sekunden. 14) 144 Sekunden. 15) 216 Sekunden. 16) $57\frac{3}{5}$ Sekunden. 17) Wie 8 zu 3. 18) Wie 196 zu 25. 19) 7,53 Fuß.

Sechs und zwanzigstes Kapitel.

Von der Bewegung des Wassers gegen feste Körper, und von der Bewegung der festen Körper gegen das Wasser.

Hauptsätze.

I. Wenn ein Körper K im Wasser **W** sich bewegt, so muß er die in seinem Wege liegenden flüssigen Theile verdrängen und deshalb einen immerwährenden Verlust an seiner Geschwindigkeit erleiden.

II. Der in v. N. angegebene Verlust, welchen der in **W** fortgehende K an seiner Geschwindigkeit erleidet, ist einer Kraft beizumessen, welche der Widerstand des Wassers heißt.

III. Der Widerstand ist desto größer, je dichter **W** sich zeigt.

IV. Strömt **W** in den höhern und tiefern Schichten mit gleicher Geschwindigkeit senkrecht gegen eine ruhende Ebene **E**, welche entweder größer oder eben so groß als der Querschnitt des Wasserstromes ist, oder bewegt sich **E** senkrecht auf sich selbst im ruhenden **W**, so ist im ersten Falle der Druck und im zweiten der Widerstand, den **W** auf **E** ausübt, gleich dem Gewichte einer Wassersäule, welche **E** zur Grundfläche und die der Geschwindigkeit entsprechende freie Fallhöhe zur Höhe hat.

V. Strömt **W** senkrecht gegen eine ruhende **E**, welche beträchtlich größer als der Querschnitt des **W** sich zeigt, so ist der Druck, welchen **W** auf **E** äußert, gleich dem Gewichte einer Wassersäule, welche den kleinsten Querschnitt des **W** zur Grundfläche und die doppelte, der Geschwindigkeit zugehörige freie Fallhöhe zur Höhe hat.

VI. Der Druck, welchen **W** auf eine ihm entgegenstehende **E** ausübt, ist unter denselben Umständen desto größer, je größer **E** sich zeigt; das Nämliche findet auch bei dem Widerstande statt, den das ruhende **W** der bewegten **E** entgegensetzt.

VII. Der Druck, welchen **W** auf eine ihm senkrecht entgegenstehende **E** ausübt, ist dem Quadrate der Geschwindigkeit verhältnißmäßig; dasselbe findet auch bei dem Widerstande statt, den das ruhende **W** der bewegten **E** entgegensetzt.

VIII. Der Druck des strömenden **W** gegen eine ruhende **E**, oder Widerstand des ruhenden **W** gegen eine bewegte **E** ist gleich dem Gewichte einer Wassersäule, deren körperlicher Inhalt:

$$\left(\frac{C^2 . F}{4 G}\right) \text{ Kubikfuß}$$

beträgt, wenn **F** den Inhalt der Ebene, **C** die Geschwindigkeit des Stromes oder der Ebene ausdrückt, und die Richtung des Stromes oder der Ebene senkrecht auf letzterer ist.

IX. Wenn (in Fig. 24.) das strömende **W** in der schiefen Richtung **nl** gegen die ruhende Ebene **ab**, oder die bewegte Ebene **ab** in derselben schiefen Richtung auf das ruhende Wasser stößt, so ist im ersten Falle der senkrechte *) Druck und im 2ten der senkrechte Widerstand des **W** gleich dem Gewichte einer Wassersäule, deren körperlicher Inhalt:

$$\left(\frac{C^2 . \sin^2 \alpha . F}{4 G}\right) \text{ Kubikfuß}$$

beträgt, sobald der Inhalt der Ebene $= F$, der Winkel, welchen sie mit der Richtung **nf** des Stromes bildet, $= \alpha$ und die Geschwindigkeit **lf** des strömenden Wassers oder der bewegten Ebene $= C$ ausdrückt.

X. Der in der schiefen Richtung **lo** (Fig. 24.) stattfindende Druck, oder der in dieser Richtung sich ergebende Widerstand, ist (nach der in v. N. angegebenen Bezeichnung, gleich dem Gewichte einer Wassersäule, welche den körperlichen Inhalt:

$$\left(\frac{C^2 \sin^3 \alpha . F}{4 G}\right) \text{ Kubikfuß}$$

besitzt.

XI. Der Druck oder Widerstand, welchen die Ebene in der Richtung **lp** Fig. 24. erfährt, ist gleich dem Gewichte einer Wassersäule, deren körperlicher Inhalt:

$$\left(\frac{C^2 . \sin^2 \alpha . \cos \alpha . F}{4 G}\right) \text{ Kubikfuß}$$

beträgt.

---

*) In der Richtung **lh** statt findende.

XII. Der Druck oder Widerstand des Wassers gegen den mit dem keilförmigen Vordertheile **bac** (Fig. 25.) versehenen Körper ist gleich dem Gewichte einer Wassersäule, deren körperlicher Inhalt:

$$\left(\frac{C^2 \sin^3 \alpha . F}{4 G}\right) \text{ Kubikfuß}$$

beträgt, wenn die beiden Seiten **ab** und **ac** des Keiles zusammen **F** Quadratfuß, der von ihnen gebildete Winkel $= 2\alpha$ und die Geschwindigkeit des Wassers oder des Keiles $= C$ ausmachen.

XIII. Der Druck oder Widerstand auf den keilförmigen Körper **abedc** (Fig. 25.) verhält sich zum Drucke oder Widerstande auf den der Bewegungsrichtung senkrecht entgegenstehenden und vorne abgeplatteten Körper **bcde**, wie:

$$\sin^2 \alpha : 1.$$

XIV. Die in No. XII. und XIII. gefundenen Resultate gelten auch für diejenigen Körper, deren Vordertheile pyramidalisch oder kegelförmig sich zeigen.

XV. Stößt (in Fig. 26.) ein Körper mit der Kraft **ab** schief auf die Wasserfläche **fc**, so geht K nicht in der Richtung **ab**, sondern in einer Richtung **bg** fort, welche mit **ab** den hohlen Winkel **abg** ausmacht.

XVI. Die vom K im Wasser beschriebene Linie **bg** kommt der Horizontalen desto näher, je dichter das Wasser, oder je kleiner der Winkel ist, welchen **ab** mit der Wasseroberfläche bildet.

XVII. Ist $\angle$**abc** sehr klein, so fällt **bg** manchmal mit der horizontalen **cf** zusammen und prallt manchmal unter einem Winkel ab, welcher $= \angle$**abc** sich zeigt.

Uebungssätze.

1) Fällt K ins Wasser, so kann er darin nicht nach den Gesetzen des freien Falles fortgehen.

2) Wenn K eine hinlängliche Zeit im Wasser fällt, so kommt ein Augenblick, von welchem ab er gleichförmig fortgeht. Das Nämliche geschieht auch mit einem Körper, welcher specifisch leichter als das Wasser ist und in letzterm in die Höhe steigt.

3) Wenn K in einem Rinnsale fortgeht, dessen Querschnitt nicht viel größer als derjenige des K ist, so muß er, — unter denselben Umständen — einen bedeutenderen Widerstand als in einem Rinnsaale mit größerem Querschnitte erleiden.

4) Wenn K in einem Rinnsale sich befindet, dessen Querschnitt nicht viel größer als derjenige des K ist, so muß er — unter den nämlichen Umständen — einen bedeutenderen Stoß, als in einem Rinnsale von größerm Querschnitte aushalten.

5) Das Flußbett wird mehr oder weniger ausgespült.

6) Die Ausspülung ist desto bedeutender, je größer die Geschwindigkeit der Strömung, je höher der Wasserstand und je kleiner der Widerstand ist, welchen der Boden und die Wände des Flusses dem bewegten Wasser entgegen setzen.

7) Der Strom besitzt bei seinem Einflusse ins Meer eine kleinere Geschwindigkeit als früher.

8) Der vom fließenden Wasser fortgeführte Sand setzt sich nahe am Meere wieder an.

9) Der Widerstand, welchen die Schiffe, Kähne u. s. f., ihrer zugespitzten Gestalt wegen, erleiden, ist sehr gering.

10) Die Gestalt des Fisches, der schleimige Ueberzug seines Körpers und sein kleines specifisches Gewicht tragen viel zu der Leichtigkeit bei, womit er im Wasser schwimmt.

11) Beim Schwimmen schlägt der Fisch mit den Flossen ans Wasser, stemmt sich daran, schiebt sich in beliebigen Richtungen fort und gebraucht die Schwanzflosse als Steuer.

12) Um mit einem Geschosse einen Körper im Wasser zu treffen, muß man nicht auf, sondern unter denselben zielen.

13) Wenn ein Stein mit großer Geschwindigkeit und unter einem sehr kleinen Winkel die Wasseroberfläche trifft, so springt er mehr mal davon ab. Das Nämliche gilt auch von einer Kugel, welche unter einem sehr spitzen Winkel auf irgend eine Fläche stößt.

Aufgaben.

1. Wie groß ist der Druck, welchen das mit der Geschwindigkeit 10 strömende Wasser gegen eine ruhende und 2 Quadratfuß große Ebene ausübt, wenn die Richtung des Stromes senkrecht auf der Ebene sich befindet?

2. Welchen Widerstand setzt das ruhende Wasser der mit der Geschwindigkeit 30 bewegten und 3 Quadratfuß betragenden Ebene entgegen, wenn die Richtung der Bewegung senkrecht auf der Ebene steht?

3. Wenn (in Fig. 24.) das mit der Geschwindigkeit 20 strömende Wasser in der schiefen Richtung **nl** und unter dem Winkel $\alpha = 45^\circ$ gegen die ruhende, 8 Quadratfuß große Ebene **ab** stößt; wie groß ist der Druck, welchen **ab** in den Richtungen **lh**, **lo** und **lp** erfährt?

4. Stößt (in Fig. 24) das mit der Geschwindigkeit 22 fortgehende Wasser in der schiefen Richtung **nl** und unter dem Winkel $\alpha = 30^\circ$ auf die ruhende, 10 Quadratfuß betragende Ebene; wie groß ist der Druck, welchen **ab** in den Richtungen **lh**, **lo** und **lp** erleidet?

5. Wie groß ist (in Fig. 25.) der Druck, welchen das mit der Geschwindigkeit 8 sich bewegende Wasser auf den mit einem keilförmigen und 20 Quadratfuß betragenden Vordertheile ausübt, wenn der von den Seiten des Keiles gebildete Winkel 45° ausmacht?

6. Welchen Widerstand setzt das ruhende Wasser dem mit der Geschwindigkeit 10 bewegten und mit dem pyramidalförmigen Vortheile versehenen Körper entgegen, wenn die Größe des Vordertheils 40 Quadratfuß und der an der Spitze liegende körperliche Winkel 30° beträgt?

7. Wenn (in Fig 25) der Druck des bewegten Wassers auf den keilförmigen Körper **abedc** = 2000 Pfd. und der von den Seiten des Keiles gebildete Winkel 45° beträgt; wie groß wird der Druck des Wassers auf den der Bewegungsrichtung senkrecht entgegen stehenden vorne abgeplatteten Körper **bcde** sein müssen?

8. Welchen Widerstand setzt das ruhende Wasser dem bewegten keilförmigen Körper entgegen, wenn der von den Seiten des Keils gebildete Winkel 30° beträgt, und der Widerstand, welchen das ruhende Wasser dem auf der Bewegungsrichtung senkrecht stehenden und vorne abgeplatteten Körper **bcde** entgegengesetzt, 1500 Pfd. ausmacht?

Resultate.

1) 2108,8 Pfd.*) **2)** 2846,88 Pfd. **3)** Er ist beziehlig 843,52 Pfd. und 1192,73 Pfd. **4)** 1275,824 Pfd. und 637,912 Pfd. und 1104,863 Pfd. **5)** 477,089 Pfd. **6)** 527,2 Pfd. **7)** 4000 Pfd. **8)** 375 Pfd.

Sieben und zwanzigstes Kapitel.

Von einigen wichtigen Eigenschaften der ausdehnsam-flüssigen Körper, besonders der atmosphärischen Luft.

Was heißt atmosphärische Luft und was wird Erdatmosphäre genannt?

Was nennt man eine Taucherglocke und wie ist dieselbe eingerichtet?

Was versteht man unter einem Heronsball und unter einem Heronsbrunnen und wie sind diese Vorrichtungen beschaffen?

*) Das Gewicht eines Kubikfußes Wasser wird hier = 65,9 Pfd. gesetzt.

Wer erfand den Heronsbrunnen?

Was nennt man Cartesianische Figuren und wie sind dieselben beschaffen?

Was heißt eine Compressionspumpe, wie nennt man die einzelnen Theile derselben, und wie wird diese Vorrichtung gebraucht?

Wie ist die Windbüchse eingerichtet?

Was wird ein Blaserohr und was eine Knallbüchse genannt?

Was heißt eine Hahn- und was eine Ventilluftpumpe?

Wie sind beide Luftpumpen eingerichtet, und wie werden die einzelnen Theile derselben genannt?

Welche Luftpumpen sind jetzt hauptsächlich im Gebrauche?

Was heißt der schädliche Raum und wie wird derselbe so viel als möglich weggebracht?

Wer erfand die Luftpumpe?

Was nennt man die Guerik'sche Leere und was die Magdeburger Halbkugeln?

Wie wird die Luft vermittelst der Luftpumpe verdünnt oder verdichtet?

Was wird Aerostatik genannt?

Hauptsätze.

I. Die atmosphärische Luft L, (so wie jede andere Luftart) ist ein ausdehnsam flüssiger Körper.

II. L ist keine reine, ausdehnsame Flüssigkeit, sondern ein aus andern ausdehnsamen Flüssigkeiten zusammengesetztes Gemenge.

III. Die Hauptbestandtheile der L sind: Stickgas und Sauerstoffgas. Auch sind gewöhnlich Wassergas und kohlensaures Gas in L befindlich.

IV. Die beiden ersten Gasarten sind in einem beinah unveränderlichen Verhältnisse in L vorhanden; und zwar sind in letzterer 79,19 Raumtheile Stickgas und 20,81 Raumtheile Sauerstoffgas befindlich. Von den beiden letztern Gasarten werden dagegen (den Umständen nach) bald größere und bald kleinere Quantitäten in L bemerkt.

V. In der Lehre von dem ausdehnsam-flüssigen Körper kommt L hauptsächlich in Betracht.

VI. Die für die tropfbaren Flüssigkeiten erhaltenen Gesetze gelten auch für die ausdehnsam flüssigen Körper, wenn man jedes dieser Gesetze bei seiner Anwendung auf ausdehnsame Flüssigkeiten durch die Ausdehnsamkeit der letztern modificirt.

VII. Der auf eine eingeschlossene Luftportion wirkende Druck pflanzt sich gleichförmig nach allen Richtungen fort.

VIII. Bei L (und also auch bei den andern ausdehnsamen Flüssigkeiten) findet kein Zusammenhang der Theile statt, indem dieselbe ein immerwährendes Bestreben sich weiter auszudehnen besitzt. Doch wird eine Adhäsion zwischen L und den andern Körpern bemerkt.

IX. Wenn man einige ausdehnsame Flüssigkeiten stark zusammendrückt, so gehen dieselben in tropfbar flüssige Körper über. So hat man z. B durch große Druckkräfte, besonders wenn sie durch große Kälte unterstützt wurden, nicht nur Dämpfe, sondern auch manche Gasarten (Schwefelwasserstoffgas, kohlensaures Gas u. s. f.) in tropfbar flüssige Körper verwandelt.

X. L ist zusammendrückbar und elastisch; und zwar ist — unter denselben Umständen — ihre Elasticität desto größer, je größer die Dichtigkeit der L. sich zeigt.

XI. Die Elasticität der L wird durch die Wärme vergrößert und durch die Kälte verkleinert, so daß die Elasticität der L, bei derselben Dichtigkeit, desto größer ist, je wärmer L sich zeigt.

XII. L wird in einem offenen und erwärmten Gefäße verdünnt.

XIII. L besitzt ein Gewicht und ist also nicht blos als eine elastische, sondern auch als eine schwere ausdehnsame Flüssigkeit anzusehen.

XIV. Die Elasticität, welche jede Luftschichte, oder jedes Lufttheilchen besitzt, ist dem Drucke gleich, welcher entweder auf diese Schichte oder auf dieses Theilchen sich thätig erweist.

XV. Die Dichtigkeit und Elasticität der L verringert sich von unten nach oben zu, und die oberste Luftschichte, worauf nichts mehr drückt, muß keine Elasticität und eine äußerst geringe Dichtigkeit besitzen.

XVI. L befindet sich allenthalben über der Erdoberfläche und besitzt eine kugelähnliche und an den Polen abgeplattete Gestalt.

XVII. Jeder in L befindliche Körper verliert so viel von seinem Gewichte, als die Luft wiegt, welche er verdrängt.

XVIII. Jede in irgend einer Luftschicht statt findende Veränderung erzeugt in der Atmosphäre Bewegungen, welche so lange fortdauern, bis jeder Theil der Atmosphäre durch seine Elasticität mit allen herumliegenden und auf ihn drückenden Theilen im Gleichgewichte steht.

XIX. Die Erscheinungen der Taucherglocke beruhen darauf, daß die Elasticität der Luft durch die Dichtigkeit sich vermehrt.

XX. Die Wirkungen des Heronsballes, Heronsbrunnens und

der Cartesianischen Figuren beruhen auf der Zusammendrückbarkeit und Elasticität der L.

XXI. Ist bei einer Compressionspumpe der Inhalt des hohlen Cylinders oder Stiefels $= v$, der innere Raum der Kugel oder des Gefäßes $= w$, wird der Kolben α mal hinabgestoßen, und ist die Dichtigkeit der anfänglich in der Kugel oder im Gefäße vorhandenen Luft $= d$ und die Dichtigkeit der verdichteteten Luft $= D$, so ergiebt sich:

$$D = \frac{\alpha v + w}{w} . d.$$

XXII. Man construirt vermittelst der Compressionspumpe einen Brunnen, worin das Wasser durch den Druck der verdichteten Luft in die Höhe springt.

Auch wird die Compressionspumpe hauptsächlich bei der Windbüchse angewandt.

XIII. Beträgt bei einer Luftpumpe der Inhalt des Stiefels $= v$, der des Recipienten *) $= w$, wird der Kolben α mal hinaufgezogen, und ist die Dichtigkeit der anfänglich im Recipienten vorhandenen Luft $= d$ und die Dichtigkeit der verdünnten Luft $= D$, so erhält man:

$$D = \left(\frac{w}{v+w}\right)^{\alpha} . d.$$

XXIV. Die Zahl α der Kolbenzüge, welche nöthig sind, um der im Recipienten vorhandenen und mit der Dichtigkeit D versehenen Luft die Dichtigkeit d zu verleihen, ergiebt sich aus der Gleichung:

$$\alpha = \frac{\log D - \log d}{\log w - \log (v + w)},$$

wenn v den Inhalt des Stiefels und w den des Recipienten ausdrückt.

XXV. Aus No. XXIII. ergiebt sich der Inhalt des Stiefels, nämlich:

$$v = \frac{w\left(1 - \sqrt[\alpha]{\frac{D}{d}}\right)}{\sqrt[\alpha]{\frac{D}{d}}};$$

und der Inhalt des Recipienten, d. h.:

$$w = \frac{v . \sqrt[\alpha]{\frac{D}{d}}}{1 - \sqrt[\alpha]{\frac{D}{d}}};$$

*) und der Verbindungsröhre.

XXVI. Man hat durch die Luftpumpe gefunden, daß ein Preußischer Kubikfuß der (wasserfreien) atmosphärischen Luft (bei 0° des Reaumürschen Thermometers und bei einem Barometerstande von 28 Zoll) 2,74611 Preuß. Loth wiegt, und daß also die atmosphärische Luft unter diesen Umständen ohngefähr 765 mal specifisch leichter als das Wasser sich zeigt.

XXVII. Das specifische Gewicht einer Luftportion in Bezug auf destillirtes Wasser wird auf die bekannte Weise ermittelt. Auch wird auf dieselbe Weise das specifische Gewicht einer Gasart in Bezug auf die atmosphärische Luft bei einem gewissen Thermometer- und Barometerstande bestimmt, und das gefundene Resultat für jeden andern Thermometer- und Barometerstand etwas abgeändert.

Uebungssätze.

1) Bei der Windbüchse darf die im Windbehälter vorhandene Luft nicht zu sehr verdichtet werden; auch darf der Einfluß der Wärme nicht unberücksichtigt bleiben, und das Ventil nicht allzu sehr mit Oel eingeschmiert werden.

2) Bei manchen Windbüchsen wird die abzuschießende Kugel durch bloße Luftverdünnung in Bewegung gesetzt.

8) Im Blaserohr und in der Knallbüchse wirkt die verdichtete Luft als bewegende Kraft.

4) Bei unsern Schießgewehren wirkt die durch Entzündung des Pulvers entwickelte und durch Hitze ausgedehnte ausdehnsame Flüssigkeit auf die ihr im Wege liegende Kugel und treibt dieselbe mit Gewalt aus dem Laufe

5) Die Geschwindigkeit der anfänglich in Bewegung gesetzten Kugel wird (bis zu einer gewissen Grenze) desto größer, je länger der Lauf des Geschosses sich zeigt.

6) Der Recipient **R** der Luftpumpe wird, bei gehöriger Luftverdünnung, sehr stark gegen den Teller gedrückt.

7) Die Magdeburger Halbkugeln halten mit einer bedeutenden Kraft an einander, wenn man die darin befindliche Luft so viel als möglich verdünnt.

8) Nimmt man statt des gewölbten **R** ein mit einem ebenen Stück Glas oder mit einem Stück Blase luftdicht bedecktes Gefäß, so geht nach einigen Kolbenzügen das Glas oder die Blase entzwei.

9) Eine nur wenig Luft enthaltende zusammengedrückte und zugebundene Blase schwillt unter **R** desto stärker auf, je mehr die darin vorhandene Luft verdünnt worden ist. Auch fällt die stark ausgedehnte Blase zusammen, sobald man der äußern Luft den Eingang in **R** wieder gestattet.

10) Stellt man einen Heronsball mit seiner Oeffnung in ein mit Wasser gefülltes Gefäß, bringt die ganze Vorrichtung unter **R**,

und verdünnt die darin vorhandene Luft, so geht die im Balle befindliche Luft in Gestalt von Blasen durchs Wasser.

11) Ein Licht erlischt, wenn man es unter R stellt und darin die Luft so viel als möglich verdünnt; ein Feuerzeug giebt unter diesen Umständen keine Funken.

12) Die Fische können im luftverdünnten Raume nicht unter Wasser bleiben.

13) Thiere, welche sich unter R in verdünnter Luft befinden, können nicht athmen und sterben bei fortgesetzter Luftverdünnung. Die warmblütigen Thiere kommen eher als die kaltblütigen darin um.

14) Der Rauch fällt im luftverdünnten Raume zu Boden.

15) Eine Bleikugel und eine Flaumfeder kommen im luftleeren Raume mit gleicher Geschwindigkeit zur Erde, wenn sie von gleicher Höhe herabgefallen sind.

16) Ein Pendel schwingt im luftleeren Raume mit gleicher Geschwindigkeit, wenn man den linsenförmigen Körper in verschiedene Lagen versetzt, aber die Länge des Pendels nicht verändert.

17) Der Schlag einer unter R befindlichen Uhr u. s. f. wird bei fortgesetzter Luftverdünnung immer schwächer.

18) Wenn man einen an seinem oberen Ende offenen R mit einem hölzernen Teller bedeckt, letztern mit Wasser oder Quecksilber füllt und die Luft in R verdünnt, so wird das Wasser oder das Quecksilber durch das Holz gepreßt und fällt tropfenweise auf den Teller.

19) Befindet sich eine Cartesianische Figur in einem offenen Gefäße unter Wasser, setzt man die ganze Vorrichtung unter R, und verdünnt die darin befindliche Luft, so steigt die Figur desto höher, je mehr die Luft in R verdünnt worden ist.

20) Eine tropfbare Flüssigkeit siedet im luftverdünnten Raume eher als in der freien Luft.

21) Eine leere und genau verschlossene dünne Glasflasche wird zersprengt, sobald sich die Flasche unter R befindet und aus letzterm die Luft gepumpt worden ist.

22) Legt man ein Stück Holz oder Metall unter das Wasser, so überzieht es sich mit Luftblasen, wenn man die über dem Wasser befindliche Luft verdünnt.

23) Befindet sich Quecksilber unter dem Wasser, so überzieht es sich im luftverdünnten Raume ebenfalls mit Luftblasen.

24) Ein oben mit einem Loche versehenes Ei entledigt sich seines Inhaltes, wenn es in verdünnte Luft gebracht wird.

25) Ein verfaulter Apfel sieht im luftleeren Raume wie ein frischer aus.

26) Wenn man Wein in eine Flasche gießt, so spritzt derselbe zuweilen heraus, ohne die Flasche anzufüllen.

27) Die Eisdecken der Gewässer gehen in kalten Wintern oft mit einem starken Knalle entzwei.

28) Selterwasser, Bier und Champagner verlieren ihren angenehmen Geschmack, wenn man sie unter die Glocke der Luftpumpe bringt und dann die Luft aus der Glocke pumpt.

29) Sind die mit Luft gefüllten Blasen gut zugebunden, so kann man sie mit großer Mühe und doch nur wenig zusammendrücken.

30) Wenn man eine zugebundene und nicht ganz mit Luft gefüllte Blase in die Wärme bringt, so geht sie aus einander und zerspringt endlich, wenn die Wärme sehr bedeutend wird.

31) Wird eine durch Wärme ausgedehnte Blase in die Kälte gebracht so fällt sie in derselben zusammen.

32) Die in geheizten Zimmern befindliche Luft geht durch alle Oeffnungen nach den kältern Räumen fort.

33. Wiegt man einen Körper von sehr kleinem specifischem Gewichte in der freien Luft, so wird sein absolutes Gewicht um etwas zu klein befunden.

34) Die Körper haben im luftleeren Raume ein (sehr wenig) größeres absolutes Gewicht als im lufterfüllten.

35) Auf hohen Bergen wird das Athmen beschwerlich.

36) Oeffnet man eine in einem Thale mit Luft gefüllte und dann gehörig verschlossene Flasche auf einem Berge, so strömt die Luft aus der Flasche.

37) Obgleich die Dichtigkeit der Luft von unten nach oben zu immer mehr abnimmt, so sind doch bei einer Luftportion von unbedeutender Höhe die Abnahmen der Dichtigkeiten sehr gering.

38) Flache mit Flechtwerk bedeckte Glasflaschen zerbrechen zuweilen, während man aus denselben trinkt.

39) Man fühlt bei übermäßiger Hitze und auch bei stürmischem Wetter eine große Schwere, Müdigkeit und Unbehaglichkeit in den Gliedern.

Aufgaben.

1. Wie groß ist bei einer Compressionspumpe die in der Kugel stattfindende Luftverdichtung nach 8 Kolbenstößen, wenn die Höhlung des Stiefels = 230 Kubikzoll und die der Kugel = 80 Kubikzoll enthält, und die Dichtigkeit der atmosphärischen Luft = 1 beträgt.

2. Bei einer Compressionspumpe ist die Höhlung des Stiefels = 200 Kubikzoll, die der Kugel = 20 Kubikzoll und die Dichtigkeit der atmosphärischen Luft = 1. Welche Dichtigkeit wird die in der Kugel befindliche Luft nach 5 Kolbenstößen besitzen?

3. Welche Dichtigkeit wird bei einer Compressionspumpe nach 10 Kolbenstößen erreicht, wenn die Höhlung des Stiefels die nämliche Größe wie die des Recipienten besitzt?

4. Wie groß ist bei einer Compressionspumpe die Höhlung des Stiefels, wenn die des Recipienten 50 Kubikzoll beträgt, und die im Recipienten vorhandene Luft nach 6 Kolbenstößen 8 mal verdichtet worden ist?

5. Wie viel beträgt bei einer Compressionspumpe die Höhlung des Recipienten, wenn die des Stiefels 100 Kubikzoll ausmacht, und die im Recipienten befindliche Luft nach 12 Kolbenstößen 10 mal verdichtet worden ist?

6. Wie viele Kolbenstöße gehören dazu, damit bei einer Compressionspumpe die im Recipienten vorhandene Luft um das 10fache sich verdichtet, wenn die Höhlung des Stiefels zu der des Recipienten sich wie 4 zu 3 verhält?

7. Wie groß ist die Dichtigkeit der im Recipienten einer Luftpumpe befindlichen Luft nach 3 Kolbenzügen wenn die Höhlung des Stiefels = 100 Kubikzoll, die des Recipienten = 20 Kubikzoll und die Dichtigkeit der atmosphärischen Luft = 1 beträgt?

8) Ist bei einer Luftpumpe die Höhlung des Stiefels der des Recipienten gleich; welche Dichtigkeit wird die atmosphärische Luft nach 10 Kolbenzügen besitzen, wenn ihre ursprüngliche Dichtigkeit = 1 betrug?

9) Wie viele Kolbenzüge gehören dazu, um die im Recipienten der Luftpumpe vorhandene Luft $57\frac{681}{1024}$ mal zu verdünnen, wenn die Höhlung des Recipienten = 80 Quadratzoll und die des Stiefels = 100 Quadratzoll beträgt?

10. Sind bei einer Luftpumpe die Höhlungen des Stiefels und des Recipienten von gleicher Größe; welche Zahl von Kolbenzügen gehört dazu, um im Recipienten eine Dichtigkeit von $\frac{1}{3000}$ zu erzeugen, wenn die Dichte der atmosphärischen Luft = 1 ausmacht?

11. Bei einer Luftpumpe wurde die im Recipienten = 50 Kubikzoll vorhandene Luft nach 3 Kolbenzügen 243 mal verdünnt; wie groß wird die Höhlung des Stiefels sein müssen?

12. Wenn bei einer Luftpumpe die im Recipienten vorhandene Luft nach 6 Kolbenzügen 80 mal verdünnt worden ist, und die Höhlung des Stiefels 40 Kubikzoll beträgt; wie viel wird die des Recipienten ausmachen?

13. Das absolute Gewicht einer mit atmosphärischer Luft gefüllten Kugel, von dem Radius = 1 Zoll beträgt A Pfd., und nachdem sie luftleer gemacht worden ist, a Pfd. Wie viel wiegt ein Kubik oll atmosphärischer Luft.

14. Wenn eine Kugel mit atmosphärischer Luft gefüllt = A Pfd., mit einer andern Luftart versehen = a Pfd., und leer gemacht = a Pfd. wiegt; wie groß ist das specifische Gewicht der neuen Luftart?

15. Wenn das specifische Gewicht der Atmosphäre zu dem des Sauerstoffgases wie 1 zu 1,1111, das des Wassers zu dem der

Atmosphäre wie 1 zu 0,01299 sich verhält; welches specifische Gewicht wird das Sauerstoffgas in Bezug auf das Wasser*) besitzen?

Resultate.

1) 24. 2) 51. 3) Die Dichtigkeit 11. 4) $58\frac{1}{3}$ Kubikzoll. 5) $133\frac{1}{3}$ Kubikzoll. 6) Eigentlich 6,75 Mal, in der Wirklichkeit aber 4 mal. 7) $\frac{1}{216}$. 8) $\frac{1}{1024}$. 9) 5 Kolbenzüge. 10) 67 Kolbenzüge. 11) 100 Kubikzoll. 12) 64 Mal. 13) $\frac{3(A-a)}{4\pi}$. 14) $\frac{a-\alpha}{A-a}$. 15) 0,014433189.

Acht und zwanzigstes Kapitel.

Von der Bestimmung des Druckes der Luft.

Was heißt der Druck einer Atmosphäre?

Was wird ein Blasebalg, ein Stechheber, eine magische Gießkanne, ein magischer Trichter, ein intermittirender Brunnen, ein chemisch pneumatischer Apparat genannt, und wie sind dise Vorrichtungen eingerichtet?

Was nennt man die Toricellische Röhre und was die Toricellische Leere?

Was heißt ein Barometer, (auch Baroscop und Elaterometer)?

Was nennt man ein Heberbarometer und was ein Gefäßbarometer?

Wer erfand das Barometer und wie sind die jetzt gebräuchlichsten Barometer eingerichtet?

Wie wird die Güte eines Barometers geprüft?

Was heißt eine hydraulische Luftpumpe und wie ist dieselbe eingerichtet?

---

*) dessen specifisches Gewicht = 1 gesetzt wird.

Wie wird die Luft vermittelst der hydraulischen Luftpumpe verdünnt?

Hauptsätze.

I. Der Druck, welchen die Luft L auf eine Fläche F äußert, ist gleich dem Gewichte einer lothrechten Luftsäule, welche bis zu den äußersten Grenzen der Atmosphäre reicht und F als Grundfläche besitzt.

II. Der Druck, welchen L auf F ausübt, ist gleich dem Gewichte einer Quecksilbersäule, welche F zur Grundfläche hat und deren Höhe ohngefähr 28 Zoll beträgt.

III. Der auf F stattfindende Druck der L ist gleich dem Gewichte einer Wassersäule, welche F als Grundfläche besitzt und deren Höhe ohngefähr 32 Fuß ausmacht.

IV. Der auf die Fläche von 1 Quadratfuß thätige Druck beträgt 2109,76 Pfund, während der auf die Fläche von 1 Quadratzoll wirksame 14,65 Pfd. ausmacht.

V. Da die Oberfläche eines mittelmäßig großen Menschen 12 Quadratfuß beträgt, so drücken 25317,12 Pfund Luft auf denselben.

VI. Die im Wasser befindlichen Fische haben nicht allein den Druck der Atmosphäre, sondern auch denjenigen des über ihnen liegenden Wassers auszuhalten.

VII. Körper, welche dem Drucke der Luft von allen Seiten ausgesetzt sind, erleiden an jedem ihrer Punkte einen gleichen Druck. Hört aber der Luftdruck an einer Seite zu wirken auf, so werden die auffallendsten Wirkungen bemerkt.

VIII. Da die Höhe der im Barometer befindlichen Quecksilbersäule entweder 28 Zoll oder mehr oder weniger beträgt, so folgt, daß der Druck der Atmosphäre nicht zu allen Zeiten der nämliche ist, und daß die Veränderungen desselben vermittelst des Barometers wahrgenommen werden können.

IX. Da mit dem Steigen und Fallen der Quecksilbersäule gewöhnlich eine Veränderung der Witterung verbunden ist, so gebraucht man das Barometer als Witterungsanzeiger und hat es in dieser Beziehung auch Wetterglas genannt. Weil aber die Witterung nicht allein von dem Drucke der L, sondern auch noch von andern Umständen abhängt, so folgt, daß das Barometer kein richtiger Witterungsanzeiger ist. Auch kann man aus dem Barometerstande nicht die Dichtigkeit der L bestimmen, weil derselbe von der Elasticität der L abhängt und letztere bei unveränderter Dichtigkeit größer oder kleiner, und bei veränderter Dichtigkeit der nämliche sein kann.

X. Um genaue Versuche anzustellen, muß das Barometer mit einem Thermometer (Wärmemesser) in Verbindung stehen. Auch wird der Barometerstand jedesmal bei einem bestimmten (Normal) Stande des Thermometers ermittelt und die für einen andern Thermometerstand gefundene Barometerhöhe auf eine, dem Normalstande des Thermometers zugehörige Höhe reducirt.

XI. Wird der offene Schenkel eines Barometers verschlossen, so bleibt die Barometerhöhe unverändert; und es folgt hieraus, daß — unter denselben Umständen — das Barometer in einem Zimmer eben so hoch, wie in der freien Luft stehen muß.

XII. Man hat gefunden, daß — bei demselben Zustande der Wärme — die Räume, in welche die Luft zusammengepreßt wird, sich umgekehrt wie die drückenden Kräfte, und daß also die Dichtigkeiten der Luft sich eben so wie diese Kräfte verhalten.

Auch hat sich ergeben, daß in allen Fällen, wobei noch fernere Zusammendrückungen der Luft stattfinden und der Zustand der Wärme derselbe bleibt, die Dichtigkeiten der Luft sich wie ihre Elasticitäten verhalten

XIII. Aus v. N. folgt, daß die Elasticitäten der Luft sich eben so wie die drückenden Kräfte verhalten.

XIV. Das in No. XII. und XIII. aufgestellte Gesetz wird das Mariottische genannt.

XV. Die Stärke der in einer Luftpumpe stattfindenden Luftverdünnung wird entweder durch einen Heberbarometer oder durch die Birnprobe ermittelt.

XVI. Die Stärke der in einer Luft- oder Compressionspumpe erhaltenen Luftverdichtung wird ebenfalls durch das Heberbarometer bestimmt.

XVII. Bilden die Zunahmen der Ortshöhen eine arithmetische Reihe, so nehmen die ihnen entsprechenden Barometerhöhen nach dem Gesetze einer geometrischen Reihe ab, wenn nur in allen Luftschichten ein vollkommnes Gleichgewicht sich zeigt.

XVIII. Die Elasticitäten und Dichtigkeiten der Luft bilden eine geometrische Reihe, wenn die Zunahmen der Ortshöhen als Glieder einer arithmetischen Reihe erscheinen.

XIX. Das in v. N. erhaltene Gesetz findet niemals in aller Strenge statt, weil die beständige Bewegung der Atmosphäre das Gleichgewicht aufhebt, welches in allen Luftschichten vorausgesetzt ist.

XX. Die Höhe eines Ortes über der Meeresfläche u. s. w. wird auch durch das Barometer bestimmt.

XXI. Zieht man bei der Bestimmung der Barometerstände nur die in verschiedenen Höhen durch die Dichtigkeit der atmosphärischen Luft bewirkten Veränderungen in Betracht, läßt also Attraction, Temperaturveränderung und die Feuchtigkeit der Atmosphäre außer Acht, setzt ferner voraus, daß die Luftschichten von 75 Fuß Dicke gleiche Dichtigkeiten besitzen, daß bei einer senkrechten Erhebung von 75 Fuß, das Barometer um eine Linie fällt, und setzt den Barometerstand in der tiefern Region = 336 Linien, so gehört:

Zu	335‴	eine	senkrechte	Erhebung	von	75	Fuß.
=	334‴	=	=	=	=	150,224	=
=	333‴	=	=	=	=	225,673	=
=	332‴	=	=	=	=	301,349	=
=	331‴	=	=	=	=	377,253	=
=	330‴	=	=	=	=	453,386	=
=	329‴	=	=	=	=	529,750	=
=	328‴	=	=	=	=	605,346	=
=	327‴	=	=	=	=	682,178	=
=	326‴	=	=	=	=	759,242	=
=	325‴	=	=	=	=	836,543	=
=	324‴	=	=	=	=	914,083	=

XXII. Wenn man äußerst kleine Luftschichten als gleichförmig dicht ansieht, den Stand des Barometers am Fuße einer Erhöhung $= \mathbf{B}$, und in der Höhe $\mathbf{H} = \mathbf{b}$ ermittelt, so ist

$$H = 2{,}3025 \,.\, 24479{,}417 \,.\, \log \frac{B}{b} \text{ Pariser Fuß.}$$

XXIII. Wenn an dem Orte **M** die Höhe **b** des Barometers die Temperatur **t** des äußern und die τ des sogenannten innern Thermometers beobachtet worden ist; wenn ferner an dem tiefer als **M** liegenden Orte **N** die Höhe des Barometers $= b'$, die Temperatur des äußern Thermometers $= t'$ und die des innern $= \tau'$ beträgt, so ergiebt sich *) die in Toisen ausgedrückte Höhe H des Ortes **M** über **N** dadurch, daß man zuerst die Hülfsgrößen **x, y, z** und **A** mittelst der Gleichungen:

$$\begin{aligned} x &= 1 + 0{,}003 \,.\, \cos 2\varphi, \\ y &= 1 + 0{,}002\,(t' + t), \\ z &= 1 + 0{,}002\,(\tau' - \tau), \\ A &= 9437\, x \,.\, y \end{aligned}$$

berechnet und alsdann

$$H = A \,.\, \log\left(\frac{b'}{z \,.\, b}\right) \text{ setzt.}$$

In diesen Gleichungen bezeichnen t', t, τ' und τ die Grade der Reaumur'schen Skale, φ die Polhöhe von **M** und **N**; auch sind darin die Barometerhöhen zwar in einem willkürlichen, jedoch stets in demselben Gemäße ausgedrückt. **)

---

*) nach Rammond.

**) Wird keine allzu große Genauigkeit erfordert, so ergiebt sich:

$$H = 10000 \left[1 \mp \frac{\mathfrak{T}}{215}\right] . (\log b' - \log b),$$

wenn $\mathfrak{T}$ die Grade anzeigt, um welche der wirkliche Thermometerstand von $16\tfrac{3}{4}^{0}$ verschieden ist, und wobei das Zeichen — oder + genommen wird, wenn der wirkliche Thermometerstand entweder mehr oder weniger als $16\tfrac{3}{4}^{0}$ ausmacht.

XXIV. Um aus einer einzigen Beobachtung die in Toisen ausgedrückte Höhe H eines Beobachtungsortes über dem Meere zu erhalten, so ist, wenn b, t und τ das beobachtete Barometer, äußere und innere Thermometer bezeichnen:

$$H = A.\log\left(\frac{28,17}{b}\right) + y(\tau - x),$$

wo

$$x = 53 + t - 2b$$
$$y = 0,94 + 0,002\,(t + x)$$
$$A = 9437\,(1 + 0,003\cos 2\varphi)(1 + 0,002\,t)$$

ausdrückt und die beobachtete Höhe b des Barometers in Pariser Zollen und deren Decimaltheilen angegeben sein muß.

XXV. Da das Barometer in einer Höhe von einer Meile über dem Spiegel des Meeres um die Hälfte niedriger als am Meere steht, so ist die Dichtigkeit der Luft in dieser Höhe nur halb so groß als diejenige am Meere.

XXVI. Nähme die Dichtigkeit der Luft in den höhern Gegenden, wo der Zustand des Gleichgewichts beständiger als in dem niedrigen zu sein scheint, nach dem Gesetze einer geometrischen Reihe ab, so wäre sie in einer Höhe von 2 Meilen $\frac{1}{4}$ mal, in einer Höhe von 3 Meilen $\frac{1}{8}$ mal und in einer Höhe von 10 Meilen $\frac{1}{1024}$ mal so groß, als die Dichtigkeit, welche die Luft am Meere besitzt. In einer Höhe von 10 Meilen wäre also die Luft, ihrer großen Verdünnung wegen, für unsere Sinne als nicht vorhanden anzusehen.

Uebungssätze.

1) Der auf den Menschen wirksame große Luftdruck bringt keine besondere Empfindung hervor. Auch kann derselbe die Bewegung der Glieder nicht erschweren.

2) Die Fische werden nichts von dem Drucke der Atmosphäre und des über ihnen befindlichen Wassers gewahr.

3) Durch die Wegnahme des äußern Luftdrucks wird unser Körper in einen widernatürlichen und schmerzhaften Zustand versetzt.

4) Das Blut spritzt aus den Poren unser Haut, wenn wir sehr hohe Berge erstiegen haben.

5) Das Spundloch muß geöffnet werden, damit die in einem Fasse befindliche Flüssigkeit aus dem geöffneten Hahne fließt.

6) Die Deckel der Thee= und Kaffeekannen sind öfters mit kleinen Löchern versehen.

7) Ist ein mit einer engen Ausflußöffnung versehenes Gefäß mit Wasser gefüllt, so kann man dieselbe nach unten kehren, ohne daß das Wasser aus derselben fließt.

8) Wenn man ein volles Trinkglas mit einem Stück Papier bedeckt, letzteres mit der Hand andrückt, alsdann das Glas umkehrt und die Hand wegnimmt, so kommt kein Wasser heraus.

9) Eine mit Wasser angefüllte Flasche, welche man blos mit der Mündung ins Wasser taucht, während der übrige Theil derselben über der Oberfläche desselben hervorragt, behält ihr ganzes darin befindliches Wasser.

10) Das im Barometer befindliche Quecksilber fällt bei feuchtem Wetter.

11. Das Athmen, Saugen und Trinken werden aus dem einseitigen Drucke der Luft erklärt.

12) Drückt man eine Flasche von elastischem Harze im Wasser zusammen und gestattet derselben sich wieder auszudehnen, so treibt die äußere Luft das Wasser in die Flasche.

13) Die Erscheinungen des Blasebalges ergeben sich aus dem einseitigen Drucke der Luft.

14) Wird die in einem Glase befindliche Luft erhitzt und alsdann ihre Oeffnung unter Wasser gehalten, so dringt letzteres in die Flasche.

15) Nimmt man eine ziemlich enge Glasröhre, füllt dieselbe mit Quecksilber, kehrt ihre Mündung nach unten, und öffnet letztere in freier Luft, so bleibt eine Quecksilbersäule von ohngefähr 28 Zoll in der Röhre zurück.

16) Die in v. N. erwähnte und mit Quecksilber gefüllte Röhre besitzt dasselbe Gewicht, wenn man sie entweder mit ihrer Mündung oder mit ihrem obern Ende an einen Wagebalken hängt.

17) Die Erscheinungen des Stechhebers, der magischen Gießkanne, des magischen Trichters, des intermittirenden Brunnens und des chemisch-pneumatischen Apparates werden aus dem einseitigen Luftdrucke erklärt.

18) Nähmen die Dichtigkeiten der Luft unter der Erdoberfläche von oben nach unten wie über der Erdoberfläche zu, so müßte die Luft in einer Tiefe von 7 Meilen dichter als Wasser sein. In einer Tiefe von $7\frac{1}{2}$ Meilen könnte der menschliche Körper und in einer Tiefe von 11 Meilen Gold und Platina darin schwimmen.

Aufgaben.

1. Welchen äußern Luftdruck erleidet eine Kugel, deren Durchmesser 2 Fuß ausmacht?

2. Welchen äußern Luftdruck muß ein Würfel ertragen, dessen Kante 1 Fuß Länge besitzt.

3. Den äußern Luftdruck zu berechnen, welchen ein senkrechter Cylinder erträgt, wenn der Radius der Grundfläche 1 Zoll und seine Höhe 10 Fuß ausmacht.

4. Ein senkrechter Kegel hat die Seite 10 Fuß und der Radius seiner Grundfläche beträgt 2 Fuß; welchen äußern Luftdruck wird dieser Körper aushalten?

5. Welchen äußern Luftdruck wird eine Seifenblase, deren Durchmesser 3 Zoll ausmacht, ertragen?

6) Mit welcher Kraft halten 2 Magdeburger Halbkugeln zusammen, wenn der Radius derselben r Fuß beträgt?

7. Welche Kraft ergiebt sich in v. N. für r = 15 Zoll, und für r = 2 Fuß?

8. Welchen Luftdruck würde der Mensch zu ertragen haben, wenn sich unsere Atmosphäre in eine von Wasser verwandelte?

9. Wenn der Alkohol das specifische Gewicht 0,792 besitzt; wie lang müßte die Barometerröhre für diese Flüssigkeit sich zeigen, um sie als Luftdruckmesser zu gebrauchen?

10. Wenn das Wasser in einer Barometerröhre B Fuß hoch steht; in welcher Höhe wird eine Flüssigkeit erhalten, deren specifisches Gewicht = S beträgt?

11. Wie hoch wird concentrirte Essigsäure, deren specifisches Gewicht 1,06 ausmacht, in der Barometerröhre stehen?

12. Wie groß ist das specifische Gewicht einer Flüssigkeit, welche 40 Fuß hoch in der Barometerröhre steht?

13. Welcher Druck drängt die in einem Cylinder vorhandene atmosphärische Luft von 10 Zoll auf 2 Zoll zusammen?

14. Die in einer Kugel von 4 Zoll Halbmesser befindliche Luft wird in eine 2 Zoll im Halbmesser haltende Kugel zusammengepreßt. Welche Dichtigkeit und welches specifische Gewicht wird jetzt die Luftportion in Bezug auf die frühere besitzen?

15. Wenn eine mit Sauerstoff gefüllte Blase in der atmosphärischen Luft ein Volumen V besitzt; bis zu welchem Volumen wird sie sich in einer Luft, deren Dichtigkeit nur 0,0694 der atmosphärischen Luft beträgt, ausdehnen?

16. Bis zu welchem Volumen wird sich in v. N. die Blase ausdehnen, wenn V = 2 Kubikfuß ausmacht?

17. Wird eine Taucherglocke das eine Mal bis auf 32 Fuß und das andere Mal bis auf 64 Fuß untergetaucht; wie wird sich die Dichtigkeit der atmosphärischen Luft im ersten Falle zu der im zweiten verhalten?

18. Hält eine a Fuß lange Wassersäule dem Luftdrucke das Gleichgewicht und bringt man die Taucherglocke b Fuß tief unter Wasser; wie groß wird die Dichtigkeit D der eingesperrten Luft in Bezug auf die Dichte d der atmosphärischen sein müssen?

19. Die auf einen cylindrischen und 2 Zoll im Halbmesser haltenden Recipienten gedeckte Glasscheibe zersprang, als die verdünnte Luft $\frac{1}{80}$ ihrer frühern Dichtigkeit besaß. — Welchen Druck hatte die Glasscheibe vor dem Zerspringen zu erleiden?

20. Wenn bei dem Barometerstande von 28 Zoll das specifische Gewicht des Quecksilbers 10463 mal größer als das der atmosphärischen Luft sich zeigt; wie viel mal specifisch schwerer als diese wird jenes bei einem Barometerstande von 20 Zoll sein müssen?

21. Wie hoch müßte unsere Atmosphäre sein, wenn sie überall die nämliche Dichtigkeit besäße, einem Quecksilberstande von 28 Zoll das Gleichgewicht halten sollte, und das specifische Gewicht des Quecksilbers 10463 mal so groß als das der Luft sich zeigt?

22. Wenn das Barometer am Fuße eines Berges 28 und auf dem Gipfel desselben 27 Zoll hoch steht; wie viel wird die Dichtigkeit d der Luft auf dem Berge in Bezug auf die D an seinem Fuße betragen?

23. Welche Luftverdünnung ertragen Leute in einer Höhe von 3016 Toisen, wenn das Barometer am Meeresspiegel 336″ hoch steht.

24. Wie weit müßte man sich erheben, um ein Barometer von 28 Zoll auf 1 Zoll fallen zu machen?

25. Man soll die Höhe des Ortes **M** über **N** (oder die Höhe **MN** eines Berges) berechnen, wenn in **M** die Barometerhöhe 278,6 Par. Linien betrug, das innere Thermometer $+2^{\circ},5$ das äußere $+7^{\circ},8$ zeigte, während in **N** die Höhe des Barometers 314,2 Par. Linien ausmachte, das innere Thermometer $+8^{\circ},9$ und das äußere $+13^{\circ},5$ angab?

26. Wenn an einem Orte, dessen geographische Breite 67° 14′ 15″ 5 nördlich beträgt, der Barometerstand 26 Zoll $9\frac{3}{4}$ Linien (Par. Duodec.) ausmacht, und am innern Thermometer $-3^{\circ},9$ und am äußern $-7^{\circ},4$ sich zeigten; wie viel wird die Höhe dieses Ortes über der Meeresfläche betragen?

27. Wie groß ist bei einem Differentialbarometer der Barometerstand, wenn m den Inhalt des Luftgefäßes, α das Volumen der comprimirten Luft und β die bewirkte Neigung nach der Compression ausdrückt?

28. Ist in v. N. $m = 330,73$ cylindrischen Linien vom Querschnitte der Steigröhre, $\alpha = 292,73$ und $\beta = 44,27$; wie viel beträgt x?

29. Wenn das im Recipienten der Luftpumpe vorhandene Heberbarometer 3 Linien und ein äußeres Barometer 336 Linien hoch steht; wie viel mal ist die im Recipienten vorhandene Luft verdünnt?

30. Man soll die Größe der im Recipienten stattfindenden Luftverdünnung ermitteln, wenn ein darin befindliches Heberbarometer 1 Linie hoch steht, während das äußere Barometer 338 Linien angiebt?

Resultate.

1) 26515,0196 Pfd.*) **2)** 12660 Pfd. **3)** 1036,7247 Pfd. **4)** 159090,1176 Pfd. **5)** 424,11465 Pfd. **6)** Mit der Kraft $(r^2\pi.2110)$ Pfd. **7)** 10357,42953125 Pfd. und 26515,0196 Pfd. **8)** Da der Mensch (nach No. V.) einen Luftdruck von 25317 Pfd.

*) Wenn der auf 1 Quadratfuß wirksame Luftdruck 2110 Pfd. und der auf 1 Kubikzoll thätige = 15 Pfd. gerechnet wird.

aushält und das Wasser 765 Mal specifisch schwerer als die Luft sich zeigt, so würde der Mensch in gegenwärtiger Aufgabe einen Druck von 19367505 Pfd. ertragen. 9) 40,4 Fuß. 10) In der Höhe $\left(\frac{B}{S}\right)$ Fuß. 11) 30,188 Fuß. 12) 0,8. 13) Der 5fache. 14) Die 8fache Dichtigkeit und das 8fache specifische Gewicht. 15) Bis zum Volumen $\frac{V}{0{,}0694}$. 16) 28,818 Kubikfuß. 17) Die atmosphärische Luft wird im 1sten Falle in den halben und im 2ten in den 3ten Theil des ursprünglich eingenommenen Raumes zusammengedrängt; und es verhält sich dieserhalb die Dichtigkeit im 1sten Falle zu der im 2ten wie 2 zu 3. 18) $D = \frac{(a+b).d}{b}$. 19) 184,7254 Pfd. 20) 14648,2mal. 21) $24413\frac{1}{3}$ Fuß. 22) $d = \frac{27.D}{28}$. 23) Eine doppelte. 24) 80787 Pariser Fuß. 25) Die Höhe des Berges MN beträgt 459,492 Toisen. 26) Die Höhe des Ortes über der Meeresfläche ist = 203,843 Toisen, 27) Es ist $x = \frac{\alpha\beta}{m-\alpha}$. 28) x = 340,74 Linien. 29) 112mal. 30) Die Luft ist im Recipienten 338mal verdünnt.

Neun und zwanzigstes Kapitel.

Von der Dichtigkeit der Luft und den Luftbällen.

Was heißt ein Dichtigkeitsmesser oder Manometer; wie ist derselbe eingerichtet, und wer erfand dieses Instrument?

Was nennt man einen Luftball, einen Ballon oder einen Aërostaten?

Wie sind die gebräuchlichsten Luftbälle construirt und womit und wie werden dieselben gefüllt?

Wer erfand die Luftbälle; und welche Bälle werden Montgolfieren und Charlieren genannt?

Was heißt ein Fallschirm; wie ist derselbe eingerichtet und wie wird er gebraucht?
Was nennt man Luftschiffkunst oder Aeronautik?

Hauptsätze.

I. Befindet sich ein Körper K. in der Luft und ist er specifisch schwerer als die letztere, so fällt er zu Boden. Ist aber das specifische Gewicht des K. gleich dem der Luft, so schwebt er darin; und ist sein specifisches Gewicht kleiner als dasjenige der Luft, so steigt er darin empor.

II. Die Dichtigkeit der Luft ist an demselben Orte nicht zu allen Zeiten von gleicher Größe, und es kann also auch der an diesem Orte befindliche K. nicht immer denselben Verlust an seinem absoluten Gewichte erleiden.

III. Die Wirkungen des Manometers werden aus vorig. Nr. erklärt.

IV. Die Luftschiffkunst beruht darauf, daß jeder Körper, welcher weniger wiegt als die von ihm verdrängte Luft, in letzterer in die Höhe steigen muß.

V. Das Höhersteigen des Luftballs B wird durch das Auswerfen von Sand und das Niedersinken desselben durch das Weglassen des darin befindlichen Gases befördert. Auch wird das Steigen und Niedersinken der mit erhitzter Luft gefüllten Bälle durch Verstärkung oder Verminderung des in der Glutpfanne unterhaltenen Feuers bewirkt.

VI. Es existirt kein Mittel den B. beliebig in horizontaler Richtung zu bewegen. Da aber in den höhern und tiefern Luftschichten oft Strömungen in entgegengesetzten Richtungen stattfinden, so kann das Steigen oder Fallen des B. einigermaßen dazu dienen, horizontale Bewegungen in entgegengesetzten Richtungen hervorzubringen.

VII. Ist der körperliche Inhalt des mit Gas gefüllten Ballons $= \mathrm{C}$, das absolute Gewicht eines Kubikfußes atmosphärischer Luft $= \mathrm{A}$, das eines Kubikfußes Gas $= \mathrm{a}$, das des Materials und nöthigen Ballastes $= \mathfrak{A}$, so steigt der Ballon mit der Kraft:

$$\mathrm{K} = \mathrm{A}\,.\,\mathrm{C} - (\mathrm{a}\,.\,\mathrm{C} + \mathfrak{A})$$

in die Höhe.

VIII. Soll in vorig. Nr. der Ballon nicht mehr steigen, oder $\mathrm{K} = 0$ sein, so ergiebt sich:

$$\mathrm{C} = \frac{\mathfrak{A}}{\mathrm{A} - \mathrm{a}}.$$

IX. Soll ein Ballon blos seine Hülle heben, ohne zu steigen, und ist die Fläche der Hülle $= \mathrm{F}$ Quadratfuß und das Gewicht eines Quadratfußes derselben = Q, so ergiebt sich:

$$C = \frac{F.Q}{A-a}.$$

X. Um den Durchmesser D der kleinsten Kugel oder die Seite des kleinsten Würfels zu finden, welche mit erhitzter Luft oder Wasserstoffgas gefüllt gerade schweben würden, dividire man das 6fache Gewicht eines Quadratfußes des anzuwendenden Stoffes durch den Unterschied der absoluten Gewichte, welche ein Kubikfuß gemeine und ein Kubikfuß erhitzte Luft oder Wasserstoffgas besitzen; und man erhält deßhalb:

$$D = \frac{Q}{A-a}.$$

Uebungssätze.

1) Die Seifenblasen steigen in die Höhe.

2) Die wärmere Luft steigt in der kältern empor.

3) Viele fein gepulverte Körper schweben in der Luft, obgleich sie specifisch schwerer als die letztere sich zeigen.

4) Ein Ballon wird niemals ganz mit Wasserstoffgas gefüllt.

Aufgaben.

1. Mit welcher Kraft steigt ein Ballon B. in die Höhe, wenn (in Nr. VII.) C = 30000 Kubikfuß, A = 2,7 Loth, a = 1,4 Loth und A = 100 Pfd. beträgt?

2. Mit welcher Kraft wird B. sich erheben, wenn der Durchmesser desselben = 40 Fuß beträgt, ein Kubikfuß atmosphärischer Luft 2,7 Loth, 1 Kubikfuß des im B. enthaltenen Gases = $\frac{9}{20}$ Loth, 1 Quadratfuß Taffet, woraus B. verfertigt ist, = 2 Loth, der Luftschiffer 140 Pfd., und die Gondel sammt den mit Sand gefüllten Säcken u. s. w. 860 Pfd. wiegt?

3. Wie hoch wird B. steigen können, bis er ganz durch das darin befindliche Gas ausgedehnt ist, wenn man seine Belastung und die Temperatur des Gases unberücksichtigt läßt?

4. Wie hoch kann B. sich erheben, wenn man auch auf seine Belastung Rücksicht nimmt?

5. Ist ein Ballon 0,8 seines Raumes mit Luft gefüllt; wie hoch wird er, abgesehen von seiner Belastung, sich erheben, bis das Gas sich ganz ausgedehnt hat, wenn B = 336 Linien beträgt?

6. Der Ballon, womit Charles 1783 in die Höhe stieg, hatte ein Gewicht von 438 Pfd., und trieb 800 Pfd. Luft aus der Stelle.

Wenn aber nun das Gewicht der angewandten Gasart 5,25 mal geringer als das der Luft sich zeigte und das Barometer beim Aufsteigen 340 Linien angab; wie hoch konnte dieser Ballon sich erheben?

Resultate.

1) Mit der Kraft 1118,75 Pfd. **2)** Mit der Kraft 1041 Pfd. **3)** Nennt man Barometerstand an der Erde $= \mathbf{B}$, den in der gesuchten Höhe $= \mathbf{b}$, die Dichtigkeit der untern atmosphärischen Luft $= \mathbf{D}$ und die der obern $= \mathbf{d}$, so wird das Steigen enden, wenn $\mathbf{D} : \mathbf{d} = \mathbf{B} : \mathbf{b}$, oder $\mathbf{b} = \frac{\mathbf{dB}}{\mathbf{D}}$ beträgt. Die Höhe, welche der Ballon erreicht, wird aber aus der im Kapitel XXVIII. Nr. XXII. angegebenen Formel berechnet; und man erhält jetzt:

$$\mathbf{H} = 2{,}3025 \,.\, 24479 \left(\log \mathbf{B} - \log \frac{\mathbf{d} \,.\, \mathbf{B}}{\mathbf{D}}\right)$$

$$= 2{,}3025 \,.\, 24479 \,.\, \log \frac{\mathbf{D}}{\mathbf{d}} \text{ Pariser Fuß.}$$

4) Man erhält wie in v. N., wenn nämlich **A**, **a**, $\mathfrak{A}$ und **C** ihre in Nr. VII. angegebenen Bedeutungen besitzen:

$$\mathbf{b} = \frac{\mathfrak{A}\mathbf{B}}{\mathbf{C}(\mathbf{A} - \mathbf{a})},$$

und also die Steighöhe, nämlich

$$\mathbf{H} = 2{,}3025 \,.\, 24479 \,.\, \log \frac{\mathbf{C} .(\mathbf{A} - \mathbf{a})}{\mathfrak{A}} \text{ Par. Fuß.}$$

5) 5462 Fuß. **6)** 9429,5 Fuß.

Dreißigstes Kapitel.

Von den Saug- und Druckwerken und von dem gewöhnlichen Heber.

Was heißt ein Saugwerk und was ein Druckwerk, wie sind diese Apparate eingerichtet, und wie werden sie gebraucht?

Was nennt man eine Feuerspritze und wie ist dieselbe beschaffen?

Was heißt ein gewöhnlicher Heber, wie ist derselbe eingerichtet und wie wird er gebraucht? Wie ist der Heber der brüderlichen Eintracht und wie der Zauber- oder Vexirbecher beschaffen?

Hauptsätze.

I. Die Wirkungen der Saugwerke beruhen auf dem ungleichen Drucke der Luft; auch werden die Wirkungen der Heber aus dem ungleichen Drucke erklärt, welche die tropfbare Flüssigkeit auf die Luft ausübt.

II. Bei einem Saugwerke kann das unter dem Kolben befindliche Wasser nur bis zu einer Höhe von 32 Fuß gehoben werden. Die über dem Kolben vorhandene Wassersäule läßt sich dagegen zu einer bedeutenden Höhe erheben.

III. Die Feuerspritze ist als ein mit einem Windkessel verbundenes Saug- und Druckwerk anzusehen.

IV. Soll (in Fig. 27.) der im Wasser **W** befindliche Heber **abc** fließen, so sind folgende Bedingungen erforderlich:

1) Der Heber **abc** wird entweder durch Saugen oder auf eine andere Weise mit Wasser gefüllt.
2) Die Oeffnung **a** muß unter der flüssigen Oberfläche **de** sich befinden.
3) Die Ausflußöffnung **c** muß einen tiefern Stand als **de** einnehmen.
4) Die lothrechte Entfernung des höchsten Punktes **b** von der flüssigen Oberfläche **de** muß weniger als 32 Fuß betragen.

V. Die an dem Heber der brüderlichen Eintracht stattfindenden Erscheinungen werden aus v. N. erklärt.

VI. Die Wirkungen des heberartigen Springbrunnens ergeben sich aus Nr. IV.; auch werden daraus die Erscheinungen des Vexirbechers erklärt.

Uebungssätze.

1) Der Heber kann im luftleeren Raume nicht fließen.

2) Das Wasser wird vermittelst des Hebers über eine Anhöhe geleitet, wenn nur die lothrechte Entfernung des höchsten Punktes der Anhöhe von der Wasseroberfläche nicht 32 Fuß beträgt.

3) Das Wasser wird auch, ohne Heber, durch die sogenannte Wasserschraube in die Höhe gebracht.

4) Es giebt Quellen, welche bei niedrigem Wasserstande gefüllt bleiben, bei höherm aber ausfließen.

5) Im Kanal von Languedoc u. s. w. wird man die Wirkungen des Hebers im Großen gewahr.

Ein und dreißigstes Kapitel.

Von der Bewegung der Luft an sich.

Was heißt Luftströmung?

Was nennt man das Blasen der Luft; und welche Vorrichtungen heißen Gebläse?

Welches sind die gebräuchlichsten Gebläse; und was heißt ein Blasebalg, ein Kastengebläse, Cylindergebläse und Wassergebläse?

Was wird Pneumatik genannt?

Hauptsätze.

I. Die Luftströmung hat ihr Entstehen hauptsächlich den verschiedenen Wirkungen der Wärme zu verdanken.

II. Ist in einem Gefäße atmosphärische Luft befindlich, und hat dieselbe eine größere Elasticität als die äußere, so strömt sie durch dargebotene Oeffnungen so lange nach allen Seiten hin aus, bis ihre Elasticität gleich der der äußern sich zeigt.

•III. Wenn aus einem Gefäße etwas Luft ausströmt, so breitet sich die zurückgebliebene gleichförmig aus, wenn nur das Gefäß eine nicht zu bedeutende Höhe besitzt.

IV. Die menschliche Brust ist als ein Gebläse anzusehen.

V. Die Geschwindigkeit, welche die durch eine Oeffnung ein- und ausströmende Luft besitzt, hängt von dem Unterschiede der Elasticitäten der mit einander in Gemeinschaft stehenden Luftportionen ab.

VI. Ist die Größe der Oeffnung nur unbedeutend und befindet sich dieselbe in einer Platte, so zieht sich der ausströmende Luftstrom wie der Wasserstrom zusammen. Hieraus folgt aber, daß die an der Oeffnung befindliche Ansatzröhre einen Einfluß auf die Menge der ausströmenden Luft ausübt.

VII. Die Luft wird selbst in einer langen Röhre durch ein Gebläse, welches sich an dem einen Ende befindet, durchgängig in Bewegung gesetzt.

VIII. Wenn eine eingeschlossene Luftportion sich in einen größern abgeschlossenen Raum ausdehnt, so verhalten sich die Aenderungen der einzelnen Lufträume wie die ganzen Räume.

IX. Ist in dem Boden eines Gefäßes eine Oeffnung befindlich und werden vermittelst der Druckkräfte **K** und **k** in derselben Zeit

V und v Kubikfuß Luft durch dieselbe getrieben, so ist:

$$K : k = V^2 : v^2,$$

$$\text{oder } \sqrt{K} : \sqrt{k} = V : v.$$

X. Ist das specifische Gewicht des Quecksilbers in Bezug auf die atmosphärische Luft = s, die Dichtigkeit der letztern = d, die zeitige Barometerhöhe = b, so wird die Geschwindigkeit (c), womit anfänglich aus einem mit Luft gefüllten Gefäße diese in einen leeren Raum ausfließt, durch:

$$c = 2\sqrt{\frac{\mathfrak{G}bs}{d}}$$

ausgedrückt.

XI. Ist die in einem Gefäße vorhandene Luft comprimirt und daher dichter als die atmosphärische, wiegt ein Kubikfuß der erstern A Pfd., einer der letztern = a Pfd., ist die Barometerhöhe für die gewöhnliche Luft = b, und verhält sich das Gewicht des Quecksilbers zu dem der Luft wie s : 1, so beträgt die *) Geschwindigkeit, womit die eingeschlossene Luft ausströmt, nämlich:

$$c = 2\sqrt{\mathfrak{G} . s . b . \left(\frac{A - a}{A . a}\right)}.$$

XII. Die Geschwindigkeit (c), womit eine specifisch schwerere durch eine specifisch leichtere Luftschichte fließt, wenn jene die Temperatur t^0 und diese die Temperatur T^0 besitzt und h die durch die Ausdehnung der Luftsäule bei t^0 Wärme gehörige Höhe bedeutet, ist durch die Gleichung:

$$c = 0{,}00366 . (t^0 - T^0) 2\sqrt{\mathfrak{G}H}$$

ausgedrückt, wenn sich die atmosphärische Luft für jeden Grad der 100theiligen Scale um 0,00366 ihres Volumens ausdehnt.

Aufgaben.

1. Wie verhalten sich die Druckkräfte, welche durch die am Boden eines Gefäßes angebrachte Oeffnung in derselben Zeit beziehlig 20,5 und 6,25 Kubikfuß Luft austreiben?

2. Wie verhalten sich die Luftmengen, welche durch die Druckkräfte 180,5 und 36,25 Pfd. aus der im Boden eines Gefäßes befindlichen Oeffnung in der nämlichen Zeit getrieben werden.

3. Die Druckkraft 800 Pfd. treibt in einer gewissen Zeit 180 Kubikfuß Luft aus der am Boden eines Gefäßes angebrachten Oeffnung. Welche Druckkraft wird in der nämlichen Zeit 400 Kubikfuß Luft aus derselben Oeffnung bringen?

---

*) Auf Pariser Fuß bezogen.

4. Wenn die Druckkraft 400 Pfd. in einer gewissen Zeit 80 Kubikfuß Luft aus der am Boden eines Gefäßes vorhandenen Oeffnung treibt; welche Luftmenge wird die Druckkraft 900 Pfd. in derselben Zeit aus dieser Oeffnung bringen?

5. Mit welcher Geschwindigkeit strömt die Luft zuerst in einen luftleeren Raum, wenn das specifische Gewicht des Quecksilbers in Bezug auf die Luft = 10466 und der zeitige Barometerstand = 28 Par. Zoll beträgt?

6. Ist in einer Röhre eine 10mal dichtere Luft als in der Atmosphäre befindlich; welche anfängliche Geschwindigkeit wird man bei der Barometerhöhe von 28 Par. Zoll und dem specifischen Gewichte des Quecksilbers = 10466 für die ausströmende Luft erhalten?

7. In dem Behälter einer Windbüchse ist die atmosphärische Luft durch 200 Kolbenzüge zusammengedrückt. Wenn aber nun der Inhalt des Stiefels der Compressionspumpe zu dem des Windbehälters sich wie 1 zu 10 verhält, mit welcher Geschwindigkeit wird die Luft aus dem Rohre der Windbüchse strömen?

8. Wenn die Kraft des beim entzündeten Schießpulver entstandenen Dampfes dem 1480fachen Druck der Atmosphäre entspricht, und in der Windbüchse eine 100mal verdichtete Luft sich befindet; wie muß die Geschwindigkeit bei der Windbüchse zu der beim Feuergewehre für die Kugel sich verhalten?

Resultate.

1) Wie 420,25 zu 39,0625. 2) Wie 13,43 zu 6,02. 3) $3950\frac{50}{81}$ Pfd. 4) 120 Kubikfuß. 5) Mit der Geschwindigkeit 1235,4. 6) Die Geschwindigkeit 713,27. 7) Mit der Geschwindigkeit 733,7. 8) Die Geschwindigkeit bei der Windbüchse verhält sich zu der beim Feuergewehre wie 10 zu 38,47.

Zwei und dreißigstes Kapitel.

Von der Bewegung der Luft gegen feste Körper und von der Bewegung der festen Körper gegen die Luft.

Wann schwebt ein Körper in der Luft?
Was heißt Fliegen?

Was nennt man Wind?
Wodurch wird die Geschwindigkeit des Windes ermittelt?
Wie sind die gebräuchlichsten Windmesser oder Anemometer eingerichtet, und wie werden dieselben gebraucht?

Hauptsätze.

I. Jeder in der Luft L. fortgehende Körper K. muß dieselbe in Bewegung setzen und deßhalb einen immerwährenden Verlust an seiner Geschwindigkeit erleiden.

II. Die Wirkung, welche L. auf K. ausübt, d. h. der Widerstand der L., ist manchmal sehr bedeutend, obgleich er kleiner als der des Wassers sich zeigt.

III. Stößt ein Luftstrom senkrecht gegen eine ruhende Ebene oder bewegt sich eine Ebene senkrecht auf sich selbst in ruhender Luft, so ist im 1sten Falle der Druck und im 2ten der Widerstand, den die Luft auf diese Ebene ausübt, gleich dem Gewichte einer Luftsäule von derselben und gleichförmigen Dichtigkeit, welche die Ebene zur Grundfläche und die der Geschwindigkeit entsprechende ein- bis vierfache freie Fallhöhe *) zur Höhe hat.

IV. Der Druck, welchen der Luftstrom auf ein ihm senkrecht entgegenstehende Ebene äußert, ist dem Quadrate der Geschwindigkeit verhältnißmäßig; dasselbe findet auch bei dem Widerstande statt, den die ruhende Luft der bewegten Ebene entgegensetzt.

V. Um den Druck K der strömenden Luft gegen eine ruhende Ebene, oder den Widerstand der ruhenden Luft gegen eine bewegte Ebene zu ermitteln, wenn die Richtung des Luftstromes oder der Ebene senkrecht auf letzterer steht, so setzt man die dem Widerstande entsprechende Höhe der gleichförmig dichten Luftsäule = H Fuß, die Grundfläche der letztern = F Quadratfuß, die Geschwindigkeit des Luftstroms oder der Ebene = C, die ihr zugehörige freie Fallhöhe = S Fuß, die Dichtigkeit der Luft, worin die Ebene sich befindet, = d, und man findet alsdann, daß K gleich ist dem Gewichte einer Luftsäule, deren körperlicher Inhalt entweder (F . H . d) Kubikfuß,

oder $(Q . F . S . d)$ Kubikfuß

oder $\left(Q . F . \frac{C^2}{4\mathfrak{G}} . d\right)$ Kubikfuß

*) Nach Newtons Versuchen ist die Höhe der Luftsäule 1mal, nach Schobers Angaben 1,5mal und nach Prechtl's Versuchen 3,7mal so groß als die freie Fallhöhe, welche der in Rede stehenden Geschwindigkeit entspricht.

beträgt, wenn man nur in den beiden letztern Ausdrücken den Coefficienten **Q** durch Versuche bestimmt.

VI. Um den Druck der strömenden Luft gegen eine ruhende Ebene oder den Widerstand der ruhenden Luft gegen eine bewegte Ebene zu finden, wenn die Richtung des Stromes oder der Ebene schief auf letzterer ist, erhält man (nach v. Nr. und nach Kap. XXVI. Nr. IX — XII.)

1) den in der senkrechten Richtung lh (Fig. 24.) stattfindenden Druck oder Widerstand gleich dem Gewichte einer Luftsäule, deren körperlicher Inhalt

$$\left(\frac{Q \cdot C^2 \cdot \sin^2 \alpha \cdot F \cdot d}{4 \mathfrak{G}}\right) \text{ Kubikfuß,}$$

2) den in der schiefen Richtung lo stattfindenden Druck oder Widerstand gleich dem Gewichte einer Luftsäule, deren körperlicher Inhalt:

$$\left(\frac{Q \cdot C^2 \cdot \sin^3 \alpha \cdot F \cdot d}{4 \mathfrak{G}}\right) \text{ Kubikfuß, und}$$

3) den in der Richtung lp stattfindenden Druck oder Widerstand gleich dem Gewichte einer Luftsäule, deren körperlicher Inhalt:

$$\left(\frac{Q \cdot C^2 \cdot \sin^2 \alpha \cdot \cos \alpha \cdot F \cdot d}{4 \mathfrak{G}}\right) \text{ Kubikfuß}$$

ausmacht.

VII. Wenn die Ebene mit bedeutender Geschwindigkeit sich bewegt, so wird auf derjenigen Seite, welche die Ebene dem Strome zukehrt, die Luft bedeutend verdichtet und auf der entgegengesetzten Seite verdünnt, und so das Gleichgewicht gestört, welches in allen Luftschichten vorausgesetzt worden ist.

VIII. Wenn der in der Luft fortgehende Körper K. eine solche Gestalt bekommt, daß sein Vordertheil immer schmäler und endlich schneidig wird, so wird der Widerstand vermindert, welchen die Luft dem K. entgegensetzt.

IX. Ist der Widerstand, den die Luft auf den fallenden K. ausübt, dem Gewichte desselben gleich, so fällt K. nicht mehr beschleunigt, sondern gleichförmig herab, wenn nur alle Luftschichten, worin K. sich bewegt, dieselbe Dichtigkeit besitzen.

X. Wenn K. mit gleichförmiger Bewegung fällt, so ist der Widerstand, welchen die Luft auf ihn ausübt, dem Gewichte dieses Körpers gleich.

XI. Eine schief gegen die Richtung der Schwere gestellte Fläche bewegt sich in ruhiger Luft langsam schräg vorwärts.

XII. Ein Körper schwebt in der Luft, wenn er entweder ein kleineres specifisches Gewicht als die letztere besitzt, oder wenn er weniger wiegt als die Luft, welche er verdrängt.

XIII. Die fliegenden Thiere bewirken durch den schnellen Niederschlag ihrer Flügel, daß der Widerstand der Luft größer als das Gewicht ihres Körpers sich zeigt.

XIV. Strömt aus der Oeffnung eines hohlen Körpers entweder Luft oder eine andere ausdehnsame Flüssigkeit, so erleidet K. einen Druck in der entgegengesetzten Richtung, welcher diesen Körper, im Falle er frei beweglich ist, in eine fortschreitende Bewegung versetzt.

Uebungssätze.

1) Der Widerstand der Luft verhindert die schädlichen Wirkungen der herabfallenden Regentropfen, u. s. w.

2) Die Wirkungen des Wasserhammers ergeben sich aus dem aufgehobenen Widerstande der Luft.

3) Im lufterfüllten Raume fällt ein Körper desto schneller, je dichter er sich zeigt.

4) Das Quecksilber stößt beim Steigen des Barometers mit großer Kraft an das verschlossene Ende der Röhre.

5) Die Windmühlenflügel und die blechernen Rädchen der Ventilatoren, welche man zur Luftreinigung in die Fensterscheiben einsetzt, werden durch den schiefen Luftdruck gedreht.

6) Die aus starkem Papier verfertigten und auf den warmen Ofen gestellten Rädchen und Schlangen drehen sich.

7) Die Papierdrachen steigen in die Höhe.

8) Das linsenförmige Pendel bewegt sich mit großer Leichtigkeit in der Luft.

9) Die Wirkungen des Fallschirms beruhen auf dem Widerstande, welchen die Luft einer Fläche von großem Volumen entgegensetzt.

10) Bei dem Fallen des Fallschirms hört bald alle Beschleunigung auf und der Schirm geht gleichförmig fort.

11) Durch den in dem Schlagwerke der Uhren befindlichen Windfang wird die Bewegung des Gewichtes gleichförmig erhalten.

12) Ein schaufelartig gebogenes Blatt Papier und der von Zachariä angegebene Flugkahn bewegen sich langsam schräg vorwärts.

13) Die vollkommensten Flieger sind die Vögel; und unter diesen wieder die Schwalben, Zug- und Raubvögel, welche mit langsamen Flügelschlägen durch die Luft sich bewegen und öfters mit ausgebreiteten Flügeln auf derselben fortgleiten.

14) Der Uhrmacher Degen in Wien erfand eine Maschine, womit er eine Strecke hindurch mit Hülfe eines Luftballs flog.

15) Die Raketen steigen öfters 1500 — 4000 Fuß in die Höhe.

16) Bei Feuerwerken drehen die Feuerräder sich um.

17) Die Kanonen springen beim Abfeuern zurück.

18) Ein beim Losdrücken an den Backen gelegtes Gewehr schlägt mit einiger Heftigkeit an denselben.

19) Der Wind bläst oft mit solcher Stärke, daß er Bäume ausreißt und Häuser abdeckt.

Aufgaben.

1. Wie verhalten sich die Druckkräfte, welche die mit den Geschwindigkeiten 30 und 20 fortgehenden Luftströme auf eine ihnen senkrecht entgegenstehende Ebene ausüben.

2. Wenn sich die Druckkräfte, welche 2 Luftströme auf eine ihnen senkrecht entgegenstehende Ebene ausüben, wie 800 zu 300 verhalten; welches Verhältniß werden die Geschwindigkeiten der Luftströme mit einander bilden?

3. Wie groß ist der Druck, welchen die mit der Geschwindigkeit 30 strömende Luft gegen eine ruhende und 8 Quadratfuß große Ebene ausübt, wenn die Richtung des Stromes senkrecht auf der Ebene sich befindet?

4. Welchen Widerstand setzt die ruhende Luft der mit der Geschwindigkeit 40 bewegten und 20 Quadratfuß betragenden Ebene entgegen, wenn die Richtung der Bewegung senkrecht auf der Ebene steht?

5. Wenn (in Fig. 24.) die mit der Geschwindigkeit 50 strömende Luft in der schiefen Richtung **nl** und unter dem Winkel $\alpha = 45^0$ gegen die ruhende und 30 Quadratfuß große Ebene **ab** stößt; wie groß ist der Druck, welchen **ab** in den Richtungen **lh**, **lo** und **lp** erfährt?

6. Stößt (in Fig. 23.) die mit der Geschwindigkeit 40 fortgehende Luft in der schiefen Richtung **nl** und unter dem Winkel $\alpha = 30^0$ auf die ruhende 22 Quadratfuß betragende Ebene; wie groß ist der Druck, welchen **ab** in den Richtungen **lh**, **lo** und **lp** erleidet?

Resultate.

1) Wie 9 zu 4. **2)** Wie 2,828 zu 1,732. **3)** 466,56 Loth, wenn man Schobers Angabe berücksichtigt und 1 Kubikfuß Luft = 2,7 Loth annimmt. **4)** 5114,88 Loth, wenn man Prechtl's Angabe berücksichtigt. **5)** 2430 Loth 1718,01 Loth und 1718,01 Loth, wenn man $d = 1$ und $Q = 1{,}5$ annimmt. **6)** 1406,592 Loth, 703,28 Loth und 1218,08096 Loth, wenn man $d = 1$ und $Q = 3{,}7$ setzt.

Drei und dreißigstes Kapitel.

Von der Entstehung und Fortpflanzung des Schalles.

Was nennt man Schall und was schallende Körper?

Was heißt ein Klang und was ein Geräusch?

Was nennt man einen Ton?

Was heißt ein niedrigerer und was ein höherer Ton?

Wie wird die Lehre vom Schalle genannt?

Woraus ergiebt sich die große Mannigfaltigkeit des Klanges und des Geräusches und durch welche Worte hat man dieselbe ausgedrückt?

Wodurch wird der Klang erregt?

In wie viele Klassen werden alle schallende Körper eingetheilt; welche Körper werden zu jeder dieser Klassen gezählt; und was werden insbesondere fadenförmige und membranenförmige Körper genannt?

Was heißt die Fortpflanzung des Schalles und auf welche Weise wird dieselbe versinnlicht?

Was nennt man eine Schallwelle und was einen Schallstrahl?

Durch welches Organ wird der Schall empfunden, und wie ist dasselbe eingerichtet?

Hauptsätze.

I. Die Schwingungsbewegung elastischer Körper ist der oscillirenden Bewegung des Pendels sehr ähnlich.

II. Bei elastischen Körpern finden 3 verschiedene Arten von Schwingungen:

1) Transversale oder Querschwingungen,
2) Longitudinale oder Längenschwingungen, und
3) drehende Schwingungen statt.

III. Ein elastischer Körper kann entweder als Ganzes schwingen oder sich in einzelne Theile theilen, die in entgegengesetzten Richtungen oscilliren und durch ruhende Stellen von einander getrennt sind, welche man **Schwingungsknoten** nennt.

IV. In einem elastischen Körper finden oft mehrere Arten von Schwingungen gleichzeitig statt.

V. Der Schall wird durch schnelle Schwingungen erzeugt.

VI. Zum Schalle ist einige Elasticität und zum Klange ein bedeutender Grad derselben erforderlich.

VII. Man kennt keinen Körper, welcher unfähig wäre irgend einen Schall hervorzubringen.

VIII. Der Schall pflanzt sich durch alle Körper fort; das gewöhnliche Fortpflanzungsmittel desselben ist aber die atmosphärische Luft.

IX. Der Schall breitet um den schallenden Körper in divergirenden Strahlen sich aus; und die Schallwellen erscheinen als concentrische Kreise, welche rings um diesen Körper entstehen.

X. In der Luft pflanzen mehrere Gattungen des Schalles sich gleichzeitig fort.

XI. Der Schall wird in der nfachen Entfernung n^2 mal schwächer als in der einfachen gehört.

XII. Die Stärke des Schalles ist — unter übrigens gleichen Umständen — desto größer, je bedeutender die Schwingungen des schallenden Körpers sich zeigen.

XIII. Der Schall ist (unter übrigens gleichen Umständen) desto stärker, je größer der schallende Körper, oder je größer die Anzahl der Schwingungen ist, welche gleichzeitig auf unser Gehör einwirken.

XIV. Die Stärke des Schalles ist — unter übrigens gleichen Umständen — desto größer, je schneller die Schwingungen des schallenden Körpers auf einander folgen.

XV. Die Stärke des Schalles ist desto unbedeutender, je dünner die Luft ist, welche den schallenden Körper umgiebt.

XVI. Der Schall wird in derjenigen Richtung am stärksten gehört, worin die anfänglichen Stöße auf die Luft geschehen sind.

XVII. Man hat gefunden, daß der Schall des Nachts in der Regel stärker als am Tage sich zeigt.

XVIII. Die Weite, bis zu welcher der Schall sich fortpflanzt, ist von der Stärke des letztern abhängig. Indessen hemmen weiche Körper die Fortpflanzung des Schalles; auch übt die Richtung des Windes einen merklichen Einfluß auf dieselbe aus.

XIX. Die Geschwindigkeit der Fortpflanzung des Schalles ist in trockener elastischer Luft größer als in weniger trockener. Wird die Luft durch Wärme ausgedehnt, also dünner und gleichzeitig elastischer, so pflanzt sich der Schall mit vermehrter Geschwindigkeit fort.

XX. Die Geschwindigkeit der Fortpflanzung des Schalles verändert sich nicht dadurch, daß man die Elasticität der Luft durch Zusammendrückung vermehrt.

XXI. Der Schall geht in blos verdünnter Luft langsamer als in der gewöhnlichen fort.

XXII. Der aus der Gegend des schallenden Körpers wehende Wind vermehrt die Geschwindigkeit des Schalles, der aus der entgegengesetzten Gegend kommende vermindert sie. Ist die Richtung des Windes senkrecht auf der des Schalles, so übt ersterer keinen Einfluß auf die Geschwindigkeit des letztern aus.

XXIII. Hohe und tiefe Töne gehen in der Luft mit gleichen Geschwindigkeiten fort.

XXIV. Die Schwingungen, welche ein fester Körper der Luft oder andern Körpern mittheilt, haben sich stets gleichzeitig mit den ursprünglichen Schwingungen dieses Körpers gezeigt.

XXV. Der Schall geht in der Luft gleichförmig fort; und legt bei der Temperatur 0° in einer Sekunde einen Raum von 1022,2 Pariser Fuß zurück. Diese Geschwindigkeit wird für jeden Grad der 100theiligen Scale nahe um 2 Fuß vermehrt.

XXVI. Der vom Schalle in einer Sekunde beschriebene Weg wird in den Rechnungen

$$= 1050 \text{ Fuß}$$

gesetzt.

XXVII. Der Schall geht durch tropfbare Flüssigkeiten mit größerer Geschwindigkeit als durch die Luft; und legt in derselben Zeit im Wasser einen mehr als 4 mal größern Weg als in der Luft zurück.

XXVIII. Der Schall wird durch feste Körper mit einer größern Geschwindigkeit als durch die Luft fortgepflanzt und beschreibt im Eisen in der nämlichen Zeit einen ohngefähr 15 mal so großen Weg als in der Luft.

XXIX. Bei festen Körpern hängt die Fortleitung des Schalles vom Gefüge und der Elasticität derselben ab.

XXX. Der Eindruck, welchen unser Ohr von den Schallwellen erleidet, besteht darin, daß letztere von dem äußern Ohre aufgefangen werden, hierauf an das Trommelfell schlagen, sich zuerst den Gehörbeinchen, dann den Seitenwänden des Labyrinths, und endlich, vermittelst der Flüssigkeit, dem Gehörnerven mittheilen. Durch letztere wird der äußere Eindruck fortgeleitet und auf eine uns unbekannte Weise zum Bewußtsein gebracht.

XXXI. Das Gehör wird durch den Mund und besonders durch die Zähne unterstützt.

Uebungssätze.

1) Weiche und wenig elastische Körper geben nur einen Schall aber keinen Klang.

2) Eine mit einem hölzernen Hammer angeschlagene Glocke tönt

nicht so stark, als wenn das Anschlagen mit einem eisernen Hammer geschieht.

3) Die Seiten eines Claviers werden durch eingeflochtene Tuchstreifen gedämpft.

4) Es hat sich bis jetzt kein Körper gezeigt, welcher unfähig wäre irgend einen Schall hervorzubringen.

5) Der Ton einer Saite ist desto stärker, je heftiger dieselbe gestrichen oder gerissen wird.

6) Eine große Glocke klingt stärker als eine kleinere.

7) Legt man ein Schlagwerk auf einen weich gepolsterten Schemel und bringt beides unter den Recipienten der Luftpumpe, so wird der Schall desto schwächer, je mehr man die Luft verdünnt. — Im luftleeren Raume wird kein Schall gehört.

8) Auf den Gipfeln hoher Berge ist der Schall schwächer als an ihrem Fuße; und unter der Taucherglocke ist die Stärke desselben sehr bedeutend.

9) Der Knall einer Kanone wurde 12 und mehrere Meilen weit gehört; und ein Flintenschuß soll auf 8000 Schritte hörbar sein.

10) Eine Compagnie Soldaten wird im Schritte 2000, außer dem Schritte 1400, und eine Escadron Cavallerie im Schritte 1800, im Trab oder Galopp 12600 rheinl. Fuß weit gehört.

11) Das Geschütz wird im Schritte 1600 und im Trab 2400 rheinl. Fuß weit gehört.

12) Eine Menschenstimme soll 800 rheinl. Fuß weit hörbar sein.

13) Im Rücken einer Armee kann man die Schüsse deutlich unterscheiden, welche von der einen und der andern Seite fallen.

14) Das zusammengesetzteste Tonstück wird in der Ferne zwar schwächer, aber alle Töne desselben in der nämlichen Ordnung wie in der Nähe gehört.

15) Läutet man mit einer unter dem Wasser befindlichen Glocke, so hört man ihren Schall, zwar deutlich aber etwas schwächer als in der Luft.

16) Befindet sich ein Beobachter unter der Oberfläche des Wassers, so bemerkt er in einer Tiefe von 2 Fuß die menschliche Stimme und in einer Tiefe von 12 Fuß den Knall einer Pistole sehr deutlich.

17) Läutet die unter der Wasseroberfläche befindliche Person ein ebenfalls unter dem Wasser vorhandenes Glöckchen, so hört sie den Schall desselben viel stärker als in der Luft.

18) Legt man sich mit einem Ohre auf die Erde, so vernimmt man die ankommenden Menschen, Pferde u. s. w. in sehr beträchtlichen Entfernungen.

19) Hängt man einen silbernen Löffel an einem Faden auf, hält letztern mit den Zähnen, und schlägt bei verstopften Ohren an den Löffel, so wirkt ein ziemlich starker Schall auf das Gehör.

20) Wenn man das eine Ende eines dünnen eisernen Stockes auf den Rand eines Kessels und das andere zwischen den Zähnen hält, so wird bei verstopften Ohren jeder im Kessel erregte Schall gehört.

21) Je gleichartiger und elastischer ein fester Körper ist, desto besser leitet er den Schall.

22) Bei Körpern, welche aus parallelen Fasern bestehen, wird der Schall besser nach der Länge als nach der Breite der Fasern fortgepflanzt.

23) Man pflegt einer fernstehenden Person in höhern Tönen zuzurufen.

24) Die Kanonenschüsse erscheinen auf dem Meere viel schwächer als auf dem Festlande.

25) Man bemerkt das Läuten der Glocken oder andere Arten des Schalles in gleicher Entfernung bald stärker und bald schwächer.

26) Die tauben Personen hören nicht, was andere sprechen.

Aufgaben.

1. Wie weit ist ein Gewitter von uns entfernt, wenn man den Donner 50 Sekunden nach dem Blitze bemerkt, und die Geschwindigkeit des Lichtes für unsere irdischen Dimensionen als unendlich groß sich zeigt?

2. Bei einem Gewitter wurde der Donner 40,8 Sekunden nach dem Blitze bemerkt; wie weit war dasselbe von uns entfernt?

3. Wann hört man einen losgelassenen Stein auffallen, wenn derselbe den Weg **S** Fuß frei fallend beschreibt, und **C** die Geschwindigkeit des Schalles ausdrückt?

4. Wann hört man eine losgelassene Kugel aufschlagen, wenn dieselbe 3150 Fuß frei herabfällt?

5. Wann hört jemand eine aus seiner Hand gefallene Kugel aufschlagen, wenn der von ihr beschriebene Weg 4200 Fuß beträgt?

6. Eine Person hört einen losgelassenen Körper nach **T** Sekunden aufschlagen; welchen Weg hat derselbe gemacht, wenn die Geschwindigkeit des Schalles = **C** beträgt?

7. Wenn jemand den aus seinen Händen fallenden Stein nach 10 Sekunden aufschlagen hört; welchen Weg hat derselbe zurückgelegt?

8. Einer läßt eine Kugel fallen und hört dieselbe nach 16 Sekunden aufschlagen; wie groß ist der von ihr beschriebene Weg?

9. Wenn eine Person den losgelassenen Körper erst nach 20 Sekunden aufschlagen hört; welchen Weg hat derselbe zurückgelegt?

10. Zwei Personen sind **a** Fuß von einander entfernt, und eine dritte steht h Fuß von ihrer Standlinie ab. Wenn aber nun die letztere stets in dieser Entfernung von der Standlinie bleiben soll;

wie weit muß sie von jeder der beiden ersten Personen, um von beiden gleich deutlich gehört zu werden, abstehen?

11. Wie weit steht (in v. N.) die 3te Person von jeder der beiden erstern ab, wenn **a** = 200 Fuß und **h** = 10 Fuß beträgt?

12. Wie weit ist (in Nr. 10.) die 3te Person von jeder der beiden erstern entfernt, wenn **a** = 320,2 Fuß und **h** = 20,4 Fuß ausmacht?

13. Wenn drei Personen **M, N, O** so weit aus einander stehen, daß **M** von **N** um **a**, **M** von **O** um **b** und **N** von **O** um **c** Fuß entfernt ist, und eine vierte Person **Q** zu **M, N, O** sprechen soll; wo muß sich **Q** hinstellen, damit sie von **M, N, O** mit gleicher Deutlichkeit vernommen wird?

14. Wie weit wird (in v. Nr.) **Q** von **M, N, O** abstehen, wenn **a** = 2, **b** = 3 und **c** = 4 Fuß ausmacht?

15. Wie weit ist (in Nr. 13.) **Q** von **M, N, O** entfernt, wenn **a** = 5, **b** = 6 und **c** = 8 Fuß beträgt?

16. Wenn der Beobachter das eine Mal 5 Fuß und das andre Mal 8 Fuß vom schallenden Körper absteht; wie wird sich der von ihm gehörte Schall im ersten Falle zu dem im 2ten verhalten?

17. Wenn ein Beobachter 2 Instrumente, welche die ungleichen Tonstärken **m** und **n** besitzen und **a** Fuß von einander abstehen, gleich stark hören, dabei **h** Fuß von der Standlinie **a** entfernt sein will; wie weit muß er sich von jedem dieser Instrumente wegstellen?

18. Wie weit muß der Beobachter von jedem der beiden Instrumente abstehen, wenn er in der Richtung der Linie **a** sich befindet?

19. Wie weit muß der Beobachter von jedem Instrumente sich entfernen, wenn er in der Richtung von **a** bleiben soll und **M** und **N** dieselbe Größe besitzen?

20. Wie weit muß (in Nr. 17.) der Beobachter von jedem Instrumente abstehen, wenn **a** = 4 Fuß, **h** = 6 Fuß beträgt, und **m : n** = 10 : 6 sich verhält?

21) Wie weit ist (in Nr. 17.) der Beobachter von jedem Instrumente befindlich, wenn **a** = 6 Fuß, **m** = 4, **n** = 3 und **h** = 10 Fuß beträgt?

22. Wie weit steht (in Nr. 18.) der Beobachter von jedem Instrumente ab, wenn **a** = 10 Fuß, **m** = 9 und **n** = 4 ausmacht?

23. Wie weit muß sich der Beobachter von jedem Instrumente entfernen, wenn **a** = 20 Fuß, und **m : n** = 18 : 2 sich zeigt?

Resultate.

1) 52500 Fuß. **2)** 42840 Fuß. **3)** Nach $\left[\frac{S}{C} + \sqrt{\frac{S}{G}}\right]$ Sekunden. **4)** Nach 17,19 Sekunden. **5)** In 20,39 Sekunden.

6) Den Weg $\left[\frac{-C+\sqrt{C^2+4\mathfrak{S}CT}}{4\mathfrak{S}}\right]^2$ Fuß. 7) 1220,31 Fuß. 8) 2784,09 Fuß. 9) 4064,57 Fuß. 10) Um $\sqrt{\frac{a^2}{4}+h^2}$ Fuß. 11) 100,49 Fuß. 12) 161,39 Fuß. 13) In den Mittelpunkt des um M, N, O beschriebenen Kreises, dessen Radius =

$$\frac{abc}{\sqrt{(2ab)^2-(a^2+b^2-c^2)^2}}$$

beträgt. 14) 2,06 Fuß. 15) 4,005 Fuß. 16) Wie 64 zu 25. 17) Ist der Beobachter von der Standlinie a um h Fuß entfernt, und setzt man die Entfernung des Fußpunktes dieser Linie bis zu dem links stehenden, und die Tonstärke m habenden Instrumente = x, so ergiebt sich:

$$\frac{m}{x^2+h^2}=\frac{n}{(a-x)^2+h^2};$$

und hieraus

$$x^2+h^2-\frac{2amx}{m-n}+\frac{a^2m}{m-n}=0,$$

oder

$$x=\frac{am\pm\sqrt{a^2mn-h^2(m-n)}}{m-n}.$$

Hat man x ermittelt, so werden die Entferungen des Beobachters von beiden Instrumenten nach dem pythagoräischen Lehrsatze gefunden. 18) Er wird von m um $\frac{am\pm a\sqrt{mn}}{m-n}$ und also von n um $\frac{-an\mp a\sqrt{mn}}{m-n}$ abstehen. 19) Um $\frac{a}{2}$ Fuß. 20) Der Beobachter muß von dem links stehenden Instrumente 6,29 Fuß und vom rechts befindlichen 6,35 Fuß abstehen. 21) Der Beobachter muß von dem links stehenden Instrumente 11,55 Fuß und von dem rechts befindlichen 10,002 Fuß abstehen. 22) Der Beobachter muß von dem stärker klingenden 6 Fuß und von dem schwächer klingenden 4 Fuß abstehen. 23) Der Beobachter muß von dem stärker klingenden Instrumente 15 Fuß und von dem schwächer klingenden 4 Fuß abstehen.

Vier und dreißigstes Kapitel.

Von der Zurückwerfung des Schalles; von dem Communications=, Sprach= und Hörrohre ꝛc.; und von dem Echo.

Was heißt ein Communicationsrohr und wie ist dasselbe eingerichtet?

Was nennt man ein Sprachrohr, wie ist dasselbe construirt und wer wird als der Erfinder dieses Instrumentes angesehen?

Was heißt ein einfaches und was ein doppeltes Hörrohr; und wie sind diese Vorrichtungen beschaffen?

Was wird ein Sprachgewölbe genannt?

Was heißt ein Echo?

Was nennt man ein ein=, zwei= oder mehrsilbiges Echo?

Wann heißt das Echo ein=, zwei= oder mehrfach?

Was wird ein tonisches Echo genannt?

Hauptsätze.

I. Wenn die Schwingungen der Luft einen nicht allzu weichen Körper treffen, so versetzen sie denselben nicht nur in ähnliche Schwingungen und pflanzen dadurch den Schall in ihm fort, sondern prallen auch von diesem Körper zurück.

II. Der zurückgeworfene oder reflectirte Schall breitet sich von der wiederhallenden Fläche auf dieselbe Weise in Schallwellen und Schallstrahlen wie der vorige aus. Auch geht der zurückgeworfene Schall mit derselben Geschwindigkeit wie der ursprüngliche fort.

III. Werden die Schallwellen verhindert sich seitwärts auszubreiten, so fällt eine Hauptursache der Verminderung ihrer Stärke weg.

IV. Die Wirkungen des Communicationsrohres werden aus v. N. erklärt.

V. Beim Sprachrohre erweitern sich die Schallwellen nur wenig, und es nimmt daher innerhalb desselben nur um ein Unbedeutendes ab. Außerhalb des Rohres breitet sich der Schall zwar auch seitwärts, aber nur an der Außenseite des Kegels aus, welcher als Verlängerung des Sprachrohres erscheint.

VI. Die Wirkungen des Hörrohres bestehen darin, daß die Schallwellen in einen engen Raume zusammengedrängt, und also viele Lufttheilchen in der Nähe des Ohres zum Schwingen gebracht werden.

VII. Steht der Redende in einem Brennpunkte des Sprachgewölbes, so vernimmt der im andern Brennpunkte befindliche Zuhörer jedes ganz leise gesprochene Wort.

VIII. Das Echo beruht darauf, daß der Schall von einem hinlänglich festen Körper zurückprallt, oder daß die Luft so eingesperrt ist, daß sich Stemmungsebenen in ihr bilden, von welchen die Schallwellen zurückkehren.

IX. Da man in einer Sekunde höchstens 9 Töne von einander unterscheiden kann, so muß ein Schall von dem andern wenigstens um den 9ten Theil einer Sekunde entfernt sein, wenn man beide nach einander vernehmen soll.

X. Will ein Redender seinen eigenen Laut reflectirt hören, so muß er wenigstens 58,34 Par. Fuß von der zurückwerfenden Fläche abstehen.

XI. Ist der Hörende von dem schallenden Körper entfernt, so ist 58,34 Par. Fuß ebenfalls die kleinste Entfernung, auf welche sich der Hörende, oder der den Schall erzeugende dem reflectirenden Gegenstande nähern darf, wenn der Schall und sein Echo unterschieden werden soll.

XII. Um die Entfernung E der reflectirenden Fläche von einem Beobachter zu erhalten, muß letzterer einen Laut kurz aussprechen, die zwischen diesem und dem ersten Schalle des Echo's verflossene Zeit = z Sekunden ermitteln, die Temperatur nach der 100theiligen Scale = t^0 bestimmen und alsdann die Gleichung:

$$E = \frac{z(1022,2 + 1,926 . t)}{2}$$

berechnen.

Uebungssätze.

1) In einer langen cylindrischen Röhre wird der Schall fast in unverminderter Stärke fortgepflanzt.

2) Man hat bei einer 2927,5 Pariser Fuß langen eisernen Röhre jedes an dem einen Ende leise gesprochene Wort ganz deutlich an dem andern gehört.

3) Sehr elastische Materien werden beim Sprachrohre nicht angewandt.

4) Durch ein gutes Sprachrohr wird die menschliche Stimme 15—20 Mal weiter als durch den bloßen Mund gebracht.

5) Bei der Anlegung von Schauspielhäusern, Kirchen u. dgl. sind unnöthige Verzierungen, Hervorragungen u. s. w. zu vermeiden.

6) Ein Theater entspricht am meisten seinem Zwecke, wenn es parallele oder von der Bühne aus etwas divergirende glatte Wände

und keine Seitenlogen enthält, und wenn ferner die Sitze in Kreisbogen, deren Mittelpunkte im Vordergrunde der Bühne liegen, amphiteatralisch über einander sich befinden.

7) In langen Gängen, Hohlwegen u. dgl. werden Echo's bemerkt.

8) Die reflectirenden Körper müssen solche Gestalten und Lagen gegen einander haben, daß eine hinlängliche Menge von Schallstrahlen an den Ort kommt, woselbst das Echo vernommen werden soll.

9) Ist der Redende wenigstens 116,68 Fuß, 175,02 Fuß von dem reflectirenden Gegenstande entfernt, so nimmt er im erstern Falle ein zweisylbiges und im letztern ein dreisylbiges Echo wahr.

Aufgaben.

1. Wenn ein Beobachter die zwischen einem kurz ausgesprochenen Laute und dem ersten Schalle des Echo's verflossene Zeit = 2 Sekunden und die Temperatur der Luft = 15° ermittelt; wie weit ist der Beobachter von der reflectirenden Fläche entfernt?

2. Wie viele Fuß steht der Beobachter von der reflectirenden Fläche ab, wenn derselbe die zwischen einem kurz ausgesprochenen Laute und dem ersten Schalle des Echo's vergangene Zeit = 1,25 Sekunden und die Lufttemperatur = 20° bemerkt?

3. Die reflectirende Fläche ist von einem Redenden um 233,36 Fuß entfernt; wie vielsylbig ist das von ihm gehörte Echo?

4. Wenn ein Redender seine Entfernung von der reflectirenden Fläche = 500 Fuß kennt und die Temperatur der Luft 18° ausmacht; welche Zeit wird zwischen einem kurz ausgesprochenen Laute und dem ersten Schalle des Echo's verfließen?

5. Wie groß ist die Zeit, welche zwischen einem kurz ausgesprochenen Laute und dem ersten Schalle des Echo's vergeht, wenn der Redende 800 Fuß vom reflectirenden Gegenstande absteht und die Temperatur der Luft 10° ausmacht?

6. Ein Redender vernimmt den ersten Schall des Echo's von einem kurz ausgesprochenen Worte nach 0,75 Sekunden, wenn die Temperatur der Luft 20° beträgt. Wie weit ist er von der reflectirenden Fläche entfernt?

Resultate.

1) 1051,09 Fuß. 2) 662,95 Fuß. 3) Viersylbig. 4) 0,94 Sekunde. 5) 1,53 Sekunden. 6) 397,77 Fuß.

Fünf und dreißigstes Kapitel.

Von den Tönen.

Was heißt eine Melodie, ein Accord und eine Harmonie?

Was nennt man ein Klangmesser oder Monochord, wie ist derselbe construirt und welche Versuche werden mit diesem Instrumente angestellt?

Was versteht man unter Flageolet- oder Vogeltönen?

Was wird eine Aeols- oder Windharfe genannt, und wie ist dieselbe eingerichtet?

Was heißt der Grundton und was die Octave?

Was wird der Zahlenwerth eines Tones genannt?

Wodurch wird der Zahlenwerth der Octave bezeichnet, wenn man denjenigen des Grundtones = 1 annimmt?

Was nennt man Haupttöne, wodurch werden dieselben bezeichnet und wie werden sie benannt?

Was heißt ein Intervall?

Was wird das Intervall eines großen ganzen Tones, eines kleinen ganzen Tones und eines halben Tones genannt?

Was nennt man eine Tonleiter?

Was heißt die harte, was die weiche Tonleiter, und wie werden beide zusammen genannt?

Wie viele verschiedene Intervallen finden beim diatonischen Tonsysteme statt?

Wodurch werden die Erhöhungen und die Erniedrigungen der Töne ausgedrückt?

Was nennt man die chromatische Tonleiter?

Was heißt den Tönen eine Schwebung geben oder sie temperiren?

Was nennt man die gleichschwebende und was die ungleichschwebende Temperatur?

Was werden consonirende und was dissonirende Töne genannt?

Hauptsätze.

I. Bezeichnet man die Längen zweier Saiten durch L und l, ihre Dicken durch D und d, ihre Spannungen durch A und a, ihre Tonhöhen durch H und h, die Zahlenwerthe der Töne durch Z und z und die Anzahl der Schwingungen, *) welche sie in derselben Zeit vollziehen, durch S und s so folgt:

1) $S:s = l:L$, wenn $D = d$ und $A = a$;

2) $\left\{\begin{array}{l} H:h = S:s \\ \text{oder } H:h = l:L \end{array}\right\}$, wenn $D = d$ und $A = a$;

3) $H:h = \sqrt{A}:\sqrt{a}$, wenn $L = l$ und $D = d$;

4) $H:h = d:D$, wenn $L = l$ und $A = a$;

5) $H:h = \frac{\sqrt{A}}{L.D}:\frac{\sqrt{a}}{l.d}$;

6) $Z:z = l:L$, wenn $D = d$ und $A = a$;

7) $Z:z = H:h$, wenn $D = d$ und $A = a$ ist.

II. Ist das Gewicht einer Saite $= a$, die sie spannende Kraft $= A$, ihre Länge $= L$, die Zeit einer Schwingung $= t$, die Zahl der Schwingungen in einer Sekunde $= s$ und die freie Fallhöhe in einer Sekunde $= \mathfrak{G}$, so ergiebt sich:

1) $t = \sqrt{\frac{L}{2\mathfrak{G}} \cdot \frac{a}{A}}$,

2) $t = \frac{1}{\pi}\sqrt{\frac{La}{lA}}$, wenn l die Länge des Sekundenpendels angiebt.

3) $s = \sqrt{\frac{2\mathfrak{G}A}{La}}$,

4) $s = \pi\sqrt{\frac{lA}{La}}$,

5) $t = rL\sqrt{\frac{\pi w}{2\mathfrak{G}A}}$, wenn r den Halbmesser der Saite und w das specifische Gewicht derselben bezeichnet.

---

*) Die Saiten werden in diesem Kapitel nur in transversale Schwingungen versetzt.

III. Setzt man die Zahl der Schwingungen, welche eine Saite in der Zeit T vollzieht $= S$, so ist:

$$T = S r L \sqrt{\frac{\pi w}{2 \mathfrak{G} A}}, \quad \text{also} \quad S = \frac{T}{r L} \cdot \sqrt{\frac{2 \mathfrak{G} A}{\pi w}},$$

und für $T = 1$ Sekunde:

$$S = \frac{1}{r L} \sqrt{\frac{2 \mathfrak{G} A}{\pi w}}.$$

IV. Die Zahlenwerthe der Haupttöne verhalten sich wie:

$$1 : \tfrac{9}{8} : \tfrac{5}{4} : \tfrac{4}{3} : \tfrac{3}{2} : \tfrac{5}{3} : \tfrac{15}{8} : 2,$$

oder wie $24 : 27 : 30 : 32 : 36 : 40 : 45 : 48.$

V. Um jeden beliebigen Ton zum Grundtone zu machen, sind die Töne der diatonischen Tonleiter nicht ausreichend.

VI. Bei der chromatischen Tonleiter ist die Stimmung in Bezug auf jeden Grundton etwas unrein; doch wird das Unreine derselben (der Vertheilung wegen) unmerklich.

VII. Bei der chromatischen Tonleiter kann jeder Ton als Grundton erscheinen.

VIII. Die Zahl S der Schwingungen, welche einem Tone von der Höhe H in 1 Sekunde zukommt, wird dadurch ermittelt, daß man die Schwingungen zählt, welche eine sehr lange Saite in 1 Sekunde macht, diese Seite so lange verkürzt, bis sie einen bestimmten Ton von der Höhe h erzeugt, die Zahl s der zu diesem Tone gehörigen Schwingungen angiebt und alsdann die Gleichung:

$$S = \frac{H \cdot s}{h}$$

berechnet.

IX. Die Consonanz oder das Consonirende zweier Töne ist desto vollkommner, je einfacher das Verhältniß ihrer Zahlenwerthe sich zeigt, oder je öfter die Schwingungen beider Töne zusammentreffen.

X. Fängt eine bedeutend lange Saite zu tönen an, so werden außer dem von der Saitenlänge abhängigen Haupttone noch andere höhere Töne gehört.

XI. Wenn man zwei starke anhaltende Töne, deren Schwingungen häufig zusammentreffen, gleichzeitig vernimmt, so wird öfters ein 3ter tieferer Ton gehört. Der Zahlenwerth des letztern ist immer $= 1$, wenn man das aus den Zahlenwerthen der beiden ersten Töne gebildete Verhältniß in seinen kleinsten Zahlen ausdrückt.

Uebungssätze.

1) Die in einen Luftzug gestellte Aeolsharfe bringt sehr mannigfaltige Töne hervor.

2) Bei abwechselndem Wetter geben Eisendrähte u. dgl. manche Töne.

3) Die eisernen Ofenplatten knistern beim Einheizen.

4) Wird ein heißes Metallstück (Kupfer oder Messing) auf ein kaltes (Blei) gelegt, so entsteht unter gewissen Umständen ein starker anhaltender Ton. *)

5) Man hat durch den elektrischen Strom einen Ton hervorgebracht.

6) Die französischen und italienischen Tonkünstler bezeichnen die Töne derselben Octave durch:

ut, re, mi, fa, sol, la, si, ut.

7) Derjenige Ton, welcher 32 Schwingungen in der Sekunde macht, wurde ehedem als tiefster angesehen. Savart zeigte indeß, daß es keine Grenze sowohl von tiefen als auch von hohen Tönen giebt, wenn man nur bei den erstern den Eindruck, welchen das Gehör von jeder einzelnen Schwingung erleidet, gehörig zu verlängern, und bei den letztern hinreichend zu verkürzen vermag.

8) Der Grundton und die Octave, der Grundton und die Terz sind consonirende Töne, während der Grundton und die Sekunde, der Grundton und die Quinte u. s. f. als dissonirende sich zeigen.

9) Die Consonanz des Grundtons und der Octave ist vollkommener als diejenige, welche zwischen erstern und der Quinte oder zwischen dem Grundton und der Quarte sich zeigt.

10) Bei einer Saite wird außer dem Hauptione am öftersten seine Doppelquinte und die Doppeloctave seiner Terz, und nur manchmal die Octave und die Doppeloctave des erstern bemerkt.

11. Bei großen Glocken u. dgl. werden oft mehrere Töne gleichzeitig gehört.

12) Beim Zusammenklange von c und $\bar{e}$ wird C gehört. **)

13) Vogler hat bei einer Orgel den tiefern Ton nicht durch eine lange, sondern durch 2 kürzere Orgelpfeifen erzeugt.

Aufgaben.

1. Wenn 2 gleich dicke und gleich gespannte Saiten die Längen 5,2 Fuß und 8,4 Fuß besitzen; wie verhalten sich die von denselben in der nämlichen Zeit vollbrachten Schwingungen?

2. Wie verhalten sich die Längen zweier Saiten, welche bei denselben Dicken und Spannungen beziehlich 400 und 300,5 Schwingungen in der nämlichen Zeit vollbringen?

---

*) Die erste ausführliche Untersuchung über diesen Gegenstand wurde von Trevelyan gemacht.

**) Man bemerke, daß $\bar{\bar{c}}$ die Doppeloctave und $\bar{\bar{e}}$ die Doppelterz von C ausdrückt.

3. Zwei Saiten, welche gleiche Dicken und Spannungen besitzen, bringen in derselben Zeit beziehlich 140,5 und 100,25 Schwingungen zu Stande; wie verhalten sich die Tonhöhen dieser Saiten?

4. Wie verhalten sich die Tonhöhen zweier gleich dicken und gleichgespannten Saiten, welche die Längen 5 Fuß 3 Zoll und 3,6 Fuß besitzen?

5. Zwei gleich dicke und gleich gespannte Saiten verhalten sich in Bezug auf ihre Tonhöhen wie 1,5 zu 3,75; wie verhalten sich ihre Längen und ihre in derselben Zeit vollbrachten Schwingungen zu einander?

6. Man soll das Verhältniß der Tonhöhen zweier gleich langen und gleich dicken Saiten bestimmen, wenn die spannenden Gewichte sich wie 1024 zu 144 verhalten.

7. Zwei gleich lange und gleich dicke Seiten haben die Tonhöhen 4 und $2\frac{1}{2}$, wie verhalten sich die spannenden Gewichte zu einander?

8. Wenn 2 gleich lange und gleich gespannte Saiten die Dicken 0,5 und 0,8 Linie besitzen; wie verhalten sich ihre Tonhöhen zu einander?

9. Eine Saite, deren Länge 5 Fuß und Dicke 0,9 Linie beträgt, wird durch ein Gewicht von 16 Pfunden, und eine andere, deren Länge 3 Fuß und Dicke 0,6 Linie ausmacht, von 9 Pfunden gespannt; wie verhalten sich die Tonhöhen dieser Saiten zu einander?

10. Wie verhalten sich die Zahlenwerthe der Töne, welche 2 gleich dicke, gleich gespannte, und beziehlich 5 und 3 Fuß lange Saiten erzeugen?

11. Die Zahlenwerthe zweier gleich dicken und gleich gespannten Saiten betragen beziehlich 3 und 2,25; wie verhalten sich die Längen dieser Saiten zu einander?

12. Wenn zwei gleich dicke und gleichgespannte Saiten die Tonhöhen **c** und **h** geben; wie verhalten sich die Zahlenwerthe der letztern zu einander?

13. Die Zahlenwerthe zweier gleich dicken und gleichgespannten Seiten betragen beziehlich 4 und $\frac{10}{3}$; wie verhalten sich die von denselben hervorgebrachten Töne zu einander?

14. Wenn das Gewicht einer Saite = 120 Gran,*) die sie spannende Kraft = 4 Pfd. und ihre Länge = 16 Fuß beträgt; wie groß wird die zu einer Schwingung nöthige Zeit sein müssen?

15. Eine Saite, deren Länge 10 Fuß und deren spannende Kraft 6 Pfd. ausmacht, besitzt den Radius 0,2 Linie und das specifische Gewicht 0,9; welche Zeit wird dieselbe zu einer Schwingung gebrauchen?

*) 1 Gran ist = $\frac{1}{240}$ Loth.

16. Wenn eine Saite 2 Sekunden schwingt, die Länge 8 Fuß, den Halbmesser 0,8 Linie, das specifische Gewicht 0,8 und die spannende Kraft 5 Pfd. besitzt; wie viel Schwingungen wird sie in dieser Zeit vollziehen?

17. Wie groß ist die Zahl der Schwingungen, welche eine Saite in 1 Sekunde vollbringt, wenn ihre Länge 2 Fuß, ihr Radius 0,4 Linie, ihr specifisches Gewicht 0,5 und ihre spannende Kraft 3 Pfd. beträgt?

18. Auf Violinen hat die sogenannte Quinte oder die schwächste Saite, welche den Ton $\overline{\overline{e}}$ angeben muß, ohngefähr $\frac{3}{4}$ der Dicke der nächstliegenden stärkern $\overline{a}$ Saite. Wird aber nun die zweite durch ein Gewicht **A** zu dieser Tonhöhe gespannt, welches Gewicht **a** ist nöthg, um durch die erste ebenfalls diesen Ton zu erhalten?

19. Eine Saite, deren Länge 2,5 Fuß beträgt, ist durch ihr 1000faches eigenes Gewicht gespannt; wie viel Schwingungen wird sie in 1 Sekunde vollziehen?

20. Eine gespannte Saite schwingt jetzt 2^n Mal so oft als vorhin, wo sie in jeder Sekunde nur eine Schwingung vollbrachte. Bei welcher Octave des Grundtons findet dieses statt?

21. Wenn eine gespannte Saite nur noch den 2^nten Theil der Schwingungen, welche sie anfangs machte, vollbringt; bei welcher Octave ist dies der Fall?

22. Eine Saite macht 18 Schwingungen in der Zeit, während welcher **C** nur eine einzige vollzieht; wie heißt der entsprechende Ton?

23. Eine Saite macht in der Zeit, in welcher **C** ein Mal schwingt, nur $\frac{1}{12}$ Schwingung. Welcher Ton wird gehört?

24. Auf einer Violine ist der Steg so aufgestellt, daß er eine Saite in 2 Theite theilt, deren Längen sich wie 4 zu 1 verhalten. Wenn aber nun der Ton des größern Stückes **C** ist; welchen Ton wird das kleinere erzeugen?

25. Eine aufgespannte Saite schwingt $\frac{6}{5}$ Mal in der Zeit, in welcher **C** eine Schwingung vollbringt. Welcher Ton wird gehört?

26. Wenn eine durch das Gewicht **P** gespannte Saite den Ton **C** liefert; welche Töne ergeben sich dadurch, daß man diese Saite das eine Mal durch $\frac{9}{4}$ **P** und das andere Mal durch $\frac{25}{16}$ **P** anspannt?

27. Eine Saite schwingt $\frac{125}{3}$ oder 41,6667 Mal in derselben Zeit, in welcher **C** eine Schwingung vollbringt; zwischen welchen Haupttönen liegt der vernommene Ton?

28. Welches ist das Intervall, das, 12 Mal hinter einander wiederholt, von einer Octave zur andern führt, oder eine Octave ausfüllt?

29. Wenn die Schwingungszahl für **C** = 1 beträgt; welche Schwingungszahlen werden für

Cis, D, Dis, E, F, Fis, G, Gis, A, Ais, H und **c**

entstehen?

Resultate.

1) Wie 21 zu 13. **2)** Wie 601 zu 800. **3)** Wie 562 zu 401. **4)** Wie 24 zu 35. **5)** Die Längen der beiden Saiten verhalten sich wie 5 zu 2 und die Schwingungen wie 2 zu 5. **6)** Die Tonhöhen verhalten sich wie 8 zu 3. **7)** Wie 2 zu 1,58. **8)** Wie 8 zu 5. **9)** Wie 8:15. **10)** Wie 3 zu 5. **11)** Wie 3 zu 4. **12)** Wie 4 zu 15. **13)** Wie $\bar{c}$ zu **a**. **14)** 0,04 Sekunde. **15)** 1,6 Sekunden. **16)** 35,4 Schwingungen. **17)** 139,03 Schwingungen. **18)** $a = \frac{9}{16} A$. **19)** 111,809 Schwingungen.*) **20)** Bei der nten höhern Octave. **21)** Bei der nten tiefern Octave. **22)** $\overline{\overline{\overline{d}}}$. **23)** Es ist von **F** rückwärts gerechnet die vierte tiefere Octave. **24)** $\bar{c}$. **25)** Ein etwas tieferer Ton als **E**. **26)** Die Töne **G** und **E**. **27)** Zwischen **E** und **F** in der 6ten Octave von **C** an gerechnet und der Ton ist $\overline{\overline{\overline{\overline{\overline{eis}}}}}$. **28)** Das Intervall 1,05946.

29)

Für	**Cis**	=	1,05946
„	**D**	=	1,12246
„	**Dis**	=	1,18920
„	**E**	=	1,12599
„	**F**	=	1,33484
„	**Fis**	=	1,41421
„	**G**	=	1,49830
„	**Gis**	=	1,58740
„	**A**	=	1,68179
„	**Ais**	=	1,78179
„	**H**	=	1,88774
„	**c**	=	2,00000

*) Die Länge des Sekundenpendels wird = 3,167 Rheinl. Fuß gesetzt.

Sechs und dreißigstes Kapitel.

Von einigen wichtigen Schwingungsbewegungen.

Was heißt eine Stimmgabel und wie wird dieselbe gebraucht?

Was nennt man die Resonanz und was den Resonanzboden?

Was versteht man unter der Interferenz des Schalles und woher rührt dieser Name?

Wer hat die Interferenz des Schalles zuerst bemerkt?

Was nennt man die Chladnischen Klangfiguren und wie werden dieselben am besten erzeugt?

Hauptsätze.

I. Wenn man eine Saite in Longitudinal- oder Längenschwingungen versetzt, so kann dieselbe entweder ihrer ganzen Länge nach ohne Schwingungsknoten (d. h. als Ganzes) oder mit einem oder mehrern Schwingungsknoten erzittern.

II. Die durch die Längenschwingungen einer Saite hervorgebrachten Töne sind von den durch die Transversalschwingungen erzeugten verschieden.

III. Bei den Longitudinalschwingungen ist der Ton desto höher, je kürzer die Saite sich zeigt. Dicke und Spannung scheinen keinen Einfluß auf die Tonhöhe zu haben; doch ändert die Materie der Saite sehr merklich den Ton.

IV. Ein elastischer Stab läßt sowohl transversale als auch longitudinale *) Schwingungen zu. In beiden Fällen schwingt derselbe entweder als Ganzes (d. h. ohne Schwingungsknoten) oder er theilt sich in 2 oder mehrere Theile, welche durch einen oder mehrere Schwingungsknoten von einander geschieden sind.

V. Bezeichnet man die Anzahl der Transversalschwingungen, welche zwei aus einerlei Materie bestehende Stäbe vollbringen, durch **S** und **s**, ihre Längen durch **L** und **l**, und ihre Dicken durch **D** und **d**, so folgt:

1) $S:s = D:d$, wenn $L = l$.

*) und nach Chladni auch drehende.

$$2)\ S:s = l^2:L^2,\ \text{wenn}\ D = d,$$

$$\text{und}\ 3)\ S:s = (D.l^2):(d.L^2) = \frac{D}{d}:\frac{L^2}{l^2}.$$

VI. Bezeichnet man bei einem schwingenden Stabe die relative Geschwindigkeit (die der bestimmten Schwingungsart nach der Zahl der Schwingungsknoten zukommt) durch c, die Länge des Stabes durch L, die Elasticität (Sprödigkeit) durch e und das specifische Gewicht durch w, so ist (nach Chladni) die Zahl der transversalen Schwingungen, nämlich:

$$S = \frac{c}{L}\sqrt{\frac{e}{w}},$$

und die der drehenden, d. h.:

$$S' = \frac{2.c}{3.L}\sqrt{\frac{e}{w}}.$$

VII. Wird ein Stab in longitudinale Schwingungen versetzt, so muß er, um nicht allzu hohe Töne hervorzubringen, eine ziemliche Länge besitzen.

VIII. Krümmt man einen Stab dergestalt, daß 2 geradlinige Schenkel entstehen, so wird der hierdurch erzeugte Ton tiefer als der durch den geraden Stab hervorgebrachte. Auch ist dieser Ton desto tiefer, je enger die Krümmung des Stabes sich zeigt.

IX. Bei der einfachsten Schwingungsart der Stimmgabel finden unten an der Krümmung zwei nahe an einander liegende Schwingungsknoten statt.

X. Wird ein Stab (z. B. ein Draht) zu einem Ringe gebogen und alsdann mit seinen beiden Enden zusammengelöthet, so theilt er sich bei der Schwingungsbewegung in 4, 6, 8 u. s. w. Theile, welche durch Schwingungsknoten von einander geschieden sind.

XI. Wenn man eine gespannte Membrane durch Anschlagen mit Schlägeln in hörbare transversale Schwingungen versetzt, so giebt diese einen dumpfen Schall und bei gehöriger Elasticität der schwingenden Materie einen bestimmbaren Ton. Dieser Ton ist desto höher, je stärker die Spannung der Membrane sich zeigt.

XII. Die Erscheinungen der Chladnischen Klangfiguren beruhen darauf, daß der Sand von den Stellen, welche um die Knotenlinien herum in entgegengesetzten Richtungen schwingen, wegfällt und in den Knotenlinien sich anhäuft.

XIII. Hat eine angeschlagene Scheibe fast ausgeklungen, so giebt sie einen sanften Nachklang, sobald man sie dem Ohre nahe bringt. Dieser Nachklang hört aber plötzlich auf, sobald man die Scheibe dergestalt hält, daß die Oeffnung des Ohres in der Richtung der Scheibe sich befindet; und er wird wieder gehört, sobald die Scheibe eine andere Lage erhält.

XIV. Die Luft wird in gleichen Entfernungen vom schallenden

Körper nicht überall mit gleicher Kraft bewegt; und es bleiben in derselben gewisse Stellen in Ruhe, während andere oscilliren und den Schall fortpflanzen.

XV. Wenn man eine Glocke durch Anstreichen zum Tönen bringt, so entstehen Knotenlinien, welche sich im Scheitel der Glocke durchschneiden und letztere in 4, 6 und mehre gleiche Theile theilen, wovon je 2 ihre Schwingungen in entgegengesetzten Richtungen vollziehen. Das Nämliche findet bei jedem glockenähnlichen Gefäße statt.

XVI. Auch bei Glocken u. dgl. werden Klangfiguren erzeugt.

XVII. Die verhältnißmäßige Menge der Schwingungen ähnlicher Glocken wird nach Chladni durch die Formel:

$$S = \frac{c^2 D}{L^2} \sqrt{\frac{e}{w}}$$

gefunden, wenn c eine constante Zahl der Schwingungen, L den Durchmesser, D die Dicke, e die Steifheit der Massen und w das specifische Gewicht ausdrücken.

XVIII. Die Erscheinungen der Resonanz beruhen darauf, daß die Schwingungen eines Körpers die Oberfläche eines andern, welchen sie treffen, in eine oscillirende Bewegung versetzen, und hierdurch sich selbst verstärken.

XIX. Die Interferenz des Schalles wird dadurch nachgewiesen, daß man eine gewöhnliche Glasglocke in eine tönende Bewegung bringt und das fast gänzliche Verschwinden des Schalles bemerkt, wenn das Ohr in der Axe der Glocke sich befindet.

XX. In jedem schwingenden Stabe befinden sich 4 von demselben ausgehende Flächen, in welchen der Ton des Stabes entweder äußerst schwach oder gar nicht vernehmbar ist. Auch an einer tönenden Stimmgabel werden diese 4 Richtungen bemerkt.

XXI. Die Wahrnehmung der Töne entsteht dadurch, daß das Trommelfell in eine schwingende Bewegung versetzt wird, welche isochronisch mit den vom tönenden Körper ausgehenden Schwingungen sich zeigen.

XXII. Jeder als ein Ganzes schwingende Körper erzeugt gleichzeitig 2 Wellen, deren Bewegungen in entgegengesetzten Richtungen stattfinden, und von denen die eine verdünnt und die andere verdichtet ist.

XXIII. Wenn die in v. N. erwähnten Wellen gleichzeitig und mit gleicher Kraft zum Trommelfell gelangen, so erfolgt eine vollkommene Neutralisation und kein Ton wird gehört.

XXIV. Erzeugt ein schwingender Körper die Wahrnehmung eines Tones, so ist die eine der beiden Wellen entweder gänzlich aufgefangen oder wenigstens geschwächt worden; und die Stärke des Schalles ist verhältnißmäßig dem Intensitätsunterschiede der beiden Wellen, wenn sie zum Ohre kommen.

XXV. Alle Instrumente zur Verstärkung der Töne und Hervorbringung von Resonanz wirken nach diesem Princip.

Uebungssätze.

1) Eine Messingsaite bringt einen tiefern Ton als eine eben so lange und dicke Stahlsaite hervor.

2) Auf einer Scheibe ist mit demselben Tone nicht immer die nämliche Klangfigur verbunden.

3) Eine größere Scheibe giebt, bei der nämlichen Klangfigur, einen tieferen Ton als eine kleinere, wenn nur beide Scheiben gleiche Dicken besitzen.

4) Bei derselben Scheibe ist der Ton desto höher, je zusammengesetzter die Klangfigur sich zeigt?

5) Auf einer Scheibe erscheint die bestimmte Klangfigur nicht eher, bis der mit ihr verbundene Ton rein herausgebracht wird.

6) Sind 2 Scheiben blos durch ihre Dicken von einander verschieden, so liefert die dickere den höheren Ton.

7) Bei Glocken sind mit bestimmten Klangfiguren auch bestimmte Töne verbunden.

8) Bei einer Glocke, einem dünnen Trinkglase u. s. w. ist der Ton desto tiefer, je mehr Wasser die Glocke oder das Trinkglas enthält.

9) Die Töne der Glocken sind unter denselben Umständen desto höher, je dicker diese Körper sich zeigen.

10) Die Tiefen der Glockentöne nehmen — unter denselben Umständen — wie die Quadrate der Glockendurchmesser zu

11) Wenn man eine Glocke durch Anstreichen in hörbare Schwingungen versetzt, so ist der entstandene Ton ein bestimmter.

12) Wird eine Glocke oder Scheibe durch Anschlagen zum Schwingen gebracht, so geht ein Gemisch von hohen und tiefen Tönen hervor.

13) Stemmt man eine angeschlagene und in der Luft kaum hörbar klingende Stimmgabel auf den Resonanzboden, so wird ihr Klang deutlich und ziemlich stark gehört.

14) Man vernimmt den Schlag eines musikalischen Instrumentes mit großer Deutlichkeit, wenn man das eine Ende eines Stabes auf den Resonanzboden legt, und das andere entweder zwischen die Zähne nimmt, oder einen Theil des Kopfes damit berührt.

15) Der Resonanzboden vermag die Stärke vieler Töne zu vermehren.

16) Es giebt Resonanzböden, welche manche Töne besser als andere verstärken.

17) Altes ausgetrocknetes Holz eignet sich zu Resonanzböden am besten.

18) Den Saiteninstrumenten schadet es im Durchschnitte wenig, wenn sie zerbrochen werden, sobald nur eine geschickte Hand sie wieder zusammenfügt.

19) Einige Musiker behaupten, daß solche zerbrochen gewesene und wieder geleimte Instrumente an Ton gewännen.

20) Eine alte ausgespielte Violine giebt einen bessern Ton als eine neue.

21) In den Zimmern werden manche Töne stärker als andere bemerkt.

22) In den Kirchen und Opernhäusern findet öfters bei irgend einem Tone ein Zittern und Dröhnen des Fußbodens statt.

23) Wenn man von zwei gleichgestimmten Saiten die eine zum Tönen bringt, so tönt die andere freiwillig mit. Das Nämliche findet auch bei 2 gleichgestimmten Trommeln u. s. w. statt.

24) Eine Violine, deren Oberfläche (etwa durch Abreiben) sehr dünn ist, tönt schwächer als eine andere, welche eine dickere Oberfläche besitzt.

25) Haben 2 Trinkgläser ungleiche Volumen und gleiche Gewichte, so tönt das größere am stärksten.

Aufgaben.

1. Wie verhalten sich die Transversalschwingungen, welche zwei gleich lange Stäbe*) in derselben Zeit vollziehen, wenn die Dicken dieser Stäbe beziehlich 0,3 Zoll und 0,5 Zoll betragen?

2. Wenn die Transversalschwingungen, welche zwei gleich lange Stäbe in der nämlichen Zeit vollbringen, sich wie 80 zu 35,5 verhalten; in welchem Verhältnisse stehen die Dicken der Stäbe zu einander?

3. Welches Verhältniß bilden die Transversalschwingungen zweier gleich dicken Stäbe, wenn ihre Längen beziehlich 5,8 und 8,4 Fuß ausmachen?

4. Wenn das Verhältniß der Transversalschwingungen zweier gleich dicken Stäbe 1 zu 100 ist; in welchem Verhältnisse stehen die Stablängen zu einander?

5. Wie verhalten sich die Transversalschwingungen zweier Stäbe, wenn der eine die Länge 8 Fuß, die Dicke 0,4 Zoll, und der andere die Länge 6 Fuß und die Dicke 0,8 Zoll besitzt?

6. Das Verhältniß der Transversalschwingungen zweier Stäbe zu ermitteln, wenn der eine die Länge 5 Fuß, die Dicke 0,5 Zoll, und der andere die Länge 9 Fuß und die Dicke 1 Zoll enthält.

---

*) Die beiden Stäbe müssen in jeder der 6 Aufgaben aus einerlei Materie bestehen.

Resultate.

1) Wie 3:5. 2) Wie 160 zu 71. 3) Wie 1764 zu 841. 4) In dem Verhältnisse 10:1. 5) Wie 9 zu 32. 6) Wie 81 zu 50.

Sieben und dreißigstes Kapitel.

Von einigen hörbaren Schwingungen der Luft.

Was heißt Explosion und was Implosion?

Wie ist die chemische Harmonika beschaffen?

Welche Blase-Instrumente heißen Flöten, und welche werden insbesondere Querflöten, Hirtenflöten, Flötenpfeifen der Orgeln u. s. w. genannt?

Was nennt man bei der Flötenpfeife einer Orgel das Mundloch, die obere und untere Lefze und das Windloch?

Wie ist die Trompete, wie das Horn u. s. w. eingerichtet?

Welche Orgelpfeifen werden Rohr- oder Schnarrwerke genannt, und wie sind dieselben beschaffen?

Was heißt eine gedackte und was eine offene Orgelpfeife?

Wie wird eine Orgelpfeife gestimmt?

Hauptsätze.

I. Die Luft pflanzt nicht nur den Schall von andern Körpern fort, sondern kann auch denselben durch ihre eigene Erzitterung erregen, wenn sie in hinlänglich schnelle Schwingungen versetzt worden ist.

II. Die hörbaren Schwingungen der Luft gehen entweder durch augenblickliche plötzliche Erschütterung oder durch fortdauernde Strömung hervor.

III. Der Schall der Luft ist von dem der festen Körper dadurch unterschieden, daß ersterer augenblicklich aufhört, sobald die Erschütterung nicht mehr wirkt, und daß letzterer noch fortdauert, wenn auch die ihm veranlassende Erschütterung nicht mehr thätig ist.

IV. Wenn die fortdauernden Strömungen der Luft hörbare Schwingungen erregen, so kann dies entweder ohne oder unter Mitwirkung einer Membrane geschehen. Im 1sten Falle geht der Luftstrom theils gespalten und theils ungespalten fort; und im 2ten erzeugen die Schwingungen der Membrane einen verstärkten und mehr oder minder schnarrenden Ton.

V. Ein Luftstrom wird gespalten, wenn entweder ein fester Körper durch die ruhende Luft oder eine strömende Luftportion gegen einen ruhenden festen Körper sich bewegt.

VI. Die Bewegung eines festen Körpers durch die Luft bewirkt entweder ein bloßes tonloses Sausen oder einen wirklichen Ton. Auch ergiebt sich wesentlich derselbe Erfolg, wenn die Luft gegen einen ruhenden Körper sich bewegt.

VII. Bei den Flöten geht der Luftstrom entweder unmittelbar aus dem Munde gegen den Rand der Oeffnung; oder er kommt aus der engen Ritze eines Mundstückes und stößt an die ihr gegenüberliegende Schneide des Mundloches.

VIII. Die Erscheinungen der Querflöte, der Hirtenpfeife und der Flötenpfeife einer Orgel werden aus v. N. erklärt.

IX. Der ungespaltene Luftstrom erzeugt hörbare Schwingungen, wenn man ihn durch eine enge Oeffnung preßt. Durch Mitwirkung einer Membrane wird der Ton stärker und schnarrender; auch findet die Erregung desselben mit weniger Mühe statt.

X. Die Einrichtungen der Rohr- oder Schnarrwerke werden aus v. N. erklärt.

XI. Bei jedem Blaseinstrumente ist die in der Röhre enthaltene Luft der klingende Körper.

XII. Die durch die Luftschwingungen hervorgebrachten Töne hängen theils von der Luft ab, mit welcher und worin sie erregt werden, und theils von dem Instrumente, wodurch diese Erregung geschieht.

XIII. Man hat gefunden, daß warme Luft — unter denselben Umständen — höher als kalte tönt.

XIV. Die geblasenen Töne besitzen nach den verschiedenen Luftarten, wodurch und worin sie hervorgebracht werden, verschiedene Höhen; auch sind dieselben unter den nämlichen Umständen desto höher, je schneller die Luftströmung sich zeigt.

XV. Der Stoff, woraus ein Blase-Instrument besteht, hat keinen Einfluß auf die Tonhöhe, vermag aber den Klang auf verschiedene Weise zu modificiren.

XVI. Die Form des Instrumentes hat einen Einfluß auf die Tonhöhe,; doch ist es in Bezug auf die letztere einerlei, ob eine Röhre 4kantig oder cylindrisch, gerade oder gebogen sich zeigt.

XVII. Die Beschaffenheit der Schallöffnung übt einen wichtigen Einfluß auf die Tonhöhe aus. Je mehr sich dieselbe verengert, desto tiefer wird der Ton. Ist die Schallöffnung gedackt, so hat sich der Ton eine Octave tiefer als bei den ganz offenen prismatischen oder cylindrischen Röhren gezeigt.

XVIII. Das Stimmen der Orgelpfeifen wird aus v. N. erklärt.

XIX. Bei prismatischen und cylindrischen Röhren übt die Weite keinen Einfluß auf die Tonhöhe aus. Das Verhältniß zwischen der Länge und Weite einer Röhre ist aber in Bezug auf das Anblasen nicht gleichgültig, sondern in gewisse Grenzen eingeschlossen.

XX. Bezeichnet man die Längen zweier prismatischen oder cylindrischen Röhren durch L und l, die Anzahl der Schwingungen, welche die in ihnen enthaltenen Luftsäulen in der nämlichen Zeit vollziehen, durch **S** und **s**, und die Höhen der Töne durch **H** und **h**, so folgt:

$$1)\ S:s = l:L,$$
$$2)\ H:h = l:L,$$

wenn man die beiden Röhren mit derselben Luftgattung und auf gleiche Weise anbläst.

XXI. Das Stimmen der gedackten hölzernen Orgelpfeifen wird aus v. N. erklärt.

XXII. Da das C einer 32 Fuß langen Orgelpfeife in einer Sekunde (ohngefähr) 32 Schwingungen macht, so wird dieser Ton das 32füßige C, und die ganze hierher gehörige Octave die *32 füßige Octave* genannt.

XXIII. Es hat sich ergeben: daß das

C	d. 16füß. Oct.	od. das Contra C	in 1 Sek.	ohngef.		64	Schwingungen
C	= 8füß.	= näml. das tiefste am Clavier	=	=	=	128	=
C	= 4füß.	= od. d. ungestrich. C	=	=	=	256	=
C	= 2füß.	= od. d. 1gestrich. C	=	=	=	512	=
C	= 1füß.	= od. d. 2gestrich. C	=	=	=	1024	=
C	= ½füß.	= od. d. 3gestrich. C	=	=	=	2048	=
		u. s. w.				u. s. w.	

vollbringt.

XXIV. Man hat gefunden, daß bei einer gedackten Röhre durch verstärktes Anblasen Töne entstehen, welche sich wie die natürlich auf einander folgenden ungeraden Zahlen, d. h. wie 1 : 3 : 5 : 7 u. s. w. verhalten.

XXV. Es hat sich ergeben, daß bei einer offenen Röhre durch verstärktes Anblasen Töne entstehen, deren Höhen sich wie die natürlich auf einander folgenden Zahlen, nämlich wie 1 : 2 : 3 : 4 u. s. w. verhalten.

XXVI. Bei der menschlichen Stimme ist die Luft der schallende Körper.

XXVII. Die Organe zur Bildung der Stimme sind: 1) die Lunge; 2) die Luftröhre und besonders der obere Theil der letztern, nämlich der Kehlkopf oder der Luftröhrenkopf.

XXVIII. Der bewegliche Luftröhrenkopf enthält in seiner Oeffnung 2 halbkreisförmige Membranen, welche man Kehlbänder nennt.

XXIX. Die convexen Ränder der Kehlbänder sind mit den innern Wänden der Luftröhre verbunden, und die geradlinigen Ränder derselben bringen die Stimmritze hervor.

XXX. Am Luftröhrenkopfe ist ein beweglicher Deckel befindlich, welcher sich entweder über die Stimmritze legen oder sich mehr oder weniger über dieselbe erheben läßt.

XXXI. Zur Modification der menschlichen Stimme ist 3) der hohle Mund mit den biegsamen Lippen und der beweglichen Zunge und 4) die Nase erforderlich.

XXXII. Die Hervorbringung der Töne, das Vokalisiren und Artikuliren werden aus v. N. erklärt; auch gehen daraus die Erklärungen der Sprachmaschinen hervor.

XXXIII. Der Umfang der menschlichen Stimme umfaßt ohngefähr 3 Octaven; die tiefere Männerstimme geht von $\overline{G}$ zu $\overline{f}$, und und die Frauenstimme von $\overline{d}$ bis $\overline{\overline{a}}$.

XXXIV. Der Umfang der Stimme ist von der Dicke der Kehlbänder und von der Kraft abhängig, womit die Luft aus den Lungen kommt.

XXXV. Die Annehmlichkeit der Stimme wird durch die gehörige Glätte, Feuchtigkeit, Zartheit und Biegsamkeit aller Theile der Stimmorgane, und durch das gehörige Verhältniß derselben bedingt.

XXXVI. Die Stimme der Thiere wird auf eine ähnliche Art wie die der Menschen gebildet.

XXXVII. Nicht alle Thiere haben eine Stimme.

XXXVIII. Bei den Säugethieren und Amphibien befindet sich die Stimmritze über der Kehlöffnung; und bei Vögeln ist dieselbe beinahe am Ausgange der Lunge und zu Anfange der Luftröhre vorhanden.

XXXIX. Die Vögel haben eine verhältnißmäßig längere Stimmritze als die Säugethiere; auch zeigt sich bei erstern die Luftröhre nicht immer in derselben Gestalt.

XXXX. Der Ton fliegender Insekten entsteht durch die Luftströmungen in den Luftkanälen; indem bei der Bewegung der Flügel die sie berührenden Muskeln abwechselnde Veränderungen in der Form der Brust veranlassen, wodurch die Luftkanäle Ausdehnungen oder Zusammenziehungen erfahren.

Uebungssätze.

1) Wenn man den Stempel in die Knallbüchse treibt;
" " eine mit Luft gefüllte Blase durch Hitze zersprengt;
" " das aus einem Rosenblatte geformte Säckchen gegen einen harten Körper stößt;
" " ein Gewehr abschießt;
" bei den mit starkem Bier oder Champagner gefüllten Flaschen die Propfen abspringen;
so entsteht eine Explosion.

2) Wenn man den im Munde gehaltenen Finger mit großer Geschwindigkeit herauszieht;
" eine durch die Luft bewegte Papierklatsche sich plötzlich entfaltet;
" eine fast luftleere dünne Glasbombe zerplatzt;
so erfolgt eine Implosion.

3) Bei der chemischen Harmonika wird der Klang durch fortdauernde Luftströmung erzeugt.

4) Ein Hieb saust, wenn man ihn mit flacher Klinge, mit einem dicken Stocke oder Stricke ausübt.

5) Geschieht ein Hieb mit scharfer Klinge, mit einer dünnen Gerte oder Pfeifenschnur, so pfeift derselbe.

6) Schwingt man ein spannelanges Brettchen um einen Bindfaden, oder bewegen sich große Kugeln in der Luft, so verursachen sie ein Brummen.

7) Die Gewehrkugeln pfeifen in der Luft.

8) Der Brummkreisel giebt einen desto tiefern Ton, je größer seine Höhlung ist; auch sinkt der Ton während der Drehung immer mehr herab.

9) Hält man eine offene leere Flasche so gegen den Wind, daß letztere an dem Rande ihrer Mündung sich bricht, so entsteht ein wohlklingender Ton. Dasselbe findet auch statt, wenn man auf diese Weise mit dem Munde entweder in einen offenen Schlüssel oder in ein Arzneiglas bläst.

10) Wird ein Blase-Instrument durch den Athem erwärmt, so giebt es einen höhern Ton als im unerwärmten Zustande.

11) Stellt man eine zinnerne Orgelpfeife in Sauerstoffgas oder Stickgas, so giebt sie einen tiefern Ton als in der atmosphärischen Luft.

12) Bei einer cylindrischen Röhre scheint der Hauptton nur anzusprechen, wenn die Länge der Luftsäule nicht mehr als 24 Mal und nicht weniger als 2 Mal so groß als ihre Weite sich zeigt.

13) Bei Hörnern und Trompeten ohne Grifflöcher werden die verschiedenen Töne blos durch die Verschiedenheit im Anblasen erzeugt.

14) Die Trompete ist halb so lang als das Horn, welches denselben Ton erzeugt; und die Töne der erstern sind deshalb eine Octave höher als die des letztern.

15) Bei der Posaune schwingt meistens nur die ganze Luftsäule, und die Veränderungen des Tones werden hier durch Verlängerung oder Verkürzung des Instrumentes bewirkt.

16) Bei Flöten mit Grifflöchern wird durch das Oeffnen derselben die Luftsäule genöthigt theilweise zu oscilliren.

17) In den Mundstücken der Clarinette und des Nachtwächterhornes ist ein Blatt angebracht, welches mit der andern Hälfte des Mundstücks eine Ritze bildet.

18) Die Mundstücke des Oboe und des Fagotts sind aus dünn geschabtem Rohre angefertigt.

19) Ist die Stimmritze gehörig offen, so wird nur der schwache Schall des Athmens erzeugt.

20) Verengert sich die Stimmritze durch das Anspannen der Kehlbänder und wird die Luft mit einiger Gewalt durch erstere gepreßt, so gerathen die Kehlbänder in Erzitterung und erzeugen den Ton.

21) Beim Tönen ist es *) nöthig, daß die Stimmritze nicht über $\frac{1}{12}$ Zoll geöffnet sei.

22) Durch die Verkürzung und Verlängerung der Luftröhre wird der Ton etwas verändert. Diese Verkürzung und Verlängerung wird durch das Aufheben und Niederdrücken des Kehlkopfes bewirkt.

23) Das menschliche Stimmorgan ist einem sanften Schnarrwerke ziemlich ähnlich.

24) Eine und dieselbe Stimme bringt nicht leicht 2 Octaven an vollen richtigen Tönen hervor.

25) Bei Kindern und Weibern ist der Luftröhrenkopf verhältnißmäßig kleiner und die Stimmritze weit kürzer als bei reifen Männern.

26) Bei den Männern vergrößert sich im 15ten oder 16ten Jahre die Stimmritze und erlangt in kurzem bald das Doppelte ihrer Länge. Die Stimme wird aus diesem Grunde um so tiefer.

27) Die mit einer Stimme begabten Thiere können nicht die Modificationen der Laute wie die Menschen hervorbringen.

28) Bei den mit einer helltönenden Stimme begabten Vögeln ist die Luftröhre kegelförmig; und bei andern mit Ausbauchungen versehen.

29) Die Luftröhre der Singvögel ist walzenförmig und aus feinen Ringen zusammengesetzt.

Aufgaben.

1. Wenn man 2 prismatische oder cylindrische 5 Fuß und 3,25 Fuß lange Röhren mit derselben Luftgattung und auf gleiche Weise anbläst; wie verhalten sich die Schwingungen der darin befindlichen Luftsäulen zu einander?

---

*) nach v. Kempelen.

2. Wie verhalten sich die Längen zweier Röhren, wenn man dieselben mit der nämlichen Luftgattung und auf gleiche Weise anbläst, und die Zahl der in der nämlichen Zeit von den Luftsäulen vollbrachten Schwingungen beziehlig 500 und 200,25 beträgt?

3. Zwei Röhren geben die Tonhöhen 4 und 2,5; wie verhalten sich die in derselben Zeit vollbrachten Schwingungen der darin vorhandenen Luftsäulen zu einander?

4. Wie verhalten sich die Tonhöhen zweier Röhren, wenn die darin befindlichen Luftsäulen in der nämlichen Zeit beziehlig 300,15 und 200,25 Schwingungen vollenden?

5. Die 32füßige Pfeife einer Orgel, welche das tiefste C giebt, macht 32 Schwingungen in der Sekunde. Welche Länge muß eine andere Orgelpfeife, welche $\bar{c}$ geben (und also 512 Schwingungen in der Sekunde machen) soll besitzen?

Resultate.

1) Wie 13 zu 20. 2) Wie 801 zu 2000. 3) Wie 8 zu 5. 4) Wie 667 zu 445. 5) 2 Fuß.

Acht und dreißigstes Kapitel.

Von der ausdehnenden Kraft der Wärme; vom Thermometer und Pyrometer.

Was hält man für die Ursache der Wärme, und was wird Wärmestoff genannt?

Wann heißt die Wärme frei und wann gebunden, (latent oder figirt)?

Was heißt die Temperatur oder der Wärmegrad eines Körpers; und was werden wärmere oder höhere und kältere oder niedrigere Temperaturen genannt?

Was heißt das Sieden oder das Kochen?

Was versteht man unter dem Gefrieren und was unter dem Aufthauen eines Körpers?

Was nennt man Thermometer (oder Wärmemesser), auch Thermoscope oder Wärmezeiger?

Was heißt die thermometrische oder thermoscopische Substanz und welche Körper werden hierzu gebraucht?

Was nennt man Metall-, Weingeist- und Luftthermometer; und welche Metallthermometer werden mit dem Namen Quecksilberthermometer belegt?

Welche Thermometer sind jetzt hauptsächlich im Gebrauche?

Wie wird ein Quecksilber- und wie ein Weingeistthermometer angefertigt?

Was wird der Null- oder Aufthauungspunkt (auch der natürliche Gefrier- oder Frostpunkt); was der Siedepunkt; was der Fundamentalabstand und was ein Thermometergrad oder kürzer ein Grad genannt?

Wie wird der Aufthauungspunkt und wie der Siedepunkt ermittelt; und welche Vorsichtsmaßregeln finden hierbei statt?

Wie muß ein gutes Thermometer beschaffen sein?

Was versteht man unter der Scale eines Thermometers und welche Scalen sind hauptsächlich im Gebrauche?

Wie wird 1) die Scale von Reaumur oder die 80theilige, 2) die von Celsius oder die 100theilige oder schwedische, 3) die von Fahrenheit und 4) die von De l'Isle angefertigt?

Wann und von wem wurde das Weingeistthermometer erfunden, und wer hat die Scale dazu construirt?

Wer hat zuerst das Weingeistthermometer mit dem Quecksilberthermometer vertauscht?

Wann fertigten Reaumur, Celsius, Fahrenheit und De l'Isle die nach ihnen benannten Scalen zuerst an; und weßhalb wird der Nullpunkt des Fahrenheit'schen Thermometers der künstliche Frostpunkt genannt?

Was heißt ein Differenzialthermometer; und wie sind die Differenzialthermometer von Rumford und Leslie beschaffen?

Wie sind die Metallthermometer (mit Ausnahme der Quecksilberthermometer) eingerichtet?

Was heißt ein Pyrometer und wie sind die gebräuchlichsten Pyrometer construirt?

Welche Hitzgrade werden durch die Pyrometer bestimmt?

Wie werden die Hitzgrade nach dem Wedgwood'schen Pyrometer ermittelt?

Wie hat Newton die höhern Hitzgrade auf indirekte Weise gefunden?

Hauptsätze.

I. Die Wärme bringt verschiedene Wirkungen hervor:
1) Sie erregt den Gefühlsinn.
2) Sie dehnt jeden Körper in allen Richtungen aus.
3) Sie verändert den Aggregatszustand der Körper, indem sie dieselben entweder schmilzt oder verflüchtigt.
4) Sie trägt zu den Erfolgen bei, welche durch chemische und elektrische Processe sich ergeben.

II. Die freie Wärme entsteht hauptsächlich:
1) durch das Sonnenlicht;
2) durch die chemischen Einwirkungen der Körper auf einander;
3) durch Reibung, Stoß und schnelle Zusammendrückung der Körper;
4) durch den Lebensprozeß;
5) durch die Elektricität; und
6) durch Mittheilung.

III. Die Körper werden durch steigende Wärme in allen Dimensionen größer und durch abnehmende in allen Richtungen kleiner. Auch erhält jeder durch Wärme ausgedehnte und durch Kälte zusammengezogene Körper seine erste Größe wieder, sobald er seine anfängliche Wärme wieder erlangt.

IV. Die Ausdehnungen, welche die festen Körper durch die Wärme erleiden, sind äußerst gering.

V. Die Ausdehnungen verschiedenartiger fester Körper sind von verschiedener Größe. Auch scheint bei der Mehrzahl der Metalle die Ausdehnungsfähigkeit desto größer zu sein, je größer ihre Schmelzbarkeit sich zeigt.

VI. Bei jedem festen Körper scheint die Ausdehnung durch die Wärme der Zunahme der letztern verhältnißmäßig zu sein, so lange sie sich nicht demjenigen Grade nähert, bei welchem die Aggregatsform des Körpers sich verändert.

VII. Die tropfbaren Flüssigkeiten werden durch die Wärme mehr als die festen Körper ausgedehnt.

VIII. Die Ausdehnungen der verschiedenartigen tropfbaren Flüssigkeiten sind gleichfalls verschieden.

IX. Die tropfbar-flüssigen Körper werden durch die Wärme nicht gleichförmig ausgedehnt, sondern jeder Zuwachs der Wärme bringt in den höhern Graden eine stärkere Ausdehnung als in den niedrigern hervor.

X. Die Wärme bewirkt bei einem luftförmigen Körper unmittelbar eine Verstärkung seiner Expansivkraft, und die Raumerweiterung dieses Körpers ist nur als eine Folge der verstärkten Expensivkraft, d. h. als eine mittelbare Wirkung der Wärme anzusehen.

XI. Man hat gefunden, daß bei hinreichender Nachgiebigkeit der sperrenden Wände, bei ausdehnsamen Flüssigkeiten eine stärkere Ausdehnung als bei tropfbar-flüssigen Körpern durch die Wärme erfolgt.

XII. Alle bleibenden Gasarten werden durch die Wärme gleichförmig ausgedehnt. Auch findet das oben Gesagte für solche ausdehnsame Flüssigkeiten statt, welche durch Verflüchtigung tropfbar-flüssiger Körper entstehen, so lange erstere noch nicht in den tropfbar-flüssigen Zustand zurückgekehrt sind.

XIII. Das Quecksilber dehnt sich für 1° C um $\frac{1}{5550}$ oder 0,000180018 und das Wasser für 100° C um 0,013 seines Volumens aus. Auch besitzt letzteres seine größte Dichtigkeit bei 4°,02C.

XIV. Die Ausdehnung des Glases wird nach Dulong und Petit für 100° C = 0,0025839 und nach Rudberg = 0,002285 gesetzt.

XV. Die Ausdehnung von 0° bis 100°C beträgt:

nach Magnus,

für Luft	. . . . .	= 0,366508
„ Wasserstoffgas	.	= 0,365659
„ Kohlensäuregas	.	= 0,369087
„ Schwefligsaures Gas		= 0,385618

nach Regnault

für Luft	. . . . .	= 0,3663
„ Wasserstoffgas	.	= 0,3664
„ Kohlensäuregas	.	= 0,3685
„ Stickoxydulgas	.	= 0,3671
„ Schwefligsaures Gas		= 0,3677

nach Rudberg

für Luft	. . . . .	= 0,36145

XVI. Die Ausdehnung der Luft von 0° bis 100° wird in allen Rechnungen:

$$= 0{,}365$$

gesetzt.

XVII. Die Temperatur, wobei eine Flüssigkeit siedet, ist abhängig:

1) von der Natur der Flüssigkeit,

2) von dem Drucke der Atmosphäre und

3) von der Natur des Gefäßes, in dem das Sieden geschieht.

XVIII. Die Einrichtungen der Thermometer beruhen auf den Ausdehnungen, welche die Metalle und Flüssigkeiten durch steigende Wärme erfahren. Auch werden die Erscheinungen der Pyrometer aus der Ausdehnung der Metalle und der Zusammenziehung des Thones durch die Hitze erklärt.

XIX. Der Nullpunkt des Thermometers wird nicht im gefrierenden Wasser, sondern im aufthauenden Eise oder Schnee bestimmt.

XX. Man bezeichnet n Grade der Reaumur'schen, Celsius'schen, Fahrenheit'schen und Delisle'schen Scale, beziehlich durch $n^\circ R$, $n^\circ C$, $n^\circ F$ und $n^\circ D$.

XXI. Es ist:

$$1)\ \begin{Bmatrix} +n^\circ R = \left(\frac{5n}{4}\right)^\circ C \\ -n^\circ R = -\left(\frac{5n}{4}\right)^\circ C \end{Bmatrix};$$

$$2)\ \begin{Bmatrix} +n^\circ R = \left(\frac{9n}{4}+32\right)^\circ F = \left(\frac{9n+128}{4}\right)^\circ F \\ -n^\circ R = \left(\frac{-9n}{4}+32\right)^\circ F = -\left(\frac{9n-128}{4}\right)^\circ F \end{Bmatrix};$$

$$3)\ \begin{Bmatrix} +n^\circ R = \left[(80-n)\,.\,\frac{15}{8}\right]^\circ D = \left[\frac{(80-n)\,.\,15}{8}\right]^\circ D \\ -n^\circ R = \left[[80-(-n)]\,.\,\frac{15}{8}\right]^\circ D = +\left[\frac{(80+n)\,.\,15}{8}\right]^\circ D \end{Bmatrix}.$$

XXII. Man findet:

$$1)\ \begin{Bmatrix} +n^\circ C = +\left(\frac{4n}{5}\right)^\circ R \\ -n^\circ C = -\left(\frac{4n}{5}\right)^\circ R \end{Bmatrix};$$

$$2)\left\{\begin{aligned}+n^{\circ}C &= \left(\frac{9n}{5}+32\right)^{\circ}F = \left(\frac{9n+160}{5}\right)^{\circ}F\\ -n^{\circ}C &= \left[\frac{-9n}{5}+32\right]^{\circ}F = -\left[\frac{9n-160}{5}\right]^{\circ}F\end{aligned}\right\};$$

$$3)\left\{\begin{aligned}+n^{\circ}C &= [(100-n)\,.\,\tfrac{3}{2}]^{\circ}D = \left[\frac{(100-n)\,.\,3}{2}\right]^{\circ}D\\ -n^{\circ}C &= [(100-(-n))\,.\,\tfrac{3}{2}]^{\circ}D = \left[\frac{(100+n)\,.\,3}{2}\right]^{\circ}D\end{aligned}\right\}.$$

XXIII. Man erhält:

$$1)\left\{\begin{aligned}+n^{\circ}F &= \left[\frac{(n-32)\,.\,4}{9}\right]^{\circ}R\\ -n^{\circ}F &= -\left[\frac{(n+32)\,.\,4}{9}\right]^{\circ}R\end{aligned}\right\};$$

$$2)\left\{\begin{aligned}+n^{\circ}F &= \left[\frac{(n-32)\,.\,5}{9}\right]^{\circ}C\\ -n^{\circ}F &= -\left[\frac{(n+32)\,.\,5}{9}\right]^{\circ}C\end{aligned}\right\};$$

$$3)\left\{\begin{aligned}+n^{\circ}F &= \left[\frac{(212-n)\,.\,5}{6}\right]^{\circ}D\\ -n^{\circ}F &= \left[\frac{(212+n)\,.\,5}{6}\right]^{\circ}D\end{aligned}\right\}.$$

XXIV. Es ergiebt sich:

$$1)\left\{\begin{aligned}+n^{\circ}D &= \left[\frac{(150-n)\,.\,8}{15}\right]^{\circ}R\\ -n^{\circ}D &= \left[\frac{(150+n)\,.\,8}{15}\right]^{\circ}R\end{aligned}\right\};$$

$$2)\left\{\begin{aligned}+n^{\circ}D &= \left[\frac{(150-n)\,.\,2}{3}\right]^{\circ}C\\ -n^{\circ}D &= \left[\frac{(150+n)\,.\,2}{3}\right]^{\circ}C\end{aligned}\right\};$$

$$3)\left\{\begin{aligned}+n^{\circ}D &= \left[\frac{(150-n).6}{5}+32\right]^{\circ}F = \left[\frac{(150-n).6+160}{5}\right]^{\circ}F\\ -n^{\circ}D &= \left[\frac{(150+n).6}{5}+32\right]^{\circ}F = \left[\frac{(150+n).6+160}{5}\right]^{\circ}F\end{aligned}\right\}.$$

XXV. Man hat gefunden, daß 1° des Wedgwood'schen Pyrometers 130° F beträgt.

Uebungssätze.

1) Bei Vegetabilien ist die Menge der blos in ihren grünen Theilen erzeugten Wärme sehr gering, und der Unterschied ihrer Temperatur und der der Umgebung beruht hauptsächlich auf der Wärmeleitung durch die Wurzeln.

2) Durch die Blumen einiger Pflanzen wird auf kurze Zeit eine merkliche Wärme erzeugt.

3) Die Thiere und auch die Larven erzeugen Wärme, und zwar in der steigenden Reihe: Fische, Würmer, Amphibien, Insekten, Säugethiere und Vögel.

4) Die Ausdehnung der Körper befolgt keinen gleichmäßigen Gang, sondern geht in Sprüngen vor sich.

5) Wird ein mit genau abgeschliffenem Rande versehenes Trinkglas eine Zeit lang über eine Lichtflamme gehalten, und dann schnell mit dem Rande auf die Hand gestellt, so wird es sehr stark gegen dieselbe gedrückt.

6) Ein Papierstreifen krümmt sich, wenn man ihn über eine Lichtflamme hält.

7) Fügt man 2 verschiedenartige Metallstreifen fest an einander und setzt den ganzen Streifen der Wärme aus, so krümmt er sich dergestalt, daß sein convexer Theil nach der Seite des stärker ausgedehnten Metalls zu liegen kommt.

8) Paßt eine metallene Kugel genau in einen Ring, so geht sie nicht mehr in denselben, sobald man die Kugel und nicht zugleich den Ring erhitzt.

9) Wenn ein Glasstöpsel unter gewöhnlichen Umständen nicht leicht in die Oeffnung einer Flasche geht, so paßt er in dieselbe, sobald man den Hals der Flasche erwärmt.

10) Ein gläsernes oder porzellanenes Gefäß zerspringt, wenn man schnell heißes Wasser in dasselbe gießt.

11) Die Kastanien springen mit einem heftigen Knalle auf, wenn man sie nicht aufschlitzt, bevor man dieselben auf glühende Kohlen, oder in heiße Asche legt.

12) Der Rauch eines angezündeten Feuers steigt in die Höhe.

13) Die Feuerfunken springen mit heftigem Knistern von den brennenden Holzscheiten ab.

14) Bei tragbaren Uhren wird ein gleichförmiger Gang dadurch erzeugt, daß man zwei aus Eisen und Kupfer zusammengesetzte und etwas gebogene Streifen an der Unruhe befestigt.

15) Die Erscheinungen der Rostpendel werden aus den ungleichen Ausdehnungen erklärt, welche verschiedenartige Metalle durch die Wärme erleiden.

16) Die Krystalle werden durch die Wärme nicht in allen Richtungen mit gleicher Stärke ausgedehnt.

17) Getrocknete, aber nicht gehörig erhitzte Thonkörper, nasse Hölzer, frisches Obst u. s. w. werden durch die Wärme eine Zeit lang zusammengezogen.

18) Die Einrichtung des Quecksilberpendels beruht auf den verschiedenen Ausdehnungen, welche das Quecksilber und die übrigen dazu gebrauchten Metalle durch die Wärme erfahren.

19) Wenn eine hohle Glaskugel im kalten Branntweine schwimmt, so sinkt sie im erwärmten etwas unter. Das Nämliche gilt auch von Wachskugeln, welche das eine Mal im kalten, und das andere Mal im heißen Wasser sich befinden.

20) Die Quecksilberthermometer haben eine regelmäßige Ausdehnung von — 25° bis etwa 150° C.

21) Der gewöhnliche Weingeist dehnt sich ungleich aus; und der absolute Alkohol gefriert durch die höchsten, bis jetzt erreichten, Kältegrade nicht.

22) Bei der Bestimmung des Siedepunktes wird gewöhnlich ein Barometerstand von 28 Pariser Zollen zum Normalmaße genommen.

23) Je kleiner die Barometerhöhe ist, desto niedriger steht der Siedepunkt.

24) Ist die Barometerhöhe kleiner als 28 Zoll, so ist der beobachtete Siedepunkt niedriger als der wahre.

25) Ist die Barometerhöhe größer als 28 Zoll, so wird der beobachtete Siedepunkt höher, als der wahre bemerkt.

26) Entfernt man sich nicht weit vom Normalstande des Barometers, d. h. von 28 Zoll, so bewirkt jede einen Zoll große Veränderung eine Temperaturveränderung von 1° C.

27) Beträgt der Barometerstand = 27 Zoll, so wird der beobachtete Fundamentalstand in 99 gleiche Theile getheilt, noch um einen dieser Theile vergrößert und dieser 100te Theil als der wahre Siedepunkt angesehen.

28) Ist die Barometerhöhe = 29 Zoll, so wird der Fundamentalstand in 101 gleiche Theile getheilt, und der wahre Siedepunkt auf den 100sten dieser Theile gesetzt.

29) Der Siedepunkt des destillirten Wassers schwankt in Glaskolben (bei demselben Barometerstande) von 100°,20 bis 102° C.

30) Bei Glas- und Metallgefäßen ist die Temperatur des Wasserdampfes beständig etwas niedriger, als die der siedenden Flüssigkeit, woraus er sich erhebt.

31) Der in vor. Nr. erwähnte Unterschied beträgt bei Glasgefäßen durchschnittlich 1°,06 C, während er bei Metallgefäßen von 0°,15 bis 0°,20 C schwankt.

32) Ueberzieht man das gläserne oder metallene Gefäß inwendig

mit einer dünnen Schicht von Schwefel, Schellack u. s. w., so scheint die Temperatur des Dampfes mit der ihn bildenden Flüssigkeit identisch zu sein.

33) In einem Metallgefäße ist der Siedepunkt im Allgemeinen niedriger, als in einem Glasgefäße.

34) Wirft man in ein Glasgefäß etwas Eisenfeilicht oder zerstoßenes Salz, so sinkt der Siedepunkt herab.

35) Ueberzieht man ein Metallgefäß oder einen Glaskolben inwendig mit einer dünnen Schicht Schwefel, Schellack oder einer andern, wenig Adhäsion zum Wasser zeigenden Substanz, so scheint der Siedepunkt des in dem Gefäße enthaltenen Wassers 0°,20 bis 0°,25C niedriger als in einem gewöhnlichen Metallgefäße zu sein.

36) Zur Bestimmung des Aufthauungspunktes wird nur der aus reinem Wasser gebildete Schnee oder das daraus entstandene Eis angewandt.

37) Die Temperatur des schmelzenden Schnees oder Eises scheint nur von dem Punkte an, wo die Schmelzung im Schnee sichtbar zu werden anfängt, bis dahin, wo er mit Wasser durchzogen wird, genau dieselbe zu sein.

38) Ist das Wasser mit Salzen versetzt, so gefriert es bei viel niedrigern Temperaturen, und thaut also auch bei andern Wärmegraden auf.

39) Ist ein Thermometer ganz vollendet, so muß es 1 — 2 Jahre liegen bleiben, bevor man die Grade auf der Scale anbringt.

40) Bei jeder Erwärmung des Thermometers bis zum Siedepunkte sinkt der Aufthauungspunkt etwas hinab, geht aber allmählig und zwar von selbst wieder in die Höhe.

Aufgaben.

1. Wenn ein fester Körper für 1°**R** sich um 0,671 seiner gleich 1 gesetzten Länge linear ausdehnt; wie lang wird er bei 20°**R** und 25°,5**R** durch diese Ausdehnung sich zeigen?

2. Ein fester Körper dehnt sich für 1°C um 0,56 seiner gleich 1 gesetzten Länge linear aus; wie lang wird er bei 40°C und 50,2°C sein müssen?

3. Wenn ein fester Körper, dessen Länge bei der Temperatur 0° = l beträgt, für 1° irgend einer Scale linear um k Theile seiner Länge sich ausdehnt; welche Länge wird derselbe für T° derselben Scale besitzen?

4. Ein fester Körper hatte bei 20°C die Länge 1,0521, und dehnte sich für 1°C linear um 0,0016 aus; welche Länge besaß dieser Körper bei 0°C?

5. Wenn ein Körper bei T° irgend einer Scale die Länge L

besitzt; welche Länge hatte derselbe bei 0°, wenn er für 1° der Scale linear um k Theile seiner ersten Länge zunimmt?

6. Wenn ein Körper sich gleichförmig ausdehnt, bei der Temperatur 0° C die Länge 1 Fuß und bei der Temperatur 100° C die Länge 1,00365 besitzt; welche Zunahme wird dieser Körper in der linearen Ausdehnung für 1° C erhalten?

7. Ein Körper wird gleichförmig durch die Wärme ausgedehnt, und besitzt bei 0° C die Länge 1 und bei einer höhern Temperatur die Länge 1,56. Wenn aber der Körper für 1° C um 0,0086 seiner ursprünglichen Länge sich ausdehnt; wie viel Grade wird die höhere Temperatur ausmachen?

8. Wenn ein Körper sich gleichförmig ausdehnt, bei 0° C die Länge l und bei T° C die Länge L besitzt; welche Zunahme wird dieser Körper in der linearen Ausdehnung für 1° C erfahren?

9. Ein Körper wird gleichförmig durch die Wärme ausgedehnt, und besitzt bei 0° C die Länge l und bei einer höhern Temperatur die Länge L. Wenn aber der Körper für 1° C um k Theile seiner ursprünglichen Länge sich ausdehnt; wie viele Grade wird die höhere Temperatur betragen?

10. Welche Zunahme wird das Kupfer für 1° C in der linearen Ausdehnung erfahren, wenn dasselbe bei 0° C die Länge 1 und bei 100° C die Länge 1,001717 besitzt?

11. Ein Stück Platin hat bei 0° C die Länge 1 und bei einer höhern Temperatur die Länge 1,000983. Wenn aber das Platin für 1° C um 0,00000983 seiner ursprünglichen Länge sich ausdehnt; wie viele Grade wird die höhere Temperatur ausmachen?

12. Eine messingene Claviersaite, deren Länge 1 Fuß beträgt, macht bei einer Temperatur von 15° C 41,66 Schwingungen. Wie groß war ihre Schwingungszahl in einer Temperatur von 5° C, wenn die Ausdehnung des Messings für 1° C = 0,000071 beträgt?

13. Eine Fläche = f wird aus der Temperatur 0° C in die Temperatur T° C gebracht, und für jeden Grad um k Theile linear ausgedehnt; welchen Quadratinhalt wird die Fläche jetzt besitzen?

14. Ein Körper, welcher bei der Temperatur 0° C das Volumen v besaß und für jeden Grad C um k Theile seiner ursprünglichen Länge sich ausdehnte, hat bei T° C das Volumen V erhalten. Welche Gleichung ergiebt sich zwischen v, V, T und k?

15. Wenn ein eisernes Parallelogramm bei 0° C die Länge 12 Zoll und die Breite 1 Zoll, und bei einer Temperatur von 30° C den Flächenraum 12,008 Quadratzoll besitzt; welche lineare Ausdehnung kommt dem Eisen für jeden Grad der 100theiligen Scale zu?

16. Eine Fläche enthält bei 0° C den Inhalt f und bei T° C den Inhalt F. Welche lineare Ausdehnung erleidet sie für jeden Grad?

17. Welche Länge besitzt ein eiserner Stab bei 0° C, wenn der-

selbe bei 100° C eine Länge von 10 Zoll besitzt, und das Eisen für jeden Grad C um 0,0000114 sich ausdehnt?

18. Man soll eine Stange von Messing und eine von Eisen so mit einander verbinden, daß beide bei 100° C die nämliche Länge erhalten. Wenn aber nun die messingene Stange bei 0° C 1 Fuß lang ist und für jeden Grad C um 0,0000176 dieser Länge sich ausdehnt; wie lang ist die Eisenstange bei 0° C zu nehmen, wenn das Eisen für 1° C um 0,0000114 sich ausdehnt?

19. Ein hohler Cylinder von Messing hat bei 20° C einen Inhalt von 100 Kubikzoll. Wenn aber nun das Messing für 1°C um 0,0000176 seiner ursprünglichen *) Länge sich ausdehnt; welchen Kubikinhalt wird der Cylinder bei 0° C besitzen?

20. Wenn ein Gefäß bei T° den Kubikinhalt K hat, welchen kubischen Inhalt wird dasselbe bei 0° erhalten, wenn die Abnahme der Längenausdehnung für jeden Grad = k beträgt?

21. Wenn eine Quecksilbermasse bei t° C das Volumen v enthält, welches Volumen wird dieselbe bei T° C besitzen?

22. Besitzt die atmosphärische Luft bei t° C das Volumen v; welches Volumen wird dieselbe bei T° C einnehmen?

23. Wenn Wasserstoffgas, Kohlensäuregas und schwefligsaures Gas für t° C das Volumen v besitzen, welches Volumen werden diese Gase bei T° C **) erhalten?

24. Eine Thermometerröhre soll 140 Grade enthalten, wovon 100° über und 40° unter dem Nullpunkte sich befinden. Wenn nun das Quecksilber für jeden Grad C um 0,000180018 seines ursprünglichen Volumens sich ausdehnt; in welchem Verhältnisse wird der Inhalt der anzusetzenden Kugel zu dem der Röhre stehen?

25. Man soll + 24° R, — 8° R, + 7° R und — 12° R in Grade der Celsius'schen, Fahrenheit'schen und Delisle'schen Scale verwandeln.

26. Es sollen + 20° C, — 10° C, + 110° C und — 25° C in Grade der Reaumur'schen, Fahrenheit'schen und Delisle'schen Scale ausgedrückt werden.

27. Jemand soll + 14° F, — 22° F, + 252° F u. — 30° F in Grade der Reaumur'schen, Celsius'schen und Delisle'schen Scale verwandeln.

28. Man soll + 75° D, — 15° D, + 115° D und — 30° D in Grade der Reaumurschen, Celsius'schen und Fahrenheit'schen Scale ausdrücken?

29. Wie viel Grade des Fahrenheit'schen und hunderttheiligen Thermometers werden 7°,8 R ausmachen?

---

*) d. h. bei 0° sich zeigenden.

**) nach den Versuchen von Magnus (Vergl. XIII.).

30. Wie viel Grade des Reaumur'schen und 100theiligen Thermometers werden $68\frac{3}{4}^{\circ}$ der Fahrenheitschen Scale entsprechen?

31. Welcher Anzahl von Graden der Reaumur'schen und Fahrenheit'schen Scale werden 44,876° **C** entsprechen?

32. Auf welchem Grade der 100theiligen und Fahrenheit'schen Scale wird das Thermometer stehen, sobald dasselbe an der Reaumur'schen Scale $+10\frac{7}{8}^{\circ}$ angiebt?

33. Welchen Grad der Fahrenheit'schen und Reaumur'schen Scale wird das Thermometer zeigen, sobald die Temperatur nach dem 100theiligen Thermometer — 27,6° ausmacht?

34. Auf welchem Grade der 100theiligen und Reaumur'schen Scale stand ein Thermometer, welches am Fahrenheit'schen Thermometer — 0,61 angab?

35. Wenn die Temperatur an dem Reaumur'schen Thermometer + 35°,62 beträgt; wie viel wird dieselbe an der Delisle'schen Scale ausmachen?

36. Wie viel Grad Reaumur, Fahrenheit und Celsius werden — 6°,32 der Delisle'schen Scale betragen?

37. Man beobachtete den 1sten Juni 18° **R** und den 2ten Juni 20° **C**; wie viel wird das arithmetische Mittel dieser beiden Temperaturen in Graden der Fahrenheit'schen Scale betragen?

38. Jemand bemerkte am 1sten Januar — 14° **R**, am 2ten Januar — 16° **C** und am 3ten 2° **F**; wie viel wird die mittlere Temperatur der 3 Tage in Graden der Reaumurschen Scale ausmachen?

39. Man bemerkte in 4 verschiedenen Perioden beziehlig + 8°,5 **R**, + 2°,5 **C** — 2°,4 **F** und + 160° **D**; wie groß ist die mittlere Temperatur in Graden der Celsius'schen Scale?

40. An 5 auf einanderfolgenden Tagen wurden beziehlig die Temperaturen — 5,1° **R**, — 7°,4 **C**, + 12°,4 **F**, + 165° **D** — 8°,2 **R** bemerkt; wie viel wird die mittlere Temperatur in Graden der Delisle'schen Scale betragen?

Resultate.

1) 14,42 und 18,1105. **2)** 23,4 und 29,112. **3)** Die Länge $l(1+kT)$. **4)** 1,0194. **5)** Die ursprüngliche Länge des Körpers betrug $\frac{L}{1+kT}$. **6)** 0,0000365. **7)** 65°,116 **C**. **8)** Die Zunahme $\frac{L-l}{lT}$. **9)** $\left(\frac{L-l}{lk}\right)^{0}$. **10)** Die Zunahme 0,00001717. **11)** 100° **C**. **12)** 41,602 Schwingungen. **13)** Den Quadratinhalt $F.(kT+1)^2$, wofür aber ohne merklichen Fehler $F(1+2kT)$ gesetzt werden kann. **14)** Die Gleichung $V = v(1+kT)^3$,

wofür mit hinreichender Genauigkeit $V = v(1+3kT)$ gesetzt werden kann. **15)** 0,000133 Zoll. **16)** Die Ausdehnung $\frac{T-f}{2T}$.
17) 9,9886129 Zoll. **18)** 1,17734064 Fuß.
19) 99,8944371668385792 Kubikzoll. **20)** Der Kubikinhalt $K(1-kT)^3$, wobei schon $K(1-3kT)$ für die Anwendung genügt.
21) Das Volumen $v\left(1+\frac{T-t}{5550}\right) = v(1+0{,}000180018)(T-t)$.
22) Das Volumen $v(1+0{,}00365).(T-t)$.

$$\textbf{23)}\ \left\{\begin{array}{ll} \text{Das Wasserstoffgas wird das Volumen} & v(1+0{,}003656)(T-t), \\ \text{das Kohlensäuregas „ „ „} & v(1+0{,}00369)(T-t), \\ \text{u. das schwefligsaure Gas „ „} & v(1+0{,}00385)(T-t) \\ \text{erhalten.} & \end{array}\right.$$

24) Die anzusetzende Kugel muß einen 3,896 mal so großen Raumesinhalt als die Röhre besitzen.

$$\textbf{25)}\ \left\{\begin{array}{l} \text{Es ist } +24^\circ R = +30^\circ C = +86^\circ F = +105^\circ D \\ \text{„ „ } -8^\circ R = -10^\circ C = +14^\circ F = +165^\circ D \\ \text{„ „ } +7^\circ R = 8\tfrac{3}{4}{}^\circ C = 47\tfrac{3}{4}{}^\circ F = 136\tfrac{7}{8}{}^\circ D \\ \text{„ „ } -12^\circ R = -15^\circ C = +5^\circ F = +172\tfrac{1}{2}{}^\circ D \end{array}\right\}.$$

$$\textbf{26)}\ \left\{\begin{array}{l} \text{Man erhält } +20^\circ C = +16^\circ R = +68^\circ F = +120^\circ D \\ \text{„ „ } -10^\circ C = -8^\circ R = +14^\circ F = +165^\circ D \\ \text{„ „ } +110^\circ C = +88^\circ R = +230^\circ F = -15^\circ D \\ \text{„ „ } -25^\circ C = -20^\circ R = -13^\circ F = +187\tfrac{1}{2}{}^\circ D \end{array}\right\}.$$

$$\textbf{27)}\ \left\{\begin{array}{l} \text{Es ergiebt sich} \\ +14^\circ F = -8^\circ R = -10^\circ C = +165^\circ D \\ -22^\circ F = -24^\circ R = -30^\circ C = +195^\circ D \\ +252^\circ F = +97\tfrac{7}{9}{}^\circ R = +122\tfrac{2}{9}{}^\circ C = -33\tfrac{1}{3}{}^\circ D \\ -30^\circ F = -27\tfrac{5}{9}{}^\circ R = -34\tfrac{4}{9}{}^\circ C = +201\tfrac{2}{3}{}^\circ D \end{array}\right\}.$$

$$\textbf{28)}\ \left\{\begin{array}{l} \text{Es ist } +75^\circ D = +40^\circ R = +50^\circ C = +122^\circ F \\ \text{„ „ } -15^\circ D = +88^\circ R = +110^\circ C = +230^\circ F \\ \text{„ „ } +115^\circ D = +18\tfrac{2}{3}{}^\circ R = +23\tfrac{1}{3}{}^\circ C = +74^\circ F \\ \text{„ „ } -30^\circ D = +96^\circ R = +120^\circ C = +248^\circ F \end{array}\right\}.$$

$$\textbf{29)}\ \left\{\begin{array}{l} 17^\circ{,}55 \text{ der Fahrenheit'schen und} \\ 9^\circ{,}75 \text{ der 100theiligen Scale} \end{array}\right\}.$$

30) 30°,57 R und 38,21 C. **31)** 35°,90 R und 80,78° F.
32) Auf dem + 13,59sten Grade der Centesimal- und auf dem + 56,47sten Grade der Fahrenheit'schen Scale.
33) Den — 17°,68 F und — 22°,08 R.
34) Auf dem — 18°,12 C und — 14°,49 R.
35) 83°,2125 D.
36) 83°,3707 .... R, 219°,584 F und 104°,2133 C.
37) 70°,25 F. **38)** — 13°,377 R.
39) — 3°,163 C. **40)** + 163°,4 D.

Neun und dreißigstes Kapitel.

Von dem Einflusse der Wärme auf die Luft und von dem Luftthermometer.

Was heißt ein Luftthermometer; wer erfand dasselbe und wer gab diesem Instrumente zuerst eine wissenschaftliche Einrichtung?

Wie sind die jetzt gebräuchlichen Luftthermometer beschaffen?

Hauptsätze.

I. Die Verstärkung der Expansivkraft, welche die Wärme bei einer absolut gesperrten Luftportion bewirkt, ist als eine reine Wirkung der Wärme anzusehen.

II. Da die Größe einer Kraft aus der Größe ihrer Wirkung zu erkennen, und letztere der erstern verhältnißmäßig ist, so ist die Verstärkung der Expansivkraft, welche die Wärme bei einer absolut gesperrten Luftportion erzeugt, als das wahre Maß der Wärme anzusehen.

III. Hat eine absolut gesperrte Luftportion, bei dem Wärmegrade t^0, die durch die Quecksilbersäule oder Barometerhöhe meßbare Expansivkraft h, und bei dem höhern Wärmegrade T^0 die Expansivkraft H, so ist:

$$t : T = h : H.$$

IV. Wenn eine nicht gesperrte Luftportion, welche bei dem Wärmegrade t^0 das Volumen v Kubikfuß besitzt, bei dem höhern Wärmegrade T^0 das größere Volumen V Kubikfuß annimmt und ihre anfängliche Expansivkraft nicht verliert, so folgt:

$$t : T = v : V.$$

V. Wenn eine unvollständig gesperrte Luftportion *) das eine Mal den Wärmegrad t^0, das Volumen v Kubikfuß und die Expansivkraft h, und das andere Mal den Wärmegrad T^0, das Volumen V Kubikfuß und die Expansivkraft H besitzt, so ist:

$$t : T = (v \,.\, h) : (V \,.\, H).$$

---

*) Welche sich zwar ausdehnen kann, aber einen der Ausdehnung verhältnißmäßigen Gegendruck erleidet.

VI. Beobachtet man an einem Quecksilberthermometer, dessen Fundamentalabstand n gleiche Theile enthält, die Temperatur, so wird letztere in Grade eines eben so eingetheilten Luftthermometers dadurch verwandelt, daß man zu jeder Anzeige des erstern den Quotienten $\frac{8n}{3}$ addirt.

Aufgaben.

1. Wie hat sich die Temperatur der nämlichen gesperrten Luftportion verändert, wenn ihre Expansivkraft jetzt 3 mal größer als früher sich zeigt?

2. In welchem Verhältnisse hat die Temperatur einer Luftmasse sich verändert, wenn dieselbe jetzt ein 5 mal so großes Volumen als früher besitzt?

3. Wenn eine Luftportion, bei 28 Zoll Barometerhöhe und 0° C, das Volumen von 1 Kubikfuß enthält, wie viel wird dasselbe bei 20° C betragen?

4. Welches Volumen wird die Luftmasse von 2,5 Kubikfuß einnehmen, wenn der Barometerstand von 28 Zoll auf 14 Zoll sinkt und die Temperatur unverändert bleibt?

5. Wenn eine absolut gesperrte Luftportion bei dem Wärmegrade 10° C die Expansivkraft 1 besitzt, welche Expansivkraft wird dieselbe bei dem Wärmegrade 20°,5 C erhalten?

6. Eine absolut gesperrte Luftmasse hat bei 6° R die Expansivkraft 1; welche Temperatur wird dieselbe bei der Expansivkraft 3,1 besitzen?

7. Eine nicht gesperrte Luftportion besitzt bei 40° R das Volumen 2,5 Kubikfuß; welches Volumen wird dieselbe bei 30°,25 R einnehmen?

8. Wenn eine nicht gesperrte Luftmasse bei 38° F das Volumen 4 Kubikfuß enthält, bei welcher Temperatur wird dieselbe das Volumen 5,4 Kubikfuß einnehmen?

9. Wenn eine unvollständig gesperrte Luftportion den Wärmegrad 10° C, das Volumen 1 Kubikfuß und die Expansivkraft 1 enthält, welche Expansivkraft wird dieselbe beim Wärmegrade 15° C und beim Volumen 2 Kubikfuß besitzen?

10. Man soll den Wärmegrad ermitteln, welchen eine unvollständig gesperrte Luftportion bei der Expansivkraft 2 und dem Volumen 1 Kubikfuß enthält, wenn dieselbe bei 12° C und der Expansivkraft 3,1 das Volumen 2 Kubikfuß einnimmt?

11. Eine unvollständig gesperrte Luftportion hat bei 30° C und der Expansivkraft 1 das Volumen 3 Kubikfuß. Welches Volumen wird dieselbe bei 50° F und der Expansivkraft 5 besitzen?

12. Eine Luftmasse wird durch die Wärme bei demselben Barometerstande in den doppelten Raum ausgedehnt. Welcher Druck gehört dazu, sie wieder in den vorigen Raum zurück zu bringen?

13. Eine Luftmasse wird in einen 5 mal kleinern Raum zusammengedrängt; welche Expansivkraft übt dieselbe alsdann aus?

14. Eine Luftmasse nimmt bei den Barometerständen von 14 Zoll und 28 Zoll dasselbe Volumen ein. Wie verhalten sich ihre Dichtigkeiten in beiden Fällen?

15. Wenn man einen Kubikfuß Luft in einen Raum von 0,5 Kubikfuß zusammendrängt und dabei die Temperatur von 15° C auf 30,5° C steigt; welche Expansivkraft wird die zusammengedrängte Luft ausüben, wenn die erstere die Expansivkraft b besaß?

16. Wie verhalten sich die Wärmegrade zweier Luftmassen, welche gleiche Expansivkräfte und gleiche Volumina besitzen?

17. Bei einem Luftthermometer ist der Stand des Quecksilbers das eine Mal 2° und das andere Mal 1°,5 über dem zeitigen Barometerstande von 28 Zoll. Wie verhalten sich die den Luftmassen zugehörigen Wärmegrade zu einander?

18. Bei einem Luftthermometer ist der Fundamentalabstand in 365 gleiche Theile getheilt, und zum Eispunkte die Zahl 1000 und zum Siedepunkte die Zahl 1365 gewählt. Nennt man aber nun eine beliebige Zahl dieser Grade = N, die des 100theiligen Quecksilberthermometers = v; welche Gleichung ergiebt sich zwischen N und v?

Resultate.

1) Im Verhältnisse wie 1 zu 3. **2)** Im Verhältnisse wie 1 zu 5. **3)** 1,0365 Kubikfuß. **4)** 5 Kubikfuß. **5)** 2,05. **6)** 18°,6 R. **7)** 1,890625 Kubikfuß. **8)** 51°,3 F. **9)** 0,75. **10)** 3°,8709 C. **11)** 0,3488 Kubikfuß. **12)** Ein doppelter Druck. **13)** Eine 5 mal größere. **14)** Wie 1 zu 2. **15)** 4,0666 b. **16)** Wie 1 zu 1. **17)** Wie 1,33 zu 1. **18)** $v = \frac{(N - 1000).100}{365}$.

Vierzigstes Kapitel.

Von der Verbreitung der Wärme durch Strahlung.

Auf wie viele Arten verbreitet sich die freie Wärme?
Wer hat die strahlende Wärme zuerst bemerkt?
Was heißt das mobile Gleichgewicht der Wärme?
Was nennt man ein Aufnehmen, Einsaugen, Verschlucken oder Absorbiren der Wärme oder des Wärmestoffs?
Wer hat die Lehre von der strahlenden Wärme mit vielen wichtigen Entdeckungen bereichert?

Hauptsätze.

I. Die strahlende Wärme verbreitet sich rings um den erhitzten Körper in geraden Linien, welche man Strahlen nennt.

II. Die Verbreitung der Wärme geschieht mit so großer Geschwindigkeit, daß sie uns als augenblicklich erscheint.

III. Die Wärme theilt sich der Luft, durch welche sie geht, wenig oder gar nicht mit.

IV. Wird ein Behältniß durch mehrere von einander abstehende Glasscheiben verschlossen und alsdann den Wirkungen des Sonnenlichtes oder einer andern strahlenden Wärme ausgesetzt, so wird letztere immer langsamer fortgepflanzt, dabei dem innern Raume mitgetheilt, und da sie nicht so leicht aus demselben wieder entweichen kann, darin angehäuft.

V. Die Oberflächen, die innern Beschaffenheiten und Temperaturen der Körper üben einen wichtigen Einfluß auf das Ausstrahlen der Wärme aus.

VI. Diejenigen Flächen, welche die Wärme am meisten ausstrahlen, pflegen dieselbe auch in größter Menge zu verschlucken.

VII. Bei Gleichheit der Farbe und gleichem Zustande der Oberfläche absorbirt ein Körper die Wärme desto stärker, je weniger er sie fortleitet.

VIII. Das Absorptionsvermögen der Wärme vermindert sich, wenn die Härte und Elasticität der Flächen sich vermehrt.

IX. Die strahlende Wärme wird von manchen Oberflächen sehr

leicht reflectirt; auch findet diese Reflexion nach den für vollkommen elastische Körper entwickelten Gesetzen statt.

X. Diejenigen Körper, welche die Wärme am besten ausstrahlen und einsaugen, werfen sie am schlechtesten zurück, und umgekehrt.

XI. Die Wärmestrahlung geschieht gewöhnlich in atmosphärischer Luft, doch findet dieselbe auch in den übrigen ausdehnsamen Flüssigkeiten statt.

XII. Die festen Körper halten die Wärmestrahlung mehr oder weniger auf und werden dieserhalb als abhaltende Schirme gebraucht.

XIII. Ein solcher Schirm ist desto abhaltender, je weniger seine beiden Oberflächen die Wärme zu absorbiren und sie fortzustrahlen fähig sind, und je dicker er ist.

XIV. Die Wärmestrahlen erleiden eine Brechung, wenn sie in Gemeinschaft mit dem Lichte durchsichtige Körper durchgehen.

XV. Die von einer erhitzten Metallkugel kommenden Wärmestrahlen erhalten durch Reflexion an einem Glasspiegel eine Eigenschaft, welche beim Lichte Polarisirung heißt; auch werden die Wärmestrahlen durch Turmaline polarisirt.

XVI. Wenn die Wärme durchsichtige Körper durchstrahlt, so ist der Verlust desto kleiner, je höher die Temperatur des Wärme ausstrahlenden Körpers sich zeigt.

XVII. Bei ungleicher Temperatur der Wärmequelle ist das Verhältniß der durchgehenden Strahlen desto kleiner, je unbedeutender die Dicke ist, welche der durchstrahlte Körper besitzt.

XVIII. Die Durchsichtigkeit ist nicht die einzige Eigenschaft, welche ein Körper haben muß, um Wärmestrahlen durchzulassen; und es ist noch ein stärkeres Element, nämlich die Brechkraft, hierzu erforderlich.

Uebungssätze.

1) Durch eine Glasplatte wird die strahlende Wärme des Feuers, aber nicht die der Sonne abgehalten.

2) In Treibhäusern und Mistbeeten wird die Wärme durch Bedeckung mit Glasfenstern und zumal mit doppelten aufgehalten.

3) In einem durch drei parallele Glasscheiben verschlossenen Kasten wurde durch die Wirkung der Sonnenstrahlen eine Hitze von $+ 229^\circ$ F erzeugt.

4) Im Feuersammler von Ducarla entsteht (nach Ducarla's Angabe) eine Hitze, wodurch selbst das Eisen in Fluß geräth.

5) Stellt man zwei metallene Hohlspiegel auf schickliche Weise auf, und bringt in den Brennpunkt des einen eine heiße Kugel und in den des andern ein empfindliches Thermometer, so steigt das darin befindliche Quecksilber augenblicklich in die Höhe.

6) Setzt man (in v. Nr.) in den einen Brennpunkt, statt der heißen Kugel, einen Eiskörper, so sinkt das im Thermometer vorhandene Quecksilber herab.

7) Ein Körper strahlt desto weniger Wärme aus, je glatter und glänzender, und desto mehr, je rauher seine Oberfläche ist.

8) Die Metalle mit glänzenden Oberflächen strahlen die Wärme am wenigsten aus; auch wird ihr ausstrahlendes Vermögen vermehrt, wenn ihre Oberflächen den Glanz und die Politur verlieren, oder wenn man sie zerkratzt.

9) Das Glas und die Stoffe, welche von organischen Körpern herkommen (z. B. Harz, Papier u. s. w.) strahlen die Wärme besser als die Metalle aus.

10) Das größte Vermögen die Wärme auszustrahlen hat man am Lampenschwarz und am Wasser bemerkt.

11) Eine Flüssigkeit erkaltet in einem porcellanenen Gefäße langsamer, als wenn man dasselbe mit einer dunkeln Hülle umgiebt.

12) Um Speisen und Getränke lange warm zu halten, werden Gefäße mit glatten und glänzenden Oberflächen angewandt.

13) Soll die Wärme möglichst schnell den umgebenden Körpern mitgetheilt werden, so muß die Oberfläche dunkel und wo möglich nicht glänzend sein.

14) Eiserne Oefen machen die Zimmer wärmer als thönerne.

15) Die Oefen werden gewöhnlich mit mehreren Zügen versehen.

16) Die rauhen Oberflächen absorbiren die Wärme leichter als die glatten und glänzenden; die dunkeln mehr als die hellen; und die polirten metallenen Flächen saugen die Wärme — unter denselben Umständen — am wenigsten ein.

17) Das durchs Hämmern gehärtete Weißblech hat ein schwächeres Absorptionsvermögen, als wenn es im natürlichen Zustande sich befindet.

18) Ein polirter Metallspiegel wird durch die Strahlen der Sonne oder des Feuers fast gar nicht, ein schwarz gefärbtes Metall aber sehr bedeutend erwärmt.

19) Ofenschirme mit glatten Oberflächen werden sehr wenig heiß.

20) Die Mauern werden schwarz angestrichen, wenn Pflanzen, welche viele Wärme erfordern, davor stehen.

21) Im Winter thaut der Schnee am ersten in der Nähe dunkler Körper weg.

22) Franklin legte auf eine der Sonne ausgesetzte Schneefläche verschieden gefärbte Tuchlappen, und fand, daß die dunkeln tiefer und schneller in den Schnee als die weißen einsanken.

23) Die dunkel gefärbten Kleider erwärmen den Körper im Sommer mehr als die hellen; die letztern halten aber im Winter die Wärme des Körpers besser als die erstern zusammen.

24) Das schwarze Papier wird im Brennpunkte eines Brennspiegels viel eher als das weiße entzündet.

25) Zur Reflexion der Wärme werden hauptsächlich metallene Spiegel gebraucht.

26) Leslie bekleidete 2 Glastafeln auf einer Seite mit Zinnfolie, gebrauchte beide als einen zusammengesetzten Schirm, indem er sie mit ihren unbekleideten Seiten an einander drückte, setzte den Schirm den Wirkungen der Wärmestrahlen aus, und fand, daß derselbe alle Wärmestrahlen aufzufangen schien.

27) Wurden (in vor. Nr.) die beiden Glasplatten mit ihren unbekleideten Flächen zusammengebracht, so war die Wärmestrahlung bedeutend geschwächt, aber nicht gänzlich aufgehoben.

28) Bringt man ein Thermometer in ein mäßig warmes Zimmer, und stellt einen Schirm, welcher die Temperatur des Zimmers besitzt, vor dasselbe, so bleibt seine Temperatur unverändert.

29) Wird ein Körper des Nachts dem Anblicke des freien Himmels ausgesetzt und dabei so gut als möglich von jeder Erwärmung ausgeschlossen, so sinkt seine Temperatur mehr oder weniger hinab.

30) Ist der Himmel mit Wolken bedeckt, so halten dieselben die Wärme auf, welche den mäßig erwärmten Körpern entströmt.

Ein und vierzigstes Kapitel.

Von der Verbreitung der freien Wärme durch Fortleitung.

Was heißt das thermometrische Gleichgewicht der Wärme?

Was nennt man gute, mittelmäßige oder schlechte Wärmeleiter?

Was wird die Erwärmungs-, was die Erkältungsfähigkeit, und was überhaupt die Leitungsfähigkeit eines Körpers genannt?

Wie viele Arten von Wärmeleitung finden bei tropfbaren Flüssigkeiten statt, und was wird das fortführende Vermögen derselben genannt?

Wie viele Arten von Wärmeleitung werden bei ausdehnsam flüssigen Körpern bemerkt?

Hauptsätze.

I. Das mobile Gleichgewicht der Wärme ist nicht bleibend.

II. Die Fortleitung der Wärme ist die Ursache, daß die Temperatur der Körper dem Gefühle sich offenbart.

III. Die Temperatur der äußern Theile unseres Körpers ist nicht immer dieselbe; und es kann deßhalb ein Körper, bei derselben Temperatur, zu der einen Zeit warm und zu der andern kalt zu sein scheinen.

IV. Die Fortleitung der freien Wärme erfolgt desto schneller, je mehr die Temperaturen der sich berührenden Körper von einander verschieden sind.

V. Die freie Wärme geht durch alle Körper, jedoch mit ungleichen Geschwindigkeiten fort.

VI. Mat hat gefunden, daß die Erwärmungsfähigkeit eines Körpers, unter einerlei Umständen, dieselben Gesetze wie die Erkältungsfähigkeit dieses Körpers befolgt.

VII. Die Geschwindigkeit, womit ein Körper den ihn umgebenden Materien entweder Wärme mittheilt oder entzieht, ist nicht blos von seiner Leitungsfähigkeit, sondern auch von der Beschaffenheit und Größe seiner Oberfläche und von seiner Masse abhängig. Je größer nämlich die Oberfläche bei einer bestimmten Masse sich zeigt, desto kleiner wird die zur Abkühlung oder Erwärmung nöthige Zeit, und je größer die Masse bei einer bestimmten Oberfläche ist, desto größer wird jene Zeit befunden.

VIII. Unter den festen Körpern sind die Metalle die beßten Wärmeleiter.

IX. Diejenigen Substanzen, welche aus sehr feinen Fäden, oder aus kleinen, sich an sehr wenig Punkten berührenden Stückchen bestehen, sind (nach Rumford's Versuchen) die schlechtesten Wärmeleiter.

X. Die tropfbar= und ausdehnsam flüssigen Körper sind schlechte Wärmeleiter, wenn sie im Zustande der Ruhe sich befinden.

XI. Die bei tropfbaren Flüssigkeiten stattfindende Wärmeleitung durch Bewegung findet mit ziemlicher Geschwindigkeit statt, während (nach v. R.) die durch bloße Fortleitung sich ergebende äußerst langsam vor sich geht.

XII. Die atmosphärische Luft ist in Bezug auf bloße Fortleitung ein schlechter Wärmeleiter, während sie in Bezug auf die Bewegung als einer der beßten Wärmeleiter sich zeigt.

XIII. Die Wärmeleitung durch Bewegung geschieht im freien Raume dadurch, daß die Sonnenstrahlen nicht sowohl die Luft als den Boden erwärmen, und daß derselbe den ihn berührenden Lufttheilchen wieder Wärme mittheilt.

XIV. Die in der atmosphärischen Luft stattfindende Wärme wird von unten nach oben zu immer geringer.

XV. In einer gewissen Höhe, welche die Schneegrenze heißt, wird selbst bei dem heißesten Wetter eine Frostkälte bemerkt.

XVI. Die Heiterkeit des Himmels trägt zur Erkältung der obern Luftschichten etwas bei.

XVII. In einem umschlossenen Raume, wo sich die Dichtigkeit der obersten Luftschicht von der der untersten äußerst wenig unterscheidet, wird im obern Theile eine größere Wärme als im untern bemerkt.

Uebungssätze.

1) Die Temperatur eines Körpers scheint sich zu ändern, je nachdem wir ihn mit den Händen oder andern Theilen des Körpers berühren.

2) Nimmt man eine Thermometerkugel in die Hand, so wird anfangs ein stärkeres Steigen des Quecksilbers als später bemerkt.

3) Hält man ein Metallstänglein mit dem einen Ende ins Feuer, so wird das andere sehr bald erhitzt. Nimmt man aber ein hölzernes Stäbchen von derselben Länge und stellt den nämlichen Versuch wieder an, so wird das in der Hand befindliche Ende nur langsam erwärmt.

4) Das Leder, die Wolle in Flocken, die Seide in Fäden, die Flaumfedern, die Kleyen, die Haare, der Schnee u. s. w. werden zu den schlechtesten Wärmeleitern gezählt.

5) Die Pelze, deren Haare nach außen gekehrt sind, halten (nach Rumford) am wärmsten.

6) Das Wasser wird von oben nach unten sehr langsam erwärmt.

7) An unsern Wohnzimmern u. s. w. werden Doppelfenster angebracht.

8) Die aus 2 parallelen Flächen bestehenden Ofenschirme sind zweckmäßiger als solche, welche nur eine enthalten.

9) Zwei Röcke halten wärmer als ein Rock, wenn auch der Stoff dazu doppelt so dick, als der Stoff zu jedem der beiden andern Röcken sich zeigt.

10) Weite Kleider sollen besser als enganschließende wärmen.

11) Der Schnee wird in einer Tiefe von einigen Fußen nie unter 0 Grad erkältet gefunden.

12) Der Landmann wünscht, daß der Schnee die Saat bedecke.

13) Eine Quelle wird gelobt, wenn sie im Winter warmes und im Sommer kaltes Wasser giebt.

14) Die Kochgeschirre werden mit möglichst weiten Böden versehen und mit Drähten durchzogen.

15) Breiartige Speisen, gebratene Aepfel u. s. w. erhalten sich sehr lange heiß.

16) In den obern Theilen eines erwärmten Zimmers ist es heißer als in den untern.

17) Ein niedriges Zimmer heizt besser als ein hohes von demselben Volumen.

18) Oeffnet man die zwischen einem heißen und kalten Zimmer befindliche Thüre, so wird eine oben angebrachte Lichtflamme nach dem kalten und eine unten vorhandene nach dem warmen Zimmer bewegt. Auch ist in der Mitte ein Ort, an welchem die Flamme ruhig brennt.

19) Scheint die Sonne in ein Zimmer, so werden manchmal über dunkeln von ihr erwärmten Körpern Strömungen von feinem Sande bemerkt.

20) Eine Stange (etwa ein Metalldraht u. s. w.) wird leichter erhitzt, wenn man sein unteres Ende in eine Lichtflamme hält, als wenn man umgekehrt verfährt.

21) Wenn Jemand eine Metallstange und auch ein Holzstück berührt, so scheint (bei der halben Temperatur) das erstere kälter als das letztere zu sein.

22) Wird eine Metallstange bei großer Kälte mit nassen Händen angefaßt, so frieren diese an, während ein Holzstück unter diesen Umständen kein Gefrieren bewirkt.

23) Taucht man einen Finger in Quecksilber, so hat man ein Gefühl von Kälte, wenn das Quecksilber auch nicht kälter als jeder Körper seiner Umgebung sich zeigt.

24) Wenn man ein angezündetes Räucherkerzchen auf ein hölzernes Brettchen stellt, so brennt es ganz aus; wenn man es aber auf eine Metallplatte bringt, so bleibt etwas davon übrig.

25) Streut man Asche in die Hand, so kann man glühende Kohlen darauf legen, ohne sich zu verbrennen.

26) Man kann ein Kochgeschirr, welches außerhalb einen Ueberzug von Ruß hat, ungestraft auf der Hand tragen, so wie es vom Feuer kommt,

27) Die Schmiede können glühende Kohlen auf ihre Hand bringen und sie einige Zeit darauf liegen lassen, ohne sich zu verbrennen.

28) In einem metallenen Gefäße kommt das Wasser eher als in einem irdenen zum Sieden.

29) Ein auf Stein oder Metall gebrachtes heißes Glas springt, während es auf Holz, Stroh oder Tuch gesetzt, unbeschädigt bleibt.

30) Wird ein Metalldraht sehr dicht mit Zwirn umwickelt, so kann man ihn sehr lange in eine Lichtflamme halten, bevor der Zwirn zu brennen anfängt.

31) Die Handhaben der metallenen Theekannen, Kessel u. s. w. werden mit Holz umgeben oder mit Papier umwickelt.

32) Glasirte thönerne Oefen heizen schlechter als unglasirte.

33) Die Thonöfen heizen längere Zeit als die gewöhnlichen Kachelöfen, und diese länger als die eisernen.

34) Ein Ofen giebt weniger Wärme, wenn sein Aufsatz voll Ruß ist.

35) Die steinernen Wände eines Zimmers werden mit hölzernen Bekleidungen und Tapeten versehen.

36) Die Strohdächer halten im Sommer kühl und im Winter warm.

37) Die Juwelenhändler können durch bloßes Anfühlen ächte Steine von unächten unterscheiden.

38) Die Brunnen, Bäume u. s. w. werden durch Bedeckung mit Stroh vor dem Froste geschützt.

39) Wir tragen im Winter Wolle und Pelz.

40) Die Eisgruben werden mit hölzernen Bekleidungen versehen und manchmal mit Stroh überdeckt.

41) Die nasse Herbstkälte ist empfindlicher als die trockene Winterkälte, wenn auch die letztere nach dem Thermometer größer als die erstere sich zeigt.

42) Wir werden von einem kalten Winde sehr durchkältet.

Zwei und vierzigstes Kapitel.

Von der Wärmecapacität, der specifischen und relativen Wärme.

Was heißt die Capacität der Körper für die Wärme, oder kürzer die Wärmecapacität?

Was nennt man die specifische und was die relative Wärme?

Was wird das Calorimeter oder die Eisgeräthschaft genannt, und von wem wurde dasselbe erfunden?

Hauptsätze.

I. Habei zwei gleichartige Körper die Massen **M** und **m**, die Temperaturen **T** und **t** und bringt man beide mit einander in Berührung, so ist ihre gemeinschaftliche Temperatur, nämlich:

$$\mathfrak{T} = \frac{MT + mt}{M + m}.$$

II. Die in v. N. aufgestellte Gleichung wird die Richmann'sche Regel genannt.

III. Wilke zeigte zuerst, daß ungleichartige Körper, welche nach dem Thermometer gleiche Temperaturen besitzen, dennoch sehr verschiedene Quantitäten von wirklicher Wärme enthalten.

IV. Die specifische Wärme des Wassers wird immer = 1 gesetzt.

V. Taucht man einen Körper, vom Gewichte A Pfd. in Wasser, dessen Gewicht a Pfd. ausmacht, und wird hierdurch die Temperatur des Körpers um T^0 und die des Wassers um t^0 verändert, so ist die specifische Wärme des Körpers, nämlich:

$$S = \frac{a \, . \, t}{A \, . \, T},$$

wenn diejenige des Wassers = 1 beträgt.

VI. Das Calorimeter beruht darauf, daß zur Schmelzung eines bestimmten Gewichtes von Eis eine gewisse Quantität Wärme gehört.

VII. Die Erfahrung hat gelehrt, daß ein Pfund Wasser von 60^0 R oder 75^0 C ein Pfund Eis zu schmelzen vermag.

VIII. Bringt man einen Körper, dessen Gewicht A Pfd. und Temperatur T^0 ausmacht, in das Calorimeter, und beträgt das Gewicht des flüssig gewordenen Eises = a Pfd., so ist die specifische Wärme dieses Körpers, nämlich:

$$S = \left\{ \begin{array}{l} \dfrac{60 \, . \, a}{A \, . \, T} \text{ für das Reaumursche} \\ \dfrac{75 \, . \, a}{A \, . \, T} \text{ für das Celsiussche Thermometer} \end{array} \right\}.$$

IX. Dulong und Petit bestimmten die specifische Wärme der Körper nach dem Satze, daß die Körper — in einem gegebenen Mittel und unter übrigens gleichen Umständen — desto langsamer erkalten, je größer ihre specifische Wärme sich zeigt.

X. Bezeichnet man bei einem Körper die relative Wärme durch R, die specifische durch S und das specifische Gewicht durch P, so ergiebt sich:

$$1) \; R = P \, . \, S,$$

$$\text{oder} \quad 2) \; S = \frac{R}{P}.$$

XI. Wenn die Wärmecapacität eines Körpers sich vergrößert, so fällt seine Temperatur, ohne daß seine Wärmemenge sich verändert; verkleinert sich aber die Capacität, so wächst die Temperatur, ohne daß die Wärmemenge eine Veränderung erfährt.

XII. Bei der nämlichen Materie hängt die Capacität der Wärme von dem Volumen ab, welches der Körper besitzt; und sie wird deßhalb größer oder kleiner, je nachdem der Raumesinhalt zu- oder abnimmt.

XIII. Die Wärmecapacität ist von dem Aggregatszustande und der Qualität des Körpers abhängig.

Uebungssätze.

1) Vergrößert sich das Volumen eines Körpers, so wird eine Abkühlung und im entgegengesetzten Falle eine Erwärmung bemerkt.

2) Das unter dem Recipienten der Luftpumpe befindliche Thermometer zeigt bei schneller Luftverdünnung eine merkliche Abkühlung an.

3) Gay-Lussac hat gezeigt, daß im leeren Raume keine specifische, sondern nur strahlende Wärme existirt.

4) Dulong hat gefunden, daß die Gase der einfachen Körper dieselbe, und die der zusammengesetzten eine verschiedene Wärmecapacität besitzen.

5) Wenn man 2 Hölzer heftig an einander reibt, einen Strick auf einem Holzstücke mit Schnelligkeit hin und herzieht und die Metalle hämmert, so entsteht eine bedeutende Wärme.

6) Wir reiben die Hände an einander, um sie zu erwärmen.

7) Die Wilden pflegen sich das Feuer durch Reibung verschiedener Hölzer anzumachen.

8) Beim Bohren, Drechseln, Feilen, Schleifen u. s. w. wird Wärme erzeugt.

9) Das in einem Kanonenlaufe befindliche Wasser wird bedeutend erhitzt, wenn man den Boden des Laufes mit einem stumpfen Bohrer reibt.

10) Beim Feueranschlagen mit Stein und Stahl werden kleine Stahlstückchen zum Glühen erhitzt.

11) Durch starkes Schlagen werden Nägel glühend gemacht.

12) Man verbrennt sich die Hand, wenn man dieselbe an eine Säge hält, mit der so eben längere Zeit gesägt worden war, oder wenn man dieselbe schnell an einem Seile herabläßt.

13) Die Axen der Wagenräder werden mit Wagenschmiere bestrichen.

14) Die durch die Reibung erzeugte Wärme ist unter denselben Umständen desto größer, je heftiger die Reibung geschieht.

15) Die Erregung der Wärme durch Reibung ist desto größer, je weniger die reibenden Körper die Wärme ableiten.

16) Pictet erhitzte viele Körper unter der Guerikeschen Leere, und zeigte, daß die Wirkung der Reibung im luftleeren Raume größer als im lufterfüllten ist.

17) Tropfbare Flüssigkeiten können keine Wärme durch Reibung erregen.

18) Im pneumatischen Feuerzeuge wird der Zündschwamm entzündet.

Aufgaben.

1. Zwei Zimmer, wovon das erste 1000 und das andere 1200 Kubikfuß enthält, sind so geheizt, daß jenes $+10^\circ$ C und dieses $+15^\circ$ C enthält. Welche Wärme wird in beiden entstehen, wenn die Temperaturen sich gegenseitig ins Gleichgewicht setzen?

2. Wenn ein Zimmer den Inhalt 1500 Kubikfuß und die Temperatur 0° C und ein anderes den Inhalt 2000 Kubikfuß und die Temperatur 40° F enthält; welche Temperatur in Graden der Delisleschen Scale wird in beiden entstehen, wenn die Temperaturen gegenseitig sich ausgleichen?

3. Wenn man 1 Quart Wasser von 4° C zu 2 Quart Wasser von 2° C gießt; welche Wärme enthält die Mischung?

4. Ein Pfund Eisen von 36° R wird in 1 Pfd. Wasser von 0° R geschüttet, und hierdurch eine gemeinschaftliche Temperatur von 4° R erzeugt; wie groß ist die specifische Wärme des Eisens, wenn man die des Wassers = 1 annimmt?

5. Ein Körper vom Gewichte 8 Pfd. wurde in das 5 Pfd. wiegende Wasser geworfen. Wenn aber hierdurch die Temperatur des Körpers um 36° C und die des Wassers um $2^\circ,5$ C sich verändert, wie groß ist die specifische Wärme des Körpers, wenn diejenige des Wassers = 1 ausmacht?

6. Wenn man zwei Körper, deren absolute Gewichte A Pfd. und a Pfd. und deren Temperaturen T° und t° betragen, mit einander vermischt, so entsteht die gemeinschaftliche Temperatur $\mathfrak{T}^\circ$; welche specifische Wärme wird der zweite Körper in Bezug auf den ersten besitzen?

7. Zwei Körper, wovon der eine das Gewicht A Pfd., die specifische Wärme S, die Temperatur T°, und der andere das Gewicht a Pfd., die specifische Wärme s und die Temperatur t° besitzt, werden mit einander vermischt. Welche Temperatur wird hier entstehen?

8. Wenn man 2 Pfd. Alkohol von 10° R und der specifischen Wärme 0,85 mit 2 Pfd. Wasser von 80° R vermischt; welche Temperatur wird für die Mischung sich ergeben?

9. Man soll 3 Pfd. Weinessig von 15° R und der specifischen Wärme 1,02 mit 5 Pfd. Wasser von 60° R vermischen; welche specifische Wärme wird die Mischung zeigen?

10. Wenn 5,5 Pfd. Gußeisen von 80° R im Calorimeter 0,81 Pfd. Eis zu schmelzen vermögen; wie viel wird die specifische Wärme des Gußeisens betragen?

11. Wenn 2 Körper die absoluten Gewichte A Pfd. und a Pfd., die Temperaturen T^0 und t^0 enthalten, und der erstere W Pfund und der letztere w Pfd. Eis im Calorimeter schmilzt; wie verhalten sich die specifischen Wärmen S und s der beiden Körper zu einander?

12. Ist in v. N. S = 1 und auch A = 1, welche Größe wird s erhalten?

13. Wenn 10 Pfd. Eisen bei einer Erhitzung von 100° C 1,5 Pfd. Eis im Calorimeter flüssig machen; welche specifische Wärme hat das Eisen?

14. Wenn 12 Pfd. Gußeisen bei 80° R 1,5 Pfd. Eis im Calorimeter schmelzen, welche specifische Wärme wird das Gußeisen besitzen?

15. Das specifische Gewicht des Kupfers beträgt 8,88 und die specifische Wärme dieses Metalls 0,09515; wie groß ist die relative Wärme des Kupfers?

16. Wie viel beträgt die relative Wärme des Silbers, wenn sein specifisches Gewicht = 10,51 und seine specifische Wärme = 0,05701 ausmacht?

17. Wenn ein heißer Körper im unbegrenzten leeren Raume in jeder Sekunde den nten Theil seiner ihm noch geblievenen Wärme verliert, und die anfängliche Temperatur T^0 besitzt; welche Temperatur $\mathfrak{T}$. wird ihm nach der mten Sekunde noch verbleiben?

18. Wenn ein Körper im unbegrenzten leeren Raume in jeder Sekunde 0,0077 seiner ihm noch gebliebenen Wärme verliert; in wie viel Sekunden wird er halb so kalt geworden sein?

Resultate.

1) 12°,72 C **2)** 146°,19 D. **3)** $2\frac{2}{3}$° C = 2°,66 C. **4)** $\frac{1}{8} = 0,125$. **5)** 0,043. **6)** Die specifische Wärme $\frac{a(\mathfrak{T}-t)}{A(T-\mathfrak{T})}$, wenn man die des 2ten Körpers = 1 annimmt. **7)** Die Temperatur $\frac{AST+ast}{AS+as}$. **8)** 47°,837. **9)** 42°,915 R. **10)** 0,11045. **11)** $S:s = \frac{W}{AT}:\frac{w}{at}$. **12)** $s = \frac{w.T}{atW}$. **13)** 0,1125. **14)** 0,093. **15)** 0,844932. **16)** 0,5991751. **17)** $\mathfrak{T} = \left(1-\frac{1}{n}\right)^m.T$. **18)** In 8,967 Sekunden.

Drei und vierzigstes Kapitel.

Von der Veränderung des Aggregatszustandes der Körper durch die Wärme.

Was heißt der Schmelzpunkt eines Körpers, und was wird das Schmelzungsmittel genannt?

Hauptsätze.

I. Der Schmelzpunkt ist bei verschiedenen Körpern gleichfalls verschieden.

II. Manche Körper, welche für sich ziemlich leicht schmelzen, geben zusammengeschmolzen ein Gemisch, welches leichter als jeder einzelne Bestandtheil in den tropfbar-flüssigen Zustand übergeht.

III. Wenn man den geschmolzenen Körper einer Temperatur aussetzt, welche niedriger als sein Schmelzpunkt ist, so geht er in den Zustand der Festigkeit über.

IV. Manche Körper pflegen im Zustande der Festigkeit einen größern Raum als in dem der Flüssigkeit einzunehmen.

V. Die freie Wärme wird gebunden, wenn der Körper schmilzt, d. h. aus dem festen in den tropfbar-flüssigen Zustand übergeht.

VI. Soll ein fester Körper schmelzen, so werden die mit ihm in Berührung stehenden Materien bis zu seinem Schmelzpunkte abgekühlt. Diese Abkühlung findet auch noch statt, wenn zwei oder mehrere mit einander in Berührung stehende feste Körper von derselben Temperatur so auf einander wirken, daß sie einen oder mehrere zwingen in den tropfbar-flüssigen Zustand überzugehen.

VII. Die in vor. Nr. erwähnte Abkühlung ist desto merklicher, je schneller die festen Körper tropfbar flüssig werden.

VIII. Die gebundene Wärme wird frei, wenn ein Körper aus dem tropfbar-flüssigen in den festen Zustand übergeht.

IX. Die Temperaturerhöhung der mit einander in Berührung gebrachten Körper ist desto merklicher, je schneller einer oder mehrere derselben aus dem tropfbar-flüssigen in den festen Zustand übergehen

Uebungssätze.

1) Wasser, Talg, Zinn u. s. w. werden schon bei mäßigen Wärmegraden in den tropfbar-flüssigen Zustand gebracht.

2) Das aus einem Theile Zinn, 2 Theilen Wismuth und 1 Theile Blei bestehende Rose'sche Gemisch wird schon bei 80° R tropfbar flüssig.

3) Nach Landriani ist das aus 3 Theilen Zinn, 8 Theilen Wismuth und 5 Theilen Blei bestehende Gemisch noch schmelzbarer.

4) Das Wachs und die Fettigkeiten werden weich, ehe sie schmelzen.

5) Das Eis u. s. w. wird, ohne früher weich zu werden, tropfbar flüssig.

6) Die Metallgemische werden spröder, bevor sie in den tropfbar-flüssigen Zustand übergehen.

7) Gute Wärmeleiter (wie das Blei u. s. w.), deren Massen nicht bedeutend sind, schmelzen bei der zu ihrem Flüssigwerden nöthigen Wärme meist durch alle ihre Theile; schlechte Wärmeleiter dagegen (wie das Eis) nach und nach und von Theil zu Theil.

8) Heißes Wasser giebt mehr Tropfen als eine gleiche Quantität kalten Wassers.

9) Das Wasser besitzt bei 3°,9 C die größte Dichtigkeit.

10) Das salzige Wasser gefriert schwerer als das süße.

11) Das aus der See kommende Eis schmeckt manchmal süß.

12) Beim Gefrieren der geistigen Getränke gefrieren die wässerigen Theile, während die geistigen sich concentriren.

13) Wasser, geschmolzener Schwefel, flüssiges Eisen, u. s. w. erhalten bei ihrem Erstarren ein größeres Volumen als früher.

14) Das Eis schwimmt auf dem Wasser.

15) Fest verschlossene gläserne oder thönerne Gefäße zerspringen, wenn das Wasser darin gefriert.

16) Das Erdreich wird beim Froste locker.

17) Bäume und Felsen bersten, wenn in ihren Ritzen Wasser enthalten ist, welches in Eis übergeht.

18) Man hat Bomben dadurch zersprengt, daß man dieselben mit Wasser anfüllte, ihre Mündung durch einen eisernen Pfropfen fest verschloß und das Wasser zum Gefrieren brachte.

19) Ist ein Thermometer im aufthauenden Schnee befindlich, so steigt das Quecksilber über Null, wenn aller Schnee flüssig geworden ist.

20) Wenn man Salzkrystalle (z. B. Kochsalz, Salmiak, Salpeter u. s. w.) im Wasser auflöst, oder wenn man gepülverte Salzkrystalle mit Schnee oder zerstoßenem Eise vermengt, so entsteht eine bedeutende Abkühlung

21) Wird der Schnee in rauchende Salpetersäure gebracht, so entsteht eine bedeutende Kälte.

22) Das in einem Glase befindliche Wasser wird auf einem heißen Ofen oder über einem starken Feuer durch eine einfache Vorrichtung zum Gefrieren gebracht.

23) Beim Gefrieren des Wassers wird Wärme entbunden, jedoch so, daß sie für unser Gefühl nicht wahrnehmbar ist.

24) Das Wasser gefriert, beim Gefrierpunkte der Luft, nicht plötzlich und durchaus; und das bei einer stärkern Kälte gefrierende Wasser zeigt so lange auf 0° R., bis es durchaus gefroren ist.

25) Wenn man auf ungelöschten Kalk Wasser schüttet, Metalle in Säuren auflöst, Wasser und Vitriolsäure zusammengießt u. s. w., wird eine Erhitzung erzeugt.

26) Bei manchen Gährungen entsteht Wärme.

27) Das ruhige und mit Oel bedeckte Wasser läßt sich oft bis — 3° R. erkälten, ohne zu gefrieren. Wird es aber etwas geschüttelt, so gefriert dasselbe und ein darin befindliches Thermometer steigt bis 0° R. empor.

28) Löst man diejenigen Salze, welche ihr volles Krystallisationswasser haben in Wasser auf, so wird meistens eine geringe Abkühlung erzeugt.

29) Hat ein Salz sein Krystallisationswasser verloren und wird dasselbe in's Wasser gethan, so zeigt ein im letztern befindliches Thermometer eine Temperaturerhöhung an.

30) Man kann es bewirken, daß im heißesten Zimmer ein zinnerner Teller an den Tisch anfriert.

31) Gefrorne Kartoffeln thauen auf, wenn man sie in kaltes Wasser legt.

32) Eine Bouteille gefrorner Wein thaut in kaltem Wasser auf, während eine Flasche gefrornes Wasser in demselben nicht aufthaut.

Vier und vierzigstes Kapitel.

Von den Dämpfen.

Was heißen beständige und permanente Gase?

Was nennt man coërcible und was unbeständige Gase?

Was versteht man unter feuerbeständigen und was unter flüchtigen Körpern?

Was wird die Zersetzung der Dämpfe genannt?

Wie ist der Papinianische Topf beschaffen?

Wer erfand die Dampfmaschine und wie ist dieselbe eingerichtet?

Wonach wird die Stärke einer Dampfmaschine bestimmt?

Zu welchen Zwecken wird die Dampfmaschine gebraucht?

Wie lange sind die Dampfwagen im Gebrauche?

Wann und von wem wurde das erste vollständige Dampfschiff zu Stande gebracht?

Wie stark ist die Maschine, welche zu einem kleinern, und wie groß diejenige, welche zu einem größern Dampfschiffe gehört?

Was heißt Verdunstung und was Dunst?

Was versteht man unter einem Verdunstungsmesser und wie ist derselbe beschaffen?

Was wird Thau, Reif, Nebel und Regen genannt?

Hauptsätze.

I. Jedes Gas, jeder Dampf und jeder Dunst ist aus einer wägbaren Grundlage und dem Wärmestoffe zusammengesetzt.

II. Jeder tropfbar flüssige Körper hat seinen eigenen Siedepunkt, d. h. er verlangt eine bestimmte Temperatur, ehe er sich in einen Dampf verwandelt, welcher eine gleiche Spannung mit der atmosphärischen Luft besitzt.

III. Die in v. N. erwähnte Temperatur wird bei zunehmendem Luftdrucke erhöht und bei abnehmendem verringert.

IV. Es giebt Körper (z. B. die reinen Erden, die Kohle, verschiedene Metalle u. s. w.), welche (wenigstens bei den Hitzgraden unserer Oefen nicht in Dampfgestalt erscheinen.

V. Manche Körper, welche an und für sich sehr hohe Hitzgrade ertragen, ehe sie in Dampfgestalt sich zeigen, werden in Verbindung mit andern Materien sehr schnell in den dampfförmigen Zustand versetzt.

VI. In einem verschlossenen Gefäße ist mehr Wärme und also auch eine höhere Temperatur erforderlich, um eine tropfbare Flüssigkeit zum Sieden zu bringen, als in einem offenen.

VII. Die Wirkungen des Papinianischen Topfes beruhen auf dem Drucke, welchen die in einem verschlossenen Gefäße vorhandenen Dämpfe auf die darin befindlichen tropfbar flüssigen Körper ausüben.

VIII. Das in einem offenen Gefäße befindliche Wasser ist nicht über seinen Siedepunkt zu erhitzen, und es muß deshalb alle ihm zugeführte Wärme auf die Bildung der Dämpfe verwendet werden.

IX. Die Verdampfung ist ein Mittel freie Wärme unwirksam zu machen und also unter gewissen Umständen Kälte zu erregen.

X. Die freie Wärme (oder der freie Wärmestoff) eines Körpers wird gebunden, wenn dieser Körper aus dem tropfbar in den ausdehnsam flüssigen Zustand übergeht.

Deluc hat gefunden, daß die Quantität Wärme, welche erforderlich ist, Wasser in Dampf zu verwandeln, $4\frac{37}{48}$ Mal größer als diejenige sei, welche dazu gehört, das Wasser vom Aufthauungspunkte zum Siedepunkte zu erhitzen.

XI. Die in einem Körper gebundene Wärme wird befreit, wenn derselbe aus dem ausdehnsamen oder dampfförmigen Zustande in den tropfbar flüssigen oder festen übergeht.

XII. Der aus einer siedenden Salzauflösung kommende Dampf hat dieselbe Temperatur wie derjenige, welcher unter gleichem Luftdrucke aus reinem siedendem Wasser sich entwickelt.

XIII. **Dalton** fand, daß für gleiche Temperaturen über oder unter dem Siedepunkte den Dämpfen aller Flüssigkeiten gleiche Elasticitäten zugehören.

XIV. Befinden sich zwei Gasarten in einem begrenzten Raume, so ist ihre Elasticität der Summe beider Elasticitäten gleich. Das Nämliche findet auch bei der Vereinigung einer Gasart und eines Dampfes, und namentlich bei den aus Luft und Wasserdampf entstehenden Verbindungen statt.

XV. Die Elasticität vermischter Dämpfe in einem unveränderten Raume wird höchstens der Summe ihrer beiderseitigen Elasticitäten gleichgesetzt.

XVI. Die Elasticität des Wasserdampfes ergiebt sich aus den Gleichungen:

1) $E = (1 + 0{,}7153 \, . \, T)^5$ — wenn E die Elasticität in Atmosphären von 0,76 Meter Quecksilberdruck und T die Temperatur in Centesimalgraden von 100° an gerechnet, oberhalb positiv und unterhalb negativ bezeichnen, und das Intervall von 100° als Einheit angenommen wird;

oder

2) $E = (1 + 0{,}719\,T)^{4{,}9987}$ — wenn die darin vorkommenden Buchstaben die nämlichen Bedeutungen wie in (1) besitzen.

oder

3) $\text{Log}\, E = \frac{23{,}945371\,T}{800 + 3\,T} - 2{,}2960383$ — wenn man metrisches Maß und Centesimalgrade anwendet.

oder

4) $\operatorname{Log} E = 2{,}8435 + \log(213+t) - \dfrac{847{,}3}{140+t}$

oder

5) $\operatorname{Log} E = 3{,}7818278 + \log(213+t) - \dfrac{1144{,}2}{213+t}$

Wenn E die Elasticität des Wasserdampfes in Quecksilberhöhen, welche auf Wiener Zolle sich beziehen u. t die Grade nach der 80 theil. Scale bezeichnen.

XVII. Die Eigenschaft der Dämpfe, durch vermehrte Hitze eine immer größere Kraft zu gewinnen und durch Abkühlung sich wieder in Wasser zu verwandeln, hat zur Erfindung der Dampfmaschine geführt.

XVIII. Wenn man das Wasser oder eine andere tropfbare Flüssigkeit in einem offenen Gefäße der freien Luft aussetzt, so wird dieser Körper nicht bei einer bestimmten, sondern bei jedweder Temperatur in den dampfförmigen Zustand versetzt.

XIX. Der Dunst ist nicht wesentlich vom Dampfe verschieden.

So ist 1) der Druck der Atmosphäre der Bildung des Dunstes ein Hinderniß, indem er sie verzögert.

Eben so bindet 2) der Dunst bei seiner Bildung die Wärme.

3) Wird der Dunst durch Berührung mit kältern Körpern zersetzt, und hierdurch von der gebundenen Wärme befreit;

und 4) wird der Dunst, wie der Dampf, nicht blos durch Abkühlung, sondern auch durch Zusammendrückung in den tropfbar flüssigen Zustand versetzt.

XX. Ist ein tropfbar-flüssiger Körper gänzlich abgeschlossen und der über ihm vorhandene Raum vollkommen luftleer, so verdunstet dieser Körper bei einer bestimmten Temperatur nur so lange, bis der Dunst ein gewisses Maximum der Expansivkraft erhält, welches er bei dieser Temperatur nicht überschreitet.

XXI. Ist das in v. N. erwähnte Maximum erreicht und bleibt die über der tropfbaren Flüssigkeit und in den sperrenden Wänden stattfindende Temperatur ungeändert, so steht die Verdunstung ganz stille. Sind aber die Wände kälter als der innere Raum, so schlagen sich Tropfen an ihnen nieder und das hierdurch verminderte Maximum stellt sich durch fortgesetzte Verdunstung aufs Neue wieder her.

XXII. **Dalton** hat gefunden, daß bei einer Temperatur von 40° R. die größte Expansivkraft, welche der Wasserdunst im luftleeren und abgeschlossenen Raume erlangen kann, dem Drucke einer Quecksilbersäule von 3,5 englischen Zollen entspricht.

XXIII. Aus den Versuchen von **Dalton** und **Gay-Lussac** hat sich ergeben, daß der Luftdruck nicht das Maximum der Expanstokraft, aber die Dauer der Verdunstung verändert, indem die letztere bei stärkerem Luftdrucke langsamer als bei schwächerem erfolgt.

XXIV. Im Freien ist das Maximum der Verdunstung ebenfalls von der Temperatur abhängig.

XXV. Man hat gefunden, daß die Größe der Oberfläche der verdunstenden Flüssigkeit und die Bewegung der Luft einen wichtigen Einfluß auf die Verdunstung ausüben.

XXVI. Die für ausdehnsame Flüssigkeiten erhaltenen Gesetze gelten auch für Dünste (oder für Dämpfe), wenn man nur bedenkt, daß der Dunst bei jedweder Temperatur eine bestimmte Grenze der Verdichtung hat, welche zugleich die zwischen dem ausdehnsam und tropfbar flüssigen Zustande ist. Je niedriger also diese Temperatur sich zeigt, durch einen desto geringern Druck wird der Dunst (oder Dampf) in die für diese Temperatur größte Dichtigkeit gebracht.

XXVII. Die Wärme besitzt ein abstoßendes Princip, welches zwischen allen materiellen Theilen seine Wirkungen äußert und die Volumen der Körper vergrößert.

XXVIII. **Dalton** folgerte aus seinen Versuchen, daß zwischen Luft und Dunst, ja zwischen allen ausdehnsamen Flüssigkeiten gar keine Verwandtschaft stattfände, und daß die eine für die andere so gut wie ein luftleerer Raum sich zeigte.

XXIV. Das in v. N. Gesagte ist nicht in aller Strenge richtig, weil das Maximum der Verdunstung im lufterfüllten Raume sich langsamer als im luftleeren herstellt und überdies nur bei solchen Luftarten von gleicher Größe ist, welche eine schwache Verwandtschaft zum Wasser besitzen.

Uebungssätze.

1) Faraday hat Chlorwasserstoffgas, Chlorgas, kohlensaures Gas, Schwefelwasserstoffgas u. s. w. durch einen erhöhten Druck im tropfbar flüssigen Zustande dargestellt, und Bussy hat durch ungewöhnliche hohe Kältegrade zum Theile dieselben Resultate erhalten.

2) Beim Sieden der Flüssigkeiten vernimmt man ein eigenes Geräusch.

3) Ist die siedende Flüssigkeit schleimig, so zerspringen nicht alle Blasen an der Oberfläche, sondern sammeln sich daselbst und bilden den Schaum.

4) Unter dem mit verdünnter Luft versehenen Recipienten sieden die Flüssigkeiten bei sehr geringen Temperaturen.

5) Das Wasser kommt auf hohen Bergen bei niedrigern Wärmegraden als in den Thälern oder Ebenen ins Sieden.

6) Die Höhe eines Berges wird auch durch das Thermometer ermittelt; und **Wollaston** hat zu diesem Zwecke ein sehr empfindliches Thermometer construirt.

7) Der Aether siedet schon bei der gewöhnlichen Temperatur, ja sogar bei 0° unter der Glocke der Luftpumpe, nachdem die Luft ausgepumpt worden ist

8) Das Wasser wird in dem Wasser- oder Pulshammer durch die bloße Wärme der Hand zum Sieden gebracht.

9) Das Wasser siedet in demselben Gefäße und an demselben Orte zu verschiedenen Zeiten bei einem verschiedenen Wärmegrade.

10) Das Wasser (und jede andere Flüssigkeit) kocht ein, wenn man es längere Zeit sieden läßt.

11) Ist eine fest verschlossene Flasche nicht ganz mit heißem Wasser gefüllt, und man schlägt ein in kaltes Wasser getauchtes Tuch um ihren oberen Theil, so fängt das Wasser zu sieden an.

12) Bei der Windkugel dringt der heiße Wasserdampf mit Gewalt aus der Röhre, wenn der Hahn geöffnet wird.

13) Im Papinianischen Topfe wird die Gallerte aus den Knochen getrieben und der Zusammenhang der letztern zerstört.

14) Die im Papinianischen Topfe stattfindende Hitze ist so groß, daß darin das Wasser, ohne zu sieden, auf mehr als 163° R. erwärmt werden kann.

15) Das Wasser kommt in einem zinnernen Gefäße ins Kochen, ohne daß letzteres schmilzt. Auch wird das Wasser sogar in einem papiernen Behältnisse zum Kochen gebracht.

16) Das in einem verschlossenen Gefäße über den Siedepunkt erhitzte Wasser kehrt sogleich zu demselben zurück, sobald der Dampf seinen Ausgang durch eine Oeffnung nehmen kann.

17) Es gehört viel weniger Wärme dazu, das Wasser kochend heiß als im wirklichen Kochen zu erhalten.

18) Der bei niedriger Temperatur im luftverdünnten Raume kochende Weingeist wird sehr abgekühlt.

19) Hält man eine kalte Glas oder Metallplatte über kochendes Wasser, so setzen sich kleine Wassertröpfchen daran.

20) Die Zersetzung der Dämpfe wird zur Erwärmung anderer Körper, zum Gahrmachen des Fleisches, des Gemüses u. s. w. angewendet. Auch werden die Erscheinungen der Destillation und Sublimation daraus erklärt.

21) Die Röhren, durch welche Wasserdämpfe in irgend einen Ort so heiß als möglich geleitet werden sollen, müssen aus schlechten Wärmeleitern bestehen.

22) Der Deckel eines am Feuer stehenden Gefäßes, worin siedendes Wasser sich befindet, wird mit einiger Gewalt in die Höhe gehoben oder abgeworfen.

23) Die Deckel der Dampfkessel sind mit Sicherheitsventilen versehen.

24) Die Kraft der Dämpfe wird auf 2 — 35 Atmosphären getrieben.

25) Das Volumen des Schnee's oder Eises wird durch die Verdunstung verkleinert.

26) Wasser, Weingeist verdunsten unter dem mit verdünnter Luft versehenen Recipienten eher als in der freien Luft.

27) Befeuchtet man die Kugel eines Thermometers mit Weingeist und bewegt dieselbe in der Luft, so sinkt das Quecksilber herab.

28) Die in einem heißen Zimmer vorhandenen Dünste werden durch die kalten Fensterscheiben in Tropfen verwandelt.

29) Beim Winterfroste belegen sich die Glasscheiben, vornehmlich bewohnter Zimmer, mit Eis.

30) Man hat ein Gefühl von Kälte, wenn man die Hand mit Weingeist oder Aether benetzt.

31) Man hat selbst an heißen Sommertagen ein auffallendes Gefühl von Kälte, wenn man aus dem Bade steigt.

32) Man kann sich sehr erkälten, wenn man seine naß gewordenen Kleider nicht bald auszieht.

33) Man kann sich in naß gewordenen Kleidern dadurch vor Erkältung bewahren, daß man sich sehr schnell bewegt.

34) Es ist nachtheilig für die Gesundheit auf die Hitze zu trinken.

35) Die Hunde laufen sehr schnell, wenn sie nach großer Erhitzung kühles Wasser gesoffen haben

36 Im Sommer und bei sehr trocknem Wetter werden unter die Schleifen, auf denen man Lasten in Städten fortführt, nasse Lappen gebracht.

37) Das in einer Flasche befindliche Wasser (oder eine andere darin vorhandene Flüssigkeit) wird bedeutend abgekühlt, wenn man die Flasche entweder mit Wasser oder Weingeist besprengt, oder ein nasses Tuch darum schlägt.

38) Die in porösen Gefäßen befindlichen Flüssigkeiten erhalten sich selbst im heißesten Sommer sehr kühl.

39) Die sogenannten Alcarazza werden in Spanien zur Abkühlung der Flüssigkeiten gebraucht.

40) Wenn man in ein großes flaches Gefäß mit Wasser ein Schälchen concentrirter Schwefelsäure setzt, beides unter die Glocke der Luftpumpe bringt und die Luft so viel als möglich auspumpt, so gefriert das Wasser selbst im heißesten Sommer zu Eis.

41) Im Kryophor wird das Wasser zum Gefrieren gebracht.

42) Durch die Ausdünstung wird der menschliche Körper abgekühlt.

43) Bekleidete Menschen können wenige Minuten eine Hitze über den Siedepunkt des Wassers und eine Kälte über den Gefrierpunkt des Quecksilbers ertragen.

44) Die Temperatur des menschlichen Blutes ändert sich sehr wenig und beträgt zwischen 36°, 5 und 37°, 5 C.

45) In der Kälte und im Freien geht die Verdunstung mit einer kleinern Expansivkraft und also viel langsamer als in der Wärme

von statten. Auch kommt dieselbe nur dann zum Stillstande, wenn sich im Luftkreise so viel Dunst befindet, als bei der vorhandenen Temperatur möglich ist.

46) Die Atmosphäre ist nicht überall und auch über demselben Orte der Erdoberfläche nicht immer gleich viel mit Dünsten beladen.

47) Je größer die Wasseroberfläche ist, desto eher verdunstet diese Flüssigkeit.

48) Die Flüssigkeiten verdunsten aus einem porösen und sandigen Boden sehr schnell.

49) Die Verdunstung wird durch den Luftzug befördert.

50) In der Kälte wird der ausgehauchte Athem gesehen.

51) Die Luft trocknet Wäsche oder andere feuchte Körper, auf welche sie frei wirken kann.

52) Die Luft wird in heißen Sommertagen durch Regen abgekühlt.

53) Unsere Kleider werden feucht, wenn wir an schönen Frühlings- und Herbsttagen spazieren gehen.

54) Die Pflanzen sind nach schönen Frühlings- oder Herbstnächten mit Wasser bedeckt.

55) Man merkt nach ausgezeichnet schönen, aber sehr windigen Nächten keinen Thau

56) Im Frühlinge und Winter entstehen oft Nebel.

57) Aus Wolken entsteht der Regen.

58) Man sieht oft am Himmel bei ruhiger Luft schnell Wolken da entstehen, wo vorher keine waren.

59) Man sieht oft am Himmel bei ruhiger Luft plötzlich die Wolken verschwinden.

60) Felder, Wiesen, Gewächse, Häuser u. s. w. werden besonders in schönen Herbstnächten mit Reif bedeckt.

61) In gebirgigen Gegenden fällt mehr Regen als in den Ebenen.

62) Salzwasser gefriert eher als reines Wasser.

63) Beim Salzwasser tritt das Sieden später als beim reinen Wasser ein

64) Bringt man einen Wassertropfen auf eine metallene Platte oder Schaale, und erhitzt diese bis zum Siedepunkte des Wassers oder etwas darüber, so wird der Tropfen, an der Platte adhärirend, sehr schnell in den dampfförmigen Zustand versetzt.

65) Erhitzt man die Platte bis zum Rothglühen, so verliert der Tropfen alle Adhäsion zum Metalle und bildet eine Kugel, die gewöhnlich eine drehende Bewegung annimmt und mit der Platte gar nicht in Berührung zu sein scheint. Auch erfolgt die Verdampfung des Tropfens viel langsamer, als wenn man die Platte blos bis zur Siedhitze des Wassers erhitzt.

66) Läßt man auf eine glühende Platte allmählig und unter beständiger Erhitzung Wassertropfen fallen, so kann man eine Wasserkugel von der Größe einer Wallnuß erzeugen, welche die in No. 65. angegebenen Erscheinungen zeigt.

67) Wenn man das eine Ende eines Metallfadens erhitzt und auf das andere den Tropfen schwebend anbringt, so entfernt sich letzterer stets von der Wärmequelle, wenn auch der Faden eine merkliche Neigung erhält

68) Wirft man den aus einem flüchtigen oder fetten Oele bestehenden Tropfen auf das in einem ganz reinen Gefäße befindliche Wasser, so breitet er sich zu einem dünnen und in der Regel farbespielenden Häutchen aus.

Aufgaben.

1. Wenn Vitrioldämpfe bei 28° **R.** dieselbe Spannung wie Wasserdämpfe bei 80° R. besitzen; um wie viele Grade muß man die Temperatur für Wasserdämpfe erniedrigen, damit dieselben die nämliche Spannung wie Vitrioldämpfe bei 0° R. enthalten?

2. Die Schwefelsäure siedet bei 310° **C** und das Wasser bei 100° **C.** Um wie viel muß man die Temperatur des Wasserdampfes erniedrigen, um die Spannung zu erhalten, welche die Schwefelsäure das eine Mal bei 227° **C** und das andere Mal bei 127° **C** besitzt?

3. Die Spannung des Wasserdunstes wird bei 80° R. durch einen Barometerstand von 28,000 Par. Zoll, bei 99° R. durch 60,341 Zoll und bei 130° R. durch 169,35 Zoll gemessen. Wollte man diese Spannung mit dem Drucke der Atmosphäre (= 28 Par. Zoll) vergleichen, wie viele Atmsophären würden die Spannung der 1sten, 2ten und 3ten Angabe ersetzen?

4. Welchen Druck würden die Dämpfe in v. N. ausüben, wenn der Druck der Atmosphäre auf einen Quadratzoll 14,65 Pfd. ausmacht?

5. Man soll den Werth von **E**, d. h. die Elasticität des Wasserdampfes, für die gegebenen Temperaturen 103°, 4; $227\frac{3}{4}$° und $498\frac{11}{12}$° R., nach XVI. No. 4. ermitteln.

6. Es soll **E** für die Temperaturen:

—30°, —5°, 0°, +12°, +32°, +49° und +58°

nach XVI. No. 5. in zwei Decimalstellen berechnet werden.

Resultate.

1) Um 52° R. **2)** Das eine Mal um 100° **C** und das andere Mal um 200° **C.** **3)** Bei 80° R. eine Atmosphäre, bei 99° R.

2,15 Atmosphären und bei 130° R. 6,04 Atmosphären. 4) Im ersten Falle 14,65 Pfd., im 2ten 31,4975 Pfd. und im 3ten 88,486 Pfd.

5) Für 103° ist E = 94,558 } Wiener Zoll.
" 227¾° ist E = 1526,5 }
" 498 1/12° ist E = 23426 }

6) Für t = — 30° ist E = 0,62,
" t = — 5° ist E = 3,97,
" t = 0° ist E = 5,47,
" t = + 12° ist E = 11,18,
" t = + 32° ist E = 31,67,
" t = + 49° ist E = 68,05,
" t = + 58° ist E = 98,30.

Fünf und vierzigstes Kapitel.

Von dem Hygrometer.

Was nennt man Hygrometer oder Feuchtigkeitsmesser (auch Hygroscop oder Feuchtigkeitszeiger)?

Welche Materien werden hygrometrische Substanzen oder Körper (auch hygroscopische Substanzen oder Körper) genannt?

Wie sind die gebräuchlichsten Hygrometer beschaffen?

Hauptsätze.

I. Es giebt keinen Körper, welcher nicht einige Verwandtschaft zum Wasser besitzt.

II. Zu hygrometrischen Substanzen werden hauptsächlich die aus der organischen Natur herrührenden Stoffe, wie trocknes Holz, trockene Pflanzenfasern, Granen der Gräser, Papier, getrocknete Haare, Haut, Leder, Pergament, Seide, Darmsaiten, Knochen, Fischbein u. s. w. gezählt.

III. Man findet auch viele organische Stoffe, welche als hygrometrische Substanzen erscheinen. Hierzu gehören hauptsächlich Thonschiefer, viele geglühte Salze (besonders Pottasche), salzsaure Kalkerde, mehrere tropfbare Flüssigkeiten, z. B. Weingeist, concentrirte Schwefelsäure u. s. w. Selbst das Glas und die meisten Metalle gehören hierher.

IV. Die Luft heißt feucht, wenn für die jedesmal stattfindende Temperatur das Maximum der Verdunstung vorhanden ist, und die Dünste aus irgend einer Ursache sich zu zersetzen anfangen.

V. Das Wasser, welches aus der hygrometrischen Substanz verdunsten oder aus dem Dunste sich an dieselbe ansetzen soll, wird immer von 2 entgegengesetzten Kräften, nämlich von der Wärme und der materiellen Anziehung getrieben. Sind beide Kräfte einander gleich, so ist der Feuchtigkeitszustand ein bleibender, d. h. es ist ein Punkt eingetreten, wo die Substanz weder Wasser giebt noch empfängt. In diesem Falle sagt man aber: die Substanz ist im Zustande des hygrometrischen (oder hygroscopischen Gleichgewichts befindlich.

VI. Viele hygrometrische Körper erleiden sicht- und meßbare Veränderungen durch das Wasser, welches sie in sich aufnehmen; auch nehmen mehrere hygrometrische Körper an Gewicht zu oder ab, je nachdem sie das Wasser annehmen oder absetzen.

VII. Das erste Hygrometer mit wissenschaftlicher Einrichtung wurde (um 1769) von Lambert construirt. Dieses Hygrometer ist jetzt völlig unbrauchbar.

VIII. **Saussure** und **Deluc** gaben (um 1784 und 1775) ihren Instrumenten zuerst bestimmte Scalen, und **Daniell** verfertigte ein sehr genaues Hygrometer, welches auf der neuern Theorie der Verdunstung beruht.

IX. **Dalton** hat den Wassergehalt der Luft vermittelst eines langen und dünnen Cylinderglases, worin ein Thermometer befindlich war, und der von ihm entworfenen Verdunstungstabelle construirt.

X. Die austrocknenden Salze liefern ein chemisches Mittel, den Wassergehalt irgend einer Luftportion zu bestimmen.

XI. Bringt man ein Hygrometer allmählig in die verschiedenen Schichten der Atmosphäre, so zeigt es in den höhern Regionen eine größere Trockniß als in den niedrigern an.

XII. Erreicht man eine sehr große Höhe, so wird die Trockniß der Atmosphäre so bedeutend, daß sie Holz, Pergament und alte Körper, welche die geringste Spur von Feuchtigkeit enthalten, verdreht und verunstaltet.

XIII. Da auch die Temperatur in den höhern Schichten der Atmosphäre niedriger als in den tiefern sich zeigt, so ist die Dunstportion, welche ein Raum in einer sehr hohen Region zu fassen vermag, äußerst gering.

Uebungssätze.

1) Das Fischbein und die Knochen werden durch das Wasser nur wenig in die Länge (d. h. in die Richtung der Fasern), aber sehr merklich in die Breite ausgedehnt.

2) Getrocknete Haut, Pergament, Haare u. s. w. vergrößern sich durch das Wasser in allen Richtungen, und die gedrehten Darmsaiten werden hierdurch etwas länger.

3) Die Haare verlängern sich durch das aufzunehmende Wasser und die Granen winden sich dadurch auf.

4) Es giebt Figuren, welche durch ihre Bewegung Trockenheit und Regen anzeigen.

5) Man hat mehrere hygroscopische Spielzeuge construirt.

6) Bringt man eine Luftportion mit einer hinlänglichen Menge scharf ausgeglühter Pottasche, salzsaurer Kalkerde oder concentrirter Schwefelsäure in Verbindung, so geht nach und nach, wo nicht alles, doch der größte Theil des in der Luft vorhandenen Wassers verloren.

Sechs und vierzigstes Kapiel.

Von der Bildung der Gasarten.

Was heißt ein Eudiometeter und wie ist dasselbe eingerichtet?

Hauptsätze.

I. Das Sauerstoff- oder Oxygengas entsteht dadurch, daß man eine kleine irdene Retorte beinah ganz mit gepülvertem Braunsteine füllt, an der Mündung ihres Halses eine blecherne Röhre luftdicht kittet, die Retorte in einen Windofen legt, die Mündung der Röhre unter den Trichter der mit Wasser gefüllten Wanne des pneumatischen Apparates bringt, und die Röhre allmählig und stufenweise bis zum Glühen erhitzt.

II. Das Sauerstoffgas ist aus dem Sauerstoffe oder Oxygenium und dem Wärmestoffe zusammengesetzt. Es ist farbenlos, geschmack- und geruchlos und sein specifisches Gewicht beträgt 1,10359. Es ist athembar und zum Athmungsprocesse durchaus erforderlich, wird vom Wasser wenig oder gar nicht absorbirt und ist zur Unterhaltung der Verbrennung fähiger als die atmosphärische Luft.

III. Das Stick- oder Azotgas ist aus dem Wärmestoffe und einer wägbaren Grundlage, nämlich dem Stickstoffe, zusammengesetzt. Es entwickelt sich aus Braunstein, so lange er noch nicht bis zum Glühen erhitzt worden ist, und aus dem Dampfe des kochenden Wassers, wenn er durch ein glühendes, thönernes, unglasirtes Rohr geleitet wird.

IV. Das Stickgas dient weder zum Athmen der Thiere noch zur Unterhaltung des Verbrennens, doch wachsen und grünen die Pflanzen darin. Es ist nicht entzündlich, dabei geruch- und geschmacklos, wird vom Wasser nicht eingesogen und besitzt das specifische Gewicht 0,96913.

V. Die Salpetersäure entsteht dadurch, daß der Stickstoff bis zur Sättigung mit dem Sauerstoffe sich verbindet.

VI. Wird Vitriolöl auf Salpeter gegossen, so entbindet sich sogleich ein rothgelber und scharfer Rauch, der durch Destillation zu einer tropfbaren Flüssigkeit sich verdichten läßt, welche man den rauchenden Salpetergeist zu nennen pflegt.

VII. Das Salpetergas wird erzeugt, wenn man eine kleine Entbindungsflasche mit Kupfer- oder Messingdrath füllt, eine gewisse Quantität verdünnter Salpetersäure so in dieselbe gießt, daß keine atmosphärische Luft darin zurückbleibt und die Flasche mit dem pneumatischen Apparate in Verbindung setzt.

IX. Das Salpetergas ist farbenlos, besitzt keine Spur von einer Säure, löst sich wenig oder gar nicht in Wasser auf, ist unathembar und verlöscht ein hineingebrachtes Licht. Es verhindert die Fäulniß, hat das specifische Gewicht 1,0388, und verwandelt sich mit Sauerstoffgas in unvollkommene Salpetersäure.

IX. Wird eine Quantität atmosphärischer Luft mit Salpetergas vermischt, so vermindert sich ihr Volumen desto mehr, je mehr Sauerstoffgas darin befindlich war.

X. Die Wirkungen des Eudiometers werden aus v. N. erklärt.

XI. Das kohlensaure Gas entsteht dadurch, daß man etwas Zunderschwamm und Phosphor an eine wohlausgeglühte Holzkohle klebt, letztere in eine mit Sauerstoffgas gefüllte und mit Quecksilber gesperrte Glasglocke bringt und den Zunderschwamm und Phosphor durch ein Brennglas von außen vermittelst der Sonnenstrahlen entzündet.

XII. Das kohlensaure Gas dient weder zum Athemholen noch zur Unterhaltung des Verbrennens, wird vom Wasser verschluckt und verleiht demselben einen angenehmen, erquickenden und säuerlichen Geschmack. Es besitzt das specifische Gewicht 1,01961 und enthält als wägbare Grundlage die Verbindung des, seines Brennstoffs beraubten Kohlenstoffs mit dem Sauerstoff oder die Kohlensäure. Letztere ist bei der Temperatur, worin wir leben, gasförmig, nimmt also bei seiner Erzeugung und Freiwerdung die Gasgestalt an und stellt sich als Bestandtheil sehr vieler Körper dar.

XIII. Das Hydrogen- oder Wasserstoffgas wird dadurch erzeugt, daß man in eine kleine irdene Retorte etwas Wasser schüttet, dieselbe in ein Sandbad legt, ihren Hals in einen eisernen Flintenlauf, dessen Mitte mit spiralförmig gewundenem Eisendrahte und eisernen Nägeln versehen worden ist, kittet, das untere ebenfalls offene Ende desselben unter den Trichter der mit Wasser gefüllten pneumatischen Wanne bringt, seinen mittlern Theil durch Kohlen glühend macht und das in der Retorte befindliche Wasser bis zum Kochen erhitzt.

XIV. Das Wasserstoffgas wird auch dadurch erzeugt, daß man die mit Wasser verbundene Schwefel- oder Salzsäure auf gekörnten oder in Stücke zerbrochenen Zink oder Eisenfeile gießt.

XV. Das Wasserstoffgas hat einen unangenehmen Geruch, ist nicht athembar, löscht ein hineingebrachtes Licht aus, ist aber entzünd- und brennbar, sobald es mit Sauerstoffgas oder mit atmosphärischer Luft in Berührung kommt. Es besteht aus dem Wasserstoffe und dem Wärmestoffe, wird in der Natur in großer Menge gefunden, macht einen Bestandtheil der meisten (wo nicht aller) brennbaren Körper aus und hat das specifische Gewicht 0,07321.

XVI. Wenn man 1 Theil Sauerstoffgas mit 2 Theilen Wasserstoffgas oder, statt des letztern, mit 5 Theilen atmosphärischer Luft in Berührung bringt, so geht das Knallgas oder die Knallluft hervor.

XVII. Wird das Wasserstoffgas durch ein enges Rohr geleitet, und bei seinem Ausströmen entzündet, so brennt es wie eine Kerze. Hierauf beruht aber die Gaserleuchtung, wobei die Knallluft vermieden werden muß.

XVIII. Die Pflanzen zersetzen beim Sonnenschein das Wasser dadurch, daß sie seinen Wasserstoff in sich aufnehmen und als Bestandtheil zueignen und den Sauerstoff frei machen, der durch seine Verbindung mit der Wärme (oder dem Wärmestoffe) als Oxygengas entweicht.

XIX. Aus der Verbindung des Wasserstoffgases mit andern Stoffen gehen die entzündlichen Gasarten hervor.

XX. Das Kohlenwasserstoffgas oder die schwere brennbare (auch die Sumpf-) Luft wird aus dem Schlamme in Sümpfen und bei der Verdauung im Darmkanale der Thiere erzeugt.

XXI. Das Phosphorwasserstoffgas entzündet sich an der Luft von selbst und hat einen höchst unangenehmen stinkenden Geruch.

XXII. Das Schwefelwasserstoffgas entwickelt sich aus der Schwefelleber, wenn man Wasser und Salzsäure darauf gießt, und die Retorte, worin die Mischung sich befindet, allmählig erhitzt.

Es riecht wie faule Eier, giebt dem Wasser, womit es sich vermischt, einen ekelhaften Geschmack, läßt sich beim Zutritte der freien Luft entzünden und ist in den Schwefelbädern befindlich.

XXIII. Das salzsaure Gas entsteht dadurch, daß man auf gewöhnliches Kochsalz concentrirte Schwefelsäure gießt, die Mündung der Retorte, worin beide Materien sich befinden, unter den Trichter der mit Quecksilber gefüllten Wanne des pneumatischen Apparates treten läßt, und die aufsteigenden Blasen aufhängt.

Das salzsaure Gas ist sauer, erstickend, unfähig die Verbrennung zu unterhalten, wird vom Wasser augenblicklich verschluckt, hat das specifische Gewicht 1,2474 und geht bei der Berührung mit atmosphärischer Luft in sichtbare weißliche Dämpfe über.

XXIV. Das Chlor oder Chlorgas wird dadurch erzeugt, daß man etwas gepulverten Braunstein in eine Retorte bringt, 3 Theile concentrirter Salzsäure darauf schüttet, die Retorte in ein Sandbad legt, sie mit der mit heißem Wasser gefüllten pneumatischen Wanne verbindet und alsdann gelinde erhitzt.

XXV. Das Chlor hat eine blaß grünlich gelbe Farbe, einen ungemein erstickenden Geruch, tödtet hineingebrachte Thiere sehr schnell, ist unathembar, wird vom Wasser nach und nach eingesogen, bildet damit die Chlorine und hat das specifische Gewicht 2,47.

XXVI. Das Euchlorinegas entsteht dadurch, daß ein gewisser Antheil Sauerstoffgas mit dem Chlorgase in Verbindung tritt.

XXVII. Das Jod oder die Jodine ist in der Asche verschiedener Seegewächse, vorzüglich der Fucus- und Ulvarten befindlich, und stellt sich, gehörig bearbeitet, als ein graphitartiger und glänzender Körper dar.

XXVIII. Das flußspathsaure oder flußsaure Gas entsteht dadurch, daß man auf fein geriebenen Flußspath concentrirte Schwefelsäure gießt, und die Retorte, worin beide Materien sich befinden, stark erhitzt.

XXIX. Das flußsaure Gas verwandelt sich bei der Berührung mit atmosphärischer Luft in weißliche Nebel, und bringt so die flüssige Flußspath- oder Flußsäure hervor. Es ist unathembar, verlöscht ein hineingebrachtes Licht, ist sehr sauer, trübt das Kalkwasser, wird davon zersetzt und hat das specifische Gewicht 2,3709.

XXX. Das Ammoniakgas wird dadurch erzeugt, daß man einen Theil gebrannten Kalkes und halb so viel trockenen Salmiaks in einer Retorte in heißem Sande erhitzt. Es vermischt sich leicht mit Wasser und hat das specifische Gewicht 0,59669.

XXXI. Beim Athmen wird die atmosphärische Luft und also das Sauerstoffgas eingeathmet, und das kohlensaure Gas wieder ausgehaucht.

Uebungssätze.

1) Wenn man Phosphor oder Alcohol unter einer Glocke verbrennen läßt, so wird Stickgas erzeugt.

2) Die in unserer Atmosphäre stattfindende Mischung des Sauerstoffgases und Stickgases ist dem Leben der Thiere am zuträglichsten.

3) Wir empfinden eine unangenehme Wirkung in einem Zimmer, worin viele Menschen athmen und Lichter brennen.

4) Die Salpetersäure wird aus dem Salpeter durch die Schwefel- oder Vitriolsäure vertrieben; auch wird dieselbe in der Natur bei der Verwesung organischer, besonders thierischer Substanzen erzeugt.

5) Die moussirenden Weine und die Sauerwasser schäumen.

6) Die Getränke werden schaal, wenn das kohlensaure Gas daraus entweicht.

7) Das kohlensaure Gas ist bei der Weingährung im sogenannten Gäsch enthalten, erzeugt sich beim Verbrennen und bei der trockenen Destillation aller vegetabilischen und thierischen Substanzen und ist in der Kreide, im gemeinen Kalkstein, im Marmor u. s. w. befindlich.

8) Durch den Kohlendampf werden Menschen und Thiere getödtet.

9) Es ist lebensgefährlich die Keller zu betreten, worin Wein oder Bier im Zustande der Gährung sich befinden.

10) Es kommen oft Menschen um, die in lange verschlossen gewesenen Gruben hinabsteigen, um dieselben auszuräumen.

11) In vielen Gegenden, besonders in den vulkanischen, steigt das kohlensaure Gas in Menge aus der Erde.

12) Die Hundsgrotte von Neapel kann niemand betreten.

13) Harvey hat gefunden, daß das Blut im ganzen Körper einen Kreislauf beschreibt.

14) Das Kohlenwasserstoffgas bringt in den Gruben der Bergwerke die sogenannten Feuerschwaden hervor.

15) Das Eis wird durch seine Verbindung mit salzsaurem Gase sehr leicht in den tropfbar flüssigen Zustand versetzt.

16) Das Chlor wird mit großem Vortheile zum Bleichen der Leinwand und anderer Stoffe gebraucht.

17) Wird das Chlor mit dem Wasserstoffgase vermischt, so entzündet sich die Mischung mit einem heftigen Knalle.

18) Das flußsaure Gas wird zur Aetzung gebraucht.

19) Die auf dem Grunde des Meeres befindliche Taucherglocke muß von Zeit zu Zeit heraufgezogen werden.

20) Es sterben oft Menschen, wenn eine große Menge derselben in einen engen verschlossenen Raum zusammengesperrt wird.

21) Die Menschen kommen um, wenn ihnen die Kehle zugeschnürt wird, wie dies beim Hängen geschieht.

22) Man kann Thiere ersticken, wenn man ihnen brennenden Schwefel vor die Schnauze hält, während sie so fest gebunden sind, daß sie sich weder von der Stelle bewegen, noch sonst umwenden können.

Sieben und vierzigstes Kapitel.

Von der Verbrennung.

Wie ist Humphry-Davys Oel- oder Grubenlampe und wie die Argandsche Lampe eingerichtet?

Was nennt man eine Thermolampe?

Was heißen Stubenöfen und was chemische (und technische)?

Welche Oefen werden Windöfen und welche Gebläseöfen genannt?

Hauptsätze.

I. Die atmosphärische Luft hat einen Bestandtheil (nämlich das Sauerstoffgas), welcher die Verbrennung bewirkt. Auch enthält die Luft noch einen andern Bestandtheil (d. h. das Stickgas), welcher nicht zur Unterhaltung der Verbrennung dient.

II. Die Verbrennung eines Körpers ist nichts Anderes als die Verbindung des Sauerstoffgases mit der verbrennlichen Substanz, welche bei hinreichend hoher Temperatur eine stärkere Verwandtschaft zum Sauerstoffe als letzterer zum Wärmestoffe besitzt.

III. Wenn der eine Bestandtheil des Sauerstoffgases, nämlich der Sauerstoff, mit dem brennbaren Stoffe sich verbindet, wird der andere Bestandtheil, d. h. der Wärmestoff, frei und wirkt als Wärme und Licht.

IV. Das Oxydiren oder Verkalken der Metalle geschieht auf ähnliche Weise wie das Verbrennen, nur daß bei ersterm Licht und Wärme weder sicht- noch fühlbar sich entbinden.

V. Die Wärmegrade, wobei verschiedene Körper sich entzünden, sind gleichfalls verschieden.

VI. Die Verbrennung geschieht gewöhnlich in atmosphärischer Luft; doch giebt es auch Fälle, wo sie ohne dieselbe vor sich geht, wenn nämlich die brennbaren Körper mit Materien vermengt sind, welche Sauerstoff enthalten und ihn fahren lassen.

VII. Die Körper brennen entweder mit oder ohne Flamme.

VIII. Manche Körper verflüchtigen sich gänzlich durch die Verbrennung; andere dagegen lassen Theile zurück, welche man die Asche nennt.

IX. Diejenige tropfbare Flüssigkeit, welche zur Verbrennung eine bedeutende Hitze gebraucht, verbrennt gewöhnlich nur mittelst eines Dochtes.

X. Bei der Verbrennung entwickeln sich aus manchen Körpern eine Menge ausdehnsamer Flüssigkeiten, welche durch die dabei frei werdende Wärme öfters eine bedeutende Ausdehnung erfahren.

XI. Die Flamme der zusammengesetzten Körper aus den organischen Reichen, welche wir gewöhnlich zur Erleuchtung und Erhitzung gebrauchen ist größtentheils kohlenstoffhaltiges Wasserstoffgas.

Ihr erhitzendes Vermögen verhält sich nicht wie ihr leuchtendes, indem das erstere blos von der Schnelligkeit und Vollständigkeit der Verbrennung und das letztere noch von andern Umständen abhängt.

XII. Wird die Flamme von einem Metallnetze aufgefangen, so ist sie wie abgeschnitten.

XIII. Die Erscheinungen der Davyschen Grubenlampe werden aus der Abkühlung des Gases durch das Metallnetz erklärt.

XIV. Die Flammen verschiedener Körper sind auf verschiedene Arten gefärbt.

XV. Durch die Thermolampe werden die flüchtigen Stoffe, vermittelst der Hitze, aus dem Holze, den Steinkohlen, u. s. w. (ohne diese selbst in Brand zu stecken) getrieben, alsdann die brennbare Luft von den übrigen verflüchtigten Stoffen abgesondert, durch Röhren in die freie Luft gelassen und hier beim Eintritte in dieselbe entzündet.

XVI. Das (nach v. N.) aus den Steinkohlen entwickelte Wasserstoffgas hat man zur Erleuchtung im Großen angewandt. Auch hat Gordon zuerst eine tragbare Gaslampe construirt.

XVII. Zur Erhitzung im Kleinen gebraucht man die Weingeist- Oel- und Argandschen Lampen oder die Lampenöfen; zu Operationen im Großen werden aber Heerde und Oefen gebraucht.

XVIII. Die schädlichen Wirkungen des Feuers werden dadurch verhütet, daß man Alles entfernt, was zur Verbrennung nothwendig ist oder dieselbe befördert, und daß man die Hitze des brennenden Körpers schwächt, und den Beitritt der Luft so viel als möglich vermindert.

XIX. Werden Körper, welche brennbare Stoffe enthalten und chemisch auf einander wirken, zusammengemischt, so kann die Capacität der Mischung und sogleich ihre Temperatur sich so sehr erhöhen, daß der brennbare Stoff hinlänglich erhitzt wird, das Sauerstoffgas zu zersetzen und sich zu entzünden. Diese Art Selbstentzündung findet bei manchen Mischungen plötzlich statt, während sie bei andern nur allmählig erfolgt.

XX. Das Athmen der Thiere hat mit dem Verbrennen der Körper eine große Aehnlichkeit, indem hierdurch ebenfalls das Sauerstoffgas zersetzt und der Wärmestoff entbunden wird.

Uebungssätze.

1) Die atmosphärische Luft erleidet einen Verlust an ihrem Gewichte, wenn die Verbrennung in einem abgeschlossenen Raume erfolgt.

2) Der verbrannte Körper hat so viel an Gewicht zugenommen, als der in v. N. angegebene Verlust beträgt.

3) Mehrere Körper werden durch die Verbrennung in Säuren verwandelt.

4) In einem abgeschlossenen Raume verbrennt meist der Körper nicht ganz.

5) Der Schwefel wird zum Feueranzünden gebraucht.

6) Das Schießpulver läßt sich auch in einem abgeschlossenen Raume entzünden. Das Nämliche findet bei der Chlorine und Jodine statt.

7) Die Flamme ist brennender Dampf oder brennendes Gas und bildet immer einen Kegel.

8) Bei unsern Kerzen und Lampen wird das im Dochte befindliche Fett durch Erwärmung entzündet.

9) In der Argandschen Lampe geht die Verbrennung weit vollkommner als in der gewöhnlichen vor sich.

10) Bei dem Löthrohre findet die Verbrennung mehr von Innen nach Außen als umgekehrt statt.

11) Wenn die Flamme Rauch oder Ruß ansetzt, so geschieht die Verbrennung nur unvollständig.

12) Die bandförmigen Dochte werden den walzenförmigen vorgezogen. Zu den besten Dochten werden indeß die hohlen cylindrischen gezählt.

13) Das Leuchten der Flamme ist eine Folge des in ihr glühenden Kohlenstoffs.

14) Die Famme des Weingeistes ist bläulich; sie wird aber grün, sobald Boraxsäure darin aufgelöst worden ist.

15) Die Flamme des Gaslichtes ist leuchtend.

16) Die Intensität der Verbrennung oder die Entwicklung des Feuers ist im Sauerstoffgase weit stärker als in der Luft.

17) Eine Wachskerze brennt im Sauerstoffgase mit einer helleren und größeren Flamme als in der Luft.

18) Der glimmende Docht einer Kerze wird im Sauerstoffgas zur Flamme erweckt; ein Stück Zunderschwamm brennt darin mit einer Flamme; der brennende Phosphor mit einem außerordentlichen Glanze, und der an dem einen Ende glühend gemachte Stahldrath mit Funkensprühen.

19) Mit dem Löthrohre wird eine so große Hitze hervorgebracht, daß der Diamant sogar verbrennt, wenn man statt der zusammengepreßten Luft zusammengepreßtes Sauerstoffgas gebraucht.

20) Eine angezündete Wachskerze brennt im Chlor mit verminderter und dunkler Flamme fort.

21) Nähert man einem brennenden Holzspahne, oder einem eben angezündeten Lichte einen kalten Körper, so erlischt das Feuer, zumal wenn der genäherte Körper ein guter Wärmeleiter ist.

22) Ein nur schwach brennender Körper wird durch einen kalten Luftzug ausgelöscht; ein mäßiger Luftzug facht dagegen die Flamme an und ein lebhaft brennendes Feuer wird durch einen starken Luftzug verstärkt.

23) Die Fammen der Lampen werden durch Lichtputzen ausgelöscht.

24) Manche Oefen rauchen.

25) In einem Keller, worin Wein im Zustande der Gährung sich befindet, kann kein Licht fortbrennen.

26) Das Feuer brennt bei großer Kälte viel lebhafter als bei kleinerer.

27) Die Hitze eines Kohlenbeckens nimmt bald ab, wenn man es den warmen Strahlen der Sonne aussetzt.

28) Wird ein Strom kalter Luft, besonders aus einem Blasebalge, auf ein weißglühendes Eisen gerichtet, so erhöht sich die Hitze desselben so, daß es zu schmelzen beginnt.

29) Nasses Holz brennt schwerer als trocknes an.

30) Das Holz entzündet sich, wenn man andere brennende Holzstücke daran bringt.

31) Ein ganzes Scheit Holz entzündet sich nicht, wenn man es auch eine längere Zeit hindurch über ein brennendes Licht hält.

32) Bei der Gasbeleuchtung ist eine große Vorsicht erforderlich.

33) Der in einem Ofen liegende Rost befördert die Verbrennung.

34) Die Oefen werden aus Eisen, Eisenblech, Gußeisen, Thon und gebranntem Backsteine angefertigt.

35) Die Stubenöfen dürfen nicht aus allzu schlechten Wärmeleitern bestehen.

36) Die chemischen und technischen Oefen werden aus den schlechtesten Wärmeleitern construirt.

37) Das in einem Schornsteine ausgebrochene Feuer wird entweder durch das Abschließen des Schornsteines, oder dadurch gelöscht, daß man im untern Theile desselben etwas Schwefel verbrennt.

38) Ein brennender Körper verlischt, wenn man ihn mit nicht brennbaren Materien, und am besten mit Wasser, nassen Tüchern, Erde, u. s. w. umgiebt.

39) Das Wasser ist zum Löschen vorzüglich geeignet.

40) Beim Löschen des Feuers hilft es nichts, wenn man das Wasser mitten in dasselbe gießt; man muß es vielmehr auf den bren-

nenden Körper selber leiten, wo möglich an der untersten Grenze des Feuers anfangen und dann mit dem Wasserstrahl immer höher hinaufrücken.

41) Es ist durchaus nöthig, eine hinlängliche Menge Wasser auf das Feuer zu bringen.

42) Die Oele lassen sich schwer mit Wasser löschen, und sie werden deshalb mit Asche, Erde u. s. w. bedeckt.

43) Die Salzlaugen, so wie das (mechanisch) fein zertheilte Stoffe (z. B. Thon) enthaltende Wasser sind bessere Löschungsmittel als das reine Wasser.

44) Wird rauchende Salpetersäure mit etwas Schwefelsäure und Terpentinöl vermischt, so entzünden sich diese Flüssigkeiten beim Zusammengießen mit großer Heftigkeit.

45) Nasses Heu auf einen Haufen gepackt, geröstete Kleien in ein leinenes Tuch gewickelt, Wolle, Hanf oder Flachs mit Oel benetzt und zusammengeballt, gemahlener Kaffee in Leinewand geschlagen u. s. w. können sich nach und nach entzünden, besonders wenn sie vorher auch nur durch die Sonnenstrahlen erwärmt worden sind.

46) Bei manchen Menschen wurden Selbentzündungen bemerkt.

47) Alle mit Lungen versehenen Thiere haben warmes Blut

48) Brodie hat gezeigt, daß die Verrichtungen des Gehirns und Nervensystems einen entschiedenen Einfluß auf die Erzeugung der thierischen Wärme ausüben.

49) Nach Dulong's Beobachtungen wird nur $\frac{3}{4}$ der thierischen Wärme durch's Athmen erzeugt.

50) Die aus dem Pflanzen- und Thierreiche herstammenden Wesen sind dem Gesetze der Temperaturausgleichung nicht unterworfen.

51) Der Mensch behält in allen Temperaturen, worin er nur leben kann, eine Temperatur von nahe an 30° R.

Acht und vierzigstes Kapitel.

Von dem Lichte im Allgemeinen und von der geradlinigen Verbreitung desselben.

Was heißt ein leuchtender, was ein dunkler und was ein beleuchteter Körper?

Was nennt man durchsichtige und was undurchsichtige Körper?

Welche Körper werden vollkommen durchsichtige und welche durchscheinende genannt?

Was heißt das Auge und was die Pupille (oder Sehe) und die Netzhaut?

Was nennt man einen Lichtstrahl und was einen Hauptstrahl?

Was wird die Augenaxe genannt?

Was heißt die Camera obscura oder die dunkle Kammer und wie ist dieselbe eingerichtet?

Wer hat die Camera obscura erfunden und was wird eine optische, dioptrische und katoptrische dunkle Kammer genannt?

Was heißt Schatten und was Kernschatten, Halbschatten und Schlagschatten?

Wann nennt man den Schlagschatten einen geraden und wann einen verkehrten?

Was wird Optik genannt?

Hauptsätze.

I. Zu den leuchtenden Körpern gehören:
1) Die Sonne und die Fixsterne;
2) Die brennenden Körper, und hauptsächlich diejenigen, welche mit einer Flamme verbrennen;
3) die glühenden Körper;
4) die Phosphore, Lichtträger oder die phosphorescirenden Körper, d. h. diejenigen Materien, welche unter gewissen Bedingungen Licht aus sich entwickeln, ohne zu brennen;
5) die elektrisirten Körper, u. s. w.

II. Ueber das Wesen des Lichtes giebt es 2 Haupt-Ansichten wovon die eine die Emanations- oder Emissions-, und die andere die Vibrations- oder Undulations-Hypothese heißt.

III. Die Emanationshypothese ist uralt, und der Urheber der Vibrationshypotese ist Des Cartes.

IV. Die Vibrationshypotese ist jetzt als die herrschende anzusehen.

V. Das Licht leuchtet nicht blos, sondern bringt auch noch viele andere Wirkungen hervor.

VI. Das Licht geht durch die Pupille und bringt auf der im Hintergrunde des Auges ausgespannten Netzhaut einen Eindruck hervor.

VII. Das ganze Auge wird vorläufig als ein bloßer Punkt angesehn.

VIII. Das Licht geht in demselben gleichartigen Mittel, oder in demselben Mittel von unveränderter Dichtigkeit geradlinig fort.

IX. Die Lichtstrahlen breiten sich von jedem leuchtenden Punkte nach allen Seiten aus, wohin nur in dem durchsichtigen Mittel gerade Linien gezogen werden können; und jeder Lichtstrahl setzt seinen anfänglichen Weg so lange fort, bis er zu einem Raume von veränderter materieller Beschaffenheit gelangt.

X. Jeder strahlende Punkt sendet auf unser Auge einen Lichtkegel, dessen Spitze dieser Punkt und dessen Grundfläche die Pupille ist. Wir beziehen aber den Eindruck, welchen wir fühlen auf einen Punkt hin, der in der Axe jenes Lichtkegels sich befindet und in seiner Spitze zu liegen scheint. Man fühlt einigermaßen die Lage des Punktes, kann sie jedoch nicht mit hinreichender Genauigkeit bestimmen; und es entstehen hieraus die häufigen Täuschungen, welche in Bezug auf die Entfernungen des leuchtenden Punktes vom Auge stattfinden.

XI. Die in der Camera obscura sich ergebenden Erscheinungen werden aus der geradlinigen Verbreitung des Lichtes erklärt.

XII. Die Größe, Gestalt und Lage des Schattens hängt von der Größe, Gestalt und Lage des leuchtenden und beleuchteten Körpers, und von der zwischen diesen Körpern stattfindenden Entfernung ab.

XIII. Ist der leuchtende Körper größer als der beleuchtete, so endigt sich der Kernschatten in einer Spitze, ist dagegen der leuchtende Körper kleiner oder gleich dem beleuchteten, so geht der Schatten ohne Ende fort, und sein Durchmesser wird im ersten Falle immer größer, während er im 2ten unverändert bleibt.

XIV. Die Ruhe und Bewegung des Schattens hängt von der Ruhe und Bewegung des leuchtenden und beleuchteten Körpers (d. h. von der Ruhe und Bewegung des einen oder des andern oder beider) ab.

XV. Der Schlagschatten erscheint schwarz, wenn kein fremdes Licht auf ihn fällt; trifft aber farbiges Licht auf denselben, so zeigt er sich ebenfalls gefärbt. Es giebt indeß auch gefärbte Schatten, deren Farben durch einen Contrast bewirkt zu sein scheinen.

Uebungssätze.

1) Man sieht einen leuchtenden Punkt nur dann, wenn aus demselben auf unser Auge eine gerade Linie möglich ist, welche durch keinen undurchsichtigen Körper unterbrochen wird.

2) Ein leuchtender Punkt wird ringsherum gesehen, wenn zwischen ihm und dem Auge kein undurchsichtiger Körper sich befindet.

3) Macht man mit der Spitze einer Stecknadel in ein Blatt Papier eine feine Oeffnung, hält die Nadel dicht vor das Auge und das Blatt vor die Nadel und sieht gegen das Helle durch die Oeffnung auf die Nadel, so stellt letztere hinter dem Blatte umgekehrt und vergrößert sich dar.

4) Ein senkrechter Stift wirft einen Schlagschatten auf das Papier, wenn er von dem Sonnen- oder einem andern Lichte beschienen wird.

5) Bei Sonnenuhren rückt der vom Stabe gebildete Schlagschatten von Westen nach Osten fort.

Aufgaben.

1. Wenn ein kugelförmiger Körper vom Radius **R** einen andern kugelförmigen undurchsichtigen Körper vom kleinern Halbmesser r erleuchtet; wie weit ist die Spitze des Schattenkegels vom letztern Körper entfernt, wenn die beiden Körper selbst um **a** von einander abstehen?

2. Wenn der Sonnenhalbmesser zum Erdhalbmesser sich wie 112 zu 1 verhält, und die Entfernung der Sonne von der Erde 20000000 Meilen beträgt; wie weit ist die Spitze des Schattenkegels von der Erde entfernt?

3. Der Inhalt einer beleuchteten undurchsichtigen Kugel beträgt 53,2 Kubikfuß, während der des leuchtenden 1000,5 Kubikfuß ausmacht. Wie weit ist die Spitze des Schattenkegels von der erstern entfernt, wenn die beiden Kugeln 10 Fuß von einander abstehen.

4. Die Länge des Schattens eines vertikal stehenden Stabes zu ermitteln, wenn der über das obere Ende des Stabes weggehende Lichtstrahl mit der Grundebene den Winkel α bildet und die Länge des Stabes $= a$ beträgt?

5. Wie groß ist in v. N. die Länge des Schattens, wenn $a =$ 6 Fuß 3 Zoll und $\alpha = 30^\circ\ 15'\ 2''$ ausmacht?

6. Zwei vertikale Stäbe, welche die Längen **L** und **l** besitzen, werfen **S** und **s** Fuß lange Schatten. Welche Proportion findet zwischen diesen 4 Größen statt?

7. Wie lang ist **S**, wenn $L = 100{,}3$ Fuß, $l = 40{,}25$ Fuß und $s = 20{,}5$ Fuß beträgt?

8) Wie groß ist **L**, wenn $l = 6$ Fuß, $S = 120$ Fuß und $s =$ 5 Fuß ausmacht?

9) Der Schatten eines senkrecht stehenden Stabes ist um $\frac{1}{9}$ kürzer als der Stab. Wie groß ist der Winkel, unter welchem am obern Stabende der vorübergehende Lichtstrahl die Ebene trifft?

Resultate.

1) Um $\frac{a r}{R - r}$. **2)** 180180,180180 Meilen. **3)** 6,0206 Fuß. **4)** Die Länge des Schattens ist $= \frac{a}{\operatorname{tg} \alpha}$. **5)** 10,716 Fuß. **6)** Die Proportion $L : l = S : s$. **7)** 51,08 Fuß. **8)** 144 Fuß. **9)** 48° $21'\ 59''$.

Neun und vierzigstes Kapitel.

Von der Stärke der Erleuchtung und von der Geschwindigkeit des Lichtes.

Was nennt man die Aberration oder die Abirrung des Lichtes?

Was heißt ein Photometer und wie ist dasselbe eingerichtet?

Hauptsätze.

I. Die Erleuchtungen, welche eine Ebene von dem leuchtenden Punkte in verschiedenen Erfernungen erfährt, verhalten sich, bei gleicher Lage gegen die Strahlen, wie umgekehrt die Quadrate dieser Entfernungen.

II. Wenn (in Fig. 28.) parallele Lichtstrahlen senkrecht auf die Ebene **ab** und schief auf die ihr congruente **cd** fallen, so verhält sich die auf **ab** stattfindende Erleuchtung zu der auf **cd** sich ergebenden, wie **1** zu $\sin\alpha$ oder wie 1 zum sinus des Neigungswinkels, welchen die Ebene **cd** gegen die Strahlen macht.

III. Bezeichnet man (in Fig. 29.) die von einem nahen leuchtenden Punkte herrührende Erleuchtung der Ebene **ef** durch **m**, der ihr congruenten **ad** durch **M**, und bildet der Mittelstrahl **pc** mit **ad** einen rechten Winkel und mit **ef** den spitzen oder stumpfen Winkel α, so ist:

1) $m = M \cdot \dfrac{s^2 \sin\alpha}{s^2 - r^2 \cos^2\alpha}$ wenn man pc durch s und $ac = dc = ec = cf$ durch r ausdrückt;

2) $m = M \cdot \sin\alpha$ oder $M : m = 1 : \sin\alpha$ wenn s gegen r bedeutend groß sich zeigt.

IV. Die Erleuchtungen, welche der leuchtende Punkt auf verschiedenen Stellen einer Ebene bewirkt, die in gegebener endlicher Entfernung von ihm sich befindet, verhalten sich zu einander wie umgekehrt die Kubikzahlen ihrer Entfernungen von diesem Punkte.

V. Die von einer leuchtenden Ebene hervorgebrachte Beleuchtung verhält sich (unter übrigens gleichen Umständen) wie die Flächengröße der Ebene.

VI. Die von einer leuchtenden Ebene nach verschiedenen Richtungen hervorgebrachten Erleuchtungen verhalten sich zu einander wie die Sinus der Ausstrahlungswinkel.

VII. Die Schatten wachsen mit den Erleuchtungen der undurchsichtigen Körper.

VIII. Wenn 2 ungleiche Lichtflammen eine weiße Wand bescheinen und ein zwischen ihnen und der Wand senkrecht stehendes Lineal Schatten von ungleicher Schwärze auf letztere wirft, so entferne man das stärkere Licht so lange bis beide Schatten von gleicher Schwärze erscheinen. Ist aber nun das stärkere Licht α Mal so weit als das schwächere von der Wand entfernt, so folgt, daß ersteres in gleicher Entfernung, eine α^2 Mal so starke Erleuchtung als das letztere darauf bewirkt.

IX. Man hat gefunden, daß das Licht bei seinem Durchgange durch ein durchsichtiges Mittel eine größere oder kleinere Schwächung erleidet, und daß hierauf die von **Lampadius** angegebene Vorrichtung, die Lichtstärken mit einander zu vergleichen, beruht.

X. Das Licht pflanzt sich allmählig fort und legt in einer Sekunde einen Weg von ohngefähr 41666 Meilen zurück. Es geht von allen Sternen mit derselben Geschwindigkeit, und seine Bewegung ist, so viel wir darüber urtheilen können, völlig gleichförmig.

XI. Die allmählige Fortpflanzung des Lichtes wurde 1675 von Olaf Römer, einem dänischen Astronomen, entdeckt.

XII. Die von Bradley entdeckte Abirrung des Lichtes wird aus der bestimmten Geschwindigkeit des Lichtes und der Bewegung der Erde erklärt.

XIII. Die große Geschwindigkeit des Lichtes hat zur Erfindung des Telegraphen geführt.

Uebungssätze.

1) Eine Lichtflamme ist in beträchtlicher Entfernung als leuchtender Punkt anzusehen.

2) Die senkrechte Erleuchtung einer Ebene ist, unter denselben Umständen, am größten.

3) Bei leuchtenden Kreisebenen müssen die in gleichen Entfernungen stattfindenden Erleuchtungen sich wie die Quadrate der Durchmesser verhalten.

4) Bei mehreren leuchtenden Flächen von gleicher Größe verhalten sich die Erleuchtungen wie die Anzahl dieser Flächen.

5) Die Masse des Lichtes muß unendlich gering und von außerordentlicher Feinheit sich zeigen.

6) Der aus einem losgeschossenen Gewehre kommende Blitz wird früher als der dadurch verursachte Knall bemerkt.

7) Das Licht legt den Weg von der Sonne zur Erde in 8 Minuten 13,2 Sekunden zurück.

Aufgaben.

1. Wie verhalten sich die Erleuchtungen, welche eine Ebene von einem leuchtenden Punkte bei gleicher Lage gegen die Strahlen in den Entfernungen 3,2 Fuß, 6,25 Fuß erfährt.

2. Wie viele Lichter in der Entfernung 6 Fuß sind nöthig, um eine Ebene eben so stark als ein Licht in dem Abstande 1 Fuß bei gleicher Lage gegen die Strahlen, zu erleuchten?

3. Wie verhält sich in No. II. die Erleuchtung von ab zu der von cd, wenn α das eine Mal 30° und das andere Mal 44° 15′ 16″ ausmacht?

4. Wie verhält sich in No. III. die Erleuchtung von ad, zu der von ef, wenn α ein Mal 45° und ein ander Mal 50° 35′ 16″ beträgt?

5. Zwei Körper, von denen der eine doppelt so stark als der andere leuchtet, sind a Fuß von einander entfernt. Wie weit muß ein in a befindlicher Punkt vom stärker leuchtenden Körper abstehen, damit derselbe von beiden gleiche Erleuchtungen erfährt?

6. Wie weit ist in v. N. der Punkt vom stärker leuchtenden Körper entfernt, wenn $a = 6{,}25$ Fuß beträgt?

7. Wie weit muß in No. 5. der Punkt vom stärker leuchtenden Körper abstehen, wenn die Lichtstärken beider Körper sich wie $n:1$ verhalten?

8. Wie verhalten sich die Erleuchtungen E und e, welche zwei gleiche Ebenen von 2 gleich starken Lichtern erfahren, wenn die Strahlen auf die erste Ebene unter dem Winkel α in der Entfernung m, und auf die 2te unter dem Winkel β in der Entfernung n sich thätig erweisen?

9) Wie verhalten sich in v. N. E und e zu einander, wenn $\alpha = 30°$, $m = 16$ Fuß, $\beta = 40° 16′ 13″$ und $n = 40$ Fuß beträgt?

10. Wie groß ist (in No. 8.) der Winkel α, wenn $E = e$ und $\beta = 45°$ sich zeigt?

11. Wenn das eine Mal ein Licht aus der Entfernung a senkrechte Strahlen auf die Ebene wirft, und das andere Mal n Lichter aus der Entfernung b und unter dem Winkel β Strahlen auf dieselbe Ebene senden, wie werden sich die in beiden Fällen stattfindenden Erleuchtungen E und e zu einander verhalten?

12. Welche Erleuchtung ergiebt sich für ein Gemälde, das unter einem Winkel von 30° dem Lichtstrahle entgegengesetzt wird, während ein anderes Mal die Strahlen senkrecht auffielen?

13. Wie viele Lichter sind in No. 11. erforderlich, um in beiden Fällen gleiche Erleuchtungen zu erhalten?

14. Wie groß ist in v. N. die Zahl der Lichter, wenn $\beta = 30°$, $b = 10$ und $a = 1$ beträgt?

15. Welche Temperaturen finden in den Breiten 10°, 20°, 30° statt, wenn die mittlere Temperatur für den Aequator $= 24°$ angenommen wird und die Temperaturen für die einzelnen Breiten den Quadraten der Cosinusse proportional sich zeigen?

16. Wie verhält sich die erleuchtende Kraft E (oder der Glanz) einer Fläche zu der e einer andern, wenn die Größen beider Flächen beziehlich F und f und die Aussendungswinkel α und β betragen?

17. Wie groß ist (in v. N.) der Aussendungswinkel α für eine Fläche vom Quadratinhalte F, wenn man dieselbe eben so erleuchtet sieht als die Fläche, deren Quadratinhalt f beträgt und welche die Strahlen unter einem rechten Winkel dem Zuschauer zusendet?

18. Ein leuchtender Körper ist von dem zu erleuchtenden 4 Mal so weit als ein anderer leuchtender Körper von dem zu erleuchtenden entfernt. Wie wird die Stärke des Schattens des 2ten zu dem des 1sten sich verhalten?

19. Wenn die Stärke eines Lichtstrahles beim Eintritte in ein durchsichtiges Mittel $= 1$, der Lichtverlust bei dem Durchgange durch eine Schichte desselben von bestimmter Dicke in Theilen des Ganzen $= v$ beträgt; wie groß wird die Lichtstärke x nach dem Durchgange durch n solche gleichartige Schichten sich noch zeigen?

20. Durch wie viele solcher gleichartigen Schichten ist ein Strahl gegangen, der nur die Hälfte seiner anfänglichen Stärke noch besitzt, wenn er beim Durchgange durch jede Schicht den 12ten Theil seiner Intensität verlor?

21. Durch wie viele Schichten ging der Lichtstrahl, der noch 0,5625 seiner anfänglichen Stärke besitzt, wenn er beim Durchgange durch jede Schicht $\frac{1}{4}$ seiner Intensität verlor?

22. Wie viel verlor ein Lichtstrahl an Stärke durch jede Schicht des Photometers, wenn er beim Durchgang durch die 7te Schicht noch 0,85714 seiner anfänglichen Stärke besitzt?

23. Wie stark ist der Verlust durch jede Schicht, wenn nach dem Durchgange durch die nte Schicht der Strahl noch $\frac{1}{m}$ seiner anfänglichen Intensität besitzt?

24. Läßt man einen Kreis von 108 Linien im Durchmesser durch die Sonne vermittelst einer Concavlinse erleuchten, so ist die Erleuchtung eben so stark als die von einer $1\frac{1}{3}$ Fuß entfernten Kerze. Läßt man dagegen durch Mondenlicht einen Kreis von 8 Linien Durchmesser erleuchten, so wird die Helligkeit der einer 50 Fuß abstehenden Lichtflamme gleich. Wie verhält sich die Stärke des Sonnenlichtes zu der des Mondenlichtes, wenn der Durchmesser der Sonne ohngefähr 111,45 Mal und der von M 0,273 Mal so groß als der Durchmesser der Erde sich zeigt, und die Sonne ohngefähr 20000000 Meilen und der Mond 50000 Meilen von der Erde absteht?

Resultate.

1) Wie 15625 zu 4096. **2)** 36 Lichter. **3)** Im ersten Falle wie 2 zu 1, und im 2ten wie 1 : 0,69784. **4)** Im ersten Falle wie 1 : 0,7071068 und im 2ten wie 1 : 0,772622. **5)** Um $a(\sqrt{2}-1)$

Fuß. 6) Um 2,5875 Fuß. 7) Um $a\left(\frac{\sqrt{n}-1}{n-1}\right)$ Fuß. 8) Es ist $E:e=(n^2 \sin\alpha):(m^2 \sin\beta)$. 9) Wie 800 zu 165,47584. 10) Es ist $\sin\alpha=\left(\frac{m}{n}\right)^2.\sqrt{\frac{1}{2}}=\left(\frac{m}{n}\right)^2.\frac{1}{2}\sqrt{2}$, woraus α sich ergiebt. 11) Es ist $E:e=\frac{1}{a^2}:\frac{n.\sin\beta}{b^2}=b^2:(a^2.n.\sin\beta)$. 12) Die Hälfte der Erleuchtung, welche beim senkrechten Auffallen der Strahlen entsteht. 13) Es ist $n=\frac{b^2}{a^2 \sin\beta}$. 14) 200. 15) Die Temperaturen 22°,8; 20°,6 und 17°,7. 16) Man erhält $E:e=(F.\sin\alpha):(f.\sin\beta)$. 17) Es ist $\sin\alpha=\frac{f}{F}$. 18) Wie 16 zu 1. 19) Es ist $x=1.(1-v)^n$. 20) Durch 7,901 Schichten. 21) Durch 2 Schichten. 22) 0,02179. 23) $1-\sqrt[n]{\frac{1}{m}}$. 24) Wie 246400 zu 1.

Funfzigstes Kapitel.

Von der scheinbaren Größe und Gestalt der Körper.

Was heißt der Sehewinkel, die scheinbare Größe oder der scheinbare Durchmesser eines Gegenstandes?

Was wird ein scharfsichtiges Auge genannt?

Was nennt man Perspective?

Was versteht man unter einem Rundgemälde oder Panorama?

Was werden optische Zerrbilder oder Anamorphosen genannt?

Hauptsätze.

I. Die Tangenten der scheinbaren Größen zweier Gegenstände verhalten sich, wie die wirklichen Größen derselben, durch ihre Entfernungen vom Auge beziehlich dividirt.

II. Bei kleinen scheinbaren Größen werden die Sehewinkel (ohne merklichen Fehler) statt ihrer Tangenten gesetzt.

III. Ein Gegenstand hört auf sichtbar zu sein, wenn seine scheinbare Größe zu klein, oder seine Entfernung, in Vergleich mit seiner wirklichen Größe, zu groß befunden wird.

IV. Ein Gegenstand verschwindet dem Auge, wenn sein Sehewinkel weniger als 40 Sekunden beträgt. Dies ist jedoch nur als eine ungefähre Durchschnittsbestimmung für alle nicht zu stark strahlende Körper zu betrachten, indem z. B ein Fixstern, seines sehr lebhaften Lichtes wegen, unter einem Sehewinkel, welcher noch keine Sekunde ausmacht, wahrgenommen werden kann.

V. Unser Urtheil über die wahre Größe eines beträchtlich entfernten Gegenstandes wird hauptsächlich durch den Sehewinkel, öfters auch durch die Klarheit und Deutlichkeit bestimmt, mit der man den Gegenstand erkennt.

VI. Bei geringen Entfernungen des Gegenstandes hat uns die Gewohnheit, Dinge seiner Art öfters zu sehen, eine solche Kenntniß von der wahren Größe des Gegenstandes verschafft, daß wir die Täuschungen vermeiden, welche aus der scheinbaren Größe dieses Gegenstandes sich ergeben. In einem ungewöhnlichen Falle sind wir aber auch hier vor Täuschungen nicht sicher.

VII. Die Gestalt einer Fläche hängt von der erscheinenden Entfernung der Punkte ihres Umfanges unter einander, d. h. von den Sehewinkeln ab, unter denen man die Grenzen dieser Fläche erblickt.

VIII. Die körperliche Gestalt eines Gegenstandes wird aus den größern oder geringern Entfernungen bestimmt, worin die einzelnen Punkte der gesehenen Oberfläche von uns sich befinden.

IX. In der Perspective werden die Gegenstände, welche entfernter als andere sein sollen, außer ihrer kleinern scheinbaren Größe, noch durch schwächere Farben und Schattirungen, durch weniger bestimmte Umrisse, durch geringere Deutlichkeit in den einzelnen Theilen u. s. w. dargestellt.

X. Die Wirkungen des Panorama's beruhen auf der Anwendung der Regeln der Perspective und einer gehörigen Berücksichtigung alles dessen, was an ein Bild erinnern könnte.

XI. Bei den optischen Zerrbildern werden diejenigen Dimensionen, welche in sehr schiefen Stellungen gegen die Augenaxen sich befinden, größer als die übrigen gezeichnet, u. s. w.

Uebungssätze.

1) Bei gleichen Entfernungen vom Auge verhalten sich die Tangenten der scheinbaren Größen wie die wirklichen Größen.

2) Bei gleichen wirklichen Größen verhalten sich die Tangenten der scheinbaren Größen wie umgekehrt die Entfernungen vom Auge.

3) Bei gleichen scheinbaren Größen verhalten sich die wirklichen Größen wie die Entfernungen vom Auge.

4) Der größere Gegenstand besitzt, in der nämlichen Entfernung vom Auge, eine größere scheinbare Größe als der kleinere.

5) Ein Objekt muß in verschiedenen Entfernungen ungleiche scheinbare Größen besitzen. Letztere werden aber desto kleiner, je weiter der Gegenstand vom Auge absteht.

6) Zwei ungleiche Gegenstände können in solche Entfernungen vom Auge kommen, daß sie die nämlichen scheinbaren Größen besitzen.

7) Ist der wahre Durchmesser eines nicht zu stark strahlenden Gegenstandes etwa 5000 Mal kleiner als die Entfernung dieses Gegenstandes vom Auge, so hört das Objekt auf sichtbar zu sein.

8) Eine Allee scheint gegen das Ende sich zu verengen, der Fußboden in einer langen Gallerie sich zu heben und die Decke derselben sich zu senken.

9) Man sieht die Sonne, unter gewissen Stellungen, nicht größer als den Mond.

10) Ein fernes Kornfeld, ein ferner Wald u. s. w. werden als zusammenhängende Ganze erblickt.

11) Jeder hält den untergehenden Mond für größer, als wenn er hoch am Himmel sich befindet.

12) Ein Mensch erscheint uns in einer Entfernung von 50 bis 200 Fuß nicht beträchtlich kleiner als in einem Abstande von 10 Fuß. Ist er aber auf der Spitze eines 100 Fuß hohen Gebäudes befindlich, so sieht man ihn kleiner.

13) Wir halten eine Kugel nicht für eine Scheibe.

14) Alle Augen, welche in der Peripherie eines Kreises an einerlei Seite einer Sehne sich befinden, nehmen diese Sehnen unter gleichen Winkeln wahr.

15) Man kann auf der Erdoberfläche einen Kreis, dessen Halbmesser ohngefähr 17500 Fuß beträgt, übersehen.

Aufgaben.

1. Wie viel beträgt der Sehnenwinkel φ einer Linie, deren Länge $= l$ beträgt, wenn die aus dem Auge auf die Mitte der Linie gefällte Senkrechte $= a$ ausmacht?

2. Sie groß ist φ, wenn die Linie sehr klein sich zeigt und die aus dem einen ihrer Endpunkte nach dem Auge gezogene gerade Linie $= b$ beträgt?

3. Wie weit muß eine 5 Fuß lange Linie von uns abstehen, wenn sie uns unter einem Winkel von 4′ erscheinen soll?

4. Wie weit ist eine 8 Fuß 3 Zoll betragende Linie von dem Beobachter entfernt, wenn er dieselbe unter dem Sehewinkel von 8′ erblickt.

5. Eine 10 Fuß lange Linie ist 20 Fuß von mir entfernt; unter welchem Sehewinkel werde ich dieselbe gewahr?

6. Eine Linie, deren Länge 10 Fuß ausmacht, wird unter dem Sehewinkel von 2 Minuten gesehen; wie weit ist das eine Ende derselben vom Auge entfernt?

7. In den Gebirgen der Cordilleras wurde ein Condor, dessen wirkliche Größe mit ausgespannten Flügeln fast nie unter 14 Fuß ist, unter einem Sehewinkel von 2 Minuten erblickt. Der Beobachter selbst stand auf einer Höhe von 1400 Fuß. Wie hoch war der Vogel über dem Meeresspiegel und welche Luftverdünnung hatte er zu ertragen?

8. In welcher Entfernung wird ein 200 Fuß langer Gegenstand dem Auge verschwinden?

Resultate.

1) Es ist $\operatorname{tg}\frac{\varphi}{2} = \frac{1}{2a}$, woraus φ sich ergiebt.

2) Man erhält $\sin\frac{\varphi}{2} = \frac{1}{2b}$. **3)** 4297,28 Fuß.

4) 3545,17 Fuß. **5)** 28° 4′ 21″. **6)** 17188,64 Fuß.

7) 25464,23 Fuß über dem Meeresspiegel; auch erleidet der Condor eine Luftverdünnung, welche 0,0917 der Dichtigkeit am Meere besitzt. **8)** In einer Entfernung, welche etwas mehr als 1031324 Fuß beträgt.

Ein und funfzigstes Kapitel.

Von der scheinbaren Lage und Bewegung der Körper.

Was heißt die scheinbare Entfernung zweier Punkte?

Was nennt man den scheinbaren und was den optischen Ort eines Gegenstandes?

Was heißt der wahre optische Ort eines Himmelskörpers?

Was wird die Parallaxe genannt?

Was nennt man die tägliche und was die jährliche Ortsverrückung eines gesehenen Weltkörpers.

Was heißen Gesichtsbetrüge und was wird das Augenmaß genannt?

Hauptsätze.

I. Ueber die wahre Entfernung eines Gegenstandes kann der bloße Anblick mit einem Auge keine Gewißheit verschaffen.

II. Um ein Object in verschiedenen Entfernungen zu betrachten, müssen die Augen gehörig gestellt werden; auch ist diese Stellung mit einem gewissen dunkeln Gefühle begleitet, welches uns auf die Entfernung des Gegenstandes einigermaßen aufmerksam macht.

III. Bei einem entfernten ausgedehnten Objecte pflegt man (nach Nr. II.) die Entfernungen der einzelnen Punkte und somit diejenige des Gegenstandes vom Auge zu bestimmen und dabei mehrere Nebenumstände zu berücksichtigen.

IV. Befindet sich der Gegenstand in einer sehr großen Entfernung, so ist der Unterschied der Richtungen der Augenaxen nicht mehr bemerkbar und auch die übrigen Hülfsmittel lassen uns im Stich.

V. Der scheinbare Ort eines Objectes wird durch seine scheinbare Entfernung von andern Gegenständen und von dem Auge des Zusehers bestimmt.

VI. Der optische Ort eines Gegenstandes bezieht sich stets auf eine Fläche, welche als Hintergrund sich zeigt.

VII. Durch die Parallaxe wird man in den Stand gesetzt, die Entfernungen der Himmelskörper von der Erde zu ermitteln, und aus den gefundenen Entfernungen und den scheinbaren Größen die wirklichen Größen zu berechnen.

VIII. Bei den Fixsternen wird an den verschiedenen Orten der Erde und, bei den Meisten, an den verschiedensten Orten der Erdbahn keine merkliche Ortsverrückung bemerkt.

IX. Ein Körper scheint sich zu bewegen, wenn seine scheinbare Entfernung entweder von einem andern Körper oder von uns selber sich verändert.

X. Bei der Wahrnehmung der Bewegung finden viele Täuschungen statt, besonders wenn der Zuseher unbewußter Weise sich selber bewegt.

XI. Ein vorwärts gehender Körper kann rückwärts zu gehen scheinen, wenn das Auge mit größerer Geschwindigkeit als derselbe sich vorwärts bewegt; auch scheint ein bewegter Körper zu ruhen wenn der Zuseher unbewußter Weise in derselben Richtung und mit der nämlichen Geschwindigkeit fortgeht.

XII. Ist die Bewegung eines Körpers sehr langsam, so bemerkt man sie nicht.

Uebungssätze.

1) Man hält einen Gegenstand für entfernter, je kleiner er erscheint, je schwächer beleuchtet man ihn sieht, je weniger man seine einzelnen Theile unterscheidet, je mehr Gegenstände man zwischen ihm und sich erblickt.

2) Der Mond zeigt eine merkliche Parallaxe.

3) Befindet man sich auf einem fortsegelnden Schiffe, so scheinen die am Ufer befindlichen Gegenstände in entgegengesetzter Richtung fortzugehen.

4) Dreht sich ein Schiff, so scheinen die an der entfernten Küste vorhandenen Häuser u. s. w. gleichsam herum zu fliegen.

5) Die Sonne scheint sich täglich um die Erde zu bewegen.

6) Befinden wir uns auf einem schnell fahrenden Wagen, so scheinen die am Wege stehenden Bäume uns entgegen zu kommen, und zwar die näher liegenden schneller als die entferntern.

7) Der Mond scheint einem Fortlaufenden ebenfalls zu laufen.

8) Demjenigen, welcher auf einem Schiffe fährt und keine Gegenstände am Ufer erblickt, scheint der Mond stille zu stehen.

9) Der Stundenzeiger einer Taschenuhr scheint zu ruhen.

10) Das Kind bekommt das Augenmaß nur allmählig, indem es anfänglich nach Dingen greift, welche es nicht zu erreichen vermag.

Zwei und funfzigstes Kapitel.

Von der Zurückwerfung des Lichtes von ebenen Spiegeln.

Wann heißt eine Fläche glatt und wann rauh?

Was nennt man die Zurückwerfung, Zurückstrahlung oder Reflexion des Lichtes?

Was versteht man unter Katoptrik?

Was heißt ein Spiegel, und was wird insbesondere ein natürlicher Spiegel genannt?

Was nennt man einen Planspiegel, und was einen Concav= und Convexspiegel?

Welche Krümmungen können die Spiegel erhalten?

Was heißt ein Winkelspiegel?

Was nennt man ein Kaleidoskop oder Prachtseherohr, und wie ist dasselbe eingerichtet?

Was heißt bei einem auffallenden Lichtstrahle das Einfallsloth, der Einfallswinkel, der Zurückwerfungs- oder Reflexionswinkel, die Einfallsebene und die Reflexionsebene?

Was wird ein geometrisches und was ein physisches Bild genannt?

Hauptsätze.

I. Wenn das Licht auf die Fläche eines festen oder flüssigen Körpers fällt, so geht es von derselben mehr oder weniger in das durchsichtige Mittel zurück, woraus es gekommen war.

II. Die bei verschiedenen Körpern stattfindenden Zurückwerfungen sind gleichfalls verschieden.

III. Die Glasspiegel sind auf ihren ebenfalls sehr genau polirten hintern Flächen mit einem Quecksilber-Amalgam belegt, welches die Spiegelung hauptsächlich bewirkt.

IV. Die Glasspiegel sind zu genauen optischen Versuchen unbrauchbar.

V. Die Metallspiegel sind desto besser, je härter und dichter das Metall oder die Metallmischung ist, woraus sie bestehen, je mehr das erstere oder die letztere der Weiße sich nähert, je weniger es an der Luft seine Politur und seinen Glanz verliert, u. s. w.

VI. Unter den Metallspiegeln sind die Platinaspiegel die vorzüglichsten; doch hat man ihres hohen Preises wegen, verschiedene andere Mischungen erdacht.

VII. Bei einem Spiegel geht immer ein Theil des auffallenden Lichtes verloren, und zwar ist der Verlust desto größer, je senkrechter die Strahlen den Spiegel treffen.

VIII. Das Licht wird von der reflectirenden Fläche so zurückgeworfen, daß der Reflexionswinkel eben so groß wie der Einfallswinkel sich zeigt.

IX. Alle auf einen ebenen Spiegel parallel fallende Lichtstrahlen sind nach der Zurückwerfung ebenfalls parallel.

X. Die Convergenz und Divergenz der Strahlen werden durch einen ebenen Spiegel nicht verändert.

XI. Die aus einem strahlenden Punkte auf den ebenen Spiegel fallenden divergirenden Strahlen werden von demselben so zurückgeworfen, daß sie aus einem Punkte zu kommen scheinen, welcher eben so weit hinter dem Spiegel als der leuchtende Punkt vor demselben liegt.

XII. Das Bild eines Gegenstandes erscheint so weit hinter dem Spiegel als das Object vor demselben liegt.

XIII. Fängt man die vom Spiegel zurückgeworfenen Sonnenstrahlen in der Nähe desselben auf, so bilden sie eine Figur, welche der des Spiegels ähnlich ist. Je weiter man aber die Sonnenstrahlen vom Spiegel auffängt, desto mehr rundet sich das Bild derselben ab, bis es zuletzt kreisförmig wird, obgleich der Spiegel eckig oder rund gestaltet sein kann.

Uebungssätze.

1) Das Licht wird besser von weißen als von gefärbten Körpern, und besser von glatten als von rauhen Oberflächen zurückgestrahlt.

2) Die dunkeln Körper sind nur vermöge der Zurückstrahlung sichtbar.

3) Ein vollkommen durchsichtiger Körper müßte ganz unsichtbar sein.

4) Die vollkommen schwarzen Körper sind nur dadurch sichtbar, daß man sie mit einem oder mehreren reflectirenden Körpern umgiebt.

5) Eine rauhe Fläche ist zum Spiegeln untauglich.

6) Die in den Spiegeln erblickten Bilder der Gegenstände sind nie so hell und deutlich als die Gegenstände selbst.

7) Die dünnen Glasspiegel sind besser als die dicken.

8) In einem horizontalen Spiegel erscheinen alle Gegenstände gestürzt oder umgekehrt.

9) Wenn der Spiegel mit der horizontalen Ebene einen halben rechten Winkel bildet, so stellt er das Bild eines aufrecht stehenden Gegenstandes liegend, und das eines liegenden Objectes stehend dar.

10) Will Jemand sein Bild im Spiegel erblicken, so muß letzterer wenigstens $\frac{1}{2}$mal so lang als die Länge und $\frac{1}{2}$mal so breit als die Breite des erstern sein, wenn die Stellung des Menschen mit der des Spiegels in paralleler Lage sich befindet.

11) Befindet sich ein Gegenstand zwischen 2 parallelen Spiegeln, so erscheinen unzählige Bilder desselben in jedem Spiegel.

12) Die unendliche Anzahl sichtbarer Bilder wird durch die mit der öftern Zurückwerfung abnehmende Deutlichkeit beschränkt.

13) Wenn man 2 ebene Spiegel unter einem gewissen Winkel zusammenstellt, so erscheinen mehrere Bilder des im Winkel befindlichen Objectes, und zwar desto mehr, je kleiner dieser Winkel sich zeigt.

14) In einem Winkelspiegel erscheinen mit dem Objecte so viele Bilder als der Winkel in 360° enthalten ist.

15) Die Erscheinungen des Kaleidoscopes werden aus Nr. 11 und 12 erklärt.

16) Wenn (in Fig. 30.) auf der Ebene **bd** eine Kugel von b nach d rollt und der Spiegel **be** so gestellt ist, daß er den Winkel **abd** halbirt, so scheint das Kugelbild an der Senkrechten **ca** in die Höhe zu steigen. Auch ist $\beta = \frac{\alpha}{2} + 45^\circ$.

Aufgaben.

1) Wenn auf diese Mitte eines horizontalen 2 Fuß langen Spiegels ein Lichtstrahl unter dem Winkel α fällt; wo wird der reflectirte Strahl eine am Ende des Spiegels senkrecht aufgestellte Wand antreffen?

2) Wo wird (in v. N.) der reflectirte Strahl die senkrechte Wand treffen, wenn $\alpha = 30^\circ\ 35'\ 36''$ beträgt?

3) Unter welchem Winkel α muß ein Strahl auf den horizontalen Spiegel fallen, um einen a Fuß von dem Eintreffepunkte des Strahls entfernten und h Fuß hohen Gegenstand an seiner Spitze zu treffen?

4) Wie groß ist (in v. Nr.) α, wenn $a = h$ sich zeigt?

5) Wie viel beträgt α, wenn $a = 5$ Fuß und $h = 8$ Fuß ausmacht?

6) Wie groß wird a, für $\alpha = 30^\circ$ und $h = 10$ Fuß sein müssen?

7) Wie viel wird h, für $\alpha = 45^\circ$ und $a = 4$ Fuß betragen?

Resultate.

1) In der Höhe $tg\,\alpha$. **2)** 0,591 Fuß. **3)** Es ist $tg\,\alpha = \frac{a}{h}$. **4)** $\alpha = 45^\circ$. **5)** $\alpha = 32^\circ\ 0'\ 19''$. **6)** $a = 5{,}773$ Fuß. **7)** $h = 4$ Fuß.

Drei und funfzigstes Kapitel.

Von der Zurückwerfung des Lichtes von krummflächigen Spiegeln.

Was heißt ein sphärischer Spiegel?

Was wird ein concaver (oder Hohlspiegel) und was ein convexer genannt?

Was heißt der Mittelpunkt und was der Halbmesser der Krümmung?

Was wird die Hauptaxe oder kurzweg die Axe, und was die Nebenaxe des Spiegels genannt?

Was heißt der Brennpunkt und was die Brennweite eines concaven Spiegels?

Was heißt die Abweichung der Strahlen wegen der Kugelgestalt?

Was nennt man die Brennlinie oder die katakaustische Linie eines concaven Spiegels?

Was heißt der Zerstreuungspunkt oder der negative Brennpunkt und was die negative Brennweite eines convexen Spiegels?

Was wird negative Brennlinie eines convexen Spiegels genannt?

Was heißt ein cylindrischer, was ein kegelförmiger und was ein pyramidalischer Spiegel?

Was werden katoptrische Zerrbilder oder Anamorphosen genannt?

Hauptsätze.

I. Alle Strahlen, welche parallel mit der Axe auf einen Hohlspiegel fallen, werden so zurückgeworfen, daß jeder derselben die Axe in einem Punkte durchschneidet. Sind die Strahlen letzterer sehr nahe (oder hat der Spiegel nur wenige Grade) so kommen sie nach der Reflexion im Brennpunkte zusammen.

II. Der Brennpunkt und die Brennweite eines concaven Spiegels werden stets als positiv angesehen.

III. Der Brennpunkt der parallelen Strahlen ist in der Mitte des Krümmungshalbmessers befindlich.

IV. Der concave Spiegel befördert die Convergenz der darauf fallenden Lichtstrahlen.

V. Wenn ein in der Axe vorhandener strahlender Punkt divergirende Strahlen auf einen Hohlspiegel sendet, so ist:

1) $\delta = \frac{dr}{2d - r}$, wenn man den Halbmesser der Krümmung durch r, die Entfernung des Punktes vom Spiegel durch d und den Abstand des Bildes vom Spiegel durch δ bezeichnet,

2) $\delta = \frac{dw}{d - w}$, wenn man die Brennweite durch w ausdrückt.

VI. Liegt der strahlende Punkt nicht in der Axe, sondern über, unter oder seitwärts derselben, so muß auch das Bild entweder über, unter oder seitwärts, aber immer auf der entgegengesetzten Seite sich befinden.

VII. Wenn (in Fig. 31.) der strahlende Punkt p außerhalb der Axe go und zwar so liegt, daß alle von ihm auf den Hohlspiegel agb fallende Strahlen sehr kleine Winkel mit go machen, wenn ferner das Bild von p in π sich befindet, dabei ph $\perp$ go und πk ebenfalls $\perp$ go ist, und gh durch d, ph durch e, gk durch δ, πk durch ε und die Brennweite durch w bezeichnet wird, so folgt:

$$1) \left\{ \begin{aligned} \frac{1}{w} &= \frac{1}{d} + \frac{1}{\delta}, \\ \text{oder } \delta &= \frac{dw}{d - w}, \\ \text{oder } \delta &= \frac{dr}{2d - r} \end{aligned} \right\},$$

$$\text{und } \quad 2) \quad d : \delta = e : \varepsilon.$$

VIII. Wenn die aus einem Punkte p auf den Hohlspiegel fallenden divergirenden Strahlen nach der Reflexion im Punkte π sich vereinigen, so fahren sie hinter demselben wieder auseinander; und treffen sie nun irgendwo ein Auge, so sieht dasselbe das physische Bild des p in π. Bleiben dagegen die Strahlen auch nach der Reflexion noch divergirend, so scheinen sie aus einem hinter dem Spiegel liegenden Punkte zu kommen; und wird das Auge von ihnen getroffen, so sieht dasselbe das geometrische Bild des p daselbst.

IX. Der Ort, die Größe und die Stellung des einem ganzen Objecte entsprechenden Bildes werden ermittelt, wenn man die Lage der beim Hohlspiegel erhaltenen Bilder aller einzelnen Punkte bestimmt.

X. Alle Strahlen, welche parallel mit der Axe auf einen convexen Spiegel fallen, werden so zurückgeworfen, daß jeder derselben die Axe in einem Punkte durchschneidet. Sind die Strahlen der letztern sehr nahe (oder, was einerlei ist, hat der Spiegelnur wenige Grade) so werden dieselben so zurückgeworfen, daß sie von einem hinter dem Spiegel liegenden Punkte auszugehen scheinen.

XI. Der negative Brennpunkt ist um die Hälfte des Krümmungshalbmessers vom convexen Spiegel entfernt.

XII. In den Rechnungen wird dem Krümmungshalbmesser, dem Brennpunkte und der Brennweite eines convexen Spiegels das Zeichen (—) vorgesetzt.

XIII. Man erhält für convexe Spiegel:

$$\left.\begin{aligned} &1)\ -\frac{2}{r} = \frac{1}{d} - \frac{1}{\delta}, \\ &2)\ -\frac{1}{w} = \frac{1}{d} - \frac{1}{\delta}, \\ &3)\quad \delta = \frac{dr}{2d+r}, \\ &4)\quad \delta = -\frac{dw}{d+w}, \end{aligned}\right\}$$

wenn r, d, δ und w für den convexen Spiegel die nämliche Bedeutung wie für den concaven besitzen.

XIV. Die aus einem strahlenden Punkte auf den Convexspiegel fallenden divergirenden Strahlen werden nach der Reflexion noch divergirender, und scheinen bei einem sehr weit entfernten Punkte nach der Zurückwerfung vom negativen Brennpunkte auszugehen.

XV. Der Ort, die Größe und die Stellung des einem ganzen Objekte zukommenden Bildes werden erhalten, wenn man die Lage der bei dem Convexspiegel erhaltenen Bilder aller einzelnen Punkte bestimmt.

XVI. Die Bilder derjenigen Objekte, welche nicht eine dem sphärischen Spiegel ähnliche Krümmung besitzen, sind mehr oder weniger verzogen.

Uebungssätze.

1) Steht der strahlende Punkt p im Brennpunkte f eines Hohlspiegels S, so sind die reflectirten Strahlen einander parallel.

2) Befindet sich p noch näher an S, so werden die reflectirten Strahlen divergirend und scheinen von einem hinter S liegenden Punkte auszugehen.

3) Ist p in c, so liegt sein Bild eben daselbst.

4) Steht p zwischen f und c, so kommen die auf S fallenden Strahlen in einem Punkte zusammen, welcher weiter als c vom S absteht.

5) Ist p in einer so großen Entfernung vom S, daß die von ihm ausgehenden Strahlen als parallel erscheinen, so steht sein Bild im f.

6) Rückt p dem c näher, so ist sein Bild zwischen f und c befindlich.

7) Die hohlen Spiegel erzeugen nur deutliche Bilder, wenn die Strahlen keine große Winkel mit der Axe machen, oder wenn die Spiegel nur wenige Grade enthalten.

8) Steht der Gegenstand G in einer sehr großen Entfernung vom S, so erscheint in der Gegend des f sein physisches Bild B umgekehrt und verkleinert.

9) Rückt G näher an S, so kommt B zwischen f und c, ist umgekehrt und verkleinert, und wird desto größer, je mehr G dem c sich nähert.

10) Ist G in der Gegend von c, so befindet sich B eben daselbst, ist umgekehrt und hat die Größe von B.

11) Befindet sich G zwischen f und c, so steht B weiter als c von S ab, und ist umgekehrt und vergrößert. Je näher G an f rückt, desto mehr entfernt sich B von S.

12) Steht G in f, so sind die zurückgeworfenen Strahlen parallel und erzeugen kein Bild.

13) Ist G zwischen S und f, so erscheint ein geometrisches Bild hinter S, welches aufrecht und vergrößert sich zeigt. Je näher G an S rückt, desto kleiner wird das Bild, und kommt G mit S in Berührung, so ist das Bild = G.

14) Bei einem parabolisch gearbeiten S findet keine Abweichung der Strahlen wegen der Kugelgestalt statt.

15) Die Hohlspiegel werden bei Zusammensetzungen optischer Instrumente, zu Versuchen über Wärmestrahlung und zu Brennspiegeln gebraucht; auch werden sie bei der Erleuchtung eines Ortes oder eines Gegenstandes angewandt.

16) Durch die concaven Spiegel werden manche Täuschungen erzeugt.

17) Beim Convexspiegel sieht man hinter demselben ein aufrecht stehendes verkleinertes geometrisches Bild des Objektes, welches desto kleiner ist, je unbedeutender der Krümmungshalbmesser sich zeigt. Auch erscheint dieses Bild bei demselben Spiegel desto kleiner, je weiter das Objekt vom Spiegel sich entfernt.

18) Die Verzerrung an dem Gesichte eines Menschen, welcher sich in einem convexen Spiegel betrachtet, ist sehr bedeutend.

19) Bei einem Hohlspiegel ist diese Verzerrung weit geringer.

20) Bei einem cylindrischen und kegelförmigen Spiegel sind die Bilder nach der einen Richtung den Objekten an Größe gleich, während sie nach der andern entweder größer oder kleiner als dieselben sich zeigen.

21) Der pyramidalische Spiegel giebt ein regelmäßiges Bild, wenn man ihn auf eine Zeichnung stellt und von oben in der Richtung der Pyramidenaxe auf die das Bild berührende Spiegelfläche sieht.

22) Ein hohler, inwendig wohlpolirter, abgekürzter Kegel wird als eine Art von Brennspiegel gebraucht; auch wird derselbe als Leuchtrohr angewandt.

Aufgaben.

1. Wo befinden sich die Bilder der in der Axe des Concavspiegels in den Entfernungen 1 Fuß, 3 Fuß, 8 Fuß und 10 Fuß vorhandenen Punkte, wenn der Krümmungshalbmesser = 5 Fuß ausmacht?

2. Wo steht das Bild eines in der Axe des Concavspiegels befindlichen Punktes, wenn derselbe 1,25 Fuß vom Spiegel absteht und der Krümmungshalbmesser = 6 Fuß beträgt?

3. Das Bild des in der Axe eines Concavspiegels stehenden Punktes ist 18,2 Fuß vom Spiegel entfernt; wie weit steht der leuchtende Punkt vom Spiegel ab, wenn der Krümmungshalbmesser des letztern = 8 Fuß ausmacht?

4. Wie weit ist der Brennpunkt eines Concavspiegels vom letztern entfernt, und wie groß ist der Halbmesser der Krümmung, wenn der strahlende Punkt in der Axe sich befindet, 2 Fuß vom Spiegel absteht und das Bild desselben 10 Fuß vom Spiegel sich befindet?

5. Wie weit sind die Bilder der in der Axe des Convexspiegels in den Entfernungen 2 Fuß, 5 Fuß und 10 Fuß vorhandenen leuchtenden Punkte vom letztern entfernt, wenn der Krümmungshalbmesser = 5 Fuß ausmacht?

6. Die Bilder der in der Axe des Convexspiegels stehenden Punkte sind beziehlig 4 Fuß, 8 Fuß und 30 Fuß vom Spiegel entfernt; wie weit stehen die leuchtenden Punkte davon ab, wenn der Krümmungshalbmesser 5 Fuß beträgt?

7. Wie weit steht ein in der Axe des Convexspiegels vorhandener leuchtender Punkt vom Spiegel ab, wenn sein Bild 18,2 Fuß von demselben entfernt ist und die Brennweite = 6,4 Fuß ausmacht?

8. Wie weit ist der Brennpunkt eines Convexspiegels vom letztern entfernt, wenn der strahlende Punkt in der Axe sich befindet, 4 Fuß vom Spiegel absteht und das Bild desselben 16 Fuß vom Spiegel entfernt ist?

Resultate.

1) $1\frac{2}{3}$ Fuß hinter, 15 Fuß vor, $3\frac{7}{11}$ Fuß vor und $3\frac{1}{3}$ Fuß vor dem Spiegel. **2)** $2\frac{1}{7}$ oder 2,142 Fuß hinter dem Spiegel. **3)** 3,258 Fuß vor dem Spiegel. **4)** Der Brennpunkt ist $1\frac{2}{3}$ Fuß vom Spiegel entfernt und der Halbmesser der Krümmung beträgt $3\frac{1}{3}$ Fuß. **5)** $1\frac{1}{9}$, $1\frac{2}{3}$ und 2 Fuß hinter dem Spiegel. **6)** $6\frac{2}{3}$, $3\frac{7}{11}$ und $2\frac{8}{11}$ Fuß vor dem Spiegel. **7)** 9,87 Fuß. **8)** $3\frac{1}{5}$ Fuß hinter dem Spiegel.

Vier und funfzigstes Kapitel.

Von der Brechung oder Refraction des Lichtes in ebenen Flächen.

Was heißt Brechung oder Refraction des Lichtes, und was wird Dioptrik genannt?

Was nennt man beim gebrochenen Lichte das Einfallsloth, den Einfallswinkel, den Einfalls-Sinus, den Brechungswinkel, den Brechungs-Sinus und die Brechungsebene?

Was versteht man unter dem stärker und was unter dem schwächer brechenden Mittel?

Was heißt das Brechungsvermögen, und was wird das specifische Brechungsvermögen genannt?

Was wird der Strahl der mittlern Brechbarkeit, und was der Sinus der mittlern Brechung oder der mittlere Brechungs-Sinus genannt?

Was nennt man die astronomische und was die irdische Strahlenbrechung?

Was heißt Luftspiegelung (Fata Morgana, Mirage, Kimmung)?

Was werden die dioptrischen Anamorphosen genannt?

Was nennt man Flintglas und was Kronglas, und woraus sind diese beiden Glasarten zusammengesetzt?

Hauptsätze.

I. Jeder Lichtstrahl geht in demselben Mittel geradlinig fort; auch ergiebt sich das Nämliche, wenn er aus einem Mittel in ein anderes übergeht und auf der Schneidungsfläche beider Mittel senkrecht steht.

II. Geht ein Lichtstrahl aus einem dünnern Mittel in ein dichteres oder umgekehrt in schiefer Richtung über, so wird er im ersten Falle (meist) zum, und im 2ten vom Einfallslothe gebrochen.

III. Der einfallende Strahl, das Einfallsloth und der gebrochene Strahl liegen in einer Ebene, welche auf der Schneidungsfläche beider durchsichtigen Mittel senkrecht steht.

IV. Bei zwei bestimmten durchsichtigen Materien findet, für einen beliebigen Einfallswinkel, zwischen dem Einfalls- und Brechungs-Sinus ein gewisses Verhältniß statt, welches das Brechungs-Verhältniß heißt.

V. Geht das Licht aus der Luft in gemeines Glas über, so verhält sich der Einfalls-Sinus zum Brechungs-Sinus *) wie 17:11.

VI. Tritt das Licht aus der Luft entweder in englisches Krown- oder englisches Flintglas oder in Wasser, so verhält sich der Einfalls-Sinus zum Brechungs-Sinus im erstern Falle wie 1,55:1, im 2ten wie 1,58:1 und im 3ten wie 4:3.

VII. Bei sehr kleinen Winkeln werden für die Verhältnisse der Brechungs-Sinus diejenigen der Winkel gesetzt.

VIII. Wenn das Licht aus einem stärker brechenden Mittel in ein schwächer brechendes (etwa aus Glas oder Wasser in Luft) übergeht, und die Schneidungsfläche in sehr schiefer Richtung trifft, so dringt er in das schwächer brechende Mittel gar nicht ein, sondern wird nach dem in Kapitel LII. Nr. VIII. angegebenen Gesetze reflectirt.

IX. Man hat gefunden, daß das Licht bei seinem Uebergange aus einem durchsichtigen Mittel in ein anderes nie ganz in das letztere dringt, sondern in größerer oder kleinerer Menge zurückgeworfen wird, und daß die Quantität des reflectirten Lichtes desto größer ist, je schiefer die Lichtstrahlen auf die Schneidungsfläche beider Mittel fallen.

X. Das Brechungsvermögen einer Mischung wird erhalten **), wenn man die Summe der brechenden Kräfte ihrer Bestandtheile mit den Maßen ihrer respectiven Massen multiplicirt.

XI. Bei jeder Brechung findet eine Farbenzerstreuung statt, oder jeder Lichtstrahl erhält durch dieselbe eine Breite, welche im Fortgange immer größer wird, und wodurch auf jeder dem Strahle entgegengesetzten Fläche eine längliche Beleuchtung entsteht, die an dem einen Rande eine rothe und an dem ihm entgegengesetzten eine violette Färbung besitzt.

XII. Die mit der Brechung verbundene Farbenzerstreuung wird beobachtet, wenn die Brechung selber beobachtbar ist, d. h. wenn das durch ein brechendes Mittel gehende Licht eine Begrenzung erhält.

XIII. Würde das Licht von durchsichtigen Körpern weder gebrochen noch reflectirt, so müßten alle vollkommen durchsichtige und farbenlose Mittel auch unsichtbar für uns sein. Sie sind blos sichtbar durch das Spiegeln ihrer Oberflächen und die veränderte Richtung, welche das Licht bei der Brechung erfährt.

XIV. Die auf eine brechende Fläche in parallelen Richtungen kommenden Strahlen sind nach der Brechung ebenfalls parallel.

XV. Diejenigen Strahlen, welche aus einem Punkte divergi-

*) Ziemlich genau.

**) Sobald die Dichtigkeit der Bestandtheile durch die Mischung nicht allzu sehr verändert worden ist.

rend auf eine brechende Fläche fallen, divergiren weniger, wenn sie aus einem schwächer brechenden in ein stärker brechendes Mittel übergehen. Das Umgekehrte findet aber statt, wenn das 2te Mittel als das schwächer brechende sich zeigt.

XVI. Wenn das Auge in dem einen und der sichtbare Körper in dem andern durchsichtigen Mittel sich befindet, so erleidet die scheinbare Lage des Körpers in den meisten Fällen eine Veränderung durch die Brechung des Lichtes.

XVII. Geht ein Lichtstrahl durch mehrere brechende Mittel, welche verschiedene brechende Kräfte besitzen, so muß er auch verschiedene Brechungen erleiden.

XVIII. Befinden sich äußerst viele ungleich brechende Schichten über einander, so wird der Gang des Lichtstrahles einer krummen Linie sich nähern und endlich krumm werden, wenn die brechende Kraft der auf einander folgenden Mittel stetig wächst oder abnimmt.

XIX. Die astronomische und irdische Strahlenbrechung beruhen darauf, daß die scheinbaren Oerter der Himmelskörper und der irdischen Objekte durch die Brechung sich verändern.

XX. Die Erscheinungen der Luftspiegelung beruhen darauf, daß die in der Luft stattfindende Brechung der Lichtstrahlen in eine Zurückwerfung übergeht, wenn die Strahlen aus einem dichtern in einen dünnern Theil der Atmosphäre sehr schief übergehen.

XXI. Die Luftspiegelnng mit unterwärts gekehrtem Bilde wird am häufigsten, mit aufwärts gekehrtem Bilde seltener und mit seitwärts stehendem Bilde am seltensten bemerkt.

XXII. Wenn ein Lichtstrahl durch ein mit parallelen Oberflächen versehenes Mittel (etwa durch eine Glastafel) sich bewegt, und letzteres auf beiden Seiten von dem nämlichen dünnern Mittel umgeben ist, so ist der ausfahrende Strahl dem einfallenden parallel.

XXIII. Sind die begrenzenden Flächen unter irgend einem Winkel gegeneinander geneigt, oder geht ein Lichtstrahl durch ein 3seitiges Prisma, so ist der ausfahrende Strahl mit dem einfahrenden nicht parallel.

XXIV. Bei einem Prisma ist die Größe der Ablenkung des auf der einen Seite auffallenden und an der andern ausfahrenden Strahles von der Größe des Einfallswinkels, von der brechenden Kraft der Substanz des Prisma, und von dem brechenden Winkel abhängig.

XXV. Die prismatische Form, oder eigentlich der brechende Winkel zweier geneigten Flächen, dient dazu, die Brechungskräfte verschiedener Materien zu bestimmen.

XXVI. Wenn man einen Gegenstand durch ein vielflächiges Glas betrachtet, so vervielfältigt sich derselbe ebenfalls.

XXVII. Die Erscheinungen der dioptrischen Anamorphosen werden aus Nr. XXV und XXVI. erklärt.

Uebungssätze.

1) Tritt ein Lichtstrahl schief aus Luft in Wasser oder Glas, so wird er zum Einfallslothe gebrochen. Geht er aber schief aus Wasser oder Glas in Luft, so findet das Entgegengesetzte statt.

2) Das Licht wird nicht in jedem Falle vom dichtern Mittel stärker als vom dünnern gebrochen.

3) Das Terpentinöl hat ein kleineres specifisches Gewicht als das Wasser und bricht dessen ungeachtet das Licht eben so stark als das Glas.

4) Die brennbaren Materien (oder diejenigen, zu deren Bestandtheilen das Wasserstoffgas gehört) brechen die Lichtstrahlen besonders stark.

5) Der Diamant besitzt ein bedeutendes Brechungsvermögen.

6) Wenn das Licht aus einem stärker brechenden in ein schwächer brechendes Mittel treten will und der Einfallswinkel mindestens 90° beträgt, so wird die Brechung in eine Zurückstrahlung verwandelt.

7) Tritt das Licht aus Glas in Luft unter einem Einfallswinkel, welcher größer als 41° 48′ ist, so wird er nicht mehr in die Luft gebrochen, sondern in das Glas reflectirt.

8) Die Luft ist meist unsichtbar.

9) Der Boden eines mit Wasser gefüllten Gefäßes scheint sich zu heben.

10) Ein zum Theil ins Wasser getauchter Stab scheint uns gebrochen.

11) Das ruhige Wasser scheint tiefer als das fließende zu sein.

12) Ein am Boden eines Gefäßes liegendes Stück Geld kann dadurch sichtbar werden, daß man Wasser darüber gießt.

13) Ein hoher Thurm erscheint dem an seinem Fuße stehenden Beobachter vorgeneigt.

14) Die Hemisphäre scheint im Zenith eingedrückt zu sein.

15) Ein Sonnenstrahl erleidet eine desto stärkere Brechung, je größer sein gegen die Erde gerichteter Weg sich zeigt.

16) Die scheinbare Höhe der Sonne wird durch die Brechung vergrößert, und zwar desto mehr, je näher die Sonne am Horizonte steht.

17) Man sieht die Sonne eher, als sie wirklich aufgegangen ist.

18) Ein unter dem Horizonte befindlicher Stern ist öfters noch sichtbar.

19) Der Tag in den kalten Zonen wird durch die Brechung verlängert.

20) Die astronomische Strahlenbrechung beträgt am Horizonte ohngefähr 33 Minuten, in einer Höhe von 45° kaum eine Minute und in einer Höhe von 75° etwa 16 Sekunden.

21) In manchen Sandwüsten ereignet sich die Luftspiegelung fast täglich, und die wenigen Dörfer scheinen gleich Inseln auf einer See zu schweben und sich im Wasser zu spiegeln.

22) Die Sonne und der Mond erscheinen beim Auf- und Untergange nicht rund, sondern elliptisch.

23) In einem ebenen Glase sieht man die Gegenstände meist so, als ob das Glas nicht vorhanden wäre. Sieht man aber sehr schräge durch das Glas, so werden die Gegenstände ein wenig, aber ohne weitere Veränderung ihrer Größe und gegenseitigen Lage, aus ihrer Stelle gerückt.

24) Legt man ein 3 seitiges Prisma auf irgend eine Schrift, so nimmt man die darin enthaltenen Zeilen an jeder der 2 obern Flächen einmal wahr.

Aufgaben.

1. In einem mit Wasser gefüllten Würfel **abcd** (Fig. 32.) ist am Ende **b** ein Gegenstand befindlich. Wenn aber nun die Seite des Würfels 1 Fuß beträgt, das Auge über **a** in **o** sich befindet und **ao** = 1 Fuß ausmacht, wo wird der Gegenstand auf der Wasseroberfläche sich zeigen?

2. Wenn die aus den Massen **M** und **m** bestehende Mischung das Brechungsvermögen **Q**, und der erstere Bestandtheil das Brechungsvermögen **P** und der 2te dasjenige **p** besitzt; wie groß werden **M** und **m** sein müssen?

3. Wie viel betragen in v. N. **M** und **m**, wenn $Q = 0{,}024$, $P = 0{,}0086$ und $p = 0{,}82$ ausmacht?

4. Wie viel betragen **M** und **m**, wenn $p = 0{,}96$, $Q = 0{,}24$ und $P = 0{,}08$ ausmacht?

Resultate.

1) Bezeichnet man **bf** durch **x** und setzt das Brechungsverhältniß $n = \frac{4}{3}$, so ergiebt sich:

$$\frac{nx}{\sqrt{1 + x^2}} = \frac{1 - x}{\sqrt{1 + (1 - x)^2}},$$

woraus $x^4 - 2x^3 - 2x^2 + 2{,}57x - 1{,}28 = 0$,

oder $x = 0{,}4254$ sich ergiebt.

2) Setzt man die ganze Masse = 1, so folgt $M = \frac{p - Q}{p - P}$ und $m = \frac{Q - P}{p - P}$.

3) $M = 0{,}098$ und $m = 0{,}018$.

4) $M = 0{,}8181$ und $m = 0{,}1818$.

Fünf und funfzigstes Kapitel.

Von der Brechung des Lichtes in gekrümmten Flächen.

Was nennt man Linsengläser oder Linsen?

Was heißen erhobene oder Convexlinsen und hohle oder Concavlinsen?

Wann heißt die Convexlinse convex=convex (biconvex), plan=convex, und concav=convex (Meniscus)?

Wann wird die Concavlinse concav=concav, plan=concav und convex=concav genannt?

Was versteht man unter den Krümmungshalbmessern und was unter den Krümmungsmittelpunkten der Glasflächen?

Was heißt die Hauptaxe oder schlechthin die Axe, und was der Mittelpunkt oder die Mitte des Linsenglases?

Was nennt man die Nebenaxe oder den Hauptstrahl?

Wann heißt das Linsenglas richtig und wann unrichtig centrirt?

Was nennt man die Vorderfläche und was die Hinterfläche eines Linsenglases?

Was heißt der Brennpunkt und was die Brennweite einer convexen Linse?

Was nennt man die Abweichung der Strahlen wegen der Kugelgestalt des Glases oder wegen seiner Kugelgestalt?

Was versteht man unter Blendung und was unter Apertur?

Wie sind die Blendungen beschaffen?

Was heißt die Brennlinie oder die diacaustische Linie eines convexen Glases?

Was versteht man unter dem Zerstreuungspunkte oder dem negativen Brennpunkte, und was unter der negativen Brennweite einer Concavlinse?

Was wird die negative Brennlinie einer Concavlinse genannt?

Hauptsätze.

I. Bei einer planconcaven oder planconvexen Linse wird die ebene Fläche als eine gekrümmte angesehen, deren Krümmungshalbmesser unendlich groß ist. Auch kann man eine concave Fläche als eine convexe mit negativem Halbmesser betrachten.

II. Alle Strahlen, welche parallel mit der Axe auf eine Convexlinse fallen, werden so gebrochen, daß jede derselben die Axe in einem Punkte durchschneidet. Sind die Strahlen letzterer sehr nahe, so kommen sie nach der Brechung im Brennpunkte zusammen.

III. Der Brennpunkt und die Brennweite einer convexen Linse werden stets als positiv angesehen.

IV. Da die Convexlinse die Convergenz begünstigt, so wird dieselbe auch ein Sammlungsglas genannt.

V. Wenn ein in der Axe vorhandener Punkt divergirende Strahlen auf eine Convexlinse sendet, so ist:

1) $\frac{1}{d}+\frac{1}{\delta}=\frac{n-1}{r}+\frac{n-1}{\zeta}$ (wenn man die Krümmungshalbmesser durch r und ζ, die Entfernung des Punktes vom Glase durch d, den Abstand des Bildes von demselben durch δ, und das Brechungsverhältniß aus Luft in Glas durch n : 1 bezeichnet);

2) $\frac{1}{w}=\frac{n-1}{r}+\frac{n-1}{\zeta}$ oder $w=\frac{r\zeta}{(n-1)(r+\zeta)}$, wenn man die Brennweite durch w ausdrückt;

3) $w=\frac{2r\zeta}{r+\zeta}$, wenn n : 1 = 3 : 2 gesetzt wird;

4) $\frac{1}{w}=\frac{1}{d}+\frac{1}{\delta}$ oder $w=\frac{d\delta}{d+\delta}$;

5) $\delta=\frac{dw}{d-w}$.

VI. Ist die Linse biconvex, so finden die in Nr. 1 — 5. v. N. angegebenen Gleichungen unverändert statt. Auch ergiebt sich aus 3:

$$w = r,$$

wenn $r=\zeta$ sich zeigt.

VII. Ist die Glaslinse planconvex, so ergiebt sich aus (1):

$$\frac{1}{d}+\frac{1}{\delta}=\frac{n-1}{r},$$

$$\text{aus (2):} \left\{ \begin{array}{l} \frac{1}{w} = \frac{n-1}{r} \\ \text{oder } w = \frac{r}{n-1} \end{array} \right\},$$

$$\text{und aus (3):} \quad w = 2r.$$

VIII. Ist die Glaslinse concav-convex oder ein Meniscus, so folgt aus (1):

$$\frac{1}{d} + \frac{1}{d} = \frac{n-1}{r} - \frac{n-1}{\zeta},$$

$$\text{aus (2):} \left\{ \begin{array}{l} \frac{1}{w} = \frac{n-1}{r} - \frac{n-1}{\zeta} \\ \text{oder } w = \frac{r\zeta}{(n-1)(\zeta-r)} \end{array} \right\},$$

$$\text{und aus (3):} \quad w = \frac{2r\zeta}{\zeta-r} = \frac{-2r\zeta}{r-\zeta}.$$

IX. Bezeichnet (in Fig. 33.) ab ein sphärisches Glas, c seine Mitte, nk seine Axe außerhalb welcher der strahlende Punkt p dergestalt liegt, daß alle von ihm auf ab fallende Strahlen nur sehr kleine Winkel mit nk machen, setzt man die Brennweite des Glases $= w$, construirt hierauf ph und $\pi k \perp nk$, bezeichnet ch durch d, ph durch e, ck durch δ und πk durch ε, so ergiebt sich:

$$1) \quad \frac{1}{w} = \frac{1}{d} + \frac{1}{\delta},$$

$$\text{und} \quad 2) \quad d : \delta = e : \varepsilon.$$

X. Wenn der strahlende Punkt über oder unter oder seitwärts der Axe liegt, so muß auch das Bild entweder über oder unter oder seitwärts der Axe, aber immer auf der entgegengesetzten Seite sich befinden.

XI. Wenn die aus einem strahlenden Punkte p auf die Axe fallenden divergirenden Strahlen nach der Brechung sich in einem Punkte π vereinigen, so fahren sie hinter demselben wieder auseinander; und treffen sie nun irgendwo ein Auge, so sieht dasselbe das physische oder Luft-Bild des p in π. Bleiben dagegen die Strahlen nach der Brechung noch divergirend, so scheinen sie aus einem hinter der Linse liegenden Punkte zu kommen; und wird das Auge von ihnen getroffen, so sieht dasselbe das geometrische Bild des p daselbst.

XII. Der Ort, die Größe und die Stellung des einem ganzen Objekte entsprechenden Bildes wird ermittelt, wenn man die Lage der bei der Converlinse entstandenen Bilder aller einzelnen Punkte bestimmt.

XIII. Durch die Apertur werden nur die sehr nahe bei der Axe auffallenden Strahlen benutzt.

XIV. Alle Strahlen, welche parallel mit der Axe auf eine Concavlinse fallen, werden so gebrochen, daß sie mit derselben divergiren und sich also rückwärts verlängert an der Vorderfläche der Linse durchschneiden. Sind die Strahlen der Axe sehr nahe (oder hat das Linsenglas nur wenige Grade) so werden dieselben so gebrochen, daß sie aus einem in der Axe befindlichen Punkte zu kommen scheinen.

XV. Haben alle Buchstaben die in Nr. V. angegebenen Bedeutungen, so erhält man:

1) für biconcave Linsen

$$\frac{1}{w} = -\frac{n-1}{r} - \frac{n-1}{\zeta},$$

oder $w = \dfrac{-r\zeta}{(n-1)(r+\zeta)}$,

oder $w = \dfrac{-2r\zeta}{r+\zeta}$,

oder $w = -r$, wenn $r = \zeta$ ist;

4) für planconcave Linsen

$$\frac{1}{w} = -\frac{n-1}{r},$$

oder $w = -\dfrac{r}{n-1}$,

oder $w = -2r$;

3) für convex-concave Linsen

$$\frac{1}{w} = \frac{n-1}{r} + \frac{n-1}{-\zeta},$$

oder $w = \dfrac{r\zeta}{(n-1)(\zeta-r)}$,

oder $w = \dfrac{2r\zeta}{\zeta-r} = \dfrac{-2r\zeta}{r-\zeta}$.

XVI. Da w (in Nr. 1 — 3. der vorigen Nummer) immer negativ ist, so ergiebt sich für concave Linsen:

$$-\frac{1}{w} = \frac{1}{d} + \frac{1}{\delta}.$$

XVII. Da die Hohllinse die Divergenz befördert, so müssen die aus einem Punkte p auf die Linse fallenden divergirenden Strahlen nach der Brechung noch mehr divergiren. Ist p sehr weit vom Glase entfernt, so scheinen sie nach der Brechung aus dem Zerstreuungspunkte zu kommen. Nähert sich aber p der Linse, so ist ihr Zerstreuungspunkt auch näher an derselben befindlich.

XVIII. Der Ort, die Größe und die Stellung des einem Objekte zugehörigen Bildes werden erhalten, wenn man die Lagen der bei der Hohllinse entstandenen Bilder aller einzelnen Punkte ermittelt.

Uebungssätze.

1) Diejenigen Gläser, welche (wie die Uhrgläser) concentrische Flächen besitzen, können weder als convexe noch als concave Gläser sich wirksam erweisen.

2) Die convergirenden Lichtstrahlen werden durch die Convexlinse noch convergirender und die divergirenden weniger divergirend.

3) Steht der strahlende Punkt p im Brennpunkte f einer Convexlinse, so laufen die gebrochenen Strahlen mit einander parallel.

4) Ist p näher an der Linse, so ist die Divergenz der gebrochenen Strahlen kleiner als die der auffallenden; auch scheinen dieselben aus einem hinter dem Glase liegenden Punkte zu kommen, welcher der Linse desto näher liegt, je näher p an dieselbe rückt. Kommt p mit der Convexlinse in Berührung, so scheint auch sein Bild sie zu berühren.

5) Ist p weiter als f von der Convexlinse entfernt, so kommen die gebrochenen Strahlen in einem Punkte zusammen, welcher dem Glase desto näher liegt, je weiter p davon absteht.

6) Ist p in einer so großen Entfernung von der Convexlinse, daß die von ihm ausgehenden Strahlen als parallel betrachtet werden, so befindet sich sein Bild in f.

7) Steht ein Gegenstand in einer sehr großen Entfernung von der Convexlinse, so erscheint das wirkliche Bild hinter dem Rücken derselben in der Nähe des Brennpunktes, und ist umgekehrt und verkleinert.

8) Kommt der Gegenstand näher an die Vorderfläche der Convexlinse, so rückt das Bild von der Hinterfläche derselben aus der Gegend des Brennpunktes weiter weg, ist umgekehrt und wird desto größer, je mehr das Objekt dem Glase sich nähert

9) Ist der Gegenstand im Brennpunkte, so erscheint kein Bild.

10) Steht das Objekt zwischen der Convexlinse und dem Brennpunkte, so kann noch weniger ein auffangbares Bild entstehen. Doch nimmt das auf der Hinterfläche der Linse befindliche Auge durch die darauf kommenden divergirenden Strahlen das Bild des Objektes aufrecht und vergrößert wahr.

11) Die Convexlinse wird zu Brillen für Weitsichtige, bei Zusammensetzung optischer Instrumente und bei Brenngläsern zur Erregung hoher Hitzgrade gebraucht.

12) Die gewöhnlichen Brenngläser sind biconvex; doch werden auch öfters planvexe Gläser zu diesem Zwecke benutzt.

13) Die Hohllinse wird zu Brillen für Kurzsichtige und auch bei der Zusammensetzung optischer Instrumente gebraucht.

14) Die Hohllinsen sind in ihren Wirkungen den Convexspiegeln ähnlich, während die Convexlinsen den Concavspiegeln sich als ähnlich erweisen.

Aufgaben.

1. Wie groß ist die Brennweite einer biconvexen Linse, wenn die Krümmungshalbmesser beziehlig 8 Zoll und 6 Zoll betragen?

2. Die Brennweite einer biconvexen Linse macht 18 Zoll und der eine Krümmungshalbmesser 10,2 Zoll; wie groß wird der andere sich zeigen?

3. Wo befinden sich die Bilder der in der Axe der biconvexen Linse in den Entfernungen 28 Zoll, 2 Fuß und 6 Fuß vorhandenen Punkte, wenn die Brennweite der Linse 18 Zoll ausmacht?

4. Wie groß ist die Brennweite einer biconvexen Linse, wenn der strahlende Punkt in der Axe sich befindet, 20 Zoll vom Glase absteht und sein Bild 3 Fuß von der Linse entfernt ist?

5. Bei einer planconvexen Linse ist der Krümmungshalbmesser = 2,31 Fuß; wie groß ist die Brennweite des Glases?

6. Wie viel beträgt die Brennweite eines Meniscus, wenn der eine Krümmungshalbmesser = 2 Fuß 3 Zoll und der andere 1,45 Fuß ausmacht?

7. Wie groß ist der größere Krümmungshalbmesser einer concav-convexen Linse, wenn der kleinere = 16 Zoll und die Brennweite des Glases = 40 Zoll beträgt?

8. Bei einem Meniscus ist die Brennweite 2,1 Fuß und der größere Krümmungshalbmesser = 1,2 Fuß gegeben; man soll den kleinern Krümmungshalbmesser derselben ermitteln.

9. Wie groß ist die Brennweite einer biconcaven Linse, wenn die Krümmungshalbmesser 8 Zoll und 10 Zoll betragen?

10. Die Brennweite einer biconcaven Linse beträgt — $\frac{1}{4}$ Fuß und der eine Krümmungshalbmesser derselben 1 Fuß; wie groß ist der andere?

11. Wie viel beträgt die Brennweite einer planconcaven Linse, wenn der Krümmungshalbmesser derselben = 2 Fuß $3\frac{1}{7}$ Zoll ausmacht?

12. Der Krümmungshalbmesser einer planconcaven Linse wurde = 1,25 Fuß ermittelt; wie groß wird die Brennweite dieser Linse sein müssen?

13. Die Brennweite einer convex-concaven Linse zu ermitteln, wenn die Krümmungshalbmesser beziehlig 2 Fuß und 1,2 Fuß betragen.

14. Man hat die Brennweite einer convex-concaven Linse = — 10 Zoll und den größern Krümmungshalbmesser = 2 Zoll ermittelt; wie viel wird der kleinere betragen?

15. Die Brennweite einer convex-concaven Linse ist = — 6 Fuß und der kleinere Krümmungshalbmesser = 2,1 Fuß gegeben; wie groß wird der größere sein müssen?

16. Wenn bei einem Zerstreuungsglase die Brennweite = — 16 Zoll beträgt und der strahlende Punkt 2 Fuß vom Glase absteht; wie weit ist das Bild vom letztern entfernt?

17. Bei einer Hohllinse ist der strahlende Punkt um 2 Fuß 6 Zoll und das Bild desselben um 3 Fuß 8 Zoll von dem Glase entfernt; wie viel wird die Brennweite des letztern sein müssen?

18) Man hat die Brennweite einer Hohllinse = — 2 Fuß 3 Zoll, die Entfernung des Bildes vom Glase = 3 Fuß 2 Zoll gefunden; und soll den Abstand des strahlenden Punktes von der Linse bestimmen?

19. Wie verhält sich die Brennweite einer Biconvexlinse zu der einer Biconcavlinse, wenn die Krümmungshalbmesser in beiden Fällen beziehlich 16 Zoll und 10 Zoll betragen?

20) Wie wird die Brennweite eines Meniscus zu der einer convex-concaven Linse sich verhalten, wenn die Krümmungshalbmesser in beiden Fällen beziehlig 2 Fuß und 1 Fuß ausmachen?

Resultate.

1) $6\frac{6}{7}$ Zoll. **2)** 76,5 Zoll. **3)** In den Entfernungen 50,4 Zoll, 72 Zoll und 22 Zoll. **4)** $12\frac{6}{7}$ Zoll. **5)** 4,62 Fuß. **6)** 8,15 Fuß. **7)** 80 Zoll. **8)** 0,56 Fuß. **9)** $-8\frac{8}{9}$ Zoll. **10)** $\frac{1}{7}$ Fuß. **11)** -4 Fuß $6\frac{2}{7}$ Zoll. **12)** $-2,5$ Fuß. **13)** -6 Fuß. **14)** $1\frac{3}{7}$ Fuß. **15)** 7 Fuß. **16)** 4 Fuß. **17)** $-1\frac{2}{31}$ Fuß. **18)** $7\frac{17}{22}$ Fuß. **19)** Wie $12\frac{4}{13} : -12\frac{4}{13}$, oder wie 1 zu -1. **20)** Wie $53\frac{1}{3}$ zu $-53\frac{1}{3}$, oder wie 1 zu -1.

Sechs und funfzigstes Kapitel.

Von der doppelten Strahlenbrechung.

Was heißt die doppelte Strahlenbrechung und von wem wurde dieselbe zuerst bemerkt?

Welcher Körper ist unter den doppelt brechenden Materien am bekanntesten?

Was wird bei einem rhomboëderförmigen und mit rautenförmigen Begrenzungen versehenen Krystalle der Hauptschnitt, und die Krystallisationsaxe, oder die Brechungsaxe oder die Axe genannt?

Hauptsätze.

I. Stehen die brechenden Flächen des Krystalls auf der Axe senkrecht, d. h. läuft der Lichtstrahl mit der Axe parallel, so erscheint der dadurch gesehene Gegenstand nur einfach.

II. Sind die brechenden Flächen mit der Axe parallel, d. h. bildet der Lichtstrahl einen rechten Winkel mit derselben, so erscheint das Objekt ebenfalls einfach.

III. Bilden die brechenden Flächen einen schiefen Winkel mit der Axe, d. h. macht der ins Auge kommende Lichtstrahl einen solchen Winkel mit der Axe, so erscheint der Gegenstand verdoppelt.

IV. Man hat die Ablenkung des ungewöhnlich gebrochenen Strahles entweder durch eine Repulsion oder durch eine Attraktion der Brechungsaxe erklärt.

V. Zu den Krystallen mit repulsiver Brechungsaxe rechnet man außer dem Doppelspathe auch noch den Turmalin, während zu den mit attraktiver Brechungsaxe der Bergkrystall, Schwerspath und Topas gehören.

VI. Der Glimmer liefert Erscheinungen, welche auf eine doppelte repulsive Brechungsaxe schließen lassen, wovon die eine in der Ebene der Blätter sich befindet, und die andere senkrecht auf dieser Ebene steht.

Uebungssätze.

1) Wenn man das Glas, welches im gewöhnlichen Zustande nicht die Eigenschaft der doppelt brechenden Mittel besitzt, ungleichförmig erhitzt und abkühlt, so zeigt dasselbe Erscheinungen, welche denjenigen der doppelt brechenden Krystalle ähnlich sind.

2) Man hat gefunden, daß eine mechanische Zusammendrückung und Ausdehnung dem Glase, der Gallerte, dem Gummi u. s. w. die doppelt brechende Eigenschaft verleiht.

3) Bei den meisten Krystallen ist der durch sie betrachtete Gegenstand nur einfach.

4) Wenn die Krystalle durch künstliche Schnitte neue Flächen erhalten, so bringen sie verdoppelte Bilder hervor.

5) Rochon hat von der doppelten Brechung der Krystalle eine Anwendung auf die Messung kleiner Winkel gemacht.

Sieben und funfzigstes Kapitel.

Von den Erscheinungen der Farben.

Was nennt man Farben?

Welche Farben werden die physiologischen und welche die pathologischen genannt?

Was ist unter dem Ausdrucke farbiges Licht zu verstehen?

Was heißt Farbenzerstreuung?

Was nennt man Heliostat und wie ist diese Maschine eingerichtet?

Hauptsätze.

I. Die Farben sind hauptsächlich bemerkbar:

1) bei allen leuchtenden Körpern;
2) bei der Brechung des Lichtes in durchsichtigen, obgleich farblosen Mitteln;
3) bei der Beugung des Lichtes;
4) bei denjenigen Körpern, welche mehr oder weniger bleibende Farben besitzen.

II. Das weiße Licht besteht aus vielen Gattungen farbigen Lichtes, von denen roth, orange, gelb, grün, blau, indigo, violett als Hauptgattungen erscheinen.

III. Das weiße Licht wird in diese farbigen Strahlen durch ein Prisma zerlegt und aus ihnen vermittelst eines Sammlungsglases wieder zusammengesetzt.

IV. Wird das prismatische Farbenbild oder das Farbenspectrum in einer Entfernung von 10 — 14 Fuß vom Prisma aufgefangen, so ergiebt sich (nach Newton):

die Höhe des rothen Streifens	$= \frac{1}{8}$,	wenn man die Länge des Farbenbildes = 1 annimmt.
" " " orangefarbenen "	$= \frac{3}{40}$,	
" " " gelben "	$= \frac{2}{15}$,	
" " " grünen "	$= \frac{1}{6}$,	
" " " hellblauen "	$= \frac{1}{6}$,	
" " " indigoblauen "	$= \frac{1}{9}$,	
" " " violetten "	$= \frac{1}{9}$,	

V. Theilt man die Peripherie eines Kreises nach dem Verhältnisse dieser Räume ein, so erhält man

für den rothen Strahl	45	Grade	dieser Peripherie.
= = orangegelben =	27	=	
= = hellgelben =	48	=	
= = grünen =	60	=	
= = hellblauen =	60	=	
= = indigofarbenen =	40	=	
= = violetten =	80	=	

VI. Neuere Untersuchungen haben gelehrt, daß in Nr. IV.

der rothe Streifen	= 0,12	Theile	beträgt.
= orangefarbene =	= 0,07	=	
= gelbe =	= 0,13	=	
= grüne =	= 0,17	=	
= hellblaue =	= 0,17	=	
= indigofarbene =	= 0,11	=	
= violette =	= 0,23	=	

VII. Jede Farbe des prismatischen Farbenbildes wird durch dasselbe brechende Mittel verschieden gebrochen.

So beträgt z. B. das Glas am wenigsten die rothen Strahlen, stärker die orangefarbenen, noch stärker die gelben, dann die grünen, blauen, indigofarbenen, und am stärkten die violetten.

VIII. Ist der Einfalls-**Sinus** = 1, so ist (nach Newton) der Brechungs-**Sinus**

für das rothe Licht	1,55	bis	1,5452,
= = orangenfarbene =	1,5425	=	1,544,
= = gelbe =	1,544	=	1,5466,
= = grüne =	1,5466	=	1,55,
= = blaue =	1,55	=	1,5533,
= = indigofarbene =	1,5533	=	1,5555,
= = violette =	1,5555	=	1,56.

IX. Das prismatische Farbenbild ist eigentlich aus einer unendlichen Menge übereinander geschobener runder Sonnenbilder zusammengesetzt, von denen jedes folgende nur etwas tiefer als jedes vorhergehende liegt.

X. Diejenigen Strahlen, welche die größte Brechbarkeit besitzen, werden (nach Newton) auch am leichtesten reflectirt.

XI. Das durch ein trübes Mittel gesehene weiße Licht erscheint, mit zunehmender Dichte des Trüben, gelblich, gelb und endlich roth; während das beleuchtete Trübe, hinter welchem ein finsterer Hintergrund sich befindet, bläulich, blau und violett gesehen wird.

XII. Wollaston bemerkte zuerst im prismatischen Farbenbilde zwei gerade schwarze Querlinien, welche auf den Seiten senkrecht standen, und wovon die eine in der grünen und die andere in der blauen Farbe sich zeigte.

XIII. Frauenhofer hat beinahe 600 solcher schwarzen Streifen im Farben-Spectrum bemerkt.

XIV. Die Farbenbilder des Mondes, der Planeten, des Fixsterne, des Lampen- und Küchenfeuers, und der elektrischen Funken haben zwar auch jene schwarzen Querstreifen, aber in verschiedenen Ordnungen und Vertheilungen gezeigt.

XV. Hält man ein Prisma horizontal vor beide Augen und zwar so, daß einer der Winkel mit dem Scheitel aufwärts gekehrt ist; und betrachtet alsdann durch eine der Flächen die gegenüberliegenden Gegenstände, so sieht man alles tiefer, als es wirklich ist, und zwar werden alle seitwärts liegenden Objekte stärker als die geradegegenüberliegenden aus ihren Stellen gerückt, so daß eine horizontale Linie wie ein aufwärts gekrümmter Bogen sich zeigt. Auch erscheinen die Ränder aller Gegenstände mit Regenbogenfarben umgeben.

XVI. Sieht man durchs Prisma auf eine weiße begrenzte Fläche und ist der brechende Winkel nach unten gekehrt, so ist die Ordnung der Farben: violett, indigo, blau, grün, gelb, orange, roth. Ist die Fläche bedeutend groß, so hat sie oben einen gefärbten Rand aus roth, rothgelb und gelb, und unten einen aus violett, blau und bläulichgrün, ihre Mitte aber ist weiß.

XVII. Die verschiedenen prismatischen Farben haben eine verschiedene Brennweite und zwar hat sich dieselbe bei einer und derselben Glaslinse für die rothen Strahlen am größten und für die violetten am kleinsten gezeigt.

XVIII. Der durch ein Sammlungsglas betrachtete Gegenstand ist an seinem Rande mit bunten Farben umgeben.

XIX. Verbindet man, um eine starke Vergrößerung zu haben, mit einem Objektivglase ein Ocular von zu kleiner Brennweite, so können die farbigen Bilder so weit auseinander treten und so ungleich an Größe werden, daß alle Deutlichkeit verloren geht.

XX. Bei den optischen Gläsern existiren 2 Quellen der Undeutlichkeit. Die erste, d. h. die Abweichung der Strahlen wegen der Kugelgestalt, haben die Spiegel mit den Gläsern gemein. Die andere und bei weitem die größere, nämlich die Abweichung wegen der Farbenzerstreuung, besitzen aber die Gläser allein.

XXI. Euler hat die Farbenerscheinungen nach der von ihm vertheidigten Vibrationshypothese erklärt.

XXII. Goethe erklärte alle Farbenerscheinungen daraus, daß entweder das Licht durch ein trübes Mittel gesehen werde, oder hinter einem beleuchteten trüben Mittel die Finsterniß als Hintergrund sich befinde.

Uebungssätze.

1) Die auf und untergehende Sonne erscheint gelbroth; der Morgen- und Abendhimmel aber roth.

2) Die durch die Sonne bewirkte Erleuchtung wird von den unter der Taucherglocke befindlichen Personen purpurfarben gesehen.

3) Der reine Himmel erscheint am Tage blau.

4) Jeder durch ein Prisma betrachte Körper ist mit lebhaften Farbensäumen umgeben.

5) Die einander entgegengesetzten Farben enthalten immer die entgegengesetzten Farben des prismatischen Bildes.

6) Ist der betrachtete Körper lichter als seine Umgebung, so strahlt an dem einen Rande das Gelbe und an dem andern das Blaue nach seiner Mitte.

7) Ist der durchs Prisma gesehene Körper dunkler als seine Umgebung, so ist an dem einen Rande der rothe und an dem andern der violette Theil gegen die Mitte gekehrt.

8) Besitzt der betrachtete Körper eine kleine Ausdehnung, so bringt (in Nr. 6.) die Mischung des Gelben und Blauen ein schönes Grün, und in Nr. 7. die Mischung des Rothen und Violetten ein schönes Purpur hervor.

9) Betrachtet man durch ein Sammlungsglas einen weißen Gegenstand auf schwarzem Grunde, so muß derselbe bald mit einem rothen und bald mit einem blauen Rande erscheinen.

10) Ist der Gegenstand nicht weiß auf schwarzem Grunde, sondern gefärbt auf anders gefärbtem Grunde, so können die farbigen Räume schwächer werden, aber nie ganz verschwinden.

11) Die bei einem einfachen Objektivglase stattfindende Vergrößerung kann nur bis zu einem gewissen Punkte getrieben werden.

Acht und funfzigstes Kapitel.

Von dem Achromatismus.

Was heißet ein achromatisches oder farbloses Prisma? Was wird eine achromatische Linse genannt?

Was heißt ein Objektivglas, und wer hat das erste achromatische Objektivglas construirt?

Hauptsätze.

I. Beim Flintglase findet eine bedeutend stärkere Farbenstreuung und eine etwas kleinere Brechung, als beim Kronglase statt.

II. Man hat gefunden, daß das Flintglas vielen Bleikalk enthält und daß diese Beimischung von Blei die Farbenzerstreuung bedeutend vermehrt.

III. Die durch ein gläsernes Prisma bewirkte Farbenzerstreuung wird aufgehoben, wenn die Farbenstrahlen, welche durch die Brechung in denselben auseinander gehen, durch die Brechung in einem zweiten Prisma wieder parallele Richtungen erhalten.

IV. Die Farbenzerstreuung wird vollständig aufgehoben, wenn man entweder eine convexe Linse von Kronglas und eine concave von Flintglas zu einer einzigen Linse verbindet und diese als Objektivglas gebraucht; oder wenn man eine biconcave Linse von Flintglas zwischen zwei convexe Linsen vou Kronglas stellt, und die 3 Gläser als ein Objektivglas ansieht.

V. Die in v. Nr. erwähnten dreifachen Objektive sind wenig mehr im Gebrauche, weil sie mehr Licht als die doppelten verlieren.

VI. Man pflegt jetzt die das Objektivglas bildenden Linsen verschiedener Glasarten nicht mehr wie bisher dicht hinter einander, sondern in einem angemessenen Abstande von einander anzubringen.

Neun und funfzigstes Kapitel.

Von den Farbenerscheinungen an dünnen Körperschichten.

Hauptsätze.

I. Wenn das weiße Tageslicht auf die sehr dünne Schichte eines durchsichtigen Körpers fällt, so werden sowohl im zurückgeworfenen als auch im durchgehenden Lichte Farben erzeugt.

II. Die Farben entstehen in allen durchsichtigen und durchscheinenden Mitteln, mögen dieselben fest, tropfbar oder luftförmig sein, wenn sie nur dem Lichte in hinlänglich dünnen Blättchen oder Lamellen dargeboten werden.

III. Newton hat die in v. Nummern bemerkten Farbenerscheinungen durch die Anwandlung des Lichtes zum leichtern Durchgehen oder zum leichtern Zurückgehen erklärt.

Uebungssätze.

1) Man bemerkt schöne farbige Ringe, wenn ein auf die Wasseroberfläche gelegter Tropfen Oel zu einer dünnen Schichte sich ausbreitet; auch werden ähnliche Erscheinungen bei Seifenblasen und kleinen Bläschen (wie bei denjenigen der Chokolade u. s. w.) bemerkt.

2) Legt man zwei Stücke Spiegelglas auf einander und drückt sie an einer Stelle mit 2 Fingern zusammen, so entsteht an dem Orte, wo sich die Platten am Genauesten berühren im reflectirten Lichte ein dunkler Fleck, um welchen unregelmäßige Farben sich ausbreiten.

3) Bringt man ein sehr flaches Objektivglas auf ein sehr ebenes Spiegelglas, so bemerkt man an der Berührungsstelle beider Flächen einen dunkeln Fleck und um diesen herum farbige kreisförmige Ringe, die sich mehrmals (obgleich nicht immer in denselben Farbenabstufungen) wiederholen.

4) Die dunklern und hellern Ringe wechseln mit einander ab. Auch treffen dieselben nicht immer genau auf dieselben Farben, obgleich ihre Zwischenräume vom Mittelpunkte aus auf eine regelmäßige Art immer kleiner sich zeigen.

5) Die an den Ringen stattfindenden Luftschichten verhalten sich (nach Newton) in Bezug auf ihre Dicken wie 0 : 1 : 2 : 3 u. s. w.; auch kommen die dunklern Ringe auf die Entfernungen 0, 2, 4, 6 u. s. w. und die hellern auf die Abstände 1, 3, 5, 7 u. s. w. zu liegen.

6) Newton fand, daß im durchgehenden Lichte helle Ringe an den Orten erscheinen, wo im reflectirten dunkle sich zeigten, und daß die im 1sten Falle erscheinenden Farben die entgegengesetzten der im 2ten hervorgebrachten waren. Zeigte sich nämlich beim reflectirten Lichte die Berührungsstelle schwarz, so waren die immer größer werdenden Ringe beziehlig blau, weiß, gelb, roth, violett, grün u. s. w., während im durchgehenden Lichte der Mittelpunkt weiß erschien, und die immer größer werdenden Ringe als roth, schwarz, violett, blau, weiß, gelb, roth u. s. w. sich zeigten.

7) Bei den Erscheinungen der Ringe ist das stärkere oder schwächere Zusammendrücken der Gläser sehr einflußreich; auch sind die Breiten der Ringe und ihre Entfernungen von einander von der Stärke der Krümmung der zusammengedrückten Gläser abhängig.

8) Ein gelinder Druck erzeugt abwechselnd purpurne und grüne Ringe mit einer grünen und purpurnen Mitte.

9) Ein etwas größerer Druck macht die Mitte gelb mit darauf folgenden rothen, dann blauen und hierauf abwechselnd grünen und rothen Ringen.

10) Erst bei einem ziemlich starken Drucke erscheint in der Mitte ein schwarzer Punkt mit weißen Umgebungen, worauf die farbigen Ringe folgen.

11) Die Breiten der Newtonschen Farbenringe werden durch ein Instrument ermittelt, welches der Gyreidoskop genannt zu werden pflegt.

12) Man bemerkt Farben, wenn in einem soliden Glaskrystalle oder in einem Eiskörper Sprünge entstehen, und wenn sich die Lamellen durchsichtiger Steine von einander trennen.

13) Wird eine Glasfläche oder ein geschliffener Stein angehaucht, so entstehen Farben.

14) Wenn man die Metalle erhitzt, so kommen Farben zum Vorscheine.

15) Das Blindwerden und Trüben des Glases bringt allmählig Farbenerscheinungen hervor.

Sechzigstes Kapitel.

Von den dauernden Farben der Körper.

Was nennt man dauernde Farben, Farbenmateriale, Färbestoffe oder pigmenta; und wodurch sind dieselben von den eigentlichen Farben (colores) unterschieden?

Was heißt eine gesättigte Farbe (oder ein gesättigter Färbestoff)?

Wann nennt man eine Farbe ins Helle und wann ins Dunkle gesteigert?

Was heißt ein Farbenkreis, und wie wird derselbe dargestellt?

Was nennt man die ergänzenden, complementären oder entgegengesetzten Farben?

Was wird ein Farbenkreisel oder eine Farbenspindel genannt, und wie sind diese Vorrichtungen beschaffen?

Hauptsätze.

I. Sendet ein Körper das erhaltene Licht unverändert zurück, so erhält das Auge einen ähnlichen Reiz, als ob das Licht von dem leuchtenden Körper selbst darauf gewirkt hätte.

II. Verändert ein dunkler Körper das darauf fallende Licht, so bringt dies (wie bei allen farbigen Körpern) eine andere Wirkung hervor.

III. Wirft ein undurchsichtiger Körper gar kein Licht zurück, so erscheint er lichtlos und heißt schwarz.

IV. Das (in Nr. I — III.) von der Zurückstrahlung Gesagte findet auch bei dem durch die Körper gehenden Lichte statt.

V. Ein Körper zeigt diese oder jene Farbe, wenn er von dem auf ihn fallenden Lichte diesen oder jenen Strahl entweder ausschließlich oder größtentheils zurückwirft, und die andern ganz oder größtentheils unwirksam macht (verschluckt oder absorbirt).

VI. Der Grund, warum ein Körper diese oder jene farbige Lichtgattung zurückwirft, wird aus der Eigenschaft des Körpers abgeleitet.

VII. Die Farbe eines Körpers verändert sich, wenn entweder seine Structur, oder seine Qualität oder beide sich verändern.

VIII. Der chemische Proceß ist bei Farbenänderungen von großer Wirksamkeit.

IX. Die Farben (Färbestoffe) werden als fein zertheilte Materien auf die Oberflächen der Körper gebracht und die letztern hierdurch ebenfalls gefärbt.

X. Die Färbekunst lehrt den Körpern durch gewisse Bedeckungen eine Farbe geben, und durch chemische Mittel die Farben derselben verändern.

XI. Werden verschiedene Färbestoffe unter einander gemischt, so geht oft eine sogenannte Mittelfarbe hervor.

XII. Eine ähnliche Mischung verschiedener Eindrücke erhält das Auge, wenn zweigefärbte Kreise so rasch unter einander bewegt werden, daß die Eindrücke mit großer Geschwindigkeit auf einander folgen und dieserhalb einen Gesammteindruck bewirken.

XIII. Es giebt eigentlich nur drei Grundfarben (oder Grundfärbestoffe) nämlich, roth, gelb und blau. Aus diesen und aus weiß und schwarz werden alle Farben, Abstufungen und Schattirungen derselben gegen hell und dunkel zusammengesetzt

XIV. Jede einfache oder zusammengesetzte Farbe kann durch einen Zusatz von weiß bis ins völlig Weiße und durch einen Zusatz von schwarz durch alle Töne oder Abstufungen bis zum völlig Schwarzen gesteigert werden.

XV. Man kennt keinen Färbestoff, welcher irgend eine Farbe völlig unvermischt mit fremdem Lichte darstellte.

Uebungssätze.

1) Ein weißer Körper wirft das auf ihn fallende Licht unzerlegt zurück.

2) Ein rother Körper absorbirt alle Strahlen außer den rothen und sendet nur die letztern zurück.

3) Ein schwarzer Körper absorbirt (fast) alles weiße Licht; und eine Materie von gemischter Farbe wirft manche farbige Strahlen zurück.

4) Viele Körper verändern ihre Farben durch Bestrahlung von Sonnenlicht und viele durch Erhitzung.

5) Die mit der Kobalttinctur geschriebene, früher unsichtbare Schrift wird durch Erhitzung grün.

6) Die Krebsschalen werden durch Erhitzung geröthet.

7) Theilt man eine Scheibe in 7 Ausschnitte, welche in Hinsicht der Grade, wie 45 : 27 : 48 : 60 : 60 : 40 : 80 sich verhalten, bemalt diese Ausschnitte mit roth, orange, gelb, grün, hellblau, indigoblau und violett, und bewegt die Scheibe schnell um ihre Axe, so erscheint sie weißgrau.

8) Theilt man eine Scheibe in 3 gleiche Ausschnitte, belegt dieselben mit roth, gelb und blau, und dreht die Scheibe schnell um ihre Axe, so wird dieselbe weißgrau gesehen.

9) Bringt man auf einer Scheibe einen Halbkreis roth mit zwei Viertelkreisen blau und gelb in Verbindung, so entsteht, bei schneller Drehung, ein helles, aber reines Roth.

10) Verbindet man 135° blau, 135° gelb und 90° roth mit einander, so geben sie, bei schneller Drehung, ein helles grün.

Ein und sechzigstes Kapitel.

Von der Durchsichtigkeit und Undurchsichtigkeit der Körper.

Hauptsätze.

I. Alle Luftarten, die meisten tropfbaren, und sehr viele feste Körper sind durchsichtig.

II. Es existirt (nach Newton) kein Körper, welcher nicht einen gewissen Grad von Duchsichtigkeit besäße, wenn man ihn in hinreichender Dünne darstellte.

III. Die meisten durchsichtigen Körper lassen das Licht ungeändert, d. h. in seiner ursprünglichen Farbe, hindurch; andere dagegen verstatten nur gewissen farbigen Strahlen den Durchgang und erscheinen daher selbst gefärbt; und noch andere lassen eine Farbe des weißen Lichtes hindurch und werfen eine andere zurück.

IV. Die Durchsichtigkeit eines Körpers hängt nicht allein davon ab, daß er das Licht in gehöriger Menge, sondern daß er dasselbe auch in gerader Linie durchläßt.

V. Zur Durchsichtigkeit eines Körpers ist hauptsächlich eine gleichförmige Dichtigkeit erforderlich; doch ist dieselbe nicht als die einzige Bedingung der Durchsichtigkeit anzusehen.

VI. Das Gefüge schadet der Duchsichtigkeit eines Körpers.

Uebungssätze.

1) Gold und Kupfer werden durchscheinend, wenn sie der Goldarbeiter in äußerst feine Blättchen schlägt.

2) Die Lacmustinctur, die Goldblättchen u. s. w. lassen eine Farbe hindurch und werfen eine andere zurück.

3) Der Wasserschaum ist undurchsichtig, obgleich Wasser und Luft einen hohen Grad von Durchsichtigkeit besitzen.

4) Das zu einem Pulver gestoßene Glas wird undurchsichtig, während das mit Oel getränkte Papier etwas durchsichtig sich zeigt.

Zwei und sechzigstes Kapitel.

Von der Beugung des Lichtes und von der Interferenz.

Was heißt die Beugung des Lichtes im engern Sinne, und was wird die Diffraction (Verstreuung) oder die Beugung des Lichtes im weitern Sinne genannt?

Wer hat die hauptsächlichsten Versuche über die Beugung des Lichtes zuerst angestellt?

Was nennt man die Interferenz des Lichtes und wer hat die ersten Versuche darüber angestellt?

Hauptsätze.

I. Bei der einfachen Beugung im engern und weitern Sinne scheinen nie Farben zu entstehen.

II. Das gebeugte Licht ist an sich ohne Farbe; und die Far=

ben entstehen nur dadurch, daß in jedem Punkte des Schattenraumes zwei gebeugte Strahlen zusammenstoßen.

III. Sind (in Fig. 34.) q, r, s, n u. s. w. diejenigen Punkte, woselbst entweder dunkle oder gleichfarbige Säume sich zeigen; und hat man die Abstände mq, mr, ms, mn genau gemessen und daraus die Differenzen der in jedem Punkte interferirenden Strahlen berechnet, so folgt, daß diese Strahlen allezeit das Gesetz einer arithmetischen Reihe entweder von der Form:

$$\delta,\ 3\delta,\ 5\delta,\ 7\delta \text{ u. s. w.}$$

oder von der andern:

$$2\delta,\ 4\delta,\ 6\delta,\ 8\delta \text{ u. s. w.}$$

befolgen, und daß in diesen Reihen das 1ste Glied immer die Differenz der Lichtstrahlen dq und gq des nächsten bei m liegenden Punktes ist, welcher in einer gewissen Farbe sich zeigt.

IV. Außer der Beugung und den Newtonschen Farbenringen hat man auch noch die Farben, welche fein gestreifte Flächen sowohl im durchgehenden als auch zurückgeworfenen Lichte zeigen, aus dem Principe der Interferenz erklärt.

V. Die Erscheinungen der Interferenz werden ungezwungener durch die Vibrations- als durch die Emanationshypothese erklärt.

VI. Man hat verschiedene Apparate zur Anstellung der Licht-Interferenz-Versuche angegeben.

Uebungssätze.

1) Wenn das weiße Licht durch eine sehr feine Oeffnung geht, so kommen auf einer etwas davon entfernten weißen Tafel farbige Kreise zum Vorschein.

2) Geht das Licht bei zwei sehr nah an einander befindlichen Messerschneiden vorbei, so werden farbige Lichtlinien erzeugt.

3) Bringt man ein Haar, einen Draht, ein feines Stäbchen u. s. w. in den Lichtkegel, so werden farbige Lichtsäume hervorgebracht.

4) Die metallischen Oberflächen erhalten schillernde Farben, wenn man äußerst feine dem bloßen Auge unsichtbare Risse in gleichen Abständen von einander und in solcher Menge, daß mehrere Hunderte auf einen Zoll gehen, zeichnet.

5) Reißt man auf die eine Fläche einer Spiegelplatte solche unsichtbare parallele Linien ein, so gehen sehr vollständige prismatische Farbenbilder hervor.

6) Betrachtet man durch ein fein gewebtes seidenes Tuch, worin 80 — 100 Fäden auf einen Zoll gehen, eine nahe Lichtflamme, so entstehen 2 Lichtschweife, wovon der eine die Flamme in senkrechter und der andere in horizontaler Richtung durchschneidet; und worin

Farbensäume entstehen, die gegen die Flamme blau, nach Außen hin roth, und gewöhnlich unregelmäßig sich zeigen.

7) Spannt man das Tuch vor dem Objektivglase eines achromatischen Fernrohres aus, so entstehen 9 Bilder der Flamme in Gestalt eines Quadrates geordnet, wovon die mittlere Hauptflamme nur wenig, alle übrigen dagegen auf der Seite gegen die Hauptflamme blau und nach Außen roth gefärbt sich ergeben.

8) Bisweilen erscheinen außer diesen neun noch mehrere Bilder, aber nur in den beiden Lichtschweifen und nicht außerhalb derselben. Auch sind alle Nebenbilder im vertikalen Schweife beträchtlich länger und im horizontalen beträchtlich breiter als die Hauptflamme.

9) Bei centralen Sonnenfinsternissen ist der Mond mit einem Lichtsaume umgeben.

Drei und sechzigstes Kapitel.

Von der Polarisirung des Lichtes.

Was heißt Polarisation oder Polarisirung des Lichtes, und wann wird letzteres polarisirt genannt?

Wer hat die Polarisation des Lichtes zuerst beobachtet?

Wann nennt man die Polarisation eine fixe, und wann eine bewegliche?

Wann heißt ein Lichttheilchen durch Zurückwerfung und wann durch Brechung polarisirt?

Welche Erscheinungen nennt man die entoptischen?

Was wird die Depolarisation des Lichtes genannt?

Hauptsätze.

I. Wenn das Licht unter einem Einfallswinkel von 54° 35′ auf eine unbelegte Glastafel trifft, so wird ein Theil desselben auf die gewöhnliche Weise reflectirt. Dieser Theil ist aber durch Zurückstrahlung polarisirt.

II. Bringt man ein Kalkspathrhomboëder über den auf einem Blatte Papier befindlichen schwarzen Punkt, legt ferner ein 2tes Kalkspathrhomboëder so über das erste, daß ihre Hauptschnitte parallel mit einander laufen, und fängt das 2te zu drehen an, so werden anfänglich zwei, bei jedem vollendeten 8ten Theile der ganzen Drehung vier und bei jedem erfolgten vierten Theile derselben wieder zwei Bilder gesehen. Das Licht ist hier durch Brechung polarisirt.

III. Die in v. N. angegebene Erscheinung wird nicht allein beim Kalkspathrhomboëder, sondern bei allen doppelt brechenden Körpern bemerkt.

IV. Werden mehrere Glasplatten unter geeigneten Winkeln aufgestellt, so findet man, daß derjenige Theil des Lichtes, welcher der Polarisation in der ersten Platte entging, dieselbe in der 2ten, 3ten u. s. w. erfahren, und daß das durch sehr viele Platten gegangene Licht aufs Vollständigste polarisirt sein muß.

Uebungssätze.

1) Stellt man 2 an der Rückseite geschwärzte Glastafeln T und t so gegen einander, daß sie einen Winkel von 30° mit der Horizontalen bilden, bringt ein sehr dünnes Blatt von Fraueneis zwischen dieselben, und betrachtet in t das Bild des letztern, so wird dasselbe, nach der verschiedenen Lage des Fraueneises, entweder ungefärbt oder mit schönen Farben erscheinen.

2) Stellt man einen schnell abgekühlten gläsernen Würfel statt des Fraueneises zwischen T und t, so erscheint in t das Bild des Würfels an 4 Ecken mit schönen farbigen, vorherrschend blauen Tupfen verziert, welche durch ein weißes Kreuz geschieden sind.

3) Stellt man t seitwärts und zwar so, daß die von T auf den Würfel gehenden Strahlen unter einem Neigungswinkel von 25 bis 30° darauf fallen, so erscheint das Bild des Würfels in t mit einem schwarzen Kreuze und mit Ecken mit gelben ins Blaue strahlenden Tupfen verziert. Bringt man in diesem Falle ein Glimmerblättchen zwischen T und den Würfel, so wird nach den verschiedenen Stellungen des Blättchens die Erscheinung in t theils nicht geändert und theils in die mit dem weißen Kreuze verwandelt.

4) Ist ein Kalkspathrhomboëder so geschliffen, daß 2 einander entgegengesetzte künstliche Flächen senkrecht auf der Brechungsaxe stehen, und läßt nun polarisirtes Licht durch dasselbe gehen, so sieht man in einem zweiten unbelegten Spiegel das Bild des Rhomboëders mit einem schwarzen Kreuze und concentrischen Farbenringen versehen.

5) Man hat gefunden, daß nicht nur die Oberhaut des Menschen, Schnitte von Menschenzähnen, Fingernägel, Fischgräten, die Larven und Puppen einer Mückengattung (Corethra plumicornis) eine Depolarisation ausüben.

Vier und Sechzigstes Kapitel.

Von dem Sehen vermittelst des unbewaffneten Auges.

Wie sind die Augen der Menschen und Thiere beschaffen?

Welche Thiere sind mit mehr als zwei Augen versehen?

Was heißt ein Kurzsichtiger, was ein Weitsichtiger und was ein Schielender?

Was nennt man den Horopter?

Was wird das Anpassen des Auges zum deutlichen Sehen genannt?

Was heißt das Tagsehen und was das Nachtsehen?

Was nennt man den grauen, was den schwarzen und was den grünen Staar?

Wann wird eine Farbenerscheinung objectiv und wann subjectiv, physiologisch oder zufällig genannt?

Hauptsätze.

I. Man sieht einen Gegenstand in seiner wahren Gestalt, obgleich sein im Auge entstandenes Bild in umgekehrter Lage sich zeigt.

II. Man richtet von Kindheit an beide Augenaxen nach dem zu betrachtenden Punkte hin; und wenn sie darin zusammentreffen, so stellt der Punkt an einem und demselben Orte und also nur einfach sich dar.

III. Wir erblicken ein ausgedehntes Object, bei Gleichheit der Bilder in den Augen, nur einfach, wenn unsere Augenaxen darin zusammentreffen.

IV. Nahe und entfernte Gegenstände werden nicht mit gleicher Deutlichkeit gesehen.

V. Das Anpassen des Auges zum deutlichen Sehen kann entweder darin bestehen, daß das Auge, um entfernte Gegenstände deutlich zu sehen, sich verkürzt, oder daß die Krystallinse oder die Hornhaut eine Abnahme ihrer Convexität erfährt.

VI. Die Raubvögel besitzen besonders die Eigenschaft ihre Augen sehr verschiedenen Entfernungen anzupassen.

VII. Man hat gefunden, daß die Entfernung, in der ein gutes

Auge einen Gegenstand deutlich sieht, und also kleine Theile desselben unterscheidet, 8—10 Pariser Zolle beträgt. Manche Augen erfordern indeß eine beträchtlich kleinere und manche eine merklich größere Entfernung, um das Object deutlich zu sehen.

VIII. Man kann ein gesundes Auge in der Jugend sowohl zur Kurzsichtigkeit als auch zur Weitsichtigkeit gewöhnen.

IX. Wollaston hat zu Brillen für Kurzsichtige convex=concave und zu Brillen für Weitsichtige concav=convexe Linsen vorgeschlagen, und dieselben die periscopischen genannt.

X. Die Kurzsichtigen pflegen Lorgnetten und die Weitsichtigen Lesegläser zu gebrauchen.

XI. Unsere Empfindungsorgane verlieren durch einen gewissen Reiz um so mehr ihre Empfindlichkeit, je länger und in je stärkerem Grade sie demselben ausgesetzt waren; und dies kann so weit gehen, daß sie eine Zeit lang gänzlich abgestumpft für diesen Reiz sich zeigen; auf der andern Seite wird durch die Entbehrung des Reizes die Empfänglichkeit der Organe dafür vermehrt; und beides findet hinsichtlich der Empfindung des Auges für Licht und Farben statt.

XII. Wenn auf dem einen Theile der Netzhaut ein Bild sich malt, so erhält der übrige Theil derselben die Eigenschaft, die Ergänzungsfarben dieses Bildes zu sehen.

XIII Das Phänomen der farbigen Schatten ist höchst wahrscheinlich eine hierhergehörige subjective Erscheinung.

XIV. Zu den farbigen Schatten gehören 2 Bedingungen: 1) daß das wirksame Licht kein rein weißes sei, sondern auf irgend eine Art die weiße Fläche färbe; und 2) daß das Gegenlicht den geworfenen Schatten auf einen gewissen Grad erleuchte. Die Färbung der weißen Fläche giebt hier die objective Farbe ab, und das den Schatten erleuchtende Gegenlicht liefert die Strahlen zur subjectiven Ergänzungsfarbe, welche in diesem Falle der Schatten darbietet.

XV. Der Eindruck, welchen ein Sinnesorgan empfängt, ist nicht von augenblicklicher Wirkung, sondern hält eine Zeit lang an, so daß eine Lichterscheinung noch subjectiv im Auge zurückbleibt, nachdem das objective Bild, wodurch sie erregt wurde, schon verschwunden, oder an einen andern Ort übergangen ist.

XVI. Die Dauer des Lichteindrucks auf das Auge beträgt 10—15 Tertien.

XVII. Je heftiger das Licht wirkt, desto stärker und dauernder ist der Eindruck, den es zurückläßt.

XVIII. Der Lichteindruck erfordert eine gewisse Zeit, um das Auge merklich zu erregen.

Uebungssätze.

1) Die Kauzen, Eulen u. s. w. suchen des Nachts ihre Beute.

2) Verdreht man die Augen, oder drückt das eine Auge mit dem Finger seitwärts, so sieht man die Gegenstände doppelt.

3) Die Dunkelheit erhöht die Empfänglichkeit des Auges für das Licht, während die Helligkeit dieselbe vermindert.

4) Die Farbe des subjektiven Bildes ist stets die Ergänzungsfarbe der vorher angeschauten objectiven Farbe.

5) Sieht man recht scharf auf ein stark erleuchtetes grünes Blättchen Papier, zieht es alsdann weg und betrachtet eine recht weiße Wand, so bemerkt man im 1sten Augenblicke einen roth gefärbten Fleck.

6) Wenn man ein rothes Viereck auf weißem Grunde lange unverwandt betrachtet, so erscheint um dasselbe ein blaßgrüner Rand; und wenn man die Augen vom Vierecke weg auf den weißen Grund hin richtet, so geht auf demselben ein grünes Viereck hervor.

7) Sieht man durch eine grüne Brille und legt sie alsdann weg, so sind die Gegenstände wie mit einem röthlichen Scheine überglänzt.

8) Blickt man eine Zeit lang durch eine blaue Scheibe, so erscheinen nachher alle Objecte dem befreiten Auge wie von der Sonne erleuchtet.

9) Man hat gefunden, daß das Weiß an Weiße auf einer schwarzen Fläche, und das Schwarz an Schwärze auf einer weißen Fläche gewinnt.

10) Betrachtet man ein grünes Papier durch gestreiften oder geblümten Mousselin, so erscheinen die Streifen oder Blumen röthlich.

11) Sieht man durch die Oeffnungen rother oder grüner Vorhänge, so stellen sich die außerhalb befindlichen Gegenstände mit den Ergänzungsfarben dar.

12) Am bewegten Meere wird eine Purpurfarbe bemerkt.

13) Der von der Sonne auf eine weiße Fläche geworfene Schatten giebt keine Empfindung von Farbe, so lange die Sonne in ihrer vollen Kraft sich thätig erweist.

14) Setzt man bei der Dämmerung eine brennende Kerze auf ein weißes Papier und stellt zwischen sie und das abnehmende Tageslicht einen Stift so aufrecht, daß der von der Kerze herrührende Schatten vom Lichte erhellt, aber nicht aufgehoben wird, so erscheint der Schatten vom schönsten Blau, während das weiße Papier, vermöge der durch die Kerze stattfindenden Beleuchtung, als eine röthlich gelbe Fläche sich darstellt.

15) Wird eine feurige Kohle schnell herumgeschwungen, so bemerkt man einen zusammenhängenden feurigen Kreis.

16) Das Verwischen der Formen wird beim schnellen Umdrehen des Beobachters und das Verschwinden der Körper bei abgeschossenen Kugeln u. s. w. bemerkt.

17) Manchen Personen geht das Unterscheidungsvermögen für gewisse Farben gänzlich ab.

18) Es giebt Menschen, welche nicht rosenfarben, blau und vio-

lett und ebenso wenig grün, dunkelorange und rothbraun von einander zu unterscheiden vermögen.

19) Wenn man durch eine schmale, 0,2 Zoll weite Oeffnung ein helles Feld, etwa den stark erhellten Himmel oder eine Lichtflamme betrachtet, so sieht man darin eine Menge schwarzer Linien, welche mit der Oeffnung parallel laufen und stellenweise abgebrochen sind.

20) Die in v. N. angegebene Erscheinung ergiebt sich auch dadurch, daß man zwischen den Zähnen eines Kammes durchsieht, oder zwei Kämme in ungleicher Richtung über einander legt.

21) Wir werden von dem Schnee geblendet, wenn die Sonne darauf scheint.

22) Eine weiße Scheibe auf dunklem Grunde und eine schwarze Scheibe auf weißem Grunde sehen nicht gleich groß aus, sondern letztere erscheint kleiner.

23) Der durch ein blaues Glas hindurch gefärbte und dann vom weißen Lichte beleuchtete Schatten eines Gegenstandes erscheint orange.

24) Blickt man auf ein Fenster, hinter welchem ein mit weißen Wolken bedeckter Himmel als Hintergrund sich befindet, und schließt dann die Augen, so bleibt das Fensterkreuz sammt den hellen Scheiben noch eine Weile darin zurück.

25) Die Taschenspieler werfen von der einen Hand in die andere Münzen, Kugeln u. s. w. ohne daß der Zuschauer es bemerkt.

26) Eine sehr helle Flamme steht im geschlossenen Auge noch eine Zeit hindurch fest; und das Bild verschwindet in der Art, daß es von Außen nach Innen einem gelben Platz macht, welches durch ein rothes und letzteres durch ein blaues verdrängt wird. Nach dem blauen geht ein weißes und hierauf ein schwarzes Farbenbild hervor.

27) Ein Gegenstand dicht an den Kopf, zwischen beiden Augen gehalten, wird gleichsam verdoppelt.

28) Wir sehen durch die Fenster die Vorübergehenden viel besser, als diese uns im Zimmer erblicken.

29) Wird das fließende Wasser vom Sonnen-, Monden- oder Kerzenlicht erleuchtet, so ist dem Bilde dieser leuchtenden Gegenstände ein glänzender zitternder und unterbrochener Lichtschweif angehängt.

30) Betrachtet man, den Rücken gegen die Sonne gewendet, von ihr erleuchtete farbige Bänder auf weißem Papier und zieht dieselben schnell weg, so nimmt das Auge dieselben in der subjektiven Farbe wahr.

31) Wenn man bei einer Arbeitslampe den Schirm von Milchglas in mehrere Abtheilungen theilt, letztere mit verschiedenen Farben bestreicht und dann die Lampe auslöscht, so wird der Eindruck der complementären Farbe von der vorher besonders ins Auge gefaßten erhalten.

32) Bei einem entzündeten Auge wird eine große Lichtverstärkung bemerkt.

33) Bei theilweiser oder gänzlicher Umkehrung des Kopfes wird eine Farbenverschönerung bemerkt. Auch findet das Nämliche statt, wenn man zwischen den Füßen hindurch eine Landschaft u. s. w. betrachtet.

34) Lampen- und Lichtschirme, welche starken Schatten werfen, taugen nichts.

Fünf und Sechzigstes Kapitel.

Von dem Sehen vermittelst der optischen Werkzeuge.

Was nennt man Mikroskope oder Vergrößerungsgläser und was Fernröhre oder Telescope?

Was heißt ein einfaches Mikroskop, und was wird eine Loupe genannt?

Was versteht man unter einem Wassermikroskope?

Wer wird als der Erfinder des Mikroskopes angesehen?

Was heißt ein zusammengesetztes Mikroskop; wie ist dasselbe eingerichtet; und wer hat die ersten zusammengesetzten Mikroskope angefertigt?

Was wird bei einem zusamengesetzten Mikroskope das Ocularglas und was das Objectivglas genannt?

Was heißt das Gesichtsfeld, was die Blendung und was die Axe eines zusammengesetzten Mikroskops?

Wodurch wird die Vergrößerung eines Mikroskops und auch die Größe eines kleinen Gegenstandes bestimmt?

Welche Mikrometer sind die gebräuchlichsten und wie sind die letztern eingerichtet?

Was nennt man dioptrische Fernröhre, Refractoren oder schlechthin Fernröhre; und was katoptrische Fernröhre oder Reflectoren?

Was heißt das Objectivglas oder der Objektivspiegel eines Fernrohrs, und was werden die Ocular- oder Augengläser desselben genannt?

Was nennt man ein 1stes, 2tes, 3tes u. s. w. Ocular?

Was nennt man das Gesichtsfeld, die Blendung, die Axe und das Diaphragma eines Fernrohrs?

Was wird die Apertur oder die Oeffnung des Glases genannt?

Was heißt das Fadenkreuz eines Fernrohrs?

Was wird die Helligkeit und was die Deutlichkeit eines Fernrohrs genannt?

Welches ist das einfachste Fernrohr und wie ist dasselbe eingerichtet?

Was heißt ein astronomisches Fernrohr?

Was nennt man ein Erdfernrohr und wie ist dasselbe beschaffen?

Wie ist das Holländische oder Galiläische Fernrohr eingerichtet?

Welche Jahre sind als die wahre Zeit der Erfindung der Fernröhre anzusehen?

Wer hat das Holländische oder Galiläische Fernrohr erfunden?

Wer hat das astronomische und wer das Erdfernrohr zuerst construirt?

Wer hat die achromatischen Fernröhre zuerst angefertigt, und weßhalb werden dieselben auch die Dollond'schen genannt?

Von wem wurden früherhin und werden jetzt noch vorzügliche achromatische Fernröhre dargestellt?

Wer hat die dialytischen Fernröhre erfunden und welcher Vorzug wird denselben vor den gewöhnlichen achromatischen Fernröhren eingeräumt?

Welches sind die Vorzüge, welche die achromatischen Fernröhre vor den übrigen besitzen?

Welches sind die größten bis jetzt construirten Fernröhre; und wie sind dieselben eingerichtet?

Was wird der Sucher genannt?

Wie wird bei einem Fernrohre der scheinbare Durchmesser eines gesehenen Gegenstandes vermittelst des Mikrometers bestimmt?

Auf welche Weise wird die durch das Fernrohr bewirkte Vergrößerung einigermaßen geschätzt?

Wie ist der Dynamometer oder der Vergrößerungsmesser von Ramsden eingerichtet?

Wie wird das Gesichtsfeld eines Fernrohrs geschätzt?

Wie ist das Newton'sche, Gregorysche, Cassegrainsche und das Herschelsche Spiegel-Teleskop beschaffen; und wann wurden diese Instrumente erfunden?

Wie ist die Camera clara eingerichtet?

Was heißt die Camera lucida, von wem wurde dieselbe angegeben, und wie ist sie beschaffen?

Wie ist das Sonnenmikroskop eingerichtet und wer hat dasselbe erfunden?

Wie ist das vom Engländer Cary erfundene Hydro-Oxygen-Gas-Mikroskop construirt?

Wie ist die Laterna magica oder die Zauberlaterne beschaffen und wer hat dieselbe erfunden?

Was nennt man die Erscheinungen der Phantasmagorie?

Was versteht man unter dem optischen Spiegel und dem Guckkasten?

Was nennt man dioptrische Panoramen oder Dioramen?

Wie ist das Lampenmikroskop beschaffen und wer hat dasselbe erfunden?

Hauptsätze.

I. Die Wirkung des Mikroskopes besteht darin, daß der Sehwinkel eine beträchtliche Vergrößerung erfährt.

II. Ein einfaches Mikroskop vergrößert so viel mal als seine Brennweite in der zum deutlichen Sehen nöthigen Entfernung, d. h. in 8—10 Pariser Zollen enthalten ist.

III. Das Objectivglas eines astronomischen Fernrohrs macht in seinem Brennpunkte ein umgekehrtes physisches Bild des entfernten Gegenstandes, welches durch das Ocularglas deutlich und unter einem größern Sehewinkel als mit bloßen Augen sich zeigt.

IV. Die beim astronomischen Fernrohre stattfindende Vergrößerung ist so oftmalig, als die Brennweite des Ocularglases in der des Objektivglases enthalten ist.

V. Der Kurzsichtige, welcher das Ocular näher an das Objektiv als der Weitsichtige bringen muß, wird durch das Fernrohr eine schwächere Vergrößerung als der Letztere erhalten.

VI. Bezeichnet φ den Halbmesser des größtmöglichsten Gesichtsfeldes eines astronomischen Fernrohrs, dessen Objectiv und Ocularglas beziehlich die Brennweiten w und w' besitzen, und stellt 2h den Durchmesser des Ocularglases dar, so ist:

$$\operatorname{tg}\varphi = \frac{h}{w+w'},$$

VII. Ist D der Durchmesser des Diaphragma's *), w die Brennweite des Objektivs, so wird der mit dem Fernrohr zu übersehende Winkel α, mittelst der Gleichung:

$$\alpha = \frac{D}{w \cdot \sin 1''}$$

in Sekunden ausgedrückt.

Aufgaben.

1. Welche lineare Vergrößerung giebt ein einfaches Mikroskop, dessen Brennweite $\frac{1}{20}$ Zoll ausmacht. **)

2. Welche Vergrößerung liefert ein einfaches Mikroskop, dessen Brennweite 1 Linie beträgt?

3. Wie verhalten sich die linearen und wie die Flächenvergrößerungen zweier Convexlinsen, wenn die eine die Brennweite 4 und die andere die Brennweite 3 Linien besitzt?

4. Welche lineare Vergrößerung erhält ein Kurzsichtiger, dessen Sehweite nur 5 Zoll beträgt, bei einem convexen Glase, welches eine Brennweite von 6 Linien enthält?

5. Wie stark ist die Vergrößerung eines astronomischen Fernrohrs, dessen Ocular eine Brennweite von 1,6789 Zoll und dessen Objectiv eine Focalweite von $10\frac{364}{833}$ Zoll besitzt?

6. Ein Fernrohr soll $30\frac{3}{4}$ Mal vergrößern; sein Objectivglas hat eine Breite von $39\frac{3}{8}$ Zoll. Was für ein Ocularglas muß man zu diesen Fernrohre nehmen?

7. Welches Objectivglas gehört zu einem Fernrohre, das 20 Mal vergrößert und ein Ocularglas von 2 Zoll Brennweite besitzt?

8. Wie groß ist der Durchmesser des Gesichtsfeldes eines Fernrohrs, dessen Objectiv und Ocular die Brennweiten 48,6 und 2,35 Zoll besitzen, wenn der Durchmesser des Oculars 10,634 Linien beträgt?

---

*) Welches in der Nähe der Brennpunkte beider Gläser sich zeigt.

**) Man vergleiche Nr. II. und setze in allen Rechnungen statt 8—10 Zoll die benannte Zahl 8 Zoll.

9. Wie groß ist das Gesichtsfeld, wenn (in No. VII.) D = 10,45 Linien und w = 75$\frac{11}{18}$ Zoll beträgt?

Resultate.

1) Eine 160malige. 2) Eine 96malige Längen- und eine 9216malige Flächenausdehnung. 3) Die Längen-Ausdehnungen wie 1 zu 2 und die Flächenausdehnungen wie 1 zu 4. 4) Eine 10malige. 5) Die Vergrößerung beträgt 6,217. 6) Ein Ocularglas von 1,2805 Zoll Brennweite. 7) Ein Objectivglas von 40 Zoll Brennweite. 8) Es ist $\varphi = 0^0\ 29'\ 53'',8$ und also der Durchmesser des Gesichtsfeldes $= 0^0\ 59'\ 47'',6$. 9) Das Gesichtsfeld wird $2373'',12 = 0^0\ 39'\ 33'',12$ ausmachen.

Sechs und Sechszigstes Kapitel.

Von einigen nicht optischen Wirkungen des Lichts.

Was nennt man Brenngläser und was Brennspiegel?

Wer hat die wirksamsten Brenngläser und Brennspiegel construirt?

Was heißt Photometer oder Lichtmesser und wie ist das von Leslie angegebene Photometer eingerichtet?

Was nennt man einen Wärme- oder Feuersammler; und wie ist der Wärmesammler von Saussure und der Feuersammler von Ducarla beschaffen?

Was heißen natürliche Phosphore und was Lichtsauger oder Lichtmagnete?

Welche Körper werden zu den natürlichen Phosphoren und welche zu den Lichtmagneten gezählt?

Wie wird das Phosphoeciren der Körper erklärt?

Hauptsätze.

I. Das Sonnenlicht erleuchtet und erwärmt alle Körper und bewirkt eine bedeutende Hitze, wenn man es durch Brenngläser und Brennspiegel verdichtet.

II. Der Brennspiegel bringt bei gleicher Breite und bei einer Stellung, wodurch die Sonnenstrahlen parallel mit der Axe einfallen, eine größere Wirkung als das Brennglas hervor. Doch gewährt er weniger Bequemlichkeit, weil der Brennpunkt zwischen ihm und der Axe sich befindet.

III. Das Sonnenlicht erwärmt desto stärker, je mehr es seiner Strahlung (seiner Kraft zu leuchten) beraubt, von den Oberflächen der Körper eingesogen wird.

IV. Das Photometer beruht auf der Verschluckung, welche die Lichttheilchen von verschiedenen gefärbten Körpern erleiden.

V. Das Sonnenlicht besteht aus drei Arten von Strahlen, welche man (nach ihren besondern Wirkungen) leuchtende, wärmende und chemische nennt.

VI. Die erleuchtende Kraft wird in den gelben, die wärmende in den rothen und die chemische Thätigkeit in den violetten Strahlen am stärksten befunden.

VII. Das Sonnenlicht verändert nicht nur die Eigenschaften mancher Körper, sondern bringt auch neue Materien hervor.

VIII. Wird eine jodirte Silberplatte eine gehörige Zeit der Lichtwirkung in einer Camera obscura ausgesetzt, so erhält man ein Bild, worauf die hellen Parthien dunkel und die in der Wirklichkeit dunkeln hell erscheinen. Dieses Bild wird das negative genannt.

IX. Die Entdeckung Daguerre's besteht darin, daß, ehe noch das negative Bild entstanden, und zu einer Zeit, wo auf der jodirten Silberplatte noch keine Art von Wirkung wahrnehmbar ist, eine solche Wirkung dennoch stattgefunden hat, und zwar so, daß die vom Lichte getroffenen Stellen die Eigenschaften erhalten haben, die Quecksilberdämpfe niederzuschlagen.

X. Wenn die Quecksilberdämpfe von dem Jodsilber condensirt werden sollen, so muß das Licht eine gewisse Zeit darauf wirken. Gönnt man dem Lichte diese Zeit nicht, so schlagen sich nachher keine Quecksilberdämpfe darauf nieder. Legt man aber eine solche Platte unter einem rothen Glase in die freie Sonne, so geht bei gehöriger Zeitdauer das positive*) und bei zu großer das negative Bild in den Quecksilberdämpfen hervor.

XI. Wenn zwei Körper hinreichend nahe an einander stehen, so bilden sie sich (nach Moser) auf einander ab.

XII. Moser hat folgende Sätze zu beweisen versucht:

1) Die violetten und blauen Strahlen des Lichtes sind nicht ausschließlich die chemisch wirkenden.

2) Es ist nicht nothwendig und in den am besten beobachteten Erscheinungen bestimmt nicht der Fall, daß das Licht eine materielle Trennung von chemisch verbundenen Substanzen bewirkt.

3) Auch die anhaltendste Wirkung des Lichtes scheint nur

*) worauf die hellen Parthien hell u. die dunkeln ebenfalls dunkel sich zeigen.

die äußerste Oberfläche zu erregen, und die für gewöhnlich so äußerst dünne Jodschicht nicht zu durchdringen.

XIII. Man kann die Erscheinungen der Wärme und des Lichtes einer und derselben Ursache zuschreiben, indem man letzteres als die frei gewordene Wärme und erstere als das durch die Einwirkung der Körper darauf mehr oder weniger gebundene und also seiner schnellen Bewegung beraubte Licht sich denkt.

XIV. Die Meinungen der Naturforscher, welche das Licht und die Wärme als materielle Ausflüsse leuchtender und wärmender Körper ansehen, werden hauptsächlich auf folgende 3 zurückgeführt.

1) Licht und Wärme sind verschiedene, der Sonne entströmende Materien, deren leuchtende und wärmende Strahlen mit einander verbunden, jedoch unter einander verschieden sind.

3) Der Wärmestoff ist eine einfache, das Licht dagegen eine aus dem Wärme- und Lichtstoff zusammengesetzte Materie.

3) Das Licht ist ein einfacher Stoff, der Wärmestoff aber aus dem Lichte und dem Feuerstoffe zusammengesetzt.

Uebungssätze.

1) Die Sonnenstrahlen setzen in der Luft nur wenig Wärme ab.

2) Das Glas wird durch die Sonnenstrahlen merklich erwärmt.

3) Die Spiegel werden desto weniger erwärmt, je vollkommner sie sind.

4) Die Tuschspiegel werden mehr als die nicht belegten erwärmt.

5) **Leslie** fand durch seine photometrischen Versuche, daß das Sonnenlicht eine 12000 Mal stärkere Intensität als das Wachslicht besitzt.

6) Es ist nicht zweckmäßig bei Fernröhren rothe Verdunklungsgläser anzuwenden.

7) Das an den Fenstern befindliche Eis kommt ins Schmelzen, sobald die Strahlen des Kaminfeuers es erreichen, obgleich das Zimmer selbst noch so kalt ist, daß zwischen dem Fenster und der Feuerstätte das Wasser im Schatten gefriert.

8) Die Strahlen des Feuerlichtes werden eben so wie die Sonnenstrahlen gebrochen, verdichtet und zerlegt.

9) **Pouillet** hat die Temperatur der Sonne $= 1400^{\circ}$ bestimmt.

10) Das salzsaure und salpetersaure Silber werden vom Sonnenlichte geschwärzt.

11) Die weiße Salpetersäure erhält durch die Wirkung des Sonnenlichtes eine gelbe Farbe.

12) Die meisten Hölzer verdunkeln sich in der Sonne und die gefärbten Zeuge verlieren darin ihre Farbe.

13) Man empfindet beim Erwachen eine Neigung die Glieder zu dehnen, vorzüglich dann, wenn in das vorher dunkle Schlafzimmer das Sonnenlicht eindringt.

14) Man empfindet eine Neigung zum Niesen, sobald man ein helles Licht, z. B. das der Sonne, ansieht.

15) Die jungen Zweige und Blätter der Bäume beobachten einen gewissen Parallelismus mit dem Boden worauf sie wachsen.

16) Gewisse Pflanzen drehen sich stets nach der Sonne nnd alle richten sich nach dem Lichte.

17) Gewisse Blumen öffnen sich nur den Tag hindurch und schließen sich des Nachts.

18) Das rothe Licht ist den meisten lebenden Wesen nachtheilig, während das weiße, grüne, blaue u. s. w. ihnen sehr vortheilhaft sich zeigt.

19) Die Thiere pflegen der Sonne nachzugehen.

20) Der Krebs liebt das lichthelle Ufer des Flusses, der Vogel die beschienene Seite des Hügels, und die in Gläsern mit Wasser aufbewahrten Polypen, setzen sich immer auf der dem Lichte zugekehrten Seite des Glases.

21) Im Wasser erzeugt sich durch die Einwirkung der Sonnenstrahlen eine grüne organische Materie (die Priestleysche) welche zu den Conserven gehört.

22) Die grünen Farben der Pflanzen und die glänzenden der Blumen hängen von der Einwirkung der Sonnenstrahlen ab.

23) Die Farbe der menschlichen Haut wird durch das Sonnenlicht gebräunt.

24) Das Sonnenlicht übt einen wohlthätigen Einfluß auf das Wohlbefinden der Menschen aus, bringt aber auch schädliche Wirkungen, wie den Sonnenstich u. s. w., hervor.

25) Legt man auf eine mit vielen gravirten Figuren versehene Achatplatte schmale Glimmerstreifen und auf diese eine jodirte Silberplatte dergestalt, daß die Entfernung zwischen den beiden Oberflächen $\frac{1}{8}$ Linie beträgt; und bringt man nach einigen Stunden die Silberplatte in die Quecksilberdämpfe, so wird ein deutliches Bild aller auf der Achatplatte abgebildeten Gegenstände bemerkt.

26) Bei dem in v. N. angegebenen Versuche wurde alles fremde Licht ausgeschlossen; auch wurde derselbe des Nachts und sogar ohne Kerzenlicht angestellt.

27) Die gravirten Körper bilden sich auf der Silberplatte auch ohne Zwischenkörper ab.

Sieben und sechzigstes Kapitel.

Von der Elektricität im Allgemeinen und von der Elektrisirmaschine.

Was nennt man elektrische Erscheinungen, und was heißt Elektricität?

Wann wird ein Körper elektrisch und wann elektrisirt genannt?

Woher kommt der Name Elektricität?

Was heißt die ursprüngliche und was die mitgetheilte Elektricität?

Wodurch wird die Elektricität hauptsächlich erregt?

Welches sind die gebräuchlichsten Ansichten über das Wesen der Elektricität?

Worin besteht die Hypothese der Unitarier oder die Franklinsche; und worin die der Dualisten oder die Symmersche?

Welche Hypothese hat Deluc über das Wesen der Elektricität aufgestellt?

Was heißt ein Leiter und was ein Nichtleiter oder Isolator der Elektricität?

Was wird ein vollkommener Leiter, was ein vollkommener Nichtleiter oder Isolator, und was ein Halbleiter genannt?

Wann heißt ein Körper isolirt; und was nennt man einen Isolirschemel oder ein isolirendes Stativ?

Was heißt eine Elektrisirmaschine, und von wem wurde dieselbe erfunden?

Wie viele Arten von Elektrisirmaschinen existiren; und wie sind namentlich die Scheiben und die Cylindermaschinen eingerichtet?

Was heißt die Schlagweite, und wann wird ein elektrischer Funken nzöllig genannt?

Uebungssätze.

1) Wenn pulverisirte Körper durch Siebe oder durch Gewebe gehen, so werden dieselben elektrisirt.

2) In der Toricellischen Leere mancher Barometer werden elektrische Lichterscheinungen bemerkt.

3) Die mit einem Blasebalg gegen eine Glasplatte wiederholt bewegte Luft elektrisirt diese Platte; auch erhält die in der Luft hin und her bewegte Seide Elektricität.

4) Die Anziehung zwischen elektrisirten und nicht elektrisirten Körpern; die Abstoßung derjenigen Materien, welche denselben Elektricitätszustand besitzen, das elektrische Licht; der elektrische Wind (oder die elektrische Strömung); der elektrische Funken; und die Wirkung der Elektricität auf mehrere Sinne werden am besten durch die Elektrisirmaschine bewirkt.

5) Zu den Versuchen mit der Elektrisirmaschine gehören:
  a) Die tanzenden Kügelchen von Hollundermark;
  b) das Wegschleudern der kleinen Papierschnitzelchen oder der Sägespäne in einer metallenen elektrisirten Schale;
  c) das elektrische Glockenspiel;
  d) der elektrische Puppentanz;
  e) der goldene Regen;
  f) das Emporsträuben der Haare;
  g) die Erscheinungen des auf dem Isolirschemel befindlichen Menschen, u. s. w.

6) Der einfache elektrische Funken kann leicht entzündliche Körper, z. B. Knallluft, Hydrogengas, Schwefeläther, Weingeist u. s. w. entzünden.

7) Werden auf Glas mehrere Staniol- oder andere Metallblättchen dergestalt befestigt, daß zwischen jedem einzelnen Blättchen Unterbrechungen entstehen, und alsdann auf das Glas elektrische Funken geleitet, so erscheint an jeder unterbrochenen Stelle elektrisches Licht, und die Lagen der einzelnen Funken bringen leuchtende Figuren hervor.

8) Die Erregung der Elektricität wird durch Trockenheit und Wärme begünstigt.

9) Das Tabacksrauchen im Zimmer und die Gegenwart vieler ausdünstenden Personen u. s. w. sind beim Elektrisiren zu vermeiden.

10) Das elektrische Leitungsvermögen eines Metalls nimmt ab, wenn die Temperatur im Metalle sich vergrößert.

11) Die Flüssigkeiten leiten um so besser, je wärmer sie sind

12) Das elektrische Licht erscheint nicht, wenn die Elektricität über einen zusammenhängenden Leiter sich frei bewegt.

13) Der elektrische Funken ist (nach Biot) eine Wirkung der durch den elektrischen Entladungsschlag hervorgebrachten schnellen Zusammendrückung der Luft oder anderer Medien, deren Widerstand beim Uebergange der Elektricität überwunden werden muß.

Acht und sechszigstes Kapitel.

Von den entgegengesetzten Elektricitäten; von dem Elektroskope und Elektrometer; und von der elektrischen Wage.

Was heißen entgegengesetzte Elektricitäten?

Was nannte man früher Glas- und was Harzelektricität?

Welche Elektricität heißt die positive oder die plus- und welche die negative oder die minus-Elektricität, und woher kommen diese Benennungen?

Wann nennt man 2 Körper gleichnamig und wann ungleichnamig elektrisirt?

Was werden gleichnamige und was ungleichnamige Elektricitäten genannt?

Was heißen Elektroskope (Elektricitätszeiger) und Elektrometer (Elektricitätsmesser)?

Welches ist das einfachste Elektroskop, und wie ist dasselbe eingerichtet?

Wie ist das Canton'sche Faden-Elektroskop und das Bennet'sche Elektrometer beschaffen?

Wie sind die Volta'schen und Saussür'schen Elektrometer construirt?

Wie ist das Henly'sche Quadranten-Elektrometer und die elektrische Wage von Coulomb beschaffen?

Was wird die Spannung der elektrischen Materie oder die elektrische Spannung genannt?

Was nennt man die Lichtenberg'schen Figuren, und wie werden dieselben hervorgebracht?

Hauptsätze.

I. Die positive Elektricität wird durch $+E$, die negative durch $-E$ und der natürliche Zustand der Körper durch $\pm E$ oder $0E$ ausgedrückt.

II. Die gleichnamigen Elektricitäten werden durch $+E$ und $+E$ oder $-E$ und $-E$, und die ungleichnamigen durch $+E$ und $-E$ dargestellt.

III. Es giebt keine allgemeine Regel, wonach im Voraus angegeben werden könnte, ob irgend ein Körper durchs Reiben $+E$ oder $-E$ empfängt.

IV. Der zwischen $+E$ und $-E$ stattfindende Unterschied ergiebt sich recht auffallend durch eine Elektrisirmaschine, deren Reibzeug isolirt werden kann und das seinen eigenen Conductor besitzt.

V. Gleichnamig elektrisirte Körper streben sich von einander zu entfernen, oder $+E$ stößt $+E$, und $-E$ stößt $-E$ ab.

VI. Ungleichnamig elektrisirte Körper ziehen sich wechselseitig an, oder $+E$ zieht $-E$, und $-E$ zieht $+E$ an.

VII. Man hat gefunden, daß, von zwei an einander geriebenen heterogenen Körpern, der eine die entgegengesetzte Elektricität des andern bekommt, daß aber beide Elektricitäten in den meisten Fällen äußerst schwach und nur durch die feinsten Vorrichtungen bemerkbar sind.

VIII. Die elektrische Anziehung und Abstoßung findet nicht allein durch die Luft sondern auch durch andere Nichtleiter statt.

IX. Aus dem Gesetze der Anziehung und Abstoßung kann man finden, ob ein elektrisirter Körper $+E$ oder $-E$ besitzt.

X. Die Erscheinungen der Elektroskope und Elektrometer werden aus Nr. V. erklärt.

XI. Coulomb fand durch seine Wage aus vielen Versuchen, daß die abstoßenden und anziehenden Kräfte der Elektricität im umgekehrten Verhältnisse mit den Quadraten der Entfernungen stehen; oder, was dasselbe ist, daß die elektrischen Abstoßungen und Anziehungen im umgekehrten Verhältnisse mit den Quadraten der Entfernungen abnehmen.

XII. Die elektrische Wage wird auch als ein sehr empfindliches Elektrometer gebraucht.

Uebungssätze.

1) Der elektrische Ball bewegt sich zwischen 2 entgegengesetzt elektrisirten Körpern hin und her.

2) Elektrisirt man den Conductor C der Glasscheibe, so erhält man $+E$, während der isolirte Conductor R des Reibzeugs $-E$ bekommt.

3) Nähert man dem elektrisirten C eine Metallspitze, so zeigt sich im Finstern schon in beträchtlicher Entfernung ein Lichtstern oder Lichtpunkt an derselben.

4) Befestigt man die Metallspitze an C, so geht nicht ein Stern, sondern ein divergirender Strahlenbüschel hervor.

5) Nimmt man statt C den elektrisirten R, so kehren sich die in Nr. 3 und 4. angegebenen Erscheinungen um.

6) Der aus C gezogene Funken ist größer als der aus R unter den nämlichen Umständen erhaltene.

7) Die elektrische Strömung aus der positiv-elektrisirten Spitze erzeugt einen säuerlichen und aus der negativ-elektrisirten einen alkalischen Geschmack.

Aufgaben.

1. Wie verhalten sich die abstoßenden Kräfte, welche die nämliche Elektricität in den Entfernungen 3 Zoll und 2,5 Zoll auf einen gleichnamig elektrisirten Körper ausübt?

2. Wie verhalten sich die Anziehungen, welche eine elektrische Kraft in den Abständen 1 Zoll und 5 Linien auf einen ungleichnamig elektrisirten Körper äußert?

3) In welcher Entfernung bringt eine elektrische Kraft die Wirkung 4 auf einen gleichnamig elektrisirten Körper hervor, wenn dieselbe in dem Abstande 2,25 Linien die Wirkung 2,1 auf denselben äußert?

4) Wie verhalten sich die Abstände eines Körpers von der nämlichen elektrischen Kraft, wenn dieselbe das eine Mal eine 4,25 mal so große Wirkung als das andere Mal auf denselben ausübt?

5) Ein positiv elektrisirter Körper bringt in der größern Entfernung eine 4,1 mal kleinere Anziehung als in der kleinern auf denselben negativ elektrisirten Körper hervor. Wie verhalten sich diese Entfernungen zu einander?

Resultate.

1) Wie 23 : 36. 2) Wie 25 zu 144. 3) In der Entfernung 1,63 Linien. 4) Wie 16 : 289. 5) Wie 1681 : 100.

Neun und sechzigstes Kapitel.

Von dem elektrischen Wirkungskreise.

Was wird der elektrische Wirkungskreis oder die elektrische Atmosphäre genannt?

Hauptsätze.

I. Die erste im elektrischen Wirkungskreise stattfindende Erscheinung ist die Mittheilung der Elektricität an den leitenden Körper, welche am vollständigsten nur unsichtbar bei der Berührung, und sichtbar mittelst eines überspringenden Funkens in einer größern oder kleinern Entfernung erfolgt.

II. Die $\pm$ E bewirkt keine Anziehung und Abstoßung und überhaupt keine elektrischen Erscheinungen, wie gehäuft sie auch vorhanden sein mag.

III. Wird der eine Bestandtheil der $\pm$ E über den Punkt der Gleichheit in demselben Raume vermehrt, so wirkt dieser Ueberschuß als freie Elektricität; und dieß findet bei der Mittheilung statt.

IV. Es giebt noch eine andere Art von Wirksamkeit und zwar in dem Falle, wo die $\pm$ E in der Nähe einer gehäuften Elektricität derselben Art (etwa der + E) unter Umständen sich befindet, welche eine Mittheilung wo nicht hindern, doch erschweren.

V. Die anziehende Kraft beider Elektricitätsarten kann (in Nr. IV.) keine wirkliche Vereinigung der gehäuften + E mit der benachbarten — E bewirken, aber doch die Kraft schwächen, womit diese — E an ihre + E gebunden ist, und deßhalb die letztere in eben dem Maße befreien.

VI. Man hat gefunden, daß um jeden Körper, welcher eine gehäufte E besitzt, in der umgebenden Luft die gleichnamige E mit stetig abnehmender Stärke und bis zu einer unbestimmten Entfernung in Freiheit kommt.

VII. In v. N. befindet sich der Ursprung des elektrischen Wirkungskreises, dessen elektrische Thätigkeit man Elektricität durch Vertheilung nennt.

VIII. Der elektrische Wirkungskreis, worin keine andere als vertheilte Elektricität stattfände, könnte nur entstehen, wenn zwischen dem elektrisirten Körper und der umgebenden Luft gar keine Mittheilung stattfände. Dies findet aber in der Wirklichkeit nicht statt.

IX. Wenn ein etwas langer isolirter Leiter op (Fig. 35.) seine Axe dem elektrisirten Körper K zukehrt, so zeigt er an dem nahen Ende die ungleichnamige und an dem entfernten die gleichnamige Elektricität des K (oder des ihm zugehörigen Wirkungskreises). Auch befindet sich zwischen beiden eine Stelle, welche keine Elektricität besitzt und der Indifferenzpunkt heißt.

X. Bringt man K immer näher an op, so findet endlich eine Vereinigung beider Elektricitäten vermittelst eines Funkens statt, und op erhält einen Ueberfluß von der dem genäherten K zukommenden Elektricität.

XI. Wird dem op außer der vertheilten Elektricität noch eine kleine Quantität + E oder — E durch Mittheilung gegeben, so wird dadurch die gleichnamige verstärkt und die ungleichnamige geschwächt.

XII. Erhält on in n eine Ableitung; und ist K positiv elektrisirt, so bekommt o die — E und on die ± E, weil die + E, welche hier entstehen sollte, entweicht. Wird aber jetzt zuerst die Ableitung und dann K entfernt, so hört die Bindung der — E auf, und on wird negativ elektrisirt.

XIII. Ist on ein Nichtleiter, so bekommt derselbe an der genäherten Stelle die ungleichnamige Elektricität des K, und es findet auch hier eine nicht weit sich erstreckende Vertheilung statt.

XIV. Wird K einem länglichen Nichtleiter genähert oder letzterer mit K. in Berührung gebracht, so entstehen abwechselnde Zonen von + E und — E und zwar dergestalt, daß die nächste kleine Zone die ungleichnamige, die darauffolgende die gleichnamige Elektricität des K. erhält.

Uebungssätze.

1) Ist (in Nr. IX.) on sehr kurz, so wird seine ± E nicht wirklich geschieden, sondern blos der eine Bestandtheil derselben in einem gewissen Grade gebunden.

2) Ein stark elektrisirter Körper kann einen gleichnamig aber schwach elektrisirten anziehen.

3) Die Erscheinung, daß ein elektrisirter Körper einen nicht elektrisirten anzieht, wird aus dem Gesetze der Vertheilung erklärt.

4) Vor jeder Mittheilung erfolgt eine Vertheilung der Elektricität.

5) Von zwei sich reibenden Körpern erhält der eine + E und der andere — E.

6) Die Erscheinungen des Bennet'schen, Volta'schen und Saussüre'schen Elektrometers werden aus der Theorie des Wirkungskreises erklärt.

Siebenzigstes Kapitel.

Von der Verbreitungsweise der Elektricität.

Was heißt ein elektrisches Rädchen, und was wird ein elektrischer Ueberträger genannt?

Hauptsätze.

I. Man hat gefunden:

a) daß beide Elektricitätsarten, d. h. die $+E$ und $-E$ bei ihrer Verbreitung dieselben Gesetze befolgen;
b) daß sie nur an den Oberflächen der elektrisirten Körper sich befinden;
c) daß sowohl auf ihre Verbreitung als auch auf ihren Uebergang die Gestalten der Körper einen Einfluß ausüben.

II. Bezeichnet man die Stärken der in zwei verschiedenen Körpern vorhandenen Electricitäten durch S und s, die Quantitäten der elektrischen Materie durch Q und q, und die Oberflächen der Körper durch O und o, so ergiebt sich:

1) $S:s = Q:q$, wenn $O = o$,
2) $S:s = o:O$, wenn $Q = q$,
3) $S:s = (Q.o):(q.O) = \frac{Q}{O}:\frac{q}{o}$.

III. Es hat sich ergeben:
a) Das die Elektricität an der Oberfläche einer elektrisirten Kugel sich gleichmäßig verbreitet, oder daß die Elektricität als äußerst dünne, aber gleiche Schicht an der Oberfläche sich befindet;
b) daß ein elektrisirter länglicher Körper (z. B. eine Ellipsoide u. s. w.) an beiden Enden eine stärkere Intensität als an den der Mitte nähern Punkten enthält, und daß also die um die Oberfläche verbreitete elektrische Schicht an diesen Enden die größte Dicke besitzt;
c) daß ein mit Ecken und Kanten versehener Körper (z. B. ein Tetraëder) an den Kanten eine stärkere Elektricität als in der Mitte seiner Flächen, und eine noch stärkere an den Spitzen enthält;
d) daß eine Scheibe an ihrem Umfange eine größere Intensität als an den der Mitte nähern Stellen besitzt;
e) daß der Druck, welchen die Elektricität auf die äußere Luft an jeder Stelle der Oberfläche ausübt, dem Quadrate der Dicke der elektrischen Schicht an dieser Stelle proportionirt ist.

Uebungssätze.

1) Werden 2 Körper mit breiten und glatten Flächen in parallelen Lagen einander genähert, so theilen sie sich die Elektricität nicht leicht mit.

2) Die länglichen und auch die andern mit Hervorragungen versehenen Körper theilen sich die Elektricität schon in einiger Entfernung mit Leichtigkeit mit.

3) Die Mittheilung der Elektricität findet am leichtesten durch längliche zugespitzte Hervorragungen statt.

4) Durch die Spitzen geschieht eine stetige Mittheilung der Elektricität.

5) Eine metallene Spitze leitet die Elektricität von einem elektrisirten Körper eben so schnell ab, als sie dieselbe einem andern Körper zuführt.

6) Das elektrische Rädchen wird durch die Wirkung des elektrischen Windes gedreht.

7) Je kleiner die am Conductor befindliche Kugel ist, desto größer sind die Funken.

8) Befestigt man eine Spitze an den Conductor, so geschieht die elektrische Mittheilung ohne Funken.

9) Der elektrische Ueberträger beruht auf der Mittheilung der Elektricität.

10) Die elektrischen Anziehungen und Abstoßungen finden (nach Davys Versuchen) auch im luftleeren Raume statt.

Aufgaben.

1. Wie verhalten sich die Intensitäten der an 2 gleich großen Kugeln vorhandenen Elektricitäten, wenn die Quantitäten der letztern sich wie 8,25 zu 1 verhalten?

2. Wie verhalten sich die Stärken der an 2 Kugeln befindlichen Elektricitäten, wenn die Quantitäten derselben von gleicher Größe sind und die Radien beider Kugeln beziehlig 1,2 und 1,7 Fuß betragen?

3. An 2 Kugeln befinden sich gleiche Quantitäten von Elektricität; und die Intensitäten der letztern stehen in dem Verhältnisse 16 : 5. Wie verhalten sich die Halbmesser dieser Kugeln zu einander?

4. Zwei Kugeln besitzen die Oberflächen 4 Quadratzoll und 2,1 Quadratzoll, und enthalten die Quantitäten 6 und 1 von Elektricität; wie verhalten sich die elektrischen Intensitäten zu einander?

5. Wenn eine elektrisirte Kugel eine elektrische Schicht von 0,5 und eine andere von 0,3 Zoll Dicke besitzt; wie verhalten sich die Druckkräfte, welche die Elektricität auf die äußere Luft an jeder Stelle der beiden Oberflächen beziehlig ausübt?

6. Die Druckkräfte, welche die Elektricität auf die äußere Luft an jeder Stelle der Oberfläche zweier Kugeln äußert, verhalten sich wie 3 zu 1; in welchem Verhältnisse müssen die Dicken der elektrischen Schichten an beiden Oberflächen zu einander stehen?

7. Wenn man eine isolirte metallene Kugel vom Halbmesser R lange elektrisirt, bis der Zeiger des Elektrometers eine horizontale erhält, und dasselbe auch mit einer andern gleichartigen metallenen Kugel vom Radius r bewirkt; wie verhalten sich die Quantitäten (oder Capacitäten) der Elektricitäten zu einander?

8. In welchem Verhältnisse stehen die Quantitäten der Elektricitäten, wenn (in v. Nr.) r = 2,25 Zoll und R = 3,1 Zoll ausmacht?

9. Eine isolirte metallene Kugel vom Radius R wird durch 20 Umdrehungen und eine andere vom Halbmesser r durch dieselbe Anzahl von Umdrehungen elektrisirt; wie verhalten sich die Intensitäten der auf den Kugeloberflächen sich zeigenden Elektricitäten zu einander?

10. Wie groß ist das in v. Nr. angegebene Verhältniß, wenn R = 5,1 Zoll und r = 2 Zoll beträgt?

11. Wenn zwei ungleichnamig elektrisirte Kugeln sich berühren, und der Grad der Elektricität an der Oberfläche O = + E und der an der Oberfläche o = — e beträgt; welcher Elektricitätsgrad wird nach der Vereinigung beider Kugeln sich ergeben?

12. Welcher Grad der Elektricität wird (in v. Nr.) nach der Vereinigung beider Kugeln stattfinden, wenn der ursprüngliche Elektricitätsgrad der einen Kugel der Quantität nach eben so groß als der der andern sich zeigt?

13. Welcher Elektricitätsgrad ergiebt sich (in Nr. 11.) nach der Vereinigung beider Kugeln, wenn O = 4,2 Quadratzoll, E = 5, o = 3,1 Quadratzoll und e = 2 sich zeigt?

14. Welcher Grad der Elektricität wird (in Nr. 12.) nach der Vereinigung beider Kugeln entstehen, wenn R = 5 und r = 3 Zoll ausmacht?

Resultate.

1) Wie 33 : 4. **2)** Wie 289 : 144. **3)** Wie 2,236 : 4 = 559 : 1000. **4)** Wie 63 : 20. **5)** Wie 25 : 9. **6)** Wie 1,73 zu 1. **7)** Wie $r^2 : R^2$. **8)** Wie 2025 : 3844. **9)** Wie $r^2 : R^2$. **10)** Wie 400 : 2601. **11)** Der Elektricitätsgrad $\frac{OE - oe}{O + o}$. **12)** Der Elektricitätsgrad $\frac{E(R^2 - r^2)}{R^2 + r^2}$. **13)** 2,027. **14)** Der Grad $\frac{8E}{17}$.

Ein und siebenzigstes Kapitel.

Von der Verstärkungsflasche, der elektrischen Batterie, dem Condensator und dem Elektrophor.

In welchem Falle heißt die Elektricität + E und in welchem die Elektricität — E gebunden?

Welche Instrumente beruhen auf dem Binden der Elektricität?

Was nennt man eine Verstärkungsflasche oder eine elektrische Verstärkung; was die innern und äußern Belegungen und was den Knopf einer Verstärkungsflasche?

Was heißt die verstärkte Elektricität, und was der verstärkte oder Erschütterungsfunken?

Wie wird eine Verstärkungsflasche angefertigt; und was wird die Franklinsche Tafel genannt?

Wer hat die Verstärkungsflasche zuerst construirt; und weßhalb wird dieselbe auch die Leyden'sche oder Kleist'sche genannt?

Wie wird eine Verstärkungsflasche geladen und wie entladen?

Was nennt man den elektrischen Auslader; und wie ist der allgemeine Auslader von Henly beschaffen?

Was heißt die elektrische Spinne?

Wie ist Lane's Auslade-Elektrometer und Cuthbersons Elektrometer beschaffen?

Was nennt man eine elektrische Batterie und wie ist dieselbe eingerichtet?

Wie wird eine elektrische Batterie geladen und wie entladen?

Was heißt ein Condensator der Elektricität oder kurzweg ein Condensator?

Was nennt man den Deckel, die Sammlungsplatte

oder den Collector, und was die Unterlage oder die Basis des Condensators?

Wer erfand den Condensator und wie wird derselbe angewandt?

Wie ist der Duplicator beschaffen und wer hat denselben erfunden?

Was heißt ein Elektrophor oder Elektricitätsträger; und was wird die Form, der Kuchen, und der Deckel oder die Trommel desselben genannt?

Was nennt man zusammen die Basis oder die Unterlage des Elektrophors?

Was heißt ein Doppelelektrophor, und was wird ein Luftelektrophor genannt?

Welche Erscheinungen zeigt der elektrisirte Elektrophor?

Was versteht man unter medicinischer Elektricität, und auf welche Arten wird dieselbe angewandt?

Hauptsätze.

I. Man hat gefunden, daß die äußere Belegung einer Verstärkungsflasche — E erhält, wenn die innere durch Mittheilung + E bekommt, und umgekehrt.

II. Die Ladung und Entladung der Verstärkungsflasche werden aus dem Gesetze der Vertheilung erklärt.

III. Ist die Verstärkungsflasche beim Laden isolirt, so wird in derselben nur eine schwache Ladung erzeugt.

IV. Der verstärkte Funken ist viel geeigneter mehrere brennbare Körper als der einfache zu entzünden.

V. Bei einer geladenen Verstärkungsflasche wird die Elektricität der innern Belegung etwas stärker als die der äußern befunden.

VI. Durch eine mit dem Conductor verbundene isolirte Verstärkungsflasche kann eine 2te nicht isolirte geladen werden.

VII. Die Stärke der Ladung hängt — unter übgrigens gleichen Umständen — von der Größe der Belegungen ab. Die Dicken der letztern tragen zur Stärke der Ladung nichts bei; doch ändern zufällige Umstände dieselbe sehr.

VIII. In der Verstärkungsflasche sind + E und — E eben so gut an der Fläche des Glases wie an den Belegungen vorhanden.

IX. Ist eine Verstärkungsflasche entladen, so haben ihre beiden Flächen noch einige Elektricität und können dieserhalb ein 2tes, und öfters ein drittes u. s. w. Mal mit abnehmender Stärke entladen werden. Die dabei jedesmal zurückbleibende Ladung wird der Rückstand genannt.

X. Man hat gefunden, daß die Elektricität, bei Herstellung des elektrischen Gleichgewichts, in der Regel den beßten Leiter wählt, ihn aber manchmal verläßt, wenn er die ganze Fülle der Thätigkeit nicht zu fassen vermag, und daß der Funke in diesem Falle wohl auch durch die Luft überspringt; oder: daß die Elektricität bei ihrer Entladung entweder den kürzesten Weg oder den Weg des mindesten Widerstandes wählt, und daß die Entladung oft durch mehrere Wege geschieht.

XI. Die Schlagweite der elektrischen Batterie ist der Dichtigkeit der in derselben angehäuften Elektricitätsmenge proportional und zugleich von der Form der Flächen abhängig, zwischen welchen der Entladungsfunken überspringt.

XII. Die Schlagweite der elektrischen Batterie ist von der Beschaffenheit des Schließungsbogens ganz unabhängig.

XIII. Wenn man einen isolirten Leiter mit einem elektrisirten Körper oder einer dauernden Quelle von Elektricität in Verbindung bringt, so wird derselbe bis zu einem gewissen Grade elektrisirt.

XIV. Wird dem isolirten Leiter, während er mit der Elektricitätsquelle verbunden ist, ein nicht isolirter Leiter genähert, so bekommt der erstere einen viel höhern Grad von Elektricität als in Nr. XIII.; oder, was dasselbe ist: seine Capacität für die Elektricität wird durch die Nähe des nicht isolirten Leiters vermehrt.

XV. Aus v. N. werden die Wirkungen des Condensators erklärt.

XVI. Die Wirkungen des Elektrophors ergeben sich aus den Gesetzen über die Vertheilung der Elektricität.

XVII. Der Elektrophor vertritt in vielen Fällen die Stelle einer Elektrisirmaschine, und wird auch zur Ladung einer Verstärkungsflasche gebraucht.

XVIII. Der Elektrophor wird nicht blos durch Reibung, sondern auch durch Mittheilung elektrisirt.

Uebungssätze.

1) Durch den Funken einer Verstärkungsflasche werden mehrere brennbare Körper, wie Wasserstoffgas, Alkohol, Aether, Terpentinöl, Colophonium, Baumwolle, Schießpulver, Phosphor u. s. w. entzündet.

2) Wenn der elektrische Schlag durch schlecht leitende Körper gehen muß, so werden dieselben durchlöchert, auch wohl zersprengt und zwar so, daß der Rand des Loches an beiden Seiten erhoben sich zeigt.

3) Wenn durch 2 oder mehrere mit einander in Verbindung stehende Menschen die Entladung erfolgt, so fühlt jeder in der Hand, im Arme und bisweilen in der Brust eine elektrische Erschütterung.

4) Die Geschwindigkeit der Elektricität durch einen Kupferdraht übertrifft (nach Wheastone) die des Lichts durch den planetarischen Raum.

5) Durch den Schlag einer elektrischen Batterie werden Vögel und andere kleine Thiere augenblicklich getödtet.

6) Der Funke einer Batterie dringt durch dünnes Glas, ohne es zu zerbrechen. Auch schlägt derselbe durch vielfache Pappe, durch ein Spiel Karten, durch Staniol- und Bleiblätter u. s. w. ein Loch.

7) Die tropfbaren und ausdehnsamen Flüssigkeiten werden durch den verstärkten Funken bedeutend ausgedehnt.

8) Der aus einer Batterie gezogene Funken macht feine Metallfäden glühend, schmilzt und oxydirt oder verbrennt sie. Auch bewirkt derselbe chemische Zersetzungen und leitet chemische Zusammensetzungen ein.

9) Manche Körper werden phosphorescirend, wenn der Funken einer Batterie durch sie geleitet wird.

10) Das Eisen und der Stahl werden durch den Enladungsschlag der Batterie magnetisirt.

11) Auf der Entzündung des Wasserstoffgases beruht die elektrische Zündmaschine; auch wird die elektrische Pistole zur Entzündung des Knallgases gebraucht.

12) Aus dem im gehörigen Verhältnisse gemischten Wasserstoff- und Sauerstoffgase wird durch den Funken einer Batterie Wasser erzeugt.

13) Die Lacmustinktur wird durch die + E geröthet, und durch die — E wieder hergestellt.

14) Aus einer gesättigten Silberauflösung wird durch die — E ein Niederschlag erhalten und dieser vermittelst der + E wieder aufgelöst.

15) Steckt man die Draht-Enden des allgemeinen Ausladers in einen Apfel oder in eine Citrone, und läßt den verstärkten Funken durchgehen, so leuchtet die Frucht.

16) Wenn man einen Stahldraht in der Richtung von Norden nach Süden legt, und den Funken der Batterie durch denselben führt, so wird der Draht magnetisirt und zwar so, daß sein gegen Norden gekehrtes Ende den Nordpol erhält.

17) Die Metalldrähte werden durch den verstärkten Funken um so mehr erhitzt, je schwieriger sie die Elektricität durch sich hindurch lassen.

18) Das Leitungsvermögen der Körper wird durchs Pulvern geschwächt.

19) Man kann einen elektrischen Schlag über die Wasseroberfläche ziemlich weit fortleiten.

20) Der Elektrophor wird bei der elektrischen Zündmaschine (oder bei der ehemaligen elektrischen Lampe) angewandt.

21) Die Elektricität wirkt als Reiz für Nerven und Muskeln;

und zwar anders, wenn sie in Form von Entladungsschlägen, anders wenn sie in Form von Spitzenausströmung und noch anders, wenn sie durch bloße unmittelbare Ueberleitung auf den Organismus sich thätig erweist.

22) Man hat bemerkt, daß die Muskeln der durch die elektrischen Entladungsschläge getödteten Thiere nicht nur weit eher ihre Reizbarkeit verlieren, sondern daß auch die ganzen Körper weit schneller faulen, als wenn der Tod auf andern gewaltsamen Wegen erfolgt.

23) Die elektrischen Schläge äußern auf die Pflanzen Wirkungen, welche die Reizbarkeit ihrer Theile zerstören.

24) Manche Personen sind gegen die elektrischen Schläge besonders empfindlich, während andere eine große Unempfindlichkeit dagegen besitzen.

Zwei und siebenzigstes Kapitel.

Von den verschiedenen Erregungsarten der Elektricität, und von der organischen Elektricität.

Was wird organische Elektricität genannt?

Hauptsätze.

I. Einige Mineralkörper werden durch den schwächsten Druck elektrisirt, und halten ihre Elektricität alsdann fest.

II. Man hat gefunden, daß eine Elektricitätsentwicklung nicht nur in vielen Fällen mechanischer Trennung stattfindet, sondern auch entsteht, wenn eine Flüssigkeit in Dampfgestalt von andern Substanzen, die sie entweder in Auflösungen enthielt oder womit sie in Berührung stand, sich losreißt.

III. Die Dämpfe werden nur dann elektrisirt, wenn sie entweder aus Auflösungen von Substanzen, zu denen sie chemische Verwandtschaft haben, oder aus Gefäßen, worauf sie chemisch einzuwirken vermögen, sich entbinden.

IV. Es giebt viele Erscheinungen, welche eine Elektricitätserregung beim Schmelzen und Gefrieren andeuten; auch haben Pouillets Versuche gelehrt, daß selbst die chemische Verbindung des Sauerstoffs mit andern Körpern, worauf die Erscheinung des Verbrennens beruht, mit einem Freiwerden von Elektricität begleitet ist.

V. Die krystallisirten Körper und vorzüglich diejenigen, welche keine Symmetrie in der Zahl der Flächen ihrer Enden zeigen, werden durch bloße gleichmäßige Erwärmung elektrisirt.

VI. Pouillet hat gezeigt, daß der Vegetationsprozeß eine Elektricitätsentwicklung bewirkt, die auf der Bildung der chemischen Verbindungen und Zersetzungen zu beruhen scheint, welche die Pflanzen dabei mit der atmosphärischen Luft eingehen.

VII. Manche Fische geben elektrische Erschütterungen, wenn man sie entweder unmittelbar mit der Hand oder mittelbar mit einem leitenden Körper, z. B. mit einem Metallstabe, berührt.

VIII. Die in v. Nr. erwähnten Fische werden elektrische genannt.

IX. Zu den bekanntesten elektrischen Fischen gehören:

a) der surinamische Zitteraal in vielen Gewässern von Südamerika;

b) der Zitterrochen oder Krampffisch im mittelländischen und Nordmeere;

c) der Zitterwels im Nil und andern afrikanischen Gewässern;

d) der Stachelbauch in den indischen und afrikanischen Meeren und in der Gegend von Madagaskar;

e) der indische Aal in den indischen Meeren.

X. Die elektrischen Fische sind zur Hervorbringung der elektrischen Erscheinungen mit eigenen, zellichten (viele Blutgefäße und starke Nerven enthaltenden und längs ihren Körper sich erstreckenden) Werkzeugen versehen.

Uebungssätze.

1) Der rhomboidale Kalkspath bekommt durch einen Druck zwischen trockenen Fingern eine +E, welche er weder durch einen mit ihm und dem Boden verbundenen Leiter noch durchs Eintauchen ins Wasser verliert.

2) Taucht man eine Glas- oder Siegellackstange in Quecksilber, so wird dieselbe elektrisirt herausgezogen.

3) Die Wärme ist der Elektricitätserregung durch Druck sehr günstig.

4) Die Flamme brennender Körper ist fast jeder Zeit negativ elektrisirt.

5) Bei der Krystallisation der Salze werden oft Lichterscheinungen bemerkt.

6) Beim Schmelzen und Abkühlen zeigen Wachs, Schwefel, Siegellak und Chokolade elektrische Erscheinungen.

7) Wenn das Wasser in einer isolirten Verstärkungsflasche bei einer sehr niedrigen Temperatur schnell gefriert, so wird ihre innere Belegung mit +E und ihre äußere mit —E geladen.

8) Beim schnellen Aufthauen des Wassers in hoher Temperatur ist die Ladung der Verstärkungsflasche entgegengesetzt.

9) Wird der geschmolzene Schwefel in ein Gefäß von gedörrtem Holze gegossen, so bekommt er — E und das Gefäß + E.

10) Wenn man diesen Schwefel in eine metallene Schale gießt, so zeigt er + E und die Schale — E.

11) Geschmolzenes Wachs, in Glas oder Holz gegossen, bekommt — E, das Glas oder Holz aber + E.

12) Siegellack auf Schwefel gegossen, erhält + E, und läßt dem Schwefel — E.

13) Die geschmolzene und in zinnernen Pfannen abgekühlte Chokolade zeigt sich stark elektrisirt.

14) Der Turmalin wird durch bloße Erwärmung elektrisirt.

15) Legt man ihn auf Kohlen, so zieht er zuerst die Asche an, stößt sie alsdann wieder ab; und wird deßhalb der Aschenzieher oder Aschendrecker genannt.

16) Wird der Turmalin in mehre Theile getheilt, so hat jeder Theil seinen positiven und negativen Pol.

17) Der Topas aus Brasilien und Sibirien, der Smaragd aus Brasilien und der Boracit werden ebenfalls durch Erwärmung elektrisirt.

18) Die elektrische Kraft der elektrischen Fische steht mit ihrer Nervenkraft im Verhältniß.

19) Auf jede elektrische Wirkung folgt unmittelbar eine Schwächung.

20) Die elektrische Kraft stellt sich wieder ein, wenn die Fische einige Zeit geruht.

21) Sie wird durch den Einfluß der Wärme noch befördert.

22) Der surinamische Zitteraal giebt den bedeutendsten Schlag, doch bringt derselbe keine Wirkung auf das Elektrometer hervor.

23) Am Zitteraale wurde elektrisches Licht bemerkt.

24) Wenn man bei trockenem Wetter über den Rücken einer lebendigen Katze (aufwärts) streicht, so sträuben sich die Haare, werden von der Hand angezogen, und erhalten öfters die Eigenschaft dem genäherten Knöchel u. s. w. knisternde Funken zu geben.

25) Aus den Haaren mancher Menschen gehen beim Kämmen Funken hervor. Hierzu werden hauptsächlich die feinen und weichen Haare (wie gewöhnlich die blonden) wenn sie nicht fettig sind, gezählt.

Drei und siebzigstes Kapitel.

Von der atmosphärischen oder Luft-Elektricität.

Was heißt atmosphärische oder Luft-Elektricität, und wodurch wird dieselbe erforscht?

Hauptsätze.

I. Bei heiterer Witterung ist die atmosphärische Elektricität immer positiv.

II. Bei normalem heiterm Zustande der Atmosphäre hat ihre +E innerhalb 24 Stunden 2 Maxima und 2 Minima.

III. Die Zeit ihrer größten Stärke fällt einige Stunden nach Aufgang und nach Niedergang der Sonne, während die ihrer größten Schwäche vor dem Auf- und Niedergange derselben sich zeigt.

IV. Das Periodische der + E wird nur an heitern Tagen so regelmäßig bemerkt.

V. Bilden sich Wolken oder fällt gar Regen, so zeigen sich viele Abwechselungen und man bemerkt alsdann, daß +E in —E u. s. w. übergeht.

VI. Die verschiedenen Jahreszeiten üben zunächst ihren Einfluß auf die Zeit des Eintritts der täglichen Maxima und Minima aus.

VII. Die Zeiten der Maxima sind zu derselben Jahreszeit nicht immer einander gleich.; und der Einfluß der Jahreszeiten äußert sich noch besonders in einer regelmäßigen jährlichen Periode dergestalt, daß die Elektricität im Winter stärker als im Sommer sich zeigt.

VIII. Die Elektricität ist bei heiterm Himmel am stärksten; bei gewölktem schwach; und an warmen Tagen weniger stark als an kalten bei gleicher Heiterkeit der Luft.

IX. In den höhern Luftschichten findet eine bedeutendere Elektricität als in den niedrigern statt.

X. Sehr starke Winde schwächen die Elektricität.

XI. Der Nebel besitzt +E und gewöhnlich eine um so stärkere, je dicker er ist.

XII. Die Wolken sind gewöhnlich positiv elektrisirt, und haben dieselbe elektrische Intensität wie der dichtere Nebel in den tiefen Thälern.

XIII. Jedes fallende meteorische Wasser ist bald mehr und bald weniger elektrisirt; und die Stärke seiner Elektricität ist gewöhnlich bedeutend größer als die der ruhigen atmosphärischen Luft.

XIV. Der Gang des Luftelektrometers ist bei der Annäherung eines Gewitters sehr veränderlich.

XV. Saussure hat die in Nr. I—XIV. angegebenen Erscheinungen nach der Franklinschen Hypothese und Becquerel durch Thermoelektricität zu erklären versucht.

Uebungssätze.

1) Die tägliche elektrische Periode ist im Sommer weniger regelmäßig und ausgezeichnet als im Winter.

2) Der Regen ist nur dann elektrisirt, wenn ein positiv elektrisirter mit einem negativ elektrisirten schnell wechselt.

3) Die Stärke der dem fallenden meteorischen Wasser zukommenden Elektricität ist im Sommer am größten und im Winter am kleinsten.

4) Die einzelnen Regen zeigen sich desto stärker elektrisirt, je dichter sie sind, oder überhaupt, je schneller und je mehr Wasser in derselben Zeit aus Dunstblasen in den tropfbar-flüssigen Zustand übergeht.

Vier und siebzigstes Kapitel.

Von der durch Berührung erregten oder von der Contact-Elektricität.

Was heißen galvanische Erscheinungen oder Phänomene des Galvanismus?

Wie werden die galvanischen Fundamental-Versuche angestellt?

Wer hat die Erscheinungen des Galvanismus zuerst richtig erklärt; und wie werden dieselben aus diesem Grunde genannt?

Was nennt man Erreger (Commotoren oder Excitatoren), und was bloße Leiter?

Was heißt eine einfache Volta'sche (oder Galvanische) Kette oder Säule, oder einfacher Elektromotor; und wie wird dieselbe construirt?

Woher kommt der Name Elektromotor?

Was heißt die elektromotorische Kraft?

Was nennt man das Zink und Kupferende, oder den Zink- und Kupferpol?

Was nennt man den Verbindungs- oder Schließungsdrath oder Schließungsbogen oder Schließungskreis; und wann heißt eine einfache Volta'sche Kette geschlossen?

Hauptsätze.

I. Wenn man zwei heterogene und isolirte Leiter mit einander in Berührung bringt, und alsdann wieder von einander trennt, so geht in dem einen ein freies +E und in dem andern ein freies —E hervor.

II. Die Elektricität ist auf den sich berührenden Platten nicht gleichmäßig verbreitet, indem dieselbe an den in Berührung stehenden Stellen etwas stärker als auf der übrigen Oberfläche erscheint.

III. Nach Volta existirt vielleicht kein Körper, welcher als bloßer Leiter sich zeigt.

IV. Die Metalle sind unter allen Körpern die vorzüglichsten Erreger der Elektricität.

V. Werden Silber, Kupfer, Eisen, Zinn, Blei, Zink in die hier beobachtete Ordnung gebracht, so findet man, daß jedes dieser Metalle in Berührung mit einem Vorhergehenden +E und mit einem Nachfolgenden —E erhält.

VI. Die in v. N. erwähnte Reihe wird die galvanische Spannungsreihe genannt.

VII. Nicht alle Erreger bringen, wenn sie einander berühren, einen gleichen Elektricitätsgrad hervor.

VIII. Die Metalle äußern bei ihrer Berührung im Allgemeinen eine desto größere elektrische Wirkung, je verschiedenartiger sie sind.

IX. Kupfer und Zink werden gewöhnlich zur einfachen galvanischen Kette gebraucht.

Fünf und siebzigstes Kapitel.

Von dem zusammengesetzten Elektromotor, oder von der zusammengesetzten Volta'schen Säule oder Kette.

Was heißt ein zusammengesetzter Elektromotor, oder eine zusammengesetzte Volta'sche Säule oder Kette, oder eine Volta'sche Batterie, oder eine Kettenkette?

Was heißen die Polardrähte und was die Elemente?

Was nennt man einen zusammengesetzten geschlossenen Elektromotor oder eine zusammengesetzte geschlossene Säule oder Kette?

Wie sind die gebräuchlichsten Valta'schen Säulen eingerichtet; und wie sind namentlich die säulenförmigen Apparate, die Tragapparate, die Becherapparate und die Apparate von constanter Wirkung construirt?

Wann besitzt die gewöhnliche Säule die größtmöglichste Wirksamkeit?

Was heißen Wollaston'sche Platten, und was Calorimotoren oder Dephagratoren?

Was werden physiologische Wirkungen des Galvanismus genannt?

Hauptsätze.

I. Der Tragapparat von Grove, dessen Elemente aus Platin und amalgamirtem Zink bestehen, ist von sehr großer Wirksamkeit.

II. Wenn man Zink mit Eisen combinirt und die Schwefelsäure als Flüssigkeit gebraucht, so erhält man einen viel kräftigern Strom als unter gleichen Umständen eine Combination von Zink und Kupfer erzeugt.

III. Man hat Säulen aus zwei feuchten und einem trockenen, und aus einem feuchten und einem trocknen Leiter construirt.

IV. Aus der Verbindung zweier Flüssigkeiten (nämlich des Kali mit der Salpetersäure) entsteht ein schwacher galvanischer Strom.

V. Die Volta'sche Säule ist entweder isolirt oder mit dem Erdboden in leitende Verbindung gebracht. Im erstern Falle ist der elektrische Zustand der Pole so, daß beide mit einander im Gegensatze stehen, d. h. das der eine +E und der andere —E besitzt.

VI. Werden die beiden Pole der Volta'schen Kette leitend mit einander verbunden, so hebt sich der Gegensatz, jedoch nicht für die Dauer, auf, und es entsteht eine Kreiswirkung dergestalt, daß die Kette stets entladen und wieder geladen wird.

VII. Die vorzüglichsten Wirkungen der Volta'schen Säule sind:

1) galvanische Anziehungen und Abstoßungen und Ladung einer Verstärkungsflasche;
2) Entbindung von Licht und Wärme;
3) Verschiedene chemische Processe und Ueberführung von Stoffen durch andere ihnen chemisch verwandte, ohne sich mit ihnen zu verbinden;

4) Elektrische Schläge und andere Einwirkungen auf verschiedene Sinnesorgane;
5) Verschiedene Wirkungen auf die außerhalb des Schließungsdrahtes befindlichen Magnetnadeln oder des Magnetismus fähige Körper, u. s. w.

VIII. Da am Zinkpole stets +E und am Kupferpole —E ausströmt, so wird der Zinkpol der positive oder plus Pol, und der Kupferpol der negative oder minus Pol genannt.

IX. In Bezug auf die Wirksamkeit der Volta'schen Säule wurde Folgendes ermittelt:

a) Die Menge der erregten elektrischen Materie ist von der Flächengröße der Platten abhängig.
b) Die Stärke, Spannung und Intensität der elektrischen Materie hängt, bei dem nämlichen feuchten Zwischenleiter, von der Anzahl der Plattenpaare ab.
c) Es liegt viel daran, die ganze dem Wasser ausgesetzte Oberfläche feucht zu erhalten.
d) Wird das reine Wasser als Flüssigkeit gebraucht, so sind die meisten Wirkungen der Säule nur gering. Eine bei weitem größere Wirkung ergiebt sich aber, wenn man statt des Wassers eine verdünnte Salzauflösung nimmt, und am Wirksamsten haben sich Mischungen von Säuren mit Wasser (z. B. verdünnte Salpetersäure, Schwefelsäure u. s. w.) gezeigt.

XX. Die Temperaturerhöhung in dem Querschnitte eines homogenen Drahtes ist umgekehrt proportional dem Biquadrate seines Halbmessers, direct proportional der angehäuften Elektricitätsmenge, dividirt durch die Zeit, in der dieselbe entladen wird.

Uebungssätze.

1) Je größer die Platten einer Volta'schen Säule sind, desto bedeutender ist das Vermögen der Säule Flüssigkeiten zu zersetzen, Metalle zu oxydiren und die Phänomene des Lichtes und des Verbrennens zu erzeugen.

2) Je mehr Plattenpaare eine Säule enthält, desto stärker ist der Schlag, den sie giebt, und eine desto größere Wirkung übt sie auf das Electrometer aus.

3) Der galvanische Funken ist seiner Größe, Farbe und den ihn begleitenden anderweitigen Erscheinungen nach sehr verschieden, und am Auffallendsten, wenn der Draht fein und zugespitzt sich zeigt.

4) Die Schlagweite des galvanischen Funkens ist äußerst gering.

5) Ein Metalldraht wird zum Glühen und Schmelzen gebracht, wenn er die Pole einer wirksamen Säule verbindet.

6) Die festen und flüssigen Leiter werden im Kreise einer wirksamen Säule zersetzt.

7) Die Kraft, wamit ein Draht oder sonstiger Theil der Säule ins Glühen kommt, ist der Intensität der ihn durchlaufenden Elektricität proportional, und zugleich von der Materie des Drahtes abhängig.

8) Läßt man den galvanischen Schlag durch die Ohren gehen, so empfindet man ein Brausen.

9) Man empfindet einen Geschmack, wenn die eine Hand den Verbindungsdraht des einen Poles hält, während die Zungenspitze den andern Pol berührt. Auch ergiebt sich dieselbe Empfindung, wenn man den einen Pol mit einem beliebigen Theile des Kopfes verbindet und den andern mit der Hand berührt.

10) Die Zunge erleidet am Zinkpole einen sauren Geschmack, welcher während der Schließung der Säule anhält, und mit der Trennung in einen bittern, alkalischen übergeht.

11) Der Kupferpol giebt bei und während der Schließung den alkalischen und erst bei der Trennung den sauren Geschmack.

12) Am positiven Pole hat man das Gefühl der Wärme, am negativen das der Kälte; und man bemerkt bei der Trennung, daß die Wärme in Kälte und umgekehrt übergeht.

13) Wenn man den Leitungsdraht des einen Pols mit der befeuchteten Hand und den des andern mit einer benetzten Stelle des Gesichtes berührt, so stellt sich eine blitzähnliche Lichterscheinung dar. Auch ergiebt sich dieselbe, wenn man den einen Pol mit der feuchten Hand verbindet und mit dem Leitungsdrahte des andern die Stirne berührt.

14) Wird ein mit dem Kupferpole verbundener Eisendraht so tief als möglich in das Nasenloch gesteckt, und die Säule alsdann geschlossen, so wird eine schmerzhafte Empfindung in der Nase und ein Reiz zum Niesen verspürt.

15) Befeuchtete muskulöse Theile ziehen sich zusammen, wenn man die Pole der Säule durch sie verbindet.

16) Jeder mittelst der Säule erhaltene Schlag ist mit einer stärkern oder schwächern Zuckung verknüpft.

17) Wenn man eine frische Ochsenzunge mittelst eines eisernen Nagels auf dem Tische befestigt und die Säule mit derselben schließt, so zieht sie sich so gewaltsam zusammen, daß der Nagel aus dem Tische gerissen wird.

18) Legt man auf eine Zinkscheibe ein Thalerstück und auf letzteres einen Blutegel, so giebt derselbe, so lange er mit dem Silberstück verbunden ist, kein Zeichen eines Unwohlseins zu erkennen. Kriecht er aber herum und zwar so, daß er über das Silber hinaus mit dem Zink in Berührung kommt, so prallt er, wie von einem plötzlichen Schmerze getroffen, zurück.

19) Die Wirkungen der galvanischen Reizung sind um so auffallender, je mehr und je wichtigere Nerven in den Kreis der Säule kommen.

20) Bei jedem in der Säule befindlichen Nerven u. s. w. wird stets der auffallendste Effekt in dem Augenblicke der Schließung bemerkt.

21) Die Empfindlichkeit für den Reiz des Galvanismus ist bei verschiedenen Personen gleichfalls verschieden.

22) Obgleich man den galvanischen Schlag stets am stärksten an den Stellen empfindet, womit die Säule geschlossen wird, so kann er sich doch, nach Maßgabe der Körpergröße, mehr oder minder weit durch die zwischen den Schließungsstellen liegenden Theile fortpflanzen.

23) Wenn man einen großen Theil des menschlichen oder thierischen Körpers in den Kreis der hinlänglich starken Säule bringt, so wird dadurch der ganze Organismus auf eine sehr auffallende Weise afficirt.

24) Bringt man einen von der äußern Hautbedeckung entblößten Muskel oder ganze Muskelpartbien eines noch lebenden oder kurz vorher getödteten Menschen oder Thieres in den Kreis der Säule, so erfolgen lebhafte Zuckungen dieser Muskeln, indeß das Ganze, während des Geschlossenseins der Säule, ruhig bleibt.

25) Der in v. N. angegebene Versuch wird zur Unterscheidung des Scheintodtes vom wahren Tode angestellt.

26) Der Galvanismus übt einen sehr auffallenden Einfluß auf die Absonderung und Empfindung an verwundeten Stellen aus.

27) Die Empfänglichkeit für den galvanischen Reiz dauert bei Amphibien, Fischen und Insekten bei weitem länger nach dem Tode als bei warmblütigen Thieren fort.

28) Bei den größten Säugethieren konnten die Zuckungen nicht über eine Stunde nach dem Tode erregt werden. Doch scheint der Mensch eine etwas größere Reizbarkeit zu besitzen.

29) Die kürzeste Dauer der Reizbarkeit zeigen die Vögel, und die unzerstörbarste von allen Thieren die Frösche und Flußschildkröten.

30) Bei den Fischen währt die Reizbarkeit zwar eine kürzere Zeit als bei den Amphibien, aber die Zuckungen sind bei weitem heftiger und lebhafter.

31) Auch bei Regenwürmern, Schnecken u. s. w. werden durch den galvanischen Reiz Zusammenziehungen bewirkt.

32) Gruithuisen fand, daß die Infusorien zwischen den Polen der Säule im Wassertropfen starben, besonders wenn sie sich dem einem oder dem andern Pole näherten.

33) Nach Nasse's Versuchen findet eine Bewegung der Staubfäden von Berberis vulgaris durch die Einwirkung des Galvanismus statt.

34) Das ganze Nervensystem ist, seinem Wesentlichen nach, als ein Erregungs- und Circulations-Apparat der Elektricität anzusehen.

35) Die Volta'schen Säulen verlieren ihre Kraft der Zerlegung und des Verbrennens, wie sie trocken werden, behalten aber die der Abstoßung unvermindert.

36) Der von Erman durch die Volta'sche Säule gefundene Unterschied, als ob es besondere Leiter für + E und andere für — E giebt, und andere, welche gleich gut für + E und — E sind, ist neuerdings mit überwiegenden Gründen bestritten worden.

Sechs und siebzigstes Kapitel.

Von den chemischen Wirkungen der geschlossenen Säule und von der Galvanoplastik.

Was heißt der Wasserzersetzungsapparat und wie ist derselbe beschaffen?

Was heißt Galvanoplastik und von wem wurde dieselbe erfunden?

Welche Apparate werden zu den galvanoplastischen Versuchen angewandt?

Hauptsätze.

I. Jedes integrirende Theilchen eines zusammengesetzten Körpers ist als ein galvanisches Plattenpaar anzusehen.

II. Das elektrische Verhalten und die chemische Verwandtschaft stehen im merkwürdigen Zusammenhange. So entwickeln z. B. zwei Körper, welche im Begriffe sind sich chemisch mit einander zu verbinden, entgegengesetzte Elektricitäten, welche anwachsen, wenn der Augenblick ihrer Vereinigung sich nähert, sich, sobald er eintritt, ins Gleichgewicht setzen, und dabei nach Verschiedenheit der Intensität der chemischen Wirkungen Wärme und selbst lebhaftes Feuer erzeugen.

III. Da der elektrische Gegensatz der Körper ihre Verbindungen bedingt, so müssen chemische Verbindungen verhindert oder befördert werden können, wenn man die Metalle künstlich in einen dauernden elektrischen Zustand versetzt.

IV. Wenn man die Schließung der Säule durch einen zusammengesetzten Körper bewirkt, so wird derselbe dergestalt zerlegt, daß der eine seiner Bestandtheile sich nach dem negativen, der andere nach dem positiven Pole der Säule bewegt, und mit der Substanz dieses Poles entweder in chemische Verbindung tritt, oder darum angesammelt bleibt, oder von ihm aus sich gasförmig erhebt.

V. Derjenige Bestandtheil, welcher sich zum positiven Pole bewegt, heißt der elektro-negative, während der, welcher zum negativen Pole geht, der elektro-positive Bestandtheil genannt zu werden pflegt.

VI. Zu den in den Kreis der Säule kommenden zusammengesetzten Körpern werden hauptsächlich die wässerigen Flüssigkeiten (oder die Auflösungen verschiedener Materien im Wasser) gezählt.

VII. Zu den elektro-positiven Bestandtheilen werden der Wasserstoff, andere oxydirbare Stoffe, die Oxyde, Alkalien, Erden; und zu den elektro-negativen der Sauerstoff und die Säuren gerechnet.

VIII. Die chemische Zersetzung findet unter folgenden Grundbedingungen statt:

a) Die Elektricität der Säule muß stark genug sein, den elektrischen Gegensatz, wodurch die Bestandtheile des zu zersetzenden Körpers einander festhalten, in merklichem Grade zu überwiegen.

b) Sie muß stark genug sein, die Cohäsionskraft dieser Bestandtheile zu überwinden, und muß

c) hinlängliches Leitungsvermögen besitzen, um nicht etwa den Durchgang der Elektricität durch die Säule zu unterbrechen.

IX. Durch die Volta'sche Säule wird das Wasser in seine beiden Bestandtheile zerlegt. Bringt man nämlich diese Flüssigkeit in den Kreis der Säule, so erfolgt an beiden Polen eine Zersetzung derselben, und zwar so, daß der Sauerstoff am positiven Pole bleibt und selbst vom negativen nach demselben geführt wird, und der Wasserstoff sich am negativen Pole ansammelt.

X. Der positive Pol der Säule wird der Sauerstoff- oder Oxygenpol, und der negative der Wasserstoff- oder Hydrogenpol genannt.

XI. Davy hat durch die Volta'sche Säule erwiesen, daß die Alkalien und reinen Erden nicht als einfache Stoffe sich zeigen.

XII. Hält man die Polardrähte der Säule in eine gewöhnliche Lichtflamme, und zwar so, daß der positive Pol in der Nähe des Dochtes und der negative einige Linien darüber sich befindet, so werden allmählig am erstern mehrere Linien hohe Rußdendriten erzeugt.

XIII. Am Sauerstoffpole pflegt vorzugsweise die Bildung von Oxyden und am Wasserstoffpole diejenige der Wasserstoffmetalle zu erfolgen.

XIV. Die Erscheinungen der Nobilischen elektro-chemischen Figuren, und der elektro-chemischen Bewegungen werden durch die Volta'sche Säule erzeugt.

XV. Die Thätigkeit der Säule bewirkt eine Ueberführung von Stoffen durch andere ihnen chemisch verwandte, ohne sich mit ihnen zu verbinden.

XVI. Bei den Apparaten von constanter Wirkung (welche man zu galvanoplastischen Versuchen anwendet) findet die Auflösung des Zinks gerade so wie bei den gewöhnlichen Tragapparaten statt; das Wasserstoffgas wird aber nicht frei, sondern dazu verwendet, das Kupfer in metallischer Form aus seinen Auflösungen wiederherzustellen und an der Oberfläche der Kupferplatte zu reduciren.

XVII. Die chemische Thätigkeit, welche innerhalb der geschlossenen Kette und zwar in den Zellen, worin sich die Erregerplatten befinden, statt hat, beschränkt sich nicht an diese Stelle, sondern läßt sich auch auf irgend eine andere, im galvanischen Kreise eingeschaltete Zelle, welche mit einer Flüssigkeit, durch die man mittelst gleichartiger Metallplatten den Strom leitet, übertragen.

XVIII. Die galvanoplastischen Verfahrungsarten werden aus Nr. XV und XVI. erklärt.

Uebungssätze.

1) Der negative Polardraht einer hinlänglich wirksamen Säule wird im Wasserzersetzungsapparate nicht oxydirt, wenn er gleich aus einem leicht oxydirbaren Metalle, wie Eisen, besteht; wogegen der positive um so leichter oxydirt, selbst wenn er aus einem der negativern Metalle, wie Kupfer, bereitet ist.

2) Das Eisen oxydirt an der Luft.

3) Um das Eisen vor der Oxydation der Luft zu bewahren, muß man es mit Zink in Verbindung setzen.

4) Sehr zarte Schneideinstrumente können scharf erhalten werden, wenn man ihre Handgriffe und Futterale von Zinkbeschlag anfertigt.

5) Man findet ein mit Zinkblech unter Wasser liegendes Eisenblech oder Eisenstäbchen nach einigen Tagen noch blank, während ein anderes ohne diese Verbindung sich während dieser Zeit mit Rost überzieht.

6) Die Volta'sche Säule absorbirt das Sauerstoffgas der sie umgebenden Luft.

7) Werden die aus Platin oder Gold bestehenden Polardrähte der Säule so in Wasser geführt, daß sie darin etwas von einander abstehen, so steigt am positiven oder Zinkpole Sauerstoffgas und am negativen oder Kupferpole Wasserstoffgas empor.

8) Bestehen die Verbindungsdrähte aus einem leicht oxydirbaren Metalle, z. B. aus Kupfer oder Eisen, so entbindet sich am Zinkpole kein Sauerstoffgas, sondern der Pol dieses Drahtes wird oxydirt; und an dem Kupferpole kommen die Bläschen des Wasserstoffgases zum Vorschein.

9) Man nehme 3 Becher, fülle den ersten mit schwefelsaurem Kali, den zweiten mit Ammoniumauflösung, den dritten mit Wasser;

verbinde diese Becher mittelst nasser Baumwolle, und setze den ersten mit dem negativen und den letzten mit dem positiven Pole der Säule in Verbindung. Die Schwefelsäure wird aber nun getrennt, geht durch das Ammonium, und sammelt sich im dritten mit Wasser gefüllten Becher.

10) Die Bestandtheile zersetzter Salze werden durch thierische Körper auch im lebenden Zustande geführt.

11) Wein, Bier u. s. w. haben einen andern Geschmack, wenn sie aus Metallgefäßen getrunken werden, als wenn man sich reiner gläserner Gefäße bedient.

12) In dem Innern der Erde befinden sich Schichten von verschiedenartigen Materien; und es können dieserhalb mannichfaltige Processe als Folge der dadurch erregten Elektricitäten sich zeigen.

13) Poggendorf hat die Eisensäure auf galvanischem Wege erzeugt.

Sieben und siebzigstes Kapitel.

Von der trockenen Säule.

Was nennt man eine trockene oder Zambonische Säule oder elektrische Säule im engern Sinne, und weshalb hat man ihr diesen Namen gegeben?

Wie sind die gebräuchlichsten trockenen Säulen beschaffen?

Wie ist die secundäre oder Ladungssäule von Ritter eingerichtet?

Hauptsätze.

I. Die beiden Pole der trockenen Säule zeigen entgegengesetzte Elektricitäten von gleich großer Intensität. Ist aber der eine Pol leitend mit der Erde verbunden, so wird die Elektricität des andern auf's Doppelte erhöht.

II. Die Intensität der Elektricität ist der Anzahl der Plattenpaare proportional.

III. Die Größe der Platten ist bei der Ladung ohne Einfluß; obgleich eine mit größern Scheiben versehene Säule dem Elektrometer in kürzerer Zeit ihre Intensität mittheilt und auch schneller eine Verstärkungsflasche ladet.

IV. Die trockene Säule ladet sich und die mit ihr verbundene Verstärkung nach und nach, und braucht dazu manchmal eine bedeutende Zeit.

V. Die Zambonische Säule vermag die chemischen Erscheinungen nur in unmerklichem Grade zu erregen.

VI. Die Wirkung der trockenen Säule kann Monate, ja sogar Jahre lang dauern.

VII. Man hat gefunden, daß, außer der Größe der Platten, auch die Leitungsgüte des Zwischenleiters einen Einfluß auf die Zeit der Ladung ausübt.

VIII. Die trockene Säule wird auch als ein höchst sicheres und empfindliches Elektrometer gebraucht.

IX. Wenn man zwei elektrische Säulen einige Zoll weit von einander und zwar so stellt, daß die eine ihren positiven und die andere ihren negativen Pol am obern Ende besitzt, so muß ein leicht bewegliches isolirtes leitendes Körperchen zwischen beiden Polen oscilliren.

X. Zamboni fand, daß auch aus zwei Elementen eine wirksame Säule errichtet werden kann. Diese Säule wird aber die zweigliedrige trockene Säule genannt.

XI. Wenn ein unvollkommener Leiter (z. B. ein angefeuchteter Papierstreifen) eine Säule schließt, so erhält derselbe am Plus-Pole +E und am Minus-Pole —E. Nimmt man aber nun den Streifen mittelst eines Glasstabes weg, so stellt sich das elektrische Gleichgewicht nicht sogleich wieder her, und er behält einige Zeit lang diese +E und —E.

XII. Aus v. Nr. wird die secundäre oder Ladungssäule von Ritter erklärt.

XIII. Die Ladungssäule wirkt, bei gehöriger Menge von Schichtungen auf das Elektrometer, zersetzt das Wasser, und bringt Geschmacksempfindungen und Erschütterungen hervor. Werden ihre Pole durch einen vollkommenen Leiter verbunden, so wird sie nach und nach durch wiederholte Berührungen entladen.

Acht und siebzigstes Kapitel.

Von der Theorie der Volta'schen Säule u. s. w.

Hauptsätze.

I. Manche Physiker betrachten den zwischen den festen und flüssigen Erregern stattfindenden chemischen Proceß als die eigentliche Quelle der in der Säule wirksamen Elektricität.

II. Andere leiten die Erregung der Elektricität von der bloßen Berührung der Körper und insbesondere der Metalle von einander ab, halten aber die Fortdauer dieser Erregung als wesentlich geknüpft an den chemischen Proceß.

III. Noch andere setzen das Wesen des Galvanismus in die Combination eines ganz eigenthümlichen chemischen Processes mit der elektrometrischen Wirkung der Körper und insbesondere der Metalle auf einander.

IV. Wenn eine Kupfer- und Zinkplatte sich berühren, so wirken sie so auf einander, daß die Differenz ihrer Elektricitäten = 1 ist, wenn nämlich die Elektricität der Zinkplatte = $+\frac{1}{2}$ und die der Kupferplatte = $-\frac{1}{2}$ beträgt.

V. Die nicht isolirte Säule hat in ihrer ganzen Länge nur eine und dieselbe Art von Elektricität, welche von dem abgeleiteten Pole an, wo sie = Null ist, bis zum andern Pole wächst.

VI. Die an beiden Polen isolirte Säule hat beiderlei Arten von Elektricität, die in der Mitte = Null sind; und nach beiden Polen hin in gleichem Grade zunehmen.

VII. Die Intensität der Elektricität an jedem Pole der isolirten Säule ist halb so groß, als die an dem isolirten Pole einer Säule, deren anderer Pol mit dem Erdboden in leitender Verbindung steht.

VIII. Die Intensität der Elektricität am positiven Pole ist gleich der am negativen, wenn nur die beiden Pole der Säule gleich gut isolirt sind.

Neun und siebzigstes Kapitel.

Von den einfachen elektromagnetischen Wirkungen und von dem elektromagnetischen Multiplikator.

Was versteht man unter den einfachen elektromagnetischen Wirkungen, und wie werden die hierhergehörigen Versuche angestellt?

Was heißt Elektromagnetismus, und wer hat die Erscheinungen desselben entdeckt?

Was heißt der Schweiggersche Multiplikator, und weßhalb hat derselbe diesen Namen erhalten?

Wer hat den Elektro-Multiplikator verbessert, und wie sind die neuesten Multiplikatoren eingerichtet?

Hauptsätze.

I. Für die geschlossene Säule ergiebt sich:

a) Die Quantität der Elektricität, welche sich gleichförmig von der Berührungsstelle zweier Metalle aus verbreitet, bleibt unverändert, mögen letztere in viel oder wenig Punkten sich berühren.

b) Ist die Säule blos aus verschiedenen Metallen zusammengesetzt, so verhält sich die freie Elektricität ihrer Endglieder eben so, als wenn die Zwischenglieder nicht vorhanden wären.

c) Für die Wirkung der Säule ist es im Allgemeinen ohne merklichen Einfluß, wenn man eins ihrer metallischen Glieder mit dem Finger berührt.

II. Die zusammengesetzte Säule erzeugt eine Vervielfältigung des Stromes.

III. Man darf nicht als ausgemacht ansehen, daß die Stärke des Stromes in geradem Verhältnisse mit der Zahl der Plattenpaare wächst.

IV. Oerstedt fand, daß der galvanische Strom eine Ablenkung der Magnetnadel bewirkt.

V. Wenn man sich einen Beobachter in der Richtung des Stromes und zwar so liegend denkt, daß der positive Strom zu seinen Füßen ein- und zu seinem Kopfe austritt, und daß sein Gesicht der Magnetnadel zugekehrt ist, so wird der Nordpol der Nadel jedesmal nach seiner linken Hand abgelenkt.

VI. Aus Nr. IV. werden die Ersch.inungen des Schweigger'schen Multiplikators erklärt.

VII. Der Schweiggersche Multiplikator wird auch als Galvanoskop oder Galvanometer, d. h. als ein Mittel gebraucht, zu erfahren, ob 2 gegebene Substanzen durch ihre Berührung die Elektricität erregen oder nicht.

Achtzigstes Kapitel.

Von der thermoelektrischen Kette oder Säule.

Was nennt man thermoelektrische (auch thermomagnetische) Ketten oder Säulen, und wer hat dieselben erfunden?

Wie sind die gebräuchlichsten thermoelektrischen Ketten eingerichtet, und wie werden die Versuche damit angestellt?

Was nennt man hydroelektrische Säulen oder Ketten?

Wie ist der von Nobili und Melloni erfundene und verbesserte Thermo-Multiplikator beschaffen?

Hauptsätze.

I. Zur Entstehung des thermoelektrischen Stromes ist ein ununterbrochener Zusammenhang der Kette erforderlich.

II. Die Gegenwart der Luft ist ohne Einfluß auf die Erregung des Stromes; auch bleibt die Wirkung gleichgeartet, wenn durch die Hitze der Berührungsstelle eines der sich berührenden Metalle in Fluß geräth.

III. Die Wirksamkeit der Kette nimmt, bei derselben Länge, mit der Zahl ihrer Elemente zu.

IV. Wenn jedes Element die nämliche Länge behält, mithin die Länge der Kette in demselben Grade zunimmt, als die Zahl ihrer Elemente wächst, so bringt eine aus 2, 3, 4 oder **n** Elementen bestehende Kette, dieselbe Wirksamkeit wie eine eingliedrige hervor.

V. Man hat gefunden, daß die thermoelektrische Kette, außer der magnetischen Wirkung, die andern in viel schwächerm Grade als die hydroelektrische erzeugt.

Uebungssätze.

1) Peletier fand, daß an der Löthstelle einer Wismuth- und Antimonstange durch den hindurchgehenden Strom Kälte entstand, wenn er vom Wismuth zum Antimon ging; und daß Wärme erzeugt wurde, wenn seine Richtung die umgekehrte war.

2) Man hat eine Zersetzung des Wassers, der Säuren und Salzauflösungen durch thermoelektrische Ströme bewirkt, und den Ketten auch elektrische Funken entlockt.

3) Der Thermomultiplikator ist eine Art von Thermoskop, welches zur Auffindung der schwächsten Wärmespuren dient, indem es schon in einer Entfernung von 25 — 30 Fuß durch die Wärme eines Menschen ergriffen wird.

4) Der von Davy ausgesprochene Satz, daß die Insekten eine eigenthümliche Wärme besäßen, wurde durch den Thermomultiplikator außer Zweifel gesetzt.

5) Es wurde ein kleines Stück Phosphor unter den Thermomultiplikator gebracht, und eine Ablenkung der Magnetnadel von 50 Grad bemerkt, obgleich das mit einem sehr empfindlichen Thermometer versehene Phosphorstückchen nicht die geringste Wärme anzeigt.

Ein und achtzigstes Kapitel.

Von der Stärke des elektrischen Stromes.

H a u p t s ä t z e.

I. Die Leiter besitzen nicht sowohl ein positives Vermögen den Strom fortzuführen, sondern setzen demselben einen größern oder kleinern Widerstand entgegen, welcher seine Kraft vermindert.

II. Die elektromotorische Kraft und der Leitungswiderstand der Säule bestimmen gemeinschaftlich die Kraft der letztern, und zwar so, daß (nach Ohm) die Stromesstärke durch einen Bruch, der die **elektromotorische Kraft zum Zähler und den Widerstand zum Nenner hat, vorgestellt werden kann.**

III. Der Widerstand ist von den beiden Elementen als das allgemeinere anzusehen. Auch hat derselbe nichts mit der Elektricitätsquelle zu schaffen, indem er, unter gleichen Umständen, für Elektricität von jedem Ursprunge der nämliche bleibt.

IV. Die elektromotorische Kraft erweist sich hinsichtlich der sie hervorrufenden und abändernden Umstände so verschieden, als es die Erregungsweisen elektrischer Ströme sein können.

V. Poggendorf hat eine Methode zur quantitativen Bestimmung der elektromotorischen Kraft inconstanter galvanischer Ketten angegeben.

VI. Der Gesammtwiderstand der Volta'schen Säule ist?

a) aus dem Widerstand der metallischen Theile,

b) aus dem eigenthümlichen Widerstande des in der Säule befindlichen flüssigen Leiters, und

c) aus dem Widerstande des Ueberganges zusammengesetzt.

VII. Man hat gefunden, daß der Widerstand der metallischen Theile direct proportional ihrem auf der Richtung des Stromes senkrechten Querschnitte, und außerdem noch von der Materie und Temperatur abhängig ist.

VIII. Aus v. Nr. wurde das Leitungsvermögen der Metalle mit großer Genauigkeit bestimmt; und man fand: daß Kupfer und Silber zu den besten; Blei, Eisen, Zinn zu den schlechtesten metallischen Elektricitätsleitern gehören; und daß Platin und Eisen ohngefähr einen gleichen Leitungswerth besitzen.

IX. Wenn mehrere parallele Drähte, welche verschiedene Längen und Dicken besitzen und von verschiedenen Materien sein können, die beiden Pole einer Säule verbinden, so wird der Strom zwischen den einzelnen Zweigen sich theilen und seine Größe darin ihrem Leitungsvermögen beziehlig proportional sich zeigen.

X. Wenn der elektrische Strom einen leitenden Draht durchgeht, und ein anderer Draht *), in geringem Abstande parallel mit demselben läuft, so wird auch in dem letztern ein elektrischer Strom erzeugt, welcher die nämliche Richtung wie der ursprüngliche besitzt. Dieser 2te Draht wird in einem 3ten abermals einen gleichen und so fort von abnehmender Stärke erregen.

XI. Der in v. Nr. angegebene 2te sogenannte Induktionsstrom wird zur Construktion der Induktionsrollen, die sich durch ihre großen physiologischen Wirkungen auszeichnen, benutzt.

XII. Die Ab- und Zunahme der Stromeskraft, in galvanischen Säulen, durch Vermehrung und Verminderung ihrer Leitungswiderstände, das Verhältniß der hydro- und thermoelektrischen Ketten und noch viele andere bei galvanischen Combinationen stattfindenden Erscheinungen, werden aus den in diesem Kapitel angegebenen Sätzen erklärt.

Zwei und achtzigstes Kapitel.

Von der magnetischen Anziehung und Abstoßung, und von der Vertheilung des Magnetismus.

Was heißt ein natürlicher und was ein künstlicher Magnet?

Woher kommt der Name Magnet, und wo werden hauptsächlich natürliche Magnete gefunden?

Was nennt man magnetische Erscheinungen und was Magnetismus?

Wann wird ein Körper magnetisch und wann magnetisirt genannt?

Was nennt man die Pole eines Magneten, und wie werden dieselben ermittelt?

Welcher Pol wird der Nordpol und welcher der Südpol des Magneten genannt?

---

*) Beide gegen den Uebergang der Elektricität durch isolirende Ueberzüge geschützt.

Was sind gleichnamige und was ungleichnamige Pole?

Was heißt die Axe und was die Polarität eines Magneten?

Was nennt man eine Magnetnadel, und wie wird dieselbe aufgehängt?

Wann wurde die Richtung der Magnetnadel zuerst beobachtet?

Was heißt (magnetische) Polarität?

Welche natürliche Magnete werden zusammengesetzte oder anomalische genannt?

Was heißt der magnetische Wirkungskreis?

Was wird der absolute, was der relative Indifferenzpunkt und was der Culminationspunkt genannt?

Was heißt thierischer oder animalischer Magnetismus, und wie wird aus diesem Grunde der gewöhnliche Magnetismus genannt?

Hat der thierische Magnetismus etwas mit dem mineralischen gemein?

Was nennt man Somnambulismus, und was einen Somnambul oder Hellsehenden?

Wie und auf welche Weise wird der mineralische Magnetismus bei mancherlei Uebeln angewandt?

Hauptsätze.

I. Die magnetische Kraft ist nicht blos im Eisen, sondern auch in Nickel und Kobalt befindlich.

II. Nach Coulomb's Versuchen nehmen alle festen Körper an den magnetischen Erscheinungen, aber in einer solchen Schwäche Theil, daß sie ihre Kraft unsern Beobachtungen entzieht und nur in gewissen äußerst feinen Versuchen bemerklich wird.

III. Der Magnet und das Eisen (oder der Stahl) ziehen einander wechselseitig und zwar in einer Entfernung an, welche bei einem großen Magneten 10—15 Fuß betragen und auch bei einem kleinen noch bedeutend sein kann, wenn das Eisen im letztern Falle leicht und sehr beweglich ist.

IV. Kommt das Eisen mit dem Magneten in Berührung, so hängt es mit größerer oder kleinerer Stärke damit zusammen.

V. Die Kraft eines Magneten wird durch das Gewicht des Eisens gemessen, welches derselbe zu tragen vermag.

VI. Die magnetische Kraft wirkt durch alle Materien und ihre Wirkung wird nicht einmal durch dazwischen liegende Körper geschwächt *).

VII. Der Magnet zieht das Eisen an seinen Polen am stärksten an.

VIII. Aus den Versuchen von Coulomb geht hervor:
daß die Anziehung des Magneten im geraden Verhältnisse seiner Stärke und im umgekehrten des Quadrates seiner Entfernung vom Eisen sich befindet.

IX. Ein Magnet wirkt auf einen andern dergestalt, daß die gleichnamigen Pole sich gegenseitig abstoßen und die ungleichnamigen sich anziehen, oder in andern Worten, daß der Südpol des einen den Südpol des andern abstößt und den Nordpol desselben anzieht und umgekehrt.

X. Die gleichnamigen Pole werden die feindlichen und die ungleichnamigen Pole die freundschaftlichen genannt.

XI. Bezeichnet man den Magnetismus des Nordpols durch $+\mathbf{M}$ und den des Südpols durch $-\mathbf{M}$, so ergiebt sich:

1) $+\mathbf{M}$ stößt $+\mathbf{M}$, und $-\mathbf{M}$ stößt $-\mathbf{M}$ ab,

2) $+\mathbf{M}$ zieht $-\mathbf{M}$, und $-\mathbf{M}$ zieht $+\mathbf{M}$ an.

XII. Man hat gefunden, daß auch das Gesetz der Vertheilung beim Magnetismus stattfindet, indem jeder Magnetismus $+\mathbf{M}$ oder $-\mathbf{M}$ in seiner Umgebung einen entgegengesetzten $-\mathbf{M}$ oder $+\mathbf{M}$ erzeugt.

XIII. Bei der Vertheilung des Magnetismus erleidet der wirksame Magnet weder an Kraft noch an Stoff einen Verlust.

XIV. Die Erscheinungen des relativen Indifferenzpunktes und des Culminationspunktes werden aus dem Gesetze der Vertheilung erklärt.

XV. Die magnetische Anziehung findet nur zwischen den ungleichnamigen Polen statt, indem das Eisen, bevor es der Magnet anzieht, durch Vertheilung magnetisiret wird.

XVI. Aepinus hat die magnetischen Erscheinungen durch Eine einzige magnetische unwägbare Materie erklärt.

XVII. Wilke nahm zwei magnetische Materien an, welche sich anziehen und wovon die Theile jeder einzelnen einander abstoßen.

XVIII. De Cartes, Euler und Bernouilli haben die magnetischen Anziehungen und Abstoßungen auf andere Weisen erklärt.

---

*) Man bemerke (als Ausnahme von dieser Nummer) daß der Magnet durch Eisen selber keine Wirksamkeit äußert, wenn eine eiserne Platte als Scheidewand zwischen dem Magneten und Eisen und zwar so sich befindet, daß die eine Fläche desselben gegen den erstern und die andere gegen das letztere gekehrt ist.

Uebungssätze.

1) Hängt man ein Stück Eisendraht an einem Faden auf und nähert ihm dann einen Magneten, so bewegt sich der Draht nach dem Magneten und bleibt zuletzt an ihm hängen.

2) Ist der Magnet frei und beweglich, so geht derselbe gegen das Eisen.

3) Läßt man einen Magneten und ein Stück Eisen auf dem Wasser schwimmen, so nähern sie sich einander und hängen alsdann zusammen.

4) Nähert man den Magneten einer Menge von Eisenfeilspänen, so richten sie sich auf, kehren ihre Längenrichtung nach demselben, und fallen beim Entfernen des Magneten sogleich wieder hin.

5) Bringt man den Magneten sehr nahe an die Späne, so fliegen viele zu ihm hin und hängen sich an ihn. Während des Anhängens ist stets die Längenrichtung der Späne vom Magneten abgekehrt.

6) Versenkt man das Ende eines Magnetstabes in die Späne, so bedeckt es sich ganz damit und läßt sich nur mit Schwierigkeit davon trennen.

7) Legt man Eisenfeile auf einen zinnernen Teller, auf Papier, auf eine Glastafel u. s. w., und bewegt den Magneten unter diesen Körpern, so werden die Eisentheilchen gleichfalls bewegt.

8) Wird ein mit etwas Eisen versehenes Stückchen Kork auf das in einem Gefäße befindliche Wasser gebracht, so begiebt es sich schwimmend nach jener Gegend, gegen welche hin unter dem Gefäße ein hinlänglich starker Magnet sich bewegt.

9) Eine unter dem Recipienten der Luftpumpe vorhandene sehr bewegliche eiserne Nadel wird von dem außerhalb desselben befindlichen Magneten angezogen, wenn auch die Luft im Recipienten verdünnt worden ist.

10) Eine mit dem verborgenen Eisen versehene Scheibe von Pappe, Holz u. s. w. wird um ihren Mittelpunkt nach Belieben gedreht, wenn man den unter dem Tische versteckten Magneten gehörig bewegt.

11) Viele Spielwerke und Kunststücke beruhen auf dem gehörigen Verbergen des Magneten und des Eisens.

12) Nähert man dem an einem Magneten hängenden Schlüssel oder eisernen Stabe eine eiserne Nadel, so hängt sich dieselbe dem Schlüssel oder dem Stabe an.

13) Man kann an einen Magneten einen eisernen Ring, und an diesen einen zweiten und oft einen dritten u. s. w. hängen.

14) Hängt man ein Stück Eisen an den Nordpol eines Magneten und bringt oben an dasselbe den Südpol eines andern gleich starken Magneten an, so wird das Eisen vom erstern getrennt.

15) Taucht man die Pole zweier Magnete in Eisenfeile, und nähert dieselben einander, so strecken die Feilspäne gleichsam die Arme nach einander aus, wenn die genäherten Pole freundschaftliche sind, ziehen sich aber von einander zurück, sobald diese Pole als feindliche sich zeigen.

16) Ein gehärteter Stahlstab läßt sich viel schwerer als ein weicher Eisenstab magnetisiren.

17) Sind die beiden Magnetismen in den Theilen eines gehärteten Stahlstücks einmal getrennt, so vereinigen sie sich mit großer Langsamkeit wieder. Die ihrer beiderseitigen Anziehung widerstrebende Ursache wird die Coercitivkraft genannt.

18) Sind Eisen, Kobalt und Nickel im vollkommen weichen Zustande befindlich, so vereinigen sich die in ihnen getrennten Magnetismen sehr schnell.

19) Man hat gefunden, daß die Verbindung des Eisens mit Sauerstoff oder Kohlenstoff demselben eine bedeutende Coercitivkraft ertheilt.

Aufgaben.

1. Wie verhalten sich die Anziehungen, welche zwei Magnete, in den nämlichen Entfernungen, auf dasselbe Stück Eisen ausüben, wenn ihre Stärken beziehlig 5,32 und 1 betragen?

2. Die Anziehungen, welche zwei ungleich starke Magnete auf die nämliche Stahlnadel in gleichen Entfernungen äußern, sind 4,32 und 1,48; wie verhalten sich die Intensitäten dieser Magnete zu einander.

3. Wie verhalten sich die Anziehungen, welche zwei gleich starke Magnete, in den Entfernungen 8,2 und 6,4 Fuß auf dasselbe Stück Eisen ausüben?

4. Wie verhalten sich die Abstoßungen, welche zwei gleich starke Magnete in den Abständen 6,2 und 2,25 Zoll auf ein gleichnamig magnetisirtes Stück Eisen ausüben?

5. Wie verhalten sich die Anziehungen, welche zwei Magnete, auf ein Stück Eisen äußern, wenn ihre Intensitäten sich wie 8 : 5 verhalten, und ihre Abstände vom Eisen beziehlig 3,2 und 1,5 Fuß betragen?

6. Zwei Magnete, welche die Stärken 5 und 3 besitzen, üben die Anziehungen 16 und 6 auf ein Stück Eisen aus; wie verhalten sich ihre Entfernungen von diesem Eisen?

Resultate.

1) Wie 133 : 25. **2)** Wie 108 : 37. **3)** Wie 1024 : 1681. **4)** Wie 15376 zu 2025. **5)** Wie 45 zu 128. **6)** Wie 0,79 : 1.

Drei und achtzigstes Kapitel.

Von der Inclination und Declination der Magnetnadel.

Was heißt Neigung oder Inclination und was Abweichung oder Declination einer Magnetnadel?

Was nennt man den magnetischen Meridian?

Was heißt die Declinations- und was die Inclinationsnadel?

Wie sind die vorzüglichern Declinations- und Inclinationsnadeln beschaffen?

Was heißt eine Orientirnadel, was ein Declinatorium, was ein Schiffs-Compaß und was eine Boussole?

Was nennt man die Linien ohne Abweichung, und welche Länder berühren dieselben?

Was heißen Abweichungs- oder isogonische Linien und welche Gestalten kommen denselben zu?

Wer hat die erste Abweichungskarte construirt?

Was nennt man die Variationen der Magnetnadel?

Wie sind die verbesserten Instrumente zur Untersuchung der stündlichen Veränderung der Declination eingerichtet, und wie ist namentlich der Gauß'sche Reflexionsapparat beschaffen?

Wie sind die zur Bestimmung der Inclination oder Neigung erforderlichen Instrumente eingerichtet?

Was heißt ein Inclinatorium?

Wie ist das von Scoresby angegebene Magnetometer, und das von Weber vorgeschlagene Inductions-Inclinatorium beschaffen?

Was nennt man die Neigungs- oder Isoklinien?

Was heißt der magnetische Nordpol und Südpol; was wird die magnetische Axe, und was der magnetische Aequator genannt?

Was nennt man den Erdmagnetismus oder den tellurischen Magnetismus, und was seine Intensität?

Wie ist das Gauß'sche Bifilar=Magnetometer eingerichtet?
Was werden isodynamische Linien genannt?

Hauptsätze.

I. Die Declination ist nicht an allen Orten dieselbe; und in Europa weicht der gegen Norden hin weisende Pol der Magnetnadel gegen Westen ab.

II. Man hat gefunden, daß die Declination in unsern Gegenden ohngefähr 17° beträgt.

III. Die an einem und demselben Orte stattfindende Declination verändert sich mit der Zeit.

IV. Die westliche Declination nimmt langsam zu, bis sie eine gewisse Grenze (bei uns 18°—19°) erreicht hat; fängt alsdann an langsam zurückzugehen, wird zu einer gewissen Zeit = Null, geht dann in östliche Declination bis zu einer gewissen Grenze über, und rückt hierauf wieder zurück.

V. Die bei uns sich zeigende westliche Declination nimmt jetzt wieder ab.

VI. In Bezug auf die Variationen der Declination wurde Folgendes ermittelt:

a) die täglichen Variationen an den entferntesten Orten fallen auf die nämlichen Tagesstunden;
b) die täglichen Veränderungen der Declination finden in einer Tiefe, wo die täglichen Temperaturveränderungen aufhören, eben so wie an der Erdoberfläche statt;
c) das Maximum der westlichen Declination fällt auf 1 Uhr 15 Minuten Nachmittags und das Minimum auf 8 Uhr 15 Minuten Morgens;
d) die in der Nacht stattfindenden Veränderungen sind geringer als die am Tage sich zeigenden;
e) die um 1 Uhr 15 Minuten Nachmittags eintretende Zeit des Maximums hängt nicht von den Jahreszeiten ab;
f) die Zeit des Minimums ist in den verschiedenen Jahreszeiten verschieden, und tritt im Sommer früher als im Winter ein;
g) die Größe der Veränderung ist im Sommer bedeutender als im Winter.

VII. Die Inclination ist an verschiedenen Orten der Erde noch verschiedener als die Declination und beträgt in Berlin ohngefähr 68°.

VIII. Die Inclination verändert sich an demselben Orte mit der Zeit, doch scheint dieselbe eine geringere Veränderlichkeit als die Declination zu besitzen.

IX. Die Inclination betrug 1832 in Berlin 68° 16′, während dieselbe 1812 69° 15′ 37″ ausmachte.

X. In Bezug auf die Variationen der Inclination fand Kupffer für Petersburg:

a) die Inclination ist um 10 Uhr Morgens größer als um 10 Uhr Abends; und sie erreicht im 1sten Momente ihr Maximum und im 2ten ihr Minimum;

b) die Stunde des Maximums ist beständiger als die des Minimums, welche zuweilen, und besonders im Sommer, schon um 5 Uhr des Nachmittags eintritt;

c) die tägliche Variation der Inclination ist im Sommer größer als im Winter, wo sie fast verschwindet;

d) obgleich die Inclination im Allgemeinen sich vermindert, so wächst sie doch vom December bis gegen den Mai, so daß sie 4 Monate zu und 8 Monate abnimmt.

XI. Die magnetische Kraft der Erde, oder die Intensität des Erdmagnetismus, nimmt vom Aequator nach den Polen hin zu.

XII. Sie ist periodischen Schwankungen unterworfen; und hat tägliche Perioden, indem sie, nach Hansteens Beobachtungen, im Allgemeinen vom Morgen bis gegen 11 Uhr abnimmt, darauf im Winter bis gegen 4 Uhr Nachmittags und im Sommer bis gegen 6—8 Uhr wächst, dabei ihr absolutes Maximum im Januar und ihr Minimum im Juli besitzt.

XIII. Bei der Vergleichung der Intensität des Erdmagnetismus an verschiedenen Orten der Erde wird diejenige, welche v. Humbold auf dem magnetischen Meridiane für Peru fand, als Einheit angesehen.

XIV. Hansteen setzt das Minimum der magnetischen Intensität = 0,8 und in den Meridian der Capstadt. Auch bemerkt derselbe, daß die Intensität auf der nördlichen Halbkugel im Ganzen genommen größer als auf der südlichen sich zeigt.

XV. Die Intensität des Erdmagnetismus wird desto kleiner, je höher man sich über die Erdoberfläche erhebt.

XVI. Forbes hat zu finden geglaubt, daß mit 3000 Fuß Erhöhung über die mittlere Höhe des Meeres in der Intensität des Erdmagnetismus eine Verminderung von 0,001 erfolge.

Vier und achtzigstes Kapitel.

Von einigen Erregungsarten des Magnetismus, u. s. w.

Auf wie vielerlei Arten wird der Magnetismus erregt?

Worin besteht die Magnetisirung durch Reibung; und was wird namentlich der einfache, doppelte und Kreisstrich genannt?

Was heißen die Folgepunkte?

Welche Gestalten besitzen die künstlichen Magnete, und was heißt ein magnetisches Magazin?

Was wird ein Transversalmagnet genannt?

Wann heißt ein Magnet bewaffnet oder armirt; und was werden die künstlichen Pole desselben genannt?

Wie sind die armirten Magnete beschaffen?

Hauptsätze.

I. Wenn man einen Eisenstab auf eine harte Unterlage legt, und ihn mehrere Male in derselben Richtung und auf entgegengesetzten Oberflächen durch irgend ein sehr gewichtiges Eisen bestreicht, so wird derselbe magnetisirt. Eben so wird das weiche Eisen durch Schlag, Stoß, Hämmern, Bohren, Feilen u. s. w. zum Magneten gemacht.

II. Legt man einen Eisenstab parallel mit der Are der Inclinationsnadel in den magnetischen Meridian, so wird derselbe nach einigen Sekunden magnetisirt, und zwar so, daß in unsern Gegenden sein unteres Ende als Nordpol und sein oberes als Südpol sich zeigt.

III. Der in Nr. II. angegebene Magnetismus wir derjenige der Lage genannt.

IV. Morichini fand, daß das violette Licht des prismatischen Farbenbildes auf die Erregung des Magnetismus sich wirksam erzeigte.

V. Wenn man Nadeln oder Stäbe ihrer Länge nach von Osten nach Westen legt, und den elektrischen Schlag der Quere nach von Norden nach Süden hindurch leitet, so werden Transversalmagnete erzeugt.

VI. Die magnetische Kraft wird erhalten, wenn der Magnet immer etwas zu tragen hat; und vermehrt, wenn der Magnet immer ein größeres Gewicht zu tragen bekommt, und zugleich in derjenigen Lage, welche ihm die natürlichste ist (d. h. im magnetischen Meridiane u. s. w.), sich befindet.

VII. Aus v. Nr. geht die Methode Magnetstäbe aufzubewahren hervor.

VIII. Die Kraft eines Magneten wird durch Bewaffnung und Armirung desselben bedeutend verstärkt.

IX. Bei einem bewaffneten Magneten ist die Vertheilung des Magnetismus als die hauptsächlichste Ursache seiner Kraftvermehrung anzusehen; auch ist die Dicke der Platten nicht ohne Einfluß.

X. Die Kraft eines Magneten wird vermindert, wenn man ihm keine Last zu tragen giebt. Auch nimmt dieselbe ab, oder geht wohl gar durchs Glühen, Rosten, Verkalken, Pulverisiren und heftiges Erschüttern verloren.

Uebungssätze.

1) Die beim Streichen gebrauchten Magnete erleiden keinen Verlust an ihrer Kraft.

2) Das Eisen und der Stahl können nur einen gewissen Grad von Magnetismus erhalten.

3) Zwei mit ihren ungleichnamigen Polen zusammengebrachte Magnete tragen gemeinschaftlich so viel, als die Summe der Gewichte beträgt, die jeder einzeln getragen haben würde.

4) Die stählernen Werkzeuge, womit das Eisen gefeilt oder gehämmert wird, sind bisweilen magnetisirt.

5) Eine eiserne Stange erhält öfters Polarität, wenn sie einige Mal von ihrem obern Theile gegen den untern mit einem eisernen Hammer gehämmert wird.

6) Wenn man einen, etwa 15 Zoll langen und 2 — 3 Linien dicken Draht von weichem Eisen einigemal an dem einen Ende durch Hammerschläge quetscht oder ihn in eine Oeffnung steckt und so lange biegt oder dreht, bis er abbricht, so vermag er Eisenfeile anzuziehen.

7) Eiserne Stangen, welche lange senkrecht oder auch so standen, daß ihr oberes Ende etwa um einen Winkel von 20° nach Süden überhing (z. B. die eisernen Kreuze auf den Kirchthürmen) zeigten sich dergestalt magnetisirt, daß ihr unteres Ende den Nordpol und ihr oberes den Südpol erhielt.

8) Hansteen hat gefunden:

a) daß in Bäumen u. s. w. eine schwache magnetische Polarität existirt:

b) daß diese Gegenstände unten den Nordpol und oben den Südpol besitzen;

c) daß jeder Theil des Erdbodens an der allgemeinen Vertheilung des Magnetismus, jedoch in bedeutend schwächerm Grade als das Eisenerz u. s. w., Antheil nimmt.

9) Morichini nahm 2 Nadeln, ließ die eine 30 und die andere 45 Minuten lang, von ihrer Mitte aus gegen die Spitze hin, mit violettem Lichte gleichsam bestreichen, und fand beide in hohem Grade magnetisirt.

10) Wenn man nur die Hälfte einer Nadel den violetten Lichtstrahlen aussetzt, so wird dieselbe so magnetisirt, daß der unbedeckte Theil den Nordmagnetismus erlangt.

11) Die blauen und grünen Strahlen des Farbenbildes äußern eine gleiche Wirkung wie die violetten, jedoch in minderm Grade; die gelben, orangefarbenen uud rothen Strahlen sind aber wirkungslos.

12) Wenn eine Stahlnadel von der Dicke einer gewöhnlichen Stricknadel polirte und oxydirte Stellen enthält, so geht an jeder polirten Stelle ein Nordpol und an jeder oxydirten Stelle ein Südpol hervor.

13) Der Magnet kann ein Stück Eisen von größerm Gewichte aufheben, wenn es auf einem andern Eisen (etwa auf einem Amboß) liegt, als wenn es auf einem hölzernen Tische sich befindet.

14) Ein kleiner Magnet wird am besten in Eisenfeilen aufbewahrt.

15) Wird das unmittelbar an Magneten hängende Eisen mit andern Körpern (z. B. mit Blei, Steinen u. s. w.) belastet, so kann es keine so große Last tragen, als wenn es blos mit Eisen beschweret ist.

16) Hat man die vom Magneten getragene Last, während einer längern Zeit, von Tag zu Tage vermehrt; und reißt endlich das weiche am Magneten hängende Eisen gewaltsam ab, so kann der Magnet dasselbe nicht sogleich wieder tragen.

17) Ein Magnet hob unarmirt 3 Unzen und armirt 60 Pfd.

18) Die Wirkung des Magneten erhält in der Ferne durch die Bewaffnung keinen Gewinn.

19) Die bloße Erwärmung schwächt den Magneten, doch nimmt seine Kraft durch Abkühlung wieder zu.

20) Der Blitz und starke elektrische Schläge schwächen den Magneten, verändern oft seine Pole und kehren dieselben um.

21) Pouillet hat gefunden, daß das Eisen seine magnetische Polarität bei dunkler Glühhitze, Nickel bei $+ 350^{\circ}$ C verliert; und daß Kobalt sie noch in einer Temperatur behält, welche die völlige Weißglühhitze übersteigt.

Fünf und achtzigstes Kapitel.

Von dem Elektromagnetismus, u. s. w.

Hauptsätze.

I. Oerstedt fand, daß der elektrische Strom allen Metallen, welche er durchgeht, momentan die magnetische Kraft verleiht, und sie fähig macht, weiches unmagnetisirtes Eisen anzuziehen.

II. Bietet man den in v. Nr. erwähnten Metallen eine schon magnetisirte Stahlnadel dar, so ziehen sie den einen ihrer Pole an, und stoßen den andern ab; aber auf verschiedene Weise, je nachdem man die Nadel dieser oder jener Seite derselben zukehrt.

III. Die durch den elektrischen Strom hervorgebrachten magnetischen Erscheinungen finden im Allgemeinen nur so lange statt, als der Strom die Metalle durchläuft.

IV. Arago fand, daß der Leitungsdraht der Säule auch ein Eisenstäbchen magnetisirte, wenn man ihn entweder quer über oder unter dasselbe leitete, oder noch besser, wenn man *) das Stäbchen oder die Glasröhre, worin es sich befindet, in schraubenförmigen Windungen umwickelte.

V. Die unter dem Einflusse der geschlossenen Säule wirksamen Magnete werden Elektromagnete genannt.

VI. Man hat Elektromagnete von 2063 Pfd. Tragkraft construirt.

VII. Das weiche Eisen behält auch nach aufgehobener Schließung noch einen beträchtlichen Grad von Magnetismus, vor Allem, wenn der Anker daran bleibt.

VIII. Die nachhaltige Magnetkraft ist desto stärker und andauernder, je härter das angewandte Eisen sich zeigt; auch ist sie nur von unbedeutender Stärke, wenn der Magnet eine sehr kleine Länge besitzt.

IX. Das durch längeres Verweilen im Kreise der Säule zu einem Elektromagneten gewordene weiche Eisen erfordert eine beträchtliche Zeit, um demselben einen Magnetismus in entgegengesetzter Richtung zu ertheilen, während sich die ursprüngliche Polarität mit Schnelligkeit wieder herstellen läßt.

X. Zwei parallele Leitungsdrähte derselben oder zweier verschiedenen Säulen wirken so auf einander, daß sie, wenn einer von ihnen beweglich ist, sich anziehen oder abstoßen, je nachdem sie auf gleiche

*) Nach Ampères Verfahren.

oder entgegengesetzte Weise mit den Polen der Säule in Verbindung stehen; oder, was dasselbe ist: zwei elektrische Ströme, welche nach einerlei Richtung gehen, ziehen einander an, und zwei, welche nach entgegengesetzten Richtungen fließen, stoßen einander ab.

XI. Man hat gefunden, daß die Anziehung zwischen 2 Elektromagneten, oder einem Elektromagneten und dem weichen Eisen, wie die Quadrate der Stärke der magnetisirenden Ströme sich verhält.

XII. Es existirt eine Vorrichtung, wodurch nicht nur die Wirkung eines Magneten auf den Leitungsdraht augenscheinlicher, sondern selbst der Einfluß des Erdmagnetismus auf denselben offenbar wird.

XIII. Der Leitungsdraht einer geschlossenen Säule besitzt eine magnetische Kraft, indem er dieselben Wirkungen wie ein Magnet erzeugt, das weiche Eisen anzieht, dem unmagnetisirten Eisen die magnetische Kraft ertheilt, gegen jeden andern Magneten die magnetische Polarität zeigt und dem Einflusse des Erdmagnetismus unterworfen ist.

XIV. Oerstedt hat die elektromagnetischen Erscheinungen durch eine in entgegengesetzter Richtung stattfindende schraubenförmige Bewegung der beiden Elektricitäten erklärt.

XV. Einige Metalle, und namentlich das Kupfer in Scheiben, erhalten bei schneller Rotation durch die Einwirkung eines starken Magneten, eine eigenthümliche, auf den erregenden Magneten zurückwirkende magnetische Polarität.

XVI. Die in Nr. XV. angegebenen Erscheinungen werden die des Rotations-Magnetismus genannt.

XVII. Faraday hat gefunden, daß wenn eine metallene Scheibe unter dem Einflusse des Magneten rotirt, in der Richtung dieser Scheibe elektrische Ströme entstehen.

XVIII. Stehen (in Fig. 36.) die Schenkel zweier Elektromagnete **M** und **N** einander entgegen, und trifft man die Einrichtung, daß die Pole des einen von ihnen, z. B. des **N**, schnell wechseln, so werden sie von den unveränderten Polen des andern abwechselnd angezogen und abgestoßen.

XIX. Die in v. Nr. erzeugte große Kraft hat zuerst Jacobi als mechanisches Mittel zur Bewegung von Maschinen vorgeschlagen.

XX. Für kleinere Maschinen ist der feststehende Magnet auch wohl ein bleibender von Stahl. Für größere verbindet man mehrere Elektromagnete, bei denen die Enden ihrer Schenkel in derselben Ebene sich befinden; auch werden statt der Hufeisen gerade Stäbe gebraucht.

XXI. Zur Umkehrung der Richtung des elektrischen Stromes und der hierdurch bewirkten Veränderung der Pole werden verschiedene Commutatoren angewandt.

XXII. Zu den einfachen Commutatoren gehört unter andern die in isolirte Hälften eingetheilte Scheibe mn (Fig. 37.), welcher die Elektricität durch den Leiter K zugeführt und in Folge ihrer Umdrehung abwechselnd durch **a** oder **b** nach entgegengesetzten Richtungen abgeleitet wird.

XXIII. Die große Geschwindigkeit, womit die Wirkungen der Säule sich fortpflanzen, und die Wirkungen der Elektricität auf die Magnetnadel haben zur Erfindung verschiedener elektrischen Telegraphen geführt.

XXIV. Es giebt jetzt vier in etwas größerm Maßstabe ausgeführte elektrische Telegraphen:

a) den von Gauß in Göttingen,

b) den von Steinheil in München,

c) den von Wheastone in London,

d) den von Morse in Amerika.

Sechs und achtzigstes Kapitel.

Von der Magneto-Elektricität.

Hauptsätze.

I. Faraday machte die wichtige Entdeckung, die Elektricität durch Magnetismus zu erregen, indem er den Anker eines starken Magneten mit einem Kupferdrahte, welcher vorher durch einen Ueberzug von Seide elektrisch isoliret war, in vielen Windungen umwickelte, das eine Ende desselben in das Quecksilber tauchte, das andere der Fläche des letztern möglichst näherte, und dann den Anker vom Magneten schnell trennte oder mit ihm verband, in welchen beiden Fällen zwischen dem freien Ende des Drahtes und der Fläche des Quecksilbers ein kleiner elektrischer Funken entstand.

II. Die durch den Magnetismus erregte Elektricität heißt Magneto-Elektricität.

III. Man hat gefunden, daß die Magneto-Elektricität in jeder Hinsicht ein gleiches Verhalten wie die durch Reibung oder Berührung hervorgebrachte zeigt.

IV. Die Elektricität und der Magnetismus machen sich gegenseitig frei.

V. Die durch den Magneten erzeugten magneto-elektrischen Ströme entsprechen, der Beschaffenheit nach, denjenigen, welche durch Volta'sche Apparate sich ergeben.

VI. Professor v. Ettingshausen in Wien construirte eine magneto-elektrische Maschine, wodurch er magneto-elektrische Ströme von einer bedeutenden Stärke erzeugte.

VII. Durch die in v. Nr. erwähnte Maschine werden Platinadrähte ins Schmelzen gebracht, Nadeln magnetisirt, Wasserzersetzungen bewirkt, und sowohl einfache als auch sehr heftige Erschütterungen, u. s. w. erzeugt.

VIII. Das durch den magneto-elektrischen Funken erhaltene Farbenbild besitzt die 7 Hauptfarben, welche aber durch dunkle Zwischenräume von einander getrennt sind und wie 7 gefärbte neben einander liegende Linien aussehen.

IX. Nobili führte die magneto-elektrischen Erscheinungen auf den Rotationsmagnetismus zurück.

X. Stourgeon dachte sich unter der magnetischen Materie ein sehr feines ätherisches Fluidum, das aus den Polen des magnetisirten Stahles fortwährend ausströme; und nahm an, daß die Magneto-Elektricität in allen Metallen, und vielleicht auch in sonstigen Körpern durch die Aufhebung des Gleichgewichts entstände, worin die diesen Körpern zugehörige Elektricität sich befände, u. s. w.

Sieben und achtzigstes Kapitel.

Von dem tellurischen oder Erdmagnetismus, u. s. w.

Was werden Terrellen oder Erdchen genannt?

Hauptsätze.

I. Man hat seit langer Zeit die Erscheinungen des Erdmagnetismus aus der Wirkung eines oder mehrer Magnete im Innern der Erde zu erklären versucht.

II. Nach den täglichen, mit dem Laufe der Sonne zusammenfallenden Variationen, ist man jetzt geneigt, die Erde für einen thermoelektrischen Magnet anzusehen, welcher in Folge der täglichen Erwärmung durch die Sonnenstrahlen seinen Magnetismus erhält.

III. Zwischen der Elektricität und dem Magnetismus besteht eine eigenthümliche Verbindung, deren Art noch nicht hinreichend bestimmt worden ist.

IV. Nach der Meinung Einiger sind Elektricität und Magnetismus verschiedene Kräfte, wovon die eine durch die andere geweckt und zur Wirksamkeit gebracht wird.

V. Nach Andern entsteht der Magnetismus aus dem Zusammenwirken beider Elektricitäten.

VI. Noch Andere sehen eine durch die Elektricität bewirkte Aenderung in der Cohäsion der Körper für die Ursache des Magnetismus an.

VII. Mehrere halten Elektricität und Magnetismus für völlig identisch oder für die Wirkungen derselben Stoffe, u. s. w.

VIII. Zwischen der Wärme, der Elektricität und dem Magnetismus besteht ein so merkwürdiger Zusammenhang, daß alle 3 als modificirte Wirkungen derselben Grundkraft gedacht werden können.

II.

Lehrsätze, Formeln und Aufgaben

aus

der Astronomie und mathematischen Geographie.

Erstes Kapitel.

Von den ersten astronomischen Erfahrungen.

Was heißt der Himmel, und wie erscheint uns derselbe?

Was nennt man Weltkörper, Totalkörper oder Himmelskörper?

Was nennt man Sonne, Mond und Sterne?

Wann geht ein Stern auf und wann unter?

Was heißt Tag und was Nacht; und welche Bewegung wird die tägliche genannt?

Was heißt der Polarstern, und wie wird derselbe gefunden?

Was nennt man die Lichtabwechselungen oder die Lichtgestalten des Mondes oder auch die Mondesphasen; und was wird Neumond, erstes Viertel, Vollmond und letztes Viertel genannt?

Was heißt man Planeten, und wie werden die bekannten 11 Planeten genannt?

Wie werden Sonne, Mond und die 11 Planeten bezeichnet?

Was nennt man Trabanten, und welche Planeten sind von Trabanten begleitet?

Was heißen Kometen, was Fixsterne, und was Nebelflecke?

In wie viele Klassen werden die Fixsterne in Bezug auf ihre Lichtstärke eingetheilt?

Was nennt man die teleskopischen Sterne?

Wodurch sind die Fixsterne von den Planeten verschieden?

Wie ist das Funkeln der Fixsterne zu erklären?

Was nennt man eine Sonnenfinsterniß, eine Mondfinsterniß, einen Durchgang des Merkurs oder der Venus vor der Sonne und eine Sternbedeckung?

Was heißt Astronomie, und wie wird dieselbe eingetheilt?

Was nennt man sphärische, theorische, physische und vergleichende Astronomie?

Welches sind die hauptsächlichsten Werkzeuge der Astronomen; und wie sind namentlich die Winkelmesser, Uhren und Fernröhre eingerichtet?

Was heißt Chronologie und was Gnomonik?

Was wird ein Kalender genannt?

Hauptsätze.

I. Der scheinbare Durchmesser der Sonne und des Mondes beträgt ohngefähr einen halben Grad.

II. Alle Himmelskörper haben eine scheinbare gemeinschaftliche oder gemeine Bewegung, indem sie nach einerlei Richtung in größern oder kleinern Kreisbogen fortzugehen scheinen.

III. Die Weltkörper scheinen an der innern hohlen Fläche des Himmelsgewölbes in gleichen Entfernungen von unserm Auge abzustehen.

IV. Man bemerkt, daß das über uns ausgespannte Himmelsgewölbe keine vollkommene, sondern eine eingedrückte Halbkugel ist.

V. Die Himmelskörper legen bei ihrer täglichen Bewegung parallele Kreise zurück.

VI. In einer Gegend des Himmels gehen gewisse Sterne gar nicht unter, sondern legen ihren ganzen Kreislauf über der Gesichtsgrenze zurück.

VII. Außer der gemeinschaftlichen täglichen Bewegung wird eine scheinbare eigene an manchen Himmelskörpern bemerkt.

VIII. Der Mond scheint von einem Sterne zum andern der täglichen Bewegung entgegenzurücken, und nach etwa 27 Tagen wieder bei demselben Sterne zu stehen, wo er sich anfangs befand.

IX. Die Sonne zeigt ebenfalls eine eigene, der täglichen entgegengesetzte Bewegung.

X. Nach einer Zeit von 365 Tagen oder einem Jahre gehen dieselben Sterne kurz vor der Sonne auf und bald nach ihr unter wie anfangs.

XI. Man hat gefunden, daß die Sonne in Bezug auf die Sterne, sich täglich beinah um 4 Minuten verspätet.

XII. Die Sonne scheint an der Himmelskugel in Schraubengängen fortzugehen.

XIII. Ein Planet erscheint nie in der Nordgegend des Himmels; auch werden mit bloßem Auge nicht leicht mehr als 2 Planeten erblickt.

Zweites Kapitel.

Von der Orts- und Zeitbestimmung.

Was nennt man Scheitellinie, Scheitelpunkt oder Zenith, Fußpunkt oder Nadir, und was Horizont?

Was heißen Almucantharat oder Höhenkreise, und was werden Scheitel- oder Vertikalkreise genannt?

Was versteht man unter der Höhe eines Sternes und was unter der Ergänzung der Höhe zu 90°?

Was heißt die Morgenseite und was die Abendseite?

Was nennt man die Weltaxe, was die Pole, und was Nord- und Südpol?

Was versteht man unter Meridian oder Mittagskreis, was unter Mittagsfläche und was unter Mittagslinie?

Was heißt Polhöhe und was Mittagshöhe?

Wann culminirt ein Stern, und was heißt seine obere und untere Culmination?

Welcher Scheitelkreis heißt der erste?

Was nennt man die vier Weltgegenden oder Cardinalpunkte; und was wird Osten oder Morgen, Westen oder Abend, Norden oder Mitternacht und Süden oder Mittag genannt?

Was versteht man unter einer Windrose und was unter einem Bergkompaß?

Was heißt das Azimuth, und was erscheint als sein Maß?

Was nennt man Tagekreise, was Tagebogen und was Nachtbogen?

Was heißt der Aequator des Himmels und was die Aequatorhöhe?

Welche Kreise heißen Declinations-, Abweichungs- oder Stunden-Kreise?

Was nennt man die Declination oder Abweichung eines Sterns?

Was heißt der Abstand eines Sternes vom Meridian, oder der Stundenwinkel; und was erscheint als sein Maß?

Was nennt man einen Sterntag und wie wird derselbe eingetheilt?

Was heißt die Ekliptik oder Sonnenbahn, und woher entstand dieser Name?

Was nennt man die Aequinoctialpunkte, den Frühlingspunkt, Herbstpunkt und die Aequinoctien oder Nachtgleichen?

Was heißen die Solstitialpunkte; und was wird der Sommerpunkt und was der Winterpunkt genannt?

Was nennt man die Schiefe der Ekliptik und was die Coluren?

Was wird der Aequinoctialcolur oder der Colur der Nachtgleichen, und was der Solstitialcolur genannt?

Was heißen Polarkreise und was Wendekreise?

Was nennt man den nördlichen und was den südlichen Polar- und Wendekreis?

Was wird der Wendekreis des Krebses (Tropicus cancri) und was der Wendekreis des Steinbocks (Tropicus capricorni) genannt?

Welche Punkte heißen die des Aufgangs und des Untergangs; welcher Winkel wird der des Aufgangs, und welcher Punkt der Neunzigste oder Nonagesimus genannt?

Was versteht man unter den himmlischen Zeichen; und von welchem Punkte und in welcher Richtung werden dieselben gezählt?

Wie werden die himmlischen Zeichen dargestellt?

Welche Zeichen werden die nördlichen und welche die südlichen genannt?

Wie werden die Zeichen von den Astronomen unterschieden?

Was heißt der Thierkreis (Zodiacus) und wovon erhielt derselbe seinen Namen?

Was nennt man Rectascension oder gerade Aufsteigung?

Was nennt man die Breitenkreise und was die Breite eines Sterns?

Was heißt die Länge eines Sterns, und was die der Ekliptik?

Was heißt ein Fixsternverzeichniß?

Wer hat das älteste und wer das vollständigste Fixsternverzeichniß angefertigt?

Welche Sternbilder wurden von den Alten zu den nördlichen, südlichen und zu den im Thierkreise stehenden gezählt?

Welches sind die vorzüglichsten Sterne, die eigene Namen besitzen?

Was heißt Astrognosie; und durch welche Hülfsmittel wird dieselbe erlernt?

Was nennt man Constellation?

Was heißt der wahre Mittag und was der wahre Sonnentag?

Was nennt man einen mittlern Sonnentag, die tägliche mittlere Aenderung der Rectascension der Sonne, den mittlern Mittag und die mittlere Sonnenzeit?

Was wird die Zeitgleichung genannt, und wodurch ist dieselbe entstanden?

Hauptsätze.

I. Ein für uns nie untergehender Stern hat beide und ein untergehender nur die obere Culmination über dem Horizonte.

II. Eine Weltgegend steht von der andern um 90° im Horizonte ab.

III. Die Mittagslinie ist die gerade Verbindungslinie des Nord- und Südpunktes.

IV. Das Azimuth ist entweder östlich oder westlich, und wird bis 180° von Süden nach Norden im Umfange des Horizontes gezählt.

V. Durch den Aequator wird die scheinbare Himmelskugel in die nördliche und südliche getheilt.

VI. Die Declination ist entweder nördlich oder südlich und wird bis 90° vom Aequator bis zu den Polen gezählt.

VII. Der Abstand vom Pole ist die Ergänzung der Deklination zu 90°.

VIII. Der Meridian steht auf dem Horizonte und auf dem Aequator senkrecht.

IX. Die Pol- und Aequatorhöhe ergänzen einander zu 90°.

X. Die Tagebogen und die Nachtbogen werden durch die Mittagsfläche halbirt.

XI. Bei gleichen Stundenwinkeln vor und nach der Culmination sind die Höhen, und bei gleichen Höhen die Stundenwinkel einander gleich.

XII. In der obern Culmination hat ein Stern seine größte und in der untern seine kleinste Höhe oder größte Tiefe, je nachdem er ein nie untergehender oder ein auf- und untergehender ist.

XIII. Zur genauen Bestimmung des Ortes am Himmel wird die eigene Bewegung der Sonne zur Hülfe genommen.

XIV. Die Deklination der Sonne ist ein halbes Jahr nördlich und ein halbes Jahr südlich.

Zweimal im Jahre, nämlich im Frühlinge und Herbst ist sie Null; und die Sonne steht alsdann im Aequator und geht genau im Osten auf und im Westen unter.

XV. Der Mittelpunkt der Sonne scheint mit eigener Bewegung in einem Kreise fortzurücken, welcher den Aequator in 2 Punkten durchschneidet.

XVI. Der Kreis, worin der Mittelpunkt der Sonne mit eigener Bewegung fortzurücken scheint, halbirt den Aequator.

XVII. Die Wendekreise schließen diejenige Zone am Himmel ein, innerhalb welcher der scheinbare Lauf der Sonne geschieht.

XVIII. Durch Rectascension und Deklination wird der Ort eines Sternes an der scheinbaren Himmelskugel in Bezug auf den Aequator bestimmt.

XIX. Die Schiefe der Ekliptik beträgt 23° 27′ 39″,29, wofür man kürzer 23° 28′ schreibt; sie vermindert sich in einem Jahre um 0,44 Sekunden; und mehrere Astronomen behaupten, die größte Differenz ihrer Schiefe könne nicht mehr als 1° 20′ betragen.

XX. Die Länge der Fixsterne nimmt in einem Jahre ohngefähr um 50 Sekunden zu. Die Breite derselben bleibt dagegen so gut wie ungeändert.

XXI. Die scheinbare eigene Bewegung der Fixsterne entsteht durch die Verrückung der Durchschnittspunkte des Aequators und der Ekliptik. Diese Erscheinung wird das Rückwärtsgehen der Nachtgleichen genannt.

Uebungssätze.

1) Der Aequator und der Horizont gehen durch die Pole des Meridians, d. h. durch Osten und Westen, wo ihre Umkreise sich schneiden.

2) Der Aequator und Horizont halbiren einander, und ihr Durchschnitt ist die gerade Linie von Osten nach Westen (oder einerlei mit dem Durchschnitte des ersten Vertikalkreises und des Horizonts) und macht mit der Mittagslinie rechte Winkel.

3) Die Tiefe der andern Hälfte des Aequators unter dem Horizonte ist der Aequatorshöhe gleich und macht mit der Polhöhe 90°.

4) Die Aequatorshöhe ist gleich dem Abstande des Poles vom Zenith.

5) Die Lage der Mittagsfläche wird entweder durch correspondirende Höhen oder durch den Schatten ermittelt.

6) Um eine möglichst genaue Mittagsfläche durch den Schatten zu erhalten, muß die Operation an den Solstitialtagen oder wenigstens um die Zeit der Solstition geschehen.

7) Ist die Lage der Mittagsfläche bekannt, so wird der Durchgang eines Himmelskörpers durch dieselbe entweder durch ein Filargnomon, oder durch ein Mittagsfernrohr, Culminatorium, Passageninstrument oder durch einen Mauerquadranten bestimmt.

8) Die Polhöhe eines Ortes wird gefunden, wenn man die größte und kleinste Höhe eines nicht untergehenden Sternes addirt und ihre Summe durch 2 dividirt.

9) Die Aequatorhöhe wird erhalten, wenn man die Polhöhe von 90° subtrahirt.

10) Die Declination eines Sternes wird gefunden, wenn man seine Mittagshöhe beobachtet und den Unterschied zwischen dieser und der Aequatorhöhe sucht.

11) Ist in unsern Gegenden die Mittagshöhe größer als die Aequatorshöhe, so hat der Stern nördliche und im Gegenfalle südliche Declination.

12) Aus der Deklination der Sonne oder eines Sternes wird sowohl die Aequators- als auch die Polhöhe gefunden.

13) Das Azimuth und die Höhe eines Sternes aus Polhöhe, Abweichung und Stundenwinkel ergeben sich aus Sätzen der sphärischen Trigonometrie.

14) Ist die Polhöhe, Abweichung und Höhe eines Sternes gegeben, so erhält man den Stundenwinkel und das Azimuth desselben aus der sphärischen Trigonometrie.

15) Der Bogen m^0 eines Tageskreises wird in Sternzeit, nach der Proportion:

$$360^0 : m^0 = 24 \text{ Stunden} : \text{gesuchten Sternzeit}$$

verwandelt.

16) Man muß die Zahlen der Zeiten mit 15 multipliciren um die Zahlen der Bogen zu erhalten.

17) Die Refraction wird gefunden, wenn man eine beliebige Zeit vor und nach der Culmination annimmt, daraus die wahre Höhe berechnet, welche ein Stern um diese Zeit haben muß, und diese Höhe mit der beobachteten vergleicht.

18) Man hat Refractionstafeln entworfen und den Barometer- und Thermometerstand dabei berücksichtigt.

19) Die Sonne ist den 21sten März im Frühlings und den 23sten September im Herbstpunkte befindlich.

20) Die Sonne ist den 21sten Juni im Sommerpunkte und den 21sten December im Winterpunkte vorhanden.

21) Die eine Hälfte der Ekliptik steht beständig über dem Gesichtskreise.

22) Letzterer wird bei einer Umdrehung immer in andere Lagen versetzt.

23) Die Punkte des Aufgangs und Untergangs, so wie der Winkel des Aufgangs, sind veränderlich.

24) Die Schiefe der Ekliptik wird gefunden, wenn man um die Zeit des Sommersolstitiums einige Tage nach einander die wachsenden und abnehmenden Mittagshöhen der Sonne beobachtet, und von der größten Höhe die Aequatorhöhe subtrahirt.

25) Aus der Schiefe der Ekliptik und der Declination der Sonne ergiebt sich die Länge und Rectascension der letztern für einen gewissen Zeitpunkt, mittelst der Proportionen:

$$1)\ \sin \text{der Sonnenlänge} = \frac{\sin \text{Dekl.}}{\sin \text{Schiefe}}$$

$$2)\ \sin \text{rectasc.} = \frac{\text{tg Dekl.}}{\text{tg Schiefe}}.$$

26) Ist die Schiefe der Ekliptik und die Länge der Sonne bekannt, so erhält man ihre Declination und Rectascension, durch die Gleichungen:

$$1)\ \sin \text{Dekl.} = \sin \text{Länge}.\ \sin \text{Schiefe}.$$

$$2)\ \text{tg Rectasc.} = \cos \text{Schiefe}.\ \text{tg Länge}.$$

27) Die Declination der Sonne verändert sich zur Zeit der Nachtgleichen um beinahe 24 Minuten, zur Zeit der Solstitien um 16 Sekunden, wenn die ⊙ um 1 Grad fortrückt.

28) Die Rectascension eines Sternes wird gefunden, wenn man seine Culmination und die nächst vorhergehende oder folgende Culmination der ⊙ beobachtet, die zwischen beiden Augenblicken verflossene Sternzeit in Bogen des Aequators verwandelt, und aus dem

hierdurch sich ergebenden Unterschiede der Rectascension des Sternes und der Sonne, die des erstern ermittelt.

29) Aus der Rectascension und Declination erhält man die Länge und Breite eines Sternes durch die sphärische Trigonometrie.

30) Die Sternverzeichnisse und Karten bleiben nicht für alle Zeiten gültig.

31) Durch das Rückwärtsgehen der Nachtgleichen müssen auch Rectascension und Declination sich verändern.

32) Der Sonnentag ist länger als der Sterntag.

33) Die wahren Sonnentage sind nicht einander gleich.

34) Der größte Unterschied zwischen wahrer und mittlerer Zeit beträgt 16 Minuten 10 Sekunden (mittlere) Zeit.

35) Im Anfange des Novembers und nächstdem im Februar ist der Unterschied zwischen wahrer und mittlerer Zeit am Größten.

36) Die mittlern und wahren Mittage fallen den 15ten April, 15ten Juni, 31sten August und 24sten December zusammen.

37) Die Größe des Sonnenjahres wird ermittelt, wenn man 2 Zeitpunkte bemerkt, wo die Sonne gleiche nördliche oder südliche Declination besitzt, und alsdann die Größe der Zwischenzeit berechnet.

38) Man hat gefunden, daß die Größe des Sonnenjahres =

$$365^{T}\ 5^{St}\ 48'\ 51'',5$$

oder $365,24225944\ldots$ Tage

beträgt.

39) Die tägliche mittlere Aenderung der Rectascension beträgt in Graden =

$$\frac{360}{365,242} = 0,98592\ldots = 59'\ 9'',312.$$

40) Die Vergleichung der Sternzeit und mittlern Sonnenzeit, wird durch die Formeln:

Sternzeit		Mittlere Sonnenzeit
$24^{h}\ 3'\ 56'',62$	=	24^{h}
24^{h}	=	$23^{h}\ 56'\ 4''$

bewirkt.

41) Ein mittlerer Sonnentag ist $3'\ 56'',62$ größer als ein Sterntag.

42) Ein mittlerer Sonnentag beträgt 24 Stunden 3 Minuten 56,62 Sekunden Sternzeit, während ein Sterntag 23 Stunden 56 Minuten 4 Sekunden mitttere Sonnenzeit ausmacht.

43) Man kann einen Bogen des Aequators in mittlere Sonnenzeit und umgekehrt verwandeln.

44) Für eine gegebene Polhöhe wird der halbe Tagebogen eines Sternes, dessen Declination man schon kennt, nach sphärisch-trigonometrischen Sätzen bestimmt.

45) Aus einer gegebenen Polhöhe und der Declination der Sonne ist die Länge des Tages und der Nacht zu ermitteln.

Aufgaben.

1. Die Polhöhe des Beobachtungsortes ist = 51° 32′, die Declination des Fixsternes Aldebaran = 15° 58′ und sein Stundenwinkel östlich (etwa am Ende des Decembers Abends gegen 9 Uhr) = 30°; wie groß ist das Azimuth und die Höhe dieses Sternes?

2. Wenn die Polhöhe des Beobachtungsortes = 51° 32′, die Declination = 15° 58′ und die Höhe eines Sternes = 47° 10′ gegeben ist; wie viel wird der Stundenwinkel betragen.

3. Ist die größte Mittagshöhe am 21sten Juni = 61° 38′ 48″ und die Aequatorshöhe für unsern Ort = 38° 10′ 48″; wie groß ist die Schiefe der Ekliptik?

4. Man hat am 1sten Mai, aus der beobachteten Mittagshöhe, die Declination der Sonne nördlich vom Aequator = 15° 10′ 0″ ermittelt; wie groß ist ihre Rectascension?

5. Wenn die Sonne im 20sten Grade des Zeichen des Stieres, oder in 1^3 20′ sich befindet und also ihre Länge = 50° beträgt; wie viel wird alsdann ihre Declination und Rectascension ausmachen?

6. Man soll die Länge und Breite eines Sternes aus seiner Rectascension = 26° 53′ und seiner nördlichen Declination = 41° 2′ berechnen.

7. Wenn die Sonne den halben Tagebogen 123° 29′ 34″ für die hiesige Polhöhe beschreibt, sobald sie ihre größte nördliche Declination besitzt; wie viel beträgt alsdann die Länge des Tages und der Nacht?

8. Man soll den Tag ermitteln, an welchem, für die Polhöhe 66° 32′, die Sonne nicht untergeht?

Resultate.

1) Das Azimuth = 45° und die Höhe = 47° 10′ *). 2) 30°. 3) 23° 28′. 4) 38° 37′ 42″. 5) Die Declination = 17° 45′ 43″ und die Rectascension = 47° 32′ 56″. 6) Die Länge ist = 41° 29′ = 1^3 11° 29′ = ♉ 11° 29′, und die Breite beträgt 27° 48′. 7) Die Länge des Tages = 16^h 27′ 56″ 32‴ und die der Nacht = 7^h 32′ 3″ 28‴. 8) An dem Tage, wo ihre Declination 66° 28′ ausmacht.

*) Wenn man die Sekunden unberücksichtigt läßt.

Drittes Kapitel.

Von der Anordnung der Körper unseres Systems.

Was heißt Geographie oder Erdbeschreibung und wie wird dieselbe eingetheilt?

Was nennt man mathematische, physische und politische Geographie?

Was heißen Gegenfüßler oder Antipoden?

Was nennt man den scheinbaren und was den wahren Horizont?

In wie viele Zonen wird unsere Erde eingetheilt, und was nennt man die heiße Zone (Zona torrida), die gemäßigten Zonen (Z. temperatae), und die kalten Zonen (Z. frigidae)?

Was nennt man Nebenwohner (perioeci), und was Gegenwohner (antioeci)?

Was heißt die parallele, die senkrechte und die schiefe Himmelskugel (oder die sphaera parallela, sph. recta und sph. obliqua)?

Was versteht man unter oberer Conjunction, unterer Conjunction, und was unter Opposition?

Hauptsätze.

I. Die Gestalt der Erde ist kugelförmig.

II. Der Halbmesser der Erde ist in Bezug auf die Entfernung der Fixsterne ganz unbeträchtlich.

III. Die Erde dreht sich um ihre Axe.

IV. Die Polhöhe und geographische Breite sind einander gleich.

V. Die Erde bewegt sich um die Sonne.

Uebungssätze.

1) Die Erde erscheint uns bei freier Aussicht überall wie eine kreisförmige Ebene.

2) Der Horizont besitzt für jede Höhe eine kreisförmige Gestalt.

3) Betrachtet mnn einen sehr weit entfernten Gegenstand, z. B. einen Berg u. s. w., so sieht man nur seinen obern Theil.

4) Kommt man dem Berge näher, so scheint er sich gleichsam aus dem Grunde zu heben.

5) Entfernt man sich von einem Berge, so scheint er sich in den Boden einzusenken.

6) Man sieht bei abfahrenden Schiffen noch die obern Theile der Masten und Segel, während die untern Theile der Schiffe schon verschwunden sind.

7) Wenn man von Süden nach Norden oder umgekehrt reist, so bleibt die Richtung der Tagekreise nicht mehr dieselbe.

8) Reist man in unsern Gegenden nach Norden, so erhebt sich der nördliche Polarstern immer höher über den Horizont; und man findet, daß die bei uns untergehenden Sterne weiter nach Norden hin nicht untergehen.

9) Die bei uns im Süden über den Horizont kommenden Sterne gehen für die nördlichern Gegenden gar nicht mehr auf.

10) Es existirt auf der Erde eine Gegend, wo die Polhöhe = Null ist, oder wo der Nord- und Südpol im Horizonte sich befinden.

11) Reist man von dieser Gegend weiter nach Süden hin, so verschwindet der Nordpol unter dem Horizonte, während der Südpol über denselben sich erhebt.

12) Die Sonne geht einem Beobachter desto früher auf, je östlicher er wohnt.

13) Die nach Osten segelnden Seefahrer verlieren unvermerkt etwas an der Länge eines jeden Tages, während sie an der Gesammtanzahl der Tage etwas gewinnen.

14) Bei den nach Westen segelnden findet das Umgekehrte statt.

15) Die Erde wurde mehrmals und von verschiedenen Seefahrern umschifft.

16) Die Berge können die kugelförmige Gestalt der Erde nicht beeinträchtigen.

17) Der scheinbare und wahre Horizont sind als eine einzige Ebene in Bezug auf den Fixsternhimmel anzusehen.

18) Die von verschiedenen Orten der Erde nach einem Fixsterne gedachten geraden Linien sind so gut wie parallel.

19) Die Entfernungen der auf der Erde vorhandenen Orte sind gegen die Abstände der Fixsterne von der Erde ganz unbeträchtlich.

20) Die Entfernung der Sonne von der Erde ist in Bezug auf den Halbmesser der letztern sehr bedeutend.

21) Der Mond steht näher als die Sonne an der Erde.

22) Die Sonne besitzt eine bedeutende Größe.

23) Der Mond ist weit kleiner als die Sonne.

24) Die kalten Zonen sind eigentlich keine Zonen, sondern Kugelmützen.

25) Die Polhöhe eines auf der Erde befindlichen Ortes ist dem Winkel gleich, unter welchem die Erdaxe gegen den wahren Horizont des Ortes sich neigt.

26) Die Planeten bewegen sich in der obern Conjunction rechtläufig, (d. h. nach der Ordnung der Zeichen); in der untern rückläufig oder rückgängig (nämlich gegen die Ordnung der Zeichen), und scheinen manchmal stille zu stehen.

Viertes Kapitel.

Von der Copernicanischen Weltordnung, oder von dem Copernicanischen Weltsystem; und von den drei Keplerschen Gesetzen.

Was heißt eine Hyperbel, und wie wird dieselbe construirt?

Welches ist (in Fig. 38.) das analytisch ausgedrückte Gesetz der Hyperbel?

Wie wird (in Fig. 38.) die Polargleichung:

$$r = \frac{\varepsilon^2 - i^2}{i - \varepsilon \cos v} \left\{\begin{array}{l}\text{worin } AP = x,\ PM = y,\ \angle MFP = v, \\ FM = r,\ FH = 2\varepsilon \text{ und } AB = 2i \text{ ausdrückt}\end{array}\right\};$$

wie die Scheitelgleichung:

$$y^2 = \frac{\varepsilon^2 - i^2}{i^2}(2ix + x^2),$$

$$\text{oder } y^2 = \frac{o^2}{i^2}(2ix + x^2), \text{ worin } \varepsilon^2 - i^2 = o^2 \text{ ist};$$

und wie die Mittelpunktsgleichung;

$$y^2 = \frac{o^2}{i^2}(x_1^2 - i^2) \left\{\begin{array}{l}\text{worin } AC = i,\ CP = x, \\ x_1 = x + i \text{ darstellt}\end{array}\right\}$$

der Hyperbel ermittelt?

Was nennt man den Scheitel, was den Mittelpunkt und was die halbe Axe der Hyperbel?

Wie wird die Hyperbel an einem senkrechten Kegel versinnlicht?

Was nennt man Störungen oder Perturbationen?

Wann steht ein Planet in der Sonnennähe (perihelium), wann in der Sonnenferne (aphelium), und wann in der mittlern Entfernung?

Was nennt man die Apsiden und was die Apsidenlinie?

Was heißen unschattige Erdbewohner (ascii), was zweischattige (amphiscii), was einschattige (heteroscii), und was umschattige (periscii)?

Was heißt Dämmerung, und was nennt man die astronomische und was die bürgerliche?

Was wird Dämmerungskreis und was Gegendämmerung genannt?

Hauptsätze.

I. Die vorzüglichsten Sätze des Copernicanischen Systems sind:

a) Die Sonne ☉ ist ein kugelförmiger Körper, welcher eine bedeutende Größe und sein eigenes Licht besitzt, in der Mitte des Raumes, in welchem die Planeten ihre Wege beschreiben, steht, und nach der Ordnung der Zeichen *) um seine Axe sich dreht **).

b) Die Planeten bewegen sich in verschiedenen Entfernungen um die ☉, sind dunkle, undurchsichtige, von der ☉ beleuchtete und unserer Erde ähnliche Körper von verschiedenen Größen und stehen in folgender Ordnung von der ☉ ab: Merkur, Venus, Erde, Mars, Vesta, Ceres, Pallas, Juno, Jupiter, Saturn und Uranus.

c) Die Bahnen dieser Planeten, die der Pallas ausgenommen, liegen beinah in derselben Ebene; und sämmtliche Planeten bewegen sich in derselben Richtung, d. h. nach der Ordnung der Himmelszeichen. Unsere Erde vollendet ihre Bahn um die ☉ in einem Jahre; und die übrigen Planeten legen ihre Bahnen in größern oder kleinern Zeiten zurück.

d) Die Erde und die andern Planeten sind nicht allein in fortschreitender Bewegung um die ☉ begriffen, sondern jeder wälzt sich in einer bestimmten Zeit um seine Axe. Die Rotationszeit der Erde, in der Richtung von Westen nach Osten, beträgt 24 Stunden oder einen Tag.

*) Von ihrer Mitte gesehen.

**) D. h. von Westen nach Osten.

e) Der Aequator der Erde macht mit der Erdbahn (oder Ekliptik) einen Winkel von 23° 28′ *), und es ist deßhalb die Erdaxe unter einem Winkel von 66° 32′ gegen die Erdbahn (oder Ekliptik) geneigt. Auch kann man die Richtung der Erdaxe in allen Stellen der Erdbahn als parallel ansehen; und die Axen der übrigen Planeten machen größere oder kleinere schiefe Winkel gegen ihre Bahnen.

f) Die Nebenplaneten oder Trabanten sind dunkle, den Planeten ähnliche Körper, welche kleiner als die Planeten sind, und um diese und mit letztern um die ☉ sich bewegen.

g) Der Mond ist ein Nebenplanet der Erde, und seine Ebene macht mit der Erdbahn einen kleinen Winkel. Er wendet der Erde immer dieselbe Seite zu.

h) Der Ring des Saturns ist ein dunkler undurchsichtiger Körper, welcher um diesen Planeten sich dreht. Er besteht aus 2 (und nach den neuesten Entdeckungen aus 3) Ringen, und besitzt viele Unebenheiten, Hervorragungen, Vertiefungen u. s. w.

i) Die Kometen bewegen sich um die ☉, und ihre Bahnen sind nicht auf den Thierkreis und dessen Nähe beschränkt, sondern haben die verschiedensten Lagen.

k) Die Fixsterne sind Körper, welche der ☉ ähnlich und außerordentlich weit von der Erde entfernt sich zeigen.

II. Außer der Copernicanischen Weltordnung existiren noch mehrere Vorstellungsarten von Weltsysteme, unter denen das Ptolemäische und Tychonische Weltsystem besonders merkwürdig sind.

III. Kepler hat folgende 3 Gesetze aufgestellt:

a) Die Planeten bewegen sich in Ellipsen, in deren einem Brennpunkte die ☉ sich befindet.

b) Der Radius vector legt in gleichen Zeiten gleiche Flächenräume zurück, oder die vom radius vector beschriebenen Flächen verhalten sich wie die Zeiten.

c) Die Quadrate der (tropischen) Umlaufszeiten verhalten sich wie die Cubikzahlen der mittlern Entfernungen von der ☉.

IV. Die 3 Keplerschen Gesetze bilden die Grundlage der neuern höhern Astronomie.

Uebungssätze.

1) Es existirt ein gewisses Verhältniß, ob der in einer Centralbewegung begriffene Körper einen Kreis, eine Ellipse, Parabel oder Hyperbel beschreibt.

*) Vergleiche Kapitel II. Nr. XIX.

2) Die Bahnen der Planeten sind keine vollkommne Ellipsen.

3) Das Rückwärtsgehen oder die Präcession der Nachtgleichen wird aus der am Aequator erhöhten Gestalt der Erde und der Anziehungskraft der Sonne erklärt.

4) Die Schiefe der Ekliptik erleidet eine periodische Veränderung, welche die Nutation heißt, aus dem Schwanken der Erde durch die Einwirkung des Mondes entsteht, und sich bis auf 19,3 Sekunden im Durchmesser erstreckt.

5) Der Mond erfährt Schwankungen, welche Librationen heißen.

6) Die größte Libration des Mondes beträgt 0° 32′ 24″ um den Mittelpunkt des Mondes.

7) Aus der Axendrehung der Erde von Westen nach Osten erklärt sich die scheinbare Drehung des Himmels nach entgegengesetzter Richtung und die Erscheinung des Tages und der Nacht.

8) Die scheinbare jährliche Bewegung der Sonne oder die Veränderung ihrer Lage in Bezug auf die Fixsterne ist als eine Folge der fortschreitenden Bewegung der Erde nach der Ordnung der Zeichen anzusehen.

9) Die in den Winternächten scheinenden Sterne stehen im Sommer und die in den Sommernächten glänzenden im Winter bei Tage am Himmel.

10) Die Sterne, welche im Frühlinge des Abends am westlichen Himmel funkeln, stehen im Herbste des Morgens am östlichen Himmel.

11) Die im Herbste des Abends im Westen scheinenden Sterne sind im Frühlinge vor Sonnenaufgang am Morgenhimmel vorhanden.

12) Die verschiedene Dauer des Tages und der Nacht und der davon abhängige ungleiche Grad der Erwärmung in den verschiedenen Jahreszeiten ist eine Folge der fortschreitenden Bewegung der Erde um die Sonne und ihrer Axenneigung gegen ihre Bahn.

13) In Bezug auf die Beschaffenheit und den Charakter der Jahreszeiten existirt eine bedeutende Ungleichheit in den verschiedenen Gegenden der Erde.

14) Die Gegenfüßler haben entgegengesetzte Jahres- und Tageszeiten; die Nebenwohner gleiche Jahres- aber entgegengesetzte Tageszeiten; und die Gegenwohner entgegengesetzte Jahres- aber gleiche Tageszeiten.

15) Aus der Neigung der Erdaxe und der fortschreitenden Bewegung der Erde um die ☉ lassen sich die Erdzonen erklären.

16) Die Erde wird durch Parallelkreise in die sogenannten Klimate, d. h. in die Zonen eingetheilt, welche nach der Länge des längsten Tages im Jahre bestimmt werden.

17) Die Dauer der Dämmerung ist nach der Verschiedenheit der Jahreszeiten und des Ortes auf der Erde gleichfalls verschieden.

18) Die Erde legt in der Sonnennähe täglich 1° 1′ 10″,3 im Maximum und in der Sonnenferne nur 57′ 11″,4 im Bogen zurück.

19) Die Erde hält sich etwa 8 Tage länger in der Sonnenferne als in der Sonnennähe auf.

20) Unser Sommer ist um etwa 8 Tage länger als unser Winter.

21) Der scheinbare Durchmesser der Sonne ist zu verschiedenen Zeiten von verschiedener Größe.

22) Die wahren Sommertage sind in der Sonnennähe etwas länger als in der Sonnenferne.

23) Die scheinbare rückgängige Bewegung der ☉ beträgt für jeden Tag nicht gleich viel.

24) Alle Sterntage sind einander gleich.

25) Der Erdpol beschreibt um den Pol der Ekliptik einen Kreis, und der Nordpol kann nicht nach dem jetzigen nördlichen Polarsterne gerichtet sein.

26) Die zu einem solchen ganzen Umlaufe erforderliche Zeit wird das große Platonische Jahr genannt.

27) Die Größe des Platonischen Jahres beträgt $\frac{360^\circ}{50''} = 25920$ Jahre.

28) Der Mond muß mit jedem Tage später kommen, oder östlicher als die Sterne erscheinen, unter denen er den Tag zuvor erschienen war.

29) Aus der Bewegung des Mondes um die Erde werden die Lichtgestalten oder Phasen Neumond, erstes Viertel, Vollmond und letztes Viertel erklärt.

30) Der Mond ist ein Lügner (luna mendax), so sagt ein bekanntes Sprichwort.

31) Man nimmt einige Tage vor und nach dem Neumonde nicht nur den schmalen Silberstreifen, oder die hellerleuchtete Sichel, sondern auch den ganzen übrigen Theil der Mondscheibe in einem matten, aschfarbenen Schimmer wahr.

32) Die Sonnen- und Mondfinsternisse werden aus der Bewegung des Mondes um die Erde erklärt.

33) Der scheinbare Durchmesser des Mondes beträgt in der Erdnähe 33 Minuten, während er in der Erdferne 31 Minuten 20 Sekunden ausmacht.

34) Der Mond muß in der Erdnähe eine größere Geschwindigkeit als in der Erdferne besitzen.

35) Aus der Axendrehung der Planeten erklärt sich die Bewegung der auf ihren Oberflächen beobachteten Flecken.

36) Die Nebenplaneten sind bald mehr und bald weniger von ihren Hauptplaneten entfernt.

37) Tritt ein Nebenplanet in den Schatten seines Hauptplaneten, so wird er von uns nicht gesehen, bei seinem Austritte aus demselben aber aufs Neue bemerkt.

Aufgaben.

1. Man soll, mit Zuziehung der bekannten Umlaufszeit ($365\frac{1}{4}$ Tage) der Erde, die Umlaufszeiten nachstehender Planeten berechnen, deren mittlere Entfernungen von der Sonne folgende sind:

Merkur	8,0	Millionen Meilen.
Venus	14,9	
Erde	20,7	
Mars	31,5	
Vesta	48,9	
Juno	55,1	
Ceres	57,2	
Pallas	57,3	
Jupiter	107,5	
Saturn	197,1	
Uranus	396,4	

2. Wenn der Mond fast in 27 Tagen, bei einem Abstande von 60 Erdhalbmessern von unserer Erde, um Letztere geht; in welcher Entfernung müßte ein anderer Körper in einem Tage um die Erde sich bewegen?

Resultate.

1) Umlaufszeit in Tagen:

Merkur	87,75454
Venus	223,0560
Mars	685,64470
Vesta	1326,166
Juno	1586,215
Ceres	1677,755
Pallas	1682,157
Jupiter	4322,623
Saturn	10731,60
Uranus	30608,00

2) In der Entfernung von $\sqrt[3]{\frac{60^3}{27^2}}$ oder 6,66 Erdhalbmessern.

Fünftes Kapitel.

Von der Größe, Gestalt und Dichtigkeit der Erde.

Wie wird ein Grad der geographischen Breite und Länge auf der Erde ermittelt?

Wie wird die Größe des Erdhalbmessers bestimmt?

Was nennt man künstliche Erdkugeln und Landkarten, und wie sind dieselben eingerichtet?

Hauptsätze.

I. Die Größe eines Breitengrades wurde ermittelt:

In Lappland $= \left\{\begin{matrix} 57422 \\ 57198 \end{matrix}\right\}$ Toisen;

in Peru = 56750 Toisen;

und in Frankreich = 57018 Toisen.

II. Die Messungen der Breitengrade haben gelehrt, daß ein Grad in der Nähe des Nordpols größer als unter dem Aequator, und daß also die Erde keine vollkommene Kugel, sondern ein unter den Polen abgeplattetes Sphäroid ist.

III. Die Abplattung der Erde ist nach den vorzüglichern neuern Bestimmungen im Mittel $= \frac{1}{310}$, während die besten ältern und die sehr genauen neuesten dieselbe $= \frac{1}{297,5}$ angeben.

IV. Eine geographische Meile ist $\frac{1}{15}$ von einem Grade des Aequators, oder 15 geographische Meilen gehen auf einen Grad.

V. Der Durchmesser der Erde beträgt ohngefähr 1719 und der Umfang des Aequators 5400 Meilen.

VI. Die eigentliche Gestalt der Erde ist noch nicht mit hinreichender Genauigkeit bekannt, weil jeder darüber angestellte neue Versuch ein etwas anderes Resultat erzeugt.

VII. Die mittlere Dichtigkeit der Erde wird durchschnittlich = 4,9 *) gesetzt.

*) Die mittlere Dichtigkeit der Erde wurde von Plaifair = 4,71
" " " " " " " Cavendish = 5,32
" " " " " " " Reich = 5,44
" " " " " " " Baily = 5,67 } ermittelt.

Uebungssätze.

1) Die Richtung der Schwere geht nur unter dem Aequator und den Polen durch den Mittelpunkt.

2) Unter dem Aequator und in den Polen können nur wahre Antipoden existiren.

3) Das neueste in Frankreich eingeführte Maß- und Gewichtssystem ist auf die neueste französische Gradmessung gegründet.

4) Ein Meter ist $= \frac{1}{10000000}$ des Quadranten vom Erdmeridian, und enthält 3,078 Par. Fuß, oder 3 Par. Fuß und ohngefähr 11,722 Par. Linien, oder 3,186 Rheinl. Fuß.

5) Ein Litre ist = 0,001 Kubikmeter = 50,412 Par. Kubikzoll = 55,9 Rheinl. Kubikzoll = 61,028 Englische Kubikzoll.

6) Ein Gramme ist = 16,104 Gran Nürnb. Med. Gewicht = 13,714 Wiener Apothekergranen, gleich 0,06841 Preuß. Loth.

7) Das Innere der Erde muß viel schwerer als die sie umgebende erstarrte Rinde sich zeigen.

Aufgaben.

1. Man soll die kürzeste Linie d auf der Erdoberfläche, zwischen 2 Orten **A** und **B**, deren geographische Längen und Breiten bekannt sind, unter der Voraussetzung berechnen, daß die Erde als eine vollkommene Kugel sich zeigt.

2. Wie groß ist d, wenn $l = 31^\circ\, 19'\, 40'',5$, $b = 51^\circ\, 3'\, 9''$, $\lambda = 11^\circ\, 23'\, 45''$ und $\beta = 36^\circ\, 31'\, 7''$ ausmacht?

3. Wie viel beträgt d, wenn $l = 31^\circ\, 19'\, 40'',5$, $b = 51^\circ\, 3'\, 9''$, $\lambda = 11^\circ\, 23'\, 45''$ und $\beta = -36^\circ\, 31'\, 7''$ enthält?

4. Wenn die geographische Länge von Brest 6° 49′ 0″, die Breite 48° 23′ 14″, die Länge von Cayenne 54° 35′ 0″ und die Breite dieses Ortes 4° 56′ 15″ beträgt; wie weit sind Brest und Cayenne von einander entfernt?

Resultate.

1) Ist l die Länge, b die Breite von **A**, λ die Länge, β die Breite von **B**, und nimmt man an, daß die Grade nördlicher Breite als positiv und die Grade südlicher Breite als negativ sich zeigen, so setzt man $\cot\beta . \cos(l-\lambda) = \operatorname{tg}\varphi$, berechnet hieraus φ, und schreibt alsdann:

$$\cos d = \frac{\sin\beta . \cos(b+\varphi)}{\cos\varphi}.$$

Man kann auch $\cot\beta . \cos(l-\lambda) = \cot\psi$ setzen, hieraus den

Hülfswinkel ψ berechnen, und alsdann d aus der Gleichung:

$$\cos d = \frac{\sin\beta . \cos(b - \psi)}{\sin\psi}$$

ermitteln.

2) d = 20° 19′ 30″,2 = 304,88 geogr. Meilen.
3) d = 89° 18′ 20″,5 = 1339,58 geogr. Meilen.
4) 59° 23′ 54″,38 = 890,84 geogr. Meilen.

Sechstes Kapitel.

Von der Bewegung der Weltkörper unseres Systems.

Was heißt die wahre oder coäquirte und was die mittlere Anomalie?

Was wird Prostaphäresis oder Gleichung des Mittelpunkts genannt?

Was versteht man unter der heliocentrischen und was unter der geocentrischen Länge eines Planeten?

Was wird der reducirte Ort eines Planeten, was der Commutations- und Elongatonswinkel, was die Parallaxe der Erdbahn, und was die curtirte Weite des Planeten von der Sonne und der Erde genannt?

Was heißen die Knoten eines Planeten, und was wird der aufsteigende Knoten (☊) und was der niedersteigende (☋) genannt?

Was wird beim Monde der Drachenkopf und was der Drachenschwanz genannt?

Was heißt die Knotenlinie, und was das Argument der Breite?

Was wird akronytisch und was kosmisch genannt?

Wie wird die Lage der Knotenlinie eines Planeten ermittelt?

Auf welche Weise wird der Neigungswinkel der Planetenbahn gegen die Ekliptik bestimmt?

Wie wird die Weite eines Planeten von der Erde und wie von der Sonne berechnet?

Was heißt der siderische=, tropische=, anomalistische Umlauf eines Planeten, und was das siderische=, tropische= und anomalische Jahr?

Wie wird die Umlaufszeit eines Planeten ermittelt?

Was nennt man den siderischen= und periodischen Umlauf eines Trabanten?

Was heißt ein synodischer Monat, anomalistischer Monat, und was ein Drachenmonat?

Wie wird die Dauer des synodischen Monats bestimmt?

Hauptsätze.

I. Wenn die Erde in der Knotenlinie eines Planeten sich befindet, so verhält sich 1 zum Sinus der Elongation, wie die Tangente der Neigung zur Tangente der geocentrischen Breite, oder wie die Cotangente der geocentrischen Breite zur Cotangente der Neigung.

II. Der Sinus des Elongationswinkels verhält sich zum Sinus des Commutationswinkels, wie die Tangente der geocentrischen Breite zur Tangente der heliocentrischen Breite.

III. Theilt man die Entfernung des Saturns von der Sonne in 100 gleiche Theile, so stimmen die Abstände der Planeten von der Sonne ohngefähr mit folgender Zahlenreihe überein:

Merkur		4 Theile		
Venus	4 +	3 „	=	7 Theile
Erde	4 +	6 „	=	10 „
Mars	4 +	12 „	=	16 „
Ceres, Pallas, Juno u. Vesta	4 +	24 „	=	28 „
Jupiter	4 +	48 „	=	52 „
Saturn	4 +	96 „	=	100 „
Uranus	4 +	192 „	=	196 „

IV. Zur Bestimmung der Bahn eines Weltkörpers werden folgende Stücke erfordert:

a) Die Zeit, wo er sich in seinem Perihel befindet;
b) der Ort dieses Perihels, vom Frühlingsnachtgleichenpunkte an gezählt, oder seine Länge;
c) der Ort des aufsteigenden Knotens;
d) die Neigung der Bahn gegen eine feste Ebene, am gewöhnlichsten gegen die Ekliptik;
e) die Excentricität;
f) die Dauer eines vollen Umlaufs;
g) der mittlere Abstand vom Centralkörper oder die halbe große Axe.

Uebungssätze.

1) Durch die Lage der Knotenlinie und die Neigung der Bahn eines Planeten gegen die Ekliptik wird die Lage der Planetenbahn bestimmt.

2) Die in Nr. III. erwähnte Zahlenreihe leitete schon vor der Entdeckung der Ceres auf die Vermuthung, daß zwischen Mars und Jupiter noch ein Planet sich befinden müsse.

3) Sollten noch mehrere Planeten zu unserm Systeme gehören, so müßte der auf den Uranus folgenden in einer Entfernung von $4+384 = 388$ Theilen von der Sonne sich befinden.

4) Das tropische Jahr ist kleiner als das siderische, während das anomalistische größer als das siderische sich zeigt.

5) Der siderische Umlauf des Mondes beträgt $27^{T}\ 7^{St}\ 43'\ 12''$,

" periodische " " "	"	27	7	43	5 ,
" synodische Monat	"	29	12	44	3 ,
" anomalistische "	"	27	13	18	35 ,
" Drachenmonat	"	27	5	6	57 .

6) Die Knoten der Mondbahn rücken gegen die Ordnung der Zeichen fort und legen in 18 Jahren 228 Tagen den ganzen Kreis von 360° zurück.

7) Die durch die Störungen erzeugten Bewegungen der Knoten, Neigungen und Excentricitäten sind in sehr enge Grenzen eingeschlossen.

8) Man hat gefunden, daß die Apsiden sich zwar immer in derselben Richtung weiter bewegen, daß aber diese Bewegung auf die Dauer des Systems keinen wesentlichen Einfluß ausübt.

Siebentes Kapitel.

Von den Entfernungen und Größen der Weltkörper unseres Systems.

Was heißt Horizontal- und was Höhenparallaxe?

Wie ermittelt man die Horizontalparallaxe eines Planeten, und wie die der Sonne?

Was wird die jährliche Parallaxe genannt?

Hauptsätze.

I. Der Sinus der Horizontalparallaxe verhält sich zum Sinus der Höhenparallaxe, wie 1 zum Sinus der Zenithdistanz, oder wie 1 zum Cosinus der Höhe.

II. Die Horizontalparallaxen verschiedener Planeten oder auch eines Planeten in verschiedenen Entfernungen, verhalten sich umgekehrt wie die Entfernungen.

III. Die Entfernung e eines Weltkörpers vom Mittelpunkte der Erde, ergiebt sich aus der Gleichung:

$$e = \frac{r}{\sin h},$$ {wenn h die Horizontalparallaxe, und r den Erdhalbmesser ausdrückt}.

IV. Den wirklichen Halbmesser $\frac{1}{2}\mathfrak{D}$ eines Weltkörpers findet man aus der Formel:

$$\tfrac{1}{2}\mathfrak{D} = \frac{\sin \frac{1}{2}\delta}{\sin h} \cdot r$$ {wenn man den scheinbaren Halbmesser der Erde oder die Horizontalparallaxe durch h, den wirklichen Halbmesser der Erde durch r, und den scheinbaren Radius des Weltkörpers durch $\frac{1}{2}\delta$ ausdrückt}.

Uebungssätze.

1) Es ist sin der Höhenparallaxe = sin der Horizontalparallaxe . cos der Höhe.

2) Die Sinus der Höhenparallaxen verhalten sich wie die Sinus der Zenithdistanzen, oder wie die Cosinus der Höhen.

3) Die Höhenparallaxe wird größer oder kleiner, wenn der Abstand vom Zenith größer oder kleiner sich zeigt.

4) Im Zenith ist die Parallaxe = Null, während sie am Horizonte am Größten ist.

5) Durch die Parallaxe wird die Höhe eines Weltkörpers, von der Erdoberfläche betrachtet, kleiner, als sie, vom Mittelpunkte der Erde beobachtet, sein würde.

6) Die Parallaxe wird nur bei solchen Weltkörpern, deren Entfernung vom Mittelpunkte der Erde nicht unendlich groß gegen den Erdhalbmesser ist, bemerkt.

7) Die Horizontalparallaxe des Mondes beträgt in der mittlern Entfernung 57′ 3″.

8) Befindet sich der Mond in der Erdnähe (Perigäum) und zugleich in Opposition mit der Sonne, so ist die Horizontalparallaxe am Größten, nämlich 1° 1′ 25″; steht der Mond aber in der Erdferne (Apogäum) und zugleich in Conjunction, so ist sie am kleinsten, nämlich 53′ 53″.

9) Die Horizontalparallaxe der Sonne beträgt ohngefähr 8,6 Sekunden.

10) Bessel bestimmte die jährliche Parallaxe des Sternes 61 im Schwan = 0,3136 Sekunden, und folgerte hieraus, daß seine Entfernung von der Sonne = 657700 Halbmesser der Erdbahn oder ohngefähr 1315400000000 geogr. Meilen beträgt, und daß das Licht, um diesen Raum zu durchlaufen, ohngefähr $10\frac{1}{2}$ Jahre gebraucht.

11) Struve bestimmte die jährliche Parallaxe des Sternes Wega in der Leyer = 0,2613 Sekunden; und setzte also seine Entfernung = 771400 Halbmesser der Erdbahn = 1542800000000 geogr. Meilen.

12) Man hat an keinem andern Fixsterne eine Parallaxe mit Sicherheit ermittelt.

Aufgaben.

1. Wie weit ist der Mond vom Mittelpunkte der Erde entfernt, wenn die Horizontalparallaxe des Mondes = 57′ 3″ und der Halbmesser der Erde = 859,437 geogr. Meilen beträgt?

2. Wie groß ist der Abstand der Sonne vom Mittelpunkte der Erde, wenn die Horizontalparallaxe der Sonne = 8″,6 ausmacht?

3. Man soll den Halbmesser des Mondes ermitteln, wenn seine Horizontalparallaxe = 57′ 3″ und sein scheinbarer Durchmesser = 31′ 9″ beträgt?

4. Den Halbmesser der Sonne zu berechnen, wenn ihre Horizontalparallaxe = 8″,6 und ihr scheinbarer Durchmesser = 32′ 2″ ausmacht.

Resultate.

1) 51790,8 geographische Meilen. **2)** 20612970 geogr. Meilen. **3)** Der Halbmesser des Mondes beträgt 234,6 Meilen ohngefähr. **4)** Der Halbmesser der Sonne beträgt 96033,4 Meilen ohngefähr.

Achtes Kapitel.

Von den Verfinsterungen.

Wann stehen 2 Planeten in den Syzygien und wann in den Quadraturen?

Was heißt eine totale und was eine partiale Sonnenfinsterniß (Sonnenbedeckung) oder Mondfinsterniß?

Wie wird der aus dem Mittelpunkte der Erde gesehene scheinbare Halbmesser des Erdschattens in der Gegend, wo der Mond durchgeht, ermittelt?

Wie kann man den größten und wie den kleinsten scheinbaren Halbmesser des Erdschattens berechnen?

Wie wird der aus dem Mittelpunkte des Mondes gesehene scheinbare Halbmesser des Mondschattens, in der Gegend, wo er die Erde trifft, gefunden?

Uebungssätze.

1) Eine Sonnenfinsterniß kann nur zur Zeit des Neumondes und eine Mondfinsterniß zur Zeit des Vollmondes sich ereignen.

2) Das Auge sieht eine totale Sonnenbedeckung, wenn es in den Kernschnitten eines dunkeln Weltkörpers, und eine partiale, wenn es in den Halbschatten desselben kommt.

3) Befindet sich das Auge in der Axe des Schattenkegels, aber jenseit der Spitze des Kernschattens, so nimmt es eine ringförmige Sonnenbedeckung wahr.

4) Die Hauptplaneten können nur von ihren Trabanten, und umgekehrt, große Sonnenbedeckungen erfahren.

5) Der Mond kann sich ganz in den Erdschatten einsenken und einige Zeit darin verweilen.

6) Der Halbmesser des Schattens, in der Gegend, welche der Mond durchwandert, wird am Größten, wenn der Mond in der Erdnähe und die Erde in der Sonnenferne sich befindet.

7) Die Mondfinsternisse können nur dann erfolgen, wenn der Mond, zur Zeit des Vollmondes, nahe an seinem Knoten sich befindet.

8) Der Mond kann niemals jenseit der Spitze des von der Erde gebildeten Schattenkegels vorbeigehen.

9) Betrachtet man auf der Erde eine Mondfinsterniß, so nehmen die Bewohner des Mondes, welche der Erdschatten trifft, eine Sonnenbedeckung wahr. Letztere wird aber von den Mondbewohnern niemals ringförmig gesehen.

10) Wenn man die Größe des Erdschattens, die Zeit des wahren Vollmondes, die Breite des Mondes zu dieser Zeit, die stündliche Veränderung der Länge und Breite desselben, und seinen scheinbaren Halbmesser kennt, so wird daraus die Mondfinsterniß berechnet und gezeichnet.

11) Der Mond verschwindet selbst bei totalen Mondfinsternissen nicht immer gänzlich, sondern behält meistens ein röthliches schwaches Licht.

12) Die längste Dauer einer partialen Mondfinsterniß kann nicht

über 2 Stunden 18 Minuten, und die einer totalen nicht über 4 Stunden 38 Minuten betragen.

13) Für jeden Ort der Erde können sowohl die totalen als ringförmigen Finsternisse nur eine kurze Zeit bestehen.

14) Die Sonnenfinsternisse sind für die ganze Erde häufiger als die Mondfinsternisse, so daß im Durchschnitte in 18 Jahren 41 Sonnen- aber nur nahe 29 Mondfinsternisse vorfallen.

15) Für einen bestimmten Ort der Erde sind die daselbst sichtbaren Sonnenfinsternisse fast 3 mal seltener als die Mondfinsternisse, so daß jeder Ort der Erde ohngefähr in 2 Jahren eine Sonnenfinsterniß, und erst in nahe 200 Jahren eine totale zu erwarten hat.

Neuntes Kapitel.

Von den Fixsternen.

Was heißt ein Fixsternsystem?

Was nennt man die neuen- und was die veränderlichen Sterne?

Welche Sterne heißen Doppel- oder mehrfache Sterne?

Welche Doppelsterne werden optische und welche physische genannt?

Hauptsätze.

I. Die meisten Fixsterne sind für uns unermeßlich weit entfernt?

II. Die Fixsterne besitzen ihr eigenes Licht und erscheinen als Körper, welche der Sonne ähnlich, und in zahlloser Menge vorhanden sind.

III. Die Farbe der Fixsterne ist sehr verschieden.

IV. Man hat in verschiedenen Zeiten eine Aenderung an der Farbe sowohl als an der Größe mancher Fixsterne bemerkt.

V. Die Fixsterne haben eine geringe scheinbare Bewegung.

VI. Mehrere Fixsterne zeigen eigenthümliche und stetig fortschreitende Bewegungen an der Himmelskugel, welche ihre Stellungen gegen benachbarte Sterne verändern, und die Gruppen, in denen sie erscheinen, umgestalten.

VII. Man hat gefunden, daß nur verhältnißmäßig wenig optische Doppelsterne existiren.

VIII. Die Doppelsterne sind öfters verschieden gefärbt.

Uebungssätze.

1) Der Sirius hat ein weißes, und Aldebaran und Beteigeuze ein rothes Licht.

2) Das Licht des Sirius war früherhin roth.

3) Castor, der früher der größte von den Zwillingen war, erscheint jetzt kleiner als Pollux.

4) α im Adler ist gegenwärtig ein Stern erster Größe, wurde aber früher nur zu denen der zweiten gezählt.

5) Die 7 Sterne des großen Bären scheinen insbesondere ihr Licht beständig zu verändern.

6) Zu den veränderlichen Sternen wird vorzüglich Algol in der Medusa gezählt.

7) Zu den neuen Sternen gehört ein 1572 von Tycho in der Cassiopeja entdeckter Stern.

8) Die Fixsterne scheinen jährlich kleine Ellipsen am Himmel zu beschreiben.

9) Der 61ste Stern des Schwans besitzt die größte von allen eigenen Bewegungen.

10) Unter den Doppelsternen ist ξ im großen Bären und Nr. 70. im Ophiuchus besonders bemerkenswerth.

11) In ε des Bootes ist der größere der beiden Sterne gelb, während der kleinere als blau sich zeigt.

Zehntes Kapitel.

Von der Sonne *).

Was werden Sonnenflecken und was Sonnenfackeln genannt?

Wer hat die Sonnenflecken zuerst beobachtet?

Hauptsätze.

I. Die Sonnenflecken gehen langsam vom östlichen Sonnenrande gegen den westlichen in parallelen Richtungen fort.

*) Die Größe der Sonne und der Planeten u. s. w. sind im Anhange angegeben.

II. Manche Sonnenflecken werden größer, kleiner und verschwinden auch wohl ganz; und einige zertheilen sich in mehre kleinere und verschwinden alsdann ebenfalls.

III. Manche Flecken haben eine Dauer von einigen Monaten.

IV. Die Zeit, welche ein Flecken zu seinem ganzen Umlaufe gebraucht, beträgt ohngefähr 27 Tage.

V. Die Bewegung der Sonnenflecken wird aus der Axendrehung der Sonne erklärt.

VI. Die Sonne ist — nach der Meinung vieler Naturforscher — ein mit einer leuchtenden Atmosphäre oder Lichtsphäre umgebener dunkler Körper, dessen Abplattung von Einigen ausgesprochen aber noch nicht erwiesen worden ist.

Uebungssätze.

1) Die Sonnenflecken erscheinen in der Nähe des Sonnenrandes schmäler als in der Mitte.

2) Sie erscheinen gewöhnlich in bestimmten Perioden, und es vergehen oft Jahre, in denen man keinen bedeutenden entdeckt.

3) Man hat einen Flecken von $1\frac{1}{2}$ Minuten im Durchmesser bemerkt, welcher also 90 Millionen Quadratmeilen auf der Sonnenoberfläche bedeckte.

4) Die Lage der Sonnenaxe wird durch die Beobachtung der Sonnenflecken bestimmt.

5) Man hat gefunden, daß die Sonnenflecken nur um den Sonnenäquator und nie in der Nähe der Pole erscheinen.

6) Capocci fand aus vielen Beobachtungen:
   1) daß man zwischen 0° und 10° nördlicher Breite selten Flecken gesehen hat, und daß die dort erschienenen nur klein sich zeigten;
   2) daß die Sonnenflecken in 3° bis 8° südlicher und in 11° bis 15° nördlicher Breite häufiger waren; und
   3) daß über 40° Breite hinaus fast nie Sonnenflecken erschienen.

Elftes Kapitel.

Von den Planeten und dem Monde.

Was nennt man den Morgenstern und was den Abendstern?

Was heißt Irradiation?

Was werden Asteroiden genannt?

Hauptsätze.

I. Der Merkur entfernt sich nie über 29 Grade von der Sonne, und wird also nur in der Nähe der Dämmerung gesehen.

II. Er besitzt eine Atmosphäre, und eine nur wenig abgeplattete Gestalt.

III. Die auf dem Merkur stattfindenden Jahreszeiten sind fast eben so wie bei uns, folgen aber so schnell auf einander, daß jede derselben ohngefähr 22 unserer Tage beträgt.

IV. Die Venus entfernt sich nie über 48° von der Sonne, und ist an ihrem blendend weißen Lichte erkennbar.

V. Sie ist sehr uneben und besitzt Berge, deren Höhen 4—5 Meilen betragen.

VI. Die Venus besitzt einen viel heiterern Himmel und also auch weniger Wasser als die Erde.

VII. Die Atmosphäre der Venus wird auf 39000 Fuß geschätzt.

VIII. Die dunkle Seite dieses Planeten ist gewöhnlich von einem sanften Lichtschimmer, wie der Mond in den ersten Tagen nach dem Neumonde, erleuchtet.

IX. Man hat gefunden, daß die Venus nahe dieselbe Größe, Masse, Dichtigkeit und Rotationszeit wie die Erde besitzt; und daß ihre Jahreszeiten den unsrigen in Bezug auf die Abstufungen ähnlich sind, aber etwas schneller als diese auf einander folgen.

X. Die Gestalt der Erde ist die eines abgeplatteten Ellipsoids.

XI. Die halbe große Axe ihrer elliptischen Bahn um die Sonne beträgt 20666800 Meilen.

XII. Der Mond ist eine Kugel, welche viele Unebenheiten, aber keine Abplattung zeigt.

XIII. Er ist auf seiner Oberfläche mit vielen Flecken bedeckt, von denen einige ein helleres Licht als die übrigen Theile der Fläche besitzen, und andere in ein tieferes Dunkel wie in einen Schatten gehüllt sind.

XIV. Der Mond besitzt vorzüglich hohe Berge; und es sind auf demselben Bergrücken oder Bergadern, Ringgebirge u. s. w. befindlich.

XV. Die Messungen der Mondgebirge werden auf verschiedene Weisen und namentlich durch den Schatten bewirkt.

XVI. Die Ringgebirge des Mondes sind vulkanischer Natur.

XVII. Zu den merkwürdigsten Erscheinungen auf dem Monde werden die sogenannten Strahlensysteme gezählt.

XVIII. Der Mond erscheint uns wie ein mit unzähligen Blasen bedeckter trockener Gyps- oder Schwefelguß; und ist — mehreren Beobachtungen zufolge — von einer äußerst schwachen Atmosphäre umgeben.

XIX. Man hat gefunden, daß der Mond eine schwache Dämmerung besitzt.

XV. Der Mond kehrt uns immer die nämliche Seite seiner Kugel zu.

XXI. Der Mond bewirkt in unserer Atmosphäre eine Ebbe und Fluth, welche von der des Meers sich unterscheidet, indem die erstere nur einmal und die letztere 2mal des Tages sich ereignet.

XXII. Der Einfluß des Mondes auf die Witterung ist äußerst gering.

XXIII. Der Mond ist ein der magnetischen Kraft unterworfener Körper.

XXIV. Die erwärmende Kraft der Mondesstrahlen ist bis jetzt noch nicht entdeckt; doch ist die chemische Kraft derselben nicht gänzlich Null.

XXV. Der Mond sendet uns mehr Licht zu, als es nach der Analogie anderer leuchtender Körper der Fall sein kann.

XXVI. Der Mars ist an seiner röthlichen Farbe leicht kenntlich.

XXVII. Man sieht durch gute Fernröhre auf der Oberfläche des Mars mehrere Flecken, von denen einige constant und andere veränderlich sich zeigen.

XXVIII. Die Atmosphäre des Mars scheint viel dichter als unsere Erdatmosphäre zu sein; auch wurden auf dem Mars Spuren von Gebirgen entdeckt.

XXIX. Die 4 Planeten Ceres, Pallas, Juno und Vesta haben sehr bedeutende Atmosphären.

XXX. Die Juno entfernt sich 13 und die Pallas mehr als 34 Grade von der Ekliptik.

XXXI. Die beinah gleich großen Bahnen der Asteroïden sind sehr excentrisch.

XXXII. Man hat selbst durch die stärksten Fernröhre keinen constanten Flecken an den Asteroïden bemerkt.

XXXIII. Der Jupiter besitzt ein helles gelbes Licht und ist nach der Venus der scheinbar größte und schönste Stern des Himmels.

XXXIV. Dividirt man beim Jupiter den Cubus seiner mittlern Entfernung durch das Quadrat seiner Umlaufszeit, so erhält man eine Zahl α, welche für jeden Hauptplaneten des Sonnensystems dieselbe bleibt, und die der Kraft oder der Masse der Sonne proportionirt sich zeigt. Dividirt man ferner bei einem der Monde des Jupiter den Würfel seiner mittlern Entfernung von dem Hauptplaneten durch das Quadrat der Umlaufszeit dieses Planeten vom Jupiter, so ergiebt sich eine andere Zahl β, welche ebenfalls durch das ganze System der Jupitermonde dieselbe bleibt, und die der Masse des Jupiter proportionirt ist. Betrachtet man also die Sonnenmasse als Einheit, so ist die des Jupiter $= \frac{\beta}{\alpha}$.

XXXV. Die Abplattung des Jupiter ist so bedeutend, daß sich die große Axe des Aequators zu ihrer Umdrehungsaxe ohngefähr wie 14:13 verhält.

XXXVI. Man sieht auf der Oberfläche des Jupiter durch gute Fernröhre 4—5 Streifen, welche unter einander und mit der Ekliptik beinah parallel laufen, durch die ganze Scheibe des Jupiter gehen und ihre Größen und Gestalten im Allgemeinen nicht verändern.

XXXVII. Die Atmosphäre des Jupiter ist sehr beträchtlich, und wegen ihrer Ausdehnung, Festigkeit und Beständigkeit, mit unsern Wolken und Dünsten nicht leicht vergleichbar.

XXXVIII. Die Gleichheit der Revolution und Rotation scheint ein allgemeines Gesetz aller Trabanten zu sein.

XXXIX. Der Jupiter wird von 4 Trabanten begleitet, welche dichte mit vielen Dünsten angefüllte Atmosphären besitzen.

XL. Der Saturn ist an seinem matten grauweißen Lichte zu erkennen.

XLI. Er geht langsam unter den Sternen fort und verweilt über 2½ Jahr in demselben Zeichen des Thierkreises.

XLII. Der Saturn ist an 4 Stellen, von denen je 2 einander gegenüberstehen, eingedrückt.

XLIII. Er scheint eine flüssige Umhüllung und wie unser Meer eine Art von Ebbe und Fluth zu besitzen.

XLIV. Der Saturn besitzt 5 seinem Aequator parallel laufende Streifen, und mit höchster Wahrscheinlichkeit eine Atmosphäre.

XLV. Er hat 7 so kleine und so weit von uns entfernte Trabanten, daß sie nur durch sehr gute und lichtstarke Fernröhre wahrgenommen werden können.

XLVI. Der Ring des Saturns ist mit vielen und sehr hohen Bergen bedeckt, und vielleicht blos aus solchen an einander gereihten Gebirgen gebildet.

XLVII. Die Ebene des Ringes fällt mit der des Saturnäquators zusammen.

XLVIII. Der durch gute Fernröhre betrachtete Ring zeigt auf seiner Fläche einen breiten dunkeln, dem Rande concentrischen Streifen, welcher den Ring in 2 Theile absondert. Auch wurde durch vorzüglich starke Fernröhre noch ein 2ter Streifen bemerkt.

XLIX. Der Ring besitzt eine Atmosphäre; und seine einzelnen Berge erheben sich oft mehr als 200 Meilen über demselben. Auch wird (nach Bessel) die Masse des Ringes $\frac{1}{118}$ der Masse des Saturns gesetzt.

XLX. Herschel hat gefunden, daß der Ring nahe in 10 Stunden 30 Minuten um seine Axe sich dreht.

XLXI. Man hat bis jetzt keine constante Flecken auf der Oberfläche des Uranus bemerkt, und also auch die Rotation dieses Planeten noch nicht bestimmt.

XLXII. Die Rotation des Uranus muß sehr schnell erfolgen, da derselbe eine beträchtliche Abplattung an den Polen besitzt.

XLXIII. Der Uranus hat 6 Monde, deren Bahnen alle in einer Ebene, welche auf der Ebene der Uranusbahn beinah senkrecht steht, sich befinden.

Auch bewegen sich dieselben nicht, wie die andern Körper unseres Sonnensystems, von Westen nach Osten, sondern von Norden nach Süden.

Uebungssätze.

1) Die Durchgänge des Merkurs fanden statt: 1832 im April, 1835 im Oktober; und ereignen sich noch 1845 im April, 1848 im Oktober, u. s. w.

2) Die Venus wird nur vor Sonnenaufgang in der Nähe der Morgendämmerung und nach Sonnenuntergang in oder nach der Abenddämmerung gesehen.

3) Bei den Durchgängen der Venus durch die Sonne hat man einen sie umhüllenden Ring erblickt.

4) Die Durchgänge des Merkurs finden viel häufiger als die der Venus statt; und die letztern erfolgten:

1631, 1639 u. s. w.

und ereignen sich wiederum:

1874, 1882 u. s. w.

5) Die Erdbahn ist nur wenig von einem Kreise verschieden, und ihre Excentricität in unserm Jahrtausende im Abnehmen.

6) Lambert hat gefunden, daß die Erde nur $\frac{1}{4}$ des empfangenen Lichtes reflectirt.

7) Die Bahn des Mondes ist sehr zusammengesetzt, und mit einer in 12 bis 13 Knoten geschlungenen Schnur zu vergleichen.

8) Man hat gefunden, daß die Mondbahn ohngefähr 324000 Meilen im Umkreise besitzt, daß der Mond in jeder Stunde ohngefähr 500, und indem er zugleich mit der Erde fortgeht, 17000 Meilen beschreibt.

9) Zu den höchsten Bergen auf dem Monde werden der Dörfel und Leibnitz gezählt. Die Gipfel des erstern sollen eine Höhe von 30000 und die des letztern von 24000 Fuß besitzen.

10) Die größten Bergadern werden beim Tycho, Kepler und Copernicus angetroffen.

11) Zu den merkwürdigsten Ringgebirgen werden Plato und Eudorus gezählt.

12) Man hat gefunden, daß der Krater des Copernicus 7 deutsche Meilen im Durchmesser besitzt.

13) Es fehlt dem Monde an Wasser.

14) Schröter hat die Mondatmosphäre zu 800 Fuß berechnet.

15) Beim Monde ist die Rotation so groß wie die Revolution.

16) Auf dem Monde findet kein Wechsel der Jahreszeiten statt.

17) Es hat sich ergeben, daß bei der Erdferne des Mondes die Witterung im Durchschnitte etwas heiterer und trockener als bei der Erdnähe sich zeigt.

18) Arago und Daguerre haben durch die Einwirkung des Mondscheines auf Chlorsilber einen bleibenden weißen Fleck von der Form des Mondes erzeugt.

19) Die Jahreszeiten des Mars sind verschiedener als die der Erde.

20) Der Wechsel der Jahreszeiten ist für denselben Ort auf dem Jupiter nur unmerklich.

21) Die noch merkbare Höhe der Atmosphäre des Jupiter scheint über 100 Meilen zu betragen.

22) Der kreisförmige Ring des Saturns wird nie wie ein Kreis, sondern meist nur wie eine Ellipse gesehen.

23) Der Ring kommt in 30 Jahren 2 Mal in eine Lage, worin seine verlängerte Ebene durch den Mittelpunkt der Sonne geht, und er also in großer Ferne, z. B. von der Erde, unsichtbar wird. Durch lichtstarke Fernröhre wird er indeß auch im letztern Falle als eine feine, durch den Mittelpunkt des Saturns gehende Linie bemerkt.

Zwölftes Kapitel.

Von den Kometen.

Hauptsätze.

I. Bei der nähern Betrachtung der Kometen wird
1) der Kern,
2) die den Kern umgebende kugelförmige Dunsthülle,
3) der nach irgend einer Seite sich erstreckende und oft sehr lange Schweif bemerkt.

II. Der Kern ist ein fester planetenähnlicher Körper, der aber bei den meisten Kometen fehlt, so daß diese nur eine bloße Anhäufung von den unserer Atmosphäre ähnlichen Dünsten zu sein scheinen.

III. Der Kern ist gewöhnlich von einer noch matter beleuchteten meist kugelförmigen Dunsthülle umgeben, die in größern Entfernungen von ihrem Mittelpunkte immer lockerer zu werden scheint, aber im Vergleich mit dem Kerne meist sehr groß sich zeigt.

IV. **Der Schweif** ist eine den Kometen öfters begleitende Lichterscheinung, welche von seiner Nebelhülle ausgeht, ein nebliges Ansehen besitzt und dünne genug ist, das Licht der Sterne ganz ungeschwächt durchzulassen.

V. Der Schweif zeigt sich meist nach der der Sonne entgegengesetzten Seite ausgedehnt.

VI. Herschel glaubt, der Kometennebel besitze ein eigenthümliches Licht. Olbers hält aber die Kometen für dunkle Körper, welche durch zurückgeworfenes Sonnenlicht sichtbar sind.

VII. Die Kometen bewegen sich in meistens sehr excentrischen Ellipsen, in deren einem Brennpunkte die Sonne sich befindet.

VIII. Je größer bei derselben Entfernung des einen Brennpunktes der Ellipse von ihrem nächsten Scheitel, die Axe der Ellipse wird, desto mehr nähert sich der jenem Scheitel nahe Bogen der Ellipse, in welchem wir den Kometen allein beobachten, der Parabel.

Auch geht die Ellipse in eine Parabel über, wenn die große Axe der erstern gegen die Entfernung des Scheitels von dem Brennpunkte als unendlich groß angenommen werden kann.

IX. Man pflegt jede Planetenbahn unter der beinah immer erlaubten Voraussetzung zu berechnen, daß sie eine Parabel sei, in deren Brennpunkte die Sonne sich befinde; sucht dann die Zeit des Durchgangs des Kometen durch sein Perihelium, die Entfernung des letztern vom Brennpunkte, die Lage dieser Entfernung gegen die Linie der Nachtgleichen, die Neigung der Bahn gegen die Ekliptik, und die Lage ihrer Knoten in letzterer; und betrachtet diese 5 Elemente als die Bestimmungsstücke, durch welche die Bahn eines jeden Kometen von allen andern unterschieden werden kann.

X. Die in v. Nr. erwähnten 5 parabolischen Elemente reichen in den meisten Fällen aus, den vielleicht nach Jahrhunderten wiederkehrenden Kometen als einen schon früher dagewesenen zu erkennen.

XI. Die Bestimmung der Bahn eines Kometen ist im Allgemeinen desto genauer, je weiter die Beobachtungen von einander abstehen.

XII. Zur Bestimmung der Kometenbahn sind 3 geocentrische Längen und eben so viele Breiten erforderlich.

XIII. Es ist sehr unwahrscheinlich, daß irgend ein Komet mit der Erde zusammentrifft.

XIV. In Bezug auf die Veränderungen der Kometen wurden von **Herschel** und **Andern** mehr oder weniger glaubwürdige Hypothesen aufgestellt.

XV. Es ist wahrscheinlich, daß alle Fixsterne, Planeten und Kometen Bewohner haben, welche von denen der Erde sich sehr merklich unterscheiden.

Uebungssätze.

1) Die Zahl der gesehenen Kometen beträgt über 400; doch sind von denselben ohngefähr 120 genauer beobachtet und berechnet.

2) Der Komet von 1807 hatte einen Durchmesser von 120 Meilen, während seine Dunsthülle einen Diameter von 60000 Meilen besaß.

3) Beim Kometen von 1811 hatte der etwas röthliche planetarische Kern einen Durchmesser von 93 Meilen, während sein Schweif eine Länge von 22 Millionen Meilen besaß.

4) Der Halley'sche Komet besitzt eine Umlaufszeit von 75 bis 76½ Jahren,
„ Enk'sche „ „ „ „ von 3 Jahren 110 Tagen,
„ Biela'sche „ „ „ „ von 6¾ Jahren,
„ Olbers'sche „ „ „ „ von ohngefähr 74 Jahren,
„ Komet von 1811 „ „ „ von 3000 Jahren.

5) Der bei Cäsars Tod erschienene Komet soll ein so helles Licht verbreitet haben, daß er selbst am Mittage noch deutlich zu sehen war.

6) Der Komet von 1680 streckte seinen Schweif über 70 Grad, und der von 1618 um 100° am Himmel aus.

7) Man hat das Licht des Enkschen Kometen polarisirt.

III.

Lehrsätze, Formeln und Aufgaben

aus der

Geologie und Meteorologie.

Erstes Kapitel.

Von den Gebirgen, von den Erdbeben und von der Entstehungsart der Erde.

Was heißt Geologie und was Geognosie?

Was nennt man festes Land oder Festland, und was Inseln?

Wie werden die großen Festlande genannt?

Was heißen Berge, Hügel, Thäler und Ebenen?

Was nennt man den Gipfel, den Fuß, den Abhang und die Kuppe eines Berges?

Was wird ein Gebirge und was ein Hochgebirge genannt?

Was versteht man unter Gebirgskette, Gebirgszweigen, Armen oder Aesten, und was unter Gebirgsrücken?

Was wird ein hoher, ein mittlerer und ein niedriger Berg genannt?

Was heißt Thalsohle oder Thalweg?

Was nennt man Längen=, Quer=, Haupt=, Neben=, Fluß=, Strom= und Meeresthäler?

Was heißen Hochlande und was Niederungen?

Was werden Gletscher genannt?

Was versteht man unter den allgemeinen Lagerstätten der Fossilien?

Was nennt man die Lager und die liegenden Stöcke, und was die Gänge und die stehenden Stöcke?

Was heißen die Flötze und was die Bänke?

Was nennt man die Sohle, das Dach, und was die Mächtigkeit eines Lagers?

Was heißt das Ausgehende und das Tiefe, und was die Salbänder eines Ganges?

Was werden stehende Stöcke, und was Drüsen genannt?

Hauptsätze.

I. Die Erde ist größtentheils mit Wasser bedeckt, und es ragennur größere und kleinere Theile daraus hervor.

II. Die Oberfläche der Erde ist sehr uneben.

III. Die Gebirge werden eingetheilt:

a) in Hauptgebirge,
b) in Gebirge von mittlerer Länge,
c) in kleinere Gebirge,
d) in Kettengebirge,
e) in Massengebirge,
f) in gemeine Gebirge,
g) in Kegelgebirge, und
h) in Alpengebirge.

IV. Die zur Oberfläche der Erde gehörigen Massen werden in Bezug auf ihre innere Structur 1) in Urgebirge, 2) in Uebergangsgebirge, 3) in Flötzgebirge, 4) in aufgeschwemmte Gebirge (Seifengebirge oder Säufengebirge), und 5) in vulkanische Gebirge eingetheilt.

V. Das Eiß der Gletscher scheint durch Schnee entstanden zu sein, welcher vom Wasser durchdrungen wurde, das in der Folge gefror.

VI. Die meisten Vulkane sind kegelförmig und haben eine trichterförmige Vertiefung, welche der Crater heißt, in deren Boden sich eine Oeffnung befindet, die in das Innere des Berges geht und oft in großen Zwischenräumen zwischen den Ausbrüchen geschlossen ist.

VII. Die Vulkane werfen Lava und andere vulkanische Produkte aus; sie werden in Centralvulkane und Reihenvulkane eingetheilt.

VIII. Die Erdbrände, wobei Dampf, Feuer und geschmolzene glühende Materie aus der Erde brechen, und Bimssteine u. s. w. ausgeworfen werden, sind von den vulkanischen Ausbrüchen dadurch unterschieden, daß sie nicht auf eine bestimmte Stelle eines Berges eingeschränkt sind, sondern über einen größern oder kleinern Erdstrich sich verbreiten, und gewöhnlich länger dauern.

IX. Die Erscheinung der Vulkane wird auf folgende Weise erklärt:

Wenn tief liegende brennende Steinkohlenflötze mit leicht schmelzbaren Gebirgsmassen bedeckt sind, und Wasser zu dem Brande tritt, so wird letzteres in Dämpfe aufgelöst, welche durch die mittelst der Hitze gesteigerte Expansivkraft auf die im Innern geschmolzenen Massen und auf die Decke wirken, letztere zersprengen und alles, was ihrer Gewalt widerstrebt, hinaus werfen, u. s. w.

X. Bei den Erdbränden glimmen die Steinkohlenflötze gewöhnlich ruhig in der Erde fort.

XI. Die Erscheinung der Erdbeben hat mit der Erscheinung der vulkanischen Ausbrüche eine große Aehnlichkeit und nicht selten eine unmittelbare Verbindung.

XII. In Bezug auf die Erdbeben bemerke man:

a) Die Erdbeben sind ganz allgemein verbreitet und keine Gegend scheint vollkommen dagegen gesichert zu sein.

b) Wenn man die ganze Erde berücksichtigt, so ist die Zahl der Erdbeben, jede kleine Erschütterung mitgezählt, sehr groß.

c) Die Vorzeichen der Erdbeben können theils lange Zeit und theils unmittelbar vorhergehende sein.

d) Die Erdbeben hängen nicht mit den atmosphärischen Veränderungen zusammen.

e) Sie bestehen im Allgemeinen aus Bebungen und Erschütterungen der Erdrinde, welche über größere oder kleinere Strecken ausgedehnt mehr oder weniger heftig sind, gewöhnlich eine gewisse Richtung befolgen, in der sie zugleich fortzuschreiten scheinen; und sich meist zuerst als senkrechte Hebungen, dann als horizontale Schwankungen und bei sehr großer Heftigkeit in einzelnen Fällen auch als rotatorische Schwingungen zeigen.

XIII. Das gerissene Ansehen der Erde, die rinnenförmigen Vertiefungen, die steilen Felsenwände, die spitzen Felsgipfel u. s. w. zeugen von großen in verschiedenen Zeiten stattgefundenen Zerstörungen. Die vorzüglichsten hierher gehörigen Ursachen sind:

Wasserfluthen, Vulkane und Erdbeben.

Aehnliche Umwandlungen der Erdoberfläche finden immer noch statt.

XIV. Ueber die Entstehungsart der Erde existiren zwei einander entgegengesetzte Vorstellungsarten, von denen die eine die der Neptunisten und die andere die der Vulkanisten heißt.

Als Repräsentant der ersten ist Werner, und als Repräsentant der letztern Hutton anzusehen.

XV. Unter den neuern Geologen sind die Vulkanisten am zahlreichsten.

XVI. Die feste Grundlage, welche die Geologie in der neuesten Zeit gewonnen, besteht darin, daß man Feuer und Wasser bei der Bildung der Erdrinde als gleich wirksam und entscheidend anerkannt.

Uebungssätze.

1) Man hat gefunden, daß die größte in der Erde ermittelte Tiefe noch nicht 600 Toisen oder 0,0002 Erdhalbmesser beträgt.

2) Die Thäler sind selten horizontal, wenn sie zwei Berge von einander trennen.

3) Zu den höchsten Bergen der Erde gehören:
der Dhawalagiri (oder weiße Berg), mit einer Höhe von 24150 Pariser Fuß; der Chimborasso, mit einer Höhe von 20100 Pariser Fuß, u. s. w.

4) Das Eis der Gletscher ist an seiner Oberfläche sehr rauh, in seinem Innern sehr porös; und seine Härte ist weit kleiner als die des Eises, welches durch das Gefrieren von tropfbar flüssigem Wasser entsteht.

5) Die Gletscher werden vorzüglich in engen Thälern mit steil aufsteigenden Wänden angetroffen.

6) Die Gletschermasse erscheint im Ganzen genommen blau.

7) Sind die Gletscher wenig gegen den Horizont geneigt, so bilden sich im Eise weite und tiefe, ganz mit Wasser gefüllte Löcher.

8) Zu den bekanntesten Vulkanen gehören:
der Aetna und Macaluba in Sicilien, der Vesuv bei Neapel, der Hekla auf Island, der Pitchincha und Cotopaxi in Peru, u. s. w. Auch ist der Chimborasso ein ausgebrannter Vulkan.

9) Im Jahre 1783 wurde Island von einem Erdbrande verwüstet.

10) Die Erdbrände äußern sich oft nur durch ausgedorrten und aufgerissenen Boden, und oft gar nicht, so daß manche Erdbrände erst nach ihrem Ausbrennen zufällig entdeckt worden sind.

11) Die Vulkane werden für jüngere Erzeugnisse als die Flötzgebirge angesehen.

12) Heftige vulkanische Ausbrüche sind immer von Erdbeben begleitet, und vulkanische Gegenden denselben vorzüglich ausgesetzt; doch finden die Erdbeben auch öfters im flachen Lande und fern von Vulkanen statt.

13) Die Dauer der Erdbeben beträgt an demselben Orte meist ein Paar Minuten, und öfters wenige Sekunden.

14) Die elastischen Flüssigkeiten bleiben bei den Erdbeben meist eingeschlossen und verstärken dadurch ihre Gewalt.

15) Bei den Erdbeben berstet bisweilen der Erdboden, ganze Strecken Landes stürzen zusammen, Flüsse treten aus ihren Ufern oder werden auf immer begraben, das Meer hebt sich heftig empor, Inseln stürzen aus der Tiefe und andere sinken in das Meer zurück.

16) Die Hauptwirkung des Erdbebens ist gewöhnlich nur auf eine kleine Strecke beschränkt, während die bloßen Erdstöße sich über einen beträchtlichen Strich Landes verbreiten.

17) Manche Gegenden scheinen den Erdbeben öfter als andere ausgesetzt zu sein.

18) In Europa wurde Italien mit den umliegenden Inseln am meisten von Erdbeben heimgesucht.

19) Zu den schrecklichsten und am weitesten verbreiteten Erdbeben gehört das zu Lissabon vom 1sten Nov. 1755.

20) Manche Gegenden von Asien wurden von den bedeutendsten Erdbeben heimgesucht. So wurden 17 nach Chr. 13 große Städte in einer Nacht zerstört; und eben so 526 nach Chr. in den Städten am Orontes und hauptsächlich in Antiochien 200000 Menschen erschlagen.

21) Afrika ist an sich höchst unbekannt; und man kennt deßhalb auch kein Erdbeben seines innern Continentes, wo sie wahrscheinlich weder häufig noch bedeutend sich zeigen.

22) Amerika, und besonders der südliche Theil desselben, steht keinem andern Erdtheile an Größe, Zahl und Dauer der Erdbeben nach.

23) Man kann selbst ein Erdbeben im Kleinen erzeugen.

24) Der Neapolitaner Salsano hat den Erdbebenmesser angegeben.

25) Die Gänge hält man für später in den Gebirgen entstandenen Spalten.

26) In den Gebirgen sind hin und wieder Höhlen von verschiedener Größe befindlich.

27) Die Höhlen werden besonders häufig in den Kalkgebirgen angetroffen, und haben oft Gänge von verschiedener Richtung und Größe, worin der Tropfstein Pfeiler und allerlei Figuren bildet. Auch trifft man Wassersammlungen und öfters Knochen, Gerippe, Zähne von Landthieren darin an.

28) Zu den merkwürdigsten Höhlen gehören:

Die Baumannshöhle im Harz,
die Gailenreuter Höhle im Baireuthschen,
die Mirnitzer Höhle in Steiermark,
die Grotte auf Antiparos,
die Hundsgrotte bei Neapel,
die Fingalshöhle auf der Insel Staffa bei Schottland.

Zweites Kapitel.

Von dem Meere.

Was heißt das Meer, (der Ocean, oder die See) und wie w'rd dasselbe eingetheilt?

Was nennt man Sandbänke und was Klippen?

Was wird ein Meerbusen u. s. w. genannt?

Was heißt Ebbe und Fluth, und welche Erscheinungen finden dabei statt?

Was nennt man hohe Fluth oder hohe See, und was tiefe See?

Was heißt mittlere Fluth; und was nennt man Springfluthen, Nippfluthen oder taube Fluthen?

Was werden Wirbel oder Strudel genannt?

Hauptsätze.

I. Das Meer verbreitet sich in zusammenhängender Masse, ist aber auf ungleiche Weise vertheilt.

II. Der Boden des Meeres ist sehr ungleich und im Ganzen dem des festen Landes ähnlich.

III. Die Tiefe des Meeres ist sehr ungleich, und die größte Tiefe uns gänzlich unbekannt.

IV. Das Meer- oder Seewasser hat einen eigenthümlichen Geruch und einen widerlich salzigen und bittern Geschmack. Die Stoffe, welche ihm diesen Geschmack geben, sind förmlich darin aufgelöst.

V. Das specifische Gewicht des Meerwassers ist nicht überall dasselbe und wird im Mittel = 1,028 gefunden.

VI. Das Meerwasser ist im Allgemeinen und bei der Abwesenheit trübender Substanzen sehr klar. Bei hinlänglicher Tiefe tritt aber eine bestimmte und unveränderliche Farbe, nämlich Ultramarinblau hervor.

VII. Die Temperatur des Oceans ist den Graden der geographischen Breite umgekehrt proportional, wechselt aber mit den Jahres- und Tageszeiten weit weniger als in der Luft.

VIII. Die Temperatur des Meeres nimmt im Allgemeinen mit der Tiefe ab, so daß sie an manchen Stellen unter 0° C herabsinkt, ohne daß man jedoch den Boden des Oceans irgendwo gefroren gefunden hat.

IX. In hohen Breiten gefriert das Meerwasser nicht nur an den Küsten, sondern auch auf dem hohen Ocean; und es entstehen theils sogenannte Eisfelder, theils Eisberge, die bisweilen eine sehr bedeutende Größe besitzen.

X. Das Leuchten des Oceans rührt von verschiedenen Ursachen her.

XI. Die vorzüglichste Ursache der Ebbe und Fluth liegt im Monde; doch übt auch die Sonne einen merklichen Einfluß auf dieselbe aus.

XII. Laplace hat gefunden:

a) daß jede partielle Fluth, nämlich jede größte Fluth des Mondes und der Sonne, dem Cubus des scheinbaren Durchmessers des Gestirnes proportional ist, welches diese Fluth erzeugt; und

b) daß jede partielle Fluth auch dem Quadrate des Cosinus der Declination ihres Gestirnes proportional sich zeigt.

XIII. Bezeichnen A und R den mittlern und gegenwärtigen Abstand der Sonne von der Erde, d die Declination der Sonne, und A', R', d' ähnliche Dinge für den Mond, so ist (nach Laplace) die Fluthhöhe über die Ebbe im Hafen von Brest:

$$= 4{,}73 . \left[\left(\frac{A}{R}\right)^3 . \cos^2 d + 3\left(\frac{A'}{R'}\right)^3 \cos^2 d'\right] \text{ Par. Fuß.}$$

XIV. Ist P die Horizontalparallaxe des Mondes in dem Abstande R', so ergiebt sich:

$$\left(\frac{A'}{R'}\right)^3 = \left(\frac{P}{3421}\right)^3.$$

XV. Außer der Ebbe und Fluth existiren noch andere Bewegungen des Oceans.

Die vorzüglichsten derselben sind:

a) eine allgemeine Strömung des Meerwassers in der Nähe des Aequators von Osten nach Westen, oder die sogenannte Aequinoctialströmung;

b) eine Strömung von den Polen zum Aequator.

c) besondere örtliche Strömungen, welche verschiedene Richtungen und Geschwindigkeiten besitzen;

d) Wirbel und Strudel; und

e) Wellenbewegung.

XVI. Die Hauptursachen der von Osten nach Westen stattfindenden Strömung, sind:

a) die Ebbe und Fluth,

b) die Axendrehung der Erde,

c) der beständige Ostwind zwischen den Wendekreisen.

XVII. Die örtlichen Strömungen scheinen von mancherlei Umständen und vorzüglich von der Lage der Küsten, Inseln, Vorgebirge, Meerbusen und Meerengen abzuhängen.

XVIII. Die Wirbel oder Strudel entstehen vorzüglich, wenn Strömungen durch Küsten, Meerengen und Unebenheiten des Meerbodens eine Abänderung erleiden.

Uebungssätze.

1) Man hat gefunden, daß die südliche Halbkugel der Erde mehr Wasser als die nördliche enthält.

2) Die Ufer des Oceans gehen selten auf eine bedeutende Strecke in gerader Linie.

3) Der Boden des Meeres enthält: Inselgrund und klippigen Seegrund, tiefen Seegrund, seichten Seegrund oder Dünengrund, und Korallenbänke.

4) Die Tiefe des Meeres wird durch Instrumente ermittelt, welche man Bathometer nennt.

5) Die größte gemessene Meerestiefe soll nach de Borda 1200 Faden oder 7200 Fuß ausmachen.

6) Der salzige und bittre Geschmack des Seewassers wird am Aequator stärker als gegen die Pole zu gefunden.

7) Aus dem gefrorenen Seewasser wird durch's Schmelzen ein süßes trinkbares Wasser erzeugt.

8) Man hat in den neuesten Zeiten eine Methode, das Seewasser trinkbar zu machen, entdeckt.

9) Die Fluth steigt für denselben Ort desto höher, je mehr der Mond seinen beiden Syzygien, oder je näher er dem Neu- und Vollmonde ist.

10) Man hat gefunden, daß die höchste Fluth an jedem Orte nicht im Augenblicke der Culmination des Mondes, sondern etwa 3 Stunden später erfolgt.

11) In dem tropischen Meere werden die Höhen der Fluthen desto kleiner, je größer die Abweichung des anziehenden Körpers vom Aequator sich zeigt.

12) Die Fluth ist in den Tropenländern am größten.

13) Sie nimmt in beträchtlichern Entfernungen vom Aequator immer mehr ab, bis sie endlich in der Nähe beider Erdpole gänzlich verschwindet.

14) Die Fluth ist in den eingeschlossenen Meeren, z. B. im schwarzen und kaspischen, unmerklich.

15) Die Größe der Fluth ist selbst an den Küsten des großen Oceans, meist wegen localer Verhältnisse, öfters sehr verschieden.

16) Die mittlere Fluth steigt im Hafen von Brest auf 19,23 Fuß, während sie in dem von St. Malo auf 50 Fuß sich erhebt.

17) An den Inseln des Südmeers sind alle Fluthen sehr klein, während sie an den tropischen Küsten Amerika's zu einer sehr großen Höhe sich erheben.

18) Die Fluthhöhen sind, unter übrigens gleichen Umständen, in den Syzygien um die Zeit der Nachtgleichen am größten, und um die Zeit der Solstitien am kleinsten, während sie umgekehrt in den Quadraturen um die Zeit der Nachtgleichen am kleinsten und um die Zeit der Solstitien am größten sich zeigen.

19) Das auf das Wasser gegossene Oel besänftigt nicht allein die Wellen, sondern macht auch das Wasser an einigen Stellen vollkommen durchsichtig.

20) Die größte Höhe der Wellen auf dem freien Ocean beträgt ohngefähr 25 Par. Fuß, und ihre Breite 50—20 mal so viel als ihre Höhe.

21) Man hat gefunden, daß die Wellen bei einem Passatwinde 20 englische Meilen in einer Stunde zurücklegten.

22) Auf der Rhede von Algier wurde die Grenze der Wellenbewegung in 40 Meter Tiefe ermittelt.

23) Eine veränderte allgemeine Strömung existirt im atlantischen Meere zwischen Europa, Nordafrika und Amerika.

24) In der Straße von Gibraltar finden entgegengesetzte Strömungen statt.

25) Eine Menge Holz u. s. w. wird von Südwest an die Küsten von Schottland, Irland, Norwegen, Grönland u. s. w. getrieben.

Drittes Kapitel.

Von den Gewässern des festen Landes.

Wie werden die Gewässer des festen Landes eingetheilt?

Was heißen zufällige und was beständige Gewässer?

Welche beständige Gewässer werden fließende und welche stehende genannt?

Was nennt man beständige und was periodische Quellen?

Was heißen Mineralquellen, Heilquellen oder Gesundbrunnen, und wie werden dieselben eingetheilt?

Was nennt man warme oder heiße, was feuerfangende und was inkrustirende Quellen?

Was wird das Grundeis genannt?

Hauptsätze.

I. Die beständigen Gewässer des festen Landes gehen ursprünglich aus Quellen hervor.

II. Die Quellen entstehen dadurch, daß das aus der Atmosphäre durch Regen, Nebel, Schnee u. s. w. sich niederschlagende Wasser von der Oberfläche der Berge aufgenommen wird, und in verschiedene Erdschichten so lange dringt, bis es an irgend eine Schichte kommt, welche es nicht durchläßt und wo es sich also ansammelt, einen Ausweg sucht, und emporquillt.

III. Der Ursprung der Quellen wird von manchen Physikern durch eine Art Destillationsproceß und von Andern aus der Haarröhrchenwirkung erklärt.

IV. Der Weg eines Stromes wird durch die Lage der Berge und Thäler bestimmt, und seine Geschwindigkeit von dem Gefälle, der Breite des Flußbettes, der Beschaffenheit des Bodens u. s. w. abgeleitet.

V. Die fließenden Gewässer hatten an der Bildung der Erdoberfläche keinen unbedeutenden Antheil und haben ihn zum Theile noch immer.

VI. Die Flüsse der kalten Gegenden frieren im Winter zu.

VII. Das Grundeis wird an dem Boden der Gewässer gebildet.

VIII. Die Seen finden sich überall auf der Erde; und der Wassergehalt der sehr großen ändert sich nicht merklich. Die kleinern vorzüglich in den Thälern befindlichen Seen haben aber eine mehr oder minder ungleiche Wasserhöhe.

IX. Die meisten Landseen haben süßes Wasser.

X. Manche Seen enthalten aufgelöste Salze; und andere sind inkrustirend.

XI. Manche Seen sind nach einer Farbe benannt, ohne daß diese ihnen auf eine besonders hervorstechende Weise eigen ist.

XII. Einige Seen von unermeßlicher Tiefe sind ausgebrannte und nachher mit Wasser ausgefüllte Vulkane.

XIII. Manche Seen nehmen viele Flüsse auf und haben nur wenig oder gar keinen merklichen Abfluß.

XIV. Die Wellen der Seen sind der Größe ihrer Oberflächen proportional und bei den bedeutendern denen der größern Meere gleich.

XV. Die Seen, und selbst die großen Amerikanischen, haben keine Ebbe und Fluth.

Uebungssätze.

1) Man findet in den südlichen Gegenden von Afrika wenig Quellen.

2) In manchen Quellen wird das Wasser bei anhaltend trockener Witterung vermindert.

3) Die größten Flüsse entspringen am Fuße hoher Gebirge, deren Gipfel das ganze Jahr hindurch mit Schnee bedeckt sind.

4) Man hat gefunden, daß das atmosphärische Wasser zur Versorgung der Quellen hinreicht.

5) Es existiren Quellen, welche das Wasser bei einer gewissen Höhe verlieren.

6) Wenn das Quellwasser viele Kalktheilchen enthält und tropfenweise herabfällt, so setzt es die erdigen Theile ab; und es entstehen hierdurch jene Kalkmassen, welche Tropfstein oder Stalactiten heißen.

7) Die großen Ströme, deren Quellen auf hohen Gebirgen liegen, wachsen gewöhnlich im Sommer; während andere Flüsse im Frühlinge sich vergrößern.

8) Die größten Flüsse in Europa sind: die Wolga, die Donau und der Rhein; und die größten Flüsse der Erde werden in Amerika angetroffen.

9) Aus den zerspringenden und aneinanderstoßenden Eisschollen hat man bisweilen helle Strahlen wie Flammen hervorschießen sehen.

10) Amerika enthält besonders viele Landseen.

11) Zu den merkwürdigsten Landseen wird das todte Meer in Asien gezählt.

12) Das Caspische Meer und der Cirknitzer See sind sehr bemerkenswerth.

Viertes Kapitel.

Von der Atmosphäre der Erde.

Was nennt man Atmosphärilien und was Lufterscheinungen oder Meteore?
Was heißt Meteorologie?
Was wird Wetter oder Witterung, und was Witterungslehre genannt?

Hauptsätze.

I. Die Form der Erdatmosphäre ist im Allgemeinen die eines Ellipsoids, welches durch Umdrehung um die kleinere Axe entstanden ist.

II. Die Atmosphäre erscheint, von der Erde aus betrachtet, im Tage blau, bei der Nacht schwarz, über Gletschern und Eisbergen, wenn diese durch die Strahlen der untergehenden Sonne geröthet werden, und eben so zwischen den dunkelrothen Wolken der Abendröthe grün.

III. Die Atmosphäre ist im Allgemeinen der Richtung des Zeniths am dunkelsten; und ihre blaue Farbe nimmt von dieser Stelle abwärts immer mehr an Tiefe ab. Auch ist die Farbe der Atmosphäre auf hohen Bergen dunkler als in den Ebenen, u. s. w.

IV. Man hat gefunden:

a) daß die Atmosphäre in einer Höhe von 10 Meilen noch eine Quecksilbersäule von $\frac{1}{10}$ Par. Linie zu tragen vermag;

b) daß dieselbe in einer Höhe von etwas über 9,5 Meilen noch das Vermögen, Licht zu reflectiren, besitzt;

c) daß die Elasticität der Luft mit der Schwere am Aequator in einer Höhe von 27,5 und an den Polen in einer Höhe von 27,1 Meilen ins Gleichgewicht kommt.

V. In der Meteorologie werden abgehandelt:

1) Wärmemeteore oder Thermometore,
2) Lichtmeteore oder Photometeore,
3) Feuermeteore oder Pyrometeore,
4) elektrische Meteore oder Elektrometeore,
5) Wassermeteore oder Hydrometeore, und
6) eigentliche Luftmeteore oder Aërometeore.

Uebungssätze.

1) Die Atmosphäre ist an der Meeresküste bei einerlei Zenithdistanz auf der Landseite dunkler als auf der Seeseite.

2) Die Atmosphäre kann nicht zu allen Tageszeiten in der nämlichen blauen Farbe sich zeigen.

Fünftes Kapitel.

Von den Wärmemeteoren oder Thermometeoren.

Was heißen Wärmemeteore oder Thermometeore?

Was nennt man das astronomische und was das physikalische Klima?

Was werden isothermische Linien oder Isothermen genannt?

Hauptsätze.

I. Es giebt viele Gründe, welche zu der Annahme berechtigen:

a) daß die Erde in frühern Zeiten eine bedeutend höhere Temperatur als jetzt besaß;

b) daß die im Innern der Erde stattfindende Temperatur auch jetzt noch bedeutend größer als an der Oberfläche ist, so daß sie von einer ursprünglich hohen Temperatur langsam bis auf die jetzige erkaltet zu sein scheint.

II. Die Beobachtungen lehren, daß die Wärme ohngefähr um 1° C für 31,6 Meter Tiefe zunimmt.

III. Die Erdrinde besitzt bis zu einer gewissen Tiefe eine mit den Jahreszeiten veränderliche Temperatur, die jedoch von einer gewissen Tiefe ab constant wird, d. h. weder mit den Jahres- noch Tageszeiten wechselt, und der mittlern Temperatur an der Oberfläche der Orter sehr nahe entspricht.

IV. Die in der äußersten Kruste stattfindenden Wechsel hängen keineswegs allein von der allmähligen Fortpflanzung der Wärme durch sie hindurch, sondern bis zu Tiefen von 3—6 Fuß in viel höherm Grade von dem abwechselnd eindringenden Regen und Schneewasser ab.

V. Die Temperatur der Erdoberfläche ist, wenn keine direkte Einwirkung der Sonnenstrahlen oder keine Erkältung durch Strahlung geschieht, gleich der, welche die darüber liegende Luftschicht besitzt.

VI. Sie erleidet theils nach den verschiedenen Zeiten und theils nach den Orten der Beobachtung eine Veränderung; befolgt eine tägliche Oscillation, indem — abgesehen von zufälligen Veränderungen — täglich ein Maximum und ein Minimum eintritt; hat überdies eine mit einem Maximum und Minimum versehene jährliche Oscillation; nimmt vom Aequator nach den Polen zu ab; und fällt in dem Maße, als man über das Niveau des Meeres sich erhebt.

VII. Die Angaben über den mittlern Werth der Höhe über der Erdoberfläche, welcher eine Temperaturdifferenz von 1° C zugehört, schwanken von 60 bis 105 Toisen.

VIII. Das astronomische Klima eines Ortes hängt von der geographischen Breite, und das physikalische von andern Umständen ab.

IX. Auf dem offenen Meere wird eine gleichförmigere Temperatur als an den Küsten bemerkt.

X. Die tägliche Temperatur des Meerwassers ist eben so groß als die der über dem Meere befindlichen Atmosphäre.

XI. Im offenen Meere nimmt die Temperatur des Meerwassers in dem Maße ab, als man tiefer unter die Oberfläche desselben kommt.

XII. In einer gewissen Tiefe entsteht ein constanter Wärmegrad. Auch wird derselbe desto eher erreicht, je höher die geographische Breite des Meeres sich zeigt.

XIII. Die Schneegrenze ist unter dem Aequator am höchsten und senkt sich von da gegen die Pole immer tiefer zur Erde, bis sie endlich in der Nähe der Pole selbst mit der Meeresfläche zusammenfällt.

XIV. Da die Temperatur der Sommermonate hauptsächlich die Schneegrenze bestimmt, so muß ihre Höhe ähnliche Oscillationen wie die Temperatur der Sommermonate in verschiedenen Jahren erleiden.

XV. Die Schneegrenze liegt meist höher als der Punkt, wo die mittlere Temperatur gleich Null sich zeigt.

XVI. Die Schneegrenze wird mit zunehmender geographischer Breite weit über die Höhe der mittlern Temperatur von 0° C hinaufgerückt.

XVII. Die in Metern ausgedrückte Höhe h der Schneegrenze für einen Ort, dessen geographische Breite φ beträgt, wird (nach Hallström) aus der Gleichung:

$$h = 500 + 4320 . \cos^2 \varphi$$

berechnet.

Uebungssätze.

1) Man hat gefunden, daß, in Bezug auf die tägliche Oscillation, ohngefähr 32 Minuten vor dem Aufgange der Sonne die größte Kälte, etwas nach dem Mittage die größte Hitze sich zeigt.

2) Das Meerwasser ist um 4 Uhr Nachmittags am wärmsten und gegen Sonnenaufgang am kältesten.

3) Man hat an keinem Orte der Erde und zu keiner Jahreszeit bei einem 2—3 Meter über dem Boden befindlichen und gehörig geschützten Thermometer eine Temperatur von 37° R oder $46\frac{1}{4}$° C bemerkt; und es erscheinen in dieser Beziehung die von Beauchamp zu Bassora beobachteten 45°,3 C als Maximum.

4) Die Körper der Erdoberfläche können eine viel größere Hitze erlangen. So beträgt selbst in den europäischen Klimaten die Temperatur des Sandes im Sommer öfters 65 bis 70° C.

5) Auf dem offenen Meere und weit vom Lande erreicht die Temperatur der Luft an keinem Orte und in keiner Jahreszeit 25° R oder $31\frac{1}{4}$° C.

6) Die niedrigste bis jetzt auf der Erde an einem in der Luft aufgehängten Thermometer beobachtete Temperatur beträgt — 40° C oder — 50° C.

7) Auf der Insel Melville hat man 5 Monate des Jahres ein Gefrieren des Quecksilbers bemerkt.

8) Die mittlere Temperatur des Aequators beträgt an den Küsten der größern Continente 27°,74, scheint aber im Innern etwas größer zu sein.

9) Die mittlere Temperatur des Nordpols ist ohngefähr —5°,76, während die des Südpols —11°,35 ausmacht.

10) Die Lage der Gebirge erhöht oder erniedrigt die Temperatur.

11) Durch die Nachbarschaft des Meeres oder anderer großen Gewässer wird sowohl die Hitze als auch die Kälte gemäßigt.

12) Durch die Verminderung der Wälder werden rauhe Gegenden in mildere und warme in wärmere verwandelt.

13) Große Sandwüsten sind heißer als fruchtbare Gegenden in derselben Breite.

14) Das dunkle Erdreich wird besonders stark erwärmt.

15) Auf Regengüsse folgt gewöhnlich Kälte; auch erzeugen manchmal Wolken und Nebel eine solche.

16) Die Temperatur verändert sich mit dem Winde.

17) Die Meere der nördlichen Halbkugel sind weit wärmer als die der südlichen.

18) Europa verdankt das mildere Klima seiner Erdstellung und seiner gegliederten Gestalt.

19) Die Isothermen sind nicht mit den Breitenkreisen parallel, sondern gegen sie geneigt.

20) Sie steigen von der Ostküste Amerikas gegen dir Westküste Europas nach Norden, und senken sich tiefer landeinwärts nach Süden.

21) Die Westküste Europas hat eine weit höhere Temperatur als die Ostküste des neuern oder des alten Continents.

22) v. Humboldt hat gefunden, daß die Abnahme der Wärme über großen Bergmassen und Bergebenen kleiner als über kleinen Bergspitzen sich zeigt.

23) In der Nähe von Sandbänken, Klippen oder überhaupt Untiefen, sinkt die Temperatur des Meerwassers um 2 bis 3° C herab.

24) Die Schneegrenze wird in der südlichen Hemisphäre, für dieselben Breiten, niedriger als in der nördlichen befunden.

25) Die Schneegrenze beginnt unter dem Aequator bei 0°,4 C, in den gemäßigten Zonen bei — 4°,6 C und in den nördlichen bei — 6° C mittlerer Temperatur.

26) Die Schneegrenze wird öfters durch örtliche Einflüsse modificirt. So rückt sie z. B. auf sehr großen Bergmassen und ausgedehnten hohen Bergebenen weiter als auf isolirten Bergspitzen hinauf.

27) Die Lage der Höhen und ihre Richtung nach den Weltgegenden verändert die Schneegrenze. Auch rückt sie in heißen Jahren manchmal höher hinauf.

Aufgaben.

1. Wie viel beträgt die Höhe der Schneegrenze unter dem Aequator?

2. Man soll die Höhe der Schneegrenze unter dem Wendekreise des Krebses berechnen?

3. Wie viel wird die Höhe der Schneegrenze unter dem Polarkreise ausmachen?

4. Man soll die Höhe der Schneegrenze unter 70° nördlicher Breite berechnen?

5. Die Höhe der Schneegrenze für 60°,45′ und 51° 49′ 12″ nördlicher Breite zu ermitteln.

6. Unter welchem Breitengrade wird die Höhe der Schneegrenze ohngefähr 3000 und unter welchem ohngefähr 1100 Meter betragen?

Resultate.

1)	4820 Meter ohngefähr, während d. Beobachtungen	4800 Met. ergeben.
2)	4133 = = = = =	4100 = =
3)	1160 = = = = =	1169 = =
4)	1005 = = = = =	1060 = =

5) Die Höhe der Schneegrenze ist für 60° ohngefähr 1580 Meter.
= = = = = = 45° = 2660 =
= = = = = = 51°49′12″ = 2150,62 =

6) Unter dem Breitengrade 40° 29′ und unter = = 68° 8′ ohngefähr.

Sechstes Kapitel.

Von den Lichtmeteoren und Photometeoren.

Was nennt man Lichtmeteore oder Photometeore?

Was heißt ein Regenbogen, und was wird insbesondere ein Haupt= und was ein Nebenregenbogen genannt?

Welche Erscheinungen finden beim Haupt=, und welche beim Nebenregenbogen statt?

Was heißt eine Wettergalle?

Was wird ein Mondregenbogen genannt?

Was nennt man Höfe um Sonne und Mond, und was Nebensonne und Nebenmond?

Welche Erscheinungen werden an den Höfen, und welche an der Nebensonne und dem Nebenmonde bemerkt?

Was heißen Nordlichter oder Polarlichter, und welche Phänomene werden dabei bemerkt?

Was nennt man die Nordlichtskrone?

Was heißt das Thierkreis- oder Zodiakallicht, und wie stellt sich dasselbe dar?

Wer hat das Thierkreislicht zuerst beobachtet?

Welche Erscheinungen werden Heiligenscheine genannt?

Hauptsätze.

I. Zu den Lichtmeteoren gehören:

a) Die Farben der Atmosphäre,
b) die Dämmerung,
c) die Luftspiegelung,
d) die Morgen- und Abendröthe,
e) der Regenbogen,
f) die Höfe um die Sonne und den Mond,
g) die Nebensonne und Nebenmonde,
h) die Nord- oder Polarlichter,
i) das Thierkreislicht, und
k) die sogenannten Heiligenscheine.

Die in a, b und c angegebenen Lichtmeteore wurden schon in frühern Kapiteln abgehandelt.

II. Die Morgen- und Abendröthe wird bekanntlich durch eine Brechung und Zurückwerfung der Sonnenstrahlen in den niedern Gegenden der Atmosphäre erzeugt.

III. Der Hauptregenbogen entsteht dadurch, daß die auf die Regentropfen fallenden Sonnenstrahlen darin gebrochen, von der Hinterwand derselben zurückgeworfen werden, und dann beim Austritte eine nochmalige Brechung und Farbenzerstreuung erleiden.

IV. Der Nebenregenbogen wird aus einer doppelten Brechung und Zurückwerfung erklärt.

V. Man hat gefunden, daß die auffallenden Sonnenstrahlen mit den ins Auge gelangenden folgende Winkel bilden:

a) mit den	violetten	Strahlen	des	Hauptregenbogens	40° 17′,
b) " "	rothen	"	"	"	42° 2′,
c) " "	rothen	"	"	Nebenregenbogens	50° 57′,
d) " "	violetten	"	"	"	54° 7′.

VI. Die Höfe werden von Dunstbläschen oder Eiskrystallen in den niedern Gegenden der Atmosphäre erzeugt. Nach einigen ist die Beugung, und nach andern die Brechung des Lichtes die Ursache derselben.

VII. Wenn sich die Höfe durchschneiden, so wird in ihrem Durchschnitte eine Nebensonne oder ein Nebenmond erzeugt.

VIII. Ueber das Wesen des Nordlichtes existiren hauptsächlich folgende Hypothesen:

a) Mairan setzt das Nordlicht mit dem Thierkreislichte in Verbindung.

b) Kirwan hält das Polarlicht für einen reinen Verbrennungsprozeß.

c) Parrot legt dabei die Verbrennung des Kohlenwasserstoffgases zu Grunde.

d) Nach Dalton, Biot und Hansteen besteht das Nordlicht aus Säulen, welche der Inclinationsnadel parallel aufsteigen und die beschriebenen Phänomene erzeugen. Diese Säulen sind (nach Dalton) aus magnetischer Materie, (nach Biot) aus metallischen Dämpfen und (nach Hansteen) aus Lichtcylinder zusammengesetzt.

e) Munke hält das Nordlicht für ein thermoelektrisches Meteor.

IX. Im Zodicallichte befindet sich eine feine Materie, die, um die Sonne verbreitet, entweder selbstleuchtend ist oder Sonnenlicht zurückwirft. Sie ist aber nicht die Sonnenatmosphäre, sondern hängt durch Attraction der Sonne so mit ihr zusammen, daß sie die Rotation der Sonne begleitet.

X. Die gewöhnlichen Heiligenscheine entstehen dadurch, daß die zunächst an den Schatten grenzenden Körper dem Auge ihre ganze erleuchtete Seite zukehren und also am hellsten erscheinen, die entferntern aber immer mehr von ihrer Schattenseite zuwenden, und deßhalb schwächer erleuchtet zu sein scheinen.

XI. Eine andere Art von Heiligenscheinen, wo nämlich mehre concentrische Kreise in verschiedenen Abständen um den Schatten des Kopfes entstehen, ergiebt sich dadurch, daß der Schatten auf einen Nebel fällt, u. s. w.

Uebungssätze.

1) Die Morgenröthe deutet auf Regen und die Abendröthe auf gutes Wetter.

2) Bei Wasserfällen und Springbrunnen wird eine dem Regenbogen ähnliche Erscheinung bemerkt.

3) Der Glanz des Nebenregenbogens ist nur schwach.

4) Verschiedene an demselben Orte befindliche Personen sehen den Regenbogen von einerlei Gestalt, obgleich jede einen andern erblickt.

5) Der Hauptregenbogen wird bisweilen doppelt oder mehrfach gesehen.

6) Steht die Sonne mehr als 42° 2′ über dem Horizonte, so ist der Hauptregenbogen nicht mehr sichtbar.

7) Befindet sich die Sonne über 54° 7′ über dem Horizonte, so wird auch der Nebenregenbogen nicht mehr erblickt.

8) Der Regenbogen wird als ein völliger Kreis gesehen, wenn das Auge bis 42° unter den Mittelpunkt des Bogens zu blicken vermag.

9) Wenn die durch das Auge und den Mittelpunkt des Regenbogens gehende Linie mit der durch das Auge gedachten und mit dem Horizonte parallelen Richtung zusammenfällt, so wird die Hälfte des Regenbogens gesehen.

10) Wenn die Sonnenstrahlen nach dem Untergange der Sonne auf Regenwolken fallen, so wird noch ein größerer Kreis als in Nr. 8. wahrgenommen.

11) Der Regenbogen ist desto lebhafter, je dunkler die dahinterstehende Wolke sich zeigt.

12) Der Mondregenbogen sieht gewöhnlich weiß aus, doch hat man ihn auch schon farbig bemerkt.

13) Um den Mond werden die Höfe häufiger als um die Sonne erblickt.

14) Die Nebensonne und der Nebenmond sind bisweilen ohne eigentliche Höfe zu sehen.

15) Die Nebensonnen werden vorzüglich an hellen kalten Wintermorgen beim Aufgange der Sonne bemerkt.

16) Um stärker glänzende Sterne und selbst um die Flammen der Kerzen werden öfters Höfe gesehen.

17) Die Polarlichter erscheinen meist nur im Winter, entzünden sich in der Regel bald nach dem Untergange der Sonne, und dauern gegen eine bis mehrere Stunden fort.

18) Sie fangen ohngefähr unter dem 45sten Breitengrade sich zu zeigen an, und werden mit zunehmender Polhöhe immer zahlreicher.

19) In der Gegend des Südpols finden ähnliche Erscheinungen statt; sie sind unter dem Namen der Südlichter bekannt.

20) Die Zahl der Nordlichter ist zur Zeit der Aequinoctien am größten; auch ist ihr Sitz wahrscheinlich in unserer Atmosphäre befindlich.

21) Der Zusammenhang zwischen den Nordlichtern und dem Magnetismus ist als erwiesen anzusehen.

22) Man hat gefunden, daß die Intensität des Erdmagnetismus kurz vor der Erscheinung des Nordlichtes bis zu einer ungemeinen Höhe steigen kann.

23) Das Zodiacallicht wird Morgens am östlichen und Abends am westlichen Himmel von der Sonne abgewendet gesehen.

24) Man erblickt dasselbe zwischen den Wendekreisen fast in jeder hellen Nacht.

25) In unsern Gegenden wird das Thierkreislicht nur selten, und am deutlichsten bei heiterm Himmel, um den Anfang des Mär-

zes, nach dem Untergange der Sonne im Westen, und in der Mitte des Oktobers vor dem Aufgange der Sonne im Osten erblickt.

26) Man bemerkt die Heiligenscheine vorzüglich des Morgens und Abends, wenn der Schatten ein grünes Kornfeld oder eine Wiese trifft.

Siebentes Kapitel.

Von den Feuermeteoren oder Pyrometeoren.

Was heißen Feuermeteore oder Pyrometeore?

Was nennt man Feuerkugeln, und welche Erscheinungen finden dabei statt?

Was heißen Meteorsteine oder Aërolithen und woraus sind dieselben zusammengesetzt?

Wie werden die Meteormassen eingetheilt?

Welche Steinfälle werden zu den merkwürdigsten dieses Jahrhunderts gezählt?

Was nennt man Sternschnuppen, und welche Erscheinungen finden dabei statt?

Was heißen Irrlichter oder Irrwische, und was wird dabei beobachtet?

Wo pflegen die Irrlichter am häufigsten zu erscheinen?

Hauptsätze.

I. Die Feuerkugeln erscheinen zu jeder Jahres- und Tageszeit, kommen aus keiner bestimmten Weltgegend, und ihr Erscheinen ist weder von der Witterung noch von irgend einer Periode abhängig.

II. Die Höhe der Feuerkugeln wird zu 10 — 15 geographischen Meilen angegeben.

III. Die Feuerkugeln legen im Mittel 4 — 5 Meilen in einer Sekunde zurück; und die Dauer ihrer Sichtbarkeit beträgt öfters nur einige Sekunden.

IV. Bei manchen Feuerkugeln wurde der Durchmesser 200 Fuß, bei einigen $\frac{1}{2}$ italienische, und bei andern $1\frac{1}{2}$ englische Meilen und darüber geschätzt.

V. Das Licht der Feuerkugeln ist meist heller als das des Mondes; und manche waren selbst bei Tage so glänzend, daß sie einen deutlichen Schatten warfen.

VI. Wenn die Feuerkugeln durch die Atmosphäre ziehen, blähen sie sich gewöhnlich auf, so daß sie endlich mit einem heftigen Getöse zerplatzen.

VII. Die Meteorsteine fallen meist glühend heiß, doch nicht eigentlich geschmolzen, sondern nur weich zur Erde herab.

VIII. Ueber die Entstehungsart der Feuerkugeln finden hauptsächlich folgende Meinungen statt:

a) Die Feuerkugeln sind außer der Erdatmosphäre entstandene Massen, welche im Weltenraume mit äußerst großer Geschwindigkeit sich bewegen, vor ihrem Niederfalle keinen bestimmten Weltkörper angehören, und als Gebilde derselben Urmaterie erscheinen, aus der die Weltkörper entstanden sind, u. s. w.

b) Die Feuerkugeln sind eine Art Satelliten der Erde, welche eine Störung in ihrer Bahn erleiden, in die Atmosphäre treten, sich erhitzen, zerspringen, und so als Trümmer niederfallen.

c) Sie sind Trümmer zerstörter Weltkörper.

d) Sie sind Auswürfe aus den Vulkanen des Mondes.

e) Sie bilden sich in der Atmosphäre durch einen chemischen Prozeß.

f) Sie sind Auswürfe der Erdvulkane, u. s. w.

IX. Die in a, b und c voriger Nummer enthaltenen Meinungen heißen die der Kosmisten, während man die in d, e und f vorkommenden beziehlich die der Lunaristen, Atmosphäristen und Telluristen nennt.

X. Die Höhe der Sternschnuppen über der Erdoberfläche schwankt zwischen 1 bis 50 Meilen, und scheint bei einigen 100 Meilen überstiegen zu haben.

XI. Die meisten Sternschnuppen bewegen sich nach unten; manche gehen auch horizontal und selbst aufwärts u. s. w.

XII. Die Sternschnuppen fallen nicht blos in der Nacht, und sind wahrscheinlich mit den Feuerkugeln identisch. Sie legen in einer Sekunde ohngefähr 4 bis 8 Meilen zurück; und ihr Durchmesser wurde 30 bis 100 Fuß und darüber geschätzt.

XIII. Die Irrlichter entstehen durch das Phosphorwasserstoffgas, welches bei der Fäulniß thierischer Körper sich erzeugt und die Eigenschaft besitzt, in Verbindung mit der atmosphärischen Luft sich zu entzünden.

Uebungssätze.

1) Die niedergefallenen Meteormassen verbreiten anfänglich einen starken Schwefelgeruch, der sich nur allmählig verliert.

2) Der Effect ihres Falles wird durch den Widerstand der Luft sehr geschwächt.

3) Die größte Tiefe, bis zu welcher eine herabgefallene Meteormasse in die Erde drang, betrug ohngefähr 3 Klafter.

4) Die Niederfälle der Gediegeneisenmassen haben sich seltener als die der Meteorsteine gezeigt.

5) Sollen die Feuerkugeln aus den Mondvulkanen kommen, so muß ihre Anfangsgeschwindigkeit (nach Laplace) 7771 und nach Poisson 7123 *) betragen.

6) Man hat früher eine gewisse gallertartige aus halbverfaulten thierischen Theilchen bestehende Materie, für den Stoff erloschener Sternschnuppen angesehen.

7) Die meisten Sternschnuppen bewegen sich in einer Höhe zwischen 6 bis 20 Meilen.

8) Brandes hat als mittlere Höhe der von ihm beobachteten Sternschnuppen 15 Meilen ermittelt.

9) Die Sternschnuppen sind in den Tagen vom 11ten bis 14ten November sehr häufig.

10) Die Irrlichter lassen sich nicht fassen, und erscheinen in geringer Entfernung von der Erde.

11) Die leuchtenden Insekten bringen bisweilen ähnliche Erscheinungen wie die Sternschnuppen hervor.

Achtes Kapitel.

Von den Elektrometeoren.

Was heißen Elektrometeore?

Was nennt man Blitz, Donner und das Rollen des Donners?

Was heißt ein Gewitter, und welche Erscheinungen finden dabei statt?

Was heißt ein Wetterstrahl, Wetterschlag oder ein einschlagender Blitz?

*) Die von den Feuerkugeln zurückgelegten Wege sind in Pariser Fußen ausgedrückt.

Was wird ein kalter Schlag, ein Seitenschlag und ein Rückschlag genannt?

Wann verzieht sich das Gewitter?

Was heißt ein Blitzableiter und wer hat denselben erfunden?

Wie sind die jetzt gebräuchlichen Blitzableiter eingerichtet, und wie werden dieselben auf Gebäuden angebracht?

Wie kann man die Wirkung des Blitzableiters auf eine elektrisirte Wolke versinnlichen?

Was heißt ein Donnerhaus, und wie ist dasselbe eingerichtet?

Was werden Blitzröhren genannt?

Was heißt das Wetterleuchten oder das Wetterabkühlen?

Was wird das St. Elmsfeuer, und was Castor und Pollux genannt?

Hauptsätze.

I. Zu den Elektrometeoren gehören:

a) der Blitz und Donner mit einigen sie begleitenden Erscheinungen;

b) das Wetterleuchten;

c) das St. Elmsfeuer, u. s. w.

II. Der Blitz ist als ein großer elektrischer Funken anzusehen.

III. Die Gestalt des Blitzes und das Zickzack desselben entstehen durch seine schnelle Fortbewegung und durch die Zusammendrückung der Luft.

IV. Der Donner entspricht dem Knalle, welchen man beim Entladen einer Verstärkungsflasche u. s. w. vernimmt.

V. Der Donner wird in der Nähe des Ortes, wo der Blitz einschlägt, nur einfach gehört.

VI. Das Vervielfältigen oder das Rollen des Donners wird entweder aus dem Echo von terrestrischen Gegenständen, oder aus einer Reflexion des Schalles in den Wolken, oder am Wahrscheinlichsten aus wiederholten Explosionen abgeleitet. Doch bringen gewiß sämmtliche eben erwähnte Umstände dies Rollen hervor.

VII. Die Wirkungen der Blitzableiter bestehen darin, die Elektricität der Wolken einzusaugen oder zu neutralisiren, und ohne Explosion in das Innere der Erde fortzuleiten.

VIII. Um die eigene Person während eines Gewitters möglichst sicher zu stellen, muß man sich so viel als möglich außer der Berührung und Nähe guter Leiter setzen, dabei von Körpern entfernen, an denen der Blitz gewöhnlich seinen Weg nimmt, jede Erhitzung des eigenen Körpers, und alle mit Ausdünstung, Rauch u. s. w. angefüllten Orte vermeiden.

IX. Der Blitz verbreitet sich hauptsächlich an der Oberfläche des Körpers, und bewirkt durch Erschütterung (besonders wenn er beim Zuspringen den Schädel unmittelbar trifft) und davon abhängiger gänzlicher Vernichtung der Nervenkraft *) den Tod.

X. Das Wetterleuchten wird von Einigen als eine von Gewittern unabhängige leuchtende elektrische Erscheinung, und von Andern als Blitze von entfernten Gewittern angesehen.

Uebungssätze.

1) Man hat gefunden, daß die Mehrzahl der Gewitter in unsern Gegenden aus dem südwestlichen Theile des Horizonts kommen und nur sehr wenige in nordöstlicher Richtung ziehen.

2) In unsern gemäßigten Zonen erfolgen die Gewitter in der Regel im Sommer.

3) Die Wintergewitter sind eine Seltenheit und erfolgen nur nach ungewöhnlich gelinder Witterung.

4) Die Gewitter sind des Nachmittags am häufigsten, des Nachts seltener und des Vormittags am seltensten.

5) Es giebt mehre Orte, welche auf den Zug der Gewitter einen hemmenden Einfluß ausüben. Sie sind unter dem Namen der Wetterscheiden bekannt.

6) Die Gewitter legen, nach den in Würtemberg angestellten Beobachtungen, einen Weg von 47 bis 63 Par. Fuß in einer Sekunde zurück.

7) Nach mehren Beobachtungen werden durch das Abfeuern von schwerem Geschütze und überhaupt durch heftige in der Luft erzeugte Explosionen die Gewitterwolken zerstreut.

8) Nach Volta's Erfahrungen sind große auf Bergen angezündete Feuer sehr kräftige Mittel, Donner und Hagel abzuhalten.

9) Das Läuten der Glocken hat sich als ein fruchtloses Mittel zur Vertreibung der Gewitter gezeigt.

10) Die Geschwindigkeit des Blitzes ist noch nicht mit Bestimmtheit ermittelt, und wird von Hellwig = 40000 bis 50000 gesetzt.

11) Aus der zwischen dem Blitze und Donner verflossenen Zeit wird die Entfernung der Gewitterwolke einigermaßen geschätzt.

*) Und in einzelnen Fällen durch Erstickung.

12) Die Menschen und Thiere ziehen, nächst den Metallen, den Blitz am meisten an.

13) Das endliche Ziel des Blitzes ist stets die feuchte Erde oder das Wasser.

14) Wenn der Blitz irgendwo eingeschlagen hat, so bemerkt man in der Nähe meist einen eigenthümlichen schwefelartigen Geruch.

15) Auf der Sennerhütte in Westphalen, in Pillau bei Königsberg, am Regensteine bei Blankenburg u. s. w. wurden Blitzröhren aufgefunden.

16) Der Regen löst zwar die Gewitterwolken auf, setzt aber Orte in Gefahr, welche in trockener Luft vielleicht sicher geblieben wären.

17) Mit heftigen Regengüssen stehen oft die stärksten Schläge in Verbindung.

18) Die einzige beim Blitzableiter zu befürchtende Gefahr besteht in dem Seitenschlage, der aber nach Willkür geschwächt werden kann.

19) Ist Jemand, während eines Gewitters, in einem Gebäude befindlich, so muß er von Wänden, Oefen, großen Spiegeln, eisernen Gittern u. s. w. treten, und wo möglich in die Mitte eines geräumigen Zimmers sich begeben.

20) Eine der gefährlichsten Stellen befindet sich unter dem Rauchfange.

21) Wenn während eines Gewitters Feuer auf dem Heerde brennt, so vergrößert sich die Gefahr.

22) Der Mensch ist im Bette von Nichtleitern umgeben, doch darf er sich nicht allzu sehr unter der Decke erhitzen.

23) Befindet man sich auf der Gasse, so ist es sicherer in der Mitte als in der Nähe hoher Gebäude. Auch ist es am wenigsten rathsam, sich neben herabgeführte Regenröhren u. s. w. zu stellen.

24) Im Freien entferne man sich vom Wasser, stelle sich nicht unter einen Baum, besonders wenn er hoch und einzeln ist, und gehe auch nicht hinter einen Heuhaufen, u. s. w.

25) Ganz freie Stellen sind gleichfalls zu vermeiden.

26) Am sichersten hält man sich 10 bis 15 Fuß von einem hohen Baume auf; sonst ist es wohl am rathsamsten auf die Erde sich zu legen.

27) Ein Reitender thut am besten abzusteigen und sich einige Schritte vom Pferde, und eine in der Kutsche befindliche Person sich möglichst nach der Mitte zu begeben.

28) Bei einem Gewitter ist jede heftige Bewegung zu vermeiden.

29) Enthält ein Schiff keinen Blitzableiter, so darf man sich, während eines Gewitters, nicht in die Nähe der Masten begeben. Der sicherste Ort ist unter der Wasseroberfläche befindlich.

30) Zur Rettung der vom Blitze Getroffenen ist es nöthig, die gehemmte Lebenskraft durch angemessene Reize aufzuregen und ihre Thätigkeit wieder herzustellen.

31) Das St. Elmsfeuer ist besonders auf der See an den Spitzen der Mastbäume sehr häufig; auch hat man ein ähnliches elektrisches Licht an den hervorragenden Theilen lebender Körper, z. B. an den Ohren der Pferde u. s. w., bemerkt.

32) Man hat kein Beispiel, daß das St. Elmsfeuer von schlimmen Folgen gewesen wäre.

33) Die alten römischen Soldaten betrachteten die unter dem Namen Castor und Pollux bekannte elektrische Erscheinung an ihren im Lager aufgepflanzten Speeren sehr häufig.

Neuntes Kapitel.

Von den Wassermeteoren.

Was nennt man Wassermeteore?

Was wurde *) Thau, Nebel, Wolke, Regen und Schnee genannt?

Was nennt man Reif, Hagel, Graubeln, und wie sind diese Körper beschaffen?

Was heißt Mehlthau und was Honigthau, und woraus werden dieselben gebildet?

Was nennt man einen Strichregen, Landregen, Staubregen, Platzregen und Wolkenbruch?

Wie ist der Schnee beschaffen und welche Hauptformen kommen den Schneekrystallen zu?

Was werden Schneefälle und Schneelawinen genannt?

Wann sagt man: die Sonne ziehe Wasser?

Was wird Höhenrauch, Höhrauch, Heerrauch, Haarrauch, Landrauch, Sommerrauch, Moorrauch, Heiderauch, oder trockener Nebel genannt; und welche Erscheinungen finden dabei statt?

Hauptsätze.

I. Zu den Wassermeteoren werden Thau, Reif, Nebel, Wolken, Regen, Schnee und Hagel gezählt.

---

*) in frühern Abtheilungen.

II. Der Thau wird aus der mit Wasserdämpfen erfüllten Atmosphäre niedergeschlagen; und es müssen deßhalb die Körper, an welchen der Niederschlag geschieht, kälter als die Dämpfe sein. Sie werden durch das Ausstrahlen der Wärme abgekühlt.

III. Der Thau zeigt sich nur in heitern windstillen Nächten sehr häufig.

IV. Er schlägt sich vorzugsweise an frei stehenden Körpern nieder.

V. Er entsteht unter gleichen Umständen nicht in gleicher Menge auf allen Körpern.

VI. Der Thau bildet sich nicht an allen Orten der Erde in gleicher Menge.

VII. Wells hat gefunden, daß der Thau seinen Grund in einer schnellen Temperaturabnahme in der Nähe des Bodens besitzt.

VIII. Der Thau bildet sich nicht blos des Morgens und Abends.

IX. Die Menge des Thaus wird durch die sogenannten Drosometer ermittelt; doch sind diese Werkzeuge immer noch sehr mangelhaft.

X. Diejenigen Körper, welche am meisten bethauen, pflegen auch die größte Menge von Reif aufzunehmen; auch sind heitere und windstille Nächte für den Reif am geeignetesten.

XI. Die Eisbildung an den Fensterscheiben ist eine der Entstehung des Reifes analoge Erscheinung. Das Nämliche gilt auch von den weißen Bedeckungen mit Eiskrystallen, welche sich auf den Flächen metallischer Körper anhäufen, die aus wärmern Räumen, durch Wände gehend, mit dem andern Ende dem Einflusse einer starken Kälte ausgesetzt sind.

XII. Der Nebel schwebt in der Nähe des Bodens oder in der untersten Schichte der Atmosphäre.

XIII. Er entsteht des Abends nach Sonnenuntergang besonders in den Thälern, wird am Tage durch die Sonnenstrahlen wieder zerstreut, und ist bisweilen so stark, daß er einen ganzen Tag und noch länger anhält.

XIV. Die Meinungen über den Ursprung des Höhrauches kommen im Wesentlichen auf folgende drei Theorien zurück.

a) Einige halten den Heerrauch für kosmisch.
b) Nach einer zweiten Meinung ist die Elektricität die Ursache desselben.
c) Nach Andern soll der Höhrauch aus dem Rauche und Dunste verbrannter und durch Hitze verflüchtigter Substanzen bestehen.

XV. Man hat gefunden, daß die Wolken, trotz ihres verschiedenartigen Ansehens, einige Aehnlichkeit in ihrem Baue besitzen.

XVI. Howard unterscheidet drei wesentliche Hauptformen derselben, den Cirrus, Cumulus und Stratus, denen sich noch vier Unterarten, theils als Uebergänge, theils als aus mehren andern verbunden, anschließen, nämlich Cirrocumulus, Cirrostratus, Cumulostratus und Nimbus.

XVII. Die Wolkenbildung geht gewöhnlich dem Regen voran.

XVIII. Die Ursache des Regens kann alles das sein, was die Dämpfe ihrer Ausdehnung beraubt, also

a) Abkühlung,

b) Luftströme aus wasserreichen Gegenden,

c) entgegengesetzte elektrische Zustände in den Wolken.

XIX. Die Menge des Regens wird durch die Regenmesser, Ombrometer, Hyetometer oder Udometer einigermaßen geschätzt.

XX. Das Vorherrschen der westlichen Winde in Europa, das weit ausgedehnte Meer auf der einen, das große Festland auf der andern Seite, haben sich als die einflußreichsten Ursachen bei der Bestimmung der Regenverhältnisse gezeigt.

XXI. Das Regenwasser ist gewöhnlich rein, vorzüglich nachdem der Regen einige Zeit gedauert hat und andere fremdartige Stoffe zu Boden gefallen sind.

XXII. Wenn sich gewisse Stoffe mit dem Regenwasser vermengen, so gehen die sogenannten Wunderregen hervor.

XXIII. Der meiste Schnee in mäßiger Erhebung über der Meeresfläche unter mittlern Breiten fällt aus Wolken, bei trübem Himmel und wenigen Graden unter dem Gefrierpunkte des Wassers, in der Regel, wenn es nach strenger Kälte etwas gelinder geworden ist.

XXIV. Der Schnee fällt in Deutschland und in den Ländern von gleicher Breite meist bei ruhiger Luft.

XXV. Die Menge des herabfallenden Schnees ist nach den Jahren und Gegenden sehr verschieden.

XXVI. Das aus dem Schnee erhaltene Wasser ist im Allgemeinen rein, und blos ausnahmsweise, wie das des Regens, mit heterogenen Substanzen vermischt.

XXVII. Der Schnee ist nach dem Fallen blendend weiß, und etwas weniges sanft in's Bläuliche spielend.

XXVIII. In sehr seltenen Fällen ist der Schnee mit Substanzen gefärbt, welche mit ihm zugleich herabfallen.

XXIX. Die Entstehungsart des Hagels wird (nach Volta) durch Verdunstung in der niedern durch Condensirung in der höhern Atmosphäre und durch die Wirkungen der entgegengesetzten Elektricitäten erklärt.

XXX. Leopold v. Buch, Munke und Olmsted haben andere Hypothesen über die Entstehungsart des Hagels aufgestellt.

Uebungssätze.

1) Die Pflanzen werden weit reichlicher als der feste Erdboden bethaut.

2) Der lockere Kiesboden überzieht sich leichter als das festgetretene Erdreich, und das Glas leichter als das Metall mit Thau.

3) Der Thau ist in den Küstengegenden warmer Klimate, z. B. in Arabien u. s. f., sehr häufig, während man ihn fast niemals auf wasserlosen Ebenen im Innern der Continente, wie in Brasilien u. s. w., bemerkt.

4) Das gesammelte Thauwasser ist meist chemisch rein, und zeichnet sich durch einen Gehalt von Kohlensäure aus.

5) In den gemäßigten Klimaten werden die entblößten Theile des menschlichen Körpers nie bethaut.

6) Die zarten Pflanzen werden gegen die Nachtkälte durch Decken geschützt.

7) Der Reif ist, als ein Produkt der kalten Jahreszeit, vorzüglich zu Anfang und Ende derselben sehr häufig.

8) Die hölzernen Brücken werden öfters mit einem starken Reife bedeckt.

9) Die Fenster gefrieren gewöhnlich an der innern Seite. Bisweilen wird aber auch an der äußern Seite der in kalten Kammern vorhandenen Fenster ein Gefrieren bemerkt.

10) Die starken Nebel ereignen sich hauptsächlich im Herbste und Winter.

11) In den Gebirgen steigt gewöhnlich vor entstehendem Regen ein Nebel aus den Bergen empor.

12) Der Nebel ist in den Meeren der Polargegenden sehr stark.

13) Die Ufer hoher Seen sind häufig mit dichtem Nebel bedeckt.

14) In dem Innern der asiatischen und afrikanischen Sandwüsten entstehen keine Nebel.

15) Das Steigen des Nebels bedeutet Regen und das Fallen desselben gutes Wetter.

16) Der Höhrauch hat sich am häufigsten in den Niederlanden, an der Nordküste Frankreichs, und im nördlichen Deutschland, seltener in England und noch seltener im südlichen Europa gezeigt.

17) Der Himmel kann sich plötzlich und auf einmal mit Wolken überziehen; auch können Wolken nach und nach kleiner werden und ganz verschwinden.

18) Die Größe oder der Umfang der Wolken wird aus der Größe ihres auf der Erde gebildeten Schattens bestimmt.

19) Manche Wolken haben mehre Meilen im Durchmesser und eine Dicke von mehren 100 bis 1000 Fuß.

20) Die elektrische Thätigkeit ist bei der Bildung der Wolken, bei Veränderungen, Auflösungen und Zersetzungen derselben sehr wirksam.

21) Die Regentropfen sind im Allgemeinen bei niedrigerer Temperatur und unter höhern Breitegraden kleiner als bei stärkerer Wärme und unter geringern Breitegraden.

22) Sie vergrößern sich während ihres Falles; und fallen nicht

mit der Geschwindigkeit herab, welche sie nach den Gesetzen des freien Falles haben sollten.

23) Man hat gefunden, daß das jährlich aus der Atmosphäre herabfallende Wasser die Erde etwa 30 Zoll hoch bedecken könnte.

24) Die Graupeln gehören gewöhnlich dem Frühlinge an.

25) Der Hagel enthält zuweilen fremdartige Theile in sich eingeschlossen.

26) Die vom Hagel getroffenen Stellen sind gewöhnlich schmal, auch werden dieselben Orte wohl nie mehrmals in einem Jahre vom Hagel verheert.

27) Die Hagelschauer sind an keine bestimmte Tageszeit gebunden, ereignen sich aber häufiger Nachmittags, als Vormittags, und selten bei der Nacht.

28) Die eigentlichen Hagelschauer (mit Ausschluß des Graupelns) erfolgen im Sommer

29) Die Hagelwolken pflegen gewöhnlich in einer beträchtlichen Höhe über der Erde zu schweben.

Zehntes Kapitel.

Von den Aërometeoren.

Was nennt man Aërometeore?

Was heißt ein sanftes Wehen der Luft?

Was wird ein schwacher, mittelmäßiger und starker Wind; und was ein Sturm und Orkan genannt?

Was nennt man Windstille?

Was heißt Wirbelwind; was wird eine Wasserhose oder Wassersäule, und was ein Sandwirbel oder eine Sandhose genannt?

Welche Erscheinungen finden beim Wirbelwinde u. s. w. statt?

Wann nennt man einen Wind warm, trocken und feucht?

Was heißt der Harmattan, der Samum oder Samiel, der Chamsin, Sirocco, Travados, Tornados oder

Typhon, das Ochsenauge, und welche Erscheinungen werden dabei bemerkt?

Welche Schwankungen im Barometerstande nennt man die unregelmäßigen?

Was heißt die mittlere Größe oder der mittlere Umfang der Barometerschwankungen?

Was werden isobarometrische Linien genannt?

Hauptsätze.

I. Zu den Aërometeoren werden die Winde und die Veränderungen der Barometerhöhen gezählt.

II. Die allgemeinste Ursache der Winde ist die Veränderung der Temperatur, und also der veränderte Stand der Sonne in den verschiedenen Jahres- und Tageszeiten. Auch gehört der Verdünstungsproceß, die Anziehung der Sonne und des Mondes, und die Axendrehung der Erde theils zu den unmittelbaren Veranlassungen der Entstehung und theils zu den Ursachen der Veränderung der Winde.

III. Der verschiedene elektrische Zustand in den Wolken, jede schnelle Entwicklung ausdehnsamer Stoffe, Feuersbrünste, plötzlicher Sturz beträchtlicher Massen u. s. w. können eine Luftbewegung erzeugen.

IV. Bei jedem Winde kommt die Geschwindigkeit des Luftstroms, seine Richtung und seine Dauer in Betracht.

V. Die Geschwindigkeit und die Stärke der Winde werden bekanntlich nach Anemometern geschätzt.

VI. Die Richtung der Winde ist meist horizontal, doch finden auch mehr oder weniger auf- oder niedersteigende statt.

VII. Die Richtung des Windes in Bezug auf die Weltgegenden wird durch Windfahnen, Anemoskope oder Plagoskope ermittelt.

VIII. Die Winde werden in Bezug auf Dauer und Periodicität in regelmäßige oder beständige, und in unregelmäßige oder unbeständige eingetheilt.

Zur ersten Klasse gehören:

a) der beständige Ostwind *) in den Meeren der heißen Zone;

b) die Passatwinde oder Moussons, welche sich nach den Jahreszeiten richten; und

*) Der Wind wird nach derjenigen Weltgegend benannt, woher er kommt, das Wasser dagegen wohin es fließt.

c) die periodischen Winde, welche bestimmte Tageszeiten beobachten.

Zur zweiten Klasse werden die veränderlichen Winde gezählt.

IX. Die Richtung des beständigen Ostwindes über den zwischen den Wendekreisen befindlichen Meeren ist von Osten nach Westen.

X. Die Ursachen des Ostwindes sind:

a) die Erwärmung der Luft, welche unter den Wendekreisen am größten ist; und

b) die Axendrehung der Erde.

XI. Die Passatwinde oder Moussons werden in der Nähe mehrer Küstenländer bemerkt. Sie hängen von dem verschiedenen Stande der Sonne in Bezug auf jene Gegenden, von der Axendrehung der Erde und von der Richtung der Gebirgsketten ab.

XII. Die periodischen von der Tageszeit abhängigen Winde wehen von kleinern Inseln bei Tage vom Meere gegen das Land hin, und bei Nacht in entgegengesetzter Richtung.

XIII. Die Richtung dieser Winde wird oft durch die Gestalt und Oberfläche der Insel, und durch die Lage derselben gegen Inseln, gegen das benachbarte feste Land und gegen Vorgebirge u. s. w. abgeändert.

XIV. Die veränderlichen oder unbeständigen Winde der gemäßigten und kalten Zonen sind ebenfalls theils durch örtliche Ursachen abgeänderte allgemeine Strömungen, und theils solche, welche durch sehr verschiedene, ebenfalls örtliche Ursachen entstehen.

XV. Die Luft kommt zuweilen in eine drehende Bewegung, wenn ein Luftstrom auf ein Hinderniß stößt, oder entgegengesetzte Strömungen einander begegnen. Ein eigentlicher Wirbelwind setzt aber noch andere Ursachen voraus.

XVI. Man kann mit großer Wahrscheinlichkeit annehmen, daß der Entstehung der Wasser- und Sandhose ein Spiel elektrischer Kräfte zum Grunde liegt.

XVII. In Europa ist die Luftströmung im Allgemeinen westlich oder südwestlich.

XVIII. In Europa muß man zwei Winde als vorherrschend annehmen, nämlich Südwest und Nordost.

XIX. Die Drehung der Winde scheint (nach Dove's Beobachtungen) immer vorzugsweise in folgender Ordnung:

Süd, West, Nord, Ost, Süd

und nicht in der umgekehrten zu geschehen.

XX. Die Barometerhöhe (oder der Barometerstand) verändert sich bekanntlich im Allgemeinen bei wechselnder Witterung, und beim Ersteigen der Berge. Sie nimmt vom Aequator gegen die Pole hin zu; besitzt außerdem eine tägliche Oscillation, indem sie täglich 2 Maxima und Minima erreicht, welche vom veränderlichen Stande der Sonne iber dem Horizonte abhängen; und zeigt noch eine dem Gange des Mondes folgende Oscillation.

XXI. Die Erfahrung hat gelehrt, daß das Barometer bei bevorstehenoem Regen oder Schnee gewöhnlich fällt, bei kommendem schönen Vetter aber steigt.

XXII. Das Barometer sinkt bei Stürmen und erfährt während der Zeit ihrer Dauer große Oscillationen.

XXIII. Bei westlichen Winden wird gewöhnlich ein Steigen und bei östlichen ein Fallen des Barometers bemerkt.

XXIV. Der Einfluß der Witterung auf das Barometer scheint sich nach dem Aequator wenigstens an gewissen Orten zu vermindern.

XXV. Die mittlere Barometerhöhe ist im Niveau des Meeres fast allenhalben gleich.

Biet giebt sie zu 0,7629 Meter, d. h. 28 Par. Zoll 2,2 Linien bei 12°3 C an.

Die Franzosen setzen sie aber schlechthin 0,76 Meter oder 28,0753 Par. Zoll; die Deutschen 28 Par. Zoll; und die Engländer 30 engl. Zoll oder 28,15 Par. Zoll.

XXVI. Ein jedes Jahr hat seinen eigenen Witterungs-Charakter; doch hat sich im Ganzen die Witterung in Europa in 100 und meben Jahren nicht merklich verändert.

XXVII. Man hat sich von jeher bemüht Regeln aufzustellen, aus denn sich die Witterung mit Sicherheit vorausbestimmen ließe; doch hanman es bis jetzt nicht weit hierin gebracht.

XXVIII. Die Witterung läßt sich auf eine kurze, aber nicht auf einelängere Zeit mit Wahrscheinlichkeit voraus vermuthen, und am wengsten sind die Bemühungen, sie aus dem Stande der Gestirne vrauszusagen, gelungen.

Uebungssätze.

1) Die Geschwindigkeit des Windes ist entweder ziemlich gleichförmig, oder wird in kurzen Zeiträumen größer oder kleiner, oder es treten krz anhaltende schnelle Luftbewegungen oder Windstöße ein.

2) Die Geschwindigkeit eines mittelmäßigen Windes beträgt 12—1, und eines Sturmes über 40.

3) Eine Geschwindigkeit von mehr als 100 hat sich als etwas Außerordentliches bei dem Winde gezeigt.

4) Die periodischen Winde wehen sehr gleichförmig und gelinde, und legen in 1 Sekunde nicht über 10—15 Fuß zurück.

5) Die Größe der Wasserhosen ist sehr verschieden, indem sie einen Durchmesser von 2 bis 200 Fuß und eine Höhe von 30 bis 1500 Fuß besitzen.

6) Für Deutschland sind die Westwinde in der Regel feucht und von mäßiger Temperatur.

7) Anhaltende Stürme sind gewöhnlich westlich und am häufigsten mit Regen begleitet.

8) Die Nordwinde, und besonders die Nordostwinde, bringen uns immer Kälte, die Ostwinde gewöhnlich heiteres Wetter und Trockniß; und die Südwinde Wärme und oft Regen.

9) Nach Cotta sind die Barometerveränderungen in Thälern stärker als auf Bergen. Auch sind die Schwankungen im Winter stärker als im Sommer, und nach einigen Beobachtungen in den Nachtgleichen am zahlreichsten.

10) Die größte mittlere Barometerhöhe fällt, nach Dalton, in den Sommer.

IV.

Anhang.

Einige Tabellen aus der Physik und Astronomie.

Erste Tabelle.

Chronologisch geordnete Uebersicht einiger wichtigen Entdeckungen, Erfindungen u. s. w. in der Physik und Astronomie.

v. Chr.

585. **Thales** aus Miletus in Jonien (geb. um 630, gest. 547) soll schon die Eigenschaft gewisser Eisenerze, metallische Eisenspäne anzuziehen und festzuhalten gekannt haben. Er verkündigte eine Sonnenfinsterniß auf 585.

560. **Pythagoras** aus Samos (geb. um 584, gest. um 500) ein Schüler des Thales, lehrte die Bewegung der Planeten und Kometen um die Sonne, und stellte Untersuchungen über die Tonverhältnisse an.

550. **Anaximander** (geb. 620 zu Milet, gest. 546) versuchte die Größe der Erde zu bestimmen, und verbesserte die Sonnenuhren, welche der chaldäische Astronom **Berosus** aus Asien nach Griechenland gebracht haben soll.

502. **Leucippus** lehrte, daß die Materie aus Atomen bestehe.

370. **Plato** (geb. 430 oder 429 zu Athen, gest. 348) erklärte das Sehen durch Ausströmung einer feinen Materie aus dem Auge und den Gegenständen.

287. **Archimedes** (geb. 287 zu Syrakus, gest. 212) soll die Flotte des Marcellus bei der Belagerung von Syrakus mit Brennspiegeln in Brand gesteckt haben. Er erfand die Wasserschraube und die Gesetze des Gleichgewichts der Flüssigkeiten mit eingetauchten Körpern.

275. **Eratosthenes** (geb zu Kyrene in Afrika 275, gest. 192) unternahm eine Gradmessung, um die Größe der Erde zu ermitteln und beobachtete zuerst die Schiefe der Ekliptik.

267. **Aristarch** von Samos (geb. 267), einer der größten alten Astronomen, unterstützte die Lehre des Pythagoras von der Bewegung der Erde und versuchte die Entfernung der Erde von der Sonne zu bestimmen.

200 **Ctesibius** aus Alexandrien brachte (nach Vitruv's Erzählung) die sogenannten Druck- und Pumpwerke zur Hebung des Wassers zu Stande. Auch wird derselbe als Erfinder der Wasseruhren angesehen.

v. Chr.

160. Hipparch zu Alexandrien (geb. um 160, gest. 125) bestimmte die genaue Größe der Sonnenjahre, die Excentricität der Erdbahn, entwarf ein Fixsternverzeichniß, und entdeckte die Verrückung der Nachtgleichen.

120. Heron aus Alexandrien wird für den Erfinder des Heronsballes gehalten.

108. Posidonius aus Apamea in Syrien (geb. um 108, gest. 50) bestimmte einen Grad des Erdumfangs zu 500 Olympischen Stadien.

60. Sosigenes zu Alexandrien schlug die Kalenderverbesserung vor, welche Julius Cäsar ausführen ließ.

nach Chr.

137. Ptolemäus (geb. zu Pelusium in Aegypten um 70 n. Chr., gest. um 150) vermehrte das von Hipparch angegebene Fixsternverzeichniß, und ersann das nach ihm genannte Weltsystem.

160. Tschan Heng in China machte ein Fixsternverzeichniß von 2500 Sternen und soll durch ein Rohr beobachtet haben.

500. Anthemius soll 24 ebene Spiegel als Brennspiegel gebraucht haben.

640. Kallinicus, ein griechischer Baumeister, soll das griechische Feuer erfunden und dasselbe (688) in Konstantinopel gegen die Türken angewendet haben.

833. Der Chalif Almamon zu Bagdad (gest. 833) veranstaltete eine Gradmessung.

1070. Gielalleddin veranstaltete in Persien (durch Omar Cheyanc) eine merkwürdige Kalenderreform.

1080. Arzachel, ein arabischer Astronom in Spanien, bestimmte die Neigung des Aequators gegen die Erdbahn.

1181. Erste bestimmte Spur vom Compaß (Marinette).

Das Schießpulver war im zwölften Jahrhundert als Mittel zum Sprengen bekannt.

1240. Cheou King zu Peking untersuchte durch einen 40 Fuß hohen Gnomon die Schiefe der Ekliptik.

1255. Roger Bacon (geb. 1214 unweit Ilchester in der Grafschaft Sommerset, gest. 1292, nach Andern 1294) ein Franziskaner und Lehrer zu Oxford, soll ein Fernrohr, (vermuthlich ein bloßes Rohr ohne Gläser) gebraucht haben.

1270. Die Brillen waren schon in Deutschland bekannt, aber der Erfinder ist unbekannt geblieben. Alexander de Spina, ein Dominikaner zu Pisa, der 1313 starb, kann sie nacherfunden haben.

1300. Der Compaß (die Boussole) war schon 1181 bekannt. Flavio Gioja aus Pasitano, einem Dorfe in der Nähe von Amalfi, (welcher zu Ende des 13ten und zu Anfang des 14ten Jahrhunderts lebte) mag ihn um 1300 nach entdeckt oder verbessert haben.

n. Chr.
1338. Die Kanonen wurden bei Belagerung des Platzes Puy Guillaume gebraucht *).
1354. Berthold Schwarz aus Freiburg im Breisgau mag durch einen Versuch dazu Veranlassung gegeben haben; das Pulver hat er aber nicht erfunden, dies war schon früher bekannt **).
1400. Johann von Gmunden lehrte zu Wien und schrieb über das Astrolabium.
1423. Georg Purbach (geb. 1423 in Peurbach, gest. 1461) machte Globen, Quadranten, Fixsternverzeichnisse, und führte die Sinus statt der Sehnen ein.
1436. Joh. Müller (Regiomontanus) (geb. 1436 zu Königsberg in Franken, gest. 1476) führte die Tangenten und die Decimaltheile ein.
Bernhard Walther (geb. 1430, gest. 1504) untersuchte die astronomische Strahlenbrechung, und gebrauchte genaue Uhren zu seinen Beobachtungen.
1437. Ulug Beigh (gest. 1450) ließ astronomische Tafeln berechnen und (1437) ein Fixsternverzeichniß anfertigen, welches 1017 Sterne enthielt.
1438. Guttenberg, richtiger Gutenberg (geb. um 1397 zu Mainz, gest. 1468) erfand die Buchdruckerkunst.
1510. Peter Hele zu Nürnberg (gest. nach 1550) soll die Taschenuhren erfunden haben.
1530. Nicolaus Copernicus (geb. 1473 zu Thorn, gest. 1543) bewies in seinem 1530 vollendeten Werke „de revolutionibus orbium coelestium" die wahre Anordnung unseres Planetensystems.
1538. Zwei Griechen machten zu Toledo vor Kaiser Karl V. Versuche mit einem umgekehrten großen Kessel unter Wasser zu tauchen.
Erasmus Reinhold (geb. 1511, gest. 1553), Astronom zu Wittenberg, gab schon dem Mars eine elliptische Bahn.
1558. Joh. Baptista Porta (geb. 1514 im Neapolitanischen) beschrieb die optische und dioptrische Camera obscura in einer magia naturalis (1558). Die dioptrische dunkle Kammer scheint seine Erfindung zu sein.
1560. Hans Lobsinger zu Nürnberg (gest. 1570) wird als Erfinder der Windbüchse angesehen.
1572. Tycho de Brahe (geb. 1546 zu Kund-Strup in Schonen, gest. 1601) machte genaue astronomische Beobachtungen, ver-

*) Die Araber sollen schon 1331, bei der Belagerung von Alikante, eine Art von Kanonen angewandt haben.

**) Vergl. 1181.

n. Chr.

fertigte ein neues Fixsternverzeichniß, nach Rectascension und Declination, auf das Jahr 1600, verbesserte die Instrumente, erdichtete ein Weltsystem, und entdeckte 1572 einen neuen glänzenden Stern in der Cassiopeja, der nach 1½ Jahren wieder verschwand.

1576. Aloysius Lilius (geb. in der 1sten Hälfte des 14ten Jahrhunderts, gest. 1576.) fängt die Kalenderverbesserung unter Gregor dem XIII. an, welche Clavius 1582 vollendete.

1590. Zacharias Jansen, Glasschleifer in Middelburg, erfand 1590 das Holländische Fernrohr, und vielleicht auch das zusammengesetzte Mikroskop *).

1602. Galilei oder eigentlich Galileo (geb. 1564 zu Pisa, gest. 1642) entdeckte die Gesetze des freien Falles, eine Fallmaschine, die parabolische Bahn geworfener Körper, und wandte das Pendel als Zeitmesser an. Auch brachte er 1609 durch eigenes Nachdenken das Fernrohr, welches er nur aus Nachrichten kannte, zu Stande, entdeckte damit Mondgebirge, Jupitertrabanten (1610 den 8ten Januar) und Venusphasen (1610).

Kepler (geb. 1571 zu Magstadt nahe bei Weil, gest. 1631) entdeckte die drei Gesetze des Planetenlaufes, die seinen Namen führen, berechnete die Rudolphinischen Tafeln, entdeckte die Art, wie es mit dem Sehen zugeht, und erfand das astronomische Fernrohr.

1609. Sim. Marius eigentlich Mayer (geb. 1570 zu Gungenhausen, gest. 1624) entdeckte die 4 Trabanten des Jupiter.

1610. Fabricius, Prediger zu Ostel in Ostfriesland, entdeckte mit bloßem Auge und mit Verlust des Gesichtes die Sonnenflecken **).

1611. Die Sonnenflecken wurden (1611) von Scheiner in Ingolstadt, und (1612) von Galilei in Rom bemerkt.

1615. Snell oder Snellius (geb. 1591 zu Leyden, gest. 1626) entdeckte das Gesetz der Strahlenbrechung, und führte eine Gradmessung aus (1615).

1619. Harvey (geb. 1578 zu Holkestone in Kent, gest. 1658) bewies den Kreislauf des Blutes.

1629. Descartes auch Cartesius (geb. 1596 zu La Haye en Touraine, gest. 1650) ist als Urheber der Vibrationshypothese anzusehen.

1638. Cornelius Drebbel (geb. zu Alkmar in Nordholland, 1572, gest. 1634) erfand das Luftthermometer.

---

*) Von Andern wird der Neapolitaner Franz Fontana 1618 als Erfinder des letztern angesehen.

**) Nach einigen hat der Engländer Harriot 1610 zuerst die Sonnenflecken beobachtet.

n. Chr.
1644. Evangelista Toricelli (geb. zu Faenza 1608, gest. 1647) ein Schüler Galileis, lehrte zu Florenz, erfand das Barometer und zeigte (1644), daß ein Saugrohr das Wasser nicht über 32 Fuß zu heben vermöge.
1644. Mersenne (geb. 1588 in dem französischen Departement Maine, gest. 1648) schlug das Spiegelteleskop vor.
1646. Kircher (geb. 1601 zu Geiß im Fuldaischen, gest. 1680) erfand die Zauberlaterne um 1646 und setzte ebene Spiegel zu einem Brennspiegel zusammen.
1650. Otto von Guericke (geb. 1602 zu Magdeburg, gest. 1686) Bürgermeister zu Magdeburg, erfand gegen das Jahr 1650 die Luftpumpe und experimentirte damit 1654 auf dem Reichstage zu Regensburg. Er erfand ferner um 1661 das Manometer, dann eine Windbüchse, die durch Luftverdünnung schießt, und machte die ersten Electricitätsversuche, indem er (um 1672) eine Schwefelkugel mittelst einer Kurbel drehte und mit der Hand rieb.
1647. Hevel eigentlich Hevelke (geb. 1611 zu Danzig, gest. 1688) benannte die Mondflecken und gab seine Selenographia 1647 heraus.
1650. Der Marquis von Worcester soll die Dampfmaschine erfunden haben. Seine Schrift: A century of the names and scantlings of such inventions at as present i can call to mind to have tried and perfected" erschien 1663 zu London.
1650. Grimaldi (geb. 1613 zu Bologna, gest. 1663) entdeckte die Zerstreuung und Beugung des Lichtes und verlieh den Mondflecken Namen von Astronomen.
1650. Erfindung des Weinsteinthermometers von der Akademie del Cimento zu Florenz.
1655. Christian Huyghens (geb. 1629 im Haag, gest. 1695) entdeckte durch große Fernröhre den Ring des Saturns und einen Trabanten desselben (1655), und brachte an den Uhren das Pendel an (1656).
Robert Hooke (geb. 1635 auf der Insel Wight,, gest. 1702) stellte zuerst bestimmt die Behauptung, von einer allgemeinen Anziehung unter den Weltkörpern, auf.
1660. Boyle (geb. 1626 zu Lismore in Irland, gest. 1691) verbesserte gemeinschaftlich mit Hook die Luftpumpen, und begründete die Hydrostatik.
1663. Jacob Gregory (geb. 1638 zu Aberden in Schottland, gest. 1675) verfertigte das nach ihm benannte Spiegelteleskop.
1665. Anton de Rheita erfand das Erdfernrohr.
Guillelmini (geb. 1655, gest. 1710 zu Bologna) stellte

n. Chr.

Versuche über die Abweichung fallender Körper von der vertikalen Linie, wodurch die Umdrehung der Erde direct bewiesen wird, an. Diese Versuche wurden nachher von Benzenberg vollkommener ausgeführt.

1669. Erasmus Bartholinus (geb. 1625, gest. 1698) bemerkte zuerst die doppelte Strahlenbrechung.

1670. Olof Römer (geb. 1644 zu Kopenhagen, gest. 1710), ein dänischer Astronom, machte mit Cassini von 1670 bis 1675 auf der Pariser Sternwarte Beobachtungen über die Verspätung bei den Verfinsterungen der Jupitertrabanten. Beide schrieben sie der allmähligen Fortpflanzung des Lichtes zu. Da aber Cassini diese Meinung wieder verließ, so ist Römer als der Entdecker dieser Theorie anzusehen.

1670. Samuel Moreland soll das Sprachrohr erfunden haben.

1671. Cassini (geb. 1625 zu Perinaldo bei Nizza, gest. 1712) entdeckte den 7ten Trabanten des Saturns, bearbeitete die Theorie der Jupitertrabanten und bemerkte zuerst den doppelten Ring des Saturns.

Richer (gest. 1696) ward (1671) nach Cayenne geschickt, um astronomische Beobachtungen der Sonnenparallaxe anzustellen. Er entdeckte die Verzögerung des Pendelganges am Aequator.

1672. Isaac Newton (geb. 1642 zu Woolsthorpe in der englischen Grafschaft Lincoln, gest. 1727) entwickelte die durch Hooke verbreitete Theorie der allgemeinen Anziehung, und zeigte, daß Kepler's Gesetze aus derselben sich ergeben. Er behauptete die Abplattung der Erde, machte merkwürdige Versuche über die Lichtfarben, und brachte das nach ihm benannte Spiegelteleskop 1672 zu Stande.

1672. Cassini entdeckte den 5ten Trabanten des Saturns.

1676. Edmund Halley (geb. 1656 zu London, gest. 1742) beobachtete auf der Insel St. Helena die südlichen Gestirne, und den Durchgang des Merkurs; untersuchte auf einer 1698 — 1702 unternommenen Seereise die Abweichung der Magnetnadel an verschiedenen Orten, schlug Quecksilber zu Thermometern vor, und unternahm es zuerst die Wiedererscheinung eines nach ihm benannten Planeten anzukündigen.

1678. Campani (welcher noch 1678 lebte) machte Objectivgläser von 100 bis 136 Fuß Brennweite zu den damaligen großen Fernröhren und schrieb Horologium (1678).

Nikolaus Hartsoekr (geb. 1656, gest. 1725) machte Objectivgläser von großer Brennweite zu Teleskopen und kleine Glaskügelchen zu Mikroskopen.

1680. Robert Hooke erfand die eigentliche Telegraphie.

1682. Samuel Moreland hat die ersten sehr wichtigen Versuche über die Expansion und Kraft der Wasserdämpfe angestellt.

n. Chr.
1684. Mariotte (geb. zu Bourgogne, gest. 1684) entdeckte (um 1684) das nach ihm benannte Gesetz der Elasticität der Luft, u. s. w.
1684. Cassini entdeckte den 3ten und 4ten Trabanten des Saturns.
1685. Papin (geb. zu Blois gegen die Mitte des 17ten Jahrhunderts, gest. 1710) machte Versuche über die Kraft der Dämpfe, und beschrieb seinen Digestor (um 1685).
1687. Walter, Graf von Tschirnhausen (geb. 1651 zu Kislingswalde in der Oberlausitz, gest. 1708) brachte (1687) die größten Brennspiegel und nachher die größten Brenngläser zu Stande und entdeckte die Brennlinien.
1694. Renaldini brachte am Weingeistthermometer eine Skale an.
1699. Thomas Savary machte die Entdeckung der Dampfmaschine der Gesellschaft zu London bekannt, und beschrieb diese Maschine.
1702. Amontons (geb. in der Normandie 1663, gest. 1705) machte ein von ihm verbessertes Luftthermometer bekannt.
1705. Newcomman ließ bei der Dampfmaschine den Dampf in einem Cylinder wirken, und construirte die erste große Dampfmaschine (1712).
1709. Fahrenheit (geb. zu Danzig gegen das Ende des 17ten Jahrhunderts, gest. 1740) verfertigte das erste Quecksilberthermometer, welches er vom künstlichen Gefrierpunkte aus eintheilte.
1710. Theodor Balthasar, Professor zu Erlangen, scheint der erste gewesen zu sein, der ein Sonnenmikroskop erfand.
1712. Flamstead (geb. 1646 zu Derby in Derbyshire, gest. 1720) verfertigte das vollständigste Verzeichniß von 3000 Sternen.
1718. Pound und Hadley (gest. 1744) bemerkten vorzüglich deutlich den doppelten Ring des Saturns.
1727. Hales (geb. zu Beclebourn in Kent 1677, gest. 1761) gab den pneumatischen Apparat an.
1728. James Bradley (geb. 1692 zu Sherbourn in England, gest. 1762) entdeckte die Abirrung des Lichtes.
1730. Reaumür (geb. 1683 zu Rochelle, gest. 1757) bestimmte 1730 den Nullpunkt seines Weingeistthermometers im aufthauenden Eise. Man nahm späterhin Quecksilber, wofür die Reaumürsche Skale nicht paßt.
1730. Steffan Gray, machte Entdeckungen über electrische Leiter und Nichtleiter, und bemerkte, daß durch ein kleines Loch eine Nadel umgekehrt und vergrößert erscheine.
1731. Hadley beschrieb den nach ihm genannten Spiegelsextanten, den aber eigentlich Newton erfunden.
1733. De l'Isle oder Delisle (geb. 1688 zu Paris, gest. 1768) construirte die nach ihm benannte Thermometer-Skale.

n. Chr.

1735. Condamine (geb. zu Paris 1701, gest. 1774), Bouguer (geb. zu Croisse in der Bretagne 1698, gest. 1758) und Godin reisten (1733) nach Peru, und im folgenden Jahre Maupertuis (geb. zu St. Malo 1697, gest. 1759), Camus und le Monnier nach Lappland, um durch Gradmessungen die Größe und Gestalt der Erde genauer zu erforschen.

1736. John Harrison (geb. 1693 zu Foulby in der Grafschaft York, gest. 1776) erfand die Längenuhr.

1739. Lieberkühn (geb. zu Berlin 1711, gest. 1788) erfand das Sonnenmikroskop.

1742. Celsius (geb. zu Upsala 1701, gest. 1744) entwarf die nach ihm benannte 100theilige oder schwedische Thermometer-Skale.

1745. Muschenbröck (geb. zu Leiden 1682, gest. 1761) und von Kleist in Camin entdeckten zufällig und gleichzeitig die elektrische Verstärkung.

1746. Mortimer gab zuerst das Metallthermometer an, welches in der neuesten Zeit von Brequet zu Paris und Holzmann zu Wien in großer Vollkommenheit construirt worden ist.

1746. Winkler zu Leipzig bewirkte die Entladung von Verstärkungsflaschen durch einen Draht von beträchtlicher Länge, wobei die Pleiße einen Theil der Verbindung darstellte.

1747. Bradley entdeckte die Nutation.

1747. Graf Büffon (geb. zu Montbur in Bourgogne 1707, gest. 1788) verfertigte sehr wirksame Brennspiegel.

1752. Benjamin Franklin (geb. 1706 zu Boston in Nordamerika, gest. 1790) erfand den Blitzableiter 1752, und gab eine Theorie der elektrischen Erscheinungen.

1753. Canton (geb. zu Strout in Gloucestershire 1718, gest. 1772) construirte das Korkkugelelektrometer.

1757. John Dollond (geb. 1706, gest. 1761) erfand die achromatischen Fernröhre.

1757. Ramsden (geb. 1730 zu Halifax, gest. 1800) verbesserte die astronomischen Instrumente und erfand eine Theilmaschine.

1757. Wilke, und Aepinus (geb. 1724 zu Rostock, gest. 1802) entdeckten die Gesetze der Vertheilung der Elektricität.

1760. Simmer gab eine von der Franklinschen abweichende Hypothese von der Elektricität.

1764. Tobias Mayer (geb. zu Marbach 1723, gest. 1762) berechnete genaue Mondtafeln (1764 bis 1766), und gab die Vervielfältigungsmethode beim Winkelmessen an.

1764. James Watt (geb. zu Greenock 1736, gest. 1819), verbesserte die Dampfmaschinen.

1768. In den Kohlengruben zu Newcastle wurde zuerst eine Fahrbahn von gegossenen Eisenschienen zu Stande gebracht.

n. Chr.

1769. Lambert construirte das erste Hygrometer mit wissenschaftlicher Einrichtung.

1769. Kempelen (geb. 1734 zu Preßburg, gest. 1804) zeigte die von ihm erfundene berühmte Sprachmaschine zuerst der Kaiserin Maria Theresia vor.

1770. Der Franzose Gautier machte die ersten Probefahrten mit einem von ihm construirten Dampfwagen.

1772. Wilke, ein schwedischer Naturforscher, zeigte zuerst, daß ungleichartige Körper, welche nach dem Thermometer gleiche Temperaturen besitzen, dennoch sehr verschiedene Quantitäten von wirklicher Wärme enthalten.

1772. Henly erfand das Quadranten-Elektrometer.

1774. John Priestley (geb. zu Field-Head in Yorkshire 1733, gest. 1804) machte Versuche über die Gasarten und erfand das Eudiometer.

1775. Delüc (geb. zu Genf 1727, gest. 1817) und Saussüre (geb. zu Genf 1740, gest. 1799) gaben (um 1775 und 1784) ihren Hygrometern zuerst bestimmte Skalen.

1775. Alexander Volta (geb. zu Como 1745, gest. 1826) erfand den Elektrophor und construirte ein sehr brauchbares Eudiometer.

1777. Lavoisier (geb. zu Paris 1743, hingerichtet 1794) gab eine neue Theorie von dem Phänomen der Verbrennung.

Abich und Zimmermann erwiesen durch Versuche die Elasticität des Wassers.

1777. Coulomb (geb. zu Angouleme 1736, gest. 1806) erfand die nach ihm benannte Drehwage.

1780. Lichtenberg (geb. zu Ober-Rannstädt 1744, gest. 1799) entdeckte die Bildung der nach ihm genannten Figuren, welche aus Harzstaub auf elektrisirten Flächen entstehen, und construirte sehr große Elektrophore.

1781. Wilhelm Herschel (geb. zu Hannover 1738, gest. 1822) verfertigte die größten und vollkommensten Spiegelteleskope, und entdeckte 1781 den 13ten März den Uranus.

1781. Cavallo und Lichtenberg ließen mit Wasserstoffgas gefüllte Seifenblasen in die Höhe steigen.

1782. Wedgwood (geb. 1731 in der Grafschaft Stafford, gest. 1795) construirte die nach ihm genannten Pyrometer.

1782. Joseph und Stephan Montgolfier erfanden den Luftball, und füllten denselben mit erhitzter Luft.

1783. Charles zu Parles, ließ, mit Hülfe der Gebrüder Robert, einen mit Wasserstoff gefüllten Ballon in die Höhe steigen.

1783. Pilatre de Rozier stieg zuerst mit Hülfe einer Montgolfiere in die Luft.

1783. Le Normand stellte zuerst Versuche mit dem Fallschirm an.

n. Chr.
1783. Volta erfand den Condensator in seiner jetzigen Gestalt.
1783. Saussure construirte einen Wärmesammler.
1784. Dücarla erfand einen Feuersammler (um 1784).
1785. Werner (geb. 1750 zu Wehnau in der Oberlausitz, gest. 1817) trug die Geognosie zuerst unter diesem Namen in wissenschaftlicher Form vor; er ist als Repräsentant der Neptunisten anzusehen
1787. Wilhelm Herschel entdeckte den 11ten Januar 2 Monde des Uranus.
1787. Chladni (geb. zu Wittenberg 1756, gest. 1827) machte Entdeckungen über die Schwingungen klingender Körper und beobachtete die Figuren, welche aufgestreueter Sand durch die Schwingungen klingender Saiten erzeugt. Auch stellte derselbe eine Hypothese über die Meteormassen auf.
1787. Adams erfand das Lampenmikroskop, welches von seinem jüngern Bruder ohngefähr (um 1787) verbessert worden ist.
1787. Bennet construirte das Goldblatt-Elektrometer.
1789. Wilhelm Herschel entdeckte am 28sten August den 2ten und am 17ten September den 1sten Trabanten des Saturns.
1790. Murray ließ sich 1790 mit einem Fallschirme von einem Kirchthurme zu Portsmouth herab.
1790. Wilhelm Herschel entdeckte am 18ten Januar den 3ten Trabanten des Uranus.
1791. Wilhelm Herschel entdeckte am 9ten Februar den 4ten Trabanten des Uranus.
1791. Aloysius Galvani (geb. zu Bologna 1737, gest. 1798) beobachtete die Wirkungen der Elektricität auf thierische Körper.
1792. Mechain (geb. 1744 zu Laon, gest. 1804) und Delambre (geb. 1749 zu Amiens, gest. 1822) begannen die große Meridianvermessung Frankreichs.
1793. Chappe benutzte die von Hook angegebenen Figuren zu einem eigenen System von Telegraphie.
1794. Wilhelm Herschel entdeckte am 28sten Februar den 5ten und am 26sten März den 6ten Trabanten des Uranus.
1795. Alexander v. Humboldt (geb. 1769 zu Berlin) unternahm von 1795 an sehr wichtige Reisen und machte sich um die ganze Naturwissenschaft sehr verdient.
1795. Hutton (geb. 1726 zu Edinburg, gest. 1797) schrieb die wesentlichsten Veränderungen der Erdkruste vulkanischen Kräften zu; er ist als Repräsentant der Vulkanisten zu betrachten.
1796. Laplace (geb. in der Normandie 1749, gest. 1827) gab 1796 sein berühmtes Werk: „Exposition du systême du monde, und 1796—1805 f. Traité de mécanique céleste" heraus. Er erfand mit Lavoisier das Calorimeter u. s. w.

n. Chr.
1797. Viallon scheint vor Montgolfier den Stoßheber erfunden zu haben.

Schröter in Lilienthal bei Bremen (geb. 1745 zu Erfurt, gest. 1816) machte wichtige Entdeckungen am Monde, an der Venus, am Saturn u. s. w.

Rumford (geb. 1752 auf der kleinen Insel Rumford in Amerika, gest. 1814) und Leslie (geb. 1766, gest. 1814) construirten die Differenzialthermometer.

1797. Leopold v. Buch (geb. 1777 im Preußischen) machte sich um die Erdkunde sehr verdient.

1799. Volta erfand die nach ihm benannte Volta'sche Säule.

1800. Das erste Boot wurde kurz vor 1800 (nach den Angaben der Schotten Symington und Miller) durch die Dampfkraft in Bewegung gesetzt.

1801 Thomas Young (geb. 1773 zu Milverton in der Grafschaft Somerset, gest. 1829) fand einige wichtige Gesetze der Interferenz des Lichtes.

1801. Piazzi in Palermo (geb. zu Ponte 1746, gest. 1826) entdeckte die Ceres (den 1sten Januar).

1802 Olbers in Bremen (geb. 1758 zu Arbergen im Herzogthume Bremen, gest. 1840) entdeckte die Pallas (den 28. März).

1802. Benzenberg wiederholte die Guilielminischen Fallversuche in dem Michaelsthurm zu Hamburg (1802) und in einem Kohlenschachte zu Schlebusch in der Grafschaft Mark (1804).

1803. Suanberg und Ofverboom wiederholten die Messung in Lappland, und entdeckten in Maupertuis Messung einen Fehler.

1804. Harding (geb. 1765 zu Lauenburg, gest. 1834) entdeckte den 1sten September die Juno.

1804. Delüc fertigte eine trockene Säule aus Silberpapier und Zink.

1805. J. G. Schmidt ist als Erfinder des Luftpyrometers anzusehen.

1806. Biot (geb. 1774 zu Paris) wurde mit Arago nach Spanien gesendet, um die Messung eines größern Bogens des Meridians fortzusetzen. Auch stieg er mit dem um die Physik sehr verdienten Gay-Lüssac in einem Luftballon zu der noch nicht erreichten Höhe von 3600 Toisen auf.

1807. Olbers entdeckte die Vesta (den 29sten März).

1807. Davy (geb. 1779 zu Penzance in der Grafschaft Cornwallis, gest. 1829) entdeckte unter andern die metallartigen Substanzen, die sich durch die Wirkung der Volta'schen Säule aus Mineral- und Gewächsalkali bilden.

1807. Der Amerikaner Foulton brachte das erste vollständige Dampfschiff zu Stande.

1807. Sömmering stellte zuerst in München einen galvanischen Telegraphen her.

n. Chr.

1808. Malus (geb. 1775 in Paris, gest. 1812) beobachtete zuerst die Polarisirung des Lichtes.

1808. Degen in Wien erfand eine Flugmaschine, womit er eine Strecke hindurch mit Hülfe eines kleinen Luftballs flog. Auch wurde von Zachariä fast zu derselben Zeit der Flugkahn construirt.

1809. Wollaston (geb. zu Chiselhurst 1766, gest. 1828) erfand die Camera lucida.

1810. v. Göthe (geb. 1749 zu Frankfurt a. M., gest. 1832) machte seine neue Farbenlehre bekannt.

1811. Berzelius (geb. 1779 zu Linköping in Ostgothland), in Stockholm, entdeckte Gesetze der Mischungsverhältnisse, und mit Davy und Hisinger den Zusammenhang zwischen Elektricität und chemischer Verwandtschaft.

1812. Gauß (geb. 1777 in Braunschweig) gab eine neue Berechnung der Orte eines Planeten an. Er erfand wichtige Instrumente, und machte viele gründliche Beobachtungen.

1814. Fraunhofer (geb. zu Straubing in Baiern 1787, gest. 1826) fand im prismatischen Farbenbilde des Sonnenlichtes beinahe 600 schwarze Streifen, während Wollaston einige Jahre früher nur zwei darin entdeckte. Auch verfertigte derselbe die vorzüglichsten achromatischen Fernröhre.

1814. Zamboni construirte eine trockene nach ihm benannte Säule.

1814. Die auf Eisenbahnen fortgetriebenen Dampfwagen kommen immer mehr in Gebrauch.

1815. Olbers entdeckte einen nach ihm benannten Kometen.

1819. Professor Oersted in Kopenhagen (geb. 1777 auf der dänischen Insel Langeland) entdeckte den Elektromagnetismus.

Schweigger (geb. 1779) kam unmittelbar nach Oerstedts Entdeckung auf die Construction des nach ihm benannten elektromagnetischen Multiplikators.

1819. Enke (geb. 1791 zu Hamburg) berechnete die Umlaufszeit des nach ihm genannten, und von Pons entdeckten Kometen, und bewies die Existenz des widerstehenden Aethers, welcher den Raum ausfüllt.

1822. Seebeck (geb. 1770 zu Reval, gest. 1831) machte seine wichtigen Erfahrungen über thermoelektrische Ketten (1822 u. 1823) bekannt.

1824. Jakob Perkins, ein Amerikaner, gab (seit 1824) der Anwendung der Dämpfe nicht nur bei Maschinen und Schiffen, sondern auch bei Flinten und Kanonen eine verbesserte und erweiterte Einrichtung.

1825. Arago (geb. 1786 zu Estayel bei Perpignan) machte der französischen Akademie seine Entdeckung des Rotationsmagnetismus bekannt.

n. Chr.
1826. Biela entdeckte den nach ihm benannten Kometen, den er, wie es scheint, fest erwartete.
1827. G. Ohm zu Nürnberg machte das von ihm entdeckte Gesetz über die Stärke des galvanischen Stromes bekannt.
1828. Moll in Utrecht construirte die ersten Elektromagnete.
Stourgeon hat späterhin sehr starke Elektromagnete zu Stande gebracht.
1830. Nobili und Melloni erfanden und verbesserten den Thermo-Multiplikator.
1831. Faraday in London entdeckte die Magneto-Elektricität, und machte viele wichtige Versuche über Elektricität u. s. w.
1831. Dal Negro zu Padua war der Erste, welcher den Elektromagnetismus als bewegende Kraft anwandte.
1833. Gauß und Weber stellten den ersten galvanomagnetischen Telegraphen wirklich her.
1835. Die Holländer Stratingh und Becker zu Gröningen wandten den Elektromagnetismus zuerst zur Hervorbringung einer fortschreitenden Bewegung an.
1837. Bessel (geb 1784 in Minden) bestimmte die jährliche Parallaxe des Sternes 61 im Schwan.
Struve ermittelte späterhin die jährliche Parallaxe des Sternes Vega in der Leyer, und stellte viele wichtige Untersuchungen über Doppelsterne u. s. w. an.
1837. Enke bemerkte zuerst den 3fachen Ring des Saturns.
1837. v. Ettingshausen in Wien construirte eine sehr brauchbare magnetoelektrische Maschine.
1837. Plößl (geb. 1794 in Wien) verfertigte die dialytischen Fernröhre.
1838. Jakobi und Lenz sind als die eigentlichen Begründer des Elektromagnetismus anzusehen. Ein unter Jakobi's Leitung construirtes Boot wurde (am 25sten September 1838) auf der Newa zuerst durch den Elektromagnetismus in Bewegung gesetzt.
1839. Jakobi erfand die Galvanoplastik.
1839. Daguerre in Paris erzeugte die nach ihm genannten Lichtbilder.
1840. De la Rive zn Genf erfand die Vergoldung auf galvanischem Wege.
1840. Grove aus Wordsworth construirte einen galvanischen Apparat, der einen sehr kleinen Raum umfaßt und eine ungewöhnliche chemische Wirksamkeit besitzt.
1842. Moser brachte die Daguerreschen Bilder im Dunkeln hervor.

Zweite Tabelle.

Einige Längen=, Flächen= und Körpergemäße *).

a)

Vergleichungstafel der natürlichen Längengemäße mit der alt=französischen Toise.

Natürliche Längenmaße.	Alt=französische Toisen.
1 Millimeter enthält	0,000513074
1 Centimeter = 10 Millimeter enthält . .	0,00513074
1 Decimeter = 10 Centimeter = . . .	0,0513074
1 Meter = 10 Decimeter = . . .	0,513074
1 Decameter = 10 Meter = . . .	5,13074
1 Hectometer = 10 Decameter = . . .	51,3074
1 Kilometer = 10 Hectometer = . . .	513,074
1 Myriameter = 10 Kilometer = . . .	5130,74
1 Grad = 10 Myriameter = . . .	51307,4
1 Quadrant = 100 Grad = . . .	5130740.

b)

Einige ausländische Längengemäße.

		Natürl. Millimeter.
Amsterdam.	1 Fuß enthält	383,1066
Baiern.	1 Fuß enthält	291,8593
Berlin.	1 Fuß enthält	309,7254
Cöln.	1 Fuß enthält	275,2112
Dresden.	1 Fuß enthält	283,1066
England.	1 Londoner Fuß enthält . . .	304,7625
Frankfurt a. M.	1 Fuß enthält	286,4903
Frankreich.	1 Toise von 6 Fuß enthält . .	1949,036
	1 Fuß von 12 Zoll = . .	324,8394
Leipzig.	1 Fuß enthält	282,6555
	1 Rheinländischer Fuß enthält	313,8536
Rußland.	1 Fuß enthält	538,2409
Schweden.	1 Fuß enthält	296,8672
Wien.	1 Fuß enthält	316,1023

c)

Vergleichung einiger Meilen.

	Rheinl. Fuß.
Eine deutsche alte oder germanische Meile enthält . .	14197
= = neue kleine	20000

*) Man bemerke, daß hier das Wort Gemäß für den sonst wohl gebräuchlichen Ausdruck Maß gesetzt worden ist.

		Rheinl. Fuß.
Eine deutsche geographische oder geometrische Meile enthält		23661
„ französische alte Gallische Leuka	. . . .	7042
„ „ neue (Lieue)	. . . . .	14197
„ „ kleine	. . . . .	12418
„ „ Seemeile	. . . . .	17745
„ Großbritannische, alte brittische Meile enthält	.	7456
„ neue Englische Meile	. . . .	5135
„ Englische Seemeile	. . . .	5915
„ Hamburger Meile	. . . .	24000
„ Italienische „	. . . .	5915
„ Polnische „	. . . .	17745
„ Preußische „	. . . .	24700
„ neue Russische Meile oder Wersta	. . . . .	3402
„ Sächsische Meile	. . . .	28878
„ Ungarische „	. . . .	26625

d)

Vergleichungstafel der natürlichen Quadratgemäße mit den alt-französischen.

Natürl. Quadratgemäße.	Alt-franz. Quadratgemäße.	
1 Centiare enthält	9,47682	□Fuß
1 Deciare = 10 Cent.	2,63245	□Toisen
1 Are = 10 Dec.	26,32449	□ „
1 Decare = 10 Are	263,2449	□ „
1 Hectare = 10 Decar.	2632,449	□ „
1 Kilare = 10 Hect.	26324,49	□ „
1 Myriare = 10 Kil.	263244,9	□ „

e)

Vergleichungstafel der natürlichen Kubikgemäße mit den alt-französischen.

Natürl. Kubikgemäße.	Alt-franz. Kubikgemäße.	
1 Decistère enthält	2,917385	Kubikfuß
1 Stère = 10 Decist.	29,17385	„
1 Decastère = 10 Stère	291,7385	„

Dritte Tabelle.

Verschiedene Gewichte.

a)

Vergleichungstafel der natürlichen Gewichte mit dem alt-französischen.

1 Milligramme beträgt	0,01882715	Grains*),
1 Centigramme = 10 Milligr. . .	0,1882715	=
1 Decigramme = 10 Centig. . .	1,882715	=
1 Gramme = 10 Decig. . . .	18,82715	=
1 Decagramme = 10 Gramme . .	188,2715	=
1 Hectogramme = 10 Decagr. . .	1882,715	=
1 Kilogramme = 10 Hectogr. . .	18827,15	=
1 Myriagramme = 10 Kilogr. . .	188271,5	=

b)

Verschiedene ausländische Gewichte.

		Milligramme.
Amsterdam.	1 Pfd. von 16 Unz. Handels-Gewicht beträgt	493926,2
	1 = = = = Troysgew. =	492004,4
	1 = Apothekergew. v. 12 Unz. Troysgew.	369003,3
Berlin.	1 Pfd. H. Gew. von 32 Loth . .	468461,2
	1 Mark Münzgew. von 16 Loth . .	233870,0
Cöln.	1 Pfd. H. Gew. von 32 Loth . . .	467740,1
	1 Mark Münzgew. von 16 Loth = 65536 Richtpfennigen	233870,0
Deutschland.	1 Apoth. Pfd. = 1½ Nürnb. Mark	357663,9
	1 Unze Apoth. Gew. von 8 Drachmen	29805,33
	1 Drachme von 3 Skrupeln . .	3725,662
	1 Skrupel von 20 Granen . .	1241,886
	1 Gran	62,09444
Dresden.	1 Pfd. Hand. Gew. von 32 Loth . .	466827,5
	1 Mark Münzgew. von 16 Loth . .	233461,8
England.	1 Pfd. Königgew.	680421,9
	1 Avoir du poids H. G. von 16 Unzen	453614,6
	1 Pfd. Troys Münz- u. Apothekergewicht von 12 Unzen	373135,3
Frankfurt.	1 Pfd. Centgew. von 32 Loth . .	509061,1
	1 Pfd. Handelsgew. von 32 Loth .	467019,8

*) 1 Pfund des alten Pariser Poids de Marc-Gewichtes enthält 9216 Grains.

		Milligramme.
Frankreich.	1 Pfd. H. u. Apothekgew. von 16 Unzen	489506,2
	1 Mark Münzgew. von 8 Unzen .	244753,1
	1 Unze von 8 Gros	30594,11
	1 Gros von 72 Grains	5824,264
	1 Grain	53,11478
	1 Gramme des natürl. Gew. beträgt .	1000
	1 Decigramme	100
	1 Centigramme	10
	1 Milligramme	1
	1 Decagramme	10000
	1 Hectogramme	100000
	1 Kilogramme	1000000
	1 Myriagramme	10000000
Leipzig.	1 Pfd. Handelsgew. von 32 Loth . .	466827,5
Rußland.	1 Pfd. Handelsgew. von 32 Loth . .	408978,6
Schweden.	1 Pfd. Victual. Gew. von 32 Loth .	425122,5
	1 Pfd. Apotheker Gew. von 12 Unzen .	356318,7
Wien.	1 Pfd. Handelsgewicht von 32 Loth . .	560012,0
	1 Pfd. Apothekergew. von 12 Unzen (oder 24 Loth Hand. Gew.)	420009,0
	1 Mark von 16 Loth . . . , .	280644,0

c)

Ausdruck des Grans in Milligrammen.

			Milligramme.
1 Gran	in	Deutschland enthält	62,09444
1 „	„	England „	64,78027
1 „	„	Frankreich „	51,11506
1 „	„	Oesterreich „	72,91823
1 „	„	Schweden „	61,86200

Vierte Tabelle.

Specifische Gewichte einiger festen und tropfbar-flüssigen Körper.

Platina	geschmiedet (bei 14° Reaum.)	20,33
	in Platten (bei 14° R.)	22,06

Gold	gehämmert (bei 14° R.)	19,362
	gegossen (bei 14° R.)	19,26
Quecksilber	bei 0° R.	13,619
	„ 12° R.	13,580
	„ 14° R.	13,564
	„ 80° R.	13,375
	fest	14,4
Blei (b. 14° R.)		11,35
Silber	gehämmert (b. 14° R.)	10,51
	gegossen (b. 14° R.)	10,47
Wismuth	gehämmert (b. 14° R.)	9,822
	gegossen (b. 14° R.)	8,716
Kupfer	gehämmert (b. 14° R.)	8,88
	geschmolzen (b. 14° R.)	7,79
Nickel (b. 14° R.)		7 — 9
Zinn	gegossen (b. 14° R.)	7,29
	gehämmert (b. 14° R.)	7,30
Stahl (b. 14° R.)		7,84
Schmiedeeisen (b. 14° R.)		7,79
Zink, gegossen (b. 14° R.)		7,19
Mangan (b. 14° R.)		6,99
Spießglanz, gegossen (b. 14° R.)		6,62—6,86
Rubin, orient. (b. 14° R.)		3,99
Saphir (b. 14° R.)		4,03
Topas (b. 3½° R.)		3,53—3,66
Smaragd (b. 3½° R.)		2,71
Quarz, gemeiner (b. 14° R.)		2,64—2,67
Bergkrystall (b. 3½° R.)		2,68—2,88
Flußspath (b. 3½° R.)		3,14—3,29
Feuerstein (b. 14° R.)		2,58—2,63
Bimsstein (b. 3½° R.)		0,93
Feldspath (b. 14° R.)		2,43—2,60
Töpferthon (b. 3½° R.)		2,08
Glimmer (b. 3½° R.)		2,73
Basalt (b. 3½° R.)		3,08
Meerschaum (b. 3½° R.)		1,21
Kreide (b. 3½° R.)		2,25
Gyps (b. 14° R.)		2,16—2,31
Strontian (b. 3½° R.)		3,670
Turmalin (b. 3½° R.)		3,20
Diamant (b. 3½° R.)		3,49—3,68
Schwefel, natürlicher (b. 14° R.)		2,01
Bernstein (b. 14° R.)		1,08
Steinkohlenarten (b. 3½° R.)		1,27—1,51
Weißes Flintglas (b. 14° R.)		3,22

Kronenglas (b. 14° R.)	2,52
Eichenholz (b. 14° R.)	1,17
Ebenholz { amerikanisches (b. 14° R.)	1,33
Ebenholz { spanisches — —	0,80
Mahagoniholz (b. 14° R.)	1,06
Erlenholz =	0,66—0,68
Pflaumenholz =	0,78
Birnbaumholz =	0,66
Lindenholz =	0,60
Pappelholz =	0,38
Korkholz =	0,24
Arab. Gummi =	1,45
Gummilack =	1,13
Weißes Pech =	1,07
Kampfer =	0,99
Opium =	1,33—1,36
Federharz =	0,93
Elfenbein =	1,82
Butter =	0,94
Meerwasser =	1,02—1,04
Schwefelsäure, concentrirte (bei 14° R.)	1,84
Salpetersäure, vollk. concent. =	1,48
Salzsäure, concent. =	1,20
Essigsäure, concent. =	1,06—1,07
Weine (bei 14° R.)	0,99—1,05
Terpentinöl =	0,87
Nelkenöl =	0,03
Olivenöl =	0 91
Mandelöl =	0,92
Leinsamenöl =	0,94
Ammoniak, ätzender (bei 14° R.)	0,88
Essigäther =	0,91
Salzäther =	0,72—0,874
Schwefeläther =	0,71
Salpeteräther =	0,90
Alkohol, absoluter =	0,79

Fünfte Tabelle.

Specifisches Gewicht des Wassers bei verschiedenen Wärmegraden.

Bei 0° R. ist das specifische Gewicht des Wassers	= 0,99980
= $3\frac{1}{2}$° R. ist das = = = =	= 1,00000
= $5\frac{7}{9}$° R. ist das = = = =	= 0,99992

Bei 8° R. ist das specifische Gewicht des Wassers	= 0,99974
= $10\frac{2}{9}$° R. ist das = = = =	= 0,99944
= $12\frac{4}{9}$° R. ist das = = = =	= 0,99906
= $14\frac{2}{3}$° R. ist das = = = =	= 0,99856
= $16\frac{8}{9}$° R. ist das = = = =	= 0,99800
= $19\frac{1}{9}$° R. ist das = = = =	= 0,99736
= $21\frac{1}{3}$° R. ist das = = = =	= 0,99665
= $30\frac{2}{9}$° R. ist das = = = =	= 0,99308

Sechste Tabelle.

Specifisches Gewicht der ausdehnsam=flüssigen Körper (bei 0° R. und dem Barometerstande von 28,85 Wiener Zoll, oder 0,76 Meter.)

Atmosphärische Luft	1,00000
Sauerstoffgas	1,10359
Stickgas	0,96913
Wasserstoffgas	0,07321
Kohlensaures Gas	1,51961
Ammoniakgas	0,59669
Salzsaures Gas	1,24740
Chlorinegas	2,470
Kohlenoxydgas	0,9569
Oxydirtes Stickgas	1,5204
Salpetergas	1,0388
Schwefelwasserstoffgas	1,1912
Oelbildendes Gas	0,97804
Flußspathsaures Gas	2,3709
Dampf des Wassers	0,62349
= = Alkohols	1,6133
= = Schwefeläthers	2,5860

Siebente Tabelle.

Die Länge des Sekundenpendels an einigen Orten.

Beobachter.	Orte.	Breitengrade.	Pendellängen.
La Caille	Cap. d. g. Hoffnung	33°55′	992,88 Mill.
La Caille	Isle de France	20 10	992,07 =
Halley	St. Helena	16 00	991,82 =

Beobachter.	Orte.	Breitengrade.	Pendellängen.
Des Hayes	Granada	12° 6′	989,16 Mill.
Malaspina	Lima	12 5	991,01 „
Condamine	Quito	0 38	989,95 „
Bouguer	Quito	0 25	990,53 „
Godin, Don Juan, Ulloa	Quito	0 25	990,69 „
Bouguer	Pichincha	0 13	989,61 „
Bouguer	Aequator	0 00	990,78 „
Richer	Cayenne	4 56	991,10 „
Le Gentil	Pondichery	11 56	991,08 „
Des Hayes	Martinique	14 44	989,16 „
Warin	Guadaloupe	16 00	989,16 „
Couplet	Lissabon	38 42	988,05 „
Jacquier, Le Seur	Rom	41 54	993,20 „
Liesganig	Wien	48 12	993,83 „
Picard	Paris	48 50	993,69 „
Huyghens	—	— —	993,92 „
Richer	—	— —	993,92 „
Warin, des Hayes	—	— —	993,81 „
Chazelles	—	— —	993,69 „
Godin	—	— —	993,63 „
Bouguer	—	— —	993,87 „
Condamine	—	— —	993,75 „
Mairan	—	— —	993,85 „
De Borda	—	— —	993,84 „
La Caille	—	48 51	994,35 „
Von Zach	Gotha	50 58	993,94 „
Roemer	London	51 31	993,69 „
Lulofs	Leiden	52 9	994,17 „
Mayer	Greifswald	54 4	994,44 „
Grischow	Dorpat	58 23	994,57 „
Celsius	Upsala	59 52	994,62 „
Mallet, Grischow	Petersburg	59 56	994,75 „
Rumowsky	—	— —	993,81 „
Henry	—	— —	992,75 „
De l'Isle, De la Croyère	Archangel	64 34	994,03 „
Rumowsky	—	— —	995,09 „
Maupertuis	Pello	66 48	995,20 „
Mulgrave	Spitzbergen	79 50	995,68 „

Achte Tabelle.

Schallgeschwindigkeiten.

(Die Geschwindigkeit des Schalles in der Luft = 1022 *) ist als Einheit zum Grunde gelegt).

a)

Fortpflanzungs-Geschwindigkeit des Schalles in gasförmigen Körpern nach Dulong.

Kohlensäure . . .	0,786
Stickoxyd	0,787
Oelbildendes Gas . .	0,943
Sauerstoff	0,952
Luft.	1,000
Kohlenoxyd	1,013
Wasserstoff	3,812.

b)

Geschwindigkeit des Schalles in tropfbar-flüssigen Körpern nach Colladon und Sturm berechnet.

Alkohol	3,5
Quecksilber	3,7
Schwefelsäure	3,95
Wasser, luftfrei	4,22
Wasser, lufthaltig	4,30
Salpetersäure (spec. Gew. 1,403) .	4,50
Essigsäure	4,5

c)

Geschwindigkeit des Schalles in festen Körpern.

	Chladni.	Savart.	Lagerhjelm.	Tredgold.
Blei	. .	. .	4,2	2,0
Fischbein . . .	6,7 ±	. .	. . . .	6,3
Zinn	7,5 ±	. .	. . . .	6,3
Portland-Kalkstein	. .	. .	. . . .	6,7
Marmor . . .	. .	. .	. . . .	7,6
Silber	9	. .	8,6	
Glockengut . .	. .	. .	. . . .	8,7

*) Man bemerke, daß die Geschwindigkeit 1022 auf Pariser Fuß sich bezieht..

	Chladni.	Savart.	Lagerhielm.	Tredgold.
Nußbaumholz .	10,5			
Taxusholz . .	10,5			
Messing . . .	11 +	10,6	. . .	8,2
Zink	. .	. .	. . .	11,0
Eichenholz . .	11 +	. .	. . .	11,3
Pflaumenbaumholz	11 +			
Gebrannter Thon	10—12			
Kupfer . . .	12 —	11,5	11,6	
Gußeisen . . .	. .	. .	. . .	12,5
Birnbaumholz .	13			
Rothbüchen . .	13			
Ahorn	13			
Mahagoni . .	14	. .	. . .	13,3
Ebenholz . . .	14			
Erlen	14			
Rüstern . . .	14			
Birken	14			
Weißbüchen . .	14			
Büchen . . .	. .	13,9		
Linden	15			
Kirschbaum . .	15			
Weiden . . .	16			
Rothtanne . .	. .	. .	. . .	15,0
Kiefern . . .	16	. .	. . .	15,4
Eisen	17	15,1	15,4	14,3
Stahl	17	15,1	. . .	15,2
Glas	17	15,5		
Weißtanne . .	. .	. .	. . .	15,6
Tannenholz . .	17 +	16,5		
Schiefer von Wales	. .	. .	. . .	18,9

Neunte Tabelle.

Lineare Ausdehnung einiger festen Körper durch die Wärme.

Substanzen:	Größe bei 100° C.	Beobachter.
Blei	1,00278560	Daniell
Eisen (Schmiede-)	1,00113475	Dulong u. Petit
	1,00121500	Prinsep

Substanzen:	Größe bei 100° C.	Beobachter.
Eisen (Schmiede-)	1,00122400	Hörner
	1,00125343	Hassler
	1,00122045	Destigny
	1,00118080	Daniell
„ (Guß-) . .	1,00107160	Daniell
	1,00098500	Navier
	1,00114676	Adie
	1,00110217	Adie
Glas .	1,00124600	Hällström
	1,00098800	Dunn und Sang
	1,00088517	Muncke
	1,00088446	Muncke
„ (Kaliglas)	1,00076170	Rudberg
Gold	1,00123000	Daniell
„ fast rein	1,00143400	Prinsep
Granit	1,00086850	Bartlett
„ rother von Peterhead . .	1,00089680	Adie
„ grauer von Aberdeen . .	1,00078943	Adie
Graphitwaare (0,75 Gr. 0,25 Thon)	1,00029280	Daniell
Holz	1,00030000	Parry
Kupfer	1,00171820	Dulong u. Petit
	1,00171600	Daniell
„ gewalztes .	1,00169100	Prinsep
	1,00169900	Edinb. Encycl.
Messing	1,00187821	Destigny
	1,00176050	Sabine
„ geglühetes	1,00189163	Hassler
	1,00190600	Prinsep
„ (0,25 Zink, 0,75 Kupfer)	1,00214440	Daniell
Platin	1,00088200	Daniell
Silber	1,00195120	Daniell
„ mit $\frac{1}{12}$ Kupfer	1,00190400	Prinsep
Tannenholz	1,00035200	Struve
	1,00049590	Kater
Thon, holländ. Pfeife	1,00045730	Adie
Wedgwood-Stange	1,00045294	Adie
„ Waare	1,00088200	Daniell
Zink	1,00297600	Daniell
Zinn	1,00176640	Daniell

Zehnte Tabelle.

Volumen und Dichtigkeiten des Wassers von 0° bis 100° C.

t.	Volumen.	Dichtigkeit.
0°	1,000000	1,000000
1	0,999950	1,000050
2	0,999915	1,000080
3	0,999894	1,000106
3,9	0,999882	1,000118
4	0,999888	1,000112
5	0,999897	1,000103
6	0,999919	1.000081
7	0,999956	1,000044
8	0,999996	0,999994
9	1,000069	0,999931
10	1,000145	0,999855
20	1,001594	0,998408
30	1,004216	0,995802
40	1,007496	0,992560
50	1,011570	0,988563
60	1,016398	0,983867
70	1,021920	0,978550
80	1,028072	0 972695
90	1,034791	0,966379
100	1,042016	0,959678

Elfte Tabelle.

Volumen und Dichtigkeiten des gewöhnlichen Weingeistes von 0° bis 100° C.

t.	Volumen.	Dichtigkeit.
— 50	0,965326	1,035920
— 40	0,968734	1,032274
— 30	0,974405	1,026267
— 20	0,981795	1,018541
— 10	0,990450	1,009642
— 2	0,998033	1,001971
2	1,001991	0,998013

t.	Volumen.	Dichtigkeit.
10	1,010164	0,989938
20	1,020749	0,979673
30	1,031647	0,969324
40	1,042839	0,958920
50	1,054394	0,948412

Zwölfte Tabelle.

Volumen und Dichtigkeiten des Alkohols von 0° bis 100° C.

t.	Volumen.	t.	Volumen.
—100	0,948618	+ 1	1,001018
— 90	0,947686	+ 10	1,010441
— 80	0,948411	+ 20	1,021384
— 70	0,950676	+ 30	1,032713
— 60	0,954368	+ 40	1,044314
— 50	0,959371	+ 50	1,056071
— 40	0,965568	+ 60	1,067868
— 30	0,972846		
— 20	0,981087		
— 10	0,990177		
— 1	0,998988		
— 0	1,000000		

Dreizehnte Tabelle.

Von dem wärmeleitenden Vermögen einiger Körper.

Substanzen.	Zeit des Erkaltens.	Leitung.
Wismuth	1171	1,000
Gold	2503	0,468
Silber	2603	0,450
Kupfer	3370	0,347
Messing	3446	0,340
Eisen	3599	0,325

Substanzen.	Zeit des Erkaltens.	Leitung.
Blei	1360	0,861
Zinn	1770	0,662
Zink	2936	0,399
Spießglanz	1298	0,902
Nickel	2812	0,416
Quecksilber	1416	0,827
Rose'sches Metall	1668	0,702
Lindenholz	1066	1,098
Buchenrinde	1216	0,963
Nußbaumholz	1007	1,163
Kastanienholz	937	1,250
Pflaumenholz	1239	0,945
Apfelbaumholz	1169	1,002
Buchenkohle	964	1,215
desgleichen gepulverte	847	1,383
Buchenasche	892	1,313
Unschlitt	2971	0,394
Wachs	3208	0,365
schwarze Kreide	1660	0,706
weiße Kreide	1262	0,927
weißer Thon	1597	0,733
gebrannter Thon	1294	0,905
gebrannter glasirter Thon	1322	0,886
gelber gebrannter Töpferthon	1155	1,013
Dachschiefer	1824	1,642
Gyps	1635	0,716
Flußsand	1333	0,878
Eichenholzerde	1117	1,048
Schlammerde	1322	0,886
Gartenerde	1177	0,995
Moorerde	1138	1,029
Elfenbein	2470	0,474
Pappe	1190	0,984
weiße Schaafwolle	1172	0,999
schwarze Schaafwolle	1087	1,077
Katzenhaare	1024	1,144
Wasser	2829	0,414
weißes Glas	1516	0,772
Buchenholz	1099	1,066
Pappelholz	1064	1,101
Korkholz	1253	0,935
Korkrinde	1026	1,141

Substanzen.	Zeit des Erkaltens.	Leitung.
Hollundermark . . .	698	1,678
Birnbaumrinde . . .	1312	0,893
Eichenrinde	1208	0,969
Ahornholz	940	1,246
Weinrebenholz	1204	0,973
Spanisches Rohr . . .	772	1,517
Nußbaumrinde . . .	1153	1,015
Pappelrinde	986	1,188
Eichenholz	1038	1,128
Ebenholz	1630	0,718
Birnbaumholz	1213	0,965
Birkenholz	1216	0,963
Leinöl	1758	0,666
Luft	712	1,645
Weidenholz	938	1,248
schwarzes Pappelholz .	1153	1,016
Mahagoniholz	1220	0,960
Buchsbaumholz . . .	1308	0,895

Vierzehnte Tabelle.

Von der specifischen Wärme einiger festen Körper.

Substanzen.	Mittlere spec. Wärme.	Substanzen.	Mittlere spec. Wärme.
Messing . . .	0,09391	Schwefel . . .	0,20259
Glas	0,19768	Jod	0,05412
Wasser von 0° bis 100° .	1,00800	Uran	0,06190
Eisen	0,11379	Nickel, nicht geschmolzen .	0,11192
Zink	0,09555	Nickel, geschmolzen	0,11631
Kupfer . . .	0,09515	Stahl	0,11848
Silber . . .	0,05701	Stahl, feiner . .	0,12728
Blei	0,03140	Gußeisen . . .	0,12983
Wismuth . .	0,03084	Kohle	0,24111
Antimon . . .	0,05077	Phosphor von 10° bis 30° .	0,18870
Zinn, indisches .	0,05623	Phosphor von 0° bis 100° C.	0,25146
Zinn, englisches	0,05695	Quecksilber . .	0,03332
Platinblech . .	0,03243		
Platinschwamm .	0,03293		
Gold	0,03244		

Funfzehnte Tabelle.

Von der specifischen Wärme einiger tropfbaren Flüssigkeiten.

a) Nach Dalton.

Flüssigkeiten.	spec. Gewicht.	Erkaltungszeiten.	spec. Wärme.
Wasser	1,000	29,00 Minuten	1,000
Milch	1,026	29,00 —	0,98
Salpetersäure . . .	1,200	26,25 —	0,76
Salzsäure	1,530	21,00 —	0,60
Schwefelsäure . . .	1,844	19,50 —	0,35
Alkohol	0,850	19,50 —	0,76
Schwefeläther . . .	0,760	15,50 —	0,66

b) Nach Rumford.

Flüssigkeiten.	
Wasser	1,00000
Rübsamenöl	0,45192
Olivenöl	0,43849
Naphtha	0,41519
Terpentinöl	0,33856
Alkohol (spec. Gew. 0,818) .	0,54993
Spiritus (spec. Gew. 0,853) .	0,58078
Schwefeläther (spec. Gew. 0,729)	0,54329

Sechzehnte Tabelle.

Von der specifischen Wärme einiger Gasarten.

a) Specifische Wärme.

Gase.	Bei gleichem Volumen. Dela-Roche und Bérard.	Apjohn.	Suerman.	Bei gleichen Gewichten. Dela-Roche und Bérard.	Apjohn.	Suerman.
Luft . . .	1,0000	1,0000	1,0000	1,0000	1,0000	1,0000
Sauerstoffgas	0,9765	. . .	0,9954	0,8848	. .	0,9028
Wasserstoffgas	0,9033	1,8948	1,3979	12,3401	27,5407	20,3191
Stickgas .	1,0000	1,9887	1,0005	1,0318	1,0169	1,0293
Kohlensäure	1,2585	1,0916	1,0655	0,8280	0,7161	0,6975

b) Specifische Wärme, wobei man die des Wassers als Einheit ansieht.

Gase.	Dela-Roche und Bérard.	Suerman.
Luft . . .	0,2669	0,3046
Sauerstoffgas	0,2361	0,2750
Wasserstoffgas	3,2936	6,1892
Stickstoffgas	0,2754	0,3135
Kohlensäure	0,2210	0,2124

Siebzehnte Tabelle.

Von der Schmelzbarkeit einiger Materien.

Es schmilzt:

Körper.	Schmelzpunkt.	Beobachter.
Kohle?	1800° C.	Silliman.
Kalk	1800	Clarke
Platin	1700	Clarke
Eisen	6346	Morveau
	1600	Pouillet
Kobalt . . .	1500	
Nickel . . .	1500	Richter

Körper.	Schmelz-punkt.	Beobachter.
Stahl	1300° C.	Pouillet
	1200	
Gold	1200	Pouillet
	1200	
Gußeisen, graues	1100	Pouillet
	1100	
" weißes	1050	
Kupfer	1050	
Silber	1000	Pouillet
Antimon	513	Guyton-Morveau
	432	Dalton
Hitze eines gewöhnlichen Feuers	400	Irvine
Zink, schmilzt	371	Murray
	374	Guyton-Morveau
Blei	310	Irvine
	312	Guyton-Morveau
	262	Biot
Wismuth	265	Erman
	247	Irvine
	249	Crichton
Zinn	267	Guyton-Morveau
	228	Crichton
	223	Erman
Rose'sches Metall (8 Th. Wism., 8 Th. Blei, 3 Th. Zinn)	95	Prechtl
Rose'sches Metall	94	Erman
Schwefel	111	Mitscherlich
Schwefel	108	Dumas
	108	Dalton
	104	Berzelius
Jod	107	Gay-Lussac
Selen	102	Berzelius
Natrium	90	Gay-Lussac und Thénard
Kalium	58	Gay-Lussac und Thénard
Kampfer	175	Gay-Lussac
Wachs	61,5	
Spermaceti	56,1	
Phosphor	42,8	Thénard
	37,8	Murray
	40,0	Plac. Heinrich
Stearin	21,3	Bellani
" vom Hammel schmilzt	61,0	Braconnot

Körper.	Schmelzpunkt.	Beobachter.
Stearin vom Hammel gesteht	44,0	Chevreul
„ vom Ochsen schmilzt .	57,5	Braconnot
Salzwasser (spec. Gew. 1,02)	— 1,5	Erman
„ (spec. Gew. 1,01)	— 0,63	Erman
Seewasser (spec. Gew. 1,027)	— 2,55	Despertz
	— 2,88	Erman
	— 5,00	Parrot
Salzwasser (Wasser mit 0,008 Salz . .	— 1,21	Despertz
Schwefelsäure, concentrirte .	— 40	Parry
„ mit Wasser verdünnt	—34,5	Parry
Schwefelsäure	19	Vogel
„ doppelt gewässerte	25	Bussy
„ (spec. Gew. 1,78)	7,5	Dalton
Quecksilber	—37,5	Kraft und Euler
	—35,0 } —39,0 }	Roß
	—39,45	Hutchins
	—40,5	Pouillet
Schwefeläther unter . . .	—98,9	Mitchell
Alkohol unter	— 100	Thilorier

Achtzehnte Tabelle.

Von einigen Kälte erregenden Mischungen.

Substanzen.	Temperatur von	Temperatur bis
1 Theil Wasser mit		
1 Theile salpetersaurem Ammoniak	10° C.	— 10°,5 C.
$\frac{5}{16}$ Salmiak und $\frac{5}{16}$ Salpeter .	10 „	— 12 „
1 Theile salpetersaurem Ammoniak; 1 Th. kohlensaurem Natron .	10 „	— 13,8 „
0,3 Salmiak; 0,1 Salpeter; 0,6 Chlorkalium	25 „	— 6 „
$\frac{5}{16}$ Salmiak; $\frac{5}{16}$ Salpeter; $\frac{8}{16}$ Glaubersalz	10 „	— 15,5 „
1 Th. Schwefelsäure (50 Vitriolöl, 55 Wasser) mit 1,25 Th. Glaubersalz	10 „	— 8 „

Substanzen.	Temperatur von	bis
1 Th. verdünnte Salzsäure mit 1,6 Th. Glaubersalz	10° C.	— 17°,8 C.
1 Th. verdünnte Salpetersäure mit 1 Th. Salmiak; 0,5 Salpeter; 1,5 Glaubersalz	10 =	— 12 =
1,25 Th. salpetersaurem Ammoniak und 1,5 Glaubersalz	10 =	— 10 =
1,5 salpetersaurem Ammoniak und 2,25 phosphorsaurem Natron . . .	10 =	— 6 =
22,5 phosphorsaurem Natron . . .	10 =	— 11 =
1,5 Glaubersalz	10 =	— 16 =
1 Th. Schnee oder zerstoßenes Eis mit ⅛ Schwefelsäure (Vitriolöl 4, Waff. 1)	0 =	— 32,5 =
1 Th. verdünnte Schwefelsäure . . .	— 7 =	— 51 =
½ Th. verdünnte Salpetersäure . . .	— 23 =	— 49 =
1 Th. verdünnte Salpetersäure . . .	— 17,8 =	— 43 =
1,3 Th. krystallisirtes Kali	0 =	— 28 =
1 Th. Kochsalz	0 =	— 17,8 =
1,3 salzsaurem Kalk	0 =	— 49,0 =
1,5 salzsaurem Kalk	0 =	— 27,8 =
Weingeist	0 =	— 10 =
0,625 Salzsäure	0 =	— 33 =
0,416 Kochsalz; 0,416 salpetersaurem Ammoniak	0 =	— 31 =
0,4 Kochsalz; 0,2 salzs. Ammoniak .	0 =	— 24 =
0,42 Kochsalz; 0,21 Salmiak; 0,21 Salpeter	0 =	— 28 =
0,375 verdünnte Schwefelsäure; 0,375 verdünnte Salpetersäure . . .	23 =	— 48 =

Neunzehnte Tabelle.

Von dem Siedepunkte einiger tropfbar-flüssigen Körper.

Flüssigkeiten.	Siedepunkt.	Beobachter.
Aether	35,7° C.	Gay-Lussac
Alkohol	78,4	Gay-Lussac
Essig, gemeiner über	100,0	Mollerat
Jod	177,0	Gay-Lussac
	175,0	Dumas

Flüssigkeiten.	Siedepunkt.	Beobachter.
Kampfer	104,0° C.	Gay = Lussac Dumas
Leinöl	316,0	Murray
Naphtha	85,5	Saussure
Phosphor	250,0	Heinrich
Quecksilber	340,0	Daniell
	355,0	Irvine
	349,0	Dalton
	346,6	Crichton
	356,0	Heinrich
	350,0 356,0	Dulong und Petit
Salpeteräther	21,0	Thénard Dumas
Salpetersäure . . . . salpetrige	28,0	Dulong Mitscherlich
Salpetersäure (spec. Gew. 1,42)	121,0	Dalton
Schwefel	293,0	H. Davy
Schwefeläther	35,6	Gay = Lussac
Schwefelsäure	310,0	Dalton
gemeine	288,0	Davy
Nordhäuser . . .	45,0	Bussy
Terpentin	293,0	Murray.
Wasser	100,0	

Zwanzigste Tabelle.

Von der Temperatur bei welcher das reine Wasser siedet.

Wasser siedet

bei der Barometerhöhe				bei der Temperatur.			
von	28	Pariser	Zoll	von	80°	der 80theiligen	Scale
=	26	=	=	=	78,44°	=	=
=	25	=	=	=	77,61°	=	=
=	10,500	=	=	=	60	=	=
=	1,856	=	=	=	30	=	=
=	0,309	=	=	=	10	=	=
=	0	=	=	=	0	=	=

Ein und zwanzigste Tabelle.

Siedepunkte des Wassers für mehrere bewohnte Orte.

Namen der Orte.	Höhe über der Meeresfläche in Metern.	Mittlere Höhe des Barometers in Millimetr.	Siedepunkt in Graden.
Meierei Antisana (Südamerika) .	4101	454	86,3
Mincipampa (Peru)	3618	483	87,9
Quito	2908	527	90,1
Laxamaria (Peru)	2860	531	90,3
Santa Fe de Bogata	2661	544	90,9
Cuenza (Quito)	2633	546	91,0
Mexiko	2270	572	92,3
Hospiz St. Gotthard	2075	586	92,9
Dorf St. Veran (See-Alpen) . .	2040	588	93,0
St. Remi	1604	621	94,5
Dorf Gavarnie (Pyrenäen) . .	1444	634	95,0
Bareges (Pyrenäen)	1269	648	95,6
Palast St. Ildefonso (Spanien) .	1155	657	96,0
Bäder des Mont d'Or (Auvergne)	1040	667	96,5
Madrid	608	704	97,8
Innspruck	566	708	98
München	538	710	98,1
Salzburg	452	718	98,4
Genf und Freiberg	372	725	98,6
Regensburg	362	726	98,7
Moskau	300	732	99,0
Turin	230	738	99,1
Prag	179	743	99,3
Lyon	162	745	99,4
Wien	133	747	99,5
Bologna	121	749	99,5
Dresden	90	752	99,6
Paris (Observatorium 1ster Stock)	65	754	99,7
Rom (Kapitol)	46	756	99,8
Berlin	40	756	99,8

Zwei und zwanzigste Tabelle.

Maximum der Expansivkräfte des Wasserdunstes.

Temperatur nach dem 80theiligen Quecksilberthermometer. I.	Temperatur nach dem 30theiligen Luftthermometer. II.	Maximum der Expansivkraft des Wasserdunstes in engl. Zollen. III.	Verhältniß der Dichtigkeit des Dunstes. IV.	Größte Menge des Wassers in einem Preuß. Kubikfuß Luft, in Pr. Lothen. V.
0	80	0,200	0,0092	0,0115
8	83	0,375	0,0166	0,0193
16	86	0,676	0,0288	0,0346
24	89	1,21	0,050	0,0624
32	92	2,11	0,084	0,1049
40	95	3,50	0,135	0,1686
48	98	5,74	0,215	0,2684
56	101	9,02	0,327	0,4083
64	104	13,92	0,491	0,6130
72	107	20,77	0,712	0,8886
80	110	30,00	1,000	1,2485

Drei und zwanzigste Tabelle.

Von dem Brechungsvermögen einiger festen nnd tropfbar flüssigen Körper. (Nach Newton.)

Brechende Materien.	Verhältniß des Einfalls-sinus (sin i) zum Brechungs-sinus (sin r) für das gelbe aus dem leeren Raume tretende Licht.	Brechungsvermögen (absolutes) oder Werth der Größe $\frac{\sin^2 \varepsilon}{\sin^2 \beta} - 1$.	Dichtigkeit der brechenden Materien.	Specifisches Brechungsvermögen.
Ein unächter Topas (Schwerspath) .	23 : 14	1,699	4,27	3970
Atmosphärische Luft .	3201 : 3200	0,000625	0,0012	5208
Spießglanzglas . .	17 : 9	2,568	5,28	4864
Ein Selenit (schwefelsaure Kalkerde) .	61 : 41	1,213	2,252	5386
Gemeines Glas . .	31 : 20	1,4025	2,58	5436
Bergkrystall . . .	25 : 16	1,445	2,65	5450

Brechende Materien.	Verhältniß des Einfalls-sinus (sin i) zum Brechungs-sinus (sin r) für das gelbe aus dem leeren Raume tretende Licht.	Brechungsvermögen (absolutes) oder Werth der Größe $\frac{\sin^2 e}{\sin^2 \beta} - 1$.	Dichtigkeit der brechenden Materien.	Specifisches Brechungsvermögen.
Isländischer Krystall .	5 : 3	1,778	2,72	6536
Steinsalz (salzs. Natrum)	17 : 11	1,388	2,143	6477
Alaun	35 : 24	1,1267	1,714	6570
Borax	22 : 15	1,1511	1,714	6716
Salpeter (salpeters. Kali)	32 : 21	1,345	1,9	7079
Danziger Vitriol (Eisenvitriol) . . .	303 : 200	1,295	1,715	7551
Vitriolöl (Schwefelsäure)	10 : 7	1,041	1,7	6124
Regenwasser . . .	529 : 396	0,7845	1	7845
Arabisches Gummi .	31 : 21	1,179	1,375	8574
Wohl rektificirt. Weingeist	100 : 73	0,8765	0,866	10121
Kampher	3 : 2	1,25	0,996	12551
Baumöl	22 : 15	1,1511	0,913	12607
Leinöl	40 : 27	1,1948	0,932	12819
Terpentin-Spiritus .	25 : 17	1,1626	0,874	13222
Bernstein	14 : 9	1,42	1,04	13654
Diamant	100 : 41	4,949	3,4	14556

Vier und zwanzigste Tabelle.
Von dem Brechungsvermögen einiger gasförmigen Stoffe.
(Nach den Versuchen von Biot und Arago.)

Brechende Materien.	Dichtigkeit derselben, die der atmosphärischen Luft = 1 gesetzt	Brechungsvermögen	
		absolutes.	specifisches das der atmosphärischen Luft = 1 gesetzt.
Atmosphärische Luft	1,00000	0,000589171	1,00000
Sauerstoffgas	1,10359	0,000560204	0,86161
Stickgas	0,96913	0,000590436	1,03408
Wasserstoffgas	0,07321	0,000285315	6,61436
Gasförmiges Ammonium . .	0,59669	0,000762349	2,16851
Kohlensaures Gas	1,51961	0,000899573	1,00476
Kohlen-Wasserstoffgas . . .	0,57072	0,000703669	2,09270
Kohlen-Wasserstoffgas mit größerm Gehalte an Kohle als d. vorhergeh.	0,58825	0,000630300	1,81860
Salzsaures Gas	1,24740	0,000879066	1,19625

Fünf und zwanzigste Tabelle.

Elektrisches Leitungsvermögen.

I. Leiter.

Alle bekannte Metalle; gut ausgebrannte Kohle; Reißblei; concentrirte Säuren; Kohlenpulver; verdünnte Säuren und salzige Flüssigkeiten; Erze; thierische Flüssigkeiten; See-, Quell-, Flußwasser, Eis und Schnee; lebende Vegetabilien; Flamme, Rauch und Dampf; die meisten Salze; die verdünnte Luft, der Alkohol und Aetherdunst; die meisten Erden und Steine.

II. Nichtleiter.

(Gummilack), Siegellack, Bernstein; Harze; Schwefel, Phosphor, Chlor, Jod, Brom; Wachs, Glas, alle Verglasungen; der Diamant und alle durchsichtigen Edelsteine; rohe, gebleichte und gefärbte Seide; Wolle, Haare, Federn; Papier, Pergament, Leder im Zustande der Trockenheit; trockene Luft und alle derartige Gasarten; gedörrtes Holz, trockene vegetabilische Substanzen; Porcellan, trockener Marmor; einige kiesel- und thonartige Steine; Kampher, elastisches Gummi; Bärlappsamen; natürlicher kohlensaurer Baryt; trockene Kreide, Kalk, Phosphor; Eis bei einer Temperatur von weniger als — 13° R.; mehrere durchsichtige Krystalle, wenn sie vollkommen trocken sind; die Aschen von thierischen und vegetabilischen Substanzen; Oele, worunter die schwersten als die besten erscheinen; trockene Metalloxyde, u. s. w.

III. Halbleiter.

Hierher gehören:
Elfenbein; Schildpatt; Knochen; Horn; Leder; Papier; Pergament, Holz im Zustande gewöhnlicher Trockenheit; mehrere nicht zu dichte und harte Steinarten, wie die Marmor- und Alabasterarten in ihrem gewöhnlichen Zustande u. s. w.

IV. Die Ordnung der Metalle in Rücksicht auf ihre Leitungsfähigkeit ist:

a) Nach Ritter: Blei, Zinn, Eisen, Kupfer, (Messing, Silber, Gold.)

b) Nach Children: Silber, Zink, Gold, Kupfer, Eisen, Platin.

c) Nach Davy: Silber 7,5; Kupfer 6,7; Gold 5; Blei 4,6; Platin 1,2; Palladium 1,1; Eisen 1 und

d) nach Becquerel: Kupfer 100; Gold 93,60; Silber 73,60; Zink 28,50; Zinn 25,50; Platin 16,40; Eisen 15,80; Blei 8,30; Quecksilber 3,40; Kalium 1,33.

Sechs und zwanzigste Tabelle.

Erregung der positiven und negativen Elektricität.

1) Der Rücken einer Katze bekommt +E durch Reiben mit jeder bisher versuchten Substanz.

2) Glattes Glas erhält +E durchs Reiben mit jeder bisher versuchten Substanz, den Rücken einer lebendigen Katze ausgenommen.

3) Mattes Glas bekommt +E durch Reibung mit Wachstaffet, Schwefel, Metallen; und —E durchs Reiben mit Wollenzeug, Federkiel, Holz, Papier, Siegellack, weißem Wachse, der Hand.

4) Turmalin erhält +E durch Reibung mit Bernstein und den Windstoß eines Blasebalgs; und —E durchs Reiben mit einem Diamanten und der Hand.

5) Hasenfell erhält +E durch Reibung mit Metallen, Seide, Magnet, Leder, der Hand, Papier und getrocknetem Holze; und —E durchs Reiben mit andern feinern Fellen.

6) Schwefel bekommt +E durchs Reiben mit Metallen; und —E durch Reibung mit Harz, Wolle, Papier, Holz und der Hand.

7) Weiße Seide erhält +E durch Reibung mit schwarzer Seide, Metallen, schwarzem Tuche; und —E durchs Reiben mit Papier, der Hand, den Haaren und dem Wieselfell.

8) Schwarze Seide bekommt +E durch Reibung mit Siegellack; und —E durchs Reiben mit Hasen-, Wiesel-, Frettfellen, Magnet, Messing, Silber, Eisen, der Hand, und weißer Seide.

9) Siegellack erhält +E durch Reibung mit einigen Metallen, und —E durchs Reiben mit Hasen-, Wiesel-, Frettfellen, Hand, Leder, wollenem Tuche, Papier, Eisen, Stahl, Blei, Wismuth, Graphit.

10) Getrocknetes Holz bekommt +E durch Reibung mit Seide; und —E durchs Reiben mit Flanell, u. s. w.

Sieben und zwanzigste Tabelle.

Die harzige Substanz des Elektrophors besteht entweder:

1) aus 10 Theilen Siegellack, und 1 Theile venetianischem Terpentin; oder

2) aus 6 Theilen Colophonium, 4 Theilen Schellack und 1 Theile venetianischem Terpentinöl;

3) aus reinem Harz und Colophonium zu gleichen Theilen mit etwas Terpentinöl vermischt;

4) aus 5 Theilen Schellack, 3 Theilen Mastix und 2 Theilen Terpentin;

5) aus 10 Theilen Schellack, 3 Theilen Harz, 2 Theilen venetianischem Terpentin, 2 Theilen Wachs und $\frac{1}{2}$ Theil Pech.

Acht und zwanzigste Tabelle.

Mittlere Entfernungen von der Sonne in Theilen der halben großen Axe der Erdbahn.

Merkur	0,3870938
Venus	0,7233317
Erde	1,0000000
Mars	1,5236910
Vesta	2,36148
Juno	2,66946
Ceres	2,77091
Pallas	2,77263
Jupiter	5,202767
Saturn	9,538850
Uranus	19,182390

Neun und zwanzigste Tabelle.

Umlaufszeiten der Planeten um die Sonne in mittlern Sonnentagen ausgedrückt.

	Siderische.	Tropische.	Synodische.
Merkur . .	87,96928 Tage	87,96846 Tage	115,88 Tage
Venus . .	224,70078 =	224,69543 =	583,92 =
Erde . .	365,25637 =	365,24222 =	— —
Mars . .	686,97964 =	686,92971 =	779,98 =
Vesta . .	1325,485 =	1325,298 =	504,21 =
Juno . .	1593,067 =	1592,797 =	473,92 =
Ceres . .	1684,735 =	1684,434 =	466,38 =
Pallas . .	1686,305 =	1686,003 =	466,26 =
Jupiter . .	4332,58480 =	4330,59317 =	398,90 =
Saturn . .	10759,21981 =	10746,93761 =	378,10 =
Uranus . .	30686,82055 =	30586,90839 =	369,67 =

Dreißigste Tabelle.

Umlaufszeiten der Planeten in Jahren, Tagen, Stunden u. s. w. der mittleren Sonnenzeit ausgedrückt.

	Siderische.					Tropische.					Synodische.		
	J.	T.	h	′	″	J.	T.	h	′	″	J.	T.	h
Merkur		87	23	15	46		87	23	14	35		115	21
Venus		224	16	49	7		224	16	41	25	1	218	16
Erde		365	6	9	10,7496		365	5	48	47,8091		—	—
Mars	1	321	17	30	41	1	321	16	18	47	2	49	12
Vesta	3	229	17	38	0	3	229	13	9	0	1	138	23
Juno	4	132	1	36	0	4	131	19	8	0	1	108	16
Ceres	4	223	17	38	0	4	223	10	25	0	1	101	3
Pallas	4	225	7	19	0	4	225	0	4	0	1	101	0
Jupiter	11	314	20	2	7	11	312	20	14	10	1	33	16
Saturn	29	166	23	16	32	29	154	16	30	10	1	12	20
Uranus	84	5	19	41	36	83	271	3	48	5	1	4	10

Ein und dreißigste Tabelle.

Mittlere tägliche tropische Bewegung.

Merkur	4°	5′	32″,6
Venus	1	36	7,8
Erde	0	59	8,318
Mars	0	31	26,7
Vesta	0	16	17,9
Juno	0	13	33,7
Ceres	0	12	49,4
Pallas	0	12	48,7
Jupiter	0	4	59,3
Saturn	0	2	0,6
Uranus	0	0	42,4

Zwei und dreißigste Tabelle.

Mittlere Längen oder Epochen der Planeten.

Merkur	112°	16′	4″,8
Venus	146	44	55,8
Erde	100	53	29,9
Mars	233	5	33,9
Vesta	84	47	3,2
Juno	74	39	43,6
Ceres	307	3	25,6
Pallas	290	38	11,8
Jupiter	81	54	48,6
Saturn	123	6	29,3
Uranus	173	30	37,2

Drei und dreißigste Tabelle.

Verhältnisse der Excentricitäten der Planetenbahnen zu ihren halben großen Axen.

	Excentricität für 1800.	Säculare Aenderung.
Merkur	0,205616	+ 0,0000038
Venus	0,006862	— 0,0001088
Erde	0,016792	— 0,0000430
Mars	0,093217	+ 0,0000900
Vesta	0,08856	— —
Juno	0,25556	— —
Ceres	0,07674	— —
Pallas	0,24200	— —
Jupiter	0,048162	+ 0,0001535
Saturn	0,056150	— 0,0003100
Uranus	0,046611	— 0,0000260

Vier und dreißigste Tabelle.

Größte Mittelpunktsgleichungen der Planeten.

Merkur	23°	40′	43″,0
Venus	0	47	10,8
Erde	1	55	27,6
Mars	10	41	33,3
Vesta	10	9	26,7
Juno	29	30	42,4
Ceres	8	47	58,2
Pallas	27	55	22,2
Jupiter	5	31	13,6
Saturn	6	26	12,1
Uranus	5	20	32,8

Fünf und dreißigste Tabelle.

Länge des Periheliums der Planetenbahnen.

	Perihelien.			Säculare Aenderung.	
				siderisch.	tropisch.
Merkur	74°	20′	5″,8	581″	5603″
Venus	123	43	6,0	— 324	4698
Erde	99	30	28,6	1125	6147
Mars	332	22	51,2	1546	6568
Vesta	249	11	37,0	—	—
Juno	54	7	12,3	—	—
Ceres	147	41	23,5	—	—
Pallas	121	5	0,3	—	—
Jupiter	11	7	38,0	665	5687
Saturn	89	8	20,0	1931	6953
Uranus	167	30	24,0	228	5250

Sechs und dreißigste Tabelle.

Länge des aufsteigenden Knotens der Bahnen in der Ekliptik.

				Säculare Aenderung	
				siderische	tropische
Merkur	45°	57′	9″	— 1007″	4215″
Venus	74	51	41	— 2050	2972
Erde	—	—	—	—	—
Mars	47	59	38	— 2522	2500
Vesta	103	20	28	—	
Juno	170	52	34	—	
Ceres	80	53	50	—	
Pallas	172	38	30	—	
Jupiter	98	25	45	— 1590	3432
Saturn	111	56	7	— 1954	3068
Uranus	72	59	21	— 3605	1417

Sieben und dreißigste Tabelle.

Neigungen der Bahnen gegen die Ekliptik.

				Säculare Aenderung.
Merkur	7°	0′	5″,9	+ 18″,4
Venus	3	23	28,5	+ 7,2
Erde	—	—	—	—
Mars	1	51	6,2	— 1,3
Vesta	7	7	37,3	—
Juno	13	2	10,0	—
Ceres	10	36	55,7	—
Pallas	34	35	49,1	—
Jupiter	1	18	51,6	— 23,0
Saturn	2	29	35,9	— 15,0
Uranus	0	46	28,0	—

Acht und dreißigste Tabelle.

Rectascension des aufsteigenden Knotens der Bahn und Neigung derselben gegen den Aequator.

	Rectascension des Knotens.			Neigung gegen den Aequator.		
Merkur	10°	29′	40″	28°	45′	8″
Venus	7	58	56	24	33	21
Erde	—	—	—	23	27	55
Mars	3	17	20	24	44	24
Vesta	18	8	12	22	50	16
Juno	11	1	17	10	47	0
Ceres	23	30	40	27	7	40
Pallas	158	55	54	11	40	17
Jupiter	3	17	12	23	18	28
Saturn	6	0	59	22	38	44
Uranus	1	51	12	23	41	24

Neun und dreißigste Tabelle.

Scheinbare Durchmesser der Planeten von der Erde gesehen.

	mittlerer.	größter.	kleinster.
Merkur	6″,7	12″,0	4″,4
Venus	17,0	62,0	9,5
Erde	—	—	—
Mars	5,8	23,0	3,3
Vesta	0,3?		
Juno	2,0?		
Ceres	1,6?		
Pallas	2,6?		
Jupiter	38,4	46,0	30,0
Saturn	17,1	20,0	15,5
Uranus	3,9	4,0	3,8
Sonne	1921,8	1954,6	1890,1
Mond	1867,0	2011,0	1762,0

Vierzigste Tabelle.

Verhältnisse des wahren Durchmessers, der Oberfläche und des Volumens der Planeten zu denen der Erde.

	Wahrer Durchmesser.	Oberfläche.	Volumen.
Merkur	0,391	0,15	0,06
Venus	0,985	0,97	0,96
Erde	1,000	1,00	1,00
Mars	0,519	0,27	0,14
Vesta	0,03	0,001	0,00005
Juno	0,18	0,03	0,005
Ceres	0,20	0,04	0,008
Pallas	0,26	0,07	0,017
Jupiter	11,225	126,0	1414
Saturn	9,022	81,4	735
Uranus	4,344	18,9	82
Sonne	112,06	12560	1407500
Mond	0,264	0,0697	0,018

Ein und vierzigste Tabelle.

Masse, Dichtigkeit, Schwerkraft auf der Oberfläche, Licht und Wärme und Rotation der Planeten.

	Masse, die der Sonne = 1.	Dichtigkeit, die der Erde = 1.	Schwerkraft, die der Erde = 1.	Licht und Wärme.	Rotation in mittlern Tagen.
Merkur	$\frac{1}{2025810}$	2,94	1,15	6,67	1,0035
Venus	$\frac{1}{401847}$	0,92	0,91	1,91	0,973
Erde	$\frac{1}{334936}$	1,00	1,00	1,00	0,997
Mars	$\frac{1}{2680337}$	0,96	0,50	0,43	1,026
Jupiter	$\frac{1}{1054}$	0,24	2,69	0,037	0,4135
Saturn	$\frac{1}{3500}$	0,14	1,26	0,011	0,4370
Uranus	$\frac{1}{17918}$	0,24	1,05	0,003	—
Sonne	1	0,25	28,01	—	25,5
Mond	$\frac{1}{31138530}$	0,62	0,16	1,00	27,322

Zwei und vierzigste Tabelle.

Durchmesser der Planeten in geogr. Meilen, die Meile zu 22816 Par. Fuß gezählt.

	Meilen.		Meilen.
Merkur	627	Pallas	450?
Venus	1694	Jupiter	19307
Erde	1720	Saturn	15518
Mars	893	Uranus	7472
Vesta	50?	Sonne	192740
Juno	300?	Mond	454
Ceres	340?		

Drei und vierzigste Tabelle.

Excentricität der Planetenbahnen in Theilen des Halbmessers der Erdbahn und in geogr. Meilen.

	In Halbmessern der Erdbahn.	In geograph. Meilen.
Merkur	0,0796	1645000
Venus	0,0050	103000
Erde	0,01679	347000
Mars	0,1420	2935000
Vesta	0,2092	4324000
Juno	0,6823	14100000
Ceres	0,2125	4391000
Pallas	0,6710	13867000
Jupiter	0,2508	5183000
Saturn	0,5351	11058000
Uranus	0,8939	18473000

Vier und vierzigste Tabelle.

Mittlere, größte und kleinste Distanz der Planeten von der Sonne in geogr. Meilen.

	mittlere.	größte.	kleinste.
Merkur	8000000	9645000	6355000
Venus	16348000	16451000	16245000
Erde	20666000	21013000	20319000
Mars	31489000	34424000	28554000
Vesta	48803000	53127000	44479000
Juno	55168000	69268000	41068000
Ceres	57263000	61654000	52872000
Pallas	57298000	71165000	43431000
Jupiter	107521000	112704000	102338000
Saturn	197129000	208187000	186071000
Uranus	396423000	414896000	377950000

Fünf und vierzigste Tabelle.

Entfernungen von der Sonne in Sonnenhalbmessern.

	mittlere.	größte.	kleinste.
Merkur	83,7	100,9	66,5
Venus	156,4	157,4	155,3
Erde	216,2	219,8	212,5
Mars	329,4	360,1	298,7
Vesta	510,6	556,0	465,2
Juno	577,2	724,1	430,4
Ceres	598,2	645,2	645,2
Pallas	598,4	745,0	451,9
Jupiter	1124,3	1178,5	1070,1
Saturn	2061,8	2175,0	1948,6
Uranus	4146,8	4340,0	3953,3

Sechs und vierzigste Tabelle.

Entfernungen von der Erde in ganzen Millionen geogr. Meilen.

	In der obern Conjunction.			In der Opposition oder untern Conjunction.		
	mittlere	größte	kleinste	mittlere	größte	kleinste
Merkur	28	30	26	12	14	10
Venus	34½	35	34	5½	6	5
Mars	50	54	47	10	14	7
Vesta	69	74	64	28	33	23
Juno	75	90	61	34	49	20
Ceres	77	82	72	36	41	31
Pallas	77	92	63	36	51	22
Jupiter	125	130	120	84	90	79
Saturn	212	223	201	172	183	161
Uranus	406	424	388	366	385	348

Sieben und vierzigste Tabelle.

Oberflächen der Planeten in geogr. Quadratmeilen.

Merkur . .	1392000
Venus . .	9003000
Erde . . .	9282000
Mars . . .	2506000
Vesta . . .	9282
Juno . . .	278000
Ceres . .	371000
Pallas . .	650000
Jupiter . .	1169406000
Saturn . .	755555000
Uranus . .	175151000
Sonne . .	116582000000
Mond . .	646900

Acht und vierzigste Tabelle.

Volumen der Planeten in geogr. Kubikmeilen.

Merkur . .	159544000
Venus . . .	2552707000
Erde . . .	2659073000
Mars . . .	372270000
Vesta . . .	13000
Juno . . .	13295000
Ceres . . .	21273000
Pallas . .	45204000
Jupiter . .	3759924980000
Saturn . .	1954416450000
Uranus . .	218043740000
Sonne . .	3741577397000000
Mond . .	47263000

Neun und vierzigste Tabelle.

Geschwindigkeiten der Planeten und Fall derselben gegen die Sonne.

	Mittlere Geschwindigkeit in einer Zeitsekunde.						Fall gegen die Sonne in einer Zeitsekunde.		
Merkur	6,7	geogr.	Meil.	153000	Par.	Fuß.	8,46	Par.	Linien.
Venus	4,9	„	„	112000	„	„	2,42	„	„
Erde	4,1	„	„	93544	„	„	1,27	„	„
Mars	3,4	„	„	77000	„	„	0,55	„	„
Vesta	2,7	„	„	62000	„	„	0,20	„	„
Juno	2,6	„	„	59000	„	„	0,20	„	„
Ceres	2,5	„	„	57000	„	„	0,20	„	„
Pallas	2,5	„	„	57000	„	„	0,20	„	„
Jupiter	1,7	„	„	38800	„	„	0,047	„	„
Saturn	1,3	„	„	30000	„	„	0,014	„	„
Uranus	1,0	„	„	22800	„	„	0,003	„	„

Funfzigste Tabelle.

Lage der Planetenbahnen gegen den Sonnenäquator.

	Rectascension des aufsteig. Knotens der Bahn auf dem Sonnenäquator.		Neigung der Bahn gegen den Sonnenäquator.	
Merkur	316°	51′	2°	54′
Venus	242	45	4	9
Erde	248	0	7	30
Mars	254	21	5	50
Vesta	180	33	4	28
Juno	197	3	16	28
Ceres	208	43	3	43
Pallas	182	19	37	8
Jupiter	242	5	6	24
Saturn	231	12	5	57
Uranus	247	30	6	44

Ein und funfzigste Tabelle.

Masse und Dichtigkeit der Planeten und Schwere auf ihrer Oberfläche.

	Masse.	Dichte.	Schwere.		
Merkur	0,17	14,4	17,4	Par.	Fuß.
Venus	0,88	4,5	13,7	=	=
Erde	1,00	4,9	15,098	=	=
Mars	0,132	4,8	7,55	=	=
Jupiter	336,73	1,2	40,0	=	=
Saturn	101,41	0,7	19,4	=	=
Uranus	19,81	1,2	15,86	=	=
Sonne	354940	1,22	422,8	=	=
Mond	0,0114	3,04	2,42	=	=

Zwei und funfzigste Tabelle.

Rotation der Planeten.

	Rotation in mittlerer Sonnenzeit.			Geschwindigkeit des Aequators in einer Secunde.		
Merkur	1 Tag	0^h	5′	504	Par.	Fuß
Venus	0	23	21	1430	„	„
Erde	0	23	56,1	1422	„	„
Mars	1	0	37,3	798	„	„
Jupiter	0	9	55,45	39100	„	„
Saturn	0	10	29,3	33500	„	„
Uranus	—	—	—	—	„	„
Sonne	25	12	0,0	6272	„	„
Mond	27	7	43,2	22	„	„

Drei und funfzigste Tabelle.

Geocentrische Bewegungen der Planeten.

	Größte Elongation von der Sonne.		Bogen der retrograden Bewegung.		Dauer der retrograden Bewegung.	Elongation am Anfang und Ende der retrograden Bewegung.	
Merkur	17°	50′	8°	33′	20 Tage	14°	20′
	27	42	16	18	24	21	50
Venus	45	24	15	20	41	27	40
	47	18	16	31	43	29	30
Mars	—	—	11	8	62	129	0
			19	30	81	145	30
Jupiter	—	—	10	0	119	115	0
Saturn	—	—	6	48	137	109	10
Uranus	—	—	3	36	151	103	30

Vier und funfzigste Tabelle.

Der Mond.

Die mittlere Entfernung der Mittelpunkte des Monds und der Erde, oder die halbe große Axe der elliptischen Mondbahn, beträgt 51830 geogr. Meilen, also nahe 30,25 Durchmesser der Erde oder $\frac{1}{400}$ der mittleren Entfernung der Erde von der Sonne; die größte Entfernung aber beträgt 54670 und die kleinste 48990 Meilen.

Die Excentricität der elliptischen Mondbahn beträgt 0,054844 ihrer halben große Axe, also 2842 Meilen.

Der scheinbare Durchmesser des Mondes ist:

der mittlere . .	0°	31′	7″
„ größte . . .	0	33	31
„ kleinste . .	0	29	22.

Der wahre Durchmesser des Mondes ist 0,264 Erddurchmesser oder 454 Meilen, also ist auch die Oberfläche des Mondes 0,0697 der Erdoberfläche oder gleich 646900 Quadratmeilen und das Volumen des Mondes gleich 0,018 des Erdvolumens oder gleich 47863000 Kubikmeilen.

Die Masse des Mondes ist $\frac{1}{87,73}$ der Erdmasse, und die Dichtigkeit der Mondmasse ist 0,62 der Dichte der Erdmasse oder 3,04 der Dichte des Wassers.

Die Schwere auf der Oberfläche des Mondes ist 0,163 der Schwere auf der Oberfläche der Erde oder die Körper fallen auf der Oberfläche dieses Satelliten in der ersten Sekunde durch 2,46 Fuß.

Der Halbmesser des Erdäquators erscheint von dem Mittelpunkte des Mondes aus unter dem Winkel

0°	57′	0″,9	in der mittlern Entfernung des Mondes von der Erde
1	1	24,0	„ „ „ „ „ „ „ „ „
0	53	48,0	„ „ „ „ „ „ „ „ „

Die siderische Revolution des Mondes beträgt 27,321661 mittlere Sonnentage oder 27 Tage 7^h 43′ 11″,5; die tropische Revolution aber ist 27,321582 T. oder 27 T. 7^h 43′ 4″,7; die synodische 29,530589 T. oder 29 T. 12^h 44′ 2″,9; die anomallistische 27,554600 T. oder 27 T. 13^h 18′ 37″,4 und endlich die Revolution des Mondes in Beziehung auf die Knoten seiner Bahn in der Ekliptik oder die sogenannte Drachenrevolution ist 27,21222 Tage oder 27 T. 5^h 5′ 36″.

Für den 1sten Januar des Jahres 1801 im mittlern Mittag von Paris ist die mittlere Länge des Mondes gleich 118° 17′ 8″,3.

Nach den neuesten Bestimmungen beträgt die mittlere tropische Bewegung des Mondes in 100 julianischen Jahren (zu 365¼ Tagen) oder 36525 Tagen 1336 ganze Umläufe des Mondes und 307° 52′ 41″,6 also auch

481267,87822 Grade.

Dividirt man daher die letztere Zahl durch 36525, so erhält man für die genaue tägliche tropische Bewegung des Mondes

13°,176396392′

oder 13° 10′ 35,0270112.

Man muß aber bemerken, daß diese mittlere tägliche Bewegung des Mondes wegen der Veränderlichkeit der Excentricität der Erdbahn, ebenfalls etwas weniges veränderlich ist, und daß sie sich in der gegenwärtigen Zeit in 100 Jahren um nahe 10″,72 vergrößert. Für dieselbe oben angeführte Epoche (1sten Januar 1801) ist die Länge der Erdnähe (Perigeum) der Mondbahn gleich 266° 10′ 7″,5, und die Länge des aufsteigenden Knotens der Mondbahn in der Ekliptik gleich 13° 53′ 17″,7.

Diese beiden Punkte des Himmels sind aber selbst wieder einer bedeutenden Bewegung unterworfen. Die Bewegung der großen Axe der Mondbahn in 100 julianischen Jahren beträgt 11 Umläufe und 109° 2′ 46″,6 siderisch von West nach Ost; ihre tägliche Bewegung ist also 6′ 41″,0 und sie vollendet ihren siderischen Umlauf am Himmel in 3232,57534 Tagen oder in 8 julianischen Jahren 310 T. 13^h 48′ 29″. Aber auch ihre Bewegung vermindert sich gegenwärtig in 100 Jahren um 50″,42. Ebenso ist auch die Knotenlinie der Mondbahn beweglich. Sie beschreibt in 100 julianischen Jahren 5 Umläufe 134° 9′ 57″,5 siderisch; ihre tägliche Bewegung ist also 3′ 10″,64 von Ost gegen West; und sie vollendet ihren siderischen Umlauf in 6793,39108 T. oder in 18 julianischen Jahren 218 T. 21^h 23′ 9″. Endlich mindert sich die Bewegung dieser Knotenlinie gegenwärtig in 100 Jahren um 6″,56.

Die Neigung der Mondbahn gegen die Ekliptik ist 5° 8′ 47″,9. Die Neigung der Mondbahn gegen den Aequator der Erde aber ändert sich sehr stark, von 18° 19′ bis 28° 36′ in 19 Jahren, nämlich um das Doppelte der ersten Neigung von 5° 8′ 47″,9. Die Neigung des Mondäquators gegen die Ekliptik endlich ist 1° 28′ 25″ und diese letztere Neigung ist für alle Zeiten unveränderlich.

Die Umdrehungszeit des Mondes um seine Axe ist genau der mittlern Umlaufszeit des Mondes um die Erde gleich, also auch gleich 27 T. 7^h 43′ 11″,5. Aus dieser Ursache kehrt uns der Mond auch immer dieselbe Seite zu, und die uns abgewendete bleibt für uns bis auf die Librationen, immer verborgen. Aus demselben

Grunde ist also auch die von uns abgewendete Seite des Mondes unserer Erde stets unsichtbar.

Der Mond erleidet von der Sonne sehr große periodische Störungen. Die vorzüglichsten Störungen der Länge sind:

1) Die Evection. Sie kann durch eine Verminderung der Excentricität der Mondbahn in den Syzygien (den Neu- und Vollmonden) und durch eine Vergrößerung derselben in den Quadraturen vorgestellt werden. Diese Ungleichheit kann bis auf 1° 16′ 28″ gehen.

2) Die Variation beträgt nahe 40 Minuten und hat ihren größten Werth in den Octanten, verschwindet dagegen in den Syzygien und Quadraturen.

3) Die jährliche Gleichung geht bis 11,2 Min. und ihre Periode ist dem Erdenjahre gleich.

Fünf und funfzigste Tabelle.

Die Satelliten des Jupiters.

a)

	Siderische Revolution.	Mittlere Entfernung vom Mittelpunkte des Jupiter in Halbmesser des Jupiter.	Mittlere Entfernung vom Jupiter. Meilen.	Länge des ☊ 1760,00.	Neigung gegen die Bahn des Jupiter.
I.	1,76914	5,8130	56500	314° 30′	3° 5′
II.	3,55118	9,2487	89940	313° 45′	3° 4′
III.	7,15655	14,7524	143460	314° 24′	2° 0′
IV.	16,63877	25,9469	252300	316° 39′	2° 41′

b)

	Bewegung in einer Secunde in der Bahn. Meilen.	Fall gegen den Jupiter in einer Secunde. Par. Linien.	Scheinbarer Durchmesser.		Wahrer Durchmesser. Meilen.
			Auf d. Jup.	Auf der Erde.	
I.	8800	1621	33′ 16″	1″,4	560
II.	7000	640	17′ 13″	1″,1	460
III.	5500	252	18′ 59″	2″,0	810
IV.	4200	81	7′ 32″	1″,4	566

c)

	Masse, die des Jupiter = 1.	Dichtigkeiten			Fall der Körper auf der Oberfläche in einer Secunde. Par. Fuß.
		die des Jupiter = 1.	die der Erde = 1.	die des Wassers = 1.	
I.	1 : 57700	0,69	0,16	0,77	0,78
II.	1 : 43040	1,72	0,40	1,94	1,59
III.	1 : 11300	1,22	0,28	1,38	1,98
IV.	1 : 23400	1,68	0,39	1,89	1,91

Sechs und funfzigste Tabelle.

Die Satelliten des Saturns.

	Siderische Revolution.	Halbe große Axe der Bahn.		Geschwindigkeit in der Bahn. Par. Fuß.	Durchmesser. Meilen.
		Halbmesser des ♄ Aequator.	Meilen.		
	T.				
I.	0,94271	3,351	27290	60830	—
II.	1,37024	4,300	35020	41340	—
III.	1,88780	5,284	43040	37150	104
IV.	2,73948	6,819	55550	32820	104
V.	4,51749	9,524	77570	27780	256
VI.	15,94530	22,081	179840	18240	680
VII.	79,32960	64,359	524212	10680	388

Sieben und funfzigste Tabelle.

Die Satelliten des Uranus.

	Siderische Revolution.	Halbe große Axe der Bahn.		Geschwindigkeit in der Bahn.
		Halbmesser des ♅.	Meilen.	
	T.			
I.	5,8926	13,12	49120	15000
II.	8,7068	17,02	63720	12160
III.	10,9611	19,84	74280	11250
IV.	13,4559	22,75	85180	10500
V.	38,0750	45,51	160390	7440
VI.	107,6944	91,01	340740	5260

Acht und funfzigste Tabelle.

Die geographische Lage einiger Orte.

Namen der Oerter.	Breite.	Länge von Ferro.
Åbo. Sternwarte	60° 26′ 58″	39° 37′ 13″
Altona. Sternwarte . . .	53 32 45,3	27 36 15
Amsterdam	52 22 17	22 32 30
Berlin. Sternwarte . . .	52 31 13,5	31 2 43
Bonn	50 44 7	24 46 23
Breslau	51 6 30	34 42 3
Brocken	51 48 3	28 16 37
Brüssel	50 50 59	22 1 58
Cap der Hoffnung	—33 56 3	36 8 45
Cassel	51 19 20	27 15 3
Christiania. Sternwarte . .	59 54 3	28 23 30
Constantinopel	41 1 27	46 35 15
Copenhagen. Sternwarte .	55 40 53	30 14 36
Darmstadt	49 56 24	26 14 30
Dessau	51 49 12	29 56 45
Dorpat. Sternwarte . . .	58 22 47,3	44 23. 24
Dresden	51 2 50	31 22 42
Dublin. Sternwarte . . .	53 23 13	11 21 1
Edinburg. Sternwarte . .	55 56 42	14 27 28
Gotha. Friedenstein . . .	50 56 53	28 22 0
„ Seeberg, Sternwarte	50 56 6	28 23 24

Namen der Oerter.	Breite.			Länge von Ferro.		
Göttingen. Sternwarte . .	51°	31′	47″,8	27°	26′	28″,2
Greenwich. Sternwarte . .	51	28	39,5	17	39	36
Greifswald	54	4	35	31	12	58
Halle	51	39	34	29	37	43
Hamburg. St. Michael . .	53	33	1,8	27	38	18
Hannover. Marktthurm . .	52	22	24,8	27	24	0
Jena. Sternwarte	50	56	28	29	17	0
Kew. Sternwarte	51	28	37	17	22	13
Leipzig	51	20	16	30	1	30
Leyden	52	9	30	22	9	0
Lissabon	38	42	24	8	31	15
London. St. Paul . . .	51	30	49	17	34	13
Madrid	40	24	57	13	52	30
Magdeburg	52	8	4	29	8	45
Neapel. Sternwarte . . .	40	51	46	31	55	37
Newyork	46	42	43	49	39	54
Oxford. Sternwarte . . .	51	45	39	16	24	30
Padua. Sternwarte . . .	45	24	2	29	31	15
Palermo. Sternwarte . .	38	6	44,8	31	1	43
Paris. Sternwarte . . .	48	50	14	20	0	0
Peking. Sternwarte . . .	39	54	13	134	7	30
Petersburg. Sternwarte . .	59	56	23	47	58	30
Philadelphia	39	56	55	302	28	15
Prag. Sternwarte . . .	50	5	18	32	5	0
Quito	—0	13	17	298	54	30
Rom. Sternwarte	41	53	54	40	9	30
Stockholm	59	20	31	35	43	15
Straßburg	48	46	15	26	50	45
Ulm	48	23	20	27	38	45
Upsala	59	51	50	35	18	0
Utrecht	52	5	31	22	47	0
Venedig	45	25	53	30	0	45
Warschau	52	14	18	38	42	30
Weimar	50	59	12	29	0	45
Wien	48	12	35	34	2	36
Zürich	47	22	33	26	11	15

Neun und funfzigste Tabelle.

Mittlere Strahlenbrechung.

Scheinbare Zen. D.	Höhe.	Mittlere Refraction.	Diff.
0°	90°	0′ 0″,0	1″,0
1	89	1,0	1,0
2	88	2,0	1,1
3	87	3,1	1,0
4	86	4,1	1,0
5	85	5,1	1,0
6	84	6,1	1,1
7	83	7,2	1,0
8	82	8,2	1,0
9	81	9,2	1,1
10	80	10,0	1,0
11	79	11,3	1,1
12	78	12,4	1,1
13	77	13,5	1,0
14	76	14,5	1,1
15	75	15,6	1,1
16	74	16,7	1,1
17	73	17,8	1,1
18	72	18,9	1,1
19	71	20,0	1,2
20	70	21,2	1,2
21	69	22,4	1,1
22	68	23,5	1,2
23	67	24,7	1,2
24	66	25,9	1,3
25	65	27,2	1,2
26	64	28,4	1,3
27	63	29,7	1,3
28	62	31,0	1,3
29	61	32,3	1,3
30	60	33,6	1,4
31	59	35,0	1,4
32	58	36,4	1,4

Scheinbare Zen. D.	Höhe.	Mittlere Refraction.		Diff.
33°	57°	37″,8	—	1″,5
34	56	39,3	—	1,5
35	55	40,8	—	1,5
36	54	0′ 42,3	—	1,6
37	53	0 43,9	—	1,6
38	52	45,5	—	1,7
39	51	47,2	—	1,7
40	50	48,9	—	1,7
41	49	0 50,6	—	1,8
42	48	52,4	—	1,9
43	47	54,3	—	1,9
44	46	56,2	—	2,0
45	45	58,2	—	2,1
46	44	1 0,3	60″,3	2,1
47	43	2,4	62,4	2,2
48	42	1 4,6	64,6	2,3
49	41	6,9	66,9	2,4
50	40	9,3	69,3	2,5
51	39	11,8	71,8	2,6
52	38	14,4	74,4	2,8
53	37	17,2	77,2	2,9
54	36	1 20,1	80,1	3,0
55	35	23,1	83,1	3,1
56	34	26,2	86,2	3,4
57	33	1 29,6	89,6	3,5
58	32	33,1	93,1	3,6
59	31	36,7	96,7	3,9
60	30	1 40,6	100,6	4,2
61	29	44,8	104,8	4,4
62	28	49,2	109,2	4,7
63	27	53,9	113,9	5,0
64	26	1 58,9	118,9	5,4
65	25	2 4,3	124,3	5,9
66	24	10,2	130,2	
67	23	16,5	136,5	6,3
68	22	23,2	143,2	6,7

Scheinbare Zen.	D.	Scheinbare Höhe		Mittlere Refraction			Diff.
69°		21°			30″,6	150″,6	7″,4
70		20			38,8	158,8	8,2
71		19		2	47,7	167,7	8,9
71	0′	19	0′	2	47,7	167,7	9,9
72	0	18	0	2	57,6	177,6	10,9
73	0	17	0	3	8,5	188,5	12,1
74	0	16	0	3	20,6	200,6	13,7
75	0	15	0	3	34,3	214,3	15,5
76	0	14	0	3	49,8	229,8	17,7
77	0	13	0	4	7,5	247,5	20,4
78	0	12	0	4	27,9	267,9	33,8
79	0	11	0	4	51,7	291,7	28,1
80	0	10	0	5	19,8	319,8	5,3
80	10	9	50	5	25,1	325,1	5,3
80	20		40	5	30,4	330,4	5,5
80	30	9	30	5	35,9	335,9	5,6
80	40		20	5	41,5	341,5	5,9
80	50		10	5	47,4	347,4	6,1
81	0	9	0	5	53,5	353,5	6,4
81	10	8	50	5	59,9	359,9	6,5
81	20		40	6	6,4	366,4	6,7
81	30	8	30	6	13,1	373,1	6,9
81	40		20	6	20,0	380,0	7,1
81	50		10	6	27,1	387,1	7,3
82	0	8	0	6	34,4	394,4	7,5
82	10	7	50	6	41,9	401,9	7,7
82	20		40	6	49,6	409,6	8,1
82	30	7	30	6	57,7	417,7	8,6
82	40		20	7	6,4	426,3	9,0
82	50		10	7	15,3	435,3	9,4
83	0	7	0	7	24,7	444,7	10,0
83	10	6	50	7	34,7	454,7	10,2
83	20	6	40	7	44,9	464,9	10,7
83	30	6	30	7	55,6	475,6	11,0
83	40		20	8	6,6	486,6	11,6
83	50		10	8	18,2	498,2	11,7

Scheinbare Zen. D.		Höhe		Mittlere Refraction.			Diff.
84°	0′	6°	0′	8′	29″,9	509″,9	
84	0	6	0	8	29,9	509,9	12″,4
84	10	5	50	8	42,3	522,3	13,0
84	20		40	8	55,3	535,3	13,7
	30		30	9	9,0	549,0	14,4
	40		20	9	23,4	563,4	15,0
	50		10	9	38,4	578,4	15,9
85	0	5	0	9	54,3	594,3	16,6
	10	4	50	10	10,9	610,9	17,4
	20		40	10	28,3	628,3	18,4
	30		30	10	46,7	646,7	19,4
	40		20	11	6,1	666,1	20,5
	50		10	11	26,6	686,6	21,7
86	0	4	0	11	48,3	708,3	23,0
	10	3	50	12	11,3	731,3	24,3
	20		40	12	35,6	755,6	25,7
	30		30	13	1,3	781,3	27,2
	40		20	13	28,5	808,5	28,8
	50		10	13	57,3	837,3	30,8
87	0	3	0	14	28,1	868,1	32,8
	10	2	50	15	0,9	900,9	35,1
	20		40	15	36,0	936,0	37,4
	30		30	16	13,4	973,4	39,8
	40		20	16	53,2	1013,2	43,1
	50		10	17	36,3	1056,3	45,9
88	0	2	0	18	22,2	1102,2	49,3
	10	1	50	19	11,5	1151,5	53,3
	20		40	20	4,8	1204,8	57,1
	30		30	21	1,9	1261,9	61,5
	40		20	22	3,4	1323,4	66,2
	50		10	23	9,6	1389,6	71,6
89	0	1	0	24	21,2	1461,2	77,4
	10	0	50	25	38,6	1538,6	83,6
	20		40	27	2,2	1622,2	89,8
	30		30	28	32,0	1712,0	97,3
	40		20	30	9,3	1809,3	105,0
	50		10	31	54,3	1914,3	112,0
90	0		0	33	46,3	2026,3	

Sechzigste Tabelle.

Einige Weiten, wohin man von gegebenen Höhen sehen kann.

(Die lothrechten Höhen sind in Pariser Fußen, und die Weiten in geographischen Meilen ausgedrückt.)

Höhe.	Weite.
100	2,75
200	3,88
300	4,75
400	5,50
500	6,17
1000	8,66
1500	10,62
2000	12,30
2500	13,72
3000	15,04
3500	16,25
4000	17,36
4500	18,40
5000	19,40
6000	21,25
7000	22,96
8000	24,50
9000	26,04
10000	37,44
12000	30,06
14000	32,50
16000	34,70
18000	36,80
20000	38,80

Ein und sechzigste Tabelle.

Dauer des längsten Tages.

Klima.	Ausdehnung von		— bis		Breite.		Dauer des längsten Tages.			
I.	0°	0′	8°	34′	8°	34′	12	St.	30	Min.
II.	8	34	16	44	8	10	13	„	—	„
III.	16	44	24	12	7	28	13	„	30	„
IV.	24	12	30	48	6	36	14	„	—	„
V.	30	48	36	31	5	43	14	„	30	„
VI.	36	31	41	24	4	53	15	„	—	„
VII.	41	24	45	32	4	8	15	„	30	„
VIII.	45	32	49	2	3	30	16	„	—	„
IX.	49	2	52	0	2	58	16	„	30	„
X.	52	0	54	31	2	31	17	„	—	„
XI.	54	31	56	38	2	7	17	„	30	„
XII.	56	38	58	27	1	49	18	„	—	„
XIII.	58	27	60	0	1	33	18	„	30	„
XIV.	60	0	61	19	1	19	19	„	—	„
XV.	61	19	62	26	1	7	19	„	30	„
XVI.	62	26	63	23	0	57	20	„	—	„
XVII.	63	23	64	11	0	48	20	„	30	„
XVIII.	64	11	64	50	0	39	21	„	—	„
XIX.	64	50	65	22	0	32	21	„	30	„
XX.	65	22	65	48	0	26	22	„	—	„
XXI.	65	48	66	8	0	20	22	„	30	„
XXII.	66	8	66	21	0	13	23	„	—	„
XXIII.	66	21	66	29	0	8	23	„	30	„
XXIV.	66	29	66	32	0	3	24	„	—	„
XXV.	66	32	67	23	0	51	1	Monat		
XXVI.	67	23	69	50	2	27	2	„		
XXVII.	69	50	73	39	3	49	3	„		
XXVIII.	73	39	78	31	4	52	4	„		
XXIX.	78	31	84	5	5	34	5	„		
XXX.	84	5	90	0	5	55	6	„		

Zwei und sechzigste Tabelle.

Die mittlere Temperatur verschiedener Orte auf der nördlichen Halbkugel in Graden des 100theiligen Thermometers ohne Höhen=Correction.

Oerter.	N. B.		Temperatur.
Guyana	0°	0′	28°,1
Madras	13	14	27,7
Cumana	10	17	27,5
Havanna	23	9	25,6
Vera Cruz	19	9	25,0
Cairo	30	3	22,5
St. Croix di Teneriffa	28	28	21,5
Algier	36	48	21,3
Neapel	40	50	18,0
Rom	41	54	15,5
Marseille	43	18	14,4
Mailand	45	28	13,2
Peking	39	54	12,7
Philadelphia	39	57	12,4
Newyork	40	42	12,1
Franecker	52	36	11,0
Amsterdam	52	22	10,9
Paris	48	50	10,8
Wien	48	12	10,8
Buda (Ofen)	47	30	10,6
Cork	51	54	10,6
Mannheim	49	29	10,3
Straßburg	48	32	9,7
London	51	31	9,8
Eniscoo	54	48	9,8
Genf	46	12	9,5
Dublin	53	21	9,3
Sala	59	50	9,3
Berlin	52	31	9,1
Bellycastle	55	12	8,9
Edinburg	55	58	8,4
Göttingen	51	32	8,3
Kopenhagen	55	41	7,7
Delft	52	1	7,5
Williamstown	42	30	7,1
Quebeck	46	48	5,6

Oerter.	N. B.	Temperatur.
Christiania	59° 55′	5°,3
Stockholm	59 20	5,1
Upsala	59 52	5,0
Abo	60 27	4,6
Drontheim	63 26	4,5
Moskau	55 47	3,3
Petersburg	59 56	2,5
Wadsöe	70 20	2,2
Umeo	63 49	1,9
Uleo	65 3	0,6
Nordcap	71 10	0,0
Cumberland-House .	54 0	0,0
Torneo	66 30	— 0,5
Enontekis . . .	68 17	— 2,8
Nain	57 0	— 3,6
Fort Entreprise . .	64 30	— 9,9
Winter Island . .	66 25	—14,18
Port Bowen . . .	73 15	—15,6
Igloolik Island . .	69 30	—16,6
Melleville Inseln . .	74 45	—18, 7

Drei und sechzigste Tabelle.

Mittlerer Umfang der täglichen Barometerschwankung.

Beobachtungsort.	Nördliche Breite.	Mittlerer Umfang der täglichen Barometerschwankung. Engl. Zoll.
St. Thomas . . .	0° 24′	0,074
Sierra Leone . . .	8° 29′	0,073
Trinidad	10° 39′	0,063
Jamaica	17° 56′	0,058
Clermont Ferrand . .	45° 50′	0,039
Paris	48° 50′	0,028
London	51° 31′	0,015

Vier und sechzigste Tabelle.

Mittlerer Umfang der täglichen Barometerschwankung.

Beobachter.	Orte.	Breite.	Meeres-Höhe. Tois.	Barometerstand. Min. Vorm.	Max. Vorm.	Min. Nachm.	Max. Nachm.
				Uhr.	Uhr.	Uhr.	Uhr.
Lamanon	Südsee	0	0	3,714	9,746	3,783	9,752
Humboldt	Südamerika	0		3,476	9,694	4,586	10,588
Horner	Südsee	0	0	3,570	9,449	3,793	9,942
Humboldt	Quito	0° 13′ S.	1492	3,745	10,885	5,438	9,838
Caldas	Popayan	2 26 N.	911	4,002	9,352	4,009	10,665
Humboldt	Ibagué	4 28 N.	703	3,645	9,570	4,341	10,598
Boussing	Bogota	4 36 N.	1366	3,228	9,298	3,922	9,983
Duperrey	Payta	5 6 S.	0	4,304	8,773	4,489	12,172
Sabine	Sierra Leone	8 30 N.	0?	5,980	11,872	4,954	11,233
Humboldt	Cumana	10 28 N.	15	3,115	8,907	4,005	10,603
Humboldt	Caraccas	10 31 N.	480	3,645	9,177	4,093	10,745
Boussing	Guayra	10 36 N.	5	3,024	8,582	3,600	10,302
Humboldt	Lima	12 3 S.	85	3,079	8,341	3,027	9,746
Humboldt	Callao	12 3 S.	0	2,857	8,763	3,392	9,595
Kater	Chittledroog	14 11 N.	400	4,662	10,459	4,052	10,279
Simonoff	Otaheiti	17 29 S.	0	2,961	9,222	3,723	9,548
Horner	Südsee	18 0 S.	0	3,947	9,636	4,125	10,475
Humboldt	Mexico	19 26 N.	1168	4,063	9,380	4,001	10,648
Balfour	Calcutta	22 35 N.	0?	3,424	9,839	4,669	10,452
Freycinet	Rio Janeiro	22 54 S.	0	4,164	9,514	4,254	10,985
Chiminello	Padua	45 24 N.	10	4,152	10,102	4,720	10,887
Yelin	München	48 8 N.	240	4,805	10,459	4,043	10,400
Arago	Paris	48 50 N.	40	3,649	9,735	4,380	10,468
Winkler	Halle	51 29 N.	96	4,774	10,267	4,179	10,633
Hallström	Abo	60 27 N.	4,6	5,381	11,866	4,046	10,151
Parry	Melville	74 56 N.	0	3,171	6,718	1,317	8,789

Anmerkung. Die Tabelle 63. wurde von Daniell, und die Tabelle 64. von Hallström entworfen.

Druckfehler.

Im ersten Theile.

Seite 23 Nr. 116 statt den Quotienten lies das Produkt
„ 23 „ 22 „ 0,00077 lies 0,00079
„ 24 „ 76 „ 0,0000327 l. 0,000031
„ 24 „ 115 „ 25,84 l. 6,152
„ 108 „ 237 „ $\frac{2}{7}$ l. $\frac{1}{7}$
„ 109 „ 242 „ 28040 l. 138040
„ 112 „ 222 „ $\frac{3}{10}$ l. $\frac{2}{7}$
„ 112 „ 235 „ $A = 759\frac{63}{1703}$, $B = 1669\frac{1501}{1703}$, $C = 2957\frac{139}{1703}$.

Im zweiten Theile.

Seite 15 Nr. 84 statt $+2\frac{7}{80}$ lies $-2\frac{7}{80}$

= 18 = 3 st. $-21m$ l. $+21m$

= 18 = 19 st. $-a-$ l. $-a'-b$

= 20 = 38 = $\frac{y}{9}$ l. $\frac{7y}{9}$

= 22 = 33 = 38 l. 58

= 27 Zeile 11 v. o. st. $8m^n$ l. $8m^n x^v$

= — = 12 v. o. st. $a^3 x^3 y$ l. $a^3 x^5 y$

= — = 7 v. u. st. gh^2 l. $(gh)^2$

= 28 = 6 v. o. st. $2a^4 x^{2-3} b^4 y^2$ l. $2a^4 x^2 - 3b^4 y^2$

= 34 Nr. 31 st. b l. 6

= 42 = 63 st. $4d^6p$ l. $4d^{6p}$

= 43 = 63 st. $\frac{2a^{m-1}c}{2d^{3p}}$ l. $\frac{3a^{m-1}c}{2d^{3p}}$

= 53 = 81 st. $\sqrt[4]{}$ l. $\sqrt{}$

= 53 = 86 lies den Nenner $(x^3 - 3x^2 + 3x - 1)b$

= 60 Zeile 3 v. o. statt $2x + 6x$ l. $2 + 6x$

= 67 Nr. 21 st. 2,3 l. 2,3...

= — = 23 st. 0,2 l. —0,2

= — = 38 st. $-9b$ l. $-3b$

= 90 Zeile 4 v. o. st. $\sqrt[5]{13}$ l. $\sqrt[5]{1,3}$

= 113 Ueber der ersten Zeile muß stehen:
IV) Von den Gleichungen von höhern Graden.

= 125 Nr. 53 st. 122 l. 12.

= 127 = 135 st. 470 l. 420

Im dritten Theile.

Seite 150 Nr. 32 l. für α, β, γ beziehlich: $\alpha = 24^0\ 59'\ 14''$, $\beta = 57^0\ 39'\ 16''$, $\gamma = 97^0\ 21'\ 30''$.

Im vierten Theile.

Seite 19 Zeile 16 v. u. st. $T - t$ lies $T - 1$

= 52 = 9 v. o. st. $\angle EFH = v$ lese man $\angle EFH = v$, $AD = AF = \alpha$

= 63 = 1 v. u. st 1071,365 l. 1071,3625

= 89 = 1 v. o. st. Schwerlinien l. Schwerebenen

= 101 = 11 v. o. nach Adhäsion setze man noch: und chemischer Verwandtschaft

= 224 = 23 v. o. nach: dar, setze man: und sein Dampf besitzt das specifische Gewicht 8,7011

Götz Physik.

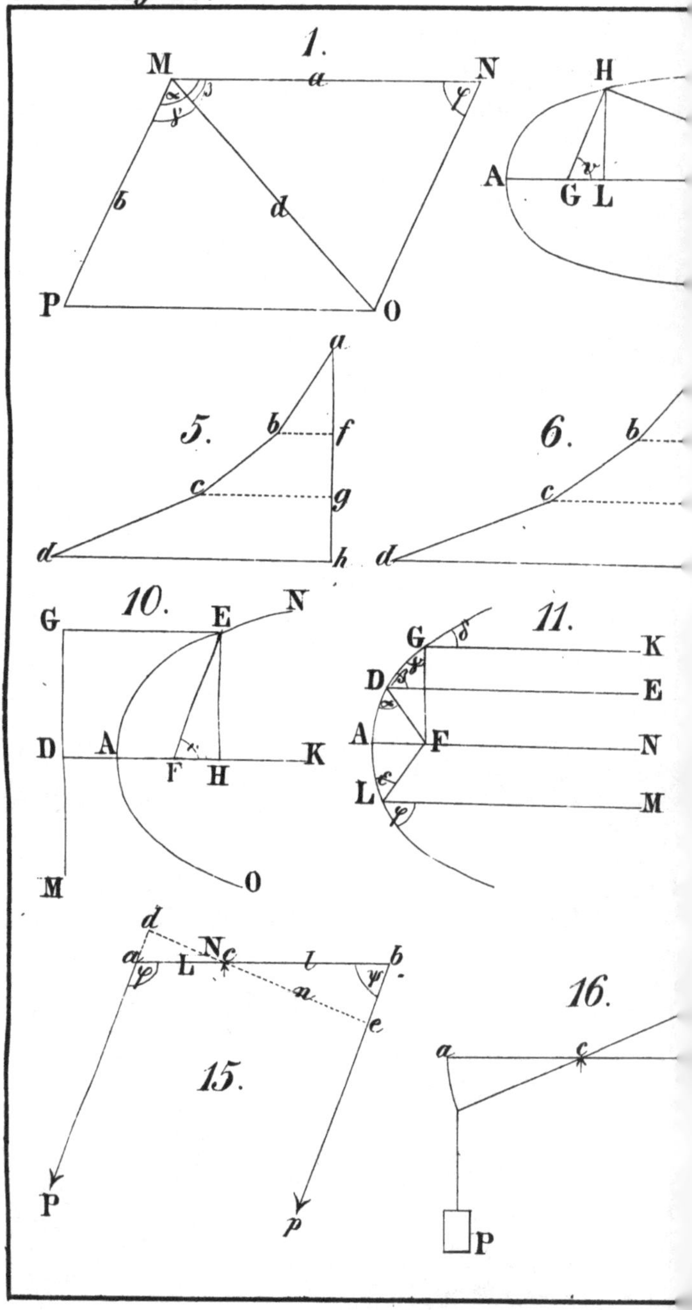

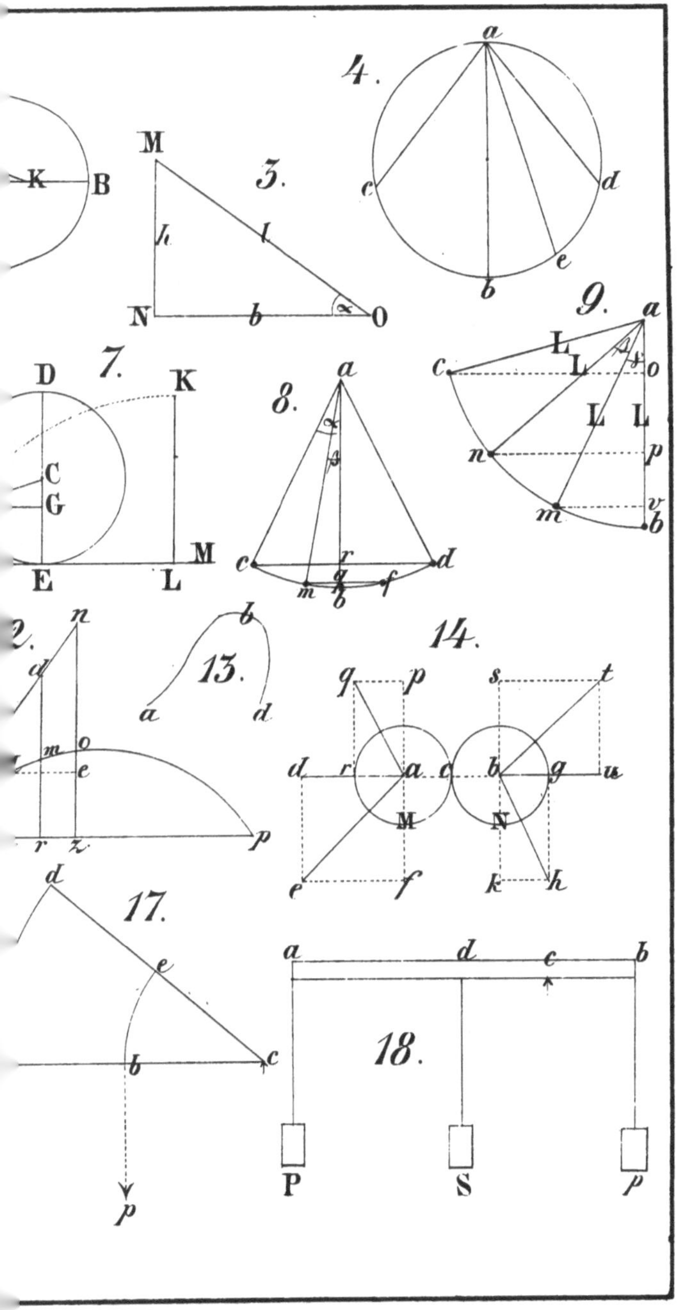

3.
4.
7.
8.
9.
13.
14.
17.
18.
P
S

Götz Physik.

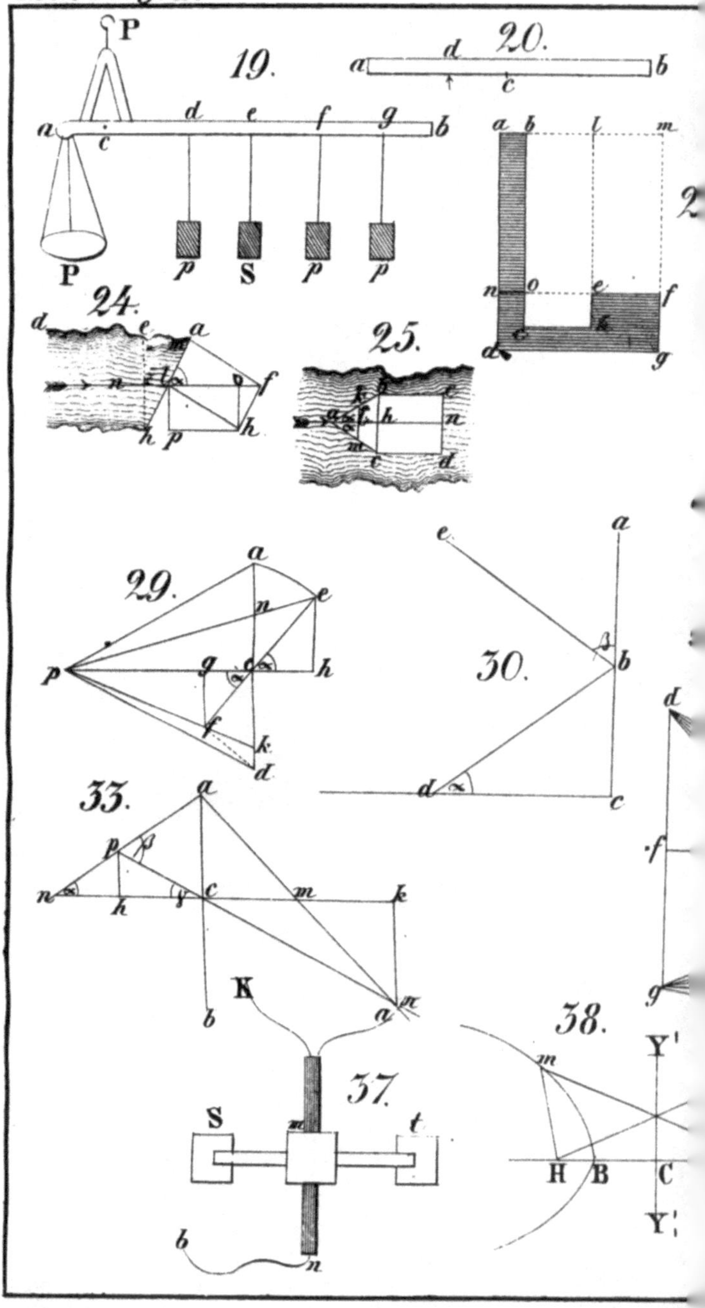

23.

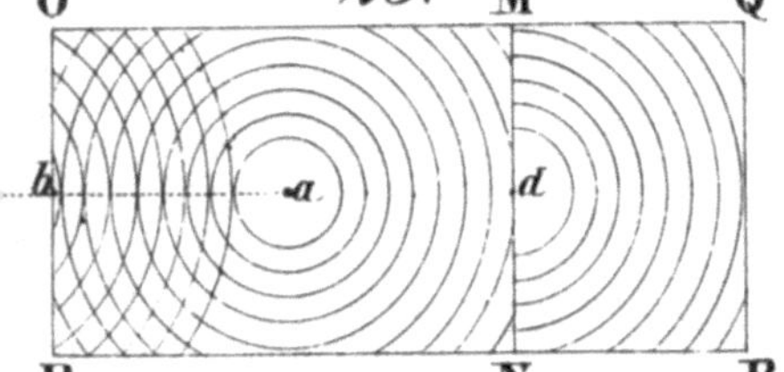

22.

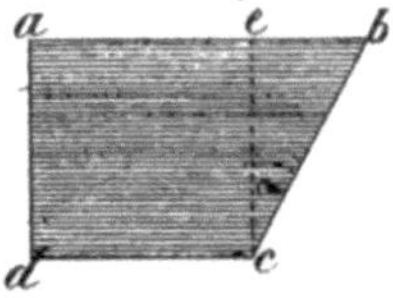

26.

27.

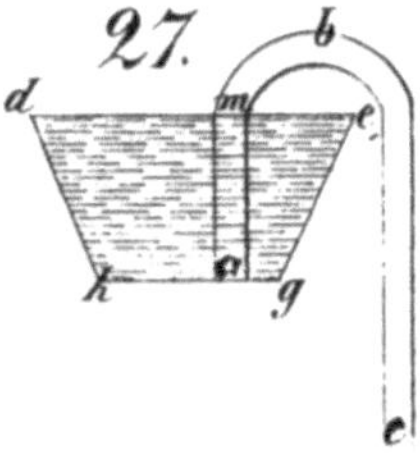

28.

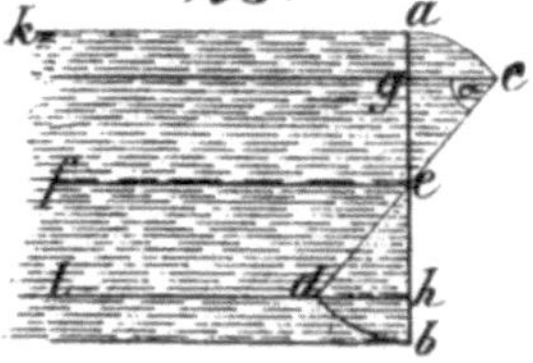

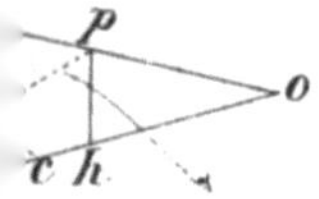

32.

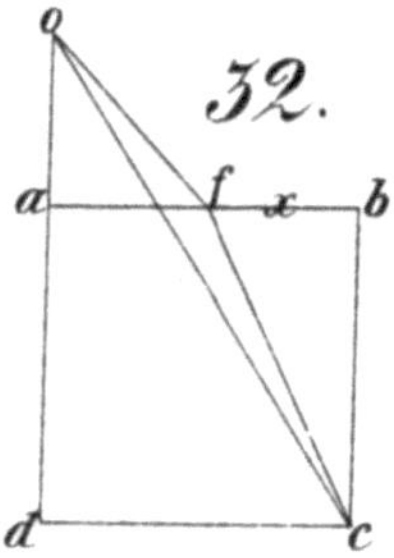

36.

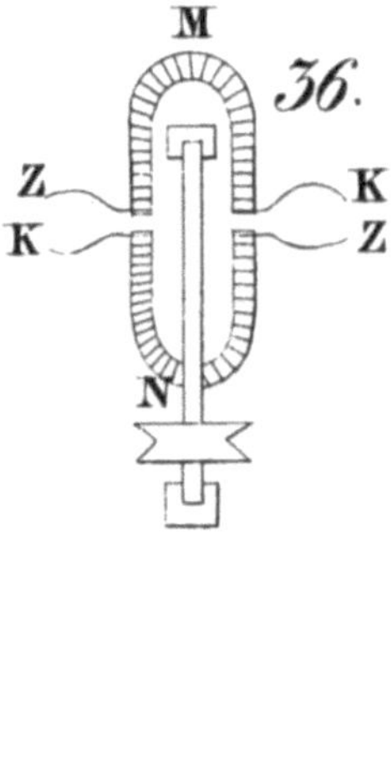

34.

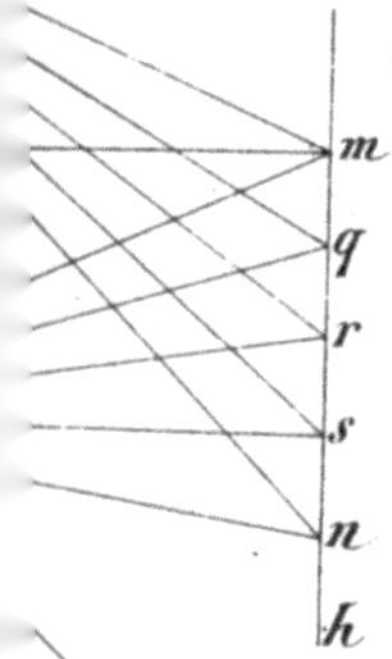

35.

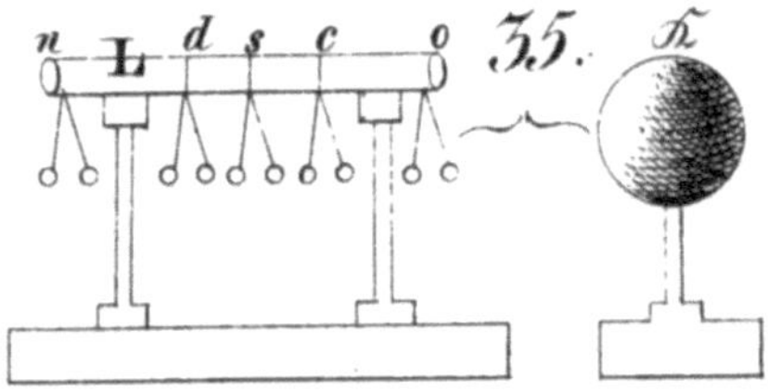

FSC
www.fsc.org
MIX
Papier | Fördert
gute Waldnutzung
FSC® C083411

Kolibri 360 GmbH
Ferdinand-Jühlke-Straße 7
99095 Erfurt, Deutschland
produktsicherheit@kolibri360.de